内 容 提 要

本书从初学者的角度出发，兼顾中、高级读者，从文件的创建与管理到数据的输入与编辑、从表格的修饰美化到专业图表的制作等，一步一步，环环相扣，由浅入深，全面展开，系统地介绍了 Excel 2010 的各种操作知识和技巧，以帮助广大读者快速达到从入门到精通的学习目的。内容包括：初识 Excel 2010 新面貌，Excel 文件创建与管理，Excel 数据的输入与编辑，工作表格式设置与美化，使用公式，使用函数，应用图形、图像和艺术字，创建和编辑 Excel 图表，Excel 数据分析与管理，数据透视表和数据透视图，Excel 表格数据的运算，Excel 页面设置与打印，宏的应用技术，Excel 协作与共享，数据保护与安全，Excel 与 Word 的协作应用等知识。

本书不仅适合 Excel 2010 的初学者，也适合具有一定 Excel 应用基础的从事各种办公工作的在职人员，同时还可以作为电脑培训机构的 Excel 学习教材。

电脑新课堂

新手学Excel完全掌握宝典

CHAO ZHI CHANG XIAO BAN
超值畅销版
电脑新课堂

庞少召 主编

- 内容精炼实用、易学易用
- 全程图解教学、一学必会
- 全新教学体例、轻松自学
- 精美图文排版、双色印刷
- 互动教学光盘、超长播放

DVD

上海科学普及出版社

超值赠送800分钟多媒体视频与实例素材

图书在版编目（CIP）数据

新手学 Excel 完全掌握宝典 / 庞少召主编. — 上海：上海科学普及出版社，2011.8
（电脑新课堂系列）
ISBN 978-7-5427-4971-0

Ⅰ.①新…　Ⅱ.①庞…　Ⅲ.①表处理软件，Excel
Ⅳ.①TP391.13

中国版本图书馆 CIP 数据核字（2011）第 081810 号

策　　划　胡名正
责任编辑　徐丽萍　刘湘雯

新手学 Excel 完全掌握宝典
庞少召　主编
上海科学普及出版社出版发行
（上海中山北路 832 号　邮政编码 200070）
http://www.pspsh.com

各地新华书店经销　　　　北京市蓝迪彩色印务有限公司印刷
开本 787×1092　1/16　　印张 22.25　　字数 508000
2011 年 8 月第 1 版　　　2011 年 8 月第 1 次印刷

ISBN 978-7-5427-4971-0　　　定价：48.00 元
ISBN 978-7-900518-17-0（附赠 DVD 视频教学光盘一张）

Foreword 前言

丛书简介

读书之法，在循序渐进，熟读而精思。——朱熹

学习须循序渐进，重在方法与思考。学习电脑知识也一样，选择一本真正适合自己阅读的好书至关重要。《电脑新课堂》丛书由多年从事电脑教育的一线专家组精心策划编写而成，是一套专为初学者量身打造的丛书。翻开它，您就结识了一位良师益友；阅读它，您就能真正迈入电脑学习的殿堂！通过学习本套丛书，读者能够真正掌握各种电脑实际操作技能，从而得心应手地运用电脑进行工作和学习。

本书导读

Excel 是微软公司推出的 Microsoft Office 系列套装软件中的重要组成部分，当前最新版本是 2010。Excel 的功能强大、易于操作，用它可以制作电子表格，方便地输入数据、公式、函数以及图形对象，实现数据的高效管理、计算和分析，以及生成直观的图形、专业的图表等。基于上述特点，Excel 被广泛应用于文秘办公、财务管理、市场营销、行政管理和协同办公等事务中。本书从初学者的角度出发，兼顾中、高级读者，从文件的创建与管理到数据的输入与编辑、从表格的修饰美化到专业图表的制作等，一步一步，环环相扣，由浅入深，全面展开，系统地介绍了 Excel 2010 的各种操作知识和技巧，以帮助广大读者快速达到从入门到精通的学习目的。

本书内容丰富全面，讲解详细透彻，共分为 16 章，其中包括：初识 Excel 2010 新面貌，Excel 文件创建与管理，Excel 数据的输入与编辑，工作表格式设置与美化，使用公式，使用函数，应用图形、图像和艺术字，创建和编辑 Excel 图表，Excel 数据分析与管理，数据透视表和数据透视图，Excel 表格数据的运算，Excel 页面设置与打印，宏的应用技术，Excel 协作与共享，数据保护与安全，Excel 与 Word 的协助应用等知识。

本书特色

《电脑新课堂——新手学 Excel 完全掌握宝典》具有以下几大特色：

1. 内容精炼实用，轻松掌握

本书在内容和知识点的选择上非常精炼、实用与浅显易懂；在内容和知识点的结构安排上逻辑清晰、由浅入深，符合读者循序渐进、逐步提高的学习习惯。

首先精选适合Excel初学者快速入门、轻松掌握的必备知识与技能，再配合相应的实例操作与技巧说明，轻松阅读、易学易用，起到事半功倍、一学必会的效果。

2. 全程图解教学，一看即会

本书使用“全程图解”的讲解方式，以图解方式将各种操作直观地表现出来，配以简洁的文字对内容进行说明，并在插图上进行步骤操作标注，更准确地对各个知识点进行演示讲解。形象地说，初学者只需“按图索骥”地对照图书进行操作练习和逐步推进，即可快速掌握Excel表格操作的丰富技能。

前言 Foreword

3. 全新教学体例，赏心悦目

我们在编写本书时，非常注重初学者的认知规律和学习心态，每章都安排了“章前知识导读”、“本章学习重点”、“重点实例展示”、“精彩视频链接”和“高手点拨”等特色栏目，让读者可以在赏心悦目的教学体例下方便、高效地进行学习。

4. 精美排版，双色印刷

本书在版式设计与排版上更加注重适合阅读与精美实用，并采用全程图解的方式排版，重点突出图形与操作步骤，以便于读者进行查找与阅读。

本书使用双色印刷，完全脱离传统黑白图书的单调模式，既便于读者区分、查找与学习，又图文并茂、美观实用，让读者可以在一个愉快舒心的氛围中逐步完成整个学习过程。

5. 互动光盘，超长播放

本书配套交互式、多功能、超长播放的DVD多媒体教学光盘，精心录制了所有重点操作视频，并配有音频讲解，与图书相得益彰，成为绝对超值的学习套餐。

适用读者

本书主要讲解 Excel 应用操作知识与相关技巧，着重提高初学者实际操作与运用的能力，非常适合以下读者群体阅读：

（1）没有任何Excel操作经验的初学者。

（2）对Excel软件有些了解但不精通的学习者。

（3）从事各种办公工作的在职人员。

（4）大中专院校的在校学生和社会电脑培训机构的学员。

（5）想在短时间内全面掌握Excel操作使用技能的其他读者。

售后服务

如果读者在使用本书的过程中遇到问题或者有好的意见或建议，可以通过发送电子邮件（E-mail：zhuoyue@china-ebooks.com）或者通过网站：http://www.china-ebooks.com 联系我们，我们将及时予以回复，并尽最大努力提供学习上的指导与帮助。

希望本书能对广大读者朋友提高学习和工作效率有所帮助，由于编者水平有限，书中可能存在不足之处，欢迎读者朋友提出宝贵意见，我们将加以改进，在此深表谢意！

编　者

Contents 目录

第 1 章　初识 Excel 2010 新面貌

Excel 2010 是最新版本的电子表格制作软件，本章将对其启动与退出、工作界面、视图方式，以及其新增功能进行详细介绍。通过对本章的学习，无论是 Excel 新用户，还是使用 Excel 以前版本的老用户，都可以全面领略 Excel 2010 的新面貌。

第 2 章　Excel 2010 基本操作

本章将介绍 Excel 2010 的基本操作知识，其中包括工作簿的基本操作，工作表的基本操作，工作簿的多窗口显示，以及 Excel 2010 工作环境设置等。这是使用 Excel 2010 制作电子表格的最基本的操作，所以读者应该熟练掌握。

第 3 章　Excel 数据的输入与编辑

使用 Excel 处理数据时，数据的输入与编辑是最重要的基本操作。本章将详细介绍 Excel 数据的输入与编辑知识，其中包括单元格的基本操作，手动输入数据，填充数据，添加与管理批注，数据查找和替换，以及撤销与恢复操作等知识。

第 4 章 工作表格式设置与美化

工作表的格式设置与美化是设计特定工作表格的必要操作，在各种实际应用情景下都要用到。本章将介绍如何设置工作表的数据与字符格式，格式化单元格，文字拼音，自动套用格式，使用样式，以及使用条件格式等知识。

第5章 使用公式

与数据的存储相比，Excel对数据的处理能力更能体现出软件的效率和优势。公式是Excel重要的应用工具，便于用户处理各种数据。本章将介绍公式使用的相关知识，其中包括公式的基本操作，引用单元格，使用复杂公式，使用数组公式，以及审核公式等。

第6章 使用函数

Excel 2010继承了上一版本的强大函数库，并对部分函数进行了调整，同时保留了过渡性的函数。本章将对使用函数的基础操作，以及文本函数、日期时间函数、数学函数三大常用函数类型进行详细讲解，读者应该熟练掌握。

第 7 章 设计艺术化工作表

插入图形、图像和艺术字等都是增强工作表直观性的常用手段，能够满足用户在电子表格制作中的各种特殊需要。本章将对在工作表中插入图形、插入艺术字、插入图片、插入 SmartArt 图形，以及插入文本框和对象等进行详细介绍，读者应该熟练掌握。

第 8 章 创建和编辑 Excel 图表

在 Excel 2010 中，为了更直观地表现工作簿中抽象的数据，可以在表格中创建 Excel 图表以清楚地了解各个数据的大小及变化情况，便于对数据进行对比和分析。本章将全面介绍 Excel 中的柱形图、折线图等各类图表，图表的插入的编辑，以及使用误差线和趋势线等知识。

第 9 章 Excel 数据分析与管理

在 Excel 实际应用中，经常需要对数据进行多种分析与管理，本章将详细介绍数据分析与管理的相关知识，其中包括使用记录单，数据排序，数据筛选，分类汇总等，帮助读者轻松掌握对各种表格数据进行分析处理的方法和技巧。

第 10 章 数据透视表和数据透视图

如果数据排序、筛选和分类汇总等不能满足数据分析的需要，此时就需要使用数据透视表功能。数据透视表是对数据的查询与分析，是深入挖掘数据内部信息的重要工具；数据透视图则是数据透视表的图形展示。本章将详细介绍数据透视表和数据透视图的相关知识。

第 11 章 Excel 表格数据的运算

本章将对表格数据的运算进行介绍，重点讲解单变量求解、规划求解分析产品最大利润、使用方案等，另外还介绍部分常用的数据统计分析工具，如直方图、回归分析等工具，读者应该熟练掌握。

Contents 目录

第12章 Excel页面设置与打印

在制作好Excel表格之后，即可将其打印输出。本章将对使用Excel打印输出数据的方法进行全面介绍，其中包括设置页面版式，设置打印选项，打印预览与打印，使用分页符、设置页眉和页脚，以及添加工作表水印效果等，读者应该熟练掌握。

第13章 宏的应用技术

宏是一种动作录像器，主要用于需要重复操作的情况，是一种批处理工具，可以提高工作效率。本章将对在Excel中使用宏进行简单介绍，读者应该对宏的应用进行初步的掌握。

第14章 Excel协作与共享

为了实现多人共同编辑工作表中的数据，Excel提供了协作与共享的机制，而不再是仅限于同一时间一个用户进行处理，这为团队使用Excel工作提供了很大的方便。本章将详细介绍如何使用共享工作簿，如何解决共享工作簿中的冲突修订，以及如何使用云工作等知识。

第 15 章　数据保护与安全

Excel 提供了全方位的对数据的保护机制，可以对工作簿、工作表等设置各种打开、修改等不同的保护方式，可以通过用户、密码与数字签名等保护数据。本章将详细介绍如何隐藏保护数据，如何使用密码保护数据，以及如何使用其他方式保护数据等知识。

第 16 章　Excel 与 Word 的协作应用

在实际办公过程中，经常需要将 Excel 与 Word 等结合起来使用，如将 Excel 中的表格插入到 Word 中，或将 Word 中的内容转移到 Excel 中，甚至需要与 Access 交换数据等。本章将对 Excel 与 Word 的协作应用知识进行详细介绍。

第1章 初识Excel 2010新面貌

Excel 2010是最新版本的电子表格制作软件，本章将对其启动与退出、工作界面、视图方式，以及其新增功能进行详细介绍。通过对本章的学习，无论是Excel新用户，还是使用Excel以前版本的老用户，都可以全面领略Excel 2010的新面貌。

本章学习重点

1. Excel 2010简介
2. Excel 2010的启动与退出
3. 熟悉Excel 2010的工作界面
4. Excel 2010的视图方式
5. Excel 2010的新增功能

重点实例展示

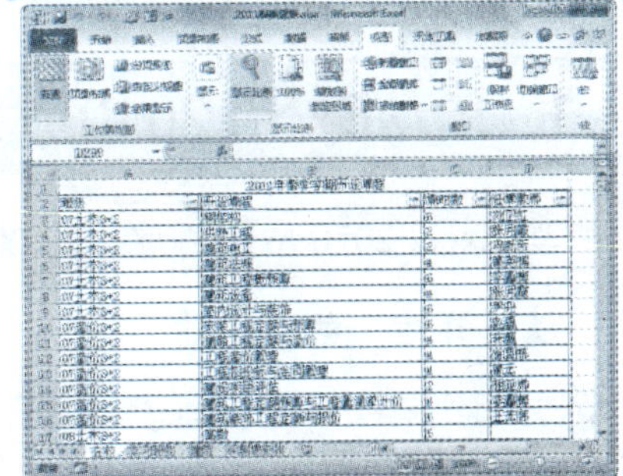

页面布局视图

本章视频链接

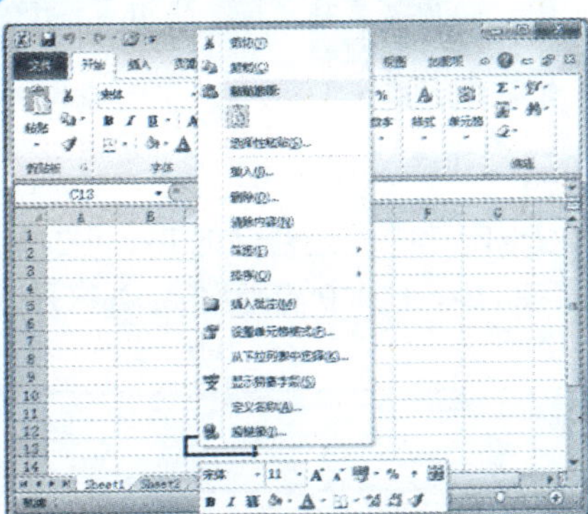

使用右键快捷菜单

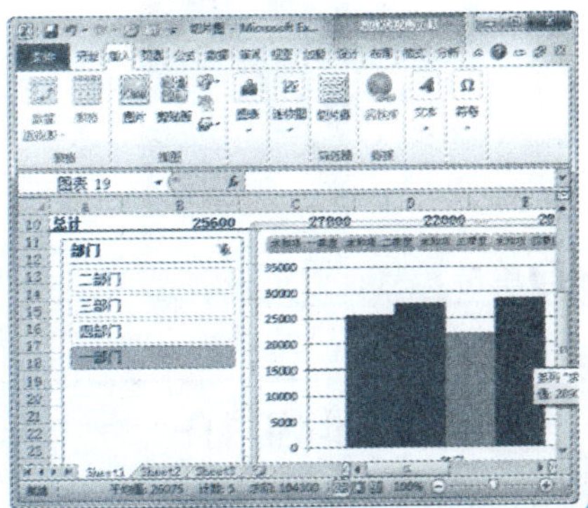

切片图

1.1 Excel 2010简介

Excel 2010 是 Office 2010 套装软件的重要组件部分，是微软公司最新推出的一款出色的电子表格软件，用于完成电子表格制作，复杂的数据运算，以及数据分析和预测等。Excel 具有强大的图表功能，利用其图表功能可以直观、快捷地查看及分析数据。最新版本的 Excel 2010 从界面到功能都进行了全新的变革，其中包括全新设计的优美界面，稳定安全的文件格式，以及高效的沟通协作方式等，为用户提供了强大的数据运算及数据分析平台，具有用户界面友好、操作简单、易学易用等特点。

1.2 Excel 2010的启动与退出

Excel 2010 的启动和退出是最基本的操作，下面将介绍 Excel 2010 常用的启动与退出方法。

1.2.1 启动Excel 2010

要启动 Excel 2010 应用程序，可以利用以下几种方法：

方法一：从“开始”菜单启动

单击“开始”按钮，打开“开始”菜单，然后单击“所有程序”| Microsoft Office | Microsoft Office Excel 2010 命令，即可启动 Excel 2010，如下图所示。

方法二：双击快捷方式图标

双击桌面上的 Excel 2010 快捷方式图标，也可以快速启动 Excel 2010，如下图所示。

方法三：双击文档启动

双击电脑中已经存储的 Excel 文档，可以直接启动 Excel 2010 应用程序，并打开该文档。

1.2.2 退出Excel 2010

Excel 2010 的退出方法有以下几种：

方法一：通过单击标题栏“关闭”按钮退出

单击 Excel 2010 标题栏右上角的“关闭”按钮，即可退出 Excel 2010，如下图所示。

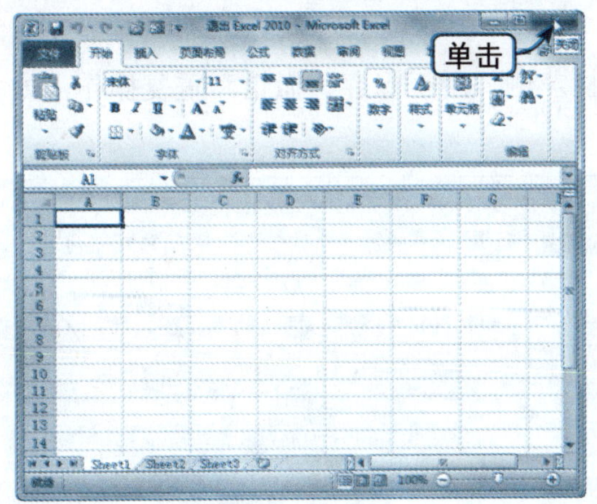

方法二：通过“文件”选项卡关闭

选择“文件”选项卡下的“退出”选项，即可退出 Excel 2010，如下图所示。

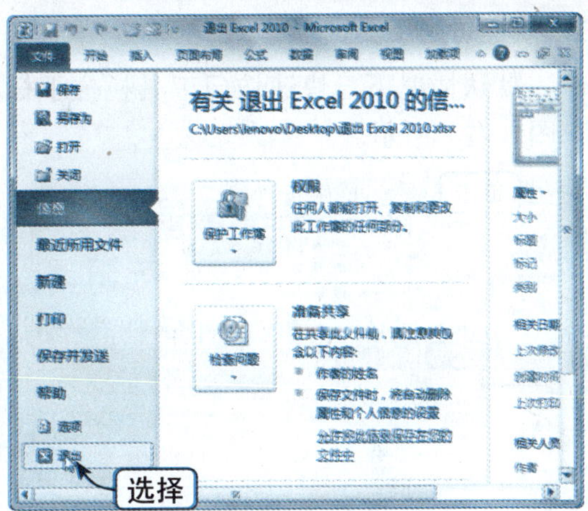

方法三：使用快捷键关闭

按【Alt+F4】快捷键，也可以直接退出 Excel 2010 应用程序。

1.3 熟悉Excel 2010的工作界面

启动 Excel 2010 后，就可以看到它的工作界面。与以前版本相比，Excel 2010 的工作界面有了相当大的变化，其功能更加强大，操作更加方便。下面将简单介绍 Excel 2010 的工作界面。

1．工作界面介绍

Excel 2010 工作界面主要由 Excel 标志按钮、快速访问工具栏、标题栏、功能区、工作表区，以及状态栏等组成，如下图所示。

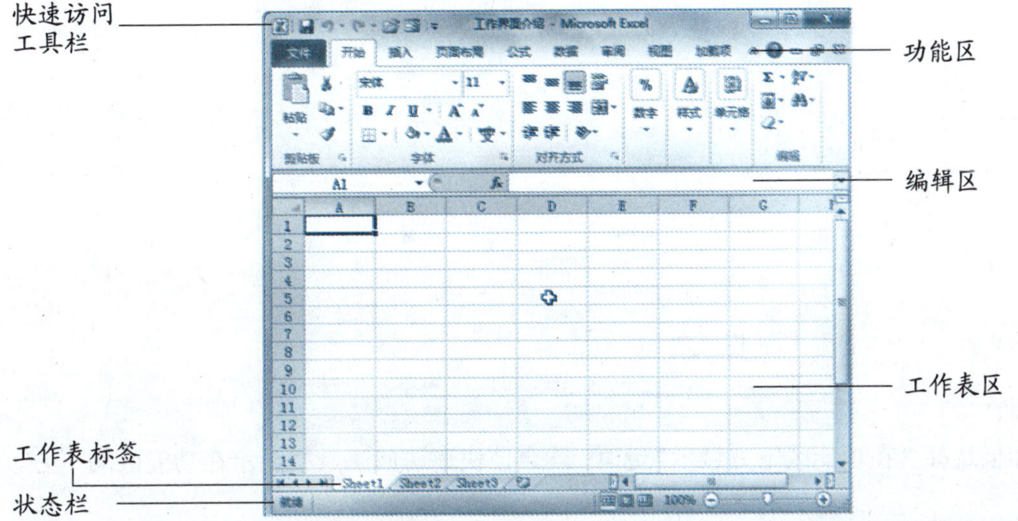

2．Excel 2010按钮

在 Excel 2010 工作界面左上角有一个 标志按钮，单击此按钮会弹出一个下拉菜单，如下图（左）所示。使用此下拉菜单可以移动、改变和关闭 Excel 2010 窗口。

3．快速访问工具

默认情况下，快速访问工具栏位于标题栏左侧，用于保存、撤销和重复操作，如下图（右）所示。

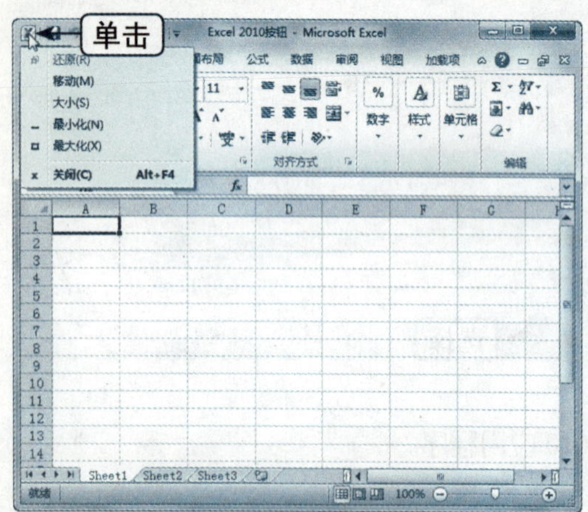

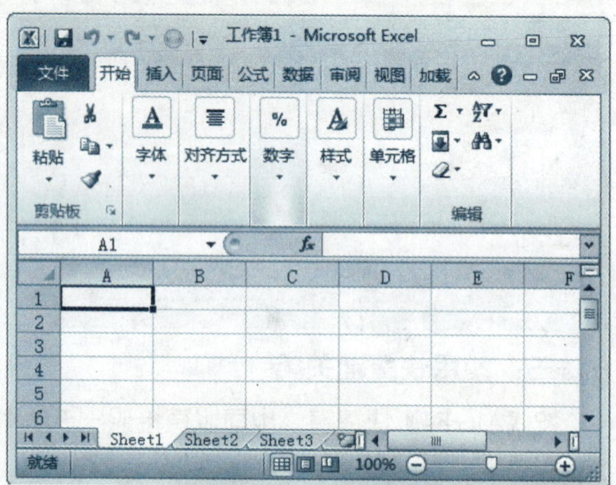

其中，各按钮的功能如下：

◎“保存”按钮：用于保存文件。

◎“撤销”按钮：用于撤销上一步操作，也可以按【Ctrl+Z】组合键撤销上一步操作。可以多次单击此按钮或按【Ctrl+Z】组合键，将文件恢复到初始的状态。

◎“重复”按钮：用于重做撤销的操作。

◎ 自定义快速访问工具栏按钮：用于自定义快速访问工具栏，单击此按钮将弹出一个快捷菜单，如下图所示。

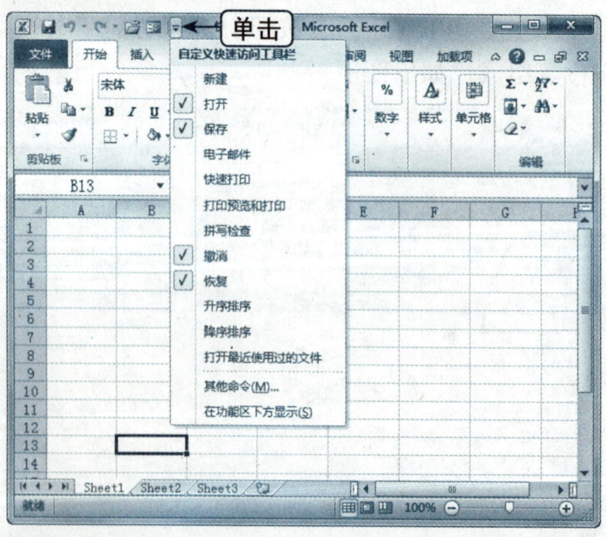

如果选择“在功能区下方显示”选项，就会使快速访问工具栏显示在功能区的下方。

4. 标题栏

Excel 2010 标题栏左侧为快速访问工具栏。标题栏显示的内容是当前正在编辑的工作簿名称和程序名称。标题栏右侧是三个按钮，它们分别是“最小化”按钮，“还原”按钮（“最大化”按钮），“关闭”按钮。

5. 功能区

在 Excel 2010 标题栏下方就是功能区。功能区能够帮助用户快速找到想要完成某一任务所需要的命令，同类命令组成一个组，集中放在某个区域内。每个区域只与一种类型的操作相关。Excel 2010 的功能区主要包括“文件”、“开始”、“插入”、“页面布局”、“公式”、“数据”、“审阅”等，如下图所示。

（1）“文件”按钮

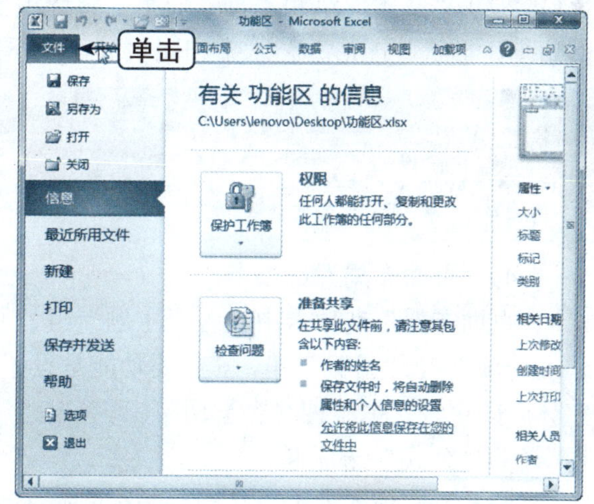

“文件”按钮代替了以往版本的“文件”菜单，它位于程序窗口的左上角。单击“文件”按钮，就会显示出许多基本选项，如“打开”、“保存”、“另存为”和“关闭”等，如右图所示。其中：

◎ **保存**：用于将用户创建的工作簿保存下来。

◎ **另存为**：用于将文件按用户指定的文件名、格式和位置保存下来。若要保存的文件从未保存过，则可以选择“保存”选项，会弹出“另存为”对话框。

◎ **打开**：用于打开用户已经创建好的工作簿，要对该工作簿进行更改或查看，即可使用“打开”选项。

◎ **关闭**：用于关闭当前打开的 Excel 文档。如果要关闭当前的工作簿，则选择“文件”选项卡中的“关闭”选项。

◎ **信息**：用于显示有关工作簿的信息，如工作簿的大小、标题、标记、类别、上次修改时间、创建时间、上次打印时间、作者等，并且可以设置工作簿的操作权限及检查问题等。

◎ **最近**：用于查看最近用过的一些工作簿，可以帮助用户快速打开最近用过的工作簿。

◎ **新建**：用于创建一个新的 Excel 工作簿。

◎ **打印**：用于设置将要被打印文档的范围、份数、页边距及纸张的大小。

◎ **共享**：可以将编辑好的工作簿通过 E-mail、Internet 传真发送出去，并且可以创建 PDF/XPS 文档。

◎ **帮助**：用于获取帮助信息，以及检查 Excel 程序更新等。

◎ **选项**：用于打开“Excel 选项”对话框，用户可以根据自己的使用习惯设置 Excel 2010 程序的工作方式。

◎ **退出**：用于关闭 Excel 程序。如果想关闭打开的 Excel 程序，则选择“文件”选项卡中的“退出”选项即可。

（2）“开始”选项卡

Excel 2010 被启动后，在功能区默认打开的就是“开始”选项卡。在“开始”选项卡中有“剪贴板”组、“字体”组、“对齐方式”组、“数字”组、“样式”组、“单元格”组和“编辑”组，在选项卡中组的右下角有一个 按钮，该按钮表示这个组还包含其他的操作窗口或对话框，可以进行更多的设置和选择，如下图（左）所示。

（3）“插入”选项卡

该选项卡中包括“表格”组、“插图”组、“图表”组、“迷你图”组、“筛选器”组、“链接”组、“文本”组和“符号”组。该选项卡主要为表格插入各种绘图元素，如图片、剪贴画、形状、图形、艺术字和图表等，如下图（右）所示。

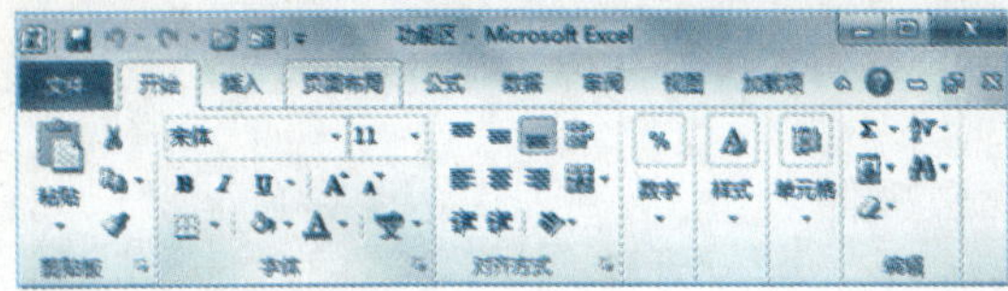

（4）“页面布局”选项卡

“页面布局”选项卡中包含“主题”组、“页面设置”组、“调整为合适大小”组、“工作表选项”组、“排列”组，其主要功能是设置工作簿布局，如页边距、纸张方向、背景、字体、颜色等，如下图（左）所示。

（5）“公式”选项卡

“公式”选项卡中主要是一些与公式有关的按钮和工具，其中包括“函数库”组、“定义的名称”组、“公式审核”组和“计算”组。“函数库”组包含了 Excel 2010 提供的各种函数类型，单击其中的一个按钮，即可直接打开相应的函数列表；如果将鼠标指针移到函数名称上，就会显示该函数的说明，如下图（右）所示。

（6）“数据”选项卡

“数据”选项卡中包括“获取外部数据”组、“连接”组、“排序和筛选”组、“数据工具”组和“分级显示”组，如下图（左）所示。

（7）“审阅”选项卡

“审阅”选项卡中包括“校对”组、“中文简繁转换”组、“语言”组、“批注”组和“更

改”组，如下图（右）所示。

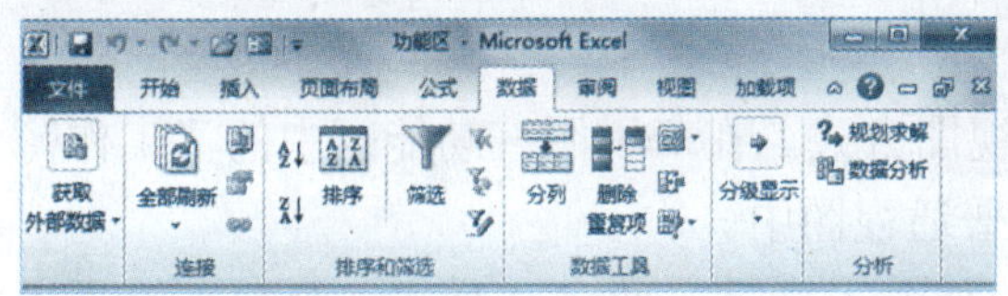

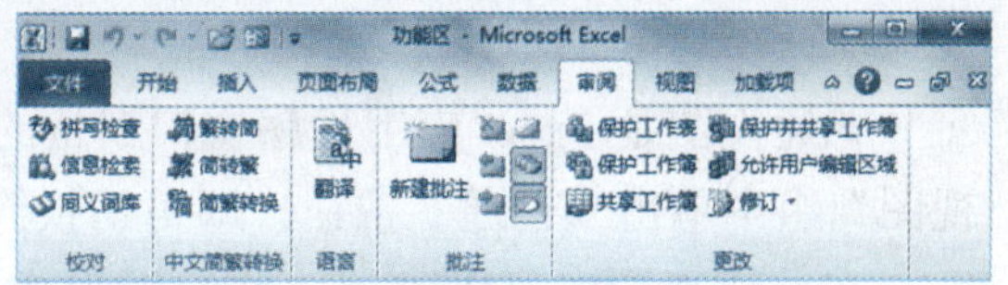

（8）“视图”选项卡

“视图”选项卡中包括“工作簿视图”组、“显示”组、“显示比例”组、“窗口”组和“宏”组，如下图（左）所示。

（9）“加载宏”选项卡

“加载宏”选项卡中包括“菜单命令”组和“自定义工具栏”组，如下图（右）所示。

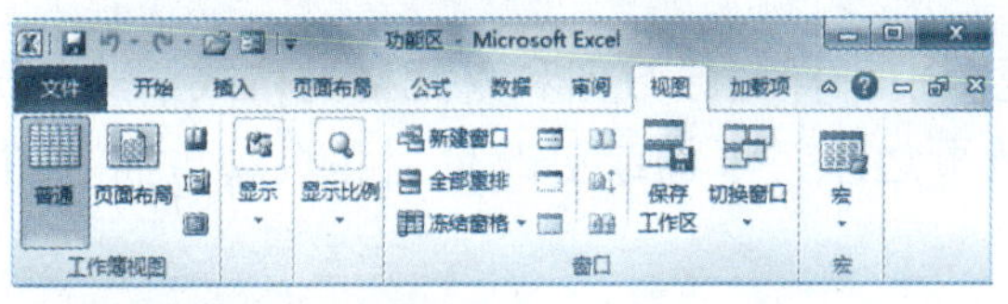

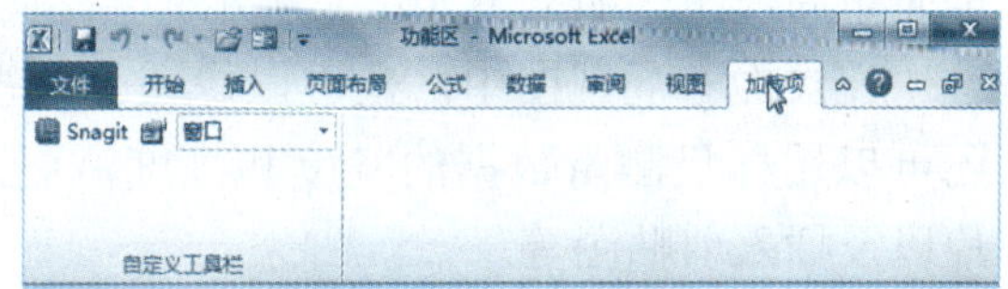

6. 使用右键快捷菜单

Excel 2010还提供了可以根据操作对象不同而自动调整内容的快捷菜单。将鼠标指针移到要操作的对象上右击，将会弹出一个菜单，称之为快捷菜单。熟练使用快捷菜单将使Excel的编辑工作更加简便，效率更高，如右图所示。

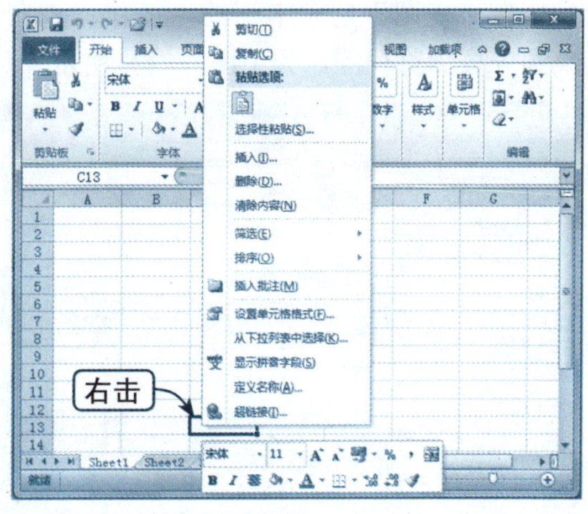

7. 使用状态栏

状态栏位于Excel 2010窗口的下方，在状态栏中会显示出当前工作簿窗口正在进行的操作。例如，默认情况下状态栏显示“就绪”字样，表示工作表正准备接受新的信息。在单元格中输入数据时，状态栏会显示“输出”字样。当对单元格中内容进行编辑或修改时，状态栏会显示“编辑”字样。

在状态栏中有各种视图按钮，单击其中某视图按钮即可切换到该按钮对应的视图，单击 ⊕ 和 ⊖ 按钮即可改变工作表的显示比例，如下图所示。

1.4 Excel 2010的视图方式

视图是Excel应用程序窗口在电脑屏幕上的显示方式，主要包括5种视图方式，分别是普通视图、页面布局视图、分布预览视图、全屏显示视图和自定义视图。下面将

分别对这5种视图方式进行简单介绍。

1．普通视图

普通视图是Excel应用程序窗口默认的视图方式。在“视图”功能区中的“工作簿视图”组中单击“普通”按钮，即可切换到普通视图中。

在普通视图中可以进行一些编辑操作，如输入文字、数字、公式、函数、符号以及编码等，同时也可以插入图片、图形、创建图表、创建数据透视表、创建宏等，还可以对单元格和单元格区域的格式进行设置。

2．页面布局视图

在“视图”选项卡下的“工作簿视图”组中单击“页面布局”按钮，即可切换到页面布局视图，如下图（左）所示。

在页面布局视图中，也可以像在普通视图中一样更改数据和单元格的格式。此外，还可以用标尺测量数据的宽度和高度，更改页边距，添加或更改页眉和页脚，插入图片以及插入剪贴画等。

3．分页预览视图

在“视图”选项卡下的“工作簿视图”选项卡中单击“分页预览”按钮，即可切换到分页预览视图，如下图（右）所示。

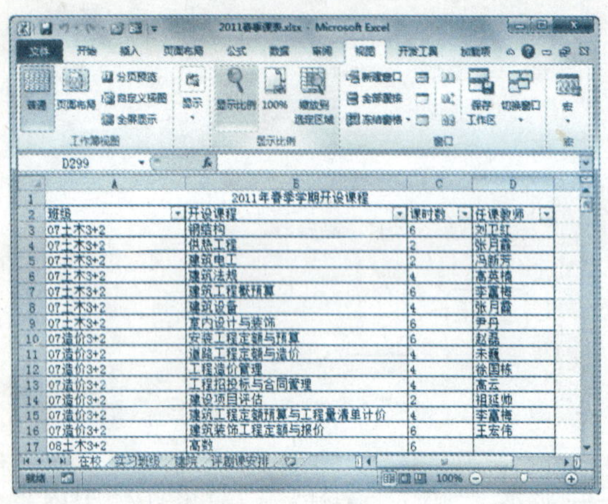

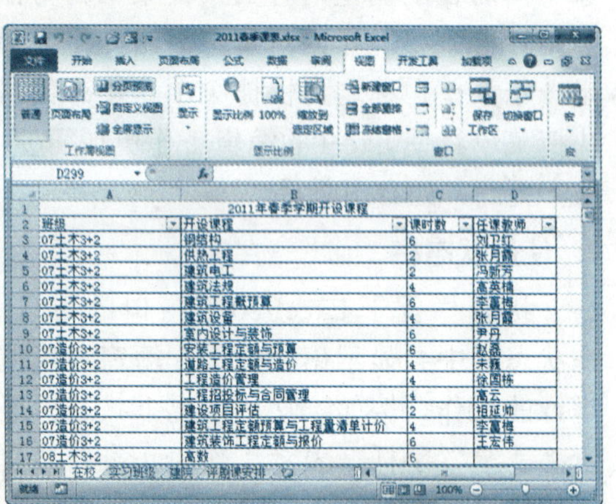

分页预览视图是将活动工作表切换为分页预览状态，它是按打印预览的方式显示工作表的视图。在分布预览视图中，可以使用鼠标来拖动上、下、左、右分页符来调整工作表的分页效果，使其行和列调整到适合页面大小。

4．全屏显示视图

在“视图”选项卡下的“工作簿视图”组中单击“全屏显示”按钮，即可把当前活动工作表切换到全屏显示状态，如下图所示。

在该视图中，Excel窗口可以尽可能多地显示文档所有的内容，同时会自动隐藏工具栏、菜单栏、功能区等，以增大显示区域。如果想关闭全屏显示视图，则在标题栏中双击鼠标左键即可。

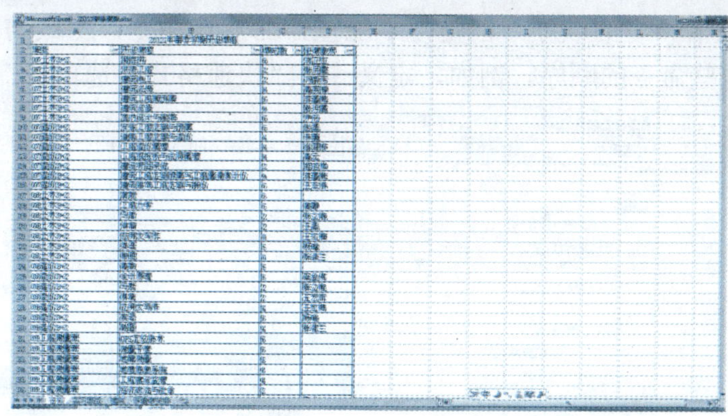

5. 自定义视图

在"视图"选项卡下的"工作簿视图"组中单击"自定义视图"按钮，将弹出一个关于自定义视图的视图管理器对话框，如右图所示。

在"视图管理器"对话框中，可以添加自己已定义好的显示方式和打印设置的视图，保存该视图，当用户想使用同样的显示方式和打印设置时，即可从自定义视图列表中选择该视图。

1.5 Excel 2010的新增功能

Excel 2010 不但具有强大的功能，而且使用起来也十分简单方便，可以直观地完成各种功能的简单操作。与以往版本相比，Excel 2010 主要有以下新增功能：

1. Backstage视图

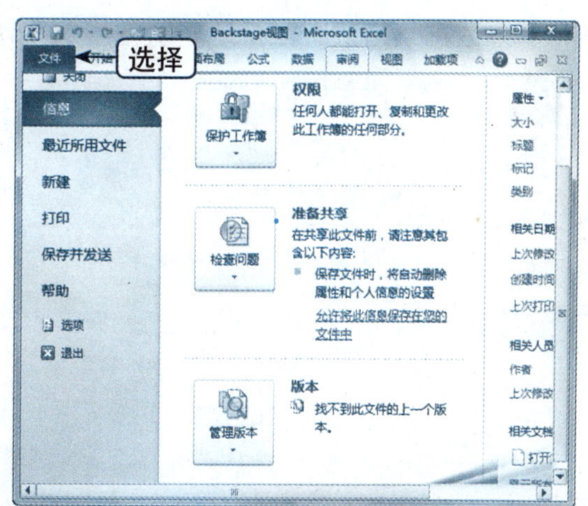

Backstage 视图是 Excel 2010 程序中的新增功能，它是 Microsoft Office Fluent 用户界面的最新创新技术，并且是功能区的配套功能。选择"文件"选项卡，即可访问 Backstage 视图，用户可在此打开、保存、打印、共享和管理文件，以及设置程序选项，如右图所示。

2. 自定义功能区

Excel 2007 中首次引入了功能区，利用功能区用户可以轻松地查找以前隐藏在复杂菜单和工具栏中的命令和功能。尽管在 Excel 2007 中可以将命令添加到快速访问工具栏，但无法在功能区上添加用户自己的选项卡或组。但在 Excel 2010 中，用户可以创建自己的选项卡和组，还可以重命名

或更改内置选项卡和组的顺序。但是，不能重命名默认命令，更改与这些命令关联的图标，或更改这些命令的顺序。例如，定义一个“快速格式”选项卡，如下图所示。

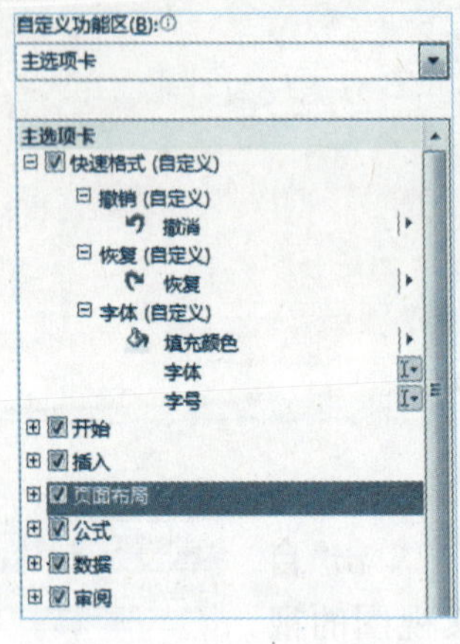

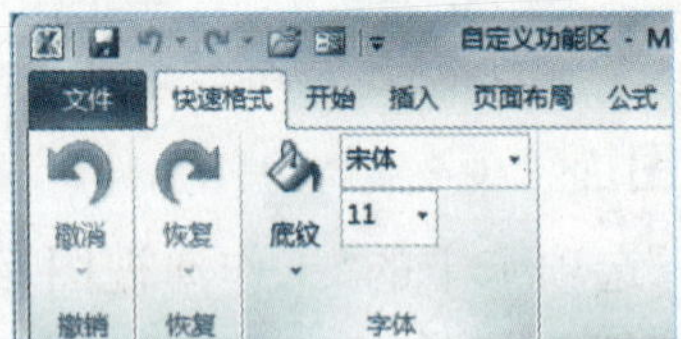

3．迷你图

用户可以使用迷你图（适合单元格的微型图表）以可视化方式汇总趋势和数据。由于迷你图在一个很小的空间内显示趋势，因此对于仪表板或需要以易于理解的可视化格式显示业务情况时，迷你图尤其有用。例如，一看如下图（左）所示的迷你图，就可以立即了解各个部门在一年中的绩效。

4．切片图

切片器是 Excel 2010 中的新增功能，它提供了一种可视性极强的筛选方法来筛选数据透视表中的数据。一旦插入切片器，用户即可使用按钮对数据进行快速分段和筛选，以仅显示所需的数据。此外，对数据透视表应用多个筛选器之后，用户不再需要打开一个列表来查看对数据所应用的筛选器，这些筛选器会显示在屏幕上的切片器中。用户可以使切片器与工作簿的格式设置相符，并且能够在其他数据透视表、数据透视图和多维数据集函数中轻松地重复使用这些切片器，如下图（右）所示。

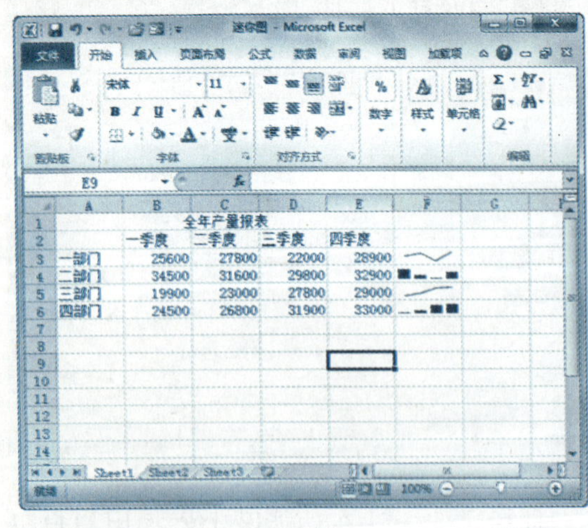

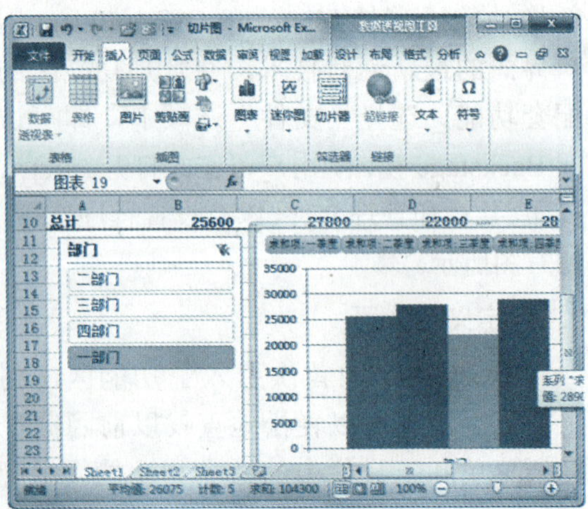

5．粘贴预览

使用带实时预览的粘贴功能，用户可以在 Excel 2010 中或多个其他程序之间重复使用内容时节省时间。用户可以使用此功能预览各种粘贴选项，如“保留源列宽”、“无边框”或“保留源格式”。通过实时预览，可以在将粘贴的内容实际粘贴到工作表中之前确定此内容的外观。当将鼠标指针移到“粘贴选项”上方预览结果时，将看到一个菜单，其中所含菜单项将根据上下文而变化，以更好地适应要重复使用的内容。屏幕提示提供的附加信息可以帮助用户作出正确的决策，如右图所示。

6. 数据透视图增强功能

当在Excel表格、数据透视表和数据透视图中筛选数据时，用户可以使用新增的搜索框，该搜索框可以帮助用户在大型工作表中快速找到所需的内容。例如，若要在备有多个项目的目录中查找特定内容，需先输入搜索词，此时相关项目会立即显示在列表中。用户可以通过取消选择不希望显示的内容来进一步缩小结果范围，如右图所示。

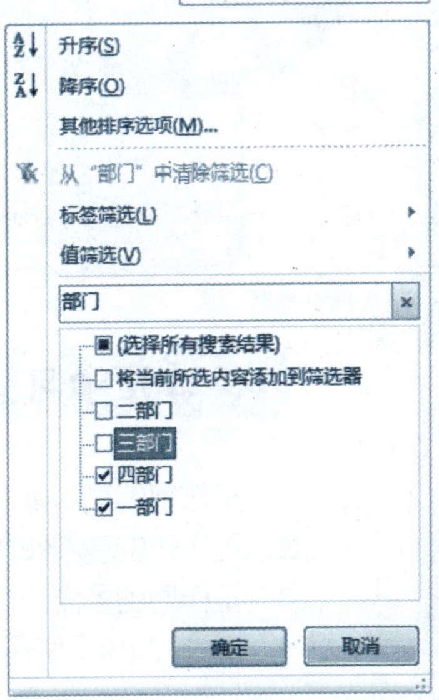

◎ **性能增强**：在Excel 2010中，多线程有助于提高数据透视表中数据检索、排序和筛选的速度。

◎ **数据透视表标签**：为了更便于用户使用数据透视表，现在用户可以在数据透视表中向下填充标签，还可以在数据透视表中重复标签，以显示所有行和列中嵌套字段的项目标题。

◎ **增强的筛选功能**：通过单击数据透视表中的筛选按钮，用户可以使用筛选器筛选数据透视表数据，以及在不打开其他菜单的情况下快速查看所应用的筛选器。此外，利用筛选界面中的新增搜索框，可以在数据透视表的项目中查找所需的数据。

◎ **回写支持**：在Excel 2010中，用户可以在OLAP数据透视表的值区域中更改值，并将其回写到OLAP服务器上的Analysis Services多维数据集。用户可以在模拟模式下使用回写功能，然后在不再需要更改时回滚这些更改，也可以保存这些更改。用户可以对支持UPDATE CUBE语句的任何OLAP提供程序使用此回写功能。

◎ **值显示方式功能**：此功能包含许多新增的自动计算，如“父行汇总百分比”、“父列汇总百分比”、“父级汇总的百分比”、“按某一字段汇总的百分比”、“按升序排名”和“按降序排名”等。

◎ **数据透视图增强**：通过添加和删除字段，可以更轻松地在数据透视图中直接筛选数据和重新组织图表布局。类似地，用户只需单击一次鼠标即可隐藏数据透视图上的所有字段按钮。

第2章 Excel 2010基本操作

本章将介绍 Excel 2010 的基本操作知识，其中包括工作簿的基本操作，工作表的基本操作，工作簿的多窗口显示，以及 Excel 2010 工作环境设置等。这是使用 Excel 2010 制作电子表格的最基本的操作，所以读者应该熟练掌握。

本章学习重点

1. 工作簿的基本操作
2. 工作表的基本操作
3. 工作簿的多窗口显示
4. Excel 2010工作环境设置

重点实例展示

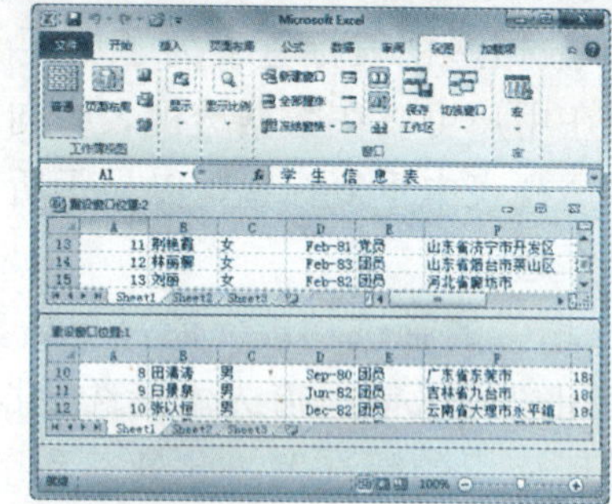

查看重设窗口位置

本章视频链接

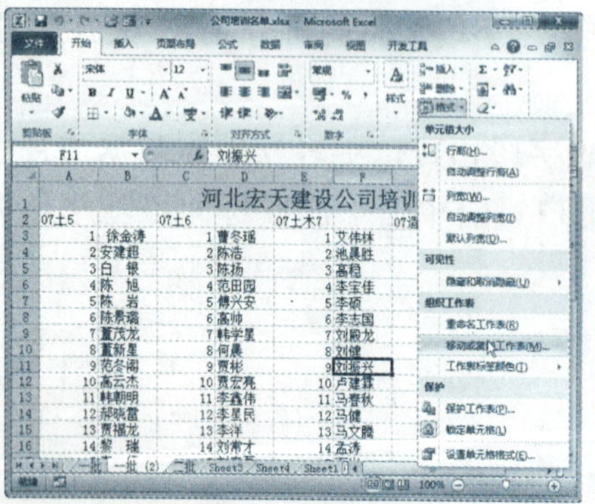

移动或复制表格内容

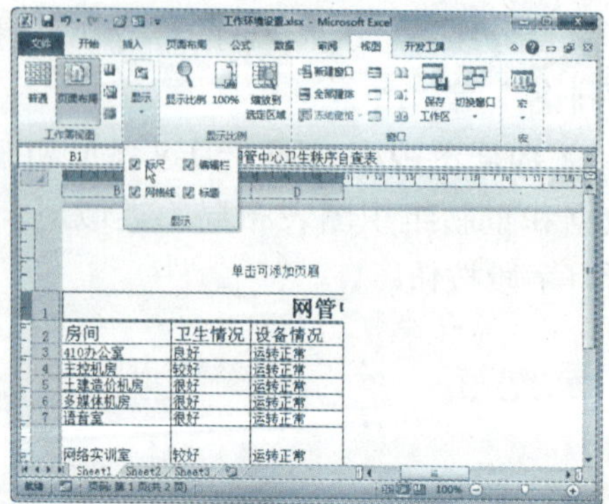

显示标尺

2.1 工作簿的基本操作

工作簿是 Excel 2010 的主要数据存储单位，一个工作簿即是一个硬盘文件。工作簿的主要操作包括新建、保存、关闭和打开工作簿等，下面将对工作簿的多种灵活操作方法进行介绍，读者可以全面掌握工作簿的常用操作技巧。

2.1.1 新建工作簿

启动 Excel 2010 后会自动新建一个工作簿，默认名称为“工作簿 1”。如果要新建一个新的工作簿，可以按照下面的方法进行操作：

Step 01 选择“新建”选项

选择“文件”选项卡，在弹出的 Backstage 视图中选择“新建”选项，如下图所示。

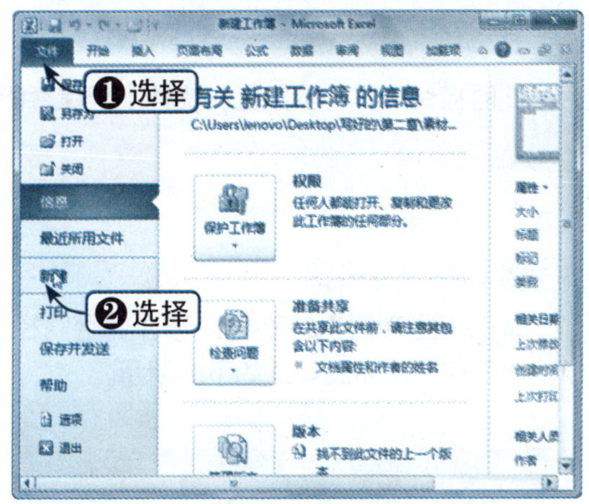

Step 02 选择“空白工作簿”选项

在窗口右侧选择“可用模板”栏中的“空白工作簿”选项，单击右侧窗格中的“创建”按钮，如下图所示。

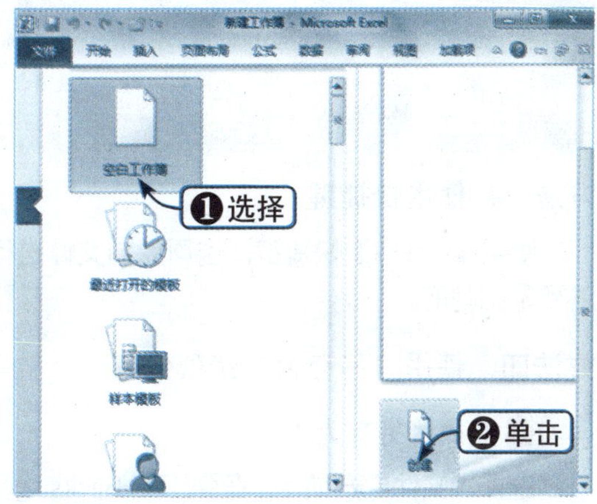

Step 03 查看新建空白工作簿效果

此时，即可完成空白工作簿的创建操作，新建的空白工作簿如下图所示。

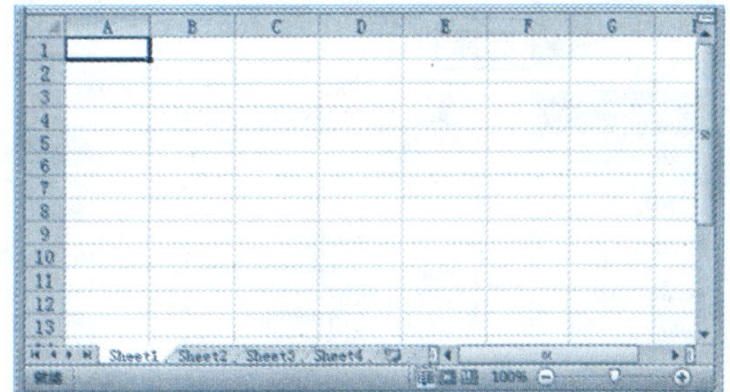

2.1.2 保存工作簿

工作簿都需要经过保存以后才能成为磁盘空间的实体文件，用于以后的读取和编辑。下面将对保存工作簿的方法进行详细介绍。

方法一：使用■按钮保存

单击快速工具栏中的■按钮，此时被保存文件的路径和文件上次保存的路径是相同的，如下图所示。

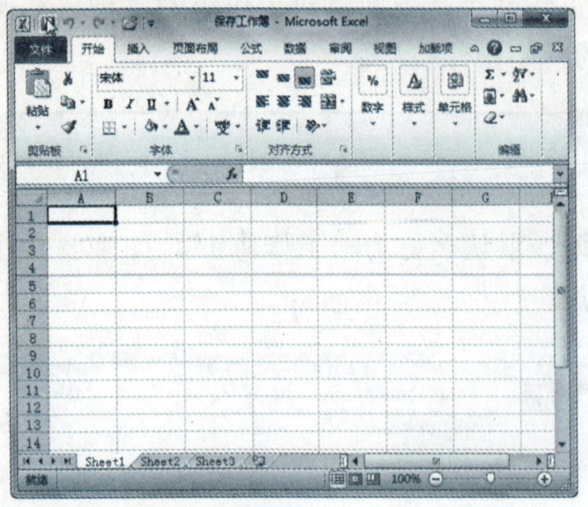

方法二：使用菜单命令

选择“文件”选项卡，在弹出的 Backstage 视图中选择“保存”选项，此时被保存文件的路径和文件上次保存的路径是相同的，如下图所示。

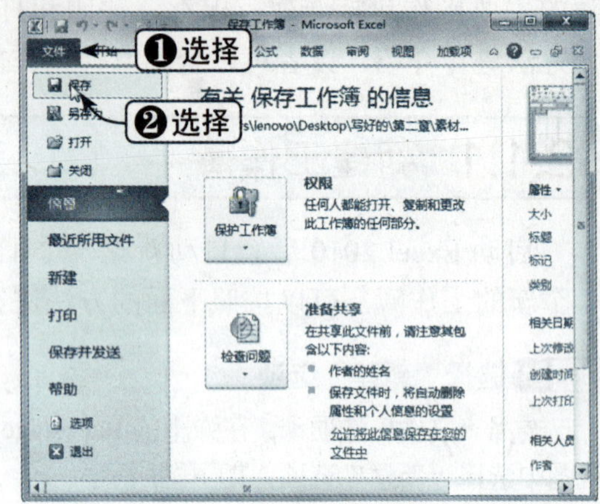

方法三：使用快捷键

使用【Ctrl+S】快捷键，也可以对文件进行保存，此时被保存文件的路径和文件上次保存的路径是相同的。

方法四：使用“另存为”选项保存

Step 01 选择“另存为”选项

选择“文件”选项卡，在弹出的 Backstage 视图中选择“另存为”选项，如下图所示。

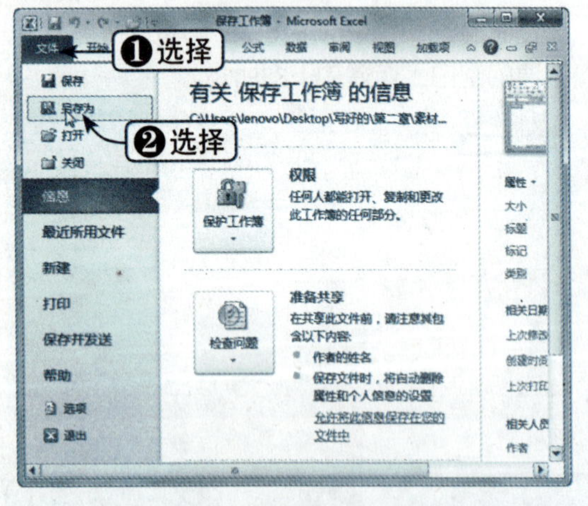

Step 02 选择保存路径

弹出“另存为”对话框，选择保存路径，单击“保存”按钮即可，如下图所示。

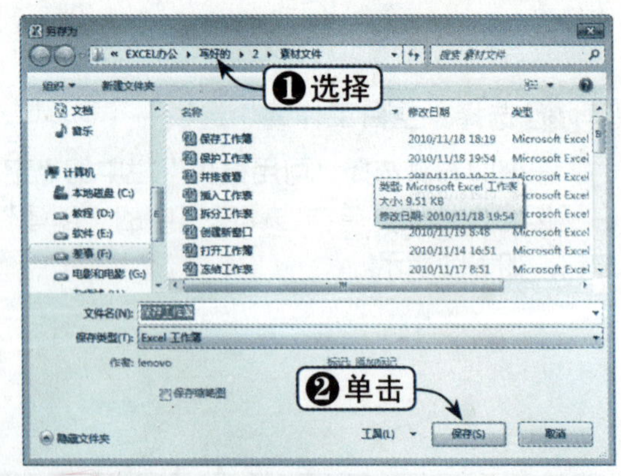

2.1.3 关闭工作簿

当工作簿编辑完成之后就应关闭文档，下面将对几种关闭方法进行详细介绍。

方法一：选择“关闭”选项关闭

单击“Excel 标志”按钮，在弹出的菜单中选择“关闭”选项，即可关闭整个 Excel 窗口，如下图所示。

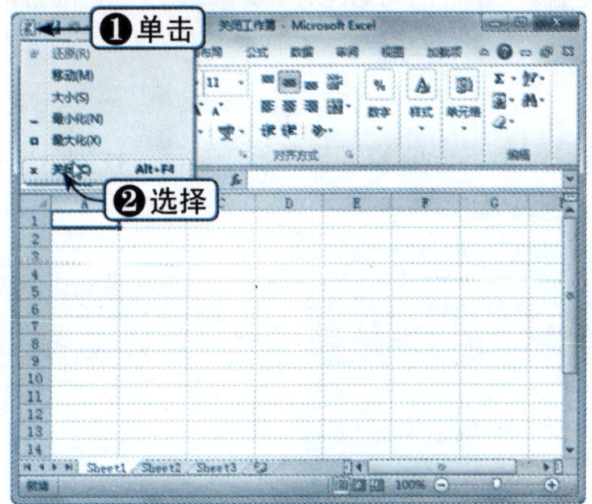

方法二：双击Excel标志按钮关闭

双击标题栏中的 Excel 标志按钮，也可以关闭整个 Excel 窗口。

方法三：单击关闭按钮关闭

单击窗口右上角的“关闭”按钮，可以直接关闭整个 Excel 窗口，如下图所示。

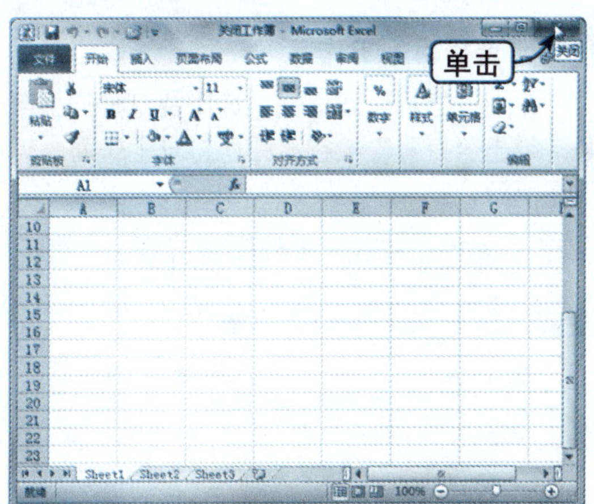

如果在此之前从未保存过工作簿，就会弹出提示信息框，单击“保存”按钮，按照默认的路径来保存工作簿；单击“不保存”按钮，则不保存对工作簿的修改，自动关闭工作簿；单击“取消”按钮，则撤销关闭工作簿操作，如下图所示。

方法四：在“文件”选项卡中关闭

选择“文件”选项卡，在左侧选择“关闭”选项，即可关闭工作簿，如下图所示。

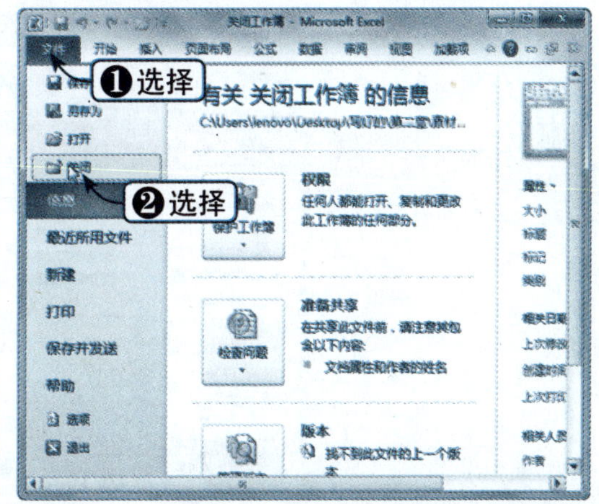

方法五：选择“关闭”快捷选项关闭

右击标题栏，选择快捷菜单中的“关闭”选项，即可关闭整个 Excel 窗口，如下图所示。

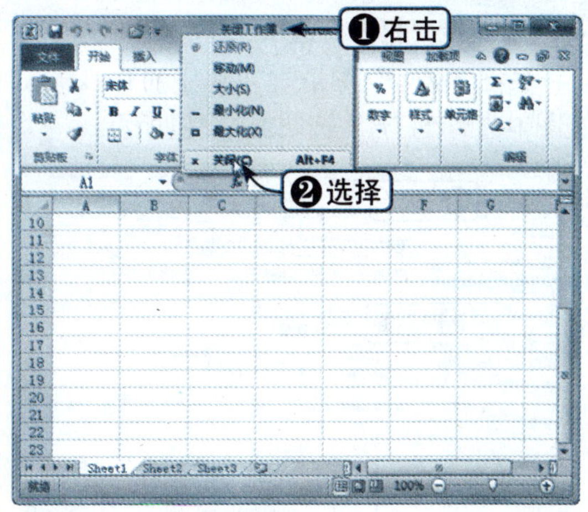

方法六：使用快捷键关闭

按【Alt+F4】快捷键，或按【Ctrl+W】快捷键，或按【Ctrl+F4】快捷键，也可以直接关闭工作簿。

2.1.4 打开工作簿

当用户启动 Excel 2010 后，系统会自动打开一个工作簿。如果需要打开以前已经保存好的工作簿，就需要找到该文件保存的位置，当然也可以以只读方式打开。下面将对打开工作簿的几种方法进行介绍。

方法一：

单击桌面任务栏中“Windows 资源管理器”，弹出“Windows 资源管理器”窗口，找到目标文件，在窗口右侧双击目标文件，即可打开工作簿，如下图所示。

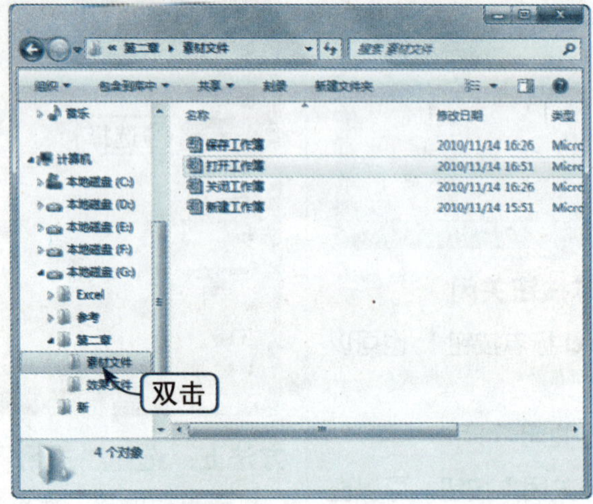

方法二：

Step 01 选择“打开”选项

选择“文件”选项卡，在弹出的 Backstage 视图中选择“打开”选项，如下图所示。

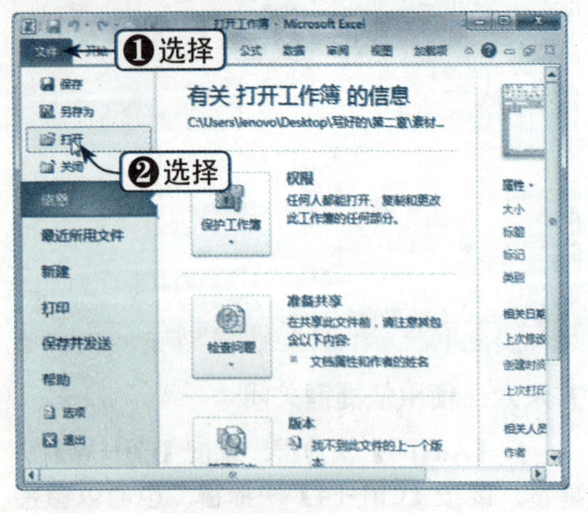

Step 02 选择目标工作簿

弹出“打开”对话框，选择要打开的工作簿，单击“打开”按钮，即可打开工作簿，如下图所示。

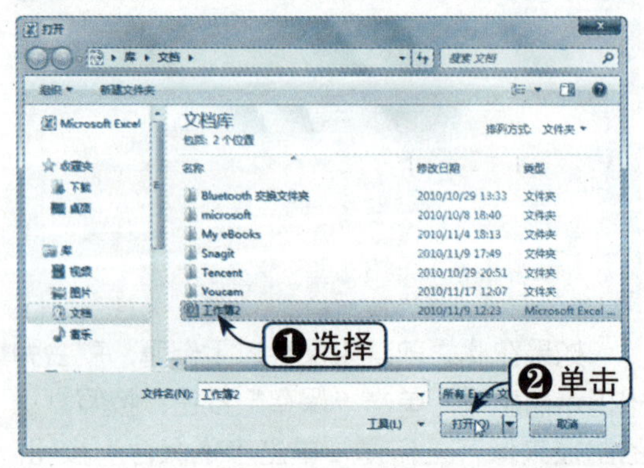

方法三：

按【Ctrl+O】快捷键，弹出“打开”对话框，找到目标文件并将其选中，单击“打开”按钮，即可打开工作簿。

方法四：

Step 01 单击“打开”按钮

单击“快速访问工具栏”上的“打开”按钮，如下图所示。

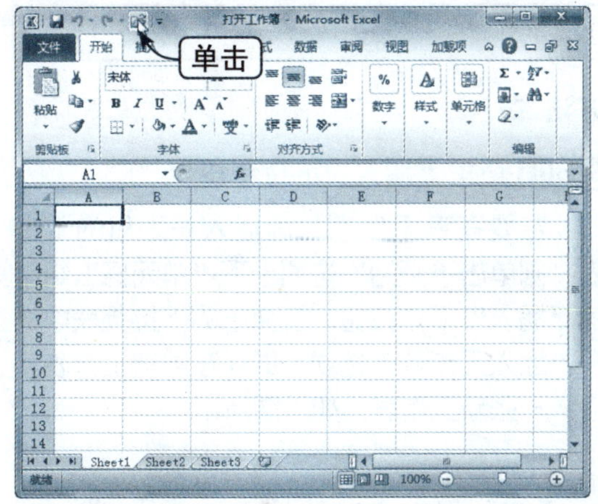

Step 02 选择要打开的工作簿

弹出“打开”对话框，选择要打开的工作簿，单击“打开”按钮，即可打开工作簿，如下图所示。

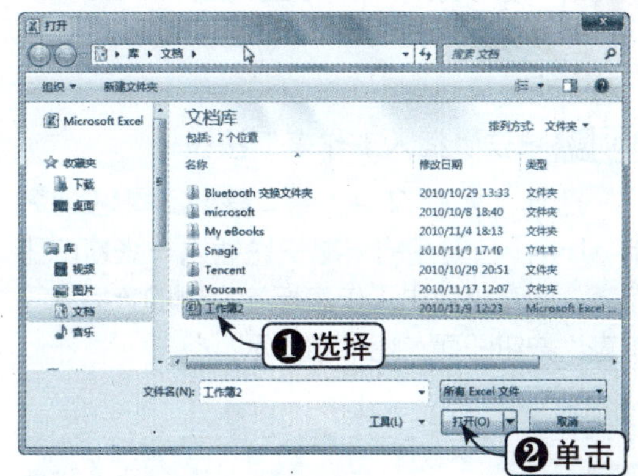

方法五：

选择“文件”选项卡，在弹出的 Backstage 视图中选择“最近所用文件”选项，从“最近使用的工作簿”列表框中选择目标工作簿，也可以打开工作簿，如下图所示。

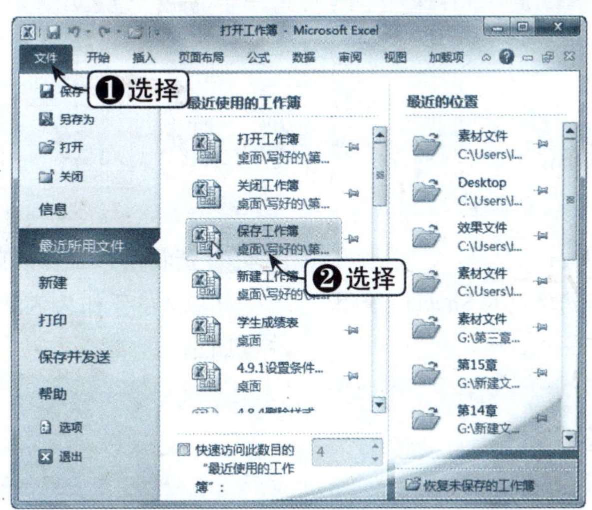

2.2 工作表的基本操作

Excel 工作簿由多张工作表组成，每张工作表都是一张由若干行和列组成的二维表格，是 Excel 进行一次完整作业的基本单位，它能够存储包含字符串、数字、公式、图表和声音等丰富的信息或数据。

2.2.1 插入工作表

一般情况下，刚启动 Excel 后打开的工作簿中默认包含三张工作表，分别为 Sheet1、Sheet2、Sheet3。下面将具体来介绍如何插入一张空白工作表。

	素材文件	光盘：素材文件\第2章\公司培训名单.xlsx

方法一：

Step 01 单击“插入工作表”按钮

打开“素材文件\第 2 章\公司培训名单 .xlsx”，若要在的末尾快速插入一张新的工作表，则直接单击工作表标签右侧的“插入工作表”按钮即可，如下图所示。

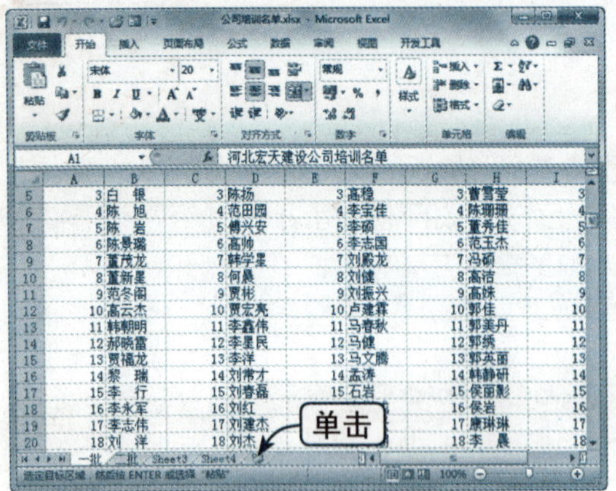

Step 02 查看插入效果

新插入的工作表自动命名为 Sheet1，效果如下图所示。

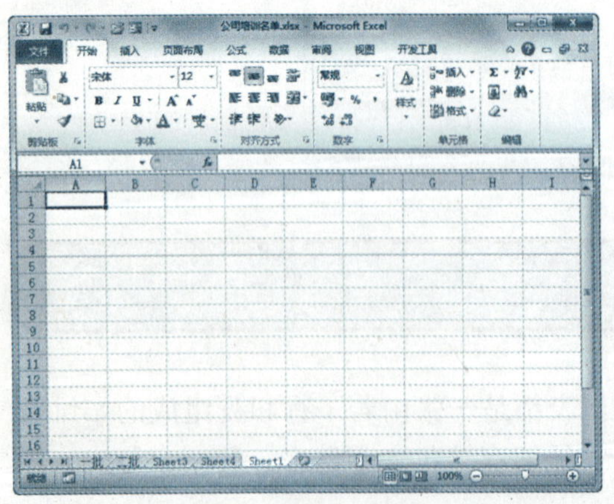

方法二：

Step 01 单击“插入”下拉按钮

若要在该工作表之前插入一张新的工作表，则单击“开始”选项卡下“单元格”组中的“插入”下拉按钮，在弹出的下拉列表中选择“插入工作表”选项，即可在当前工作表前插入一张新工作表，如下图所示。

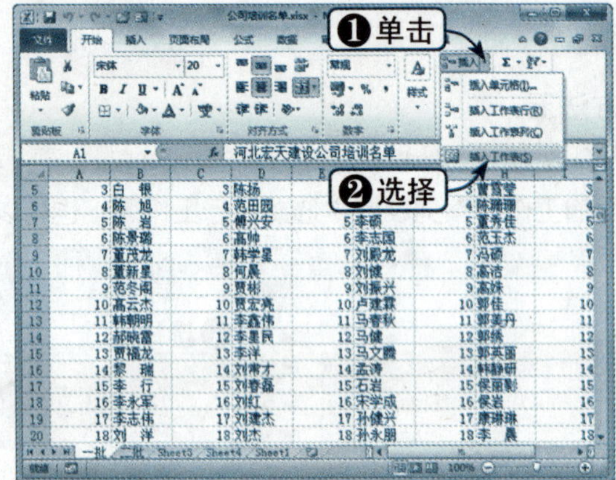

Step 02 查看插入工作表效果

新插入的工作表依然会自动命名，效果如下图所示。

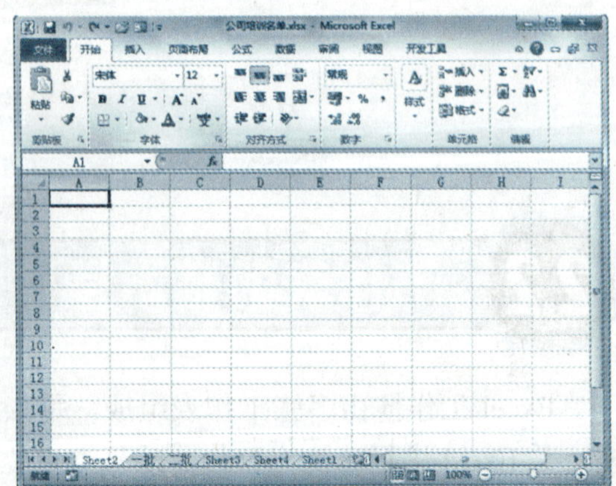

方法三：

Step01 选择“插入”选项

右击任意工作表标签，在弹出的快捷菜单中选择“插入”选项，如下图所示。

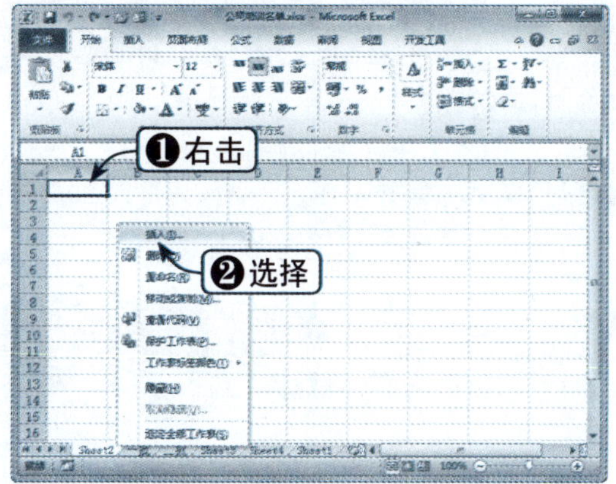

Step02 选择插入类型

弹出“插入”对话框，选择“常用”选项卡，选中“工作表”图标，单击“确定”按钮，如下图所示。

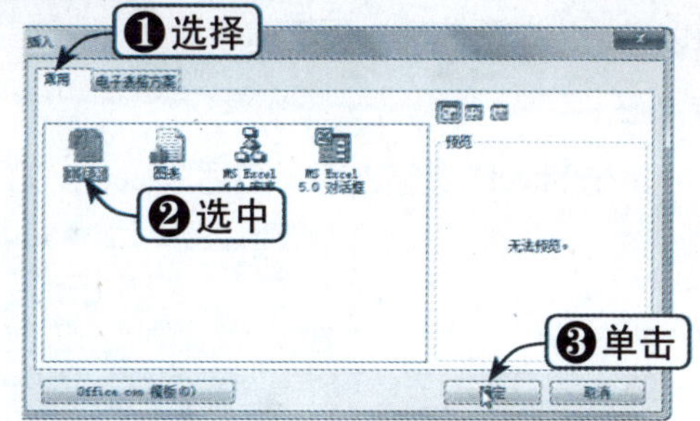

Step03 查看插入工作表效果

查看新插入的工作表效果，如下图所示。

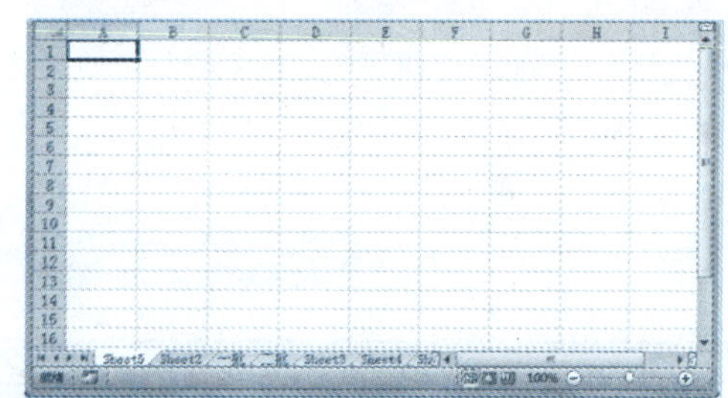

2.2.2 激活工作表

要在当前工作表中输入数据，首先必须激活工作表。激活工作表通常有以下几种方法：

	素材文件	光盘：素材文件\第2章\公司培训名单.xlsx

方法一：

Step01 选择工作表选项

打开“素材文件\第2章\公司培训名单.xlsx”，右击工作表标签前的▶按钮，在弹出的列表中选择要查看的工作表，如下图所示。

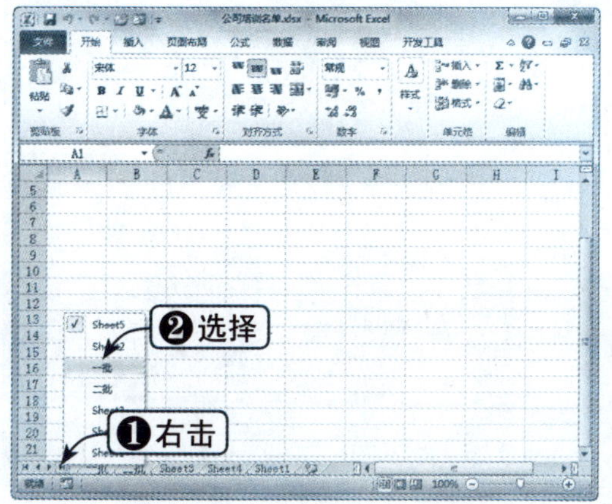

Step02 查看激活效果

此时，所选工作表成为当前活动窗口，效果如下图所示。

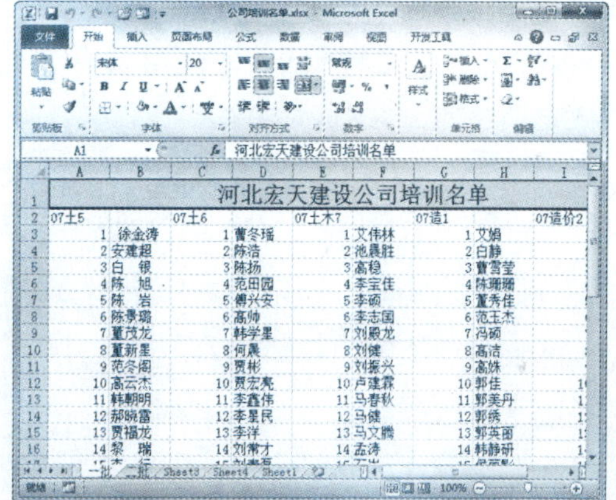

方法二：

按【Ctrl+PageUp】组合键，可以激活当前页的前一页工作表；按【Ctrl+PageDown】组合键，可以激活当前页的后一页工作表。

方法三：

单击 Sheet1 标签，即可激活 Sheet1，如下图所示。

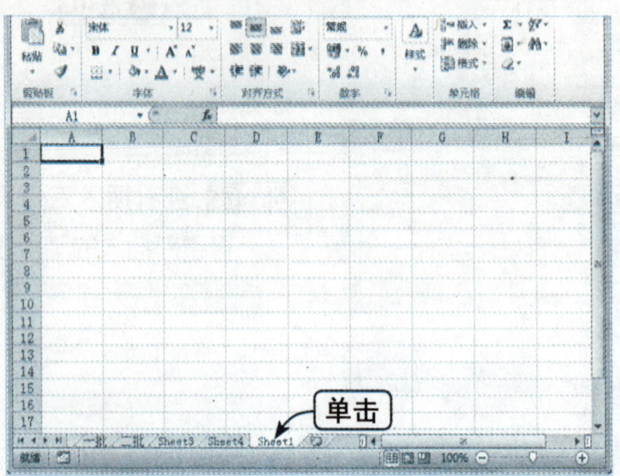

2.2.3 同时选择多张工作表

如果要对多张工作表进行同样的操作，就需要同时选中多张工作表。下面将介绍几种同时选择多张工作表的操作方法。

	素材文件	光盘：素材文件\第2章\公司培训名单.xlsx

方法一：选择不连续工作表

打开“素材文件\第 2 章\公司培训名单.xlsx”，按住【Ctrl】键单击多个标签，即可同时激活多张工作表。这时，工作表标题栏会显示“工作组”字样，如下图所示。

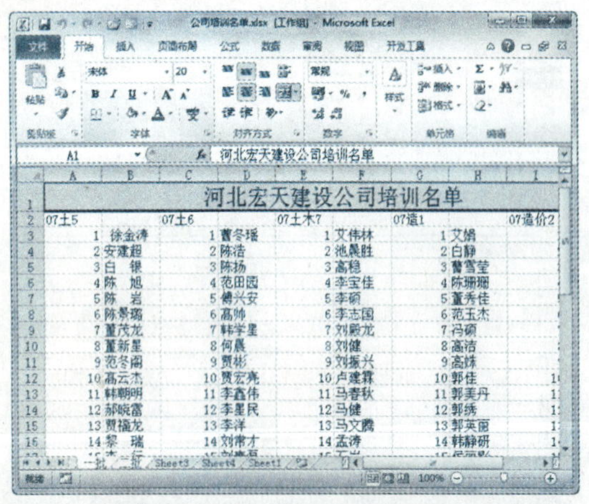

方法二：选择连续工作表

单击首个标签，然后按住【Shift】键不放单击末尾标签，即可同时激活多张连续的工作表，同时窗口的标题栏会显示“工作组”字样，如下图所示。

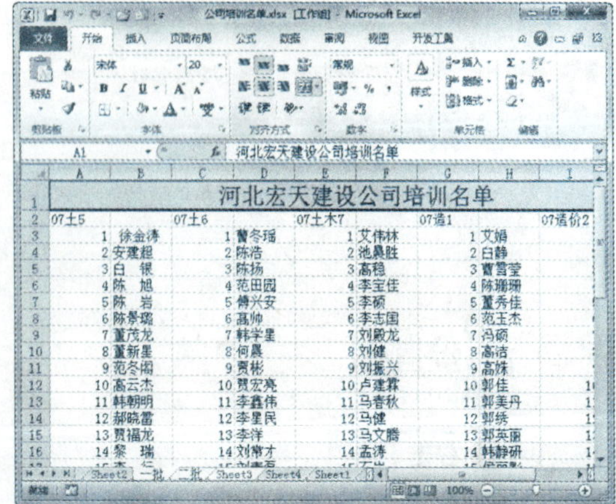

2.2.4 设置工作表数量

用户可以通过设置工作表数量来修改工作簿中默认包含的工作表数量。设置工作表数量的操作方法如下：

	素材文件	光盘：素材文件\第2章\公司培训名单.xlsx

Step01 选择“选项”选项

打开“素材文件\第2章\公司培训名单.xlsx”，选择“文件”选项卡，在Backstage视图中选择“选项”选项，如下图所示。

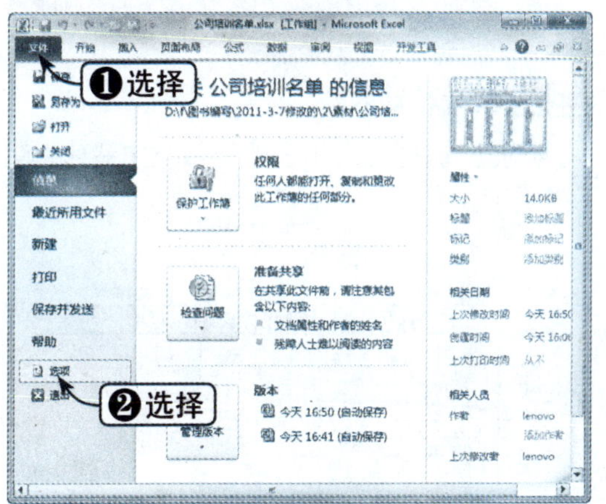

Step02 设置Excel选项

弹出“Excel选项”对话框，在左窗格中选择“常规”选项，在右窗格“新建工作簿时”选项区的“包含的工作表数”数值框中输入工作表的数量，如输入4，单击“确定”按钮即可，如下图所示。

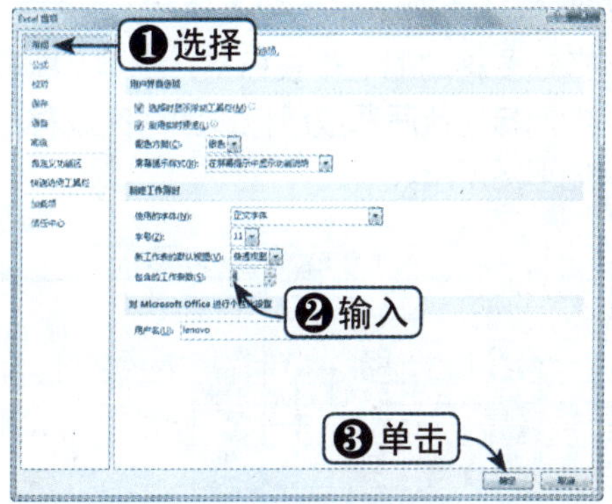

2.2.5 移动和复制工作表

用户可以在一个工作簿中移动或复制工作表，也可以在不同的工作簿间移动和复制工作表，具体操作方法如下：

	素材文件	光盘：素材文件\第2章\公司培训名单.xlsx

方法一：

Step01 选择“移动或复制”选项

打开“素材文件\第2章\公司培训名单.xlsx”，右击标签，在弹出的快捷菜单中选择“移动或复制”选项，如右图所示。

移动或复制工作表，可以通过命令来实现，也可以直接使用鼠标拖动工作表标签来实现。

Step02 选择工作表位置

弹出“移动或复制工作表”对话框，选择“下列选定工作表之前”列表框中的目标工作表选项，单击“确定”按钮，如下图所示。

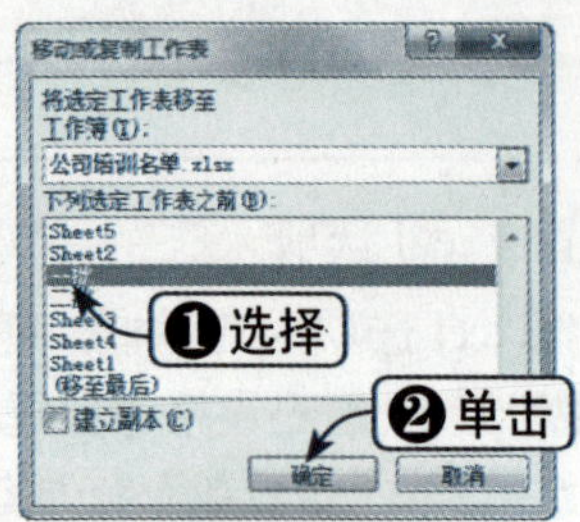

Step03 查看移动效果

此时，工作表的位置发生变化，移动后的效果如下图所示。

方法二：

Step01 通过拖动鼠标移动工作表

拖动要移动的工作表标签，出现⌕标志时拖动到目标位置后释放鼠标，即可完成移动操作，如下图所示。

Step02 查看移动效果

此时，被拖动工作表的位置发生变化，如下图所示。

复制工作表的具体操作方法如下：

方法一：

Step01 通过拖动鼠标复制

单击 Sheet1 标签，按住【Ctrl】键，然后按住鼠标左键并拖动，同样也会出现⌕标志，拖到目标位置后释放鼠标，即可完成工作表的复制操作，如下图所示。

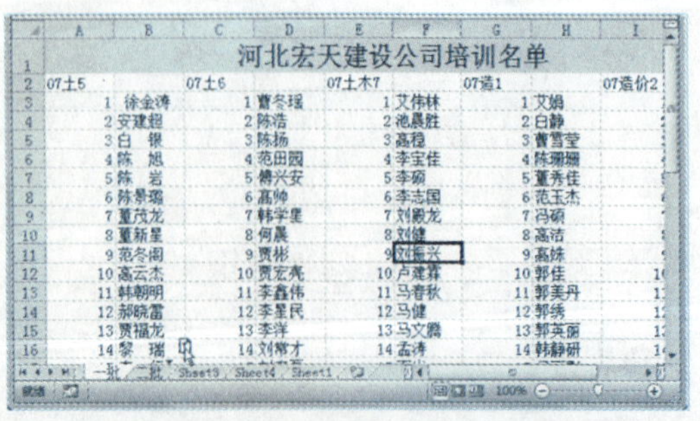

Step02 查看复制效果

在拖动到的位置出现复制的工作表，效果如下图所示。

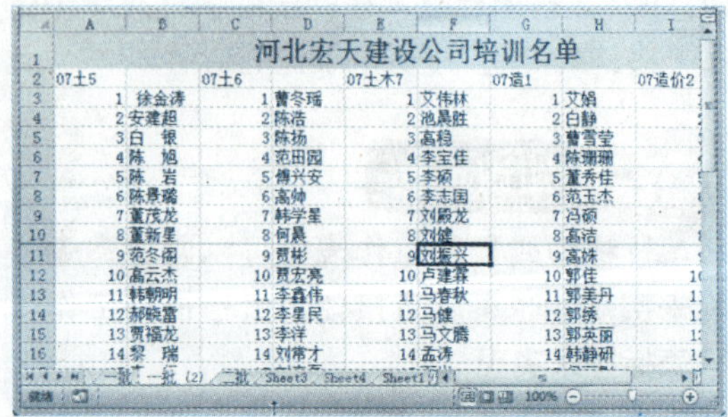

方法二：

Step01 通过功能区按钮复制

单击“开始”选项卡下“单元格”组中的“格式”下拉按钮，在弹出的下拉列表中选择“移动或复制工作表”选项，如下图所示。

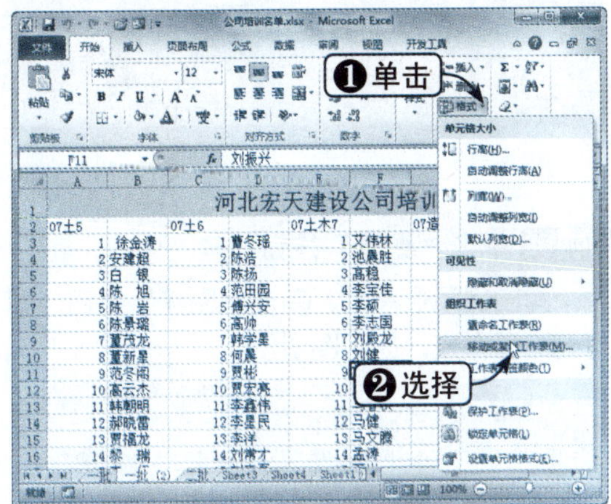

Step02 设置复制选项

弹出“移动或复制工作表”对话框，选择“下列选定工作表之前”列表框中的一个工作表选项，选中“建立副本”复选框，单击“确定”按钮，如下图所示。

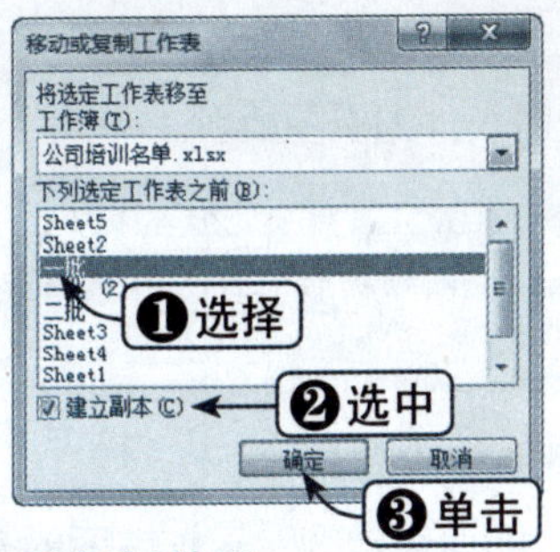

Step03 查看复制效果

此时，即可在所选工作表前创建副本，如下图所示。

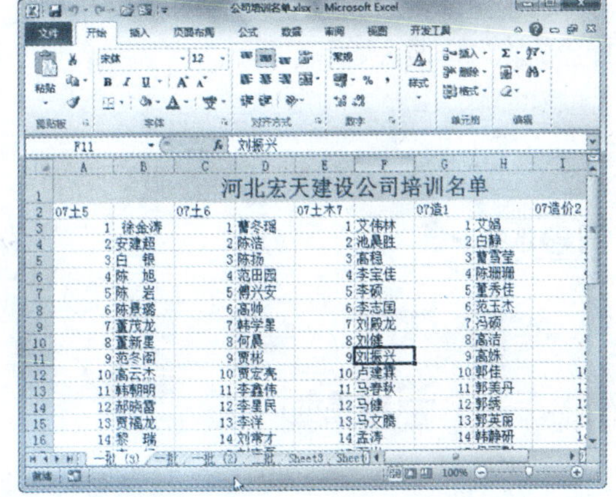

2.2.6 删除工作表

如果只需对一张工作表进行处理，可以删除多余的工作表，以免误操作。采用下面两种方法可以删除不需要的工作表：

方法一：

Step01 选择“删除工作表”选项

继续上一节进行操作，单击“开始”选项卡下“单元格”组中的“删除”下拉按钮，在弹出的下拉列表中选择“删除工作表”选项，如右图所示。

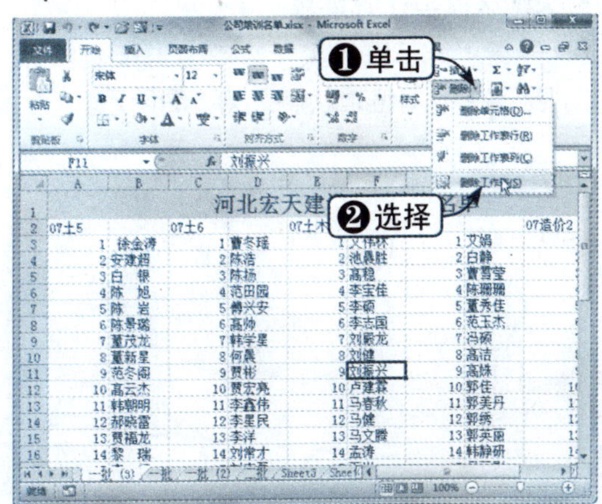

知识点拨

移动、复制和删除工作表，这些操作是无法进行撤销的，用户在要删除工作表时一定要确认是否不再使用此工作表了。

Step 02 单击“删除”按钮

弹出提示信息框，单击“删除”按钮，即可删除工作表，如下图所示。

Step 03 查看删除效果

此时，即可查看删除工作表后的窗口效果，如下图所示。

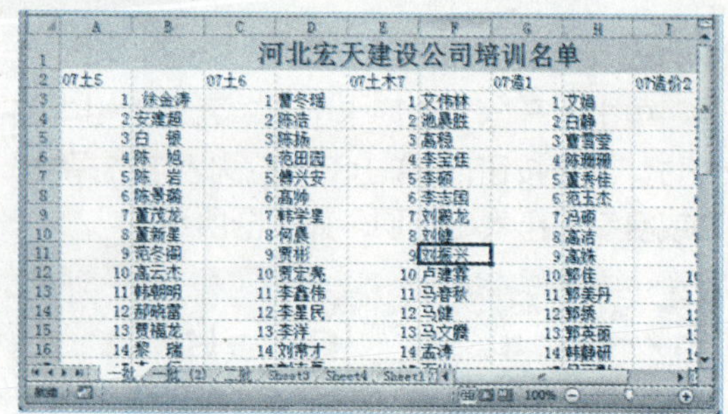

方法二：

Step 01 使用快捷菜单删除

右击工作表标签，在弹出的快捷菜单中选择“删除”选项，如下图所示。

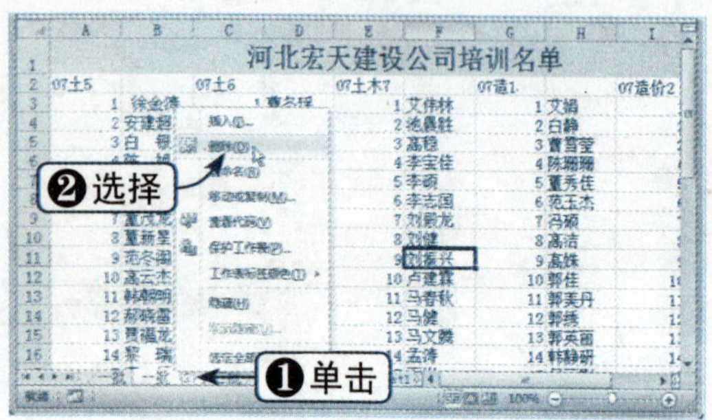

Step 02 单击“删除”按钮

弹出提示信息框，单击“删除”按钮，即可删除工作表，如下图所示。

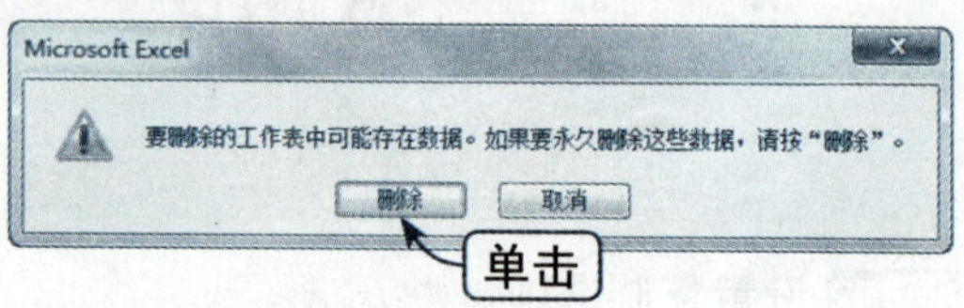

2.2.7 重命名工作表

当一个工作簿中的工作表过多时，使用 Sheet1、Sheet2、Sheet3 这样的工作表名称很难区分不同的工作表，此时就可以为工作表重新命名，常用的方法有以下两种：

方法一：

Step 01 双击工作表标签

继续上一节进行操作，双击工作表标签，此时标签名呈可编辑状态，如下图所示。

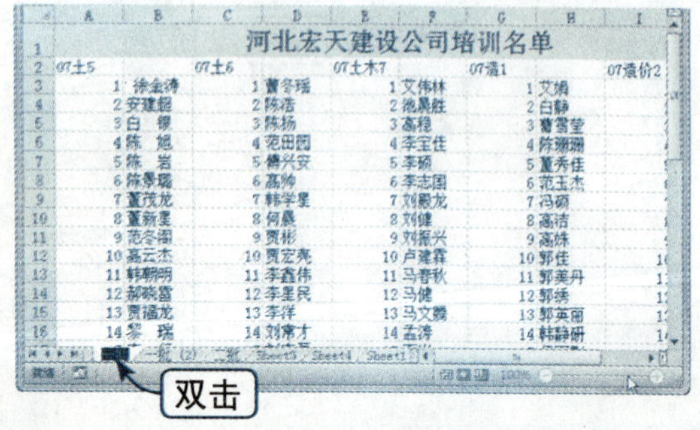

Step 02 输入新工作表名

直接输入新工作表名，按【Enter】键或单击标签外的任意位置，即可完成重命名工作表操作，如下图所示。

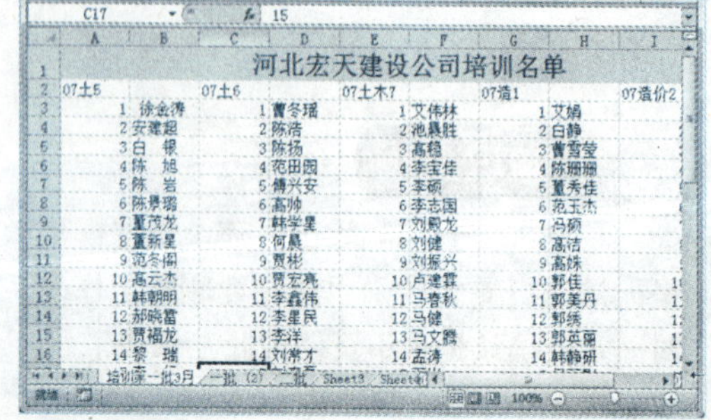

Step 03 查看重命名效果

此时，即可查看重命名后的工作表，效果如右图所示。

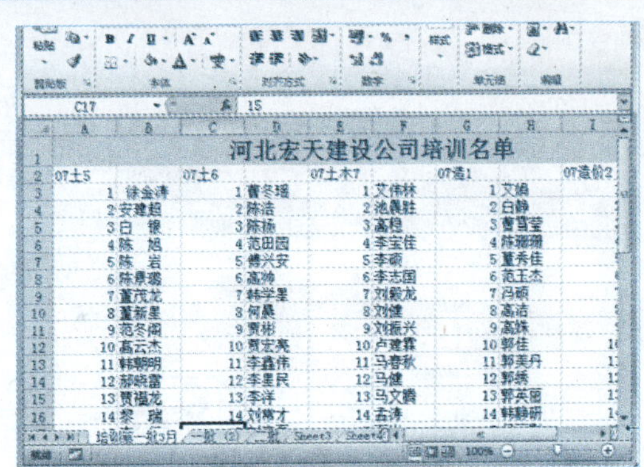

知识点拨

在“开始”选项卡下“单元格”组中单击“格式”下拉按钮，在其快捷菜单中有“重命名工作表”选项可以使用。

方法二：

	素材文件	光盘：素材文件\第2章\公司培训名单.xlsx

Step 01 选择“重命名”选项

打开“素材文件\第2章\公司培训名单.xlsx”，右击工作表标签，在弹出的快捷菜单中选择“重命名”选项，如下图所示。

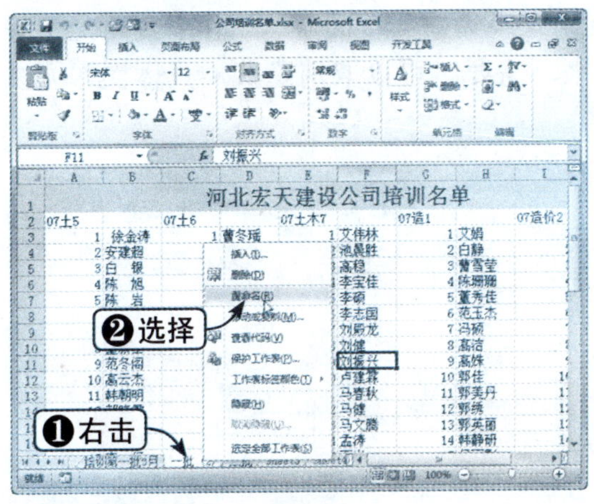

Step 02 输入新工作表名

此时工作表标签可编辑，输入名称，按【Enter】键或单击标签外的任何位置，即可完成重命名操作，如下图所示。

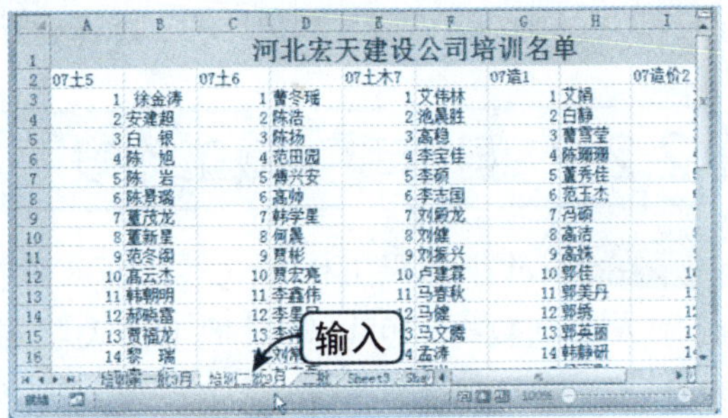

Step 03 查看重命名效果

此时，即可查看重新命名后的工作表，效果如下图所示。

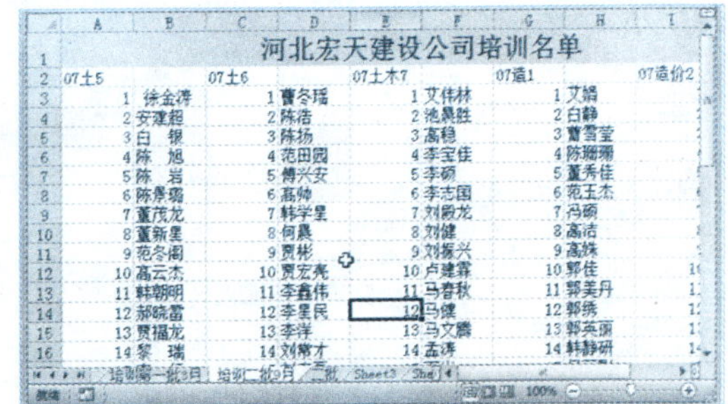

2.2.8 改变工作表标签的颜色

在 Excel 2010 中，为了突出显示各张工作表的差异，可以改变工作表标签的颜色，也可以将有重点内容的工作表作些特殊的标记，具体操作方法如下：

Step 01 选择颜色

继续上一节进行操作，右击工作表标签，在弹出的快捷菜单中选择“工作表标签颜色”选项，在其级联菜单中选择颜色，如下图所示。

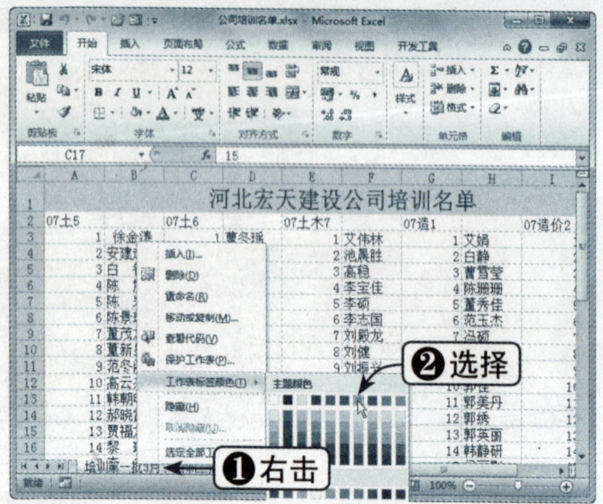

Step 02 查看设置效果

此时，即可查看设置颜色后的工作表标签效果，如下图所示。

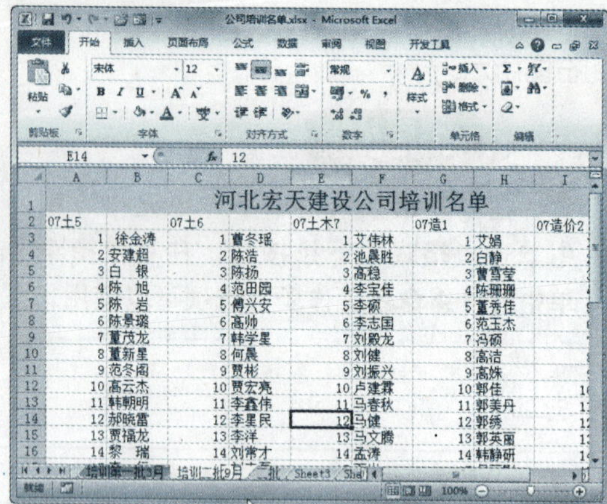

2.2.9 显示和隐藏工作表

在 Excel 中如果工作表太多，而实际情况下又不需要其中的一些工作表，或是不想让别人看到数据，可以暂时把工作表隐藏起来，需要时可以取消隐藏，具体操作方法如下：

Step 01 选择“隐藏”选项

继续上一节进行操作，右击工作表标签，在弹出的快捷菜单中选择“隐藏”选项，如下图所示。

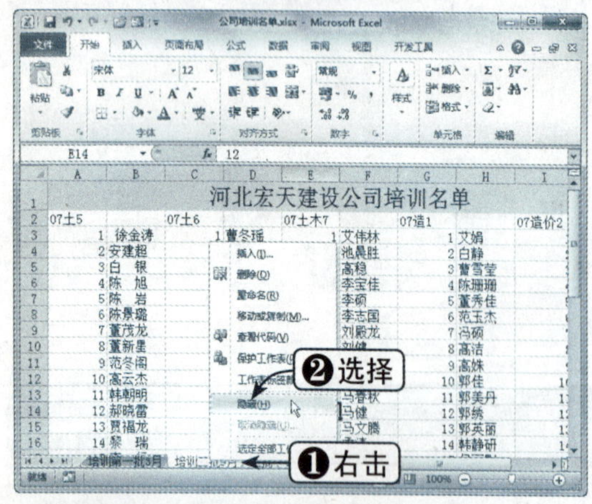

Step 02 查看隐藏效果

完成以上操作后，即可实现隐藏，如下图所示。

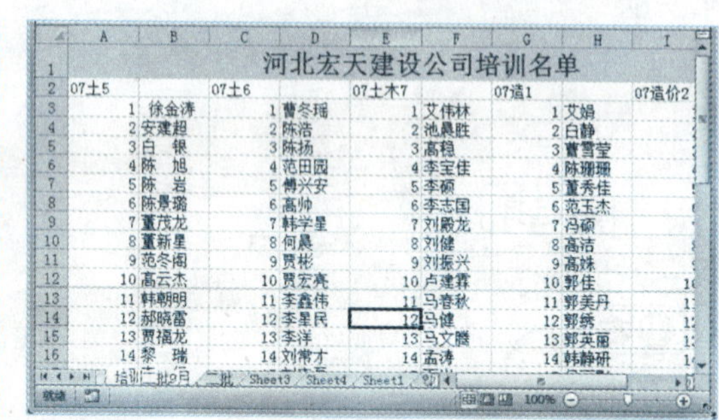

Step 03 选择“取消隐藏”选项

要想重新显示，则在其他工作表标签上右击，在弹出的快捷菜单中选择“取消隐藏”选项，如下图所示。

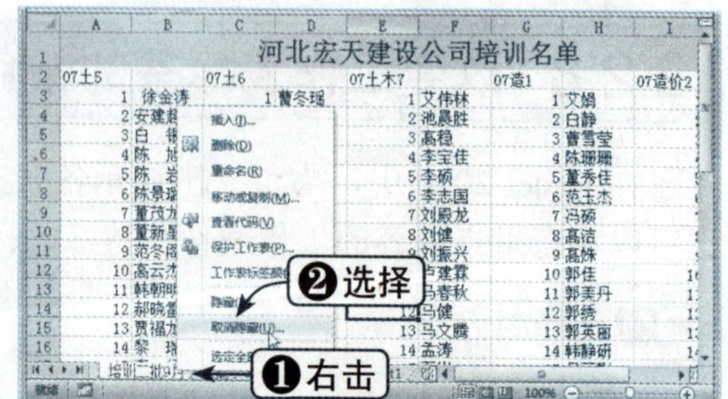

Step 04 选择取消隐藏工作表

弹出“取消隐藏”对话框，选择“取消隐藏工作表”列表框中的“学生成绩表”选项，单击“确定”按钮，如下图所示。

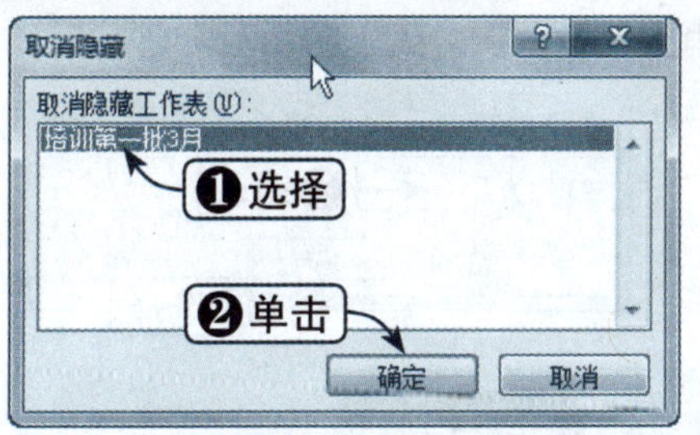

Step 05 查看取消隐藏效果

此时，“学生成绩表”将会重新显示在窗口中，效果如下图所示。

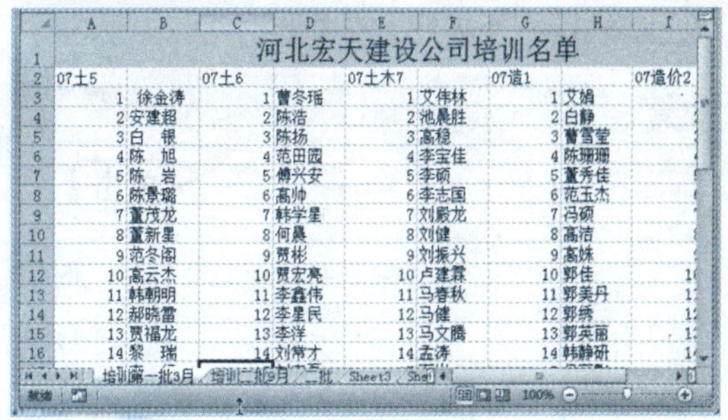

2.2.10 保护工作表

通过设置密码保护工作表，可以防止他人对工作表中的数据、图表项、对话框编辑项、Excel 宏、图形对象等进行修改，这样就可以提高工作表的安全性，具体操作方法如下：

Step 01 单击“保护工作表”按钮

继续上一节进行操作，单击“审阅”选项卡下“更改”组中的“保护工作表”按钮，如下图所示。

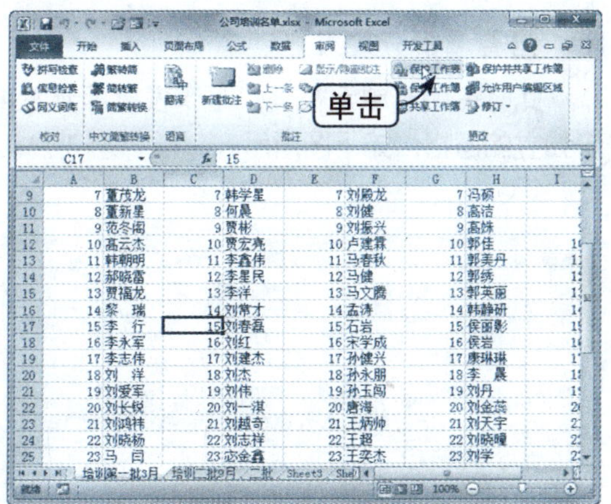

Step 02 设置保护工作表

弹出“保护工作表”对话框，选中“保护工作表及锁定的单元格内容”复选框，在“取消工作表保护时使用的密码”文本框中输入密码，在“允许此工作表的所有用户进行”列表框中选中“选定锁定单元格”和“选定未锁定的单元格”复选框，单击“确定”按钮，如下图所示。

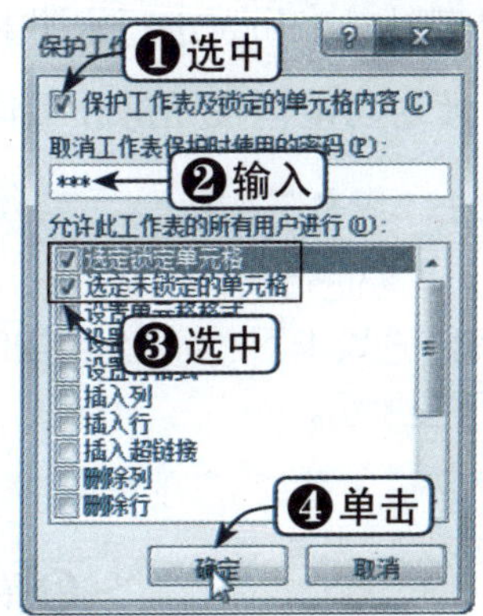

Step 03 确认密码

弹出“确认密码”对话框，在“重新输入密码”文本框中输入密码，单击“确定”按钮，即可完成对工作表的保护，如下图所示。

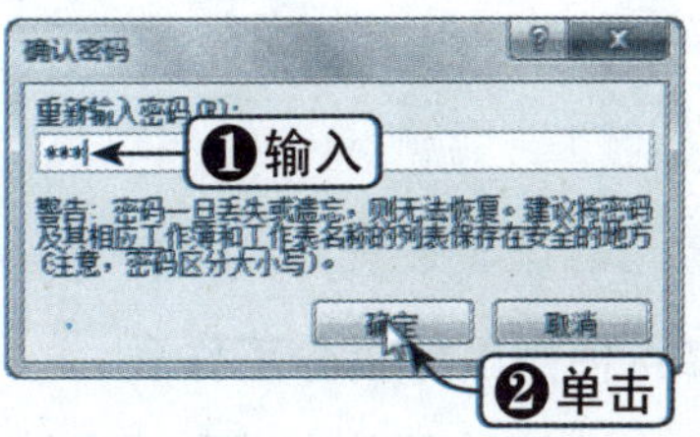

对于设置了密码保护的工作表，可以取消其密码保护。取消密码保护的操作方法如下：

Step 01 单击“撤销工作表保护”按钮

单击“审阅”选项卡下“更改”组中的“撤销工作表保护”按钮，如下图所示。

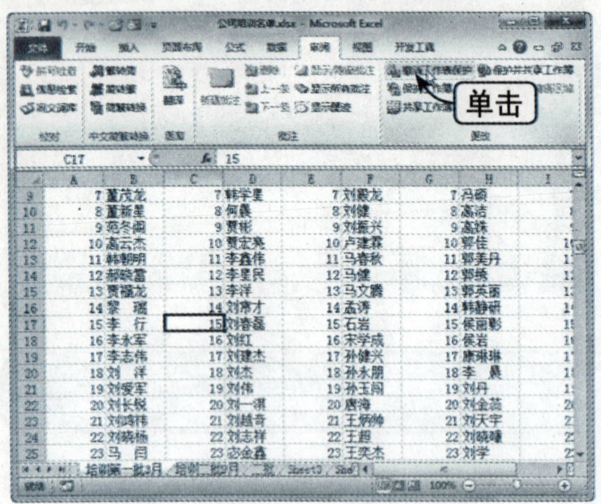

Step 02 输入密码

弹出“撤销工作表保护”对话框，在“密码”文本框中输入密码，单击“确定”按钮，即可撤销工作表保护，如下图所示。

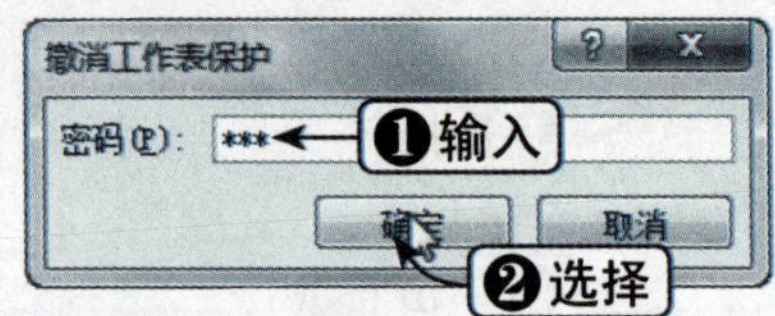

知识点拨

在撤销工作表保护时，如果输入的密码错误，将弹出密码出错的提示信息框。此时可以新建一个工作表，将有保护的工作表中的数据复制到新建的工作表中来解决此问题。

2.2.11 拆分工作表

用户可以对工作表进行水平和垂直拆分，拆分窗口有以下两种常用的方法：

方法一：使用功能区按钮拆分工作表

Step 01 单击“拆分”按钮

继续上一节进行操作，选择一个单元格，单击“视图”选项卡下“窗口”组中的“拆分”按钮，如下图所示。

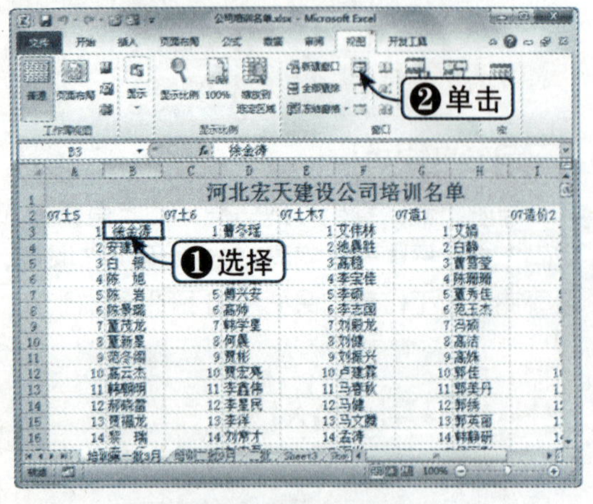

Step 02 查看拆分效果

此时在所选单元格处，工作表被拆分为4个独立的窗格，如下图所示。

方法二：使用鼠标拆分工作表

在水平滚动条的右端和垂直滚动条的顶端有一个拆分框工具，用鼠标拖动拆分

框即可拆分工作表。

Step 01 使用水平拆分框

将鼠标指针移动到水平滚动条的拆分框上，当指针变为双向箭头时拖动鼠标到合适的位置释放即可，如下图所示。

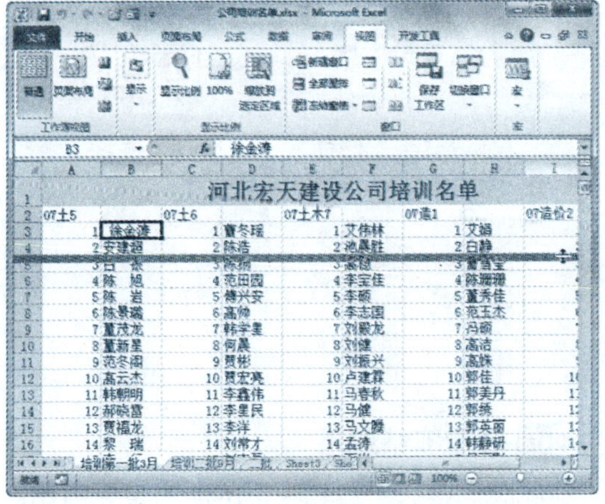

Step 02 使用垂直滚动条拆分框

将鼠标指针移动到垂直滚动条的拆分框上，当指针变为双向箭头时拖动鼠标到合适的位置释放即可，如下图所示。

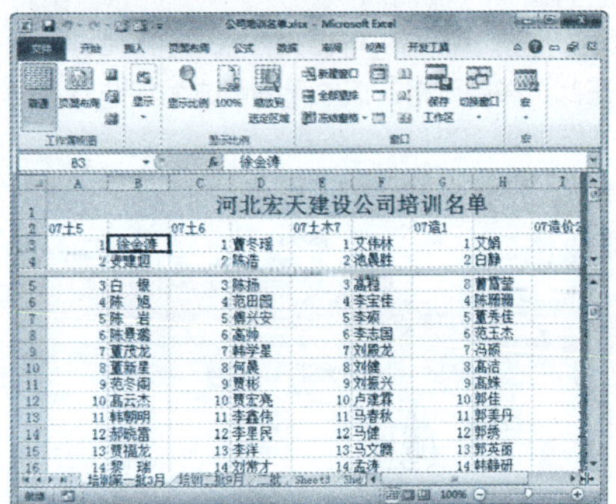

下面将详细介绍撤销拆分窗口的方法，具体操作方法如下：

方法一：

单击“视图”选项卡下“窗口”组中的“拆分”按钮，即可撤销拆分窗口，如下图所示。

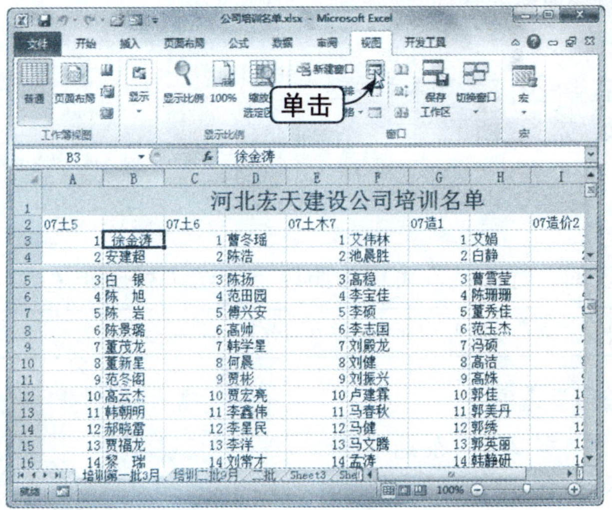

方法二：

在分割条上双击鼠标左键，即可撤销拆分窗口。

2.2.12 冻结窗格

如果工作表的数据很多，当使用垂直滚动条或水平滚动条查看数据时，将出现行标题或列标题无法显示的情况，使查看数据很不方便。使用“冻结拆分窗格”功能可以将工作表的上窗格和左窗格冻结在屏幕上，在滚动工作表时行标题和列标题会一直在屏幕上显示。冻结拆分窗格的具体操作方法如下：

方法一：完全冻结

Step 01 选择冻结点

继续上一节进行操作，选中任意单元格，在此选择单元格，该单元格将成为冻结点，如下图所示。

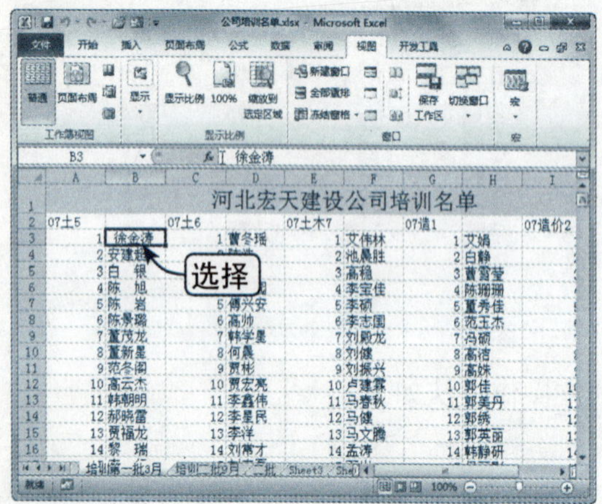

Step 02 选择“冻结拆分窗格”选项

单击“视图”选项卡下“窗口”组中的“冻结窗格”下拉按钮，在弹出的下拉列表中选择“冻结拆分窗格”选项，如下图所示。

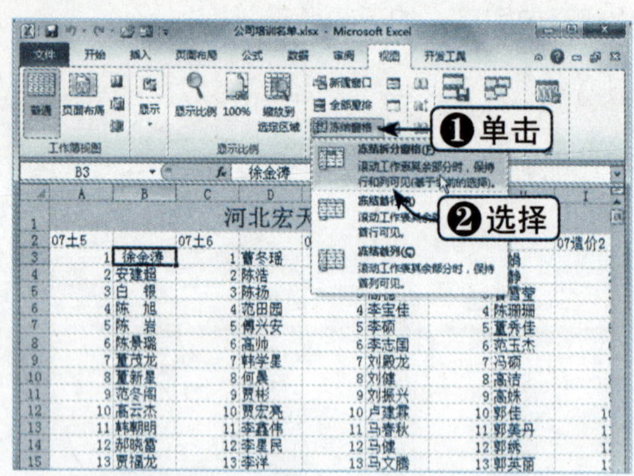

Step 03 查看冻结效果

此时，该点上边和左边的所有单元格都被冻结，一直在屏幕上显示，冻结窗口如下图所示。

方法二：冻结首行

如果要将工作表的首行冻结，可以按照以下方法进行操作：

	素材文件	光盘：素材文件\第2章\冻结工作表.xlsx

Step 01 选择“冻结首行”选项

打开“素材文件\第2章\冻结工作表.xlsx”，选择A1单元格，单击“视图”选项卡下“窗口”组中的“冻结窗格”下拉按钮，在弹出的下拉列表中选择“冻结首行”选项，如右图所示。

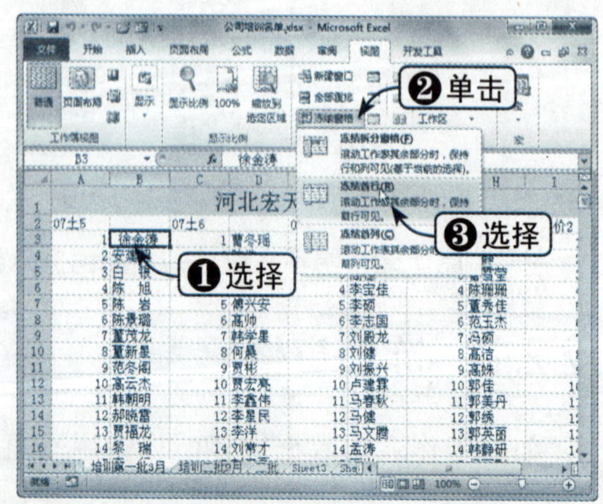

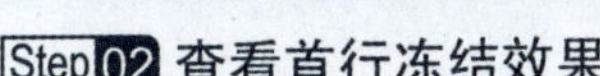

Step 02 查看首行冻结效果

此时，首行被冻结，拖动垂直滚动条，首行不动，效果如右图所示。

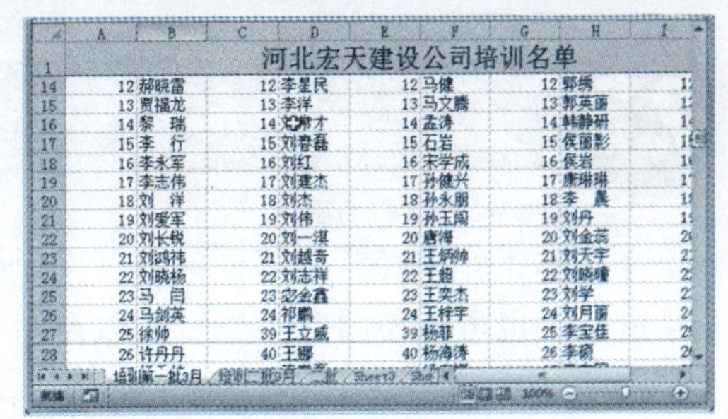

方法三：冻结首列

如果要将工作表的首列冻结，可以按照以下方法进行操作：

Step 01 选择“冻结首列”选项

继续上一节进行操作，单击“视图”选项卡下“窗口”组中的“冻结窗格”下拉按钮，在弹出的下拉列表中选择“冻结首列”选项，如下图所示。

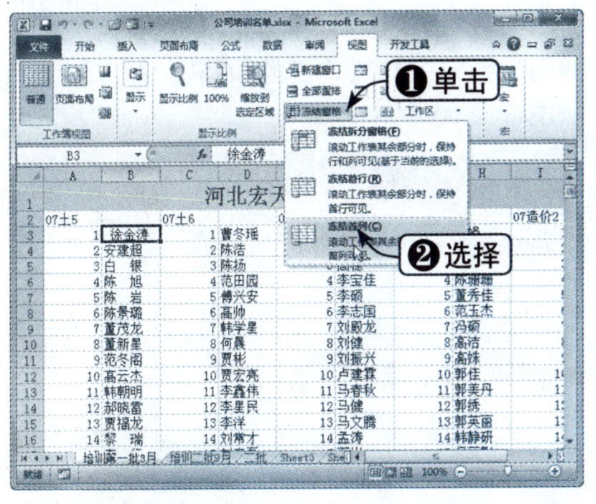

Step 02 查看冻结效果

拖动水平滚动条，则首列保持不动，如下图所示。

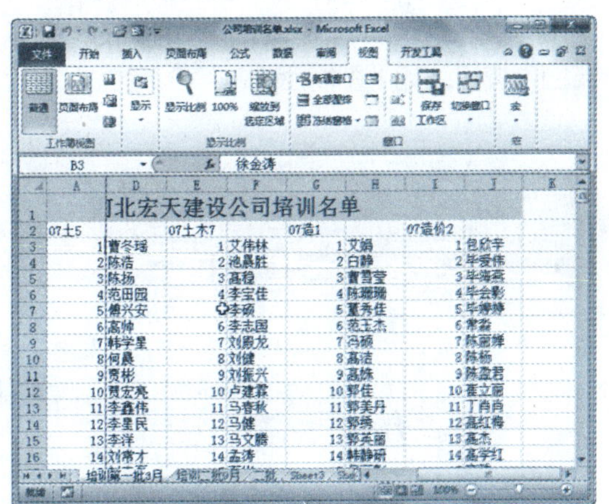

方法四：撤销冻结

如果要撤销冻结的窗格，则单击“视图”选项卡下“窗口”组中的“冻结窗格”下拉按钮，在弹出的下拉列表中选择“取消冻结窗格”选项即可，如下图所示。

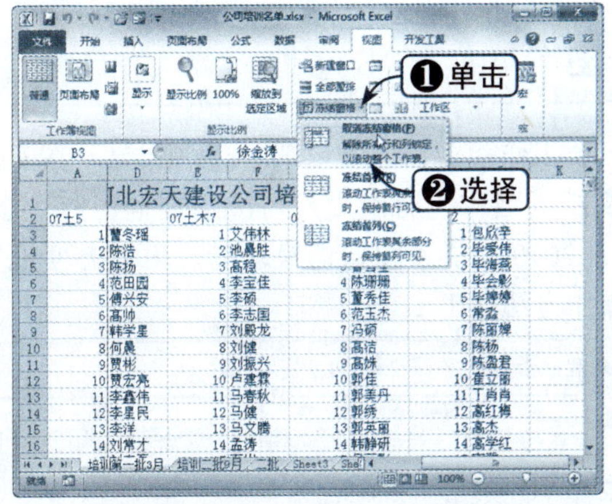

2.3 工作簿的多窗口显示

在实际工作中经常需要同时打开多个工作簿窗口，使用 Excel 2010 可以创建、切换、重排窗口，也可以使用并排查看，以及对窗口进行自由缩放等。

2.3.1 创建新窗口

对于数据比较多的工作表，可以建立两个窗口。一个窗口显示固定的内容，另一个窗口显示其他内容或进行其他操作。创建新窗口的具体操作方法如下：

	素材文件	光盘：素材文件\第2章\创建新窗口.xlsx

Step 01 单击“新建窗口”按钮

打开“素材文件\第2章\创建新窗口.xlsx”，单击“视图”选项卡下“窗口”组中的“新建窗口”按钮，如下图所示。

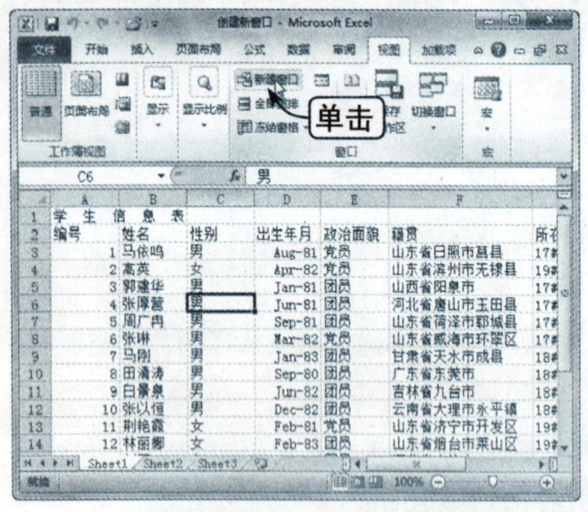

Step 02 查看创建效果

此时，原有的工作簿窗口和新建的工作簿窗口都会相应地更改标题栏上的名称，新工作簿窗口标题名称为“创建新窗口 :2”，如下图所示。

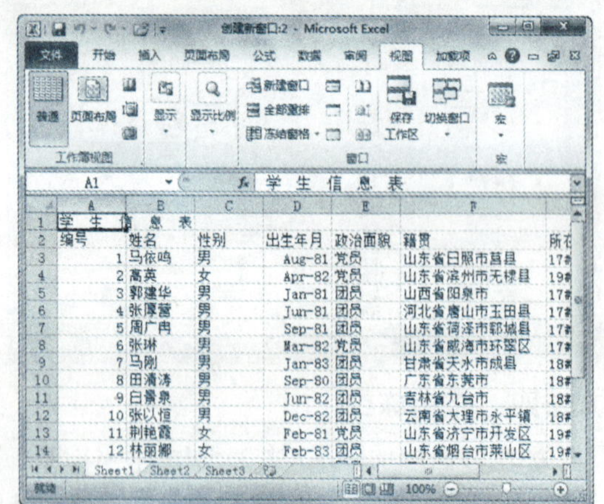

2.3.2 切换窗口

一般情况下，每一个工作簿窗口总是以最大化形式显示在 Excel 工作簿窗口中，并在窗口标题栏上显示文档的名称。有时用户可能需要同时打开多个窗口，并要在这些窗口中反复切换。Excel 2010 提供了窗口切换功能，可以方便地实现在不同 Excel 文档之间进行切换，具体操作方法如下：

	素材文件	光盘：素材文件\第2章\切换窗口.xlsx

Step 01 单击“切换窗口”下拉按钮

打开“素材文件\第2章\切换窗口.xlsx”，单击“视图”选项卡下“窗口”组中的“切换窗口”下拉按钮，在弹出的下拉列表中选择“切

换窗口 :1”选项，如下图所示。

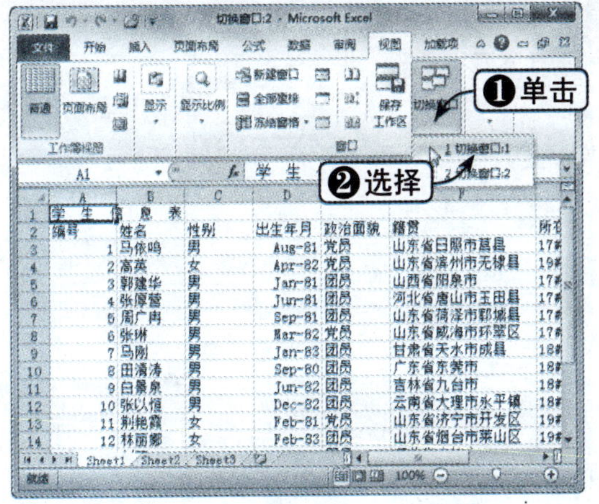

Step 02 查看切换效果

此时，“切换窗口 :1”工作簿成为当前工作簿窗口，如下图所示。

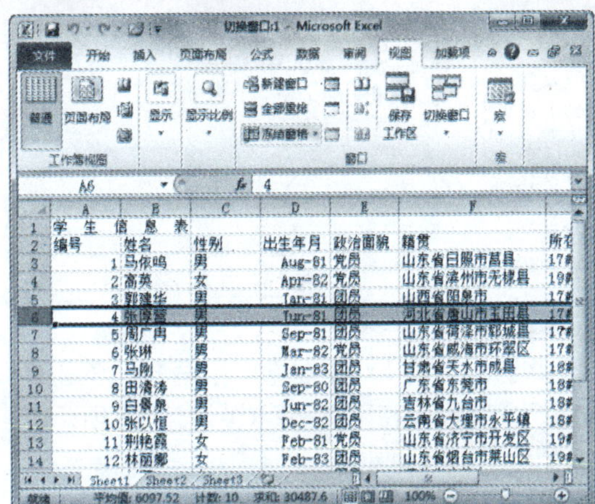

知识点拨

除了通过菜单的操作方式外，在 Excel 工作窗口中按【Ctrl+F6】或【Ctrl+Tab】组合键，也可以切换到下一个工作簿窗口；按【Shift+Ctrl+F6】或【Shift+Ctrl+Tab】组合键，可以切换到上一个工作簿窗口。另外，还可以通过单击 Windows 7 系统任务栏上窗口标签来进行工作簿窗口的切换，或按【Alt+Tab】组合键进行程序窗口的切换。

2.3.3 全部重排

手动排列窗口的操作虽然可以由用户自由设置，但在操作上比较繁琐，使用“全部重排”命令会更方便、更快捷，具体操作方法如下：

	素材文件	光盘：素材文件\第2章\全部重排.xlsx

Step 01 单击“全部重排”按钮

打开“素材文件 \ 第 2 章 \ 全部重排 .xlsx”，单击“视图”选项卡下“窗口”组中的“全部重排”按钮，如右图所示。

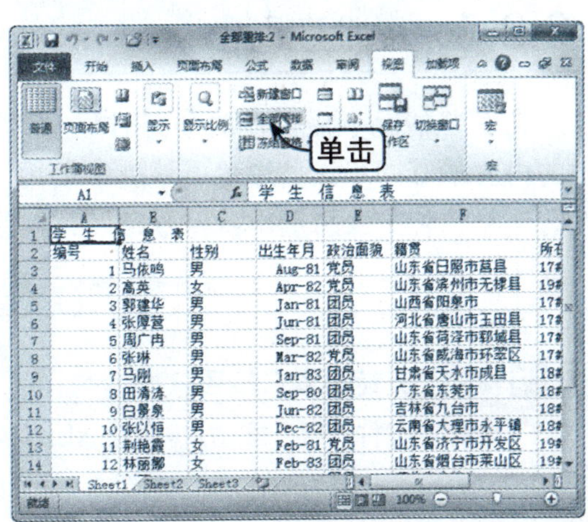

知识点拨

至少要有 2 个以上的工作簿，才能使用“全部重排”命令。若在要全部重排的工作簿中有一个或多个工作簿呈最小化状态，则该命令对这些工作簿无效。

Step 02 选中“平铺”单选按钮

弹出“重排窗口”对话框，选中“平铺”单选按钮，单击“确定”按钮，如下图所示。

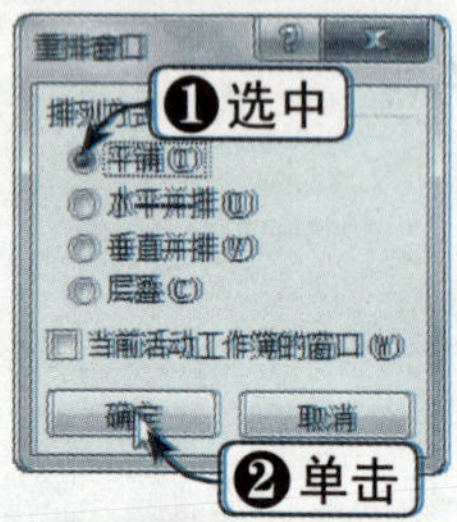

Step 03 查看平铺效果

此时，当前 Excel 程序中所有打开的工作簿窗口平铺显示在工作窗口中，如下图所示。

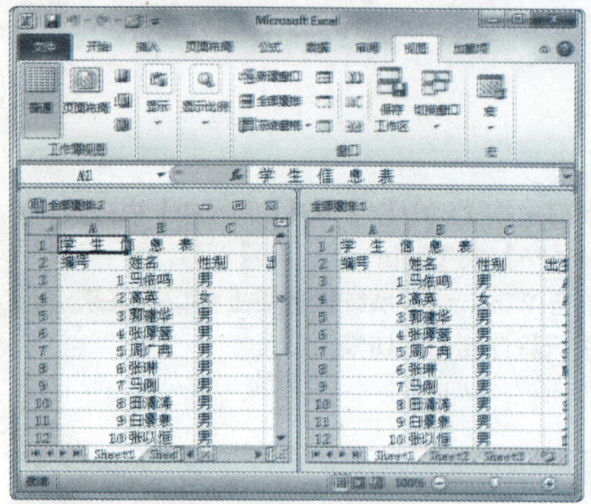

Step 04 其他排列方式

类似地，用户也可以在“重排窗口”对话框中选择其他排列方式，如“水平并排”、“垂直并排”和“层叠”，工作簿窗口对应显示不同的排列显示方式，如下图所示。

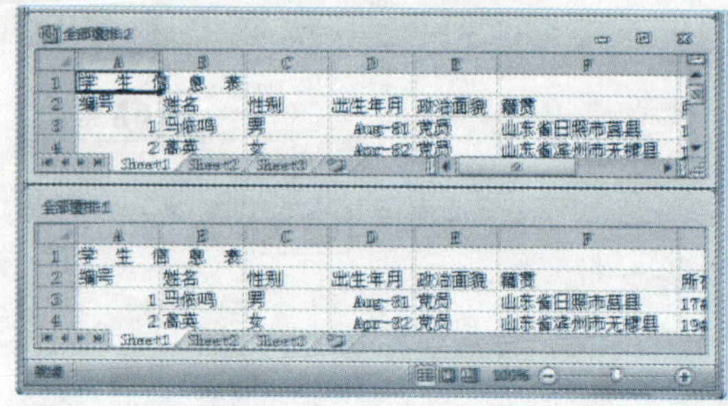

“水平并排”显示窗口

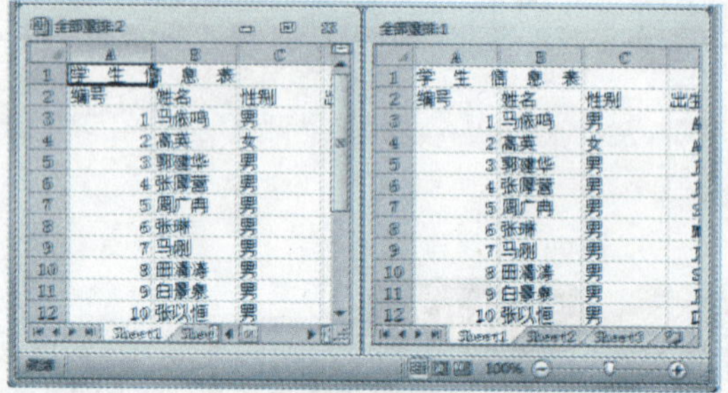

“垂直并排”显示窗口

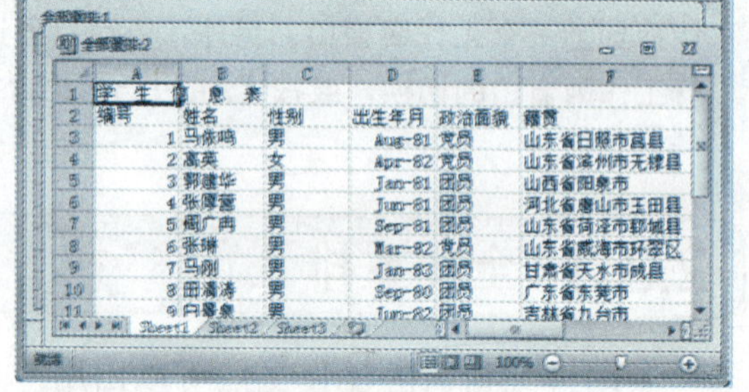

“层叠”显示窗口

2.3.4 并排查看

在有些情况下需要在两个同时显示的窗口中并排比较两张工作表，并要两个窗口中的内容能够同步滚动浏览，这就需要用到 Excel 2010 中的“并排查看”功能。“并排查看”是一种特殊的重排窗口方式，具体使用方法如下：

	素材文件	光盘：素材文件\第2章\并排查看.xlsx

Step 01 单击“并排查看”按钮

打开“素材文件\第 2 章\并排查看 .xlsx”，单击“视图”选项卡下“窗口”组中的“并排查看”按钮，如下图所示。

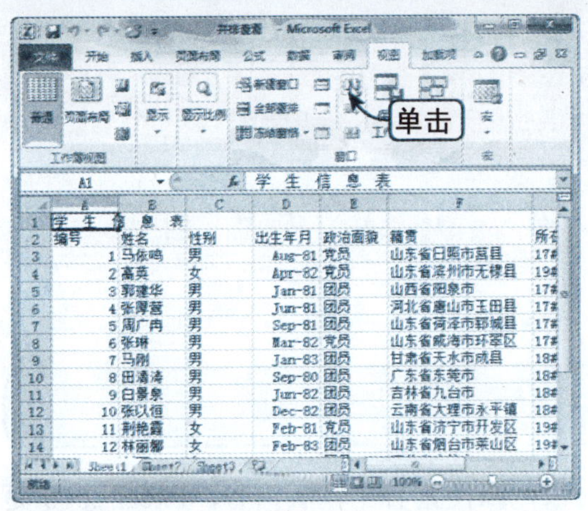

Step 02 选择“并排查看对象”选项

在弹出的“并排比较”对话框中选择“并排查看 :2”选项，单击“确定”按钮，如下图所示。

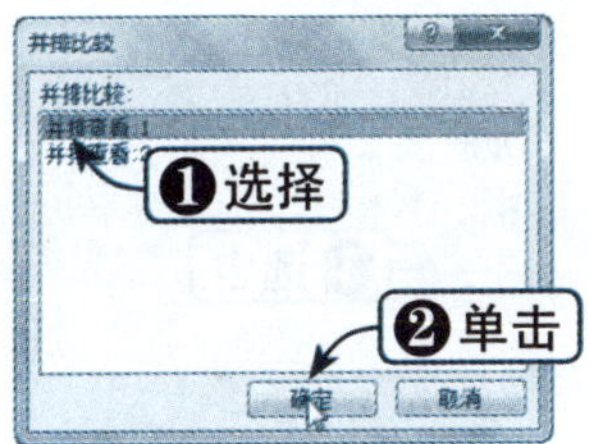

Step 03 查看并排查看效果

此时，即可显示并排查看效果，如下图所示。

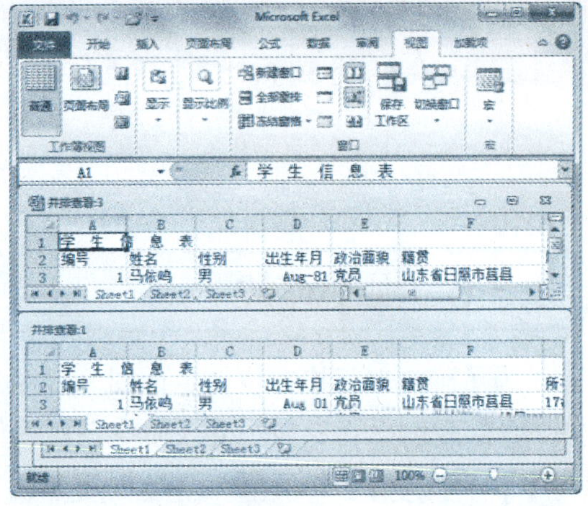

知识点拨

并排比较只能作用于两个工作簿窗口，而无法作用于两个以上的工作簿窗口。参加并排比较的工作簿窗口，可以是同一个工作簿的不同窗口，也可以分别是两个不同工作簿的窗口。

2.3.5 重设窗口位置

用户可以使用“重设窗口位置”命令对大文档的窗口进行重新设置，进而让两个文档可以平分屏幕，具体操作方法如下：

	素材文件	光盘：素材文件\第2章\重设窗口位置.xlsx

Step 01 单击“重设窗口位置”按钮

打开“素材文件\第2章\重设窗口位置.xlsx”，单击“视图”选项卡下“窗口”组中的“重设窗口位置”按钮，如右图所示。

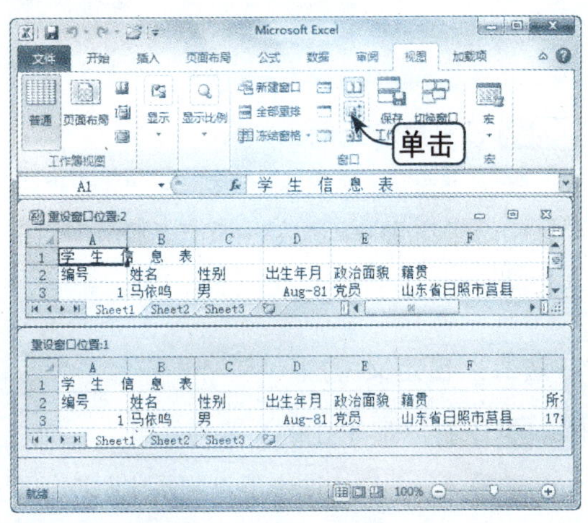

知识点拨

不论是“并排查看”功能，还是“重设窗口位置”功能，都必须是在至少两个工作簿的情况下才有效，而“重设窗口位置”功能在“并排查看”的情况下才有效。

Step02 查看重设效果

此时，工作表中并排的文档就会平分窗口，效果如右图所示。

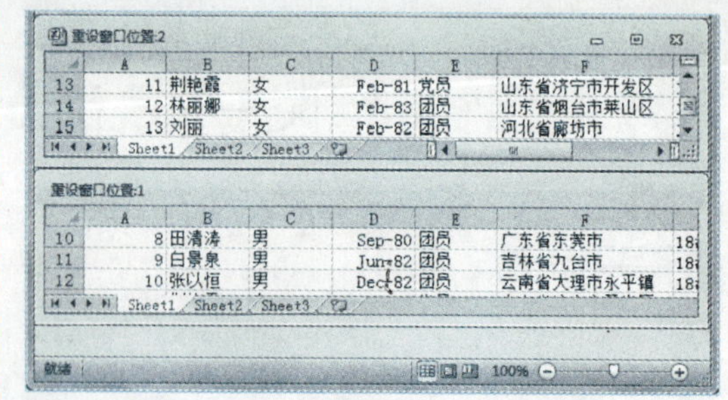

2.3.6 视图缩放

为了确定单元格方位，定位图表或图形对象，以便查看工作表内容，Excel 2010 提供了一些控制工作表显示方式命令。对工作表进行视图缩放主要有以下几种方法：

	素材文件	光盘：素材文件\第2章\视图缩放.xlsx

方法一：通过功能区精确比例进行缩放

Step01 选择“显示比例”选项

打开“素材文件\第 2 章\视图缩放 .xlsx”，选择“视图”选项卡下“显示比例”组中的“显示比例”选项，如下图所示。

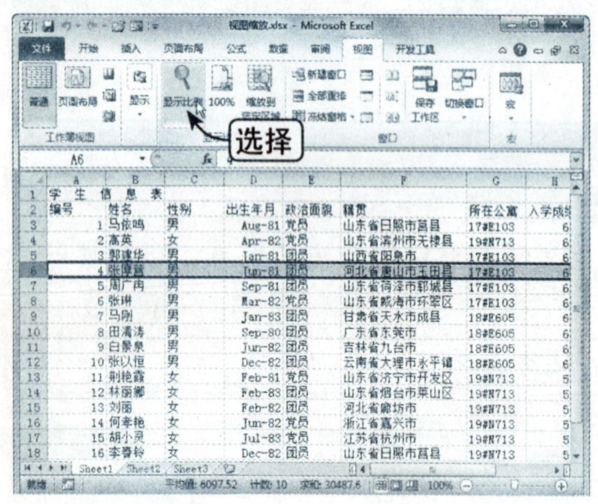

Step02 设置显示比例

弹出“显示比例”对话框，在“缩放”选项区中选中 200% 单选按钮，单击“确定”按钮，如下图所示。

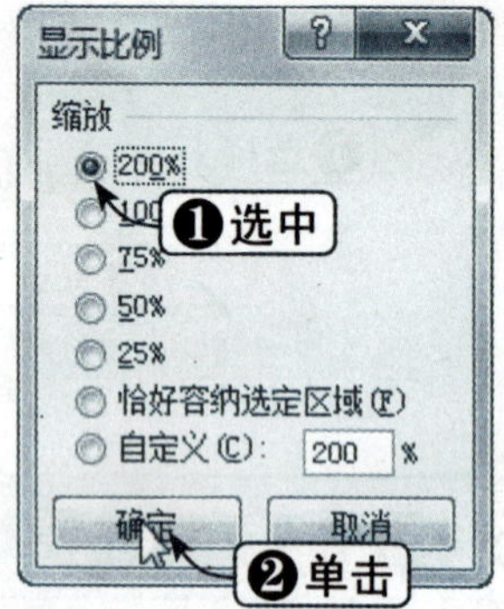

Step03 查看缩放效果

此时，即可显示按照 200% 进行缩放的效果，如下图所示。

方法二：自定义缩放

Step01 选择“显示比例”选项

选择“视图”选项卡下“显示比例”组中的“显示比例”选项，如下图所示。

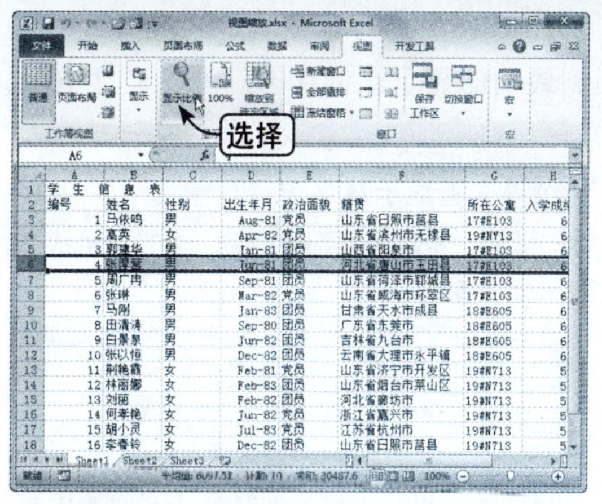

Step 02 设置显示比例

弹出“显示比例”对话框，在“缩放”选项区中选中“自定义”单选按钮，在“自定义”文本框中输入150，单击“确定”按钮，如下图所示。

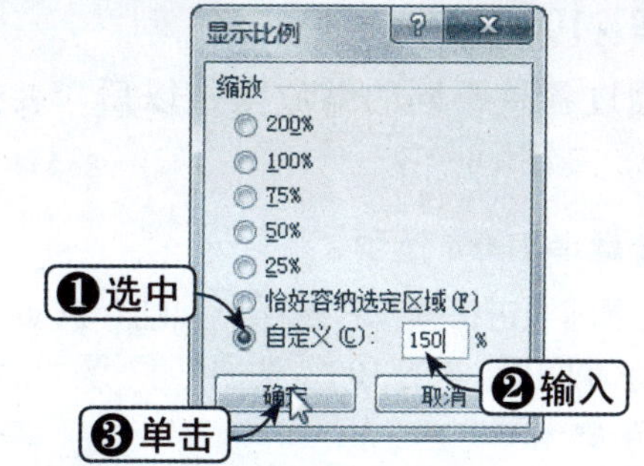

Step 03 查看缩放效果

此时，即可显示按照150%缩放的效果，如下图所示。

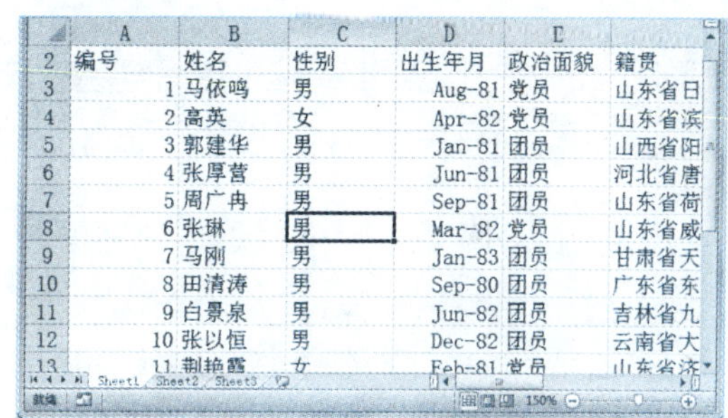

方法三：显示选定区域

为了使当前所选单元格区域充满整个窗口，可以进行以下操作：

Step 01 选择单元格区域

继续前面进行操作，选择单元格区域，如下图所示。

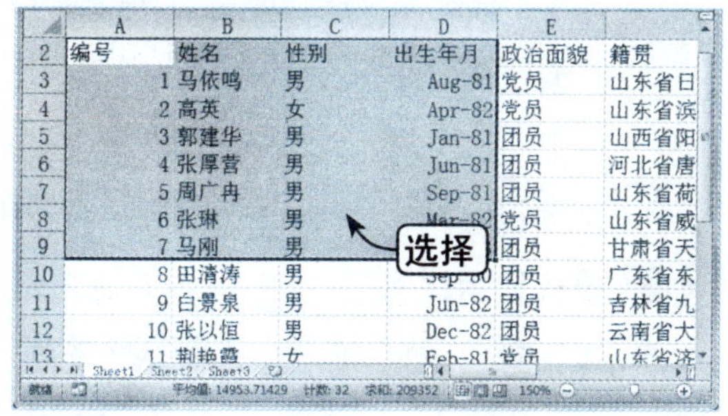

Step 02 选择“缩放到选定区域”选项

选择“视图”选项卡下“显示比例”组中的“缩放到选定区域”选项，如下图所示。

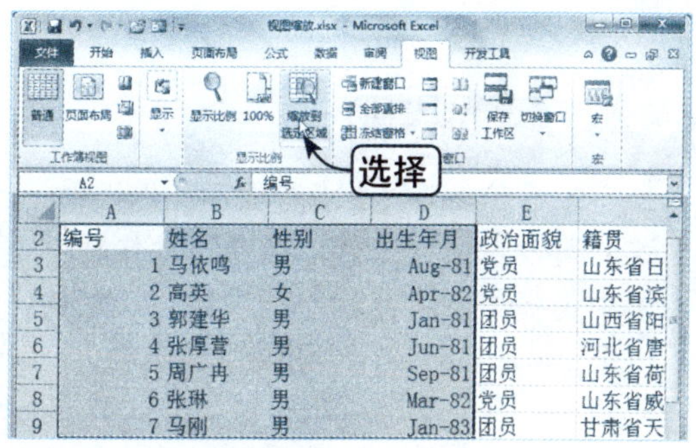

Step 03 查看缩放效果

此时，即可查看缩放到选定区域后的效果，如下图所示。

方法四：100%缩放

经过各种不同的缩放操作以后，要想回到最初的显示比例状态，可以进行 100%缩放。

Step 01 选择 100% 选项

继续前面进行操作，选择“视图”选项卡下“显示比例”组中的 100% 选项，如下图所示。

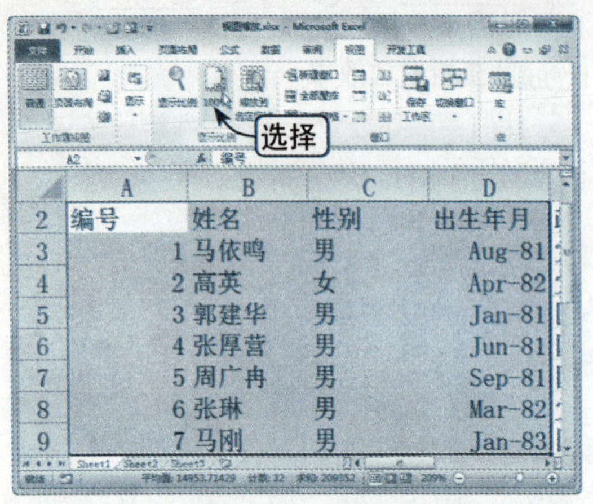

Step 02 查看显示效果

此时，即可恢复到 100% 比例的显示状态，效果如下图所示。

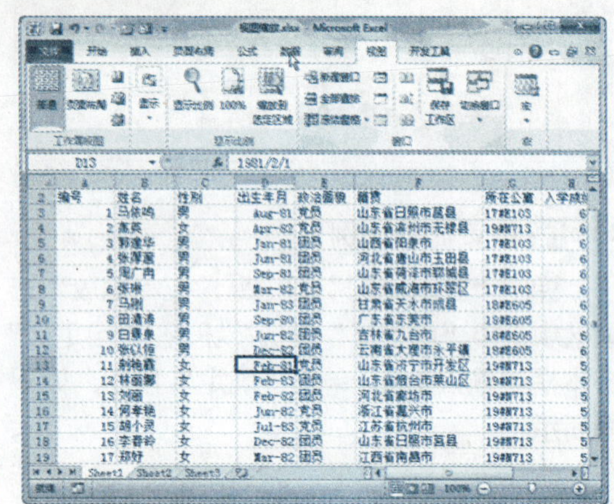

方法五：通过状态栏进行缩放

在 Excel 2010 中，为了方便操作，已将视图的显示比例控件添加在状态栏中，如右图所示。

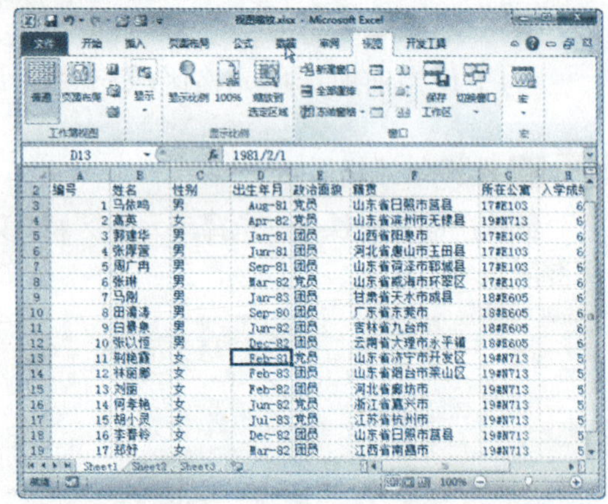

知识点拨

如果在状态栏上没有显示比例控件，这时可以右击状态栏，在弹出的快捷菜单中选择“显示比例”选项即可，它由一个 100% 按钮和一个调节滑块组成。

Step 01 拖动滑块

拖动状态栏中“显示比例”控件中间的滑块到 80%，如下图所示。

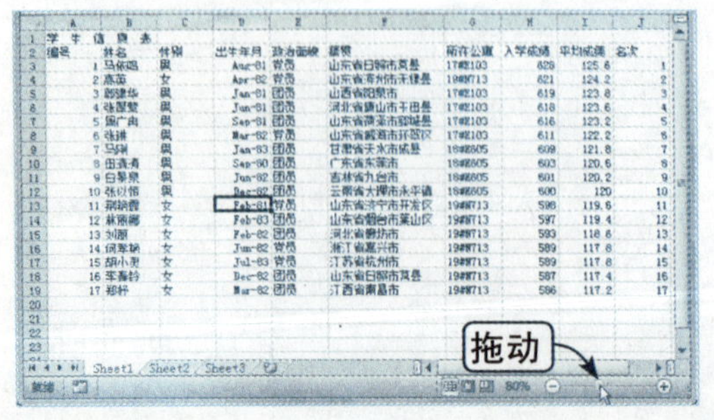

Step 02 设置显示比例

单击“显示比例”控件左侧的 80% 字样，将弹出“显示比例”对话框，在其中可以进行显示比例设置，单击“确定”按钮，如下图所示。

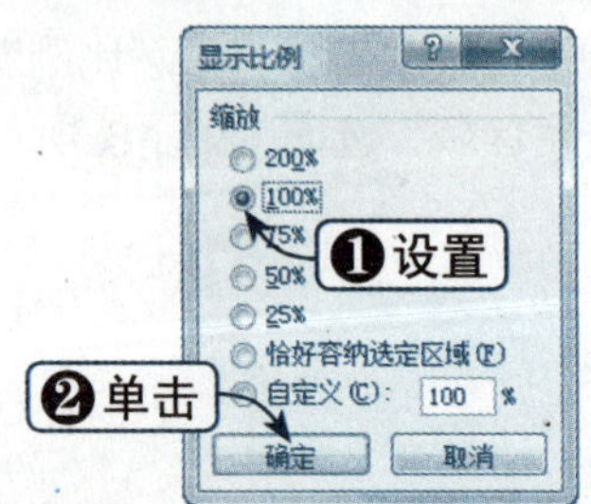

知识点拨

按住【Ctrl】键的同时向前或向后旋转智能鼠标滚轮，也可以对工作表的显示比例进行调整，缩放的百分比将显示在状态栏上。

2.4 Excel 2010工作环境设置

用户可以创建符合自己工作习惯的Excel环境，如显示或隐藏网格线，显示或隐藏标尺，设置Excel自动保存编辑文档的时间间隔，设置自己的默认保存路径和保存类型等，下面将分别进行介绍。

2.4.1 显示与隐藏网格线

在Excel 2010中可以隐藏网格线，具体操作方法如下：

	素材文件	光盘：素材文件\第2章\工作环境设置.xlsx

Step 01 取消选择“网格线”复选框

打开“素材文件\第2章\工作环境设置.xlsx”，取消选择“视图”选项卡下“显示”组中的“网格线”复选框，如下图所示。

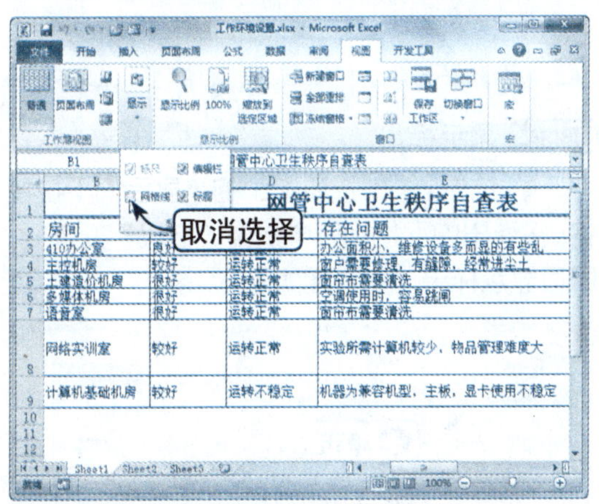

Step 02 查看窗口效果

此时，即可看到掉网格线后的窗口效果，如下图所示。

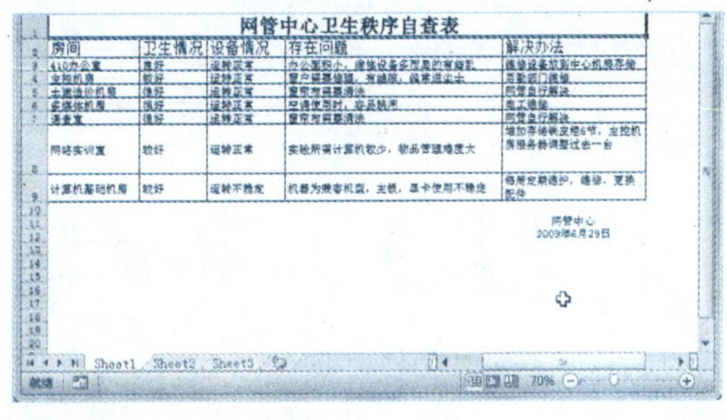

Step 03 显示网格线

如果要显示网格线，则需选中“视图”选项卡下“显示”组中的“网格线”复选框，如下图所示。

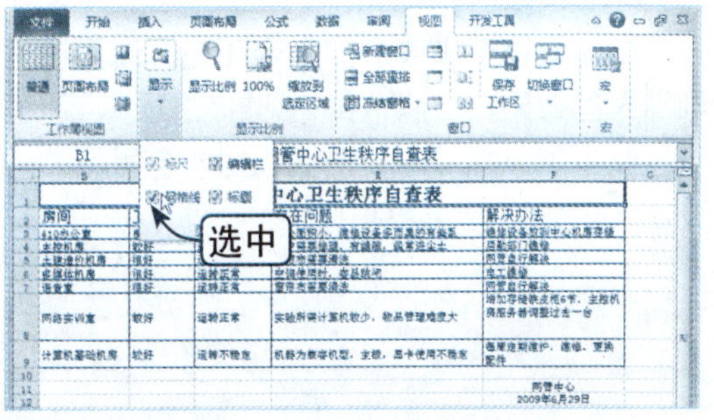

Step 04 查看窗口效果

此时，即可查看显示网格线后的窗口效果，

如右图所示。

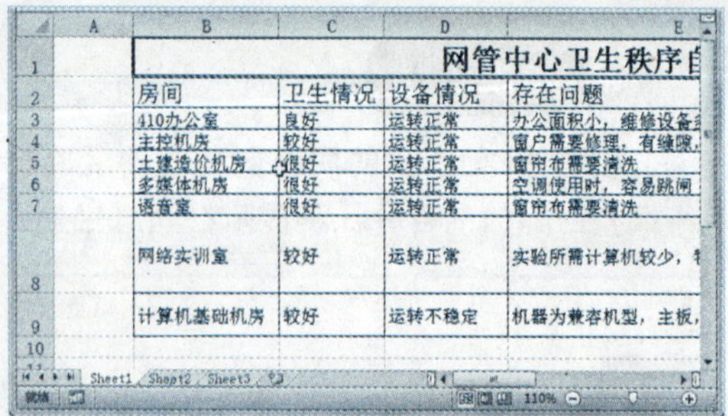

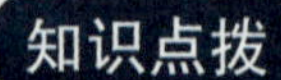

知识点拨

打开“Excel 选项”对话框，在左侧选择“高级”选项，在右侧的“此工作表的显示选项”选项区中可以设置网格线颜色。

2.4.2 显示或隐藏标尺

在 Excel 的普通视图中并不能显示标尺，只有在“页面”视图中才能显示或隐藏标尺，具体操作方法如下：

	素材文件	光盘：素材文件\第2章\工作环境设置.xlsx

Step 01 单击“页面”视图按钮

打开“素材文件\第 2 章\工作环境设置.xlsx”，在状态栏中单击“页面”视图按钮，切换到页面视图，如下图所示。

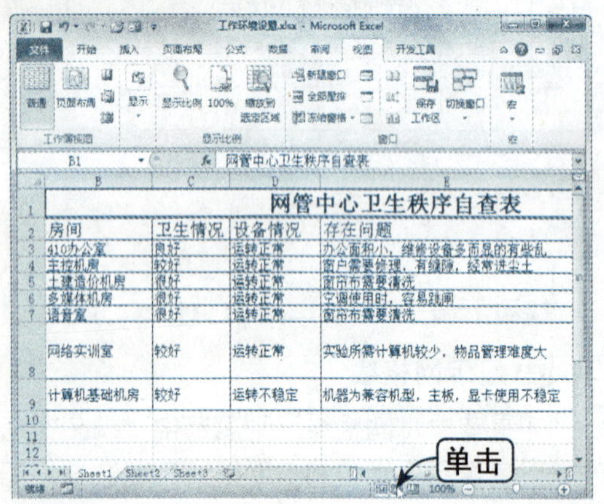

Step 02 隐藏标尺

这时，在工作表区的上方和左侧就可以看到标尺的效果。取消选择“视图”选项卡下“显示”组中的“标尺”复选框，如下图所示。

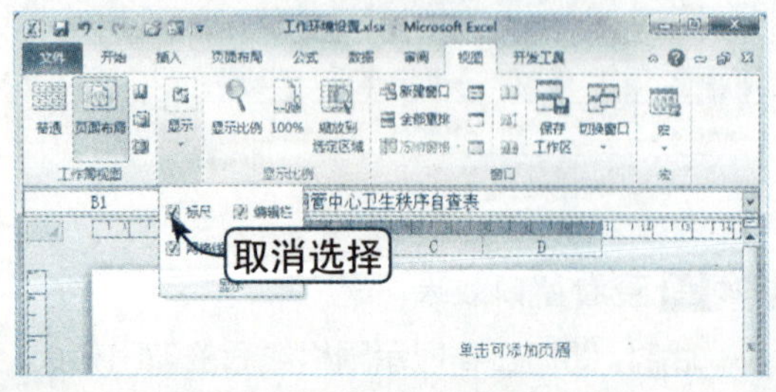

Step 03 查看隐藏标尺效果

此时，即可查看隐藏标尺后的效果，如下图所示。

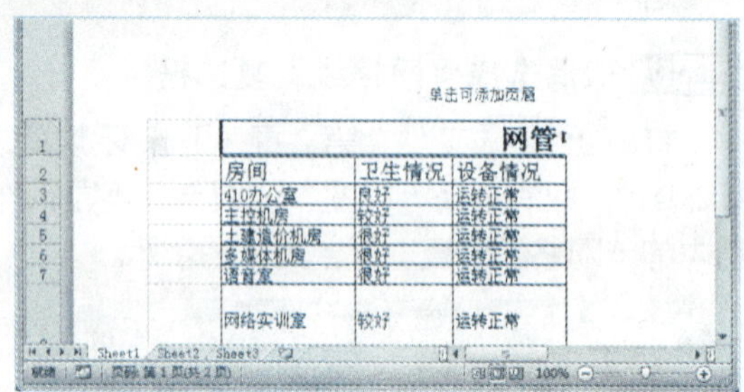

Step 04 显示标尺

单击“视图”选项卡中的“显示”下拉按钮，在弹出的下拉列表中选中“标尺”复选框，即可显示标尺，如下图所示。

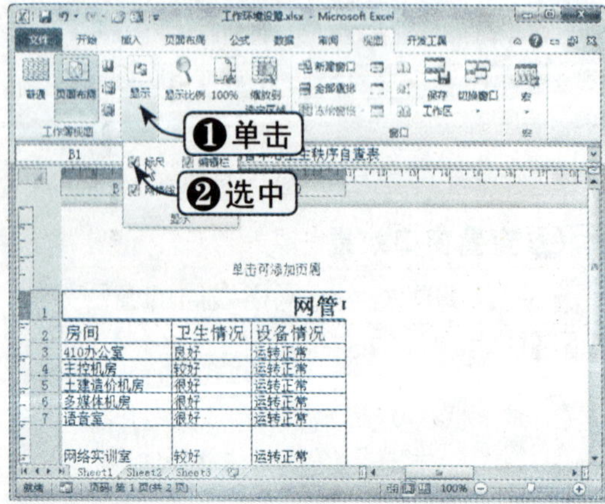

2.4.3 修改自动保存时间间隔

用户可以自己设置工作簿自动保存信息的时间间隔，以免突然断电没有及时保存造成数据丢失。设置自动保存信息时间间隔的具体操作方法如下：

	素材文件	光盘：素材文件\第2章\工作环境设置.xlsx

Step 01 选择“选项”选项

打开“素材文件\第2章\工作环境设置.xlsx”，选择“文件”选项卡，在Backstage视图中选择“选项”选项，如下图所示。

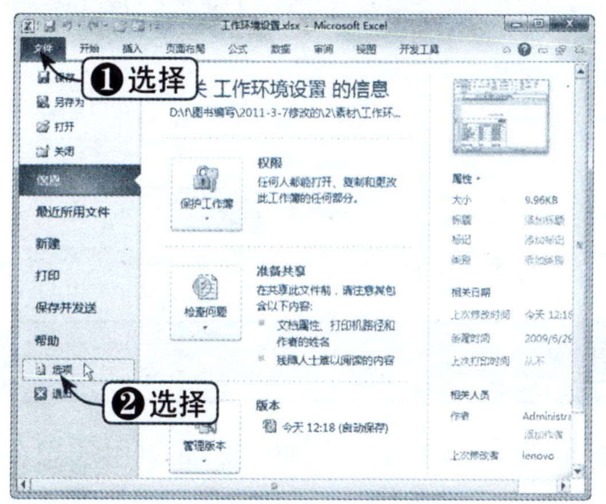

Step 02 设置保存自动恢复信息

弹出“Excel选项”对话框，在左窗格中选择“保存”选项，在右窗格显示与保存操作相关的选项。在“保存工作簿”选项区中选中“保存自动恢复信息时间间隔”复选框，在右侧数值框中输入一个1~120的整数，如输入5，单击“确定”按钮完成设置，如下图所示。

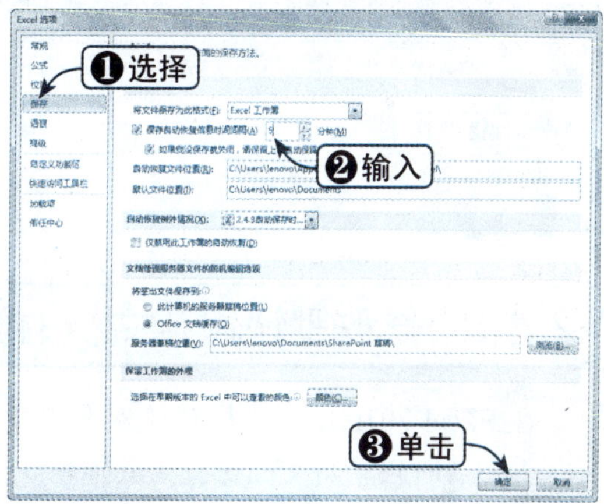

知识点拨

系统默认每10分钟保存一次文档，用户可以根据自己的需要设置自动保存时间间隔，工作簿即可根据用户的设置进行保存。

2.4.4 自定义文档的默认保存路径

如果用户在一段时间中经常要将工作簿保存到某个文件夹，可以设置一个默认的保存路径，这样保存起来更加方便，具体操作方法如下：

	素材文件	光盘：素材文件\第2章\工作环境设置.xlsx

Step 01 选择“选项”选项

打开“素材文件\第2章\工作环境设置.xlsx”，选择“文件”选项卡，在弹出的Backstage视图中选择“选项”选项，如下图所示。

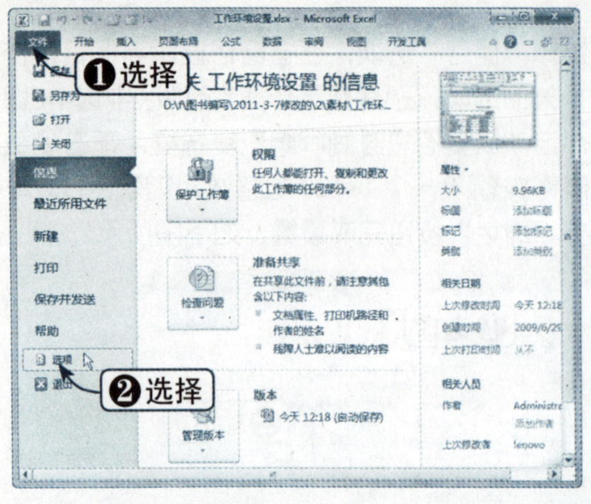

Step 02 设置默认保存位置

弹出“Excel选项”对话框，选择左窗格中的“保存”选项，在右窗格显示与保存操作相关的选项，在“默认保存位置”文本框中输入文档的默认保存路径，单击“确定”按钮即可，如下图所示。

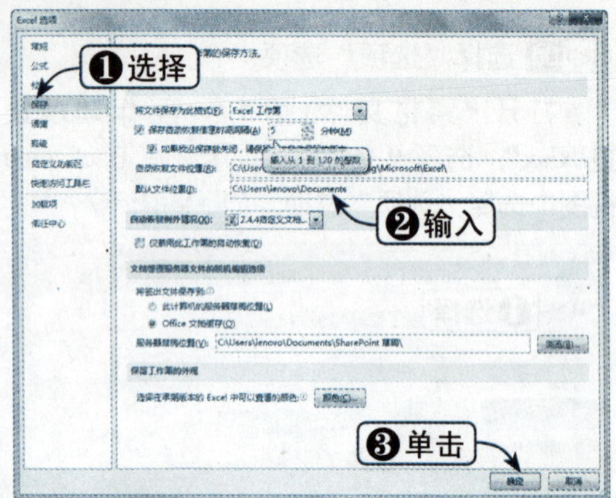

2.4.5 修改默认保存文档的类型

在Excel 2010中，文档默认保存类型是扩展名为.xlsx的文档格式。如果用户想在保存工作簿时自动将文档保存为其他格式，具体操作方法如下：

	素材文件	光盘：素材文件\第2章\工作环境设置.xlsx

Step 01 选择“选项”选项

打开“素材文件\第2章\工作环境设置.xlsx”，选择“文件”选项卡，在弹出的Backstage视图中选择“选项”选项，如下图所示。

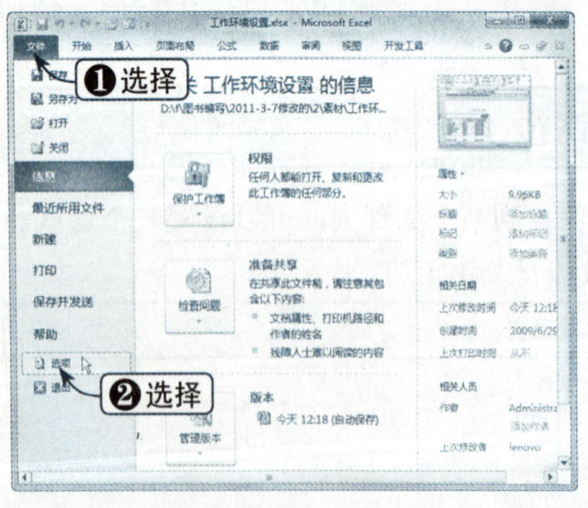

Step 02 设置默认保存类型

弹出“Excel选项”对话框，选择左窗格中的“保存”选项，在右窗格显示与保存操作相关的选项。在“将文件保存为此格式”下拉列表框中选择“Excel启用宏的模板”选项，单击“确定”按钮，如下图所示。

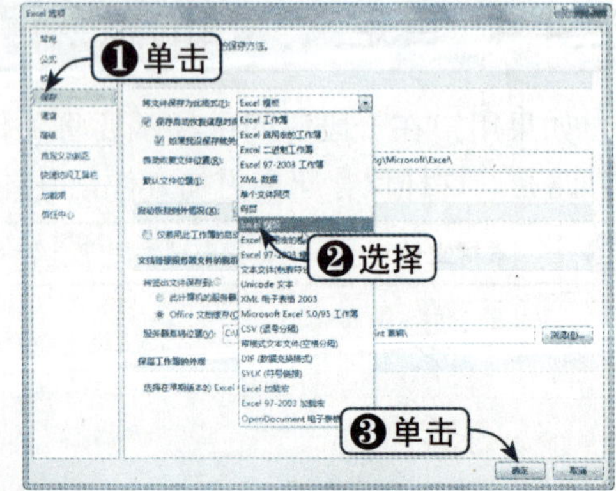

2.4.6 隐藏与显示功能区

在编辑 Excel 工作表时，可能需要更大的编辑空间，这时可以将功能区隐藏起来，实现全屏编辑，具体操作方法如下：

	素材文件	光盘：素材文件\第2章\工作环境设置.xlsx

Step 01 双击当前选项卡

打开“素材文件\第2章\工作环境设置.xlsx”，双击“开始”选项卡，如下图所示。

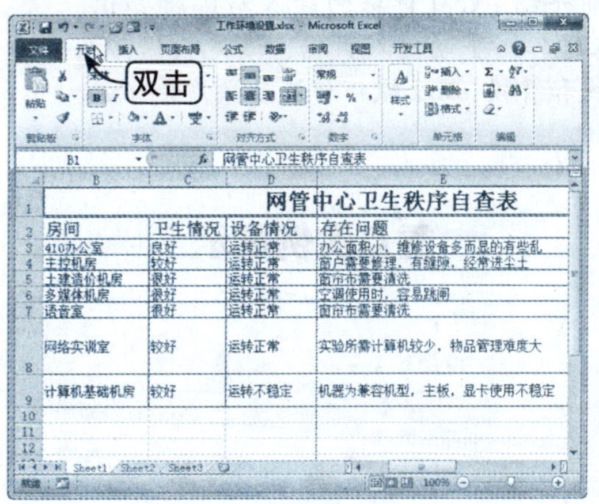

Step 02 查看设置效果

此时功能区将隐藏起来，从而使用户有更宽大的编辑区域，效果如下图所示。

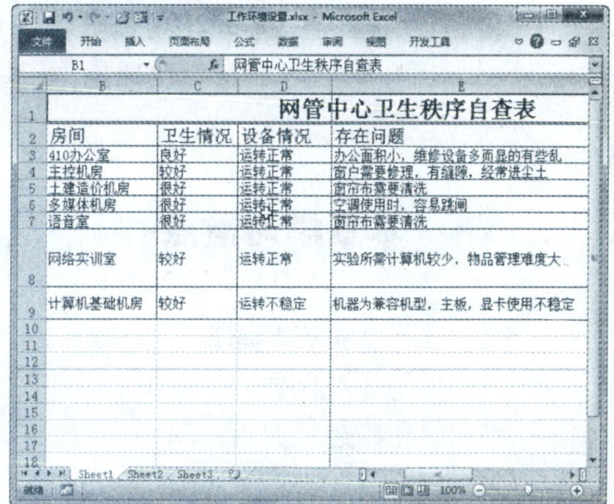

● 读书笔记

第3章 Excel数据的输入与编辑

使用 Excel 处理数据时，数据的输入与编辑是最重要的基本操作。本章将详细介绍 Excel 数据的输入与编辑知识，其中包括单元格的基本操作，手动输入数据，填充数据，添加与管理批注，数据查找和替换，以及撤销与恢复操作等知识。

本章学习重点

1. 单元格的基本操作
2. 手动输入数据
3. 填充数据
4. 添加与管理批注
5. 数据的查找和替换
6. 撤销与恢复操作

重点实例展示

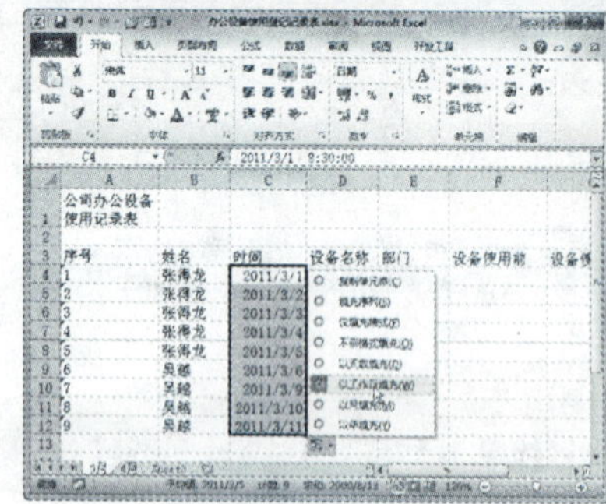

修改填充选项

本章视频链接

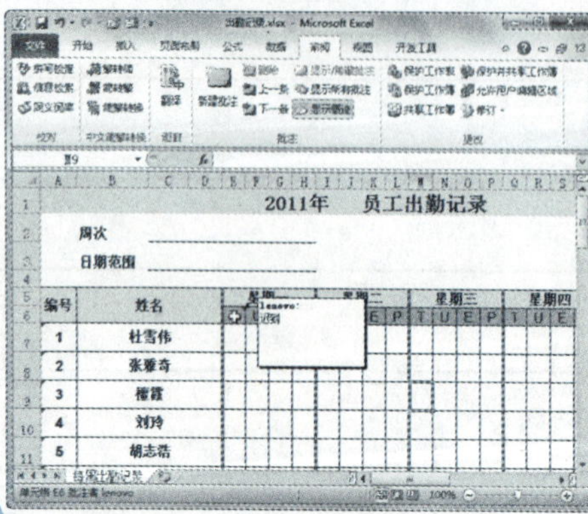

输入批注信息

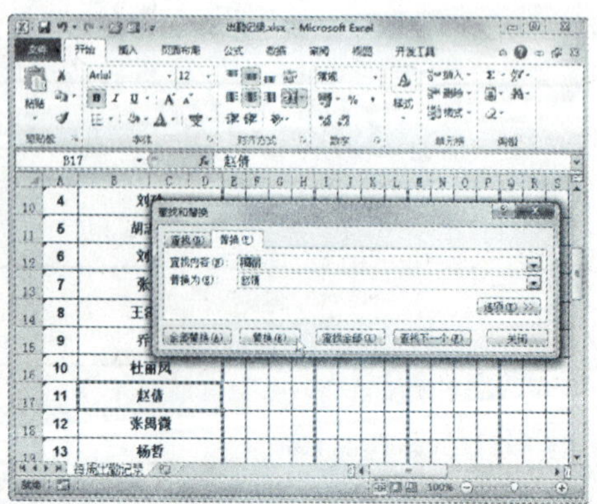

替换表格数据

3.1 单元格的基本操作

对单元格的操作是使用 Excel 所必不可少的，单元格的操作主要包括插入、删除、清除、命名和合并单元格等，下面将分别进行介绍。

3.1.1 插入单元格

在工作表中可以插入一个单元格，也可以插入一行、一列单元格。如果需要在工作表中插入单元格，具体操作方法如下：

方法一：使用功能区按钮插入单元格

	素材文件	光盘：素材文件\第3章\单元格的基本操作.xlsx

Step 01 选择“插入单元格”选项

打开“素材文件\第 3 章\单元格的基本操作.xlsx”。选择单元格，单击“开始”选项卡下“单元格”组中的“插入”下拉按钮，在弹出的下拉列表中选择“插入单元格”选项，如下图所示。

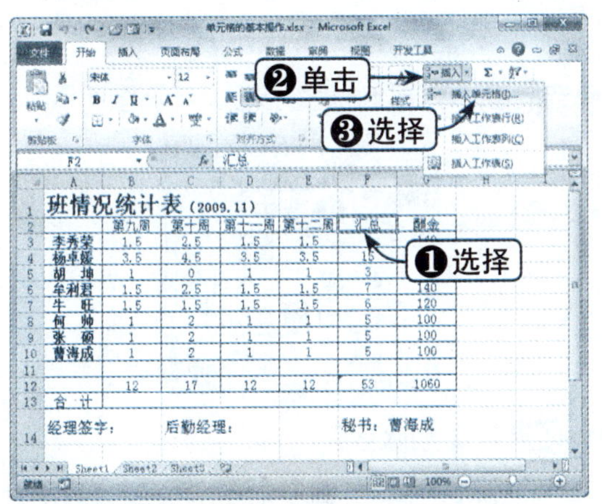

Step 02 选中“活动单元格下移”单选按钮

弹出“插入”对话框，选中“活动单元格右移”单选按钮，单击“确定”按钮，如下图所示。

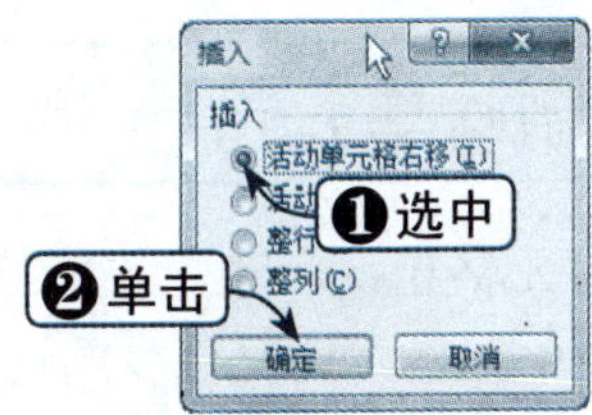

Step 03 查看插入效果

此时，即可查看新插入单元格后的表格效果，如下图所示。

方法二：快捷菜单法

Step 01 选择“插入”选项

选择单元格并右击，在弹出的快捷菜单中选择“插入”选项，如下图所示。

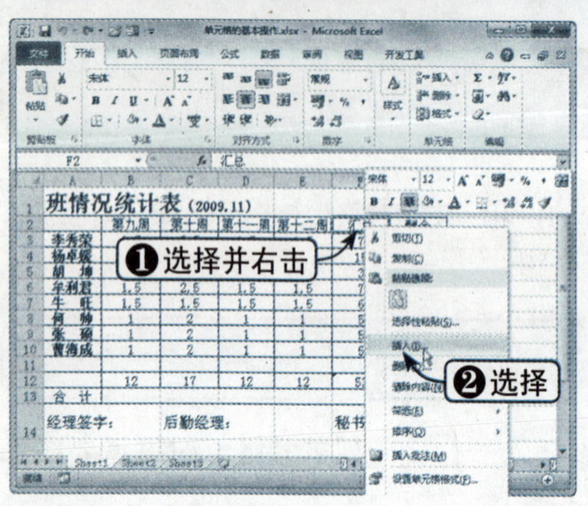

Step 02 选中“活动单元格右移”单选按钮

弹出“插入”对话框，选中“活动单元格右移”单选按钮，单击“确定”按钮，如下图所示。

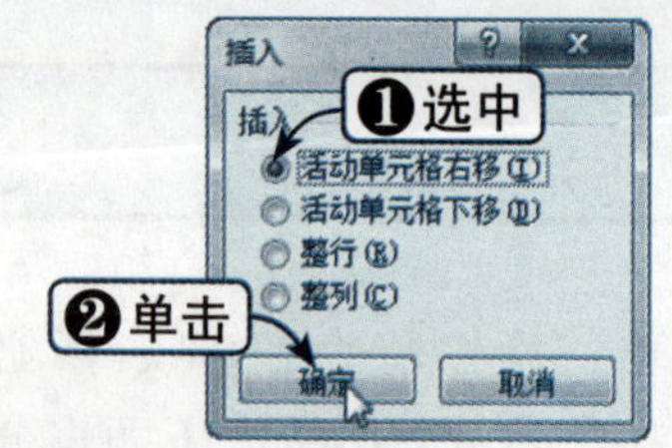

Step 03 查看插入效果

此时即可插入单元格，为新插入的单元格输入内容，如下图所示。

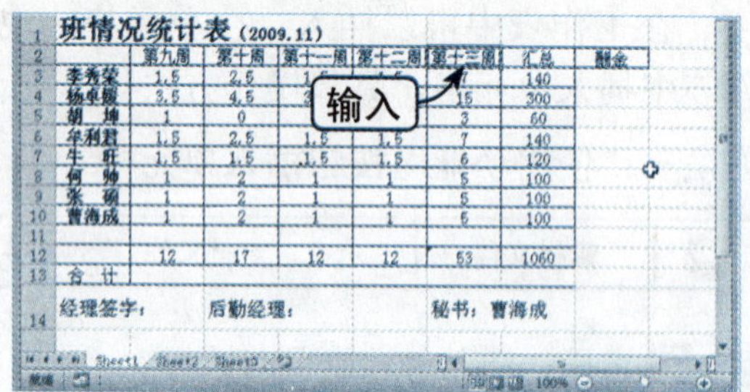

3.1.2 删除单元格

和插入单元格相反，删除单元格操作就是从工作表中减少单元格。实际上删除操作不仅是减少单元格，同时减少的还有单元格中的数据。

方法一：使用功能区按钮删除单元格

Step 01 选择“删除单元格”选项

继续上一节进行操作，选择单元格或单元格区域，单击“开始”选项卡下“单元格”组中的“删除”下拉按钮，在弹出的下拉列表中选择“删除单元格”选项，如下图所示。

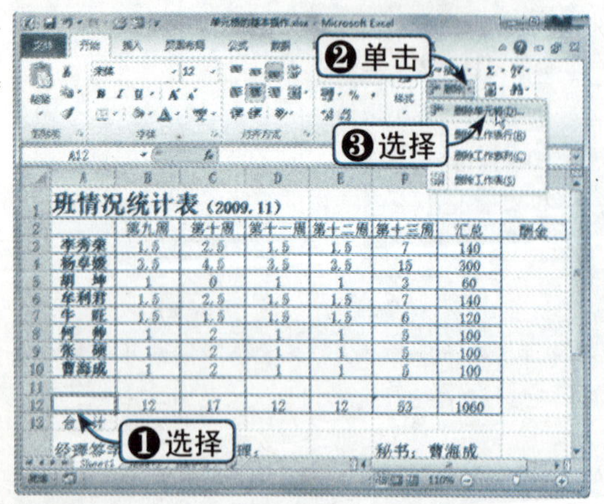

Step 02 选中“下方单元格上移”单选按钮

弹出“删除”对话框，选中“下方单元格上移”单选按钮，单击“确定”按钮，如下图所示。

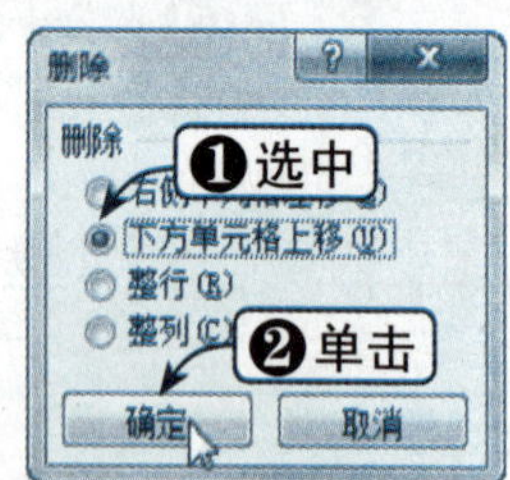

Step 03 查看删除效果

此时，即可看到删除单元格后的表格效果，如下图所示。

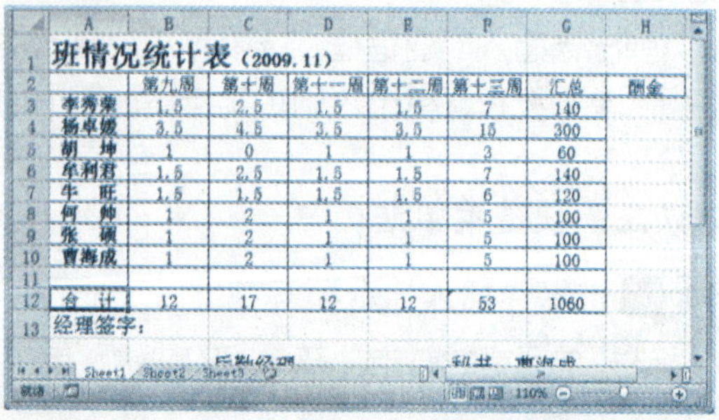

方法二：使用快捷菜单删除单元格

Step 01 选择“删除”选项

选择并右击单元格，在弹出的快捷菜单中选择“删除”选项，如下图所示。

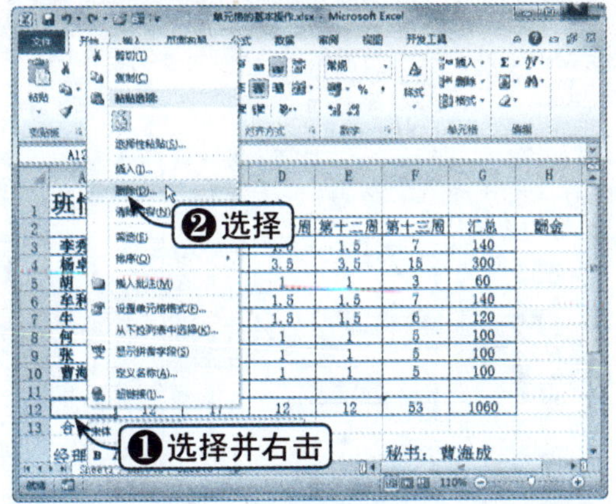

Step 02 选中“下方单元格上移”单选按钮

弹出“删除”对话框，选中“下方单元格上移”单选按钮，单击“确定”按钮，如下图所示。

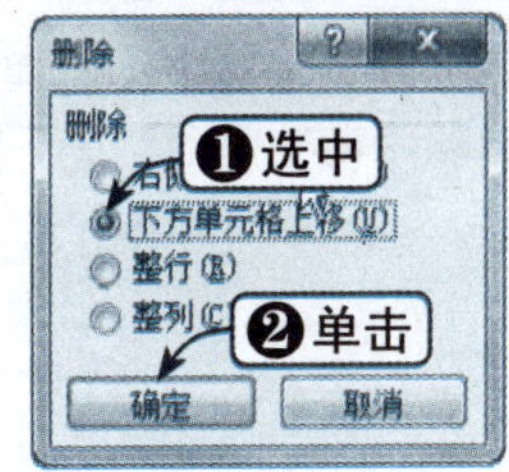

Step 03 查看删除效果

此时即可其他不需要的单元格，效果如下图所示。

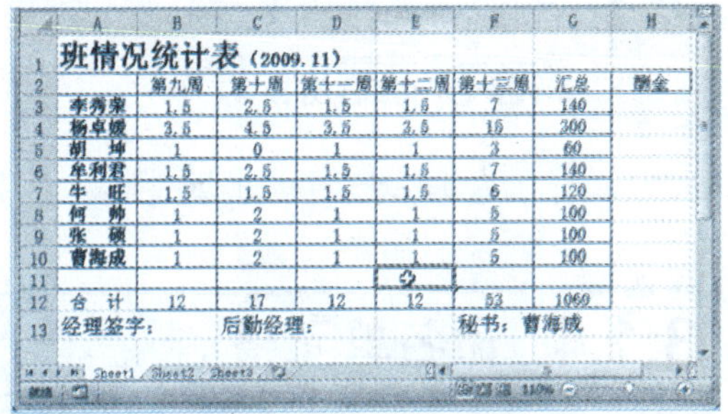

3.1.3 清除单元格

清除单元格与删除单元格有所不同，清除单元格只是删除单元格中的数据，而不能删除单元格。清除单元格的具体操作方法如下：

方法一：使用功能区按钮清除单元格

Step 01 选择“全部清除”选项

继续上一节进行操作，选择单元格区域，单击“开始”选项卡下“编辑”组中的“清除”下拉按钮，在弹出的下拉列表中选择“清除内容”选项，如下图所示。

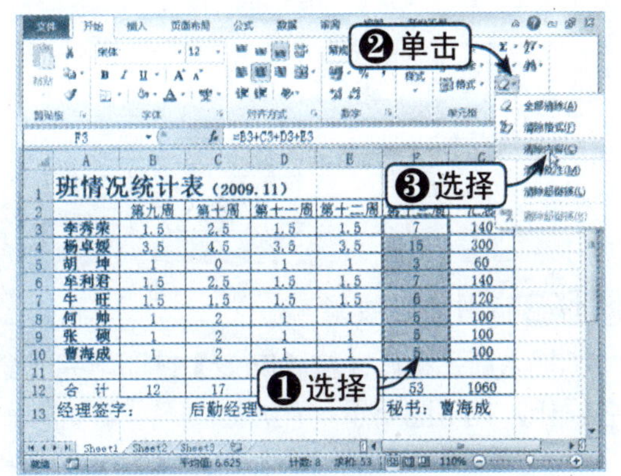

Step 02 查看清除效果

此时，即可看到清除单元格区域后的表格效果，如下图所示。

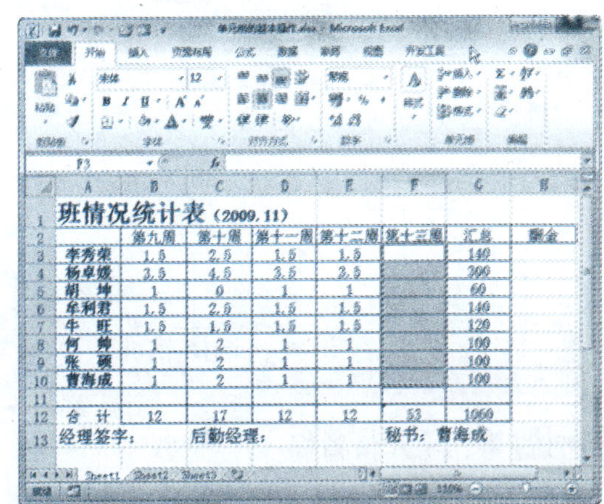

方法二：使用快捷菜单清除单元格

Step 01 选择“清除内容”选项

选中单元格区域并右击，在弹出的快捷菜单中选择“清除内容”选项，如下图所示。

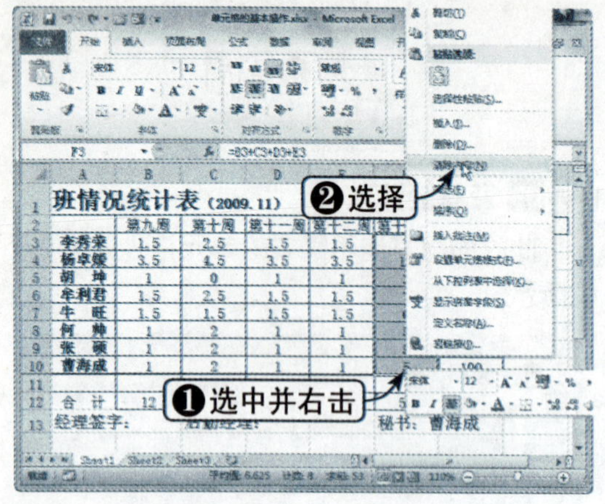

Step 02 查看清除效果

此时，即可看到清除单元格区域内容后的表格效果，如下图所示。

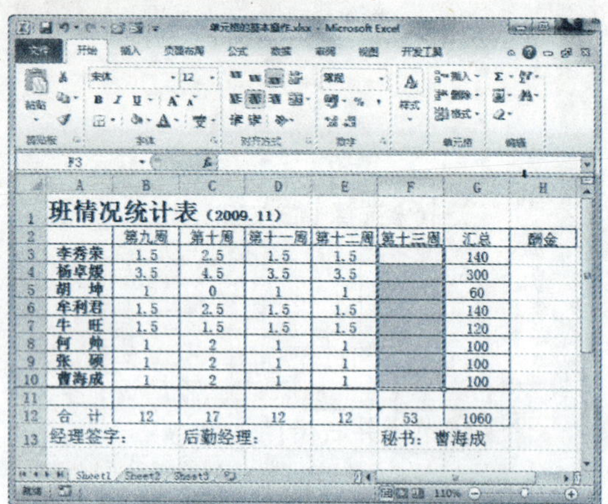

3.1.4 命名单元格

对单元格进行命名，可以快速、准确的定位单元格，具体操作方法如下：

方法一：使用名称框命名

名称框位于编辑栏左侧，用来显示活动单元格的引用地址。如果单元格或单元格区域已命名，可单击名称框下拉按钮，在弹出的下拉列表中可以显示所有名称的清单。

Step 01 选择需要命名的单元格

继续上一节进行操作，选择单元格，单击名称框，如下图所示。

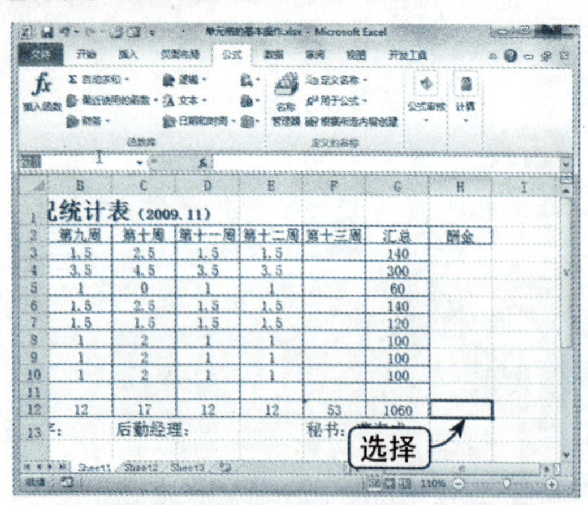

Step 02 输入单元格名称

在名称框中输入单元格的新名称，如下图所示。

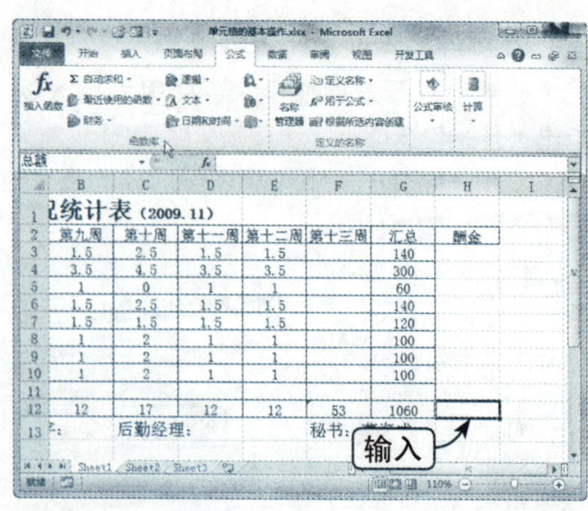

Step 03 查看命名效果

输入新名称后，按【Enter】键即可完成命名操作，如下图所示。

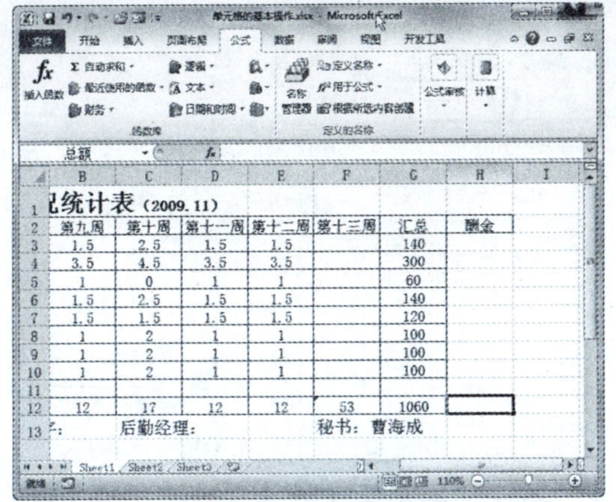

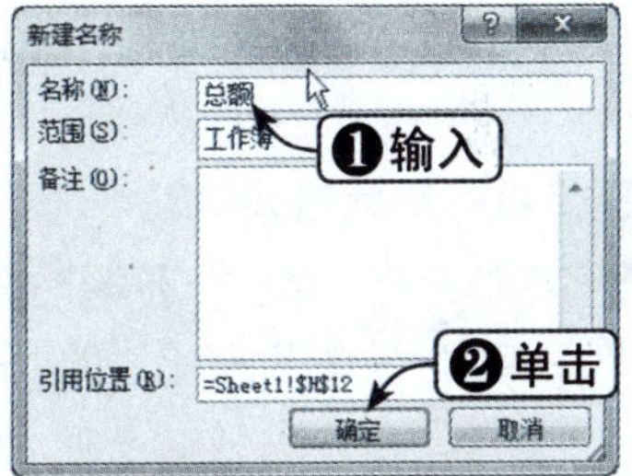

知识点拨

在名称框中输入新名称后，一定要按【Enter】键，命名才能生效，单击其他单元格不起作用。

方法二：使用功能区按钮命名

Step01 选择需要命名的单元格

选择单元格，单击“公式”选项卡下“定义的名称”组中的“定义名称”下拉按钮，在弹出的下拉列表中选择“定义名称”选项，如下图所示。

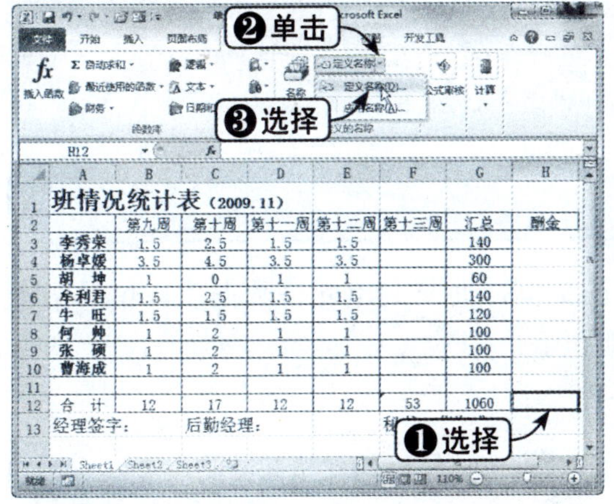

Step02 设置新名称

弹出“新建名称”对话框，在“名称”文本框中输入“总额”，其他选项采用默认设置，单击“确定”按钮，如下图所示。

Step03 查看命名效果

此时，即可查看新命名单元格后的效果，如下图所示。

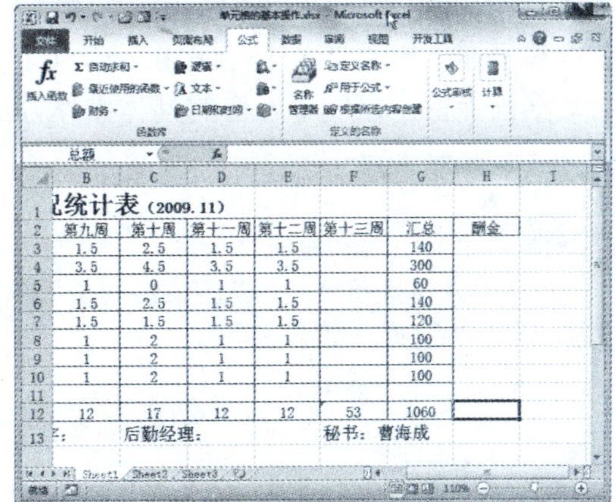

3.1.5 移动单元格

在使用 Excel 的过程中，经常需要对单元格中的数据进行移动，具体操作方法如下：

Step01 单击“剪切”按钮

继续上一节进行操作，选择单元格，单击“开始”选项卡下“剪贴板”组中的“剪切”按钮，如下图所示。

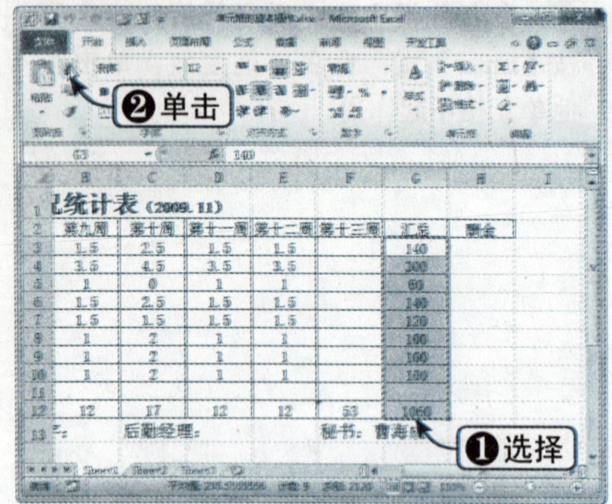

Step02 选择目标单元格并粘贴

选择目标单元格，单击“开始”选项卡下“剪贴板”组中的“粘贴”按钮，如下图所示。

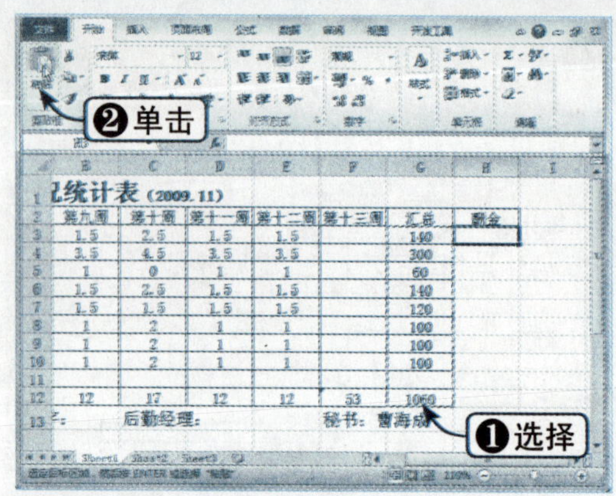

Step03 查看数据移动效果

此时，即可查看数据被移动后的效果，如下图所示。

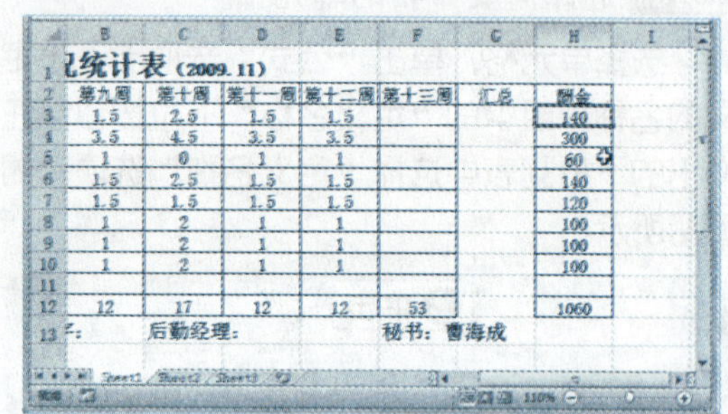

3.1.6 复制单元格

移动单元格数据后不会保留原单元格中的数据，而复制单元格数据后原单元格中的数据被保留。复制单元格的具体操作方法如下：

方法一：粘贴选项

Step01 选择“复制”选项

选中单元格并右击，在弹出的快捷菜单中选择“复制”选项，如下图所示。

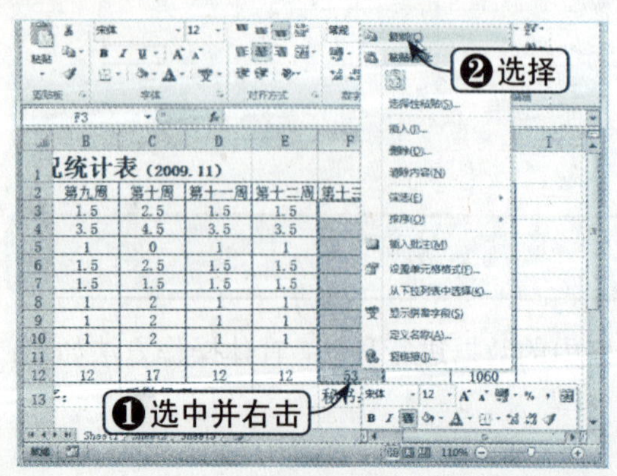

Step02 选择目标单元格并粘贴

选中目标单元格并右击，在弹出的快捷菜单中选择“粘贴选项:格式”选项，如下图所示。

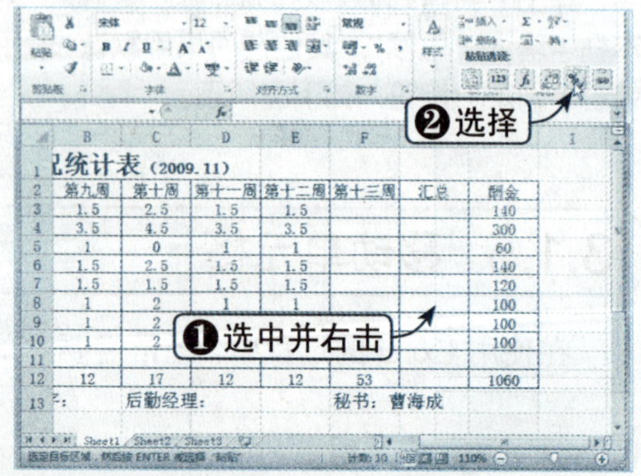

Step 03 查看数据复制效果

此时，即可查看复制单元格数据后的效果，如右图所示。

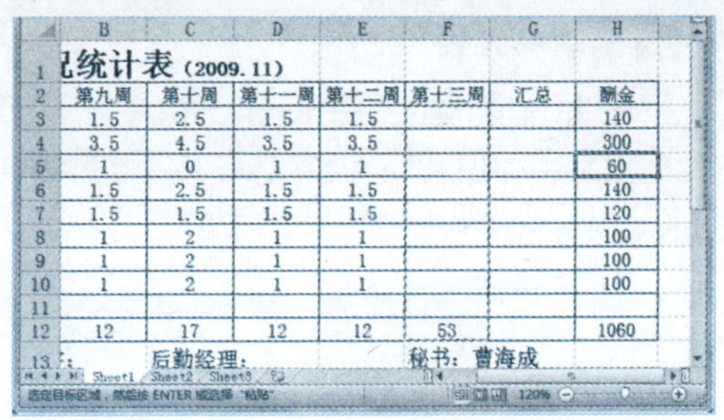

方法二：使用功能区按钮复制数据

Step 01 单击“复制”按钮

继续前面进行操作，选择单元格，单击“开始”选项卡下“剪贴板”组中的“复制”按钮，如下图所示。

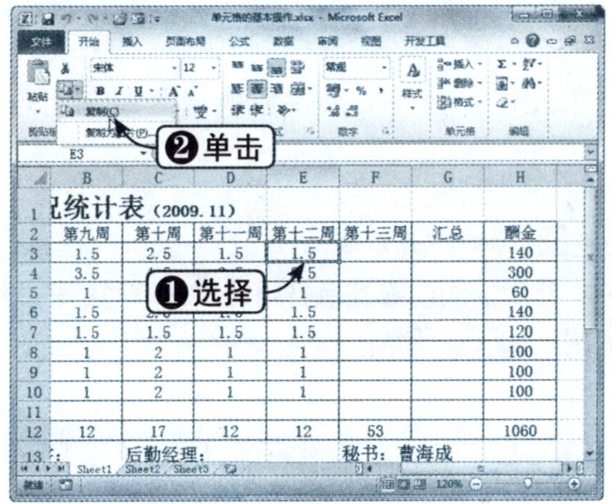

Step 02 选择目标单元格并粘贴

选择目标单元格，单击“开始”选项卡下“剪贴板”组中的“粘贴”按钮，如下图所示。

Step 03 查看数据复制效果

此时，即可查看复制单元格数据后的效果，如下图所示。

方法三：使用鼠标复制数据

Step 01 选择单元格

选择单元格，将鼠标指针移动到选取的单元格黑色边框上，如右图所示。

知识点拨

用户也可以使用快捷键进行复制单元格的操作，按【Ctrl+C】组合键复制单元格，然后按【Ctrl+V】组合键粘贴单元格。

Step 02 拖动单元格

按住【Ctrl】键，使用鼠标左键将选取的单元格拖到目标位置后释放鼠标，如下图所示。

	B	C	D	E	F	G	H
1	况统计表（2009. 11）						
2	第九周	第十周	第十一周	第十二周	第十三周	汇总	酬金
3	1.5	2.5	1.5	1.5	1.5		140
4	3.5	4.5	3.5	3.5			300
5	1	0	1	1			60
6	1.5	2.5	1.5	1.5			140
7	1.5	1.5	1.5	1.5			120
8	1	2	1	1			100
9	1	2	1	1			100
10	1	2	1	1			100
11							
12	12	17	12	12	53		1060
13	字：	后勤经理：			秘书：曹海成		

Step 03 查看复制效果

继续复制各个数据到目标单元格，效果如下图所示。

	B	C	D	E	F	G	H
1	况统计表（2009. 11）						
2	第九周	第十周	第十一周	第十二周	第十三周	汇总	酬金
3	1.5	2.5	1.5	1.5	1.5		140
4	3.5	4.5	3.5	3.5	3.5		300
5	1	0	1	1	1.5		60
6	1.5	2.5	1.5	1.5	1.5		140
7	1.5	1.5	1.5	1.5	2		120
8	1	2	1	1	1		100
9	1	2	1	2	1		100
10	1	2	1	1	1		100
11							
12	12	17	12	13	54		1060
13	字：	后勤经理：			秘书：曹海成		

3.1.7 合并多个单元格的内容

合并单元格是将相邻的单元格合并为一个单元格，合并后只保留所选区域左上角单元格中的数据内容，具体操作方法如下：

Step 01 单击“合并后居中”按钮

继续上一节进行操作，选择单元格区域，单击“开始”选项卡下“对齐方式”组中的“合并后居中”按钮，如下图所示。

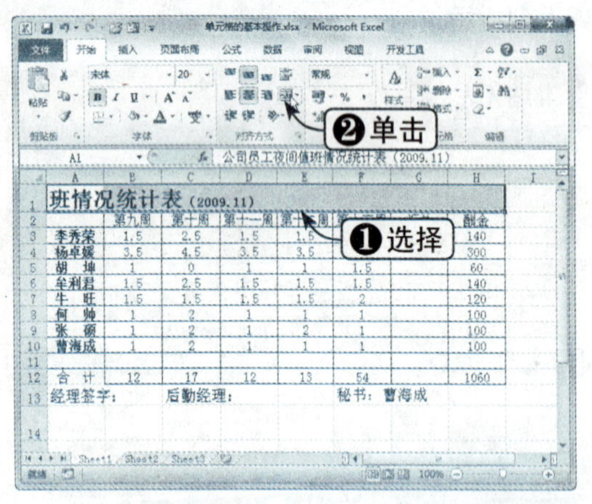

Step 02 查看合并效果

此时，即可看到合并单元格区域后的表格效果，如下图所示。

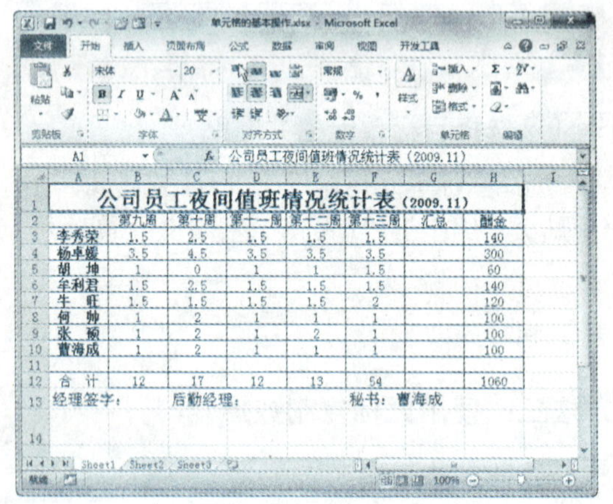

3.1.8 拆分单元格

拆分单元格只能对合并后的单元格进行拆分，不能拆分未合并过的单元格。拆分单元格的具体操作方法如下：

Step 01 选择“取消单元格合并”选项

继续上一节进行操作，选择单元格，单击“开始”选项卡下“对齐方式”组中的“合并后居中”下拉按钮，在弹出的下拉列表中选择

“取消单元格合并”选项，如下图所示。

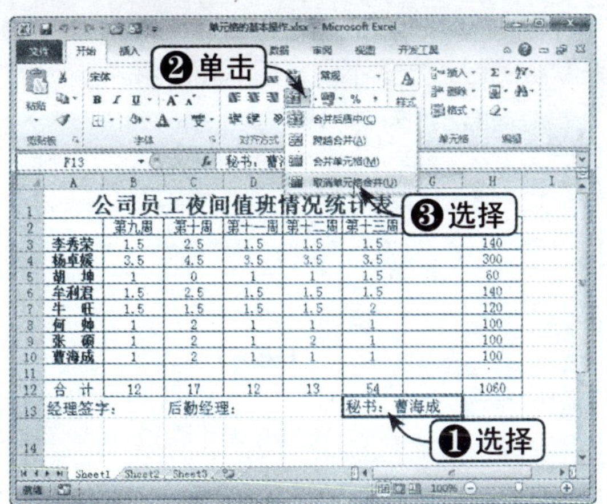

Step 02 查看拆分效果

此时，即可看到拆分单元格后的表格效果，如下图所示。

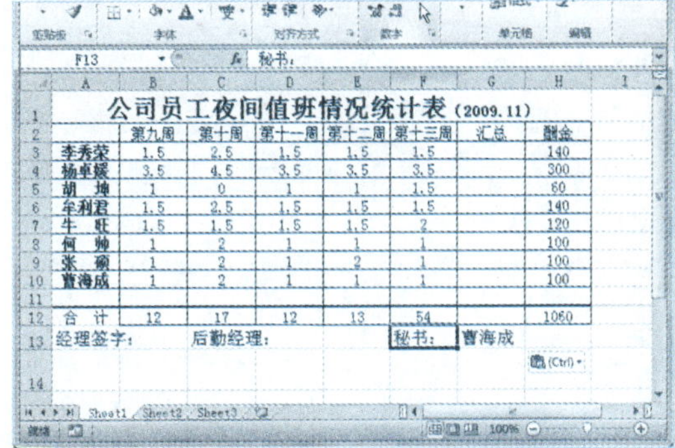

3.2 手动输入数据

输入数据是使用工作表的核心操作，其中有输入内容的格式问题，也有手动输入的技巧问题。

3.2.1 输入文本与数字

在 Excel 2010 中，一个单元格中最多可以输入 32767 个字符，比以前各版本容纳的字符数都多。输入文本的具体操作方法如下：

Step 01 输入文本

新建工作簿，并保存为“办公设备使用登记记录表”选择 A1 单元格，并在该单元格中输入内容，如下图所示。

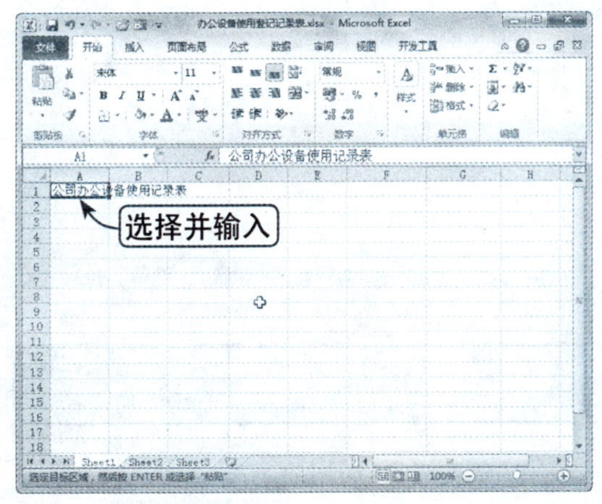

Step 02 进行换行

也可以进行换行。把光标定位到字符后按【Alt+Enter】组合键，即可换行，如下图所示。

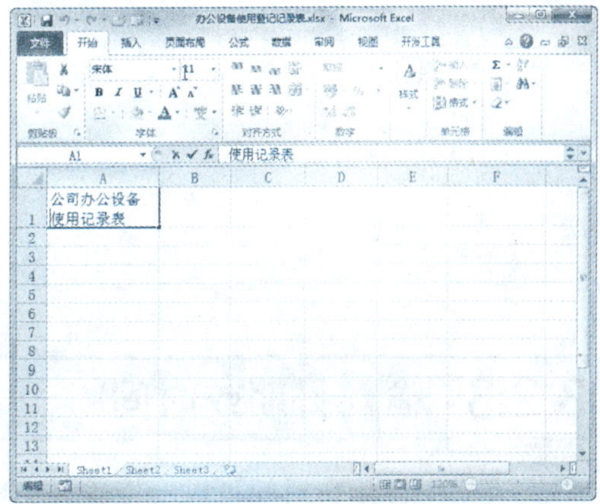

Step03 输入内容

在不同的单元格中输入所需的内容，如下图所示。

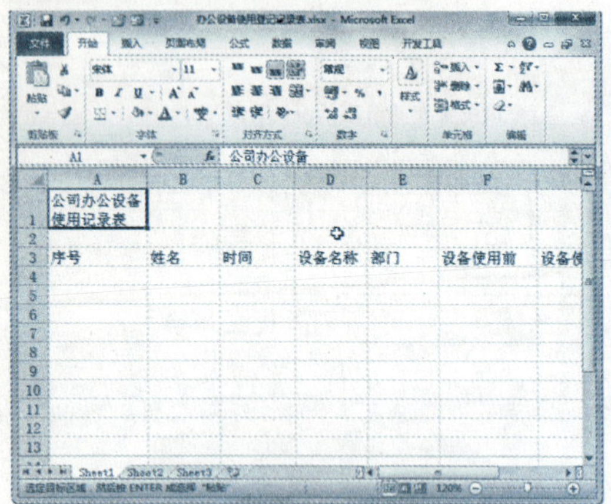

Step04 输入数字

输入数字的方法与输入其他文本相同，只是默认的对齐方式不同，如下图所示。

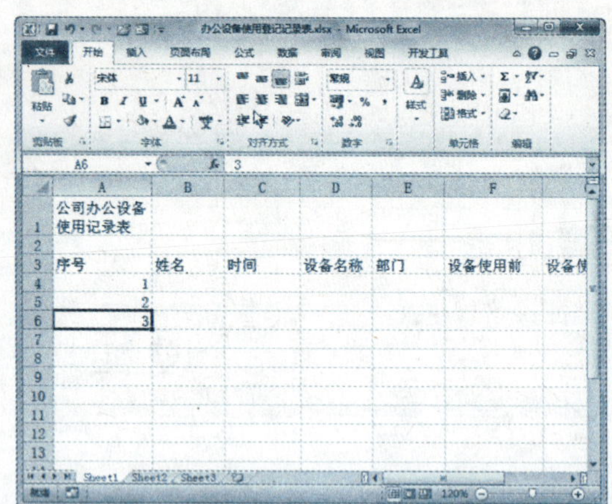

3.2.2 将数字转化为文本

如果单元格中输入的数字是不进行运算的，最好将其作为文本输入，如邮政编码、证件号码或学号等。默认情况下，将数字输入到单元格时，Excel将其作为数字设置为右对齐。若要将输入的数字作为文本表示，可以进行以下操作：

Step01 输入数字

继续上一节进行操作，在数字前加半角的单引号，即可将数字转化为文本，如下图所示。

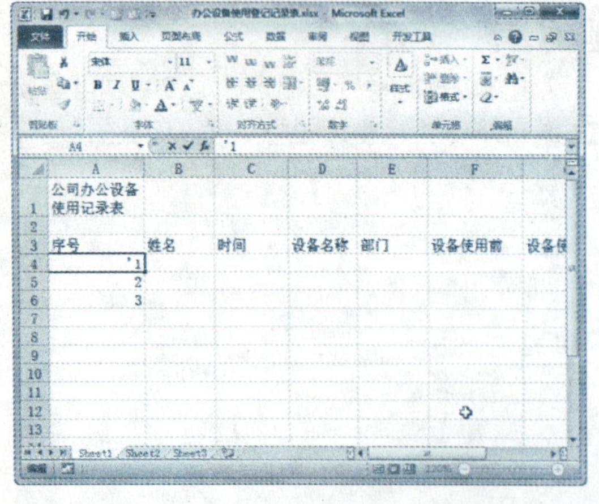

Step02 查看数字效果

按【Enter】键，查看转化后的数字效果，如下图所示。

3.2.3 输入日期或时间

在表格中日期和时间可以直接输入，Excel 2010会自动识别日期和时间格式，并将

其转换为序列号保存。手工输入日期的具体操作方法如下：

Step 01 输入日期

继续上一节操作，选择单元格并输入日期，输入时用连接符号"/"或"-"连接，如下图所示。

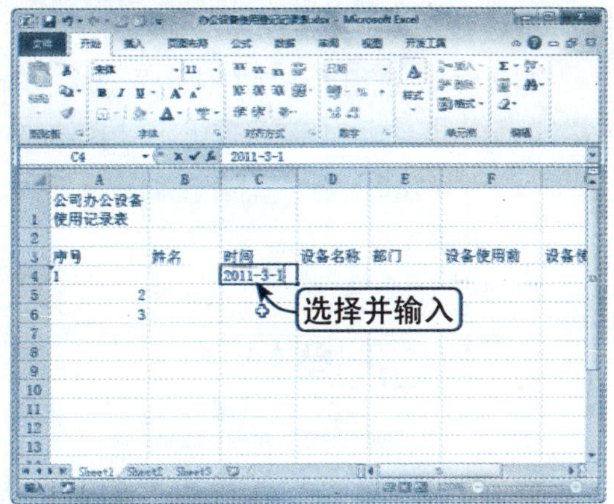

Step 02 输入时间

输入时间时，默认为24小时时钟系统。在同一单元格中可以同时输入日期和时间，日期和时间之间要用空格隔开，否则将被视为文本，时间的连接符号是"："，如下图所示。

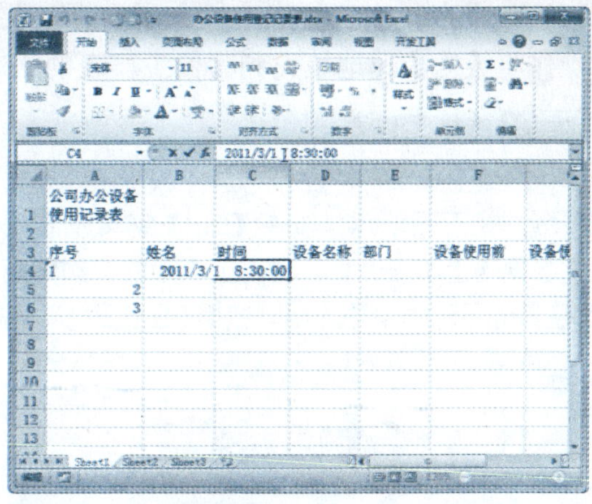

知识点拨

在输入状态下，按【Ctrl+;】组合键，将自动输入当天日期；按【Ctrl+Shift+;】组合键，将自动输入当前时间。

3.2.4 在多个单元格中同时输入相同数据

如果要在工作表中输入部分相同的数据，可以进行以下操作：

Step 01 输入数据

继续上一节进行操作，选择单元格区域并输入数据，如下图所示。

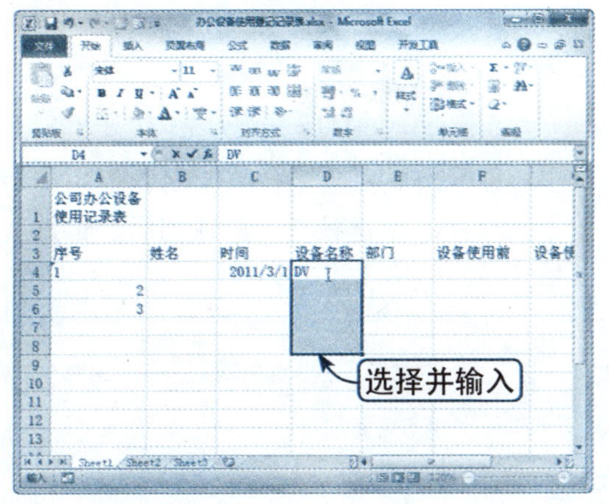

Step 02 使用快捷键自动填充数据

按【Ctrl+Enter】组合键，此时输入的数据就会自动填充到单元格区域，如下图所示。

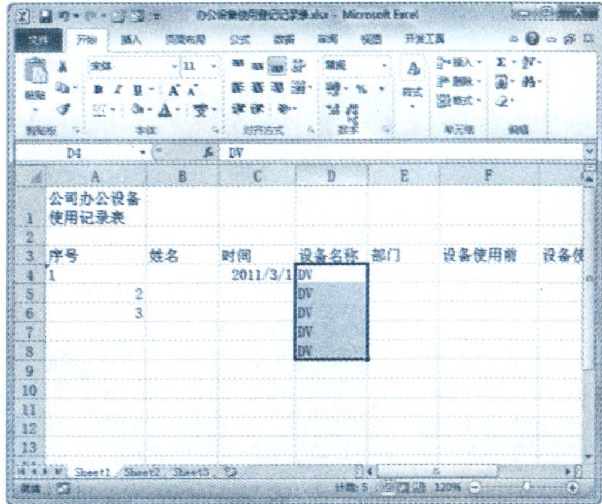

3.2.5 在其他工作表中输入相同数据

如果在一个工作表中输入了数据，要在其他工作表中输入相同的数据，可以通过操作将数据快速地填充到其他工作表的相应单元格中，具体操作方法如下：

Step 01 选择工作表

继续上一节进行操作，选择数据源单元格区域，如下图所示。按住【Ctrl】键单击要填充数据的工作表标签，此时工作簿的标题变为“在其他工作表中输入相同数据 [工作组]”。

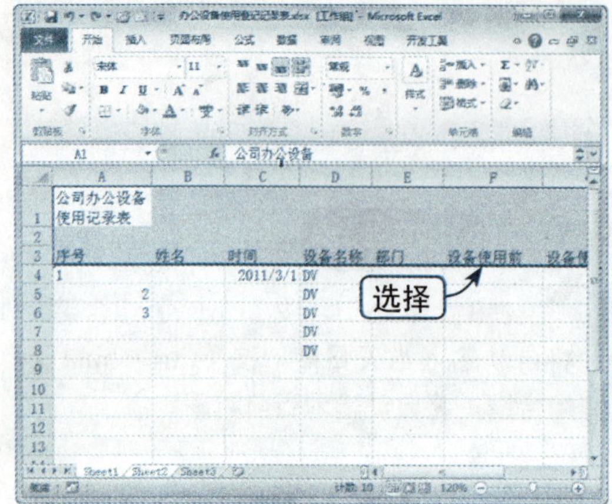

Step 02 选择“成组工作表”选项

单击“开始”选项卡下“编辑”组中的“填充”下拉按钮，在弹出的下拉列表中选择“成组工作表”选项，如下图所示。

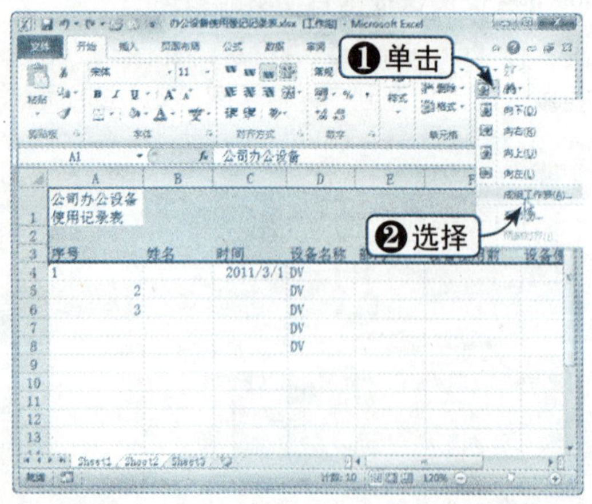

Step 03 设置填充成组工作表

弹出“填充成组工作表”对话框，选中“内容”单选按钮，单击“确定”按钮，如下图所示。

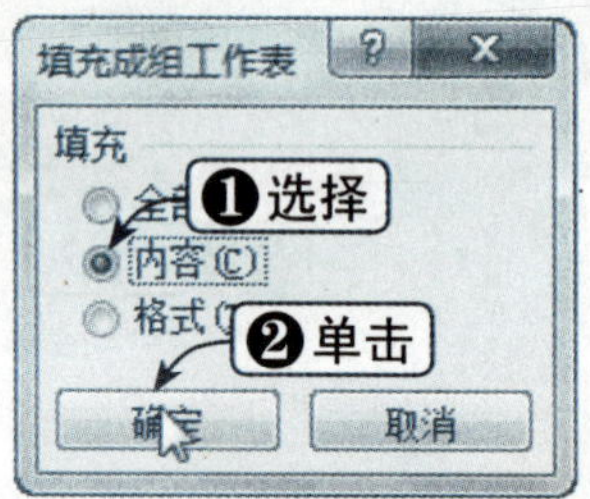

Step 04 查看填充效果

修改工作表标签，可以快速生成新表表头部分，效果如下图所示。

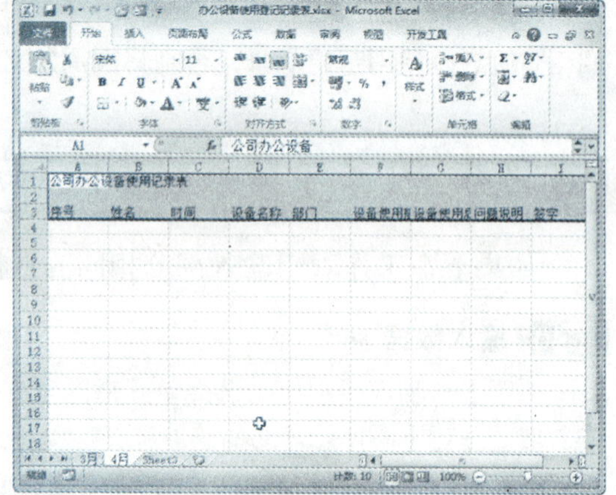

知识点拨

在“填充成组工作表”对话框中选中“格式”单选按钮，则在相同的位置填充相同的格式。

3.3 填充数据

填充数据包括记忆式键入、日期序列填充、数值序列填充、文本序列填充，以及自定义序列填充等，下面将分别进行介绍。

3.3.1 设置记忆式键入

为了快捷地输入表格数据，可以设置记忆式键入，让 Excel 自动重复数据或者自动填充数据，具体操作方法如下：

Step 01 选择“Excel 选项”选项

继续上一节进行操作，选择“文件”选项卡，选择 Backstage 视图中的“选项”选项，如下图所示。

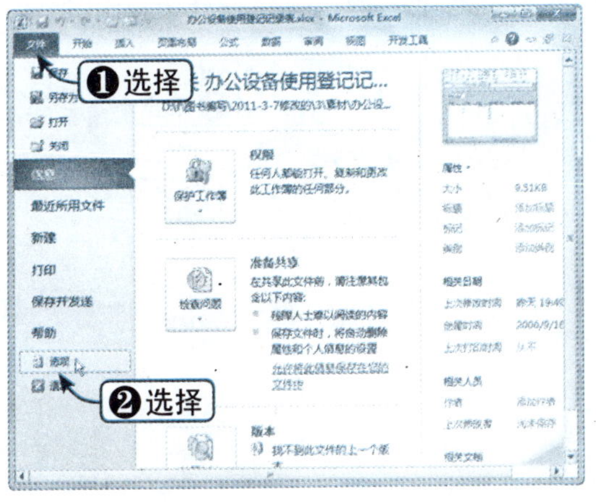

Step 02 设置 Excel 选项

弹出“Excel 选项”对话框，在左窗格中选择“高级”选项，在右窗格中选中“为单元格值启用记忆式键入”复选框，单击“确定”按钮，如下图所示。

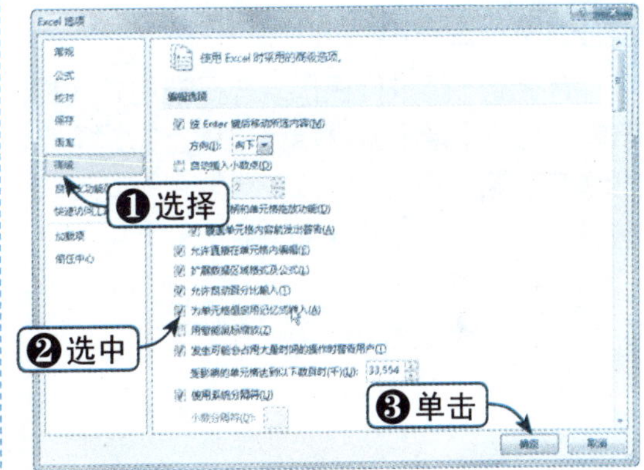

3.3.2 使用填充柄自动填充数据

使用填充柄可以完成自动填充数据，具体操作方法如下：

Step 01 选择数据

继续上一节进行操作，选择表格中的数据，如右图所示。

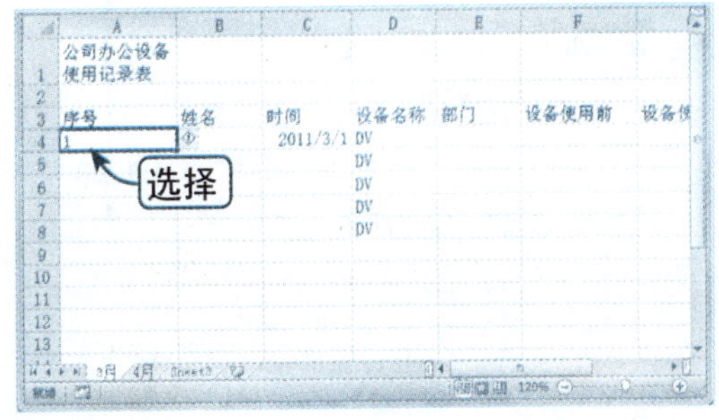

Step 02 拖动填充柄进行填充

用鼠标拖动右下角的填充柄，拖到需要填充的单元格，即可得到填充效果，如下图所示。

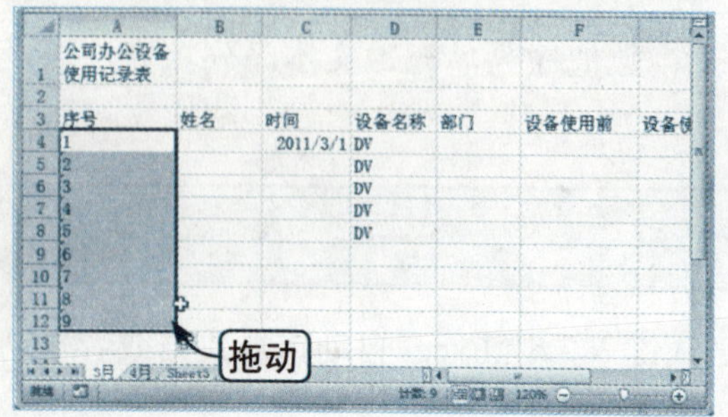

Step 03 复制数据

输入数据，按住【Ctrl】键的同时拖动填充柄到目标单元格，效果如下图所示。

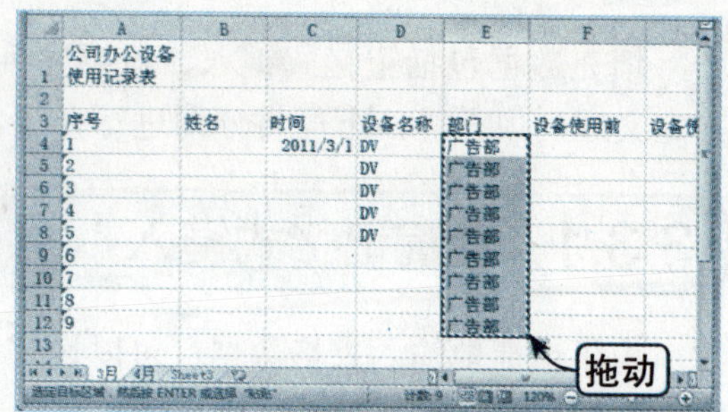

3.3.3 使用填充命令填充数据

在填充数据时，除了可以拖动填充柄快速填充相邻的单元格外，还可以使用填充命令，用相邻单元格或区域的内容填充活动单元格或选定区域，具体操作方法如下：

Step 01 选择空白单元格

继续上一节进行操作，选择空白单元格，该单元格位于填充数据单元格的上方、下方、左侧或右侧，如下图所示。

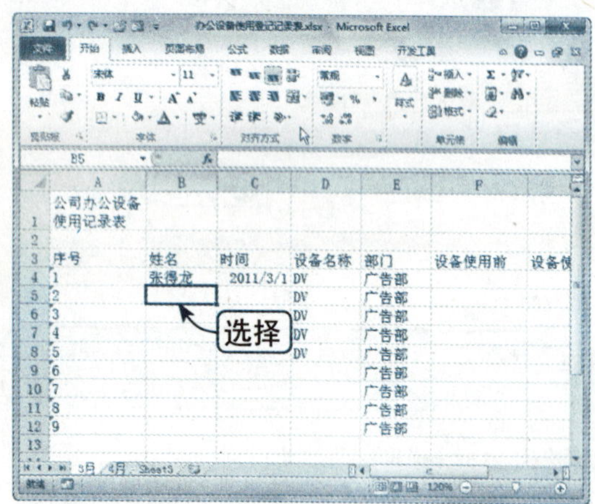

Step 02 选择“向上”选项

单击“开始”选项卡下“编辑”组中的“填充”下拉按钮，在弹出的下拉列表中选择“向下”选项，如下图所示。

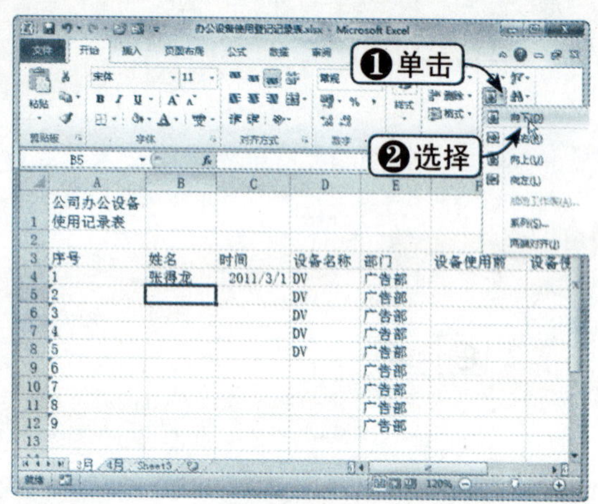

Step 03 查看填充数据效果

使用该方法填充相关的单元格，填充效果如下图所示。

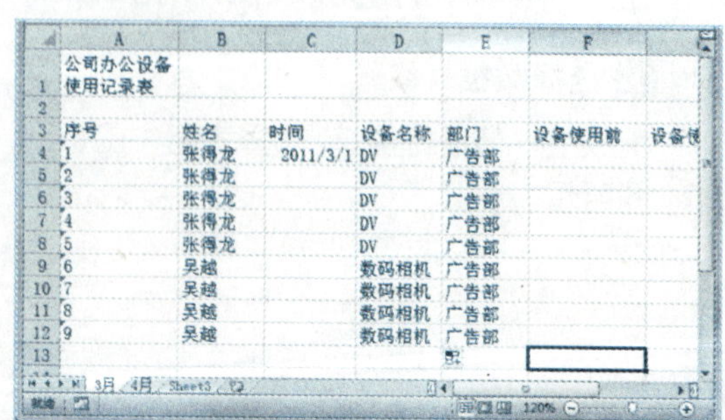

3.3.4 日期和时间序列填充

在制作工作表时，如果所填充的数据类型是按照某一数据序列扩展的，如编号、标题、日期或时间等，使用 Excel 的自动填充功能使填入这种序列变得非常简单，具体操作方法如下：

Step 01 拖动填充柄

继续上一节进行操作，使用填充柄向下填充，如下图所示。

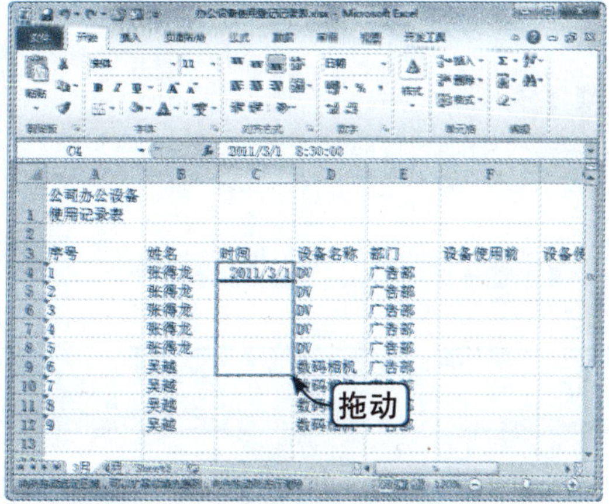

Step 02 查看填充效果

释放鼠标，此时即可看到填充效果，如下图所示。

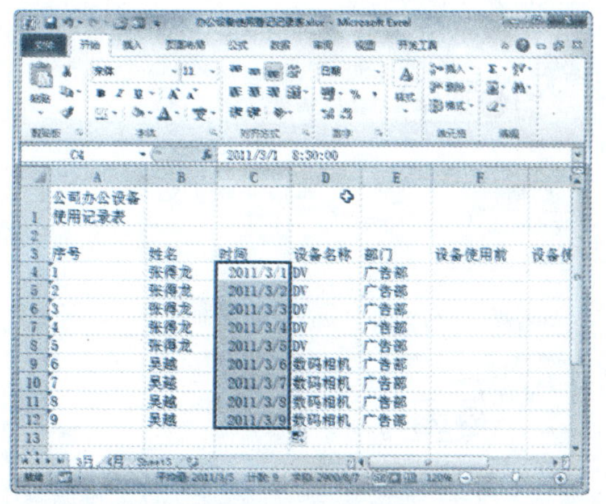

Step 03 修改填充选项

单击“自动填充选项”按钮，在弹出的列表中选中“以工作日填充”单选按钮，如下图所示。

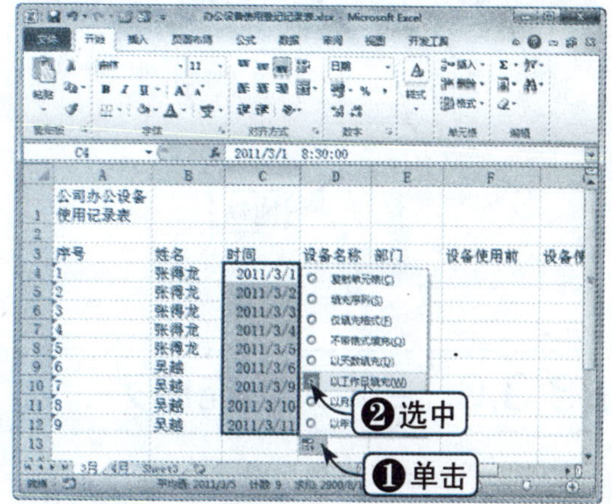

Step 04 查看工作日填充效果

此时将自动按系统提供的日期工作日填充单元格，如下图所示。

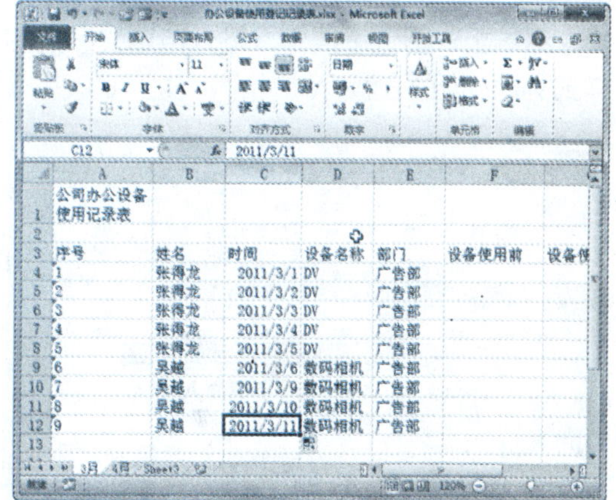

3.3.5 文本序列填充

文本序列填充是对文字中存在的数字序列进行填充，文字部分不会变化。如果文字中不存在数字，文本序列的填充只是完成复制。这里所说的文本序列不包括下面将

要介绍的自定义填充序列。文本序列填充的具体操作方法如下：

Step 01 使用填充柄填充

继续上一节进行操作，修改设备名称包含编号，使用填充柄向下填充，如下图所示。

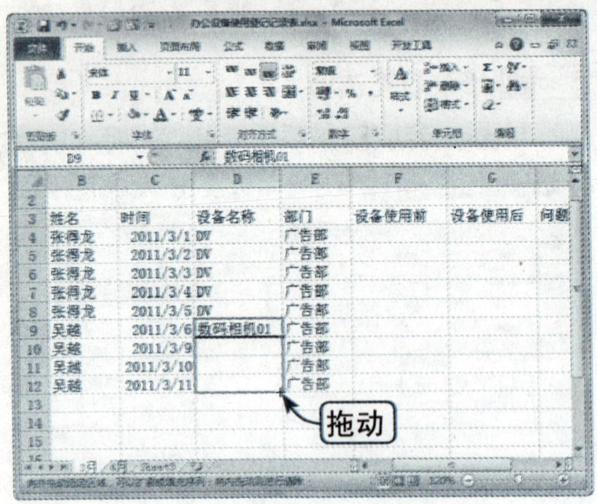

Step 02 查看填充效果

释放鼠标，Excel 会自动对尾部的数字使用默认步长值进行填充，效果如下图所示。

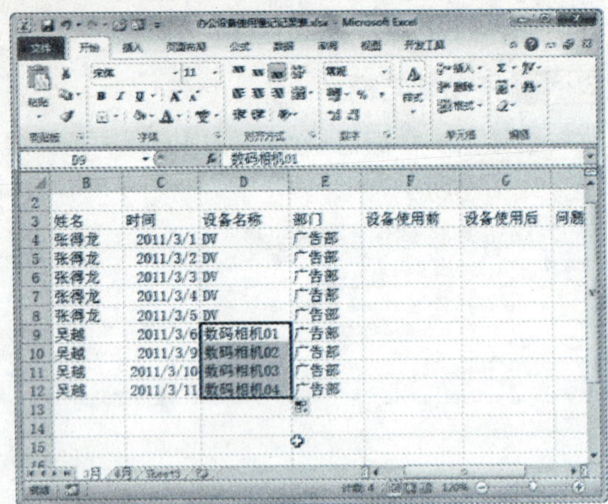

3.3.6 自定义填充序列

为了更轻松地输入特定的数据序列，用户可以创建自定义填充序列。自定义填充序列可以基于工作表中已有项目的列表，也可以从头开始输入列表。Excel 内置的填充序列不能编辑或删除，用户可以编辑或删除自定义填充序列。

Step 01 输入样式列表

继续上一节进行操作，输入自定义序列的样式列表，如下图所示。

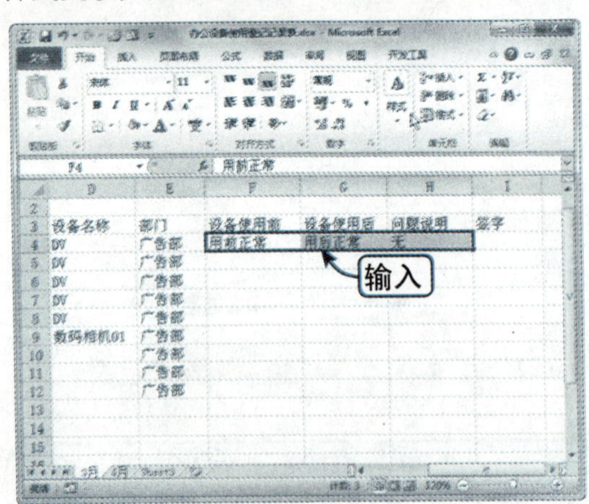

Step 02 选择“选项”选项

选择“文件”选项卡，在左侧选择“选项”选项，如下图所示。

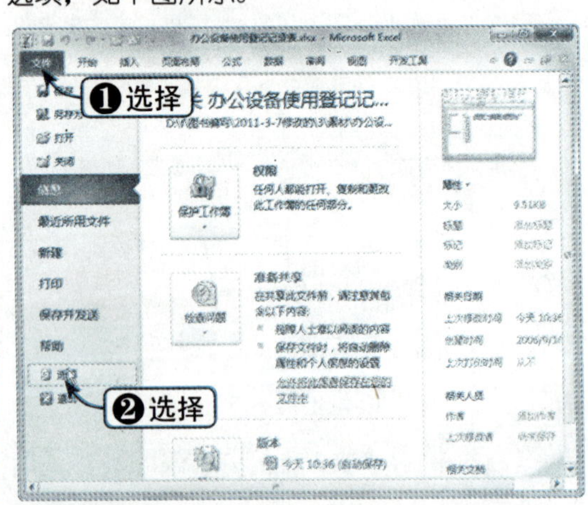

Step 03 设置 Excel 选项

弹出“Excel 选项”对话框，在左窗格选择“高级”选项，单击右窗格中的“编辑自定义列表”按钮，如下图所示。

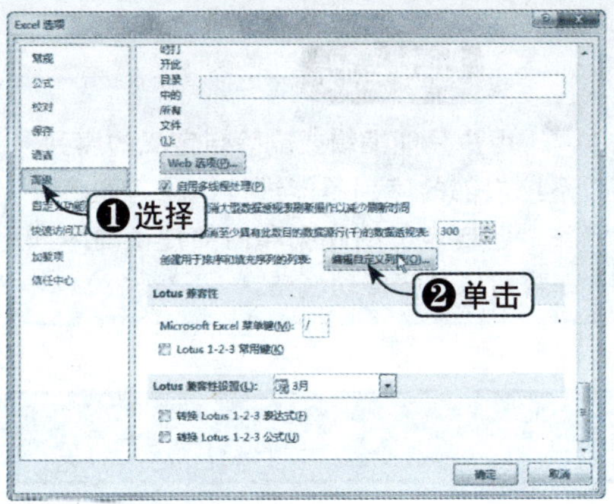

Step04 设置自定义序列

弹出“自定义序列”对话框，单击“从单元格导入序列”右侧的折叠按钮，如下图所示。

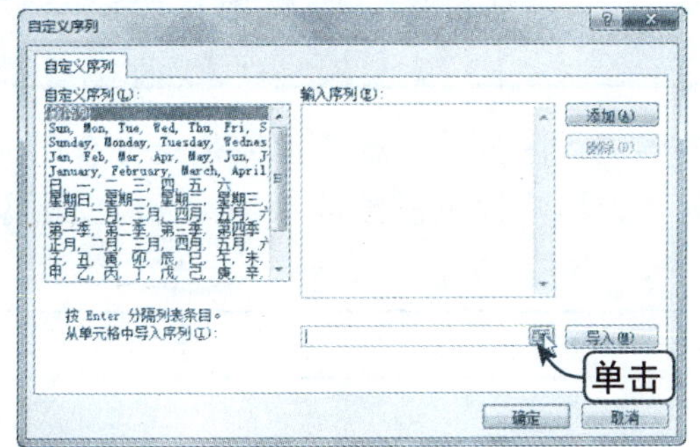

Step05 选择自定义序列区域

返回到工作表，选择之前设置的自定义序列，再次单击折叠按钮，如下图所示。

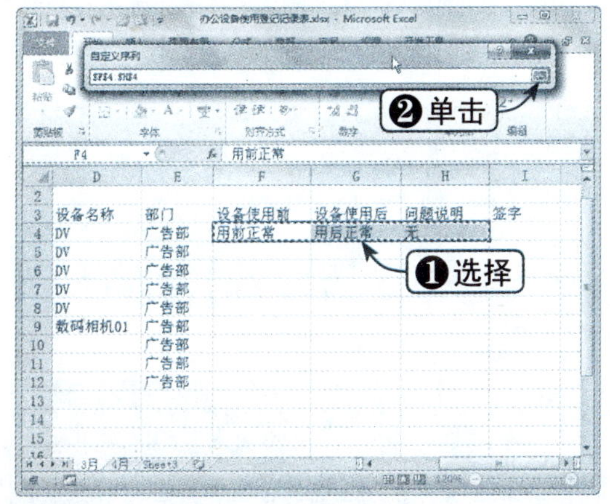

Step06 导入序列

返回对话框，单击“导入”按钮，依次单击“确定”按钮关闭对话框，如下图所示。

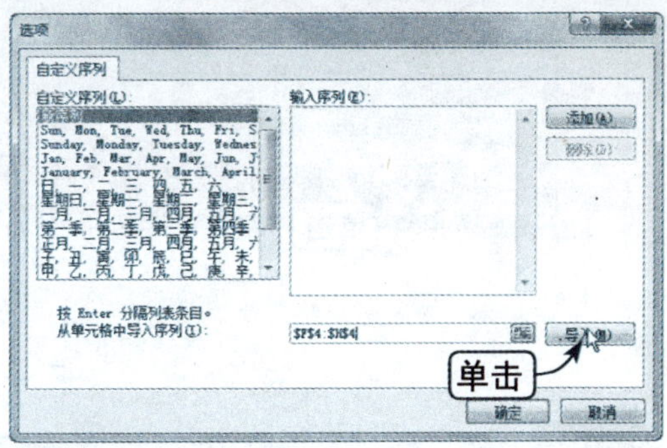

Step07 输入起始序列

在单元格中输入自定义序列的起始内容，使用填充柄进行填充即可，如下图所示。

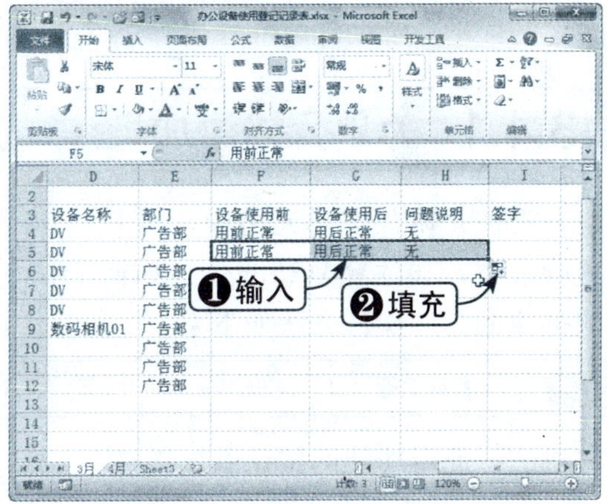

Step08 删除自定义填充序列

在“自定义序列”列表框中选择要删除的序列，单击“删除”按钮，然后单击“确定”按钮，如下图所示。

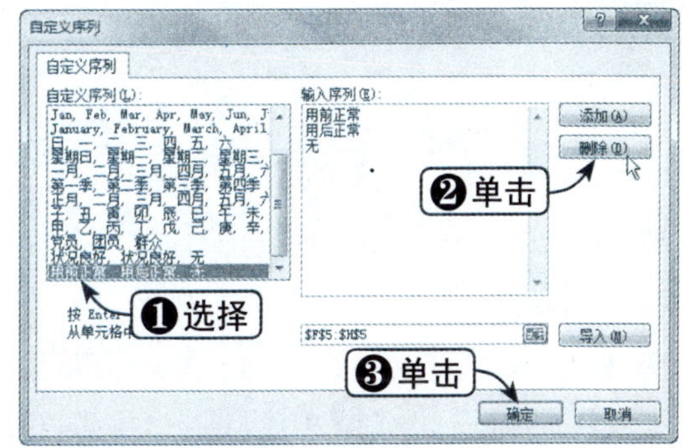

Step09 确定删除操作

弹出提示信息框，单击“确定”按钮，即可删除自定义序列，如下图所示。

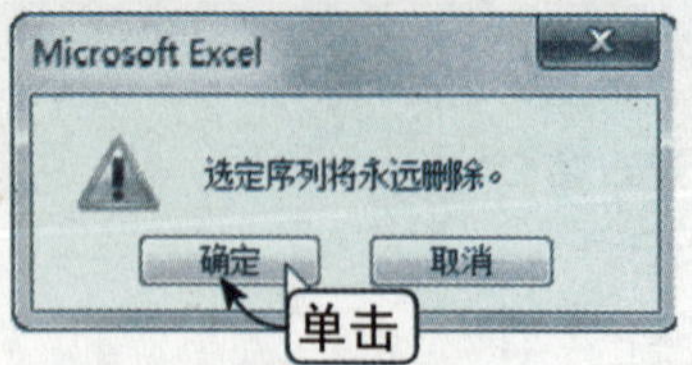

知识点拨

用户只能编辑或删除自定义的序列，系统内部的序列不能进行编辑与删除操作，但自定义的序列和内部提供的序列一样可以进行自动填充。

3.4 添加与管理批注

对单元格的内容可以添加批注，使其他用户可以更好地理解单元格中的内容，从而起到提示、辅助理解的作用。下面将详细介绍如何添加与管理批注。

3.4.1 为单元格添加批注

批注是附加在单元格中，与其他单元格内容进行区分的注释。批注是十分有用的提醒方式，如注释复杂的公式如何工作，或为其他用户提供反馈信息等。为单元格添加批注的具体操作方法如下：

	素材文件	光盘：素材文件\第3章\出勤记录.xlsx

方法一：使用功能区按钮添加批注

Step 01 单击“新建批注”按钮

打开“素材文件\第3章\出勤记录.xlsx”，选择需要添加批注的单元格，单击“审阅”选项下“批注”组中的“新建批注”按钮，如下图所示。

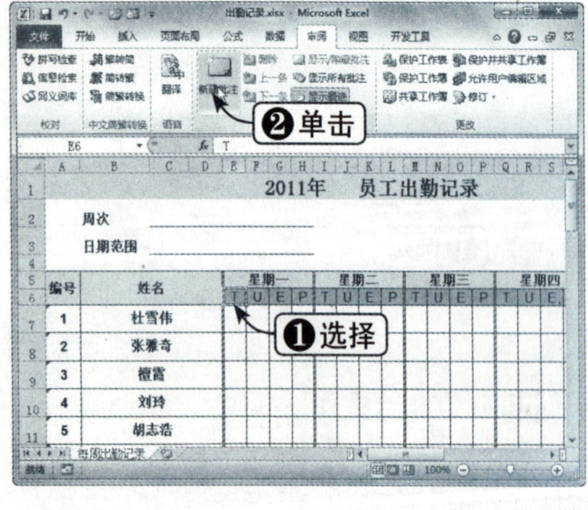

Step 02 输入批注信息

弹出批注框，输入批注信息，单击其他单元格即可完成添加批注操作，如下图所示。

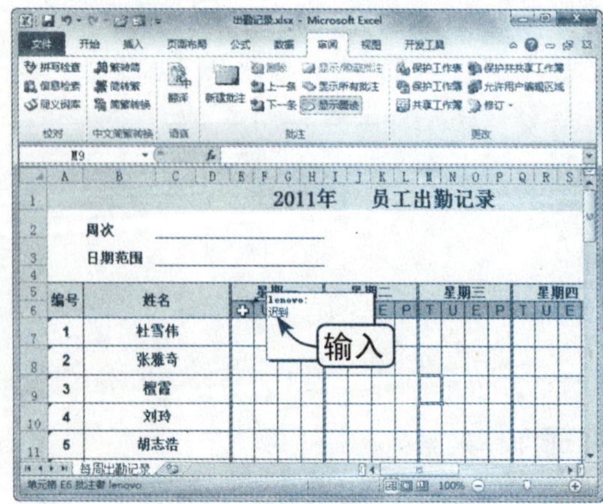

方法二：使用快捷菜单添加批注

Step 01 选择“插入批注”选项

选择需要添加批注的单元格并右击，在弹出的快捷菜单中选择“插入批注”选项，如下图所示。

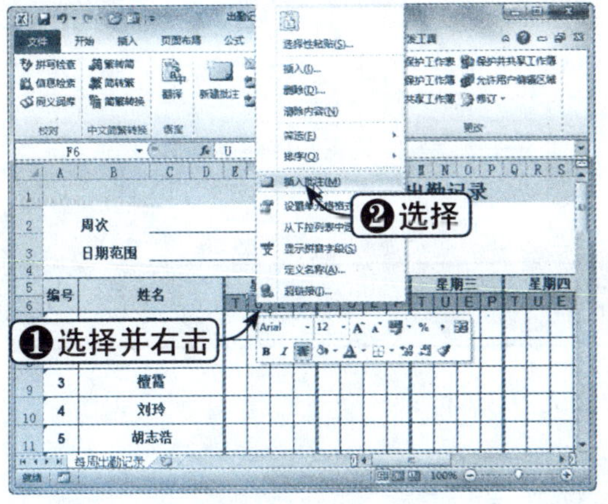

Step 02 输入批注信息

弹出批注框，输入批注信息，单击其他单元格即可完成添加批注操作，如下图所示。

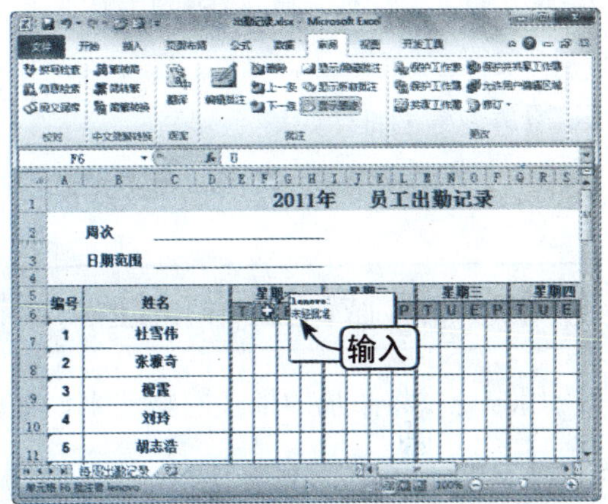

3.4.2 复制批注

除了可以在单元格之间复制数据之外，还可以在单元格之间复制批注，具体操作方法如下：

Step 01 选择“复制”选项

继续上一节进行操作，选择有批注信息的单元格，单击“开始”选项卡下“剪贴板”组中的“复制”下拉按钮，在弹出的下拉列表中选择“复制”选项，如下图所示。

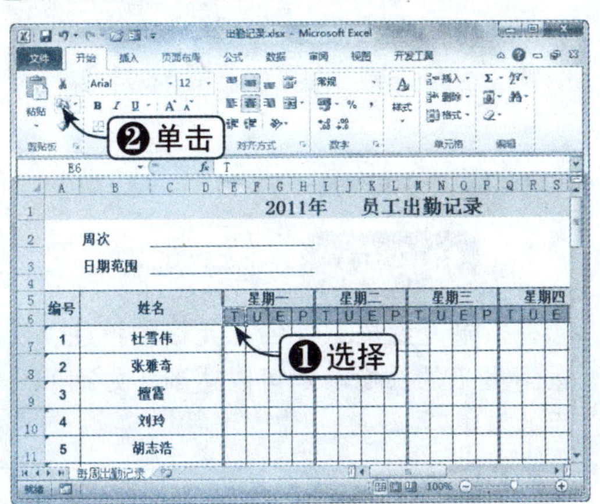

Step 02 选择“选择性粘贴”选项

选择需要粘贴批注的单元格，单击“开始”选项卡下“剪贴板”组中的“粘贴”下拉按钮，在弹出的下拉列表中选择“选择性粘贴”选项，如下图所示。

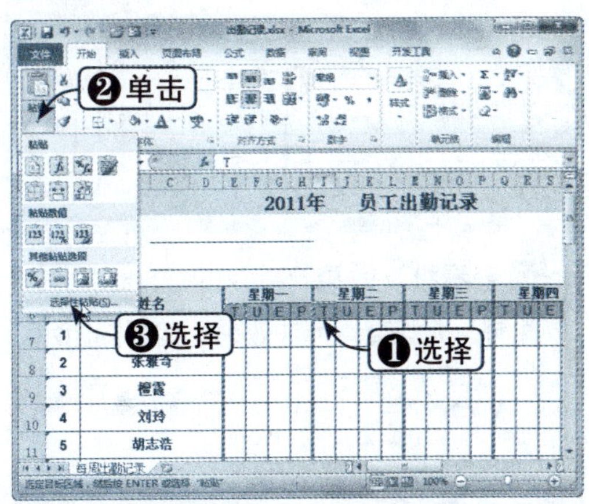

Step 03 选中“批注”单选按钮

弹出“选择性粘贴”对话框，选中“粘贴”选项区中的“批注”单选按钮，单击“确定”按钮，如下图所示。

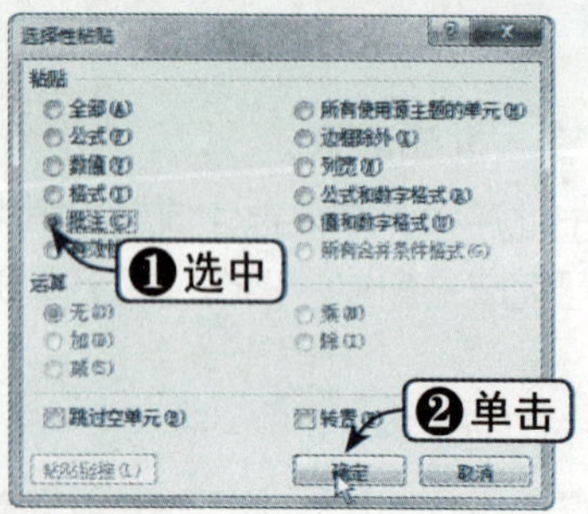

Step 04 查看复制批注效果

此时，即可查看复制批注后的表格效果，如下图所示。

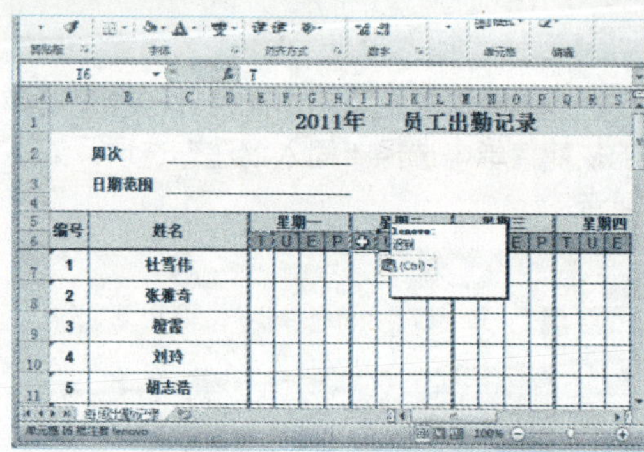

3.4.3 隐藏或显示批注及其标识符

用户可以将添加的批注隐藏起来，具体操作方法如下：

Step 01 单击“显示/隐藏批注”按钮

继续上一节进行操作，选择有批注信息的单元格，单击“审阅”选项卡下“批注”组中的“显示/隐藏批注”按钮，如下图所示。

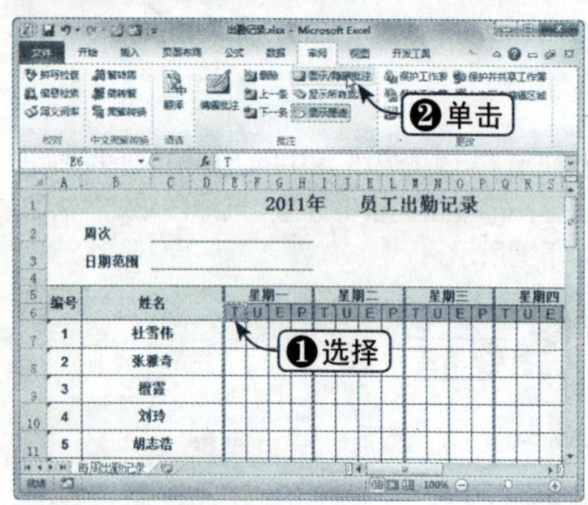

Step 02 查看批注效果

此时，即可查看批注效果，如下图所示。

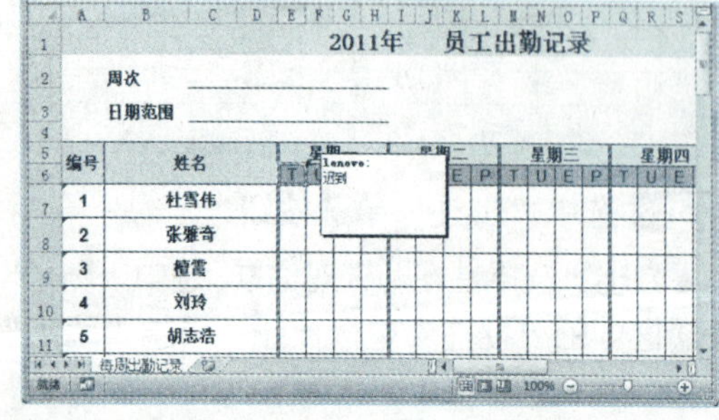

Step 03 隐藏批注

再次单击“显示/隐藏批注”按钮，即可隐藏批注，如下图所示。

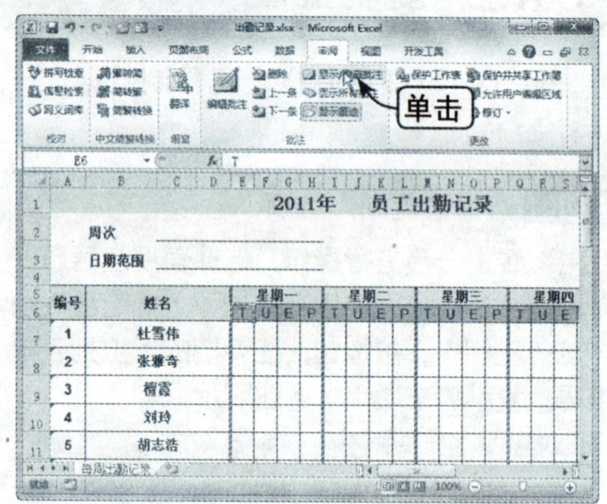

知识点拨

如果设置员工姓名单元格的批注背景为员工的头像，则可以达到巧妙而实用的效果。

3.4.4 编辑批注

批注的内容可以根据需要随时进行修改，具体操作方法如下：

方法一：使用功能区按钮编辑批注

Step 01 单击“编辑批注”按钮

继续上一节进行操作，选择有批注信息的单元格，单击“审阅”选项卡下“批注”组中的“编辑批注”按钮，如下图所示。

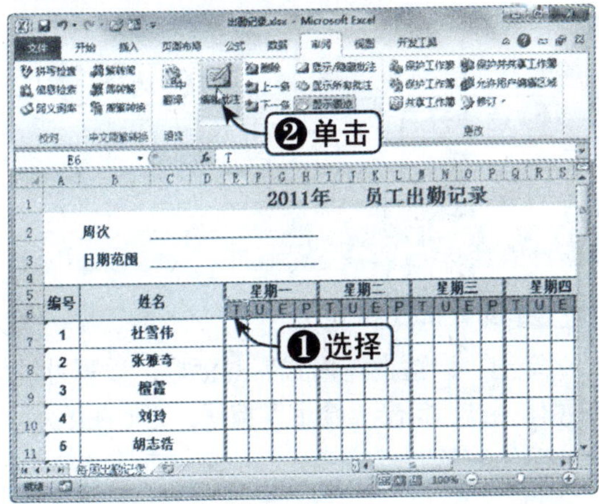

Step 02 编辑批注

在批注框中输入批注新内容，单击其他单元格即可完成编辑批注操作，如下图所示。

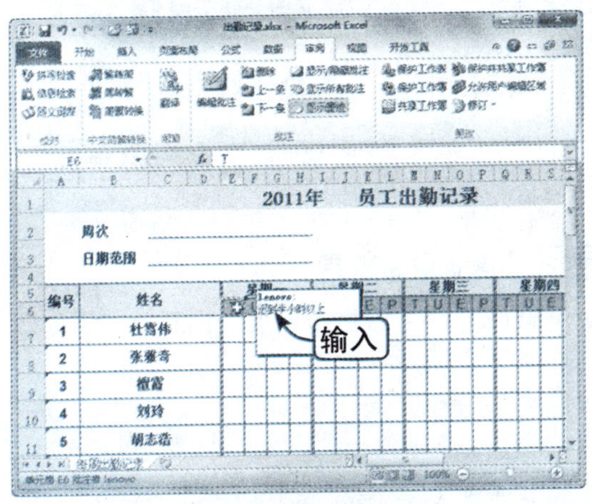

方法二：使用快捷菜单编辑批注

Step 01 选择“编辑批注”选项

选择有批注信息的单元格并右击，在弹出的快捷菜单中选择“编辑批注”选项，如下图所示。

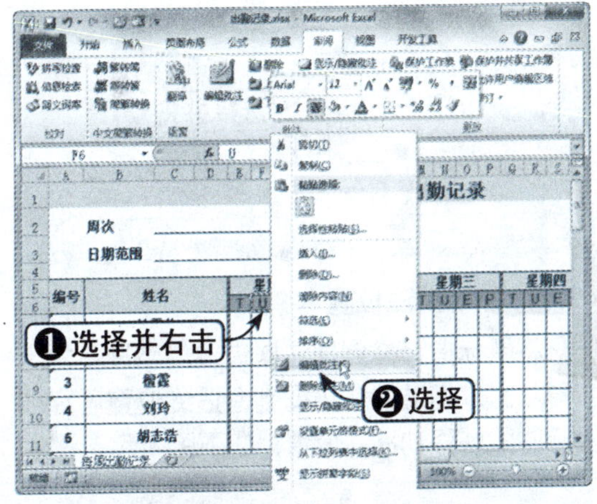

Step 02 编辑批注

在批注框中输入新信息，单击其他单元格即可完成编辑批注操作，如下图所示。

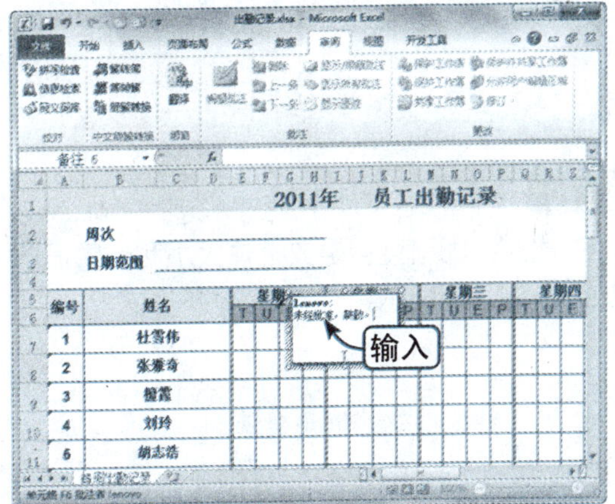

3.4.5 更改批注的显示方式或位置

批注的内容、位置和重要性各不相同，需要设置不同的显示形式。在 Excel 2010 中，可以更改批注的大小、位置、文字格式和形状等，具体操作方法如下：

Step 01 改变批注框大小

继续上一节进行操作，选择批注框，拖动批注边框到合适的大小，如下图所示。

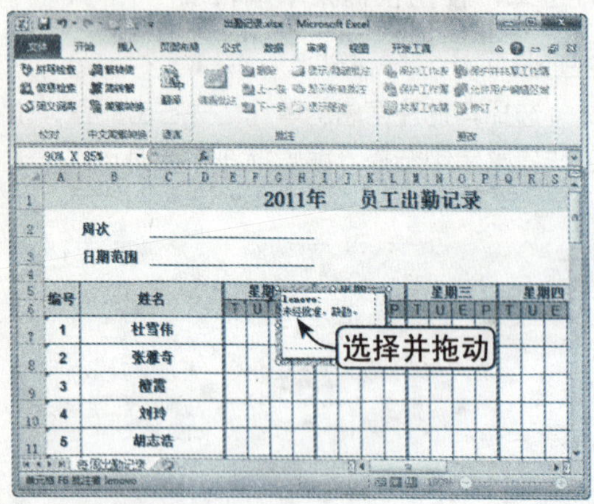

Step 02 移动批注位置

将鼠标指针移到批注框边上，当其变为十字形状时，拖动批注边框到合适的位置后释放鼠标，即可移动批注位置，如下图所示。

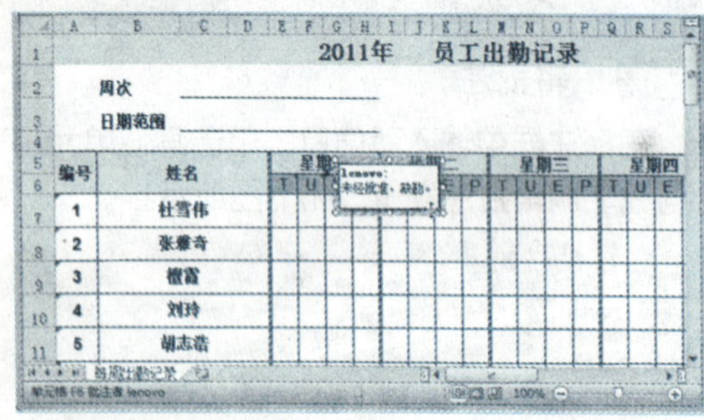

Step 03 查看更改批注效果

此时，即可查看更改批注大小和位置后的效果，如下图所示。

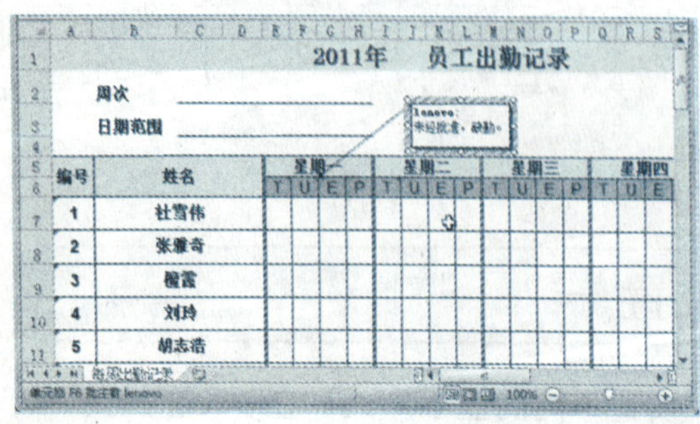

Step 04 选择“设置批注格式”选项

选择批注内容并右击，在弹出的快捷菜单中选择“设置批注格式”选项，如下图所示。

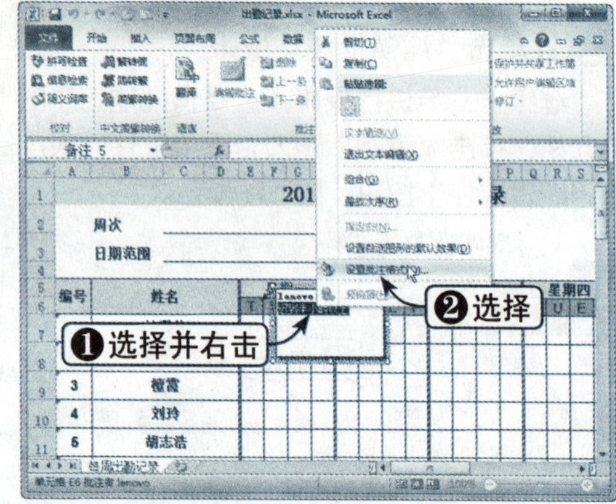

Step 05 设置批注格式

弹出“设置批注格式”对话框，设置批注的字体格式，单击“确定”按钮，如下图所示。

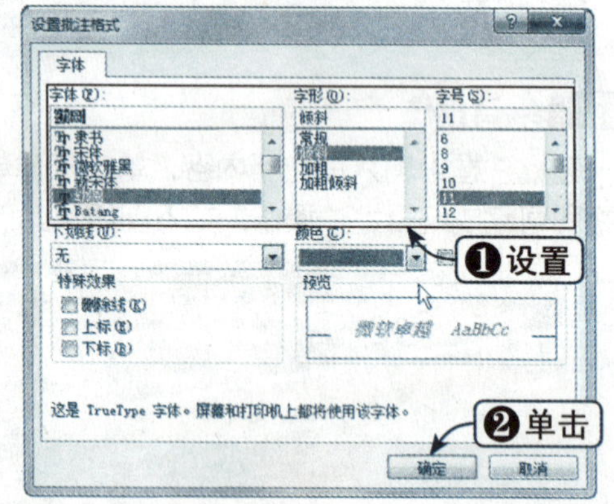

Step 06 查看设置效果

此时，即可查看设置批注格式后的表格效果，如下图所示。

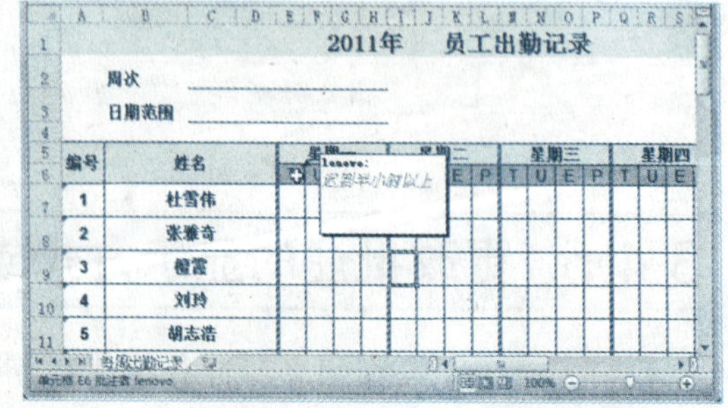

3.4.6 删除单元格批注

如果不需要工作表中的某个或某些批注，可以将其删除，具体操作方法如下：

Step 01 单击“删除批注”按钮

继续上一节进行操作，选择需要删除有批注信息的单元格，单击“审阅”选项卡下“批注”组中的“删除”按钮，如下图所示。

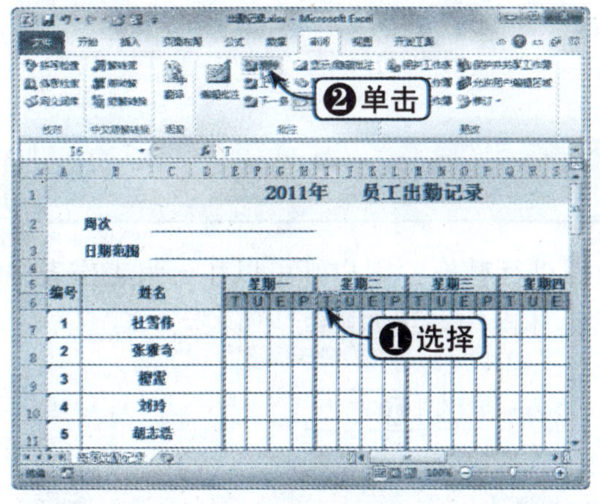

Step 02 查看删除批注效果

此时，即可查看删除批注后的表格效果，如下图所示。

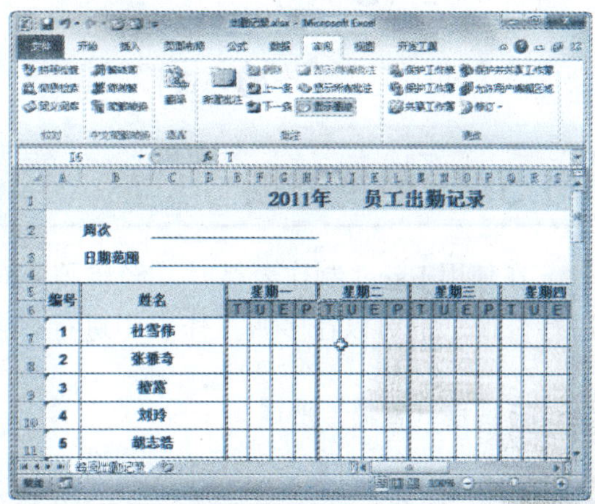

3.5 数据的查找和替换

对于数据量不大的工作表，用户可以很方便地对数据进行查找和替换。当工作表很大时，就需要使用查找和替换功能快速地查找和替换数据了。

3.5.1 查找数据

如果工作表中的数据量非常大，那么人工查找某个数据就是一件十分困难的事情，使用 Excel 的查找功能可以简单、迅速地完成这个任务，具体操作方法如下：

Step 01 选择“查找”选项

继续上一节进行操作，选择需要查找的单元格区域。若要查找整张工作表，可任选一个单元格。单击“开始”选项卡下“编辑”组中的“查找和选择”下拉按钮，在弹出的下拉列表中选择“查找”选项，如右图所示。

Step 02 设置查找内容

弹出“查找和替换”对话框，选择“查找”选项卡，在“查找内容”文本框中输入需要查找的文本或数字，单击“查找全部”按钮，如下图所示。

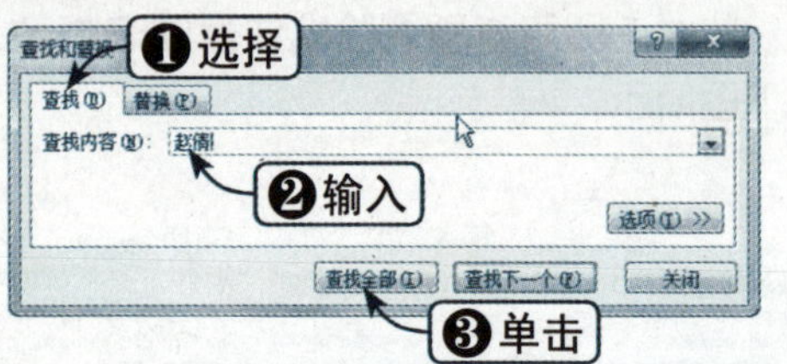

Step 03 查看查找结果

此时，查找结果就会显示在工作表窗口中，如下图所示。

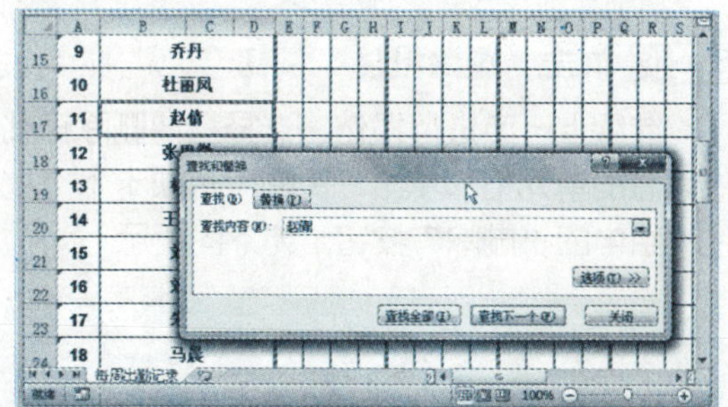

3.5.2 替换数据

在使用 Excel 制作表格时，经常需要对数据进行替换。用户既可以在一张工作表中进行替换，也可以在多张工作表中进行替换，具体操作方法如下：

Step 01 选择“替换”选项

继续上一节进行操作，选择需要查找的单元格区域。若要查找整张工作表，可任选一个单元格。单击“开始”选项卡下“编辑”组中的“查找和选择”下拉按钮，在弹出的下拉列表中选择“替换”选项，如下图所示。

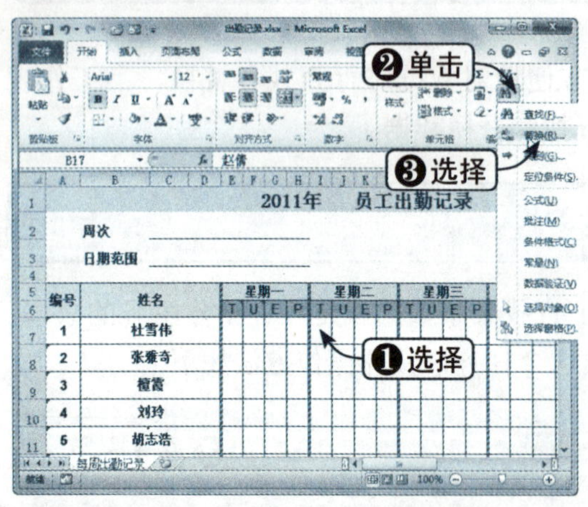

Step 02 设置查找和替换内容

弹出“查找和替换”对话框，选择“替换”选项卡，在“查找内容”文本框中输入需要查找的文本，在“替换为”文本框中输入需要替换的文本，单击“查找下一个”按钮，如下图所示。

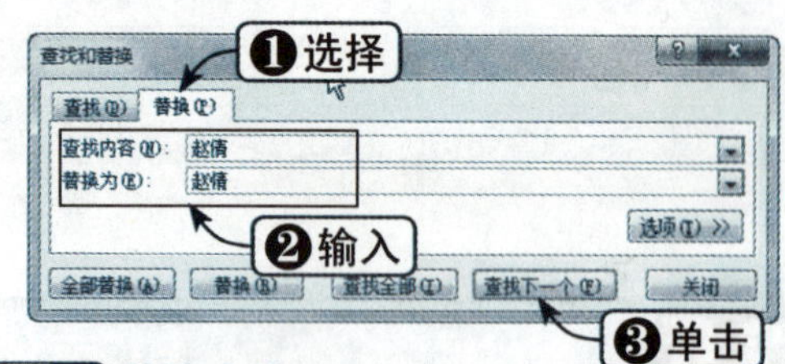

Step 03 替换内容

查找到后选中单元格，单击“替换”按钮可替换其原内容，如下图所示。

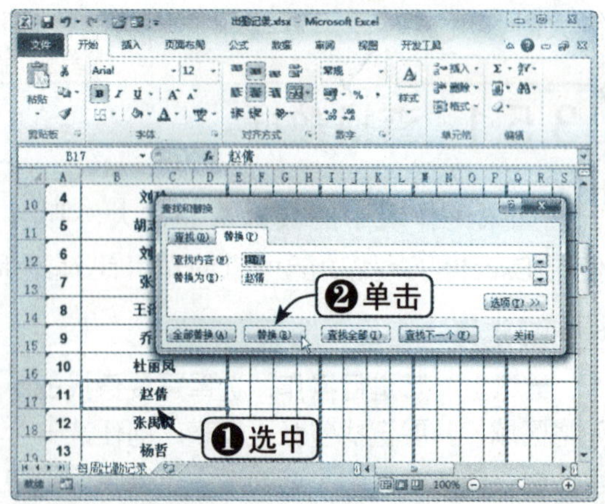

Step 04 查看替换结果

此时，即可替换所选单元格区域内特定的文本，结果如下图所示。

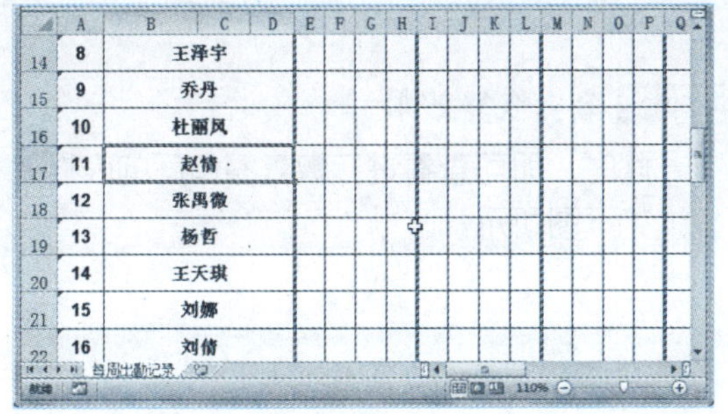

知识点拨

如果选中了某个数据区域，则会首先在该区域中查找符合条件的数据。

3.6 撤销与恢复操作

撤销操作可以取消刚刚完成的一步或多步操作，恢复操作则可以取消刚刚完成的一步或多步撤销操作。撤销和恢复是对应的操作，是使用 Excel 过程中常用的基本操作，下面将分别进行介绍。

3.6.1 撤销操作

在进行输入、删除和改写单元格等操作时，Excel 2010 中会自动记录下最新的击键和刚执行的命令。若不小心进行了错误的操作，就可以撤销该操作，具体操作方法如下：

Step 01 撤销操作

发现输入错误，单击快速访问工具栏中的“撤销”下拉按钮，在弹出的下拉列表中选择需要撤销的操作，如下图所示。

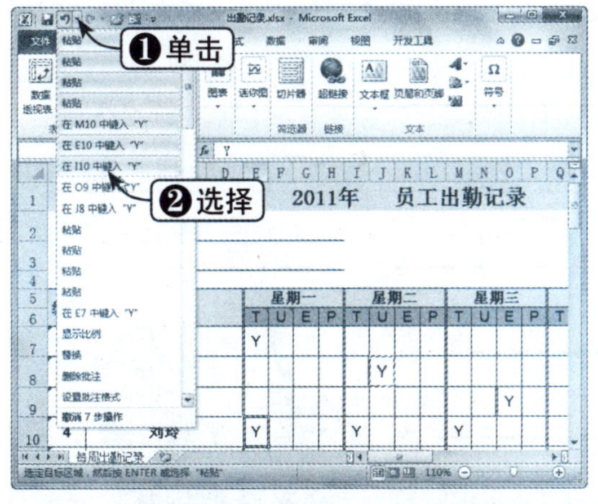

Step 02 查看撤销效果

此时，即可查看进行撤销操作后的效果，如下图所示。

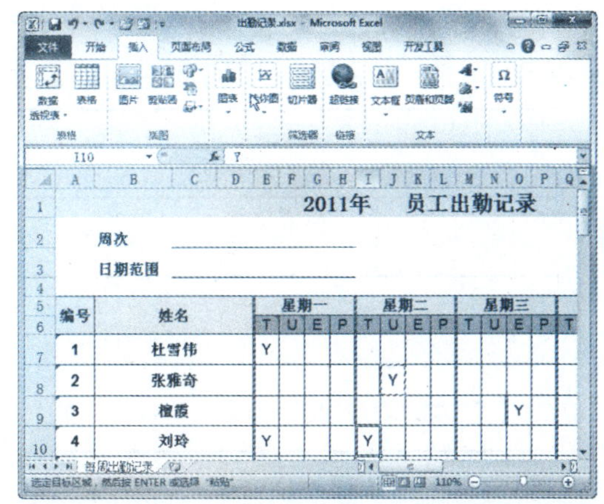

3.6.2 恢复操作

进行撤销操作后，“撤销”按钮右侧的“恢复”按钮将被激活，这时就可以进行恢复操作了，具体操作方法如下：

Step 01 选择恢复操作

继续上一节进行操作，单击快速工具栏中的“恢复”下拉按钮，在弹出的下拉列表中选择恢复操作，如下图所示。

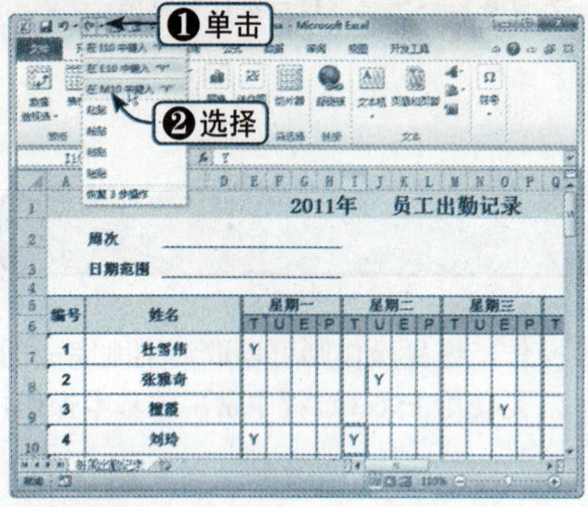

Step 02 查看恢复效果

此时，即可查看进行恢复操作后的表格效果，如下图所示。

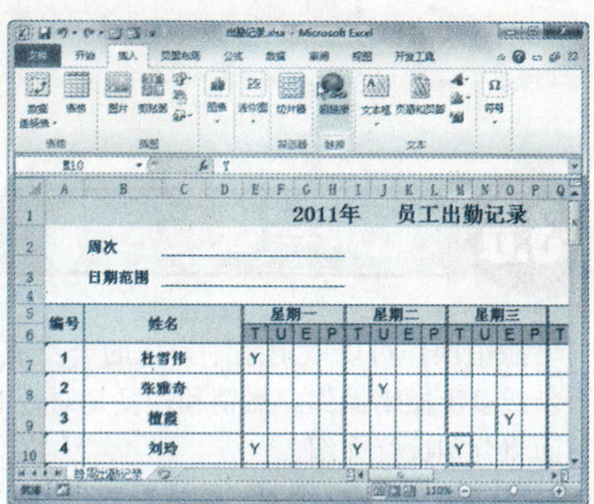

● 读书笔记

第4章 工作表格式设置与美化

工作表的格式设置与美化是设计特定工作表格的必要操作，在各种实际应用情景下都要用到。本章将介绍如何设置工作表的数据与字符格式，格式化单元格，文字拼音，自动套用格式，使用样式，以及使用条件格式等知识。

本章学习重点

1. 设置数据格式
2. 设置字符格式
3. 设置对齐方式
4. 格式化单元格
5. 文字拼音
6. 自动套用格式
7. 使用单元格样式
8. 使用条件格式

重点实例展示

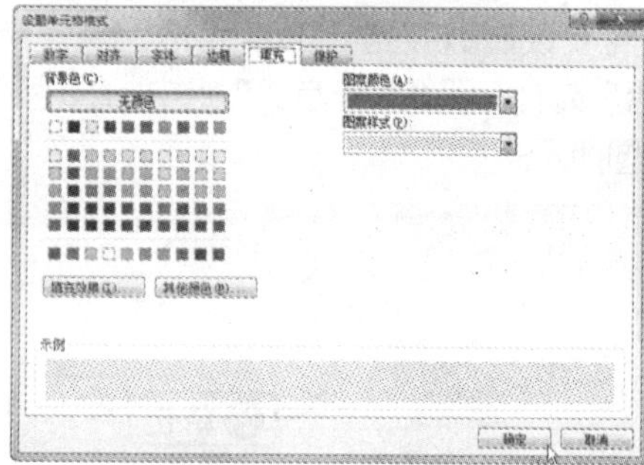

选择图案颜色和样式

本章视频链接

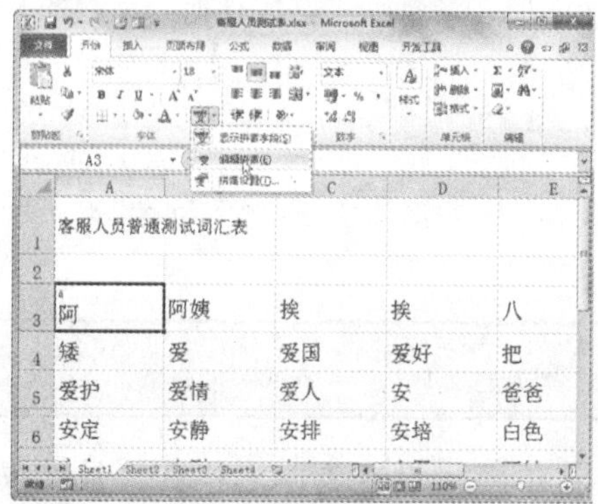

编辑拼音

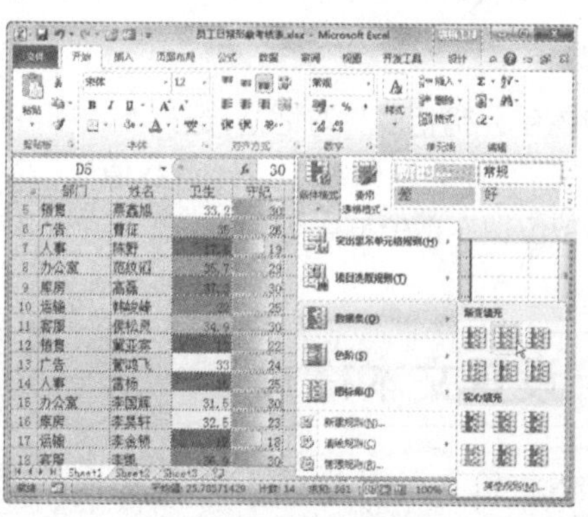

新建条件格式规则

4.1 设置数据格式

Excel 2010 针对常用的数字格式进行了设置并加以分类，其中包含常规、数值、货币、会计专用、日期、时间、百分比、分数、科学记数、文本、特殊以及自定义等数字格式。下面将详细介绍如何设置数据格式。

4.1.1 设置数字格式

数字格式用于数字的一般表示，可以指定要使用的小数位数，是否使用千位分隔符，以及如何显示负数等。设置数字格式的具体操作方法如下：

	素材文件	光盘：素材文件\第4章\签到表.xlsx

Step 01 选择单元格区域

打开“素材文件\第 4 章\签到表.xlsx”，选择需要设置数字格式的单元格区域，单击“开始”选项卡下“对齐方式”组中的 按钮，如下图所示。

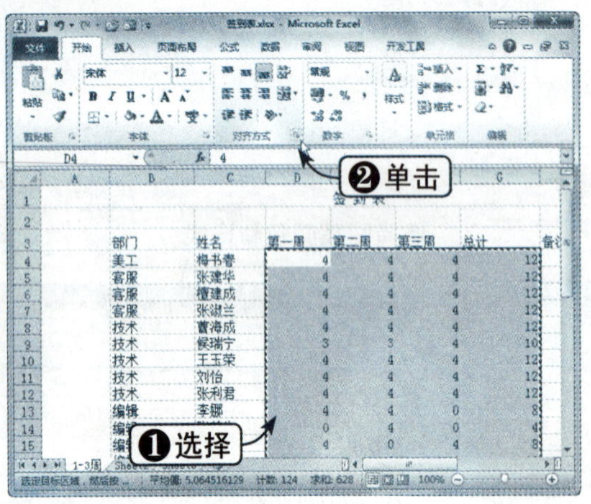

Step 02 设置数值格式

弹出“设置单元格格式”对话框，选择“数字”选项卡，在“分类”列表中选择“数值”选项，在“小数位数”数值框中输入 0，在“负数”列表框中选择第四种格式，其他采用默认设置，单击“确定”按钮，如下图所示。

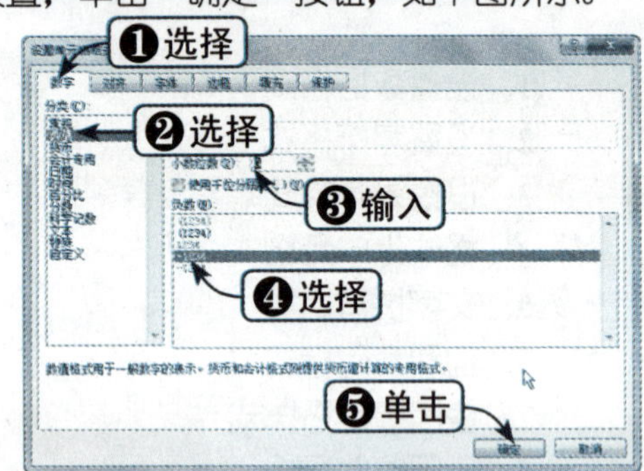

Step 03 查看设置效果

此时，数字变成右对齐，效果如下图所示。

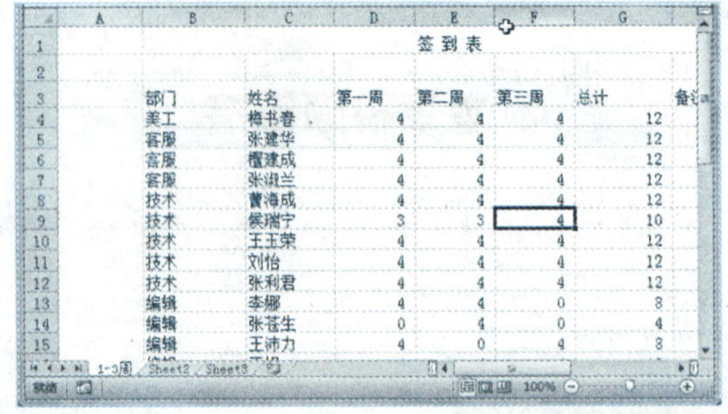

4.1.2 设置文本格式

如果希望将输入的数字作为普通文本，可以将单元格设置为文本格式，具体操作

方法如下：

Step 01 选中单元格区域

继续上一节进行操作，选择需要设置数字格式的单元格区域，单击"开始"选项卡下"对齐方式"组中的 按钮，如下图所示。

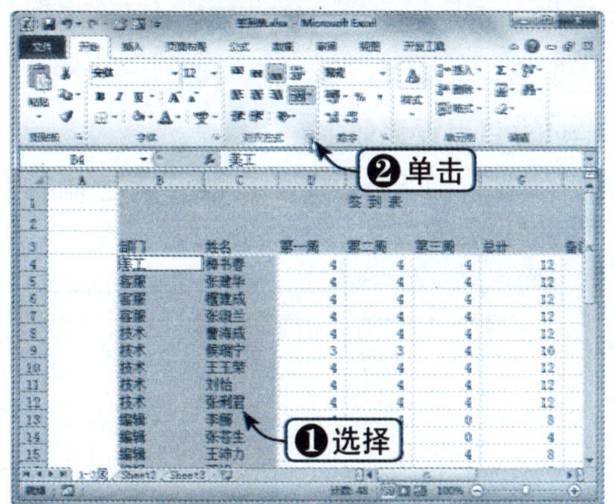

Step 02 设置数字格式

弹出"设置单元格格式"对话框，选择"数字"选项卡，在"分类"列表框中选择"文本"选项，单击"确定"按钮，如下图所示。

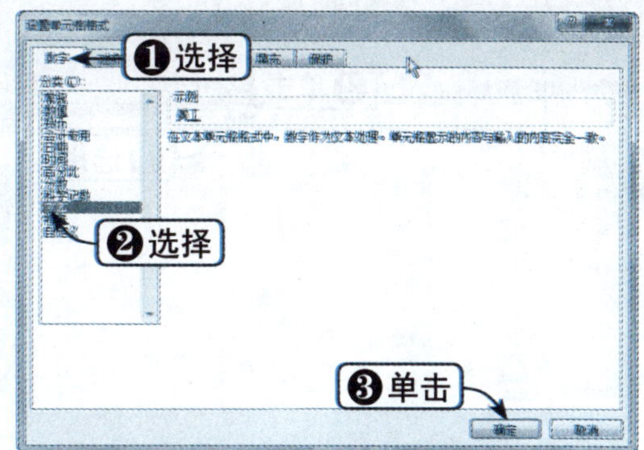

Step 03 查看设置效果

此时，所选单元格区域中的数字以文本格式显示并左对齐，效果如下图所示。

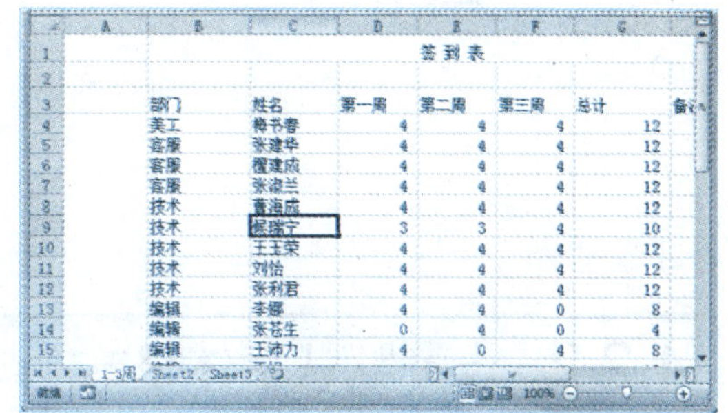

4.2 设置字符格式

字符就是单元格中的信息内容，设置字符格式可以使表格字符更加美观，用户也可以修改 Excel 2010 的默认字符格式。

4.2.1 设置字体格式

使用各种字体是美化工作表外观最基本的方法，设置字符格式主要包括设置字体、字号、字形及字符颜色等。通过设置字体可以适当突出某些内容，具体操作方法如下：

Step 01 选择单元格区域

继续上一节进行操作，选择需要设置格式的单元格区域，单击"开始"选项卡下"字体"组中的 按钮，如下图所示。

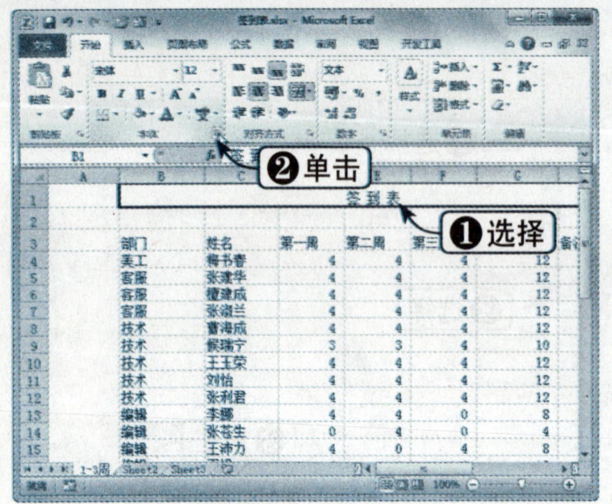

Step 02 设置字体格式

弹出“设置单元格格式”对话框，选择“字体”选项卡，设置字体的各种格式，单击“确定”按钮，如下图所示。

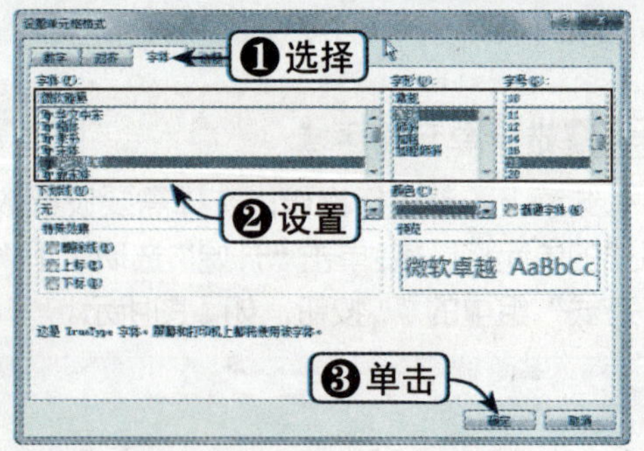

Step 03 查看设置效果

此时，即可查看设置单元格文本字体、字号和字形后的效果，如下图所示。

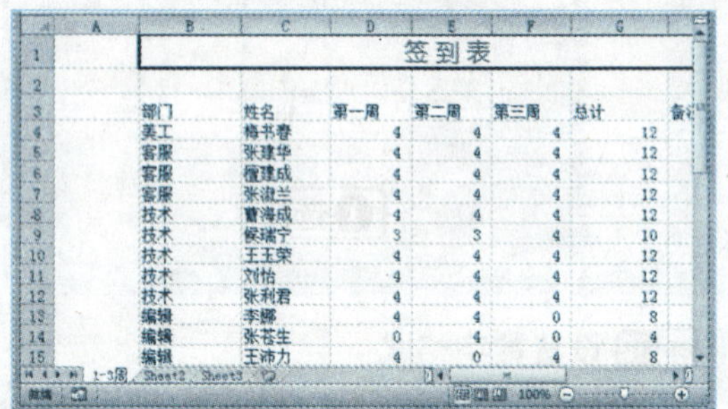

4.2.2 设置默认字体格式

设置默认字体格式的具体操作方法如下：

Step 01 选择“选项”选项

继续上一节进行操作，选择“文件”选项卡下的“选项”选项，如下图所示。

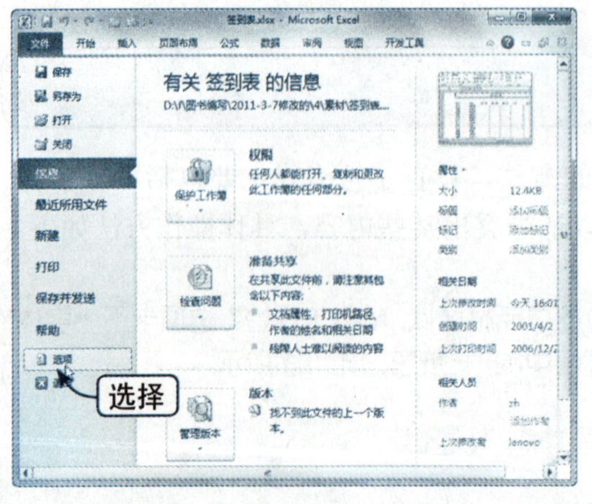

Step 02 设置 Excel 选项

弹出“Excel 选项”对话框，在左窗格选择“常规”选项，在右窗格“使用的字体”下拉列表框中选择“宋体”，在“字号”数值框中选择 14，单击“确定”按钮，如下图所示。

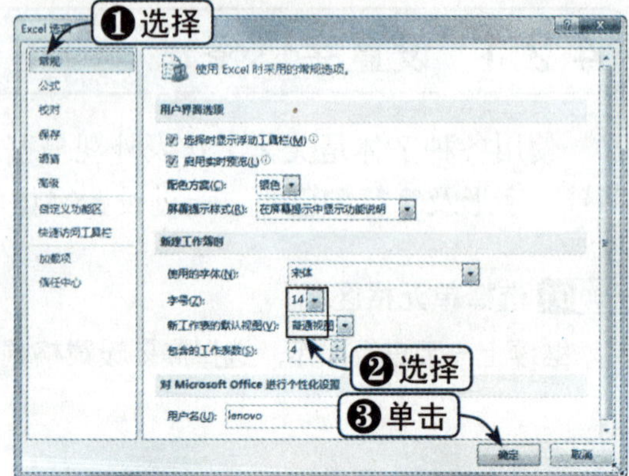

Step 03 确认重启生效

弹出提示信息框，单击“确定”按钮，重新启动 Excel 2010 后即可生效，如右图所示。

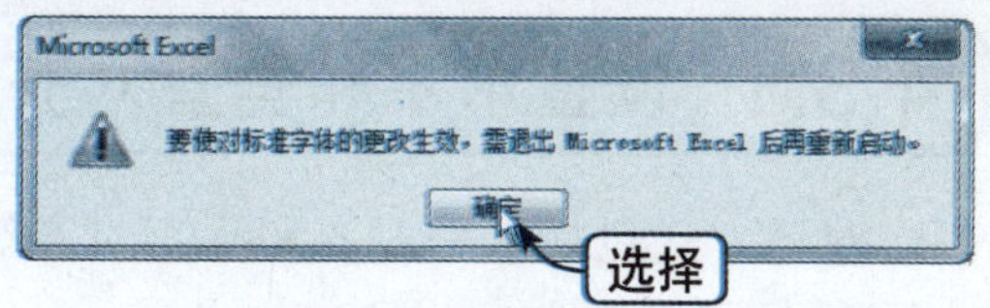

4.2.3 使用格式刷

在编辑工作表的过程中，经常会有多个单元格的格式一致，若逐一设置单元格的格式，就等于多次进行重复的工作，既麻烦又容易出错，这时就可以使用格式刷，具体操作方法如下：

Step 01 设置单元格格式

继续上一节进行操作，参照 4.2.1 设置标题“部门”的格式，如下图所示。

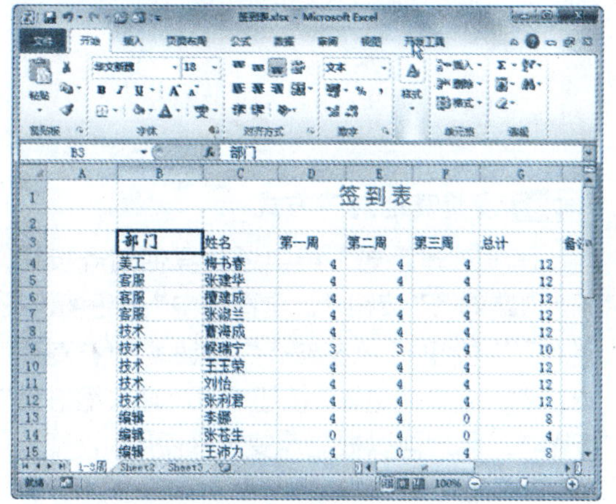

Step 02 使用格式刷

单击“开始”选项卡下“剪贴板”组中的“格式刷”按钮，此时鼠标指针变为 形状，单击要设置格式的单元格，或拖动鼠标选中一个单元格区域，如下图所示。

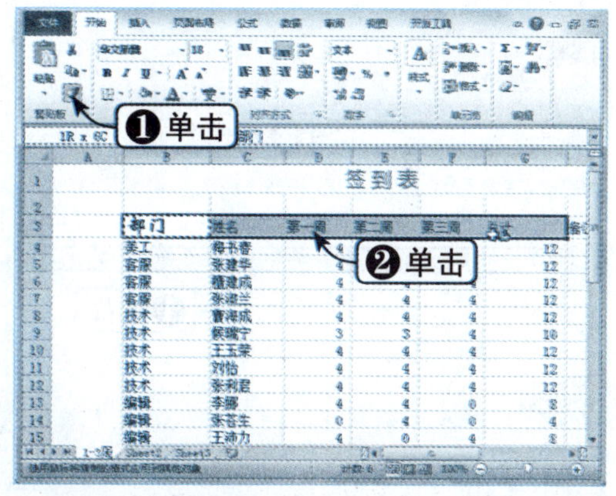

Step 03 查看设置效果

此时，即可查看使用格式刷快速设置单元格格式后的效果，如下图所示。

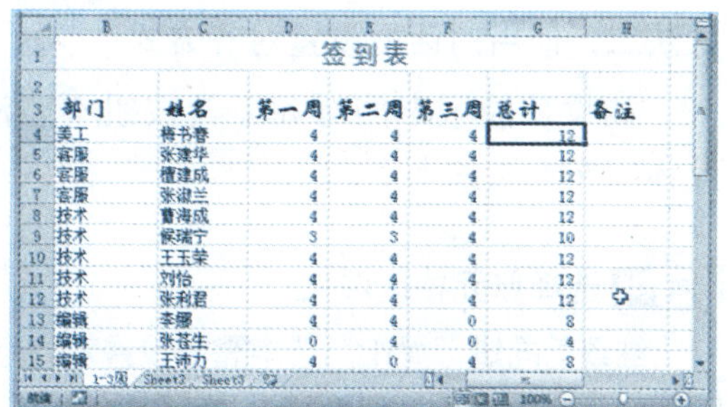

4.3 设置对齐方式

在 Excel 2010 中，文字的对齐是相对单元格的边框而言的。默认情况下，单元格中的文本是左对齐，数字是右对齐，用户也可以根据需要对单元格中内容的对齐方式进行修改。

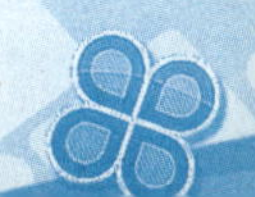

4.3.1 设置水平和垂直对齐方式

对齐方式包括水平对齐和垂直对齐等，用户可以设置多种对齐方式，具体操作方法如下：

方法一：使用功能区按钮设置对齐方式

Step 01 单击“居中”按钮

继续上一节进行操作，选择单元格区域，单击“开始”选项卡下“对齐方式”组中的“居中”按钮，如下图所示。

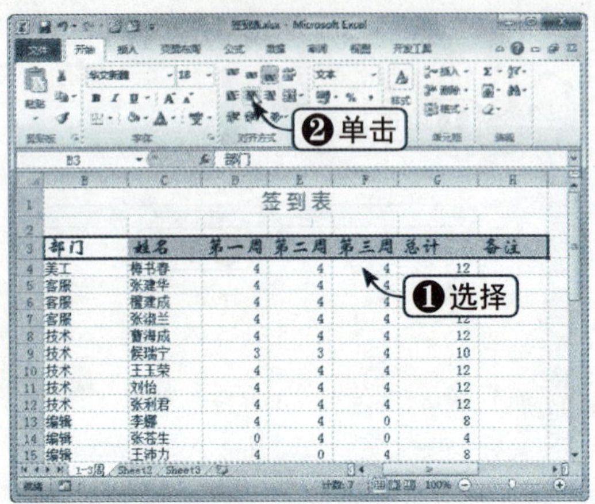

Step 02 查看居中对齐效果

此时，即可查看单元格内容居中对齐后的效果，如下图所示。

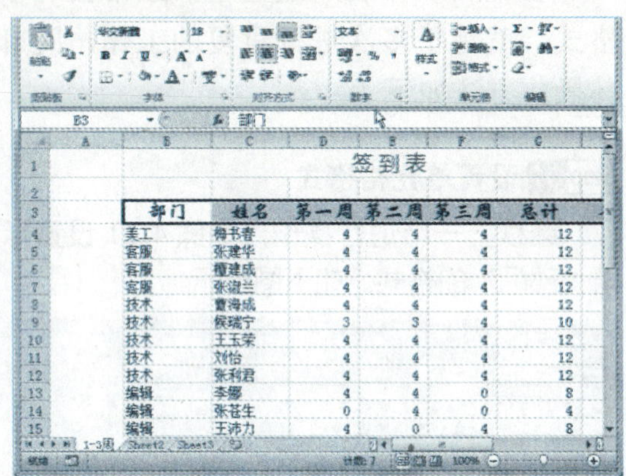

Step 03 设置其他对齐方式

在“对齐方式”组中还有其他对齐按钮，如“顶端对齐”按钮、“垂直居中”按钮、“底端对齐”按钮、“左对齐”按钮、“右对齐”按钮、“减少缩进量”按钮和“增大缩进量”按钮，用户可以根据需要选择使用。

方法二：使用对话框设置对齐方式

如果功能区中的对齐工具按钮不能满足用户的需要，可以使用对话框进行设置，具体操作方法如下：

Step 01 选择单元格区域

继续前面进行操作，选中需要设置对齐方式的单元格区域，单击“对齐方式”组中的对话框启动器，如右图所示。

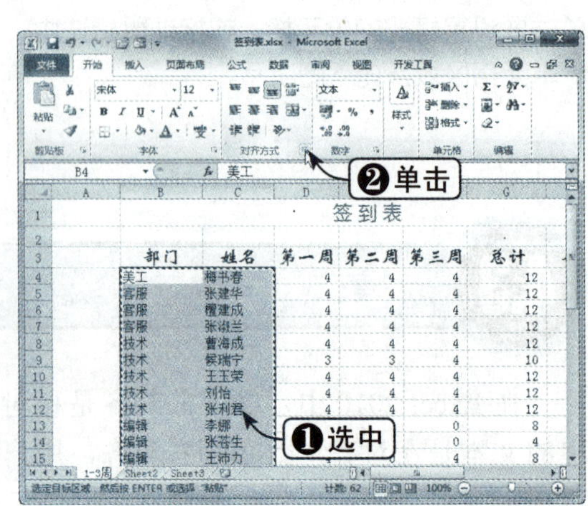

知识点拨

右击单元格，在弹出的快捷菜单中选择“设置单元格格式”选项，或单击“数字”组中的对话框启动器，也可以打开“设置单元格格式”对话框。

Step 02 设置对齐方式

弹出“设置单元格格式”对话框，选择“对齐”选项卡，在“水平对齐”和“垂直对齐”下拉列表框中分别选择“居中”选项，单击“确定”按钮，如下图所示。

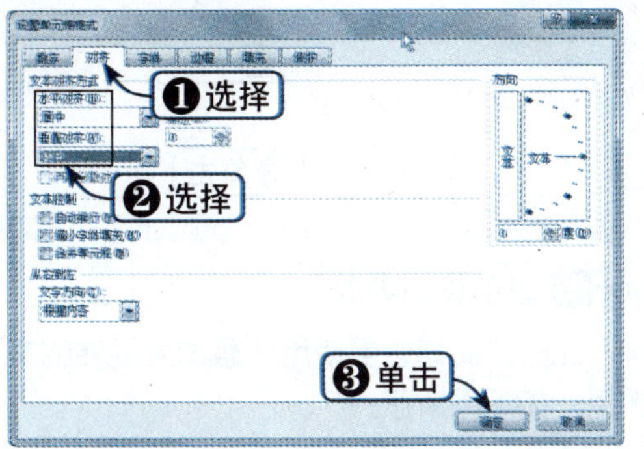

Step 03 查看对齐效果

此时，即可查看设置对齐方式后的表格效果，如下图所示。

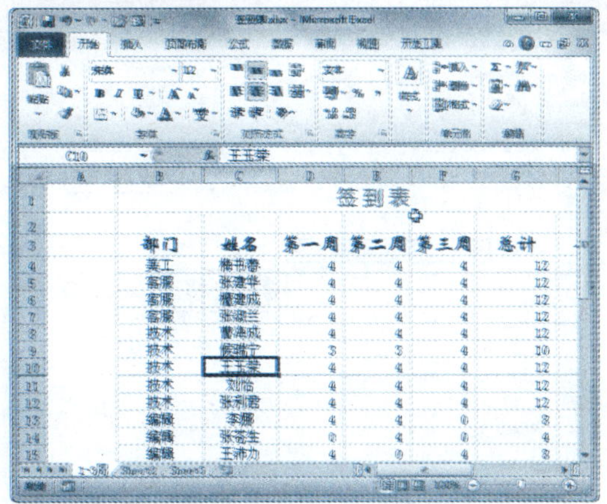

4.3.2 设置垂直和旋转文本

利用 Excel 2010 提供的垂直文本或旋转文本两种功能，可以在单元格中垂直显示文本，也可以将文本旋转一定的角度。

方法一：使用功能区按钮设置

Step 01 选择“逆时针角度”选项

继续上一节进行操作，选择需要旋转的单元格区域，单击“开始”选项卡下“对齐方式”组中的“方向”下拉按钮，在弹出的下拉列表中选择“竖排文字”选项，如下图所示。

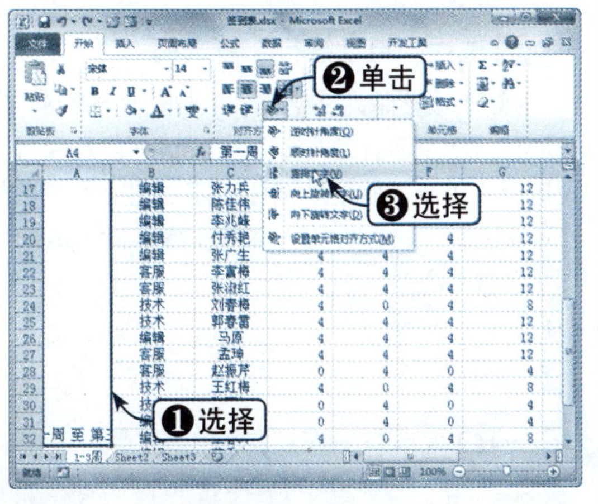

Step 02 查看旋转效果

此时，即可查看竖排文字后的垂直文本效果，如下图所示。

方法二：使用对话框设置

如果用户要精确地旋转文本，具体操作方法如下：

Step 01 选择单元格区域

选择需要旋转的单元格区域，单击“开始”选项卡下“数字”组中的 按钮，如下图所示。

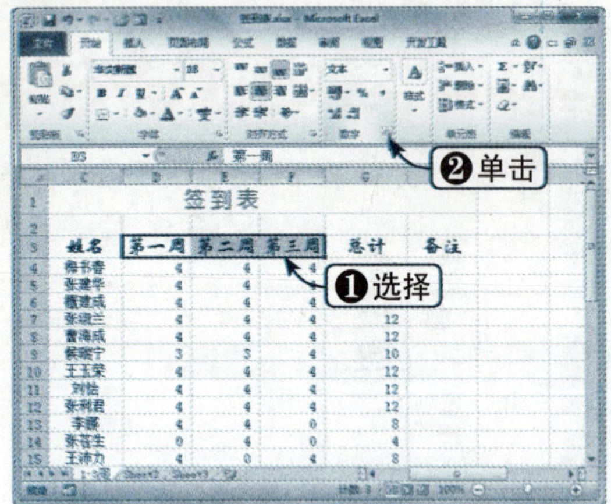

Step 02 设置对齐格式

弹出“设置单元格格式”对话框，选择“对齐”选项卡，在“方向”选项区中单击左侧的“文本”按钮可以设置垂直文本，单击或拖动右侧“文本”旋转框中的度量指针，或在“度”数值框中输入所需的旋转度数，即可设置旋转文本，单击“确定”按钮，如下图所示。

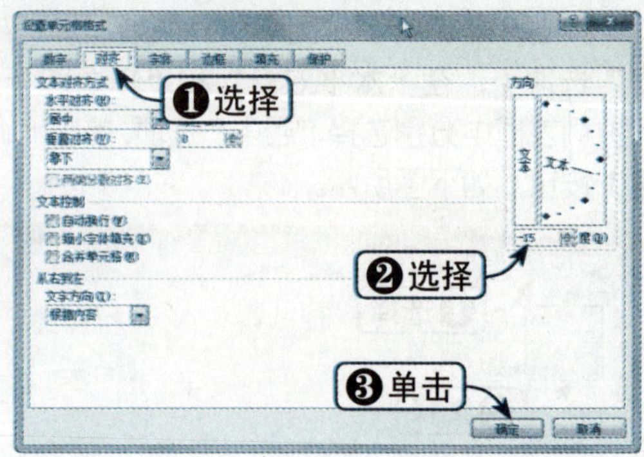

Step 03 查看设置效果

此时，即可查看使用任意角度旋转的文本效果，如下图所示。

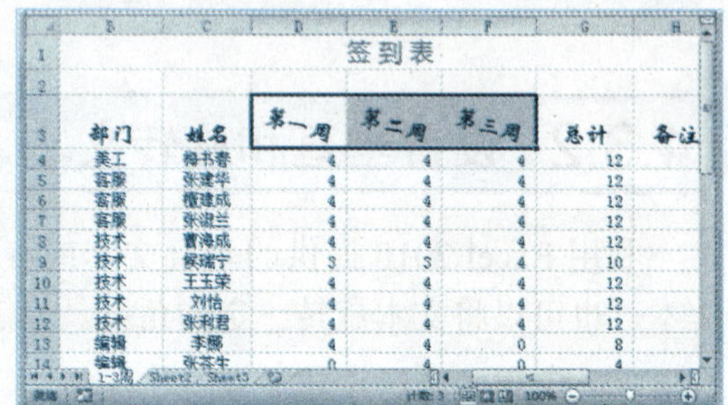

4.3.3 单元格中文字的换行

由于屏幕在水平方向上滚动不方便，一般列宽过大会影响视觉效果，因此可以使用 Excel 2010 提供的自动换行功能进行设置。设置自动换行的具体操作方法如下：

Step 01 选择单元格

继续上一节进行操作，继续编辑内容，如文字过多，可换行。选中单元格，单击“开始”选项卡下“数字”组中的 按钮，如下图所示。

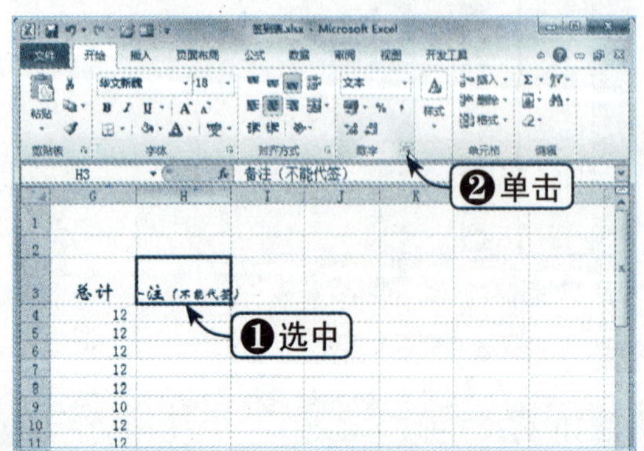

Step 02 选中“自动换行”复选框

弹出“设置单元格格式”对话框，选择“对齐”选项卡，在“文本控制”选项区中选中“自动换行”复选框，单击“确定”按钮，如下图所示。

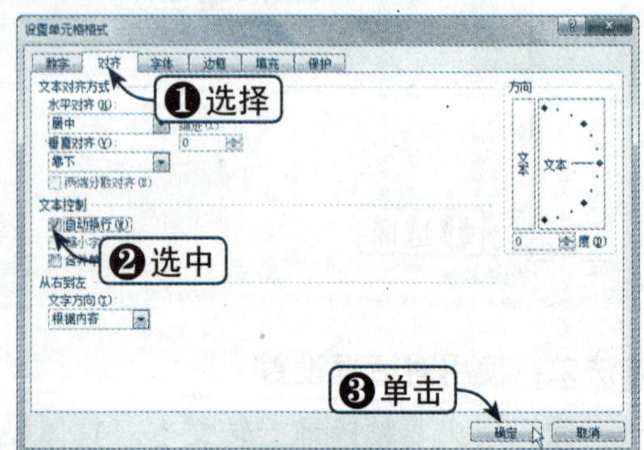

Step 03 查看设置效果

此时文本不会超出单元格显示，而是自动换行，效果如右图所示。

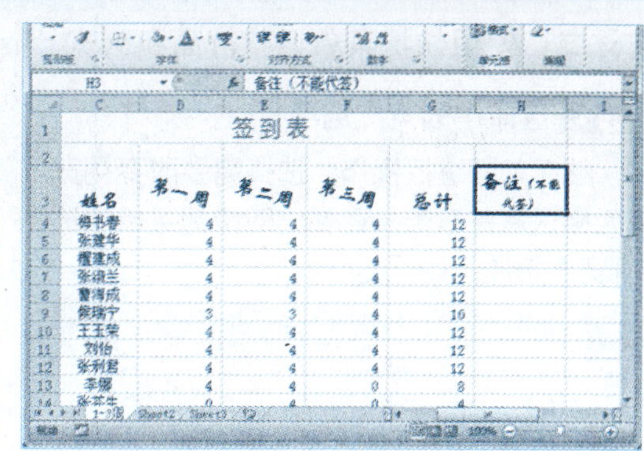

> **知识点拨**
>
> 在“开始”选项卡下“对齐方式”组中单击“自动换行”按钮，使其呈按下状态，也可以设置自动换行。

4.4 格式化单元格

格式化单元格就是对单元格的外观进行调整，使之更加美观。下面将详细介绍格式化单元格的相关知识。

4.4.1 调整行高和列宽

行高是指在工作表中单元格的竖直高度，列宽是指单元格的水平宽度。在进行表格处理时，需要根据实际内容来调整行高和列宽。在 Excel 2010 中，调整行高和列宽有以下两种方法：

方法一：使用鼠标调整行高和列宽

Step 01 调整列宽

继续上一节进行操作，将鼠标指针移到需要改变列宽的两个列标之间，当指针显示为双箭头形状时，向左或向右拖动鼠标即可将列宽调整到所需要的宽度，如下图所示。

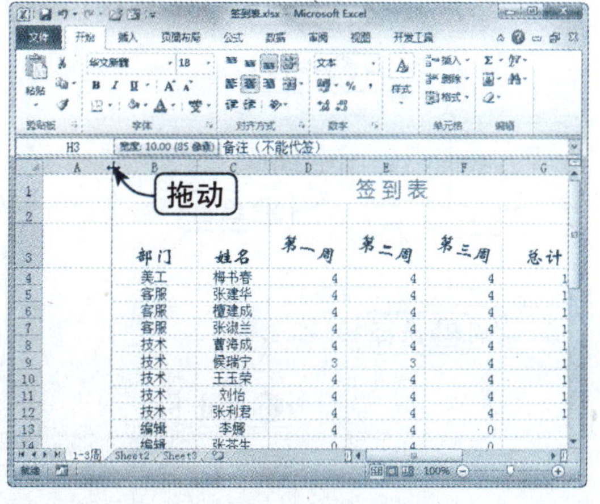

Step 02 查看调整效果

调整到合适的宽度，查看调整后的效果，如下图所示。

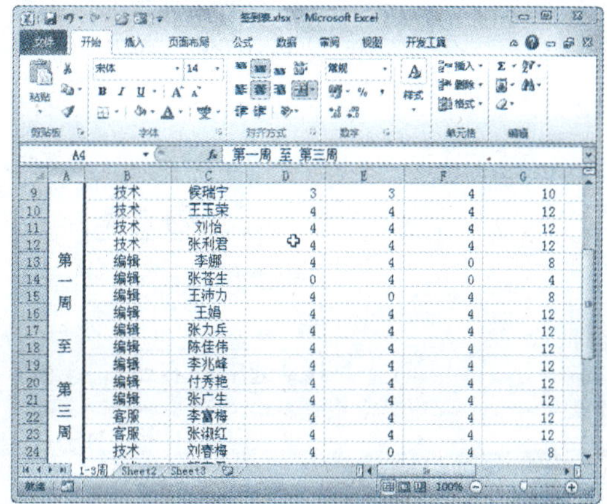

方法二：使用快捷菜单调整行高和列宽

Step01 选择"列宽"选项

继续前面进行操作，选择需要改变列宽的单元格区域并右击，在弹出的快捷菜单中选择"列宽"选项，如下图所示。

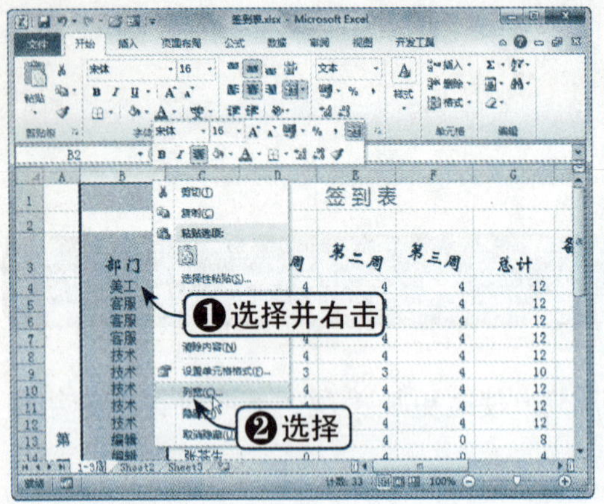

Step02 设置列宽

弹出"列宽"对话框，在"列宽"文本框中输入10，单击"确定"按钮，如下图所示。

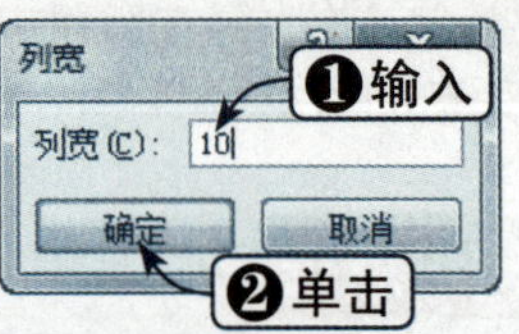

Step03 查看调整效果

此时，即可查看精确设置列宽后的效果，如下图所示。

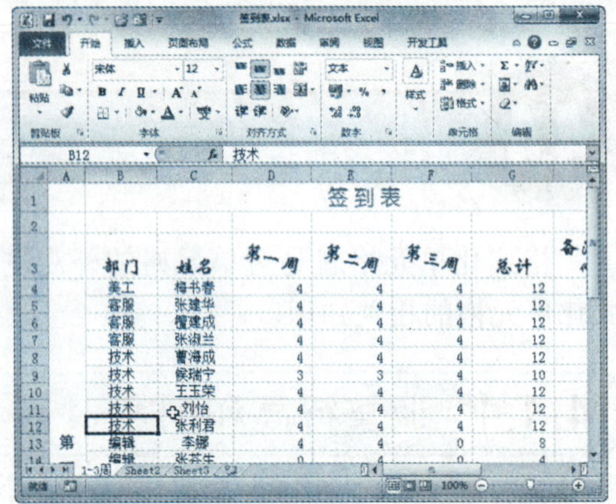

4.4.2 设置单元格边框

单元格边框就是单元格四周的四条线段。尽管在工作表中输入数据时有表格线，但这些表格线是Excel中的网格线。设置单元格边框的具体操作方法如下：

Step01 选择"设置单元格格式"选项

继续上一节进行操作，选中需要设置边框的单元格区域并右击，在弹出的快捷菜单中选择"设置单元格格式"选项，如下图所示。

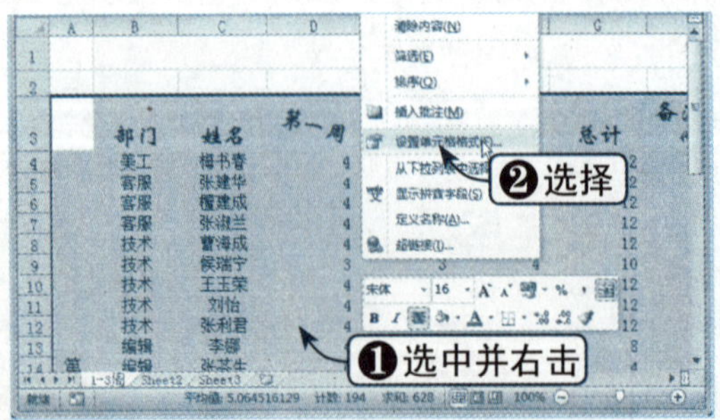

Step02 设置边框格式

弹出"设置单元格格式"对话框，选择"边框"选项卡，在"样式"列表中选择一种线型，单击"颜色"下拉按钮，选择一种颜色，单击"外边框"按钮，然后单击"确定"按钮，如下图所示。

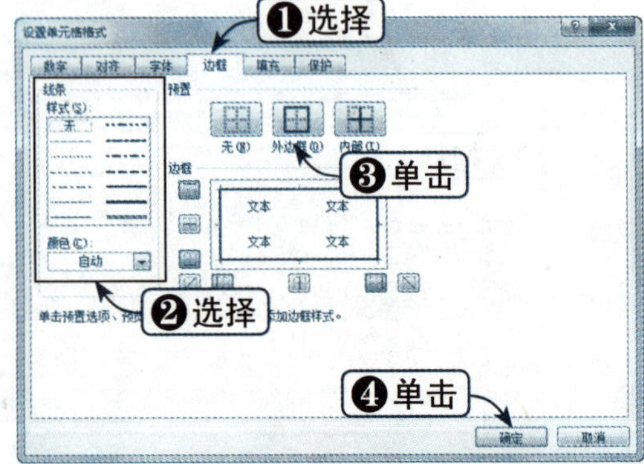

Step 03 设置内边框

选择线型、颜色等后单击“内边框”按钮，单击“确定”按钮，如下图所示。

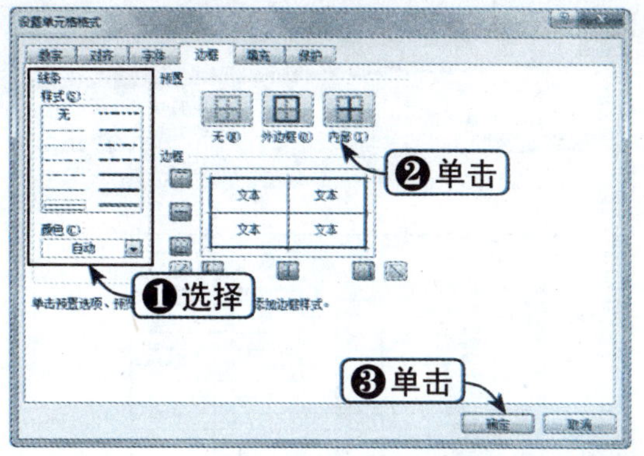

Step 04 查看边框设置效果

调整文字倾斜的角度和列宽，以适应边框，效果如下图所示。

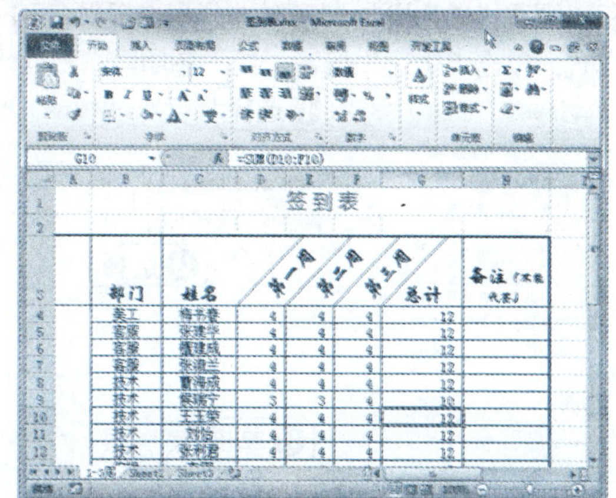

4.4.3 设置单元格背景和图案

在使用 Excel 2010 进行表格处理时，为了使工作表中的数据突出显示，可以设置单元格的背景色或图案，以强调单元格的重要性，具体操作方法如下：

Step 01 选择“设置单元格格式”选项

继续上一节进行操作，选择需要设置背景的单元格区域并右击，在弹出的快捷菜单中选择“设置单元格格式”选项，如下图所示。

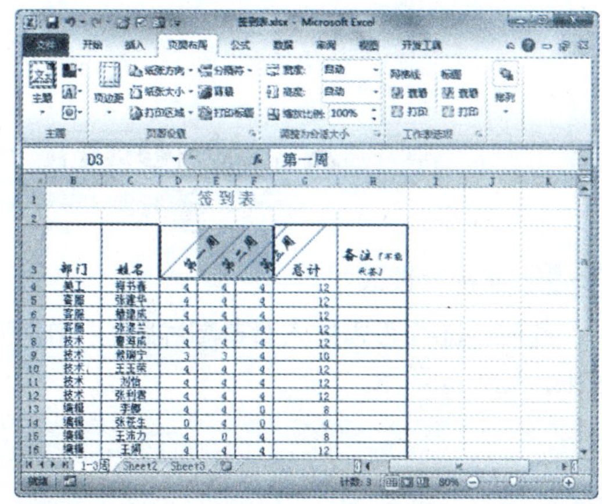

Step 02 设置背景色

弹出“设置单元格格式”对话框，选择“填充”选项卡，在“背景色”列表中选择合适的颜色，单击“确定”按钮，如下图所示。

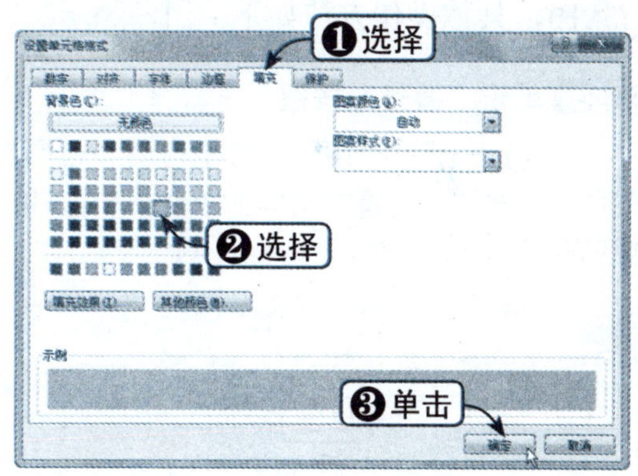

Step 03 查看填充效果

此时，即可查看对单元格填充背景色后的效果，如下图所示。

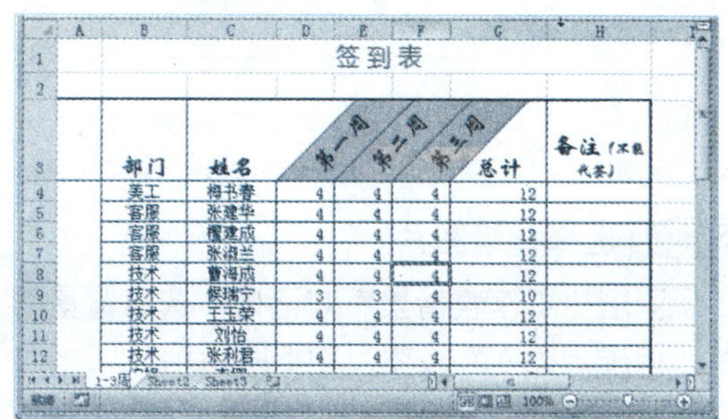

Step 04 选择图案颜色和样式

选中 A4 单元格，打开“设置单元格格式”对话框，选择“填充”选项卡，在“图案颜色”和“图案样式”下拉列表框中分别选择颜色和样式，单击“确定”按钮，如下图所示。

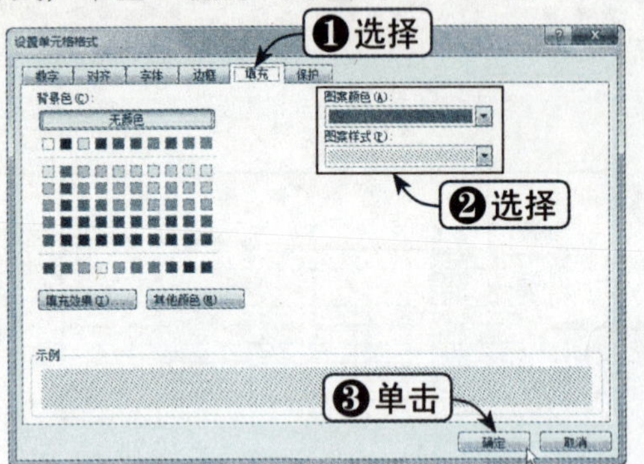

Step 05 查看填充效果

此时，即可查看单元格填充图案后的效果，如下图所示。

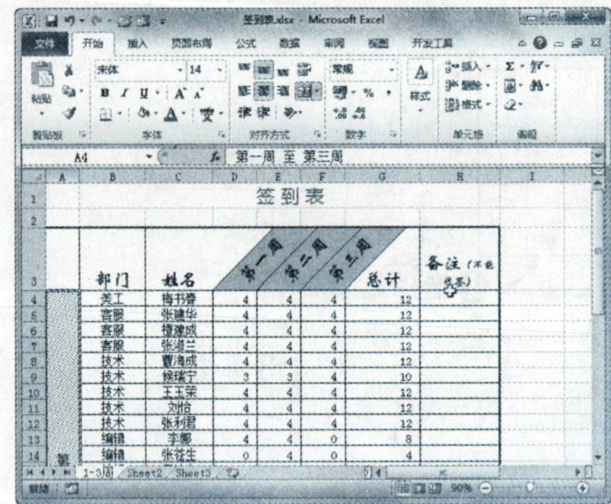

4.4.4 设置工作表的背景图

在 Excel 2010 中，除了设置单元格的背景色和图案外，还可以为整个工作表添加背景图，具体操作方法如下：

Step 01 单击“背景”按钮

继续上一节进行操作，单击“页面布局”选项卡下“页面设置”组中的“背景”按钮，如下图所示。

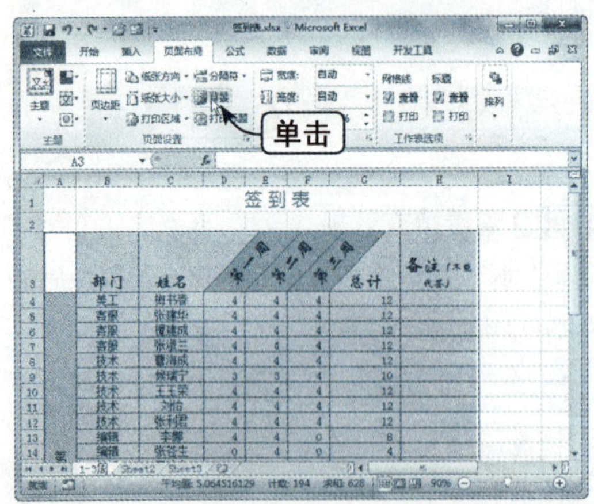

Step 02 选择背景图片

弹出“工作表背景”对话框，选择背景图片，单击“插入”按钮，如下图所示。

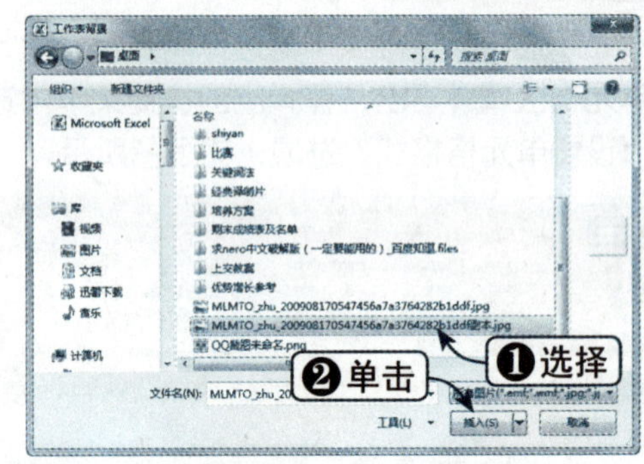

Step 03 查看设置效果

此时，即可查看插入背景图片后的工作表效果，如下图所示。

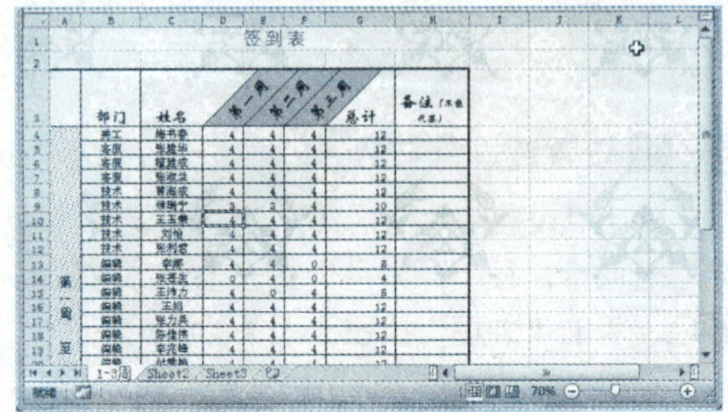

4.5 文字拼音

有时需要对文本添加拼音，Excel 2010 提供了文字拼音功能，可以实现拼音的相关编辑操作。

4.5.1 添加拼音

在 Excel 2010 中可以对工作表中的文字添加拼音，设置拼音是否显示，以及显示方式等。添加拼音的具体操作方法如下：

	素材文件	光盘：素材文件\第4章\客服人员测试表.xlsx

Step 01 选择“编辑拼音”选项

打开“素材文件\第 4 章\客服人员测试表.xlsx”，单击“开始”选项卡下“字体”组中的“显示或隐藏拼音字段”下拉按钮，在弹出的下拉列表中选择“编辑拼音”选项，如下图所示。

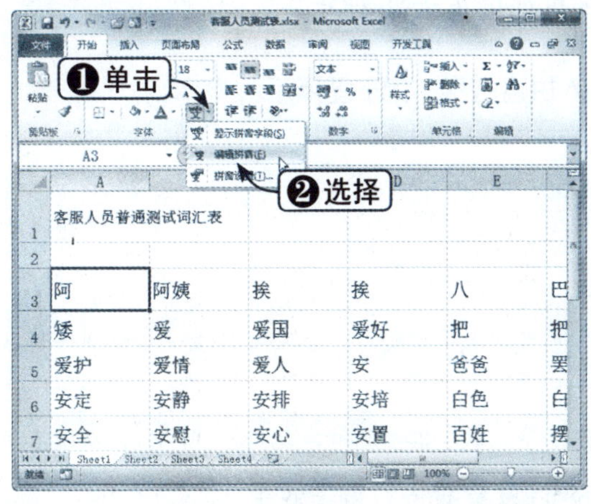

Step 02 输入拼音

这时，所选单元格中的文字会变为绿色，并在上面出现一个小的文本编辑框，在此可以输入要添加的拼音，连续按两次【Enter】键即可确认，如下图所示。

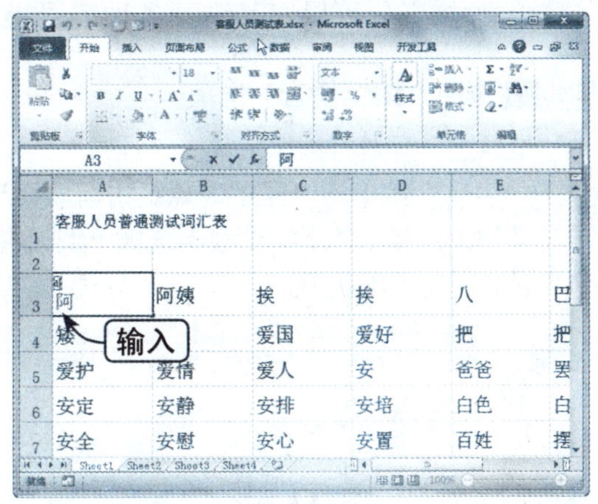

4.5.2 显示和隐藏拼音

添加拼音后，可以设置是否在文档窗口显示拼音信息，具体操作方法如下：

Step 01 选择“显示拼音字段”选项

继续上一节进行操作，选中要显示或隐藏其拼音信息的单元格，单击“开始”选项卡下“字体”组中的“显示或隐藏拼音字段”下拉按钮，在弹出的下拉列表中选择“显示拼音字段”选项，如下图所示。

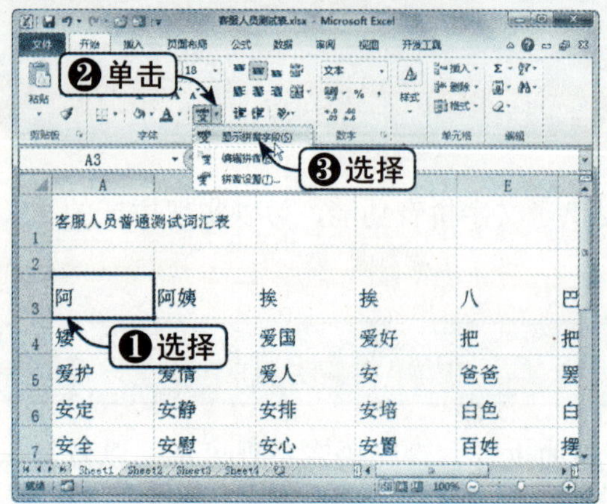

Step 02 查看显示效果

此时，添加的拼音就会显示出来，效果如下图所示。

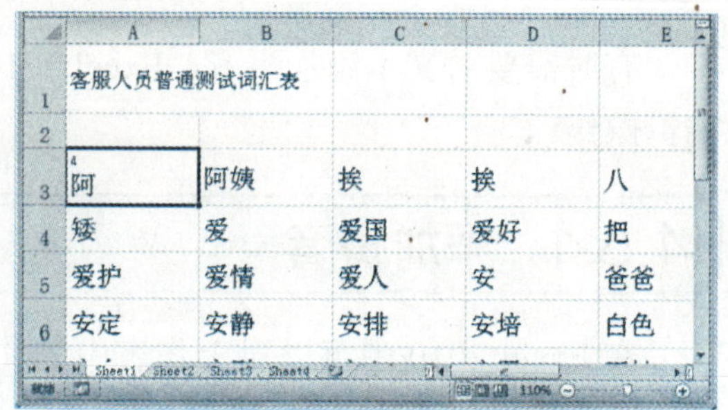

知识点拨

若要隐藏拼音，则单击“显示或隐藏拼音字段”下拉按钮，在弹出的下拉列表中选择“显示拼音字段”选项，即可实现拼音的隐藏。

4.5.3 编辑拼音信息

添加拼音后可以对其进行各种编辑操作，具体操作方法如下：

Step 01 选择“编辑拼音”选项

继续上一节进行操作，单击“开始”选项卡下“字体”组中的“显示或隐藏拼音字段”下拉按钮，在弹出的下拉列表中选择“编辑拼音”选项，如下图所示。

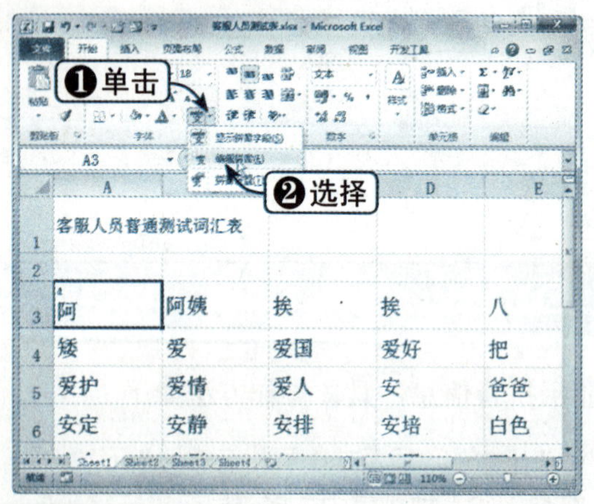

Step 02 编辑拼音内容

这时，所选单元格的文字会变为绿色，并且拼音文本框被激活，处于编辑状态，重新输入拼音内容，如下图所示。

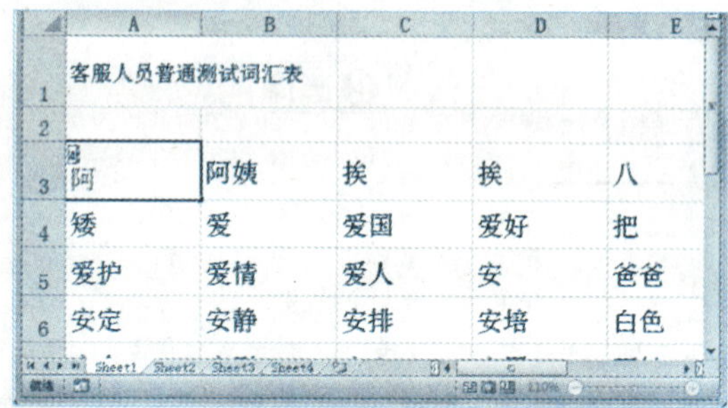

Step 03 查看拼音编辑效果

输入完毕后按【Enter】键，即可查看拼音编辑效果，如下图所示。

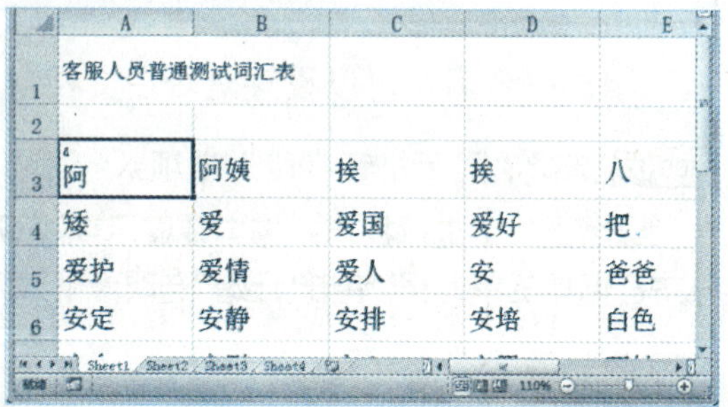

4.5.4 设置拼音格式

用户还可以对添加的拼音设置不同的格式，具体操作方法如下：

Step 01 选择“拼音设置”选项

继续上一节进行操作，单击“开始”选项卡下“字体”组中的“显示或隐藏拼音字段”下拉按钮，在弹出的下拉列表中选择“拼音设置”选项，如下图所示。

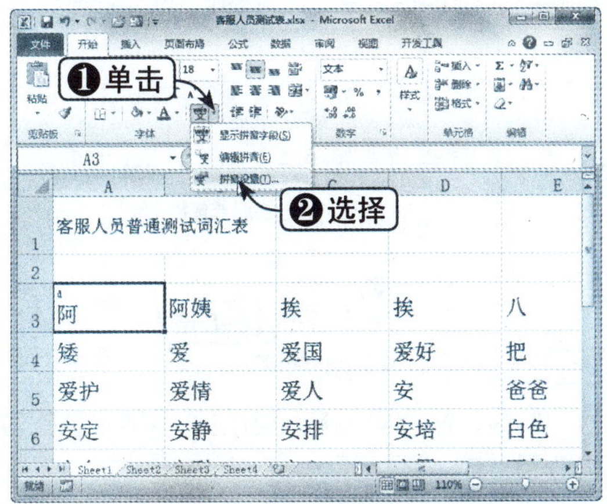

Step 02 设置对齐方式

弹出“拼音属性”对话框，选择“设置”选项卡，选择对齐方式，在此选中“居中”单选按钮，如下图所示。

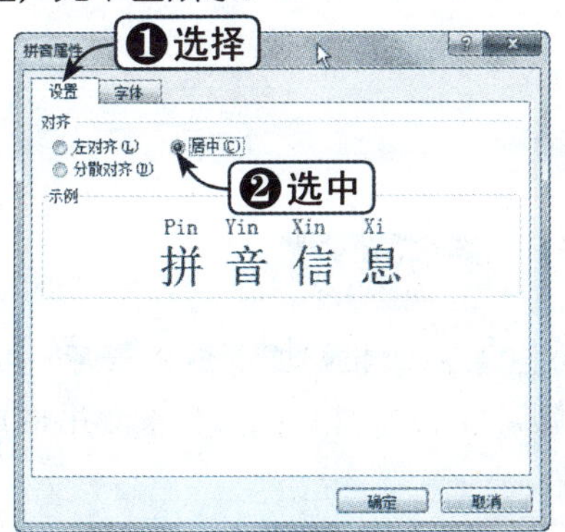

Step 03 选择字体

选择“字体”选项卡，设置字体的格式，单击“确定”按钮，如下图所示。

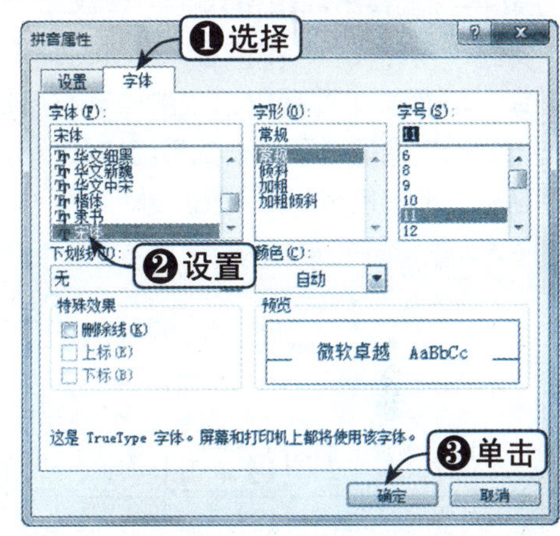

Step 04 查看设置效果

返回工作表，查看拼音字体格式的变化，如下图所示。

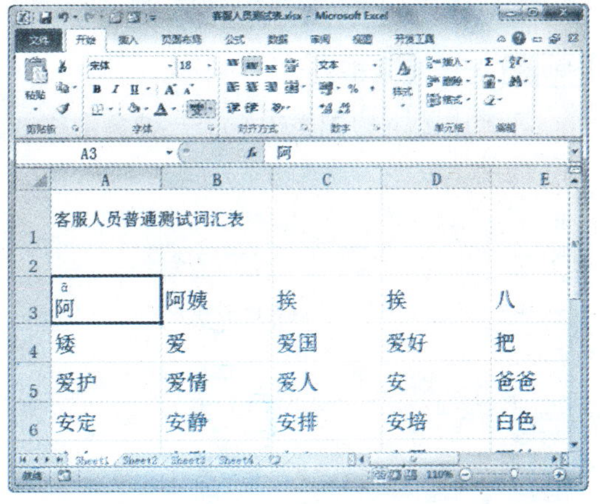

4.6 自动套用格式

在 Excel 2010 中提供了自动套用格式的功能。对于某些比较特殊的格式，如会计的会计表格等，可以通过使用自动套用格式功能来自动为工作表添加格式。

4.6.1 完全套用格式

完全套用格式就是套用 Excel 预设自动套用格式中预设的表格格式，如字体、边框、数字、图案和对齐方式等，具体操作方法如下：

	素材文件	光盘：素材文件\第4章\员工日常形象考核表.xlsx

Step 01 单击“套用表格格式”下拉按钮

打开“素材文件\第四章\员工日常形象考核表.xlsx”选中要套用格式的单元格区域，单击“开始”选项卡下“样式”组中的“套用表格格式”下拉按钮，如下图所示。

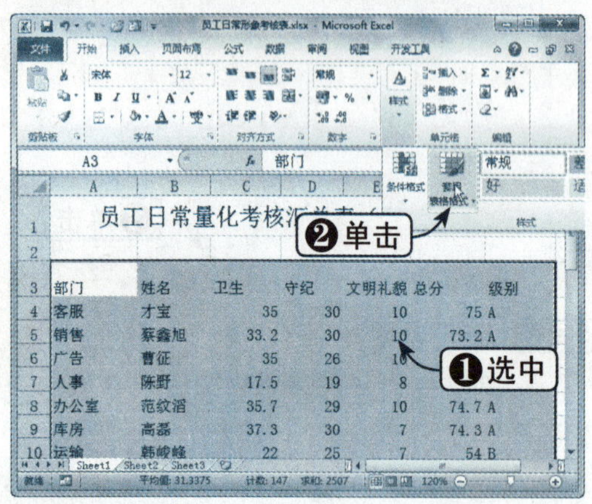

Step 02 选择套用格式

在弹出的下拉列表中选择一种套用格式，如下图所示。

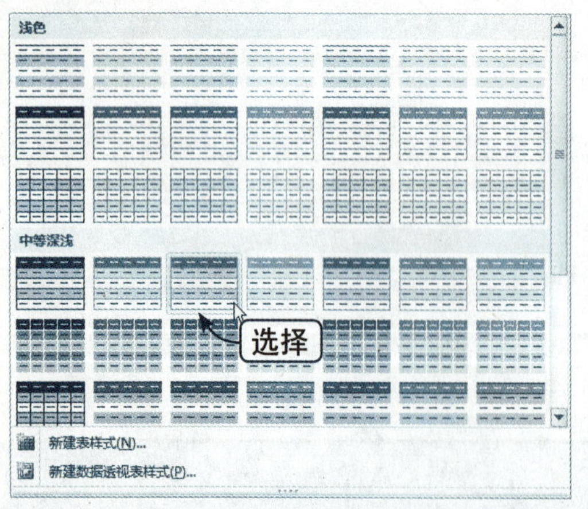

Step 03 设置套用格式

弹出“套用表格式”对话框，选中“表包含标题”复选框，单击“确定”按钮，如下图所示。

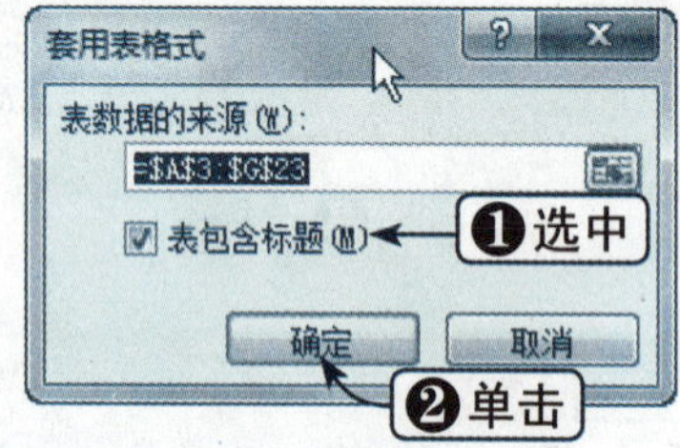

Step 04 查看应用格式效果

此时，即可查看应用自动套用格式后的表格效果，如下图所示。

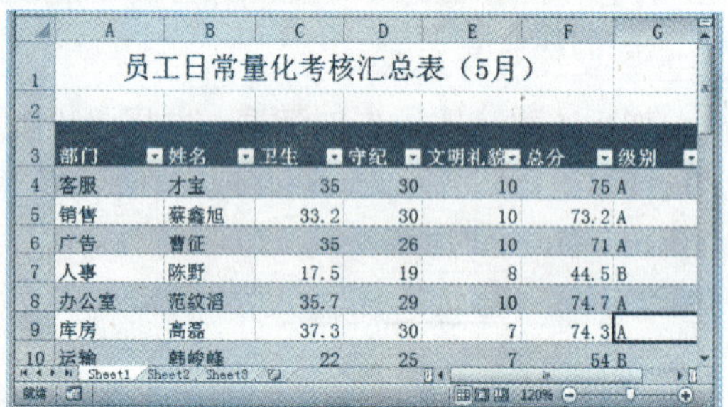

知识点拨

在套用表格格式区域的最后一行输入数据时，Excel 会自动扩展套用格式的区域。

4.6.2 新建套用格式

除了软件自带的多种表格格式外，用户还可以自定义表格格式，以及保存自定义格式，便于以后使用，这样可以大大提高办公的效率。

Step 01 选择“新建样式”选项

在样式列表选择“新建表样式”选项，如下图所示。

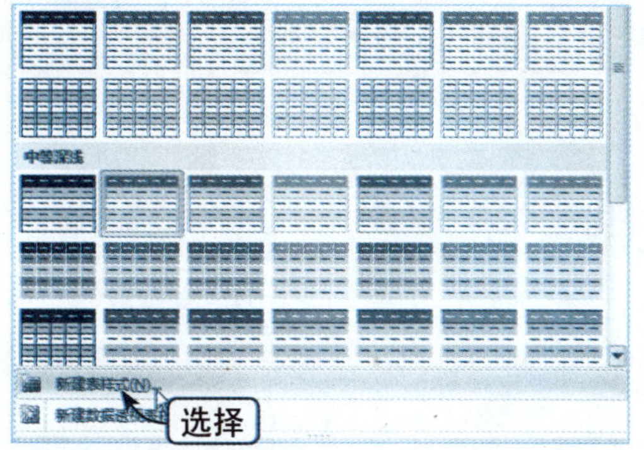

Step 02 设置样式名称

弹出“新建表快速样式”对话框，在“名称”文本框中输入名称，选择“表元素”列表框中的选项，单击“格式”按钮，如下图所示。

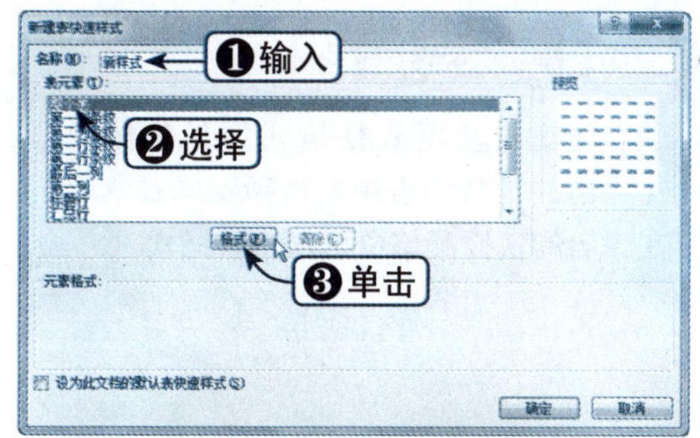

Step 03 设置边框格式

弹出“设置单元格格式”对话框，选择“边框”选项卡，设置边框等，如下图所示。

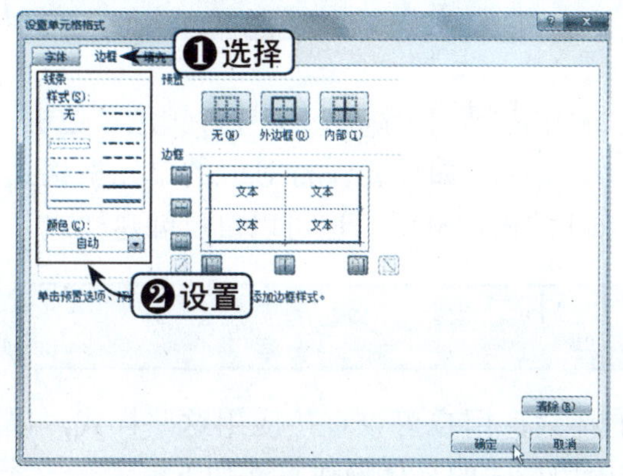

Step 04 设置填充格式

选择“填充”选项卡，选择一种填充格式，单击“确定”按钮，如下图所示。

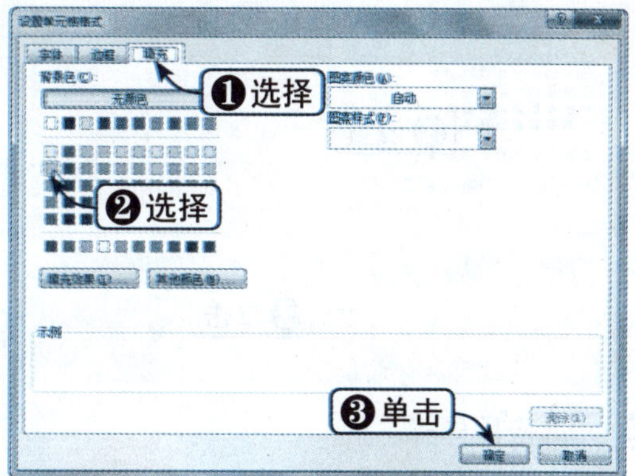

Step 05 选择其他表元素

返回对话框，重新选择其他表元素，单击“格式”按钮，如下图所示。

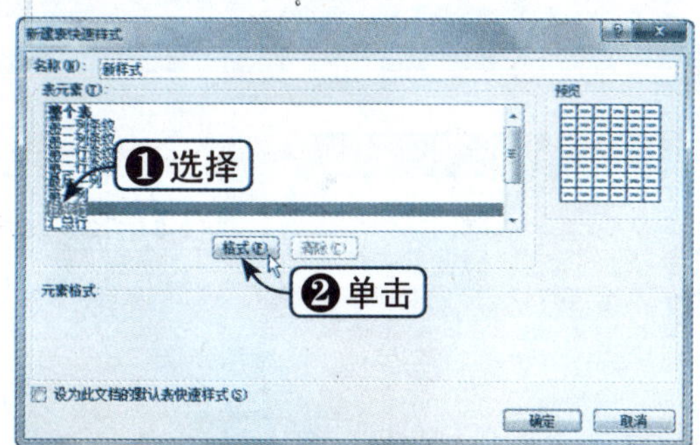

Step 06 设置标题行格式

设置表格标题行的格式，在此可以只设置下边框，如下图所示。

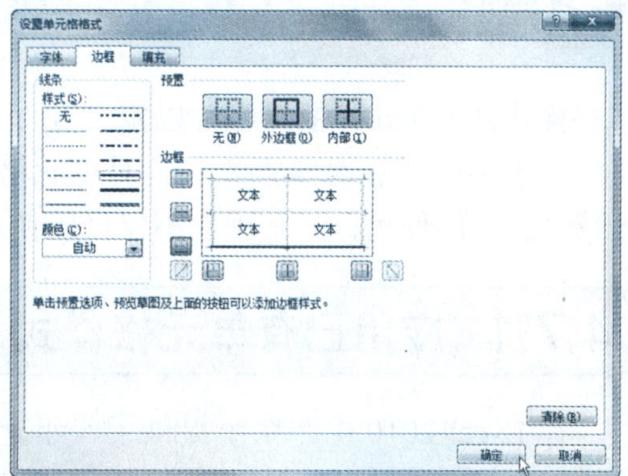

Step 07 设置标题行背景色

通常为标题行设置不同的背景色，单击"确定"按钮，如下图所示。

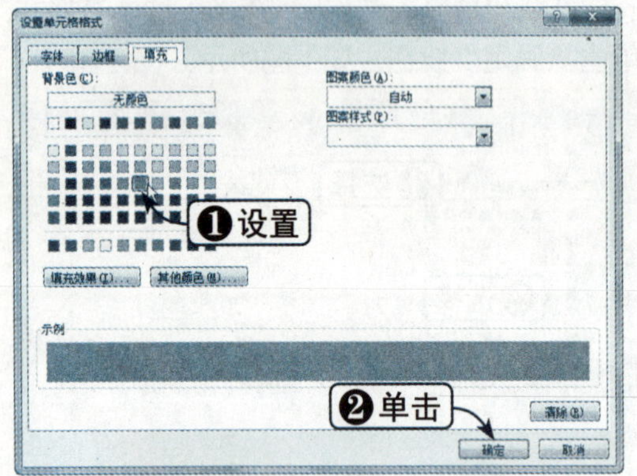

Step 08 应用样式

单击"套用表格格式"下拉按钮，在弹出的下拉列表中选择新样式即可，如下图所示。

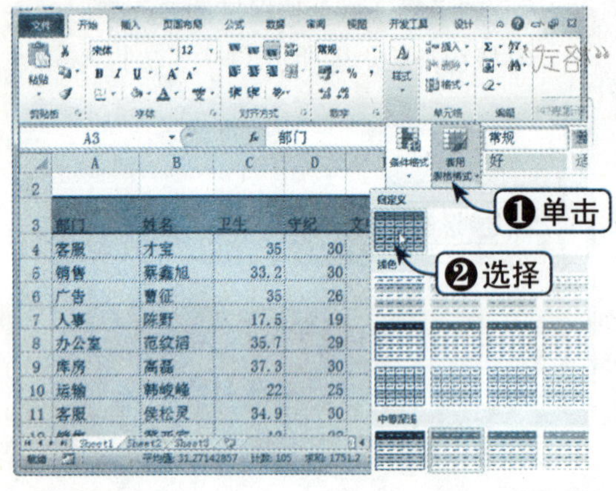

Step 09 查看应用表格样式效果

此时，即可应用自定义的表格样式，效果如下图所示。

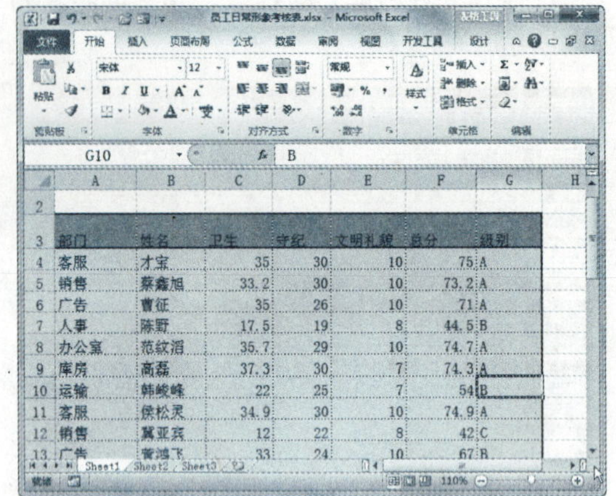

知识点拨

单击"套用表格格式"下拉按钮，在弹出的下拉列表中右击新建样式选项，在弹出的快捷菜单中可以修改样式。

4.7 使用单元格样式

样式就是 Excel 中一组可以定义并保存的格式集合，如字体、字号、颜色、边框、底纹、数字格式和对齐方式等。对单元格进行编辑时，如果要保持对应的单元格格式一致，就可以使用样式。用户不仅可以使用 Excel 的内部样式，也可以自己创建样式。

4.7.1 应用已有单元格样式

在 Excel 2010 中，系统提供了一组定义的样式，用户可以直接应用这些样式，以快速创建具有某种风格的表格。在表格中直接应用样式的具体操作方法如下：

Step 01 单击“单元格格式”下拉按钮

继续上一节进行操作，选中要套用格式的单元格区域，单击“开始”选项卡下“样式”组中的“单元格格式”下拉按钮，如下图所示。

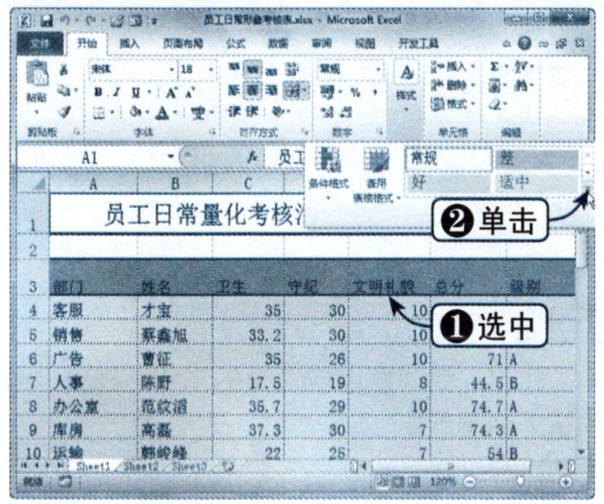

Step 02 选择样式

在弹出的下拉列表中选择一种样式，如下图所示。

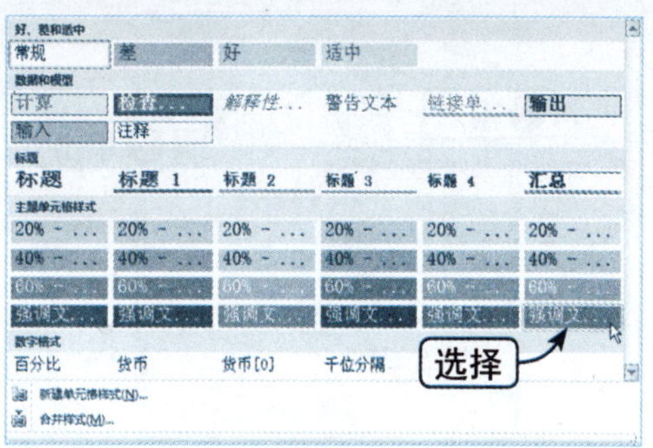

Step 03 查看应用样式效果

此时，即可查看应用已有样式后的表格效果，如下图所示。

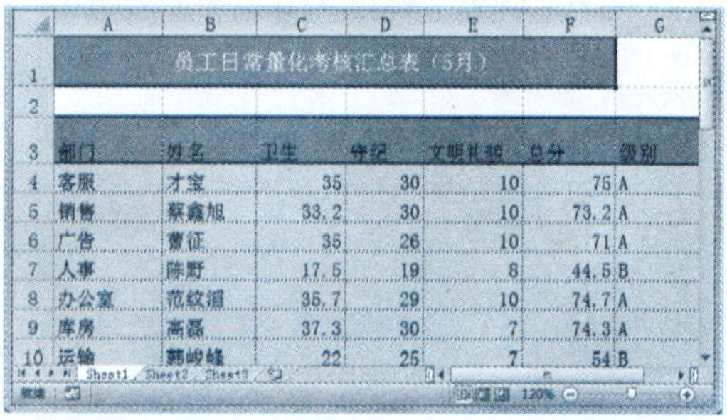

4.7.2 创建新样式

如果用户对系统提供的样式不满意，还可以自己创建新的样式，具体操作方法如下：

Step 01 单击“单元格样式”下拉按钮

继续上一节进行操作，单击“开始”选项卡下“样式”组中的“单元格样式”下拉按钮，如下图所示。

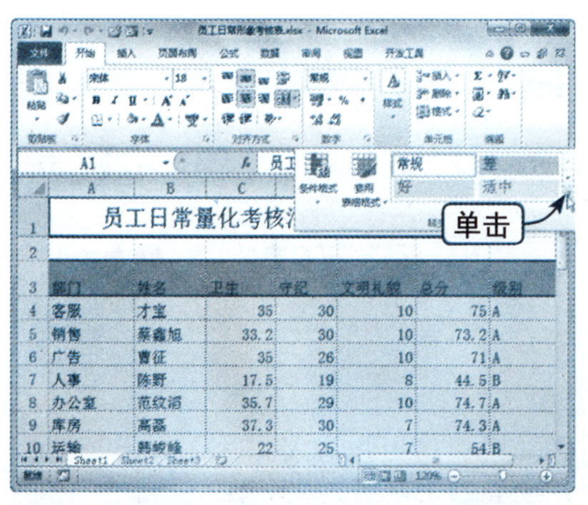

Step 02 选择“新建单元格样式”选项

在弹出的下拉列表中选择“新建单元格样式”选项，如下图所示。

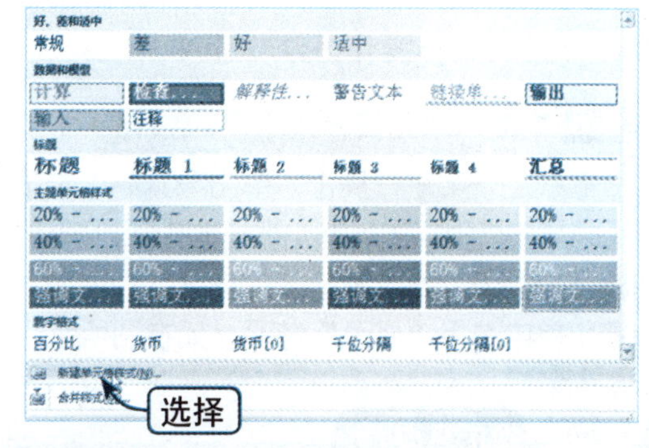

Step 03 输入新样式名

弹出“样式”对话框，输入新样式名，单击“格式”按钮，如下图所示。

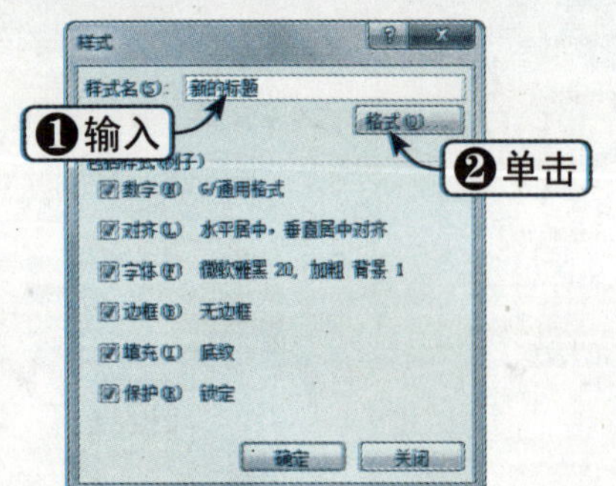

Step 04 设置单元格样式

弹出“设置单元格格式”对话框，在其中对数字、对齐、字体、边框、填充进行相应的设置，单击“确定”按钮即可，如下图所示。

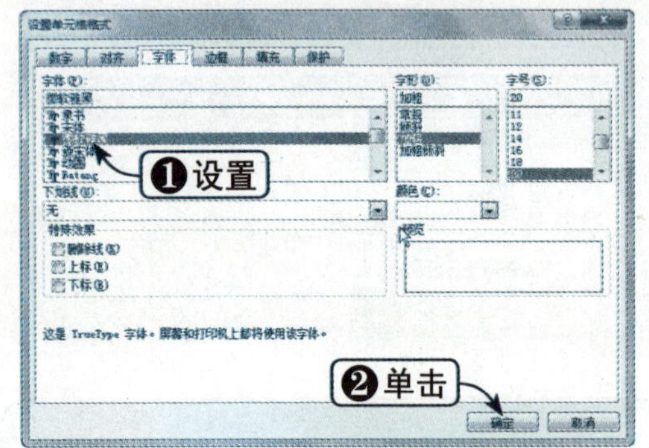

Step 05 应用新样式

在样式下拉列表中选择“新的样式”选项，如下图所示。

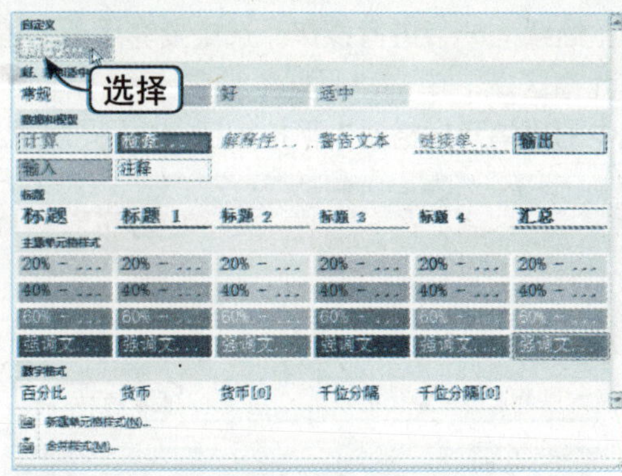

Step 06 查看应用样式效果

此时，即可使用自定义的单元格样式，效果如下图所示。

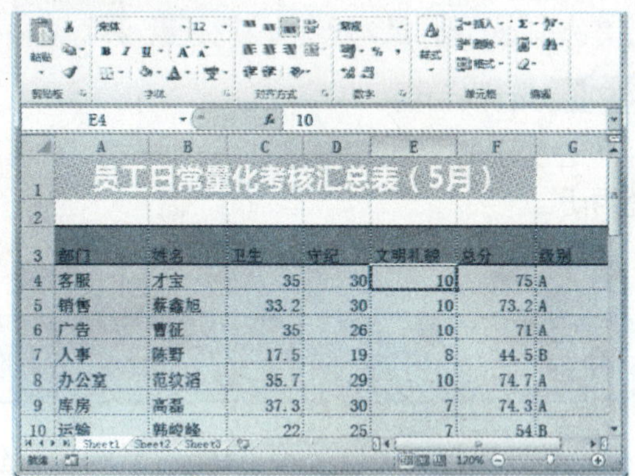

4.7.3 修改样式

样式创建完成后，若再次使用，由于具体要求不同，就需要对原有的样式进行修改。修改样式的具体操作方法如下：

Step 01 单击“单元格样式”下拉按钮

继续上一节进行操作，单击“开始”选项卡下“样式”组中的“单元格样式”下拉按钮，弹出下拉列表，右击要修改的样式，在弹出的快捷菜单中选择“修改”选项，如右图所示。

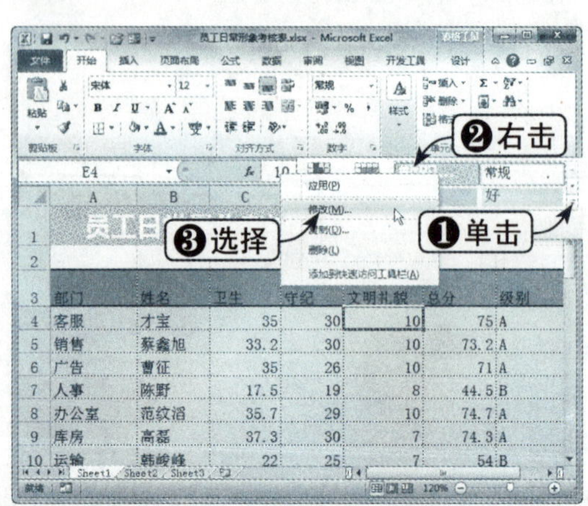

知识点拨

一般情况下，不要对软件自带的样式进行修改和删除等操作，如果确实需要，请先复制该样式。

Step 02 设置新样式名

弹出“样式”对话框，在“样式名”文本框中输入新的样式名，单击“格式”按钮，如下图所示。

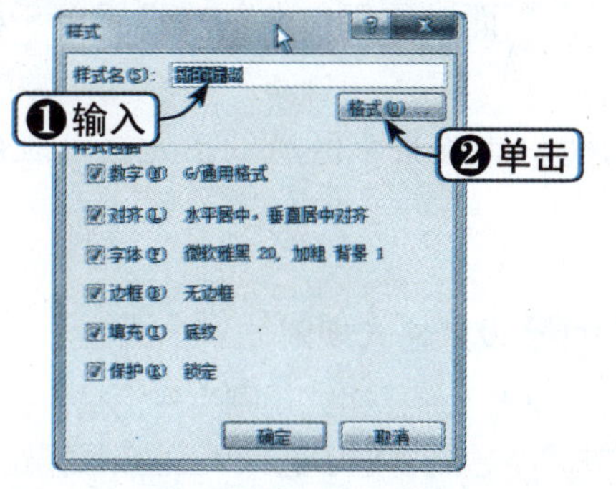

Step 03 设置单元格格式

弹出“设置单元格格式”对话框，在其中对数字、对齐、字体、边框、填充等进行相应的修改设置，单击“确定”按钮，如下图所示。

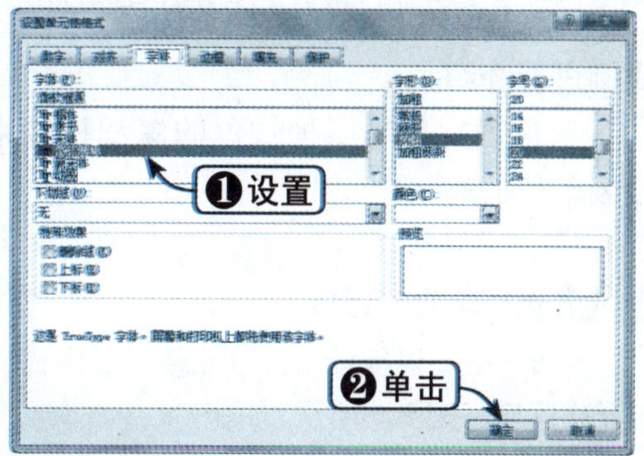

4.7.4 删除样式

当不再需要某种样式时，可以将其删除，具体操作方法如下：

Step 01 单击“单元格样式”下拉按钮

继续上一节进行操作，单击“开始”选项卡下“样式”组中的“单元格样式”下拉按钮，如下图所示。

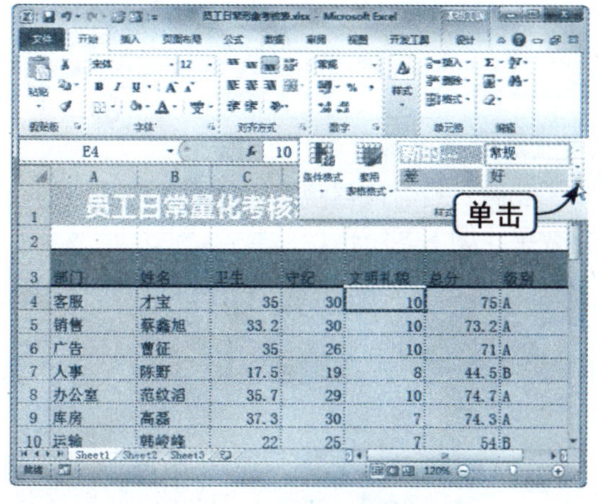

Step 02 选择“删除”选项

弹出下拉列表，右击“自定义”选项区中的“新的样式”选项，在弹出的快捷菜单中选择“删除”选项，即可删除自定义的样式，如下图所示。

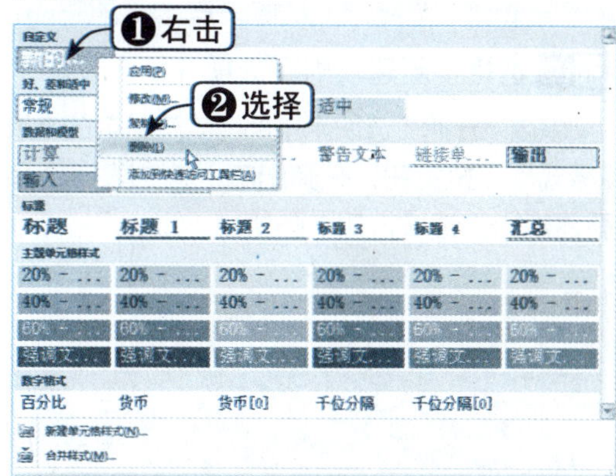

4.8 使用条件格式

条件格式是一种自定义的带有条件的单元格格式，是一种“动态变化”的格式。如果条件满足，Excel 便自动将该格式应用到符合条件的单元格中；如果条件不满足，则单元格不应用该格式。

4.8.1 设置条件格式

Excel 2010 提供了多种条件格式供用户选择，下面以使用三色刻度设置单元格的格式例进行介绍。

三色刻度使用三种颜色的深浅程度来帮助用户比较某个区域的单元格，颜色的深浅表示值的高、中、低。

Step 01 选择单元格区域

继续上一节进行操作，选择要设置格式的单元格区域，如下图所示。

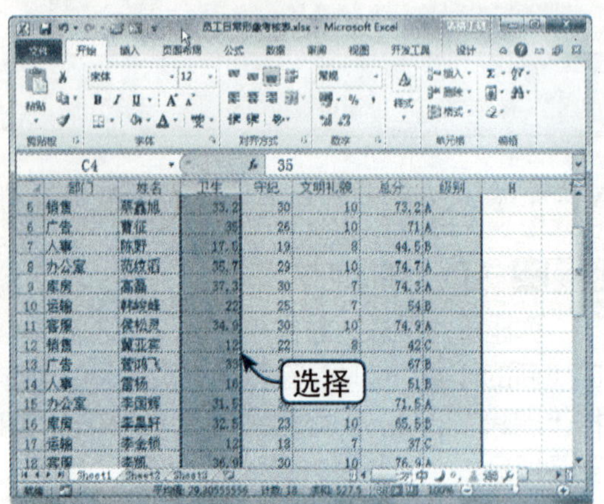

Step 02 选择“新建规则”选项

单击“开始”选项卡下“样式”组中的“条件格式”下拉按钮，在弹出的下拉列表中选择“新建规则”选项，如下图所示。

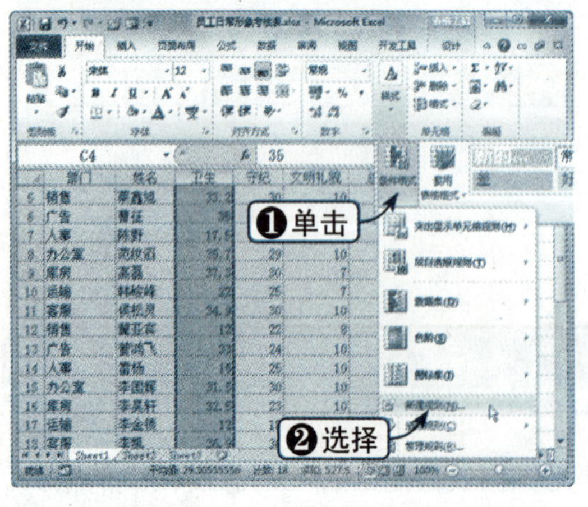

Step 03 设置格式规则

弹出“新建格式规则”对话框，在“格式样式”下拉列表框中选择“三色刻度”选项，“最小值”选择红色，“中间值”选择黄色，“最大值”选择绿色，单击“确定”按钮，如下图所示。

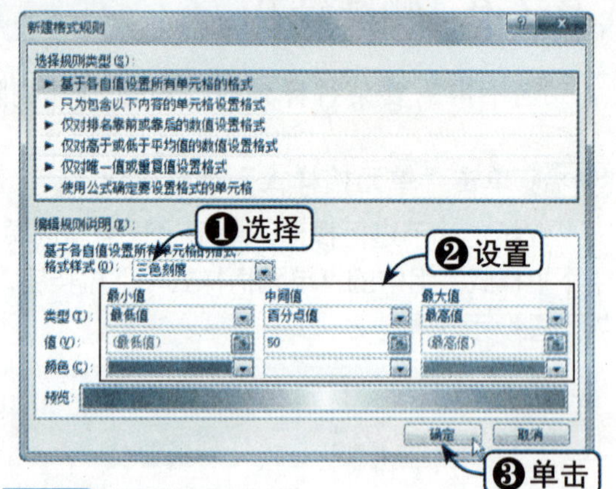

Step 04 查看设置效果

此时，即可查看使用三色刻度格式后的表格效果，如下图所示。

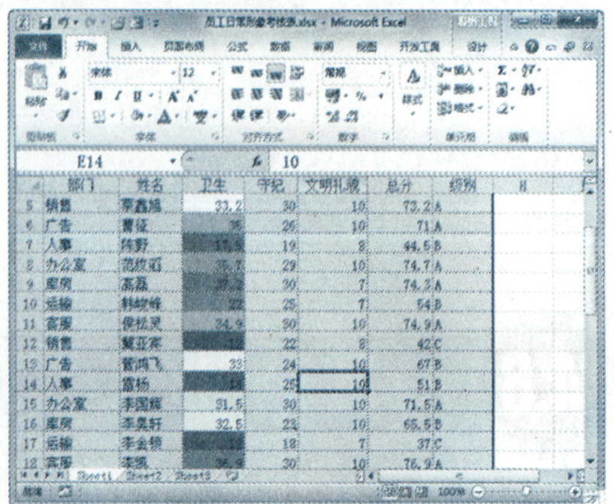

4.8.2 使用数据条格式

数据条的长度代表单元格中的值。数据条越长，表示值越大；数据条越短，表示值越小。在观察大量数据中的较高值和较低值时，数据条尤其有用。使用数据条格式的具体操作方法如下：

Step 01 选择单元格区域

继续上一节进行操作，选择要设置格式的单元格区域，如下图所示。

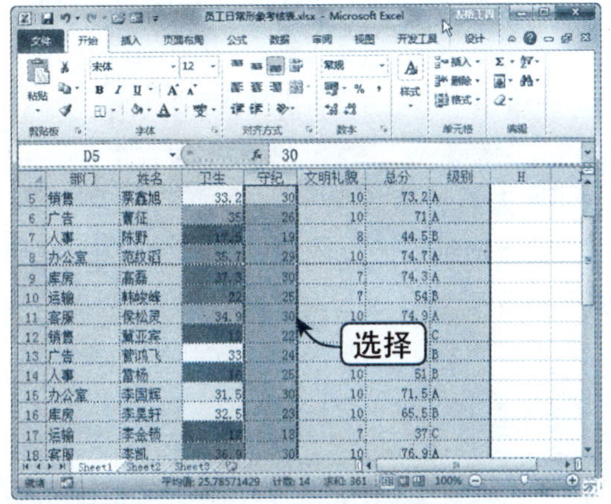

Step 02 选择“数据条”选项

单击“开始”选项卡下“样式”组中的“条件格式”下拉按钮，在弹出的下拉列表中选择“数据条”选项，在弹出的数据条列表中选择一种样式，如下图所示。

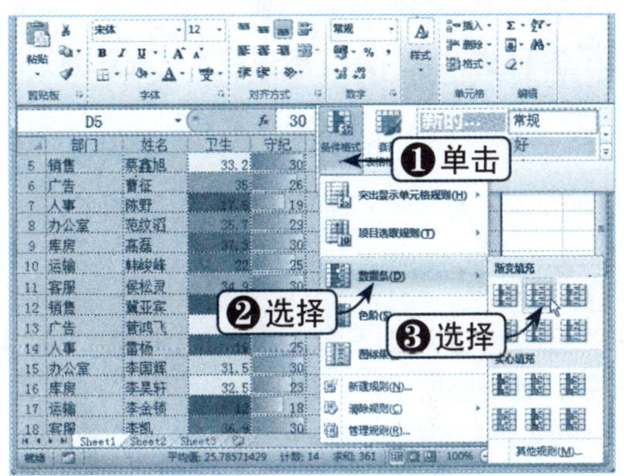

Step 03 查看设置效果

此时，即可查看使用数据条设置后的表格效果，如下图所示。

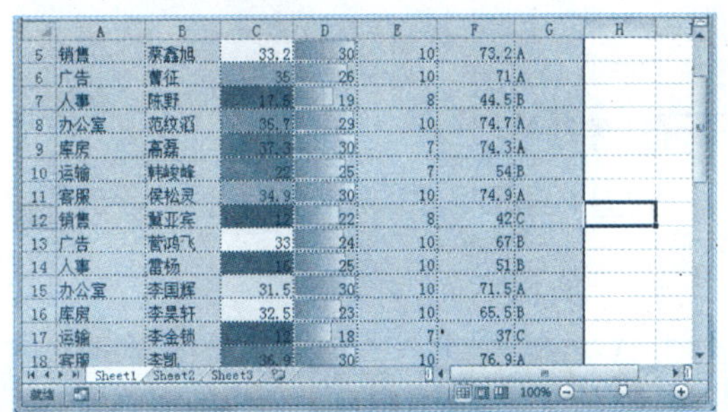

4.8.3 更改条件格式

用户可以根据需要对已经设置的条件格式进行更改，具体操作方法如下：

Step 01 选择“管理规则”选项

继续上一节进行操作，选择应用条件格式的单元格区域，单击“开始”选项卡下“样式”组中的“条件格式”下拉按钮，然后在弹出的下拉列表中选择“管理规则”选项，如右图所示。

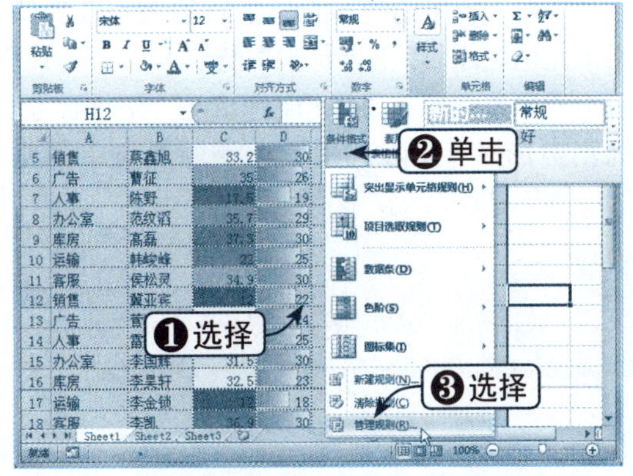

Step 02 设置应用区域

弹出“条件格式规则管理器”对话框，单击对应规则的折叠按钮，可以重新选择应用的单元格，如下图所示。

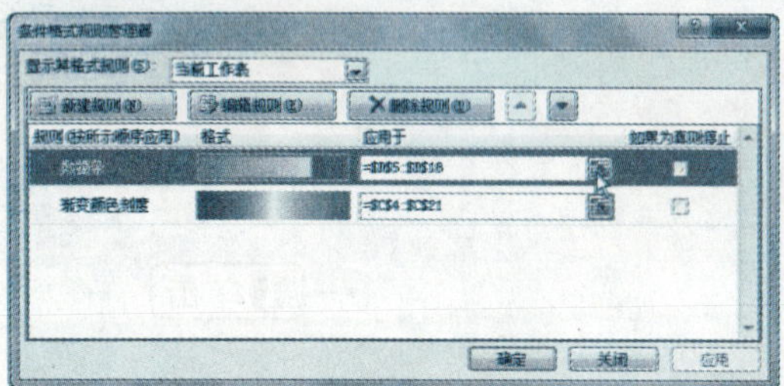

Step 03 单击“编辑规则”按钮

若要修改规则本身，需单击“编辑规则”按钮，如下图所示。

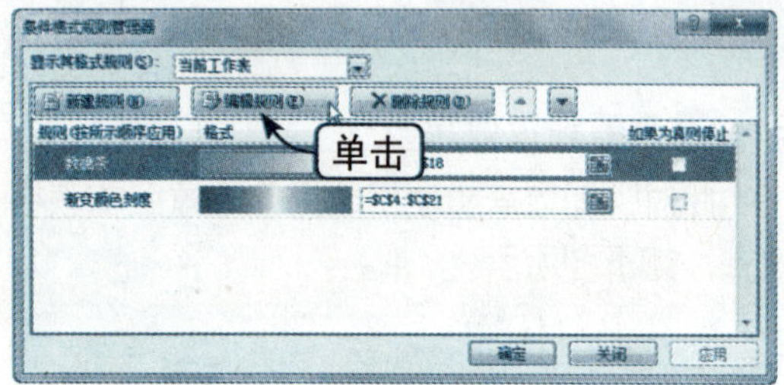

Step 04 修改格式

弹出“编辑格式规则”对话框，重新设置规则格式，单击“确定”按钮，如下图所示。

Step 05 查看设置效果

修改规则对应的格式后，应用发生变化，如下图所示。

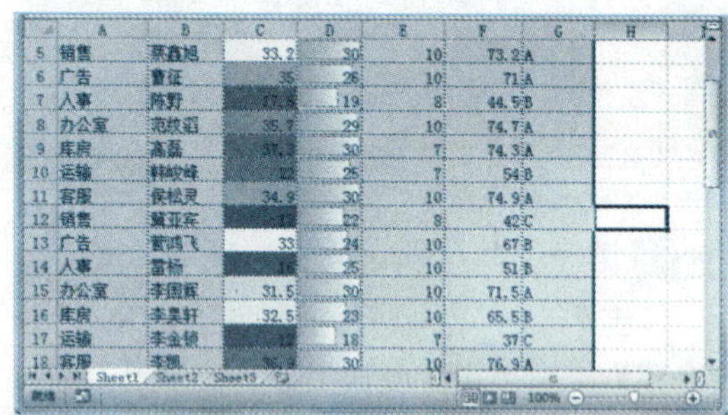

4.8.4 删除条件格式

如果要删除已经存在的某种条件格式，可以按以下方法进行操作：

Step 01 选择“清除所选单元格的规则”选项

继续上一节进行操作，选择应用条件格式的单元格区域，单击“开始”选项卡下“样式”组中的“条件格式”下拉按钮，在弹出的下拉列表中选择“清除规则”|“清除所选单元格的规则”选项，如右图所示。

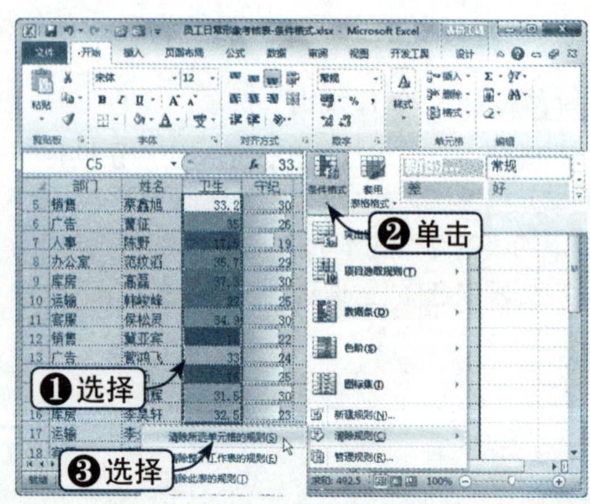

Step 02 查看清除格式效果

清除格式后，单元格恢复为 Excel 2010 的默认格式，效果如右图所示。

	部门	姓名	卫生	守纪	文明礼貌	总分	级别	H
5	销售	蔡鑫旭	33.2	30	10	73.2	A	
6	广告	曹征	35	26	10	71	A	
7	人事	陈野	17.5	19	8	44.5	B	
8	办公室	范纹滔	35.7	29	10	74.7	A	
9	库房	高磊	37.3	30	7	74.3	A	
10	运输	韩峻峰	22	25	7	54	B	
11	客服	侯松灵	34.9	30	10	74.9	A	
12	销售	冀亚宾	12	22	8	42	C	
13	广告	曹鸿飞	33	24	10	67	B	
14	人事	雷杨	16	25	10	51	B	
15	办公室	李国辉	31.5	30	10	71.5	A	
16	库房	李昊轩	32.5	23	10	65.5	B	
17	运输	李金帅	12	18	7	37	C	
18	客服	李凯	36.9	30	10	76.9	A	

Sheet1 Sheet2 Sheet3

就绪 100%

● 读书笔记

第5章 使用公式

与数据的存储相比，Excel对数据的处理能力更能体现出软件的效率和优势。公式是Excel重要的应用工具，便于用户处理各种数据。本章将介绍公式使用的相关知识，其中包括公式的基本操作，引用单元格，使用复杂公式，使用数组公式，以及审核公式等。

本章学习重点

1. 认识公式
2. 公式的基本操作
3. 引用单元格
4. 使用复杂公式
5. 审核公式

重点实例展示

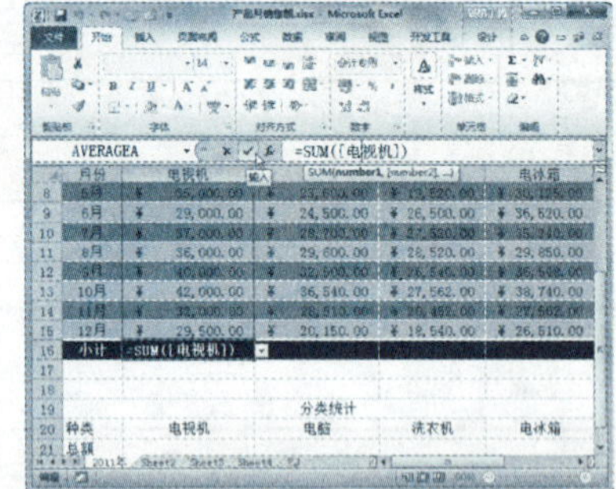

输入公式

本章视频链接

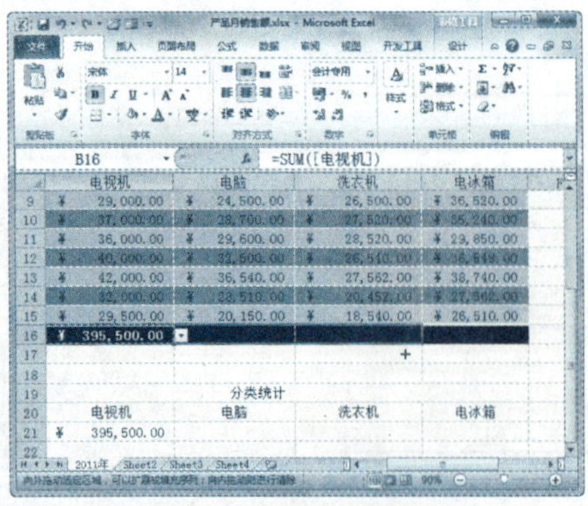

拖动填充批量复制

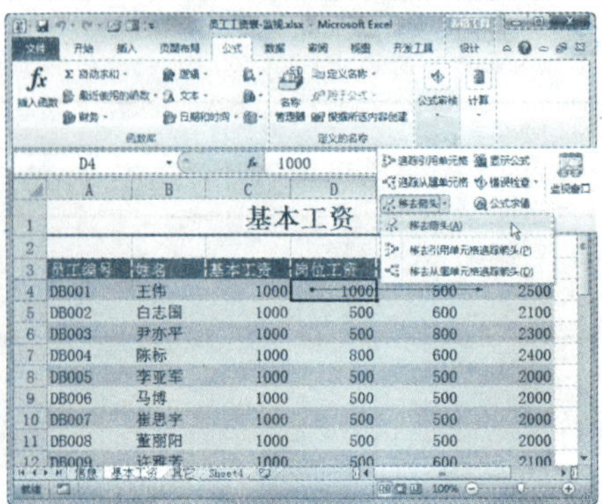

取消追踪

5.1 认识公式

公式就是由用户自行设计并结合常量数据、单元格引用、运算符元素进行数据处理和计算的算式。公式不同于文本、数字等存储格式，它有自己的语法规则，如结构、运算符号及优先次序等。用户使用公式是为了有目的地计算结果，因此 Excel 的公式必须返回值。

5.1.1 公式的结构

输入公式时，必须以“=”开始，然后输入公式的内容，如公式“=(C1+D1)*5”。在 Excel 中，公式可以为下列部分或全部内容：

函数：Excel 中的一些函数，如 SUM、AVERAGE、IF 等。

单元格引用：可以是当前工作表中的单元格，也可以是其他工作簿的工作表中的单元格。例如，在公式“=Sheet1!A1”中，引用的是 Sheet1 工作表 A1 单元格的数值。

运算符：公式中使用的运算符，如“+”、“-”、“*”、“/”及“>”等。

常量：公式中输入的数字或文本值，如 5 等。

括号：用于控制公式的计算次序。

5.1.2 运算符

运算符的作用在于对公式中的运算数执行特定类型的运算。在 Excel 公式中，可以使用的运算符主要有算术运算符、文本运算符、比较运算符和引用运算符 4 种，它们负责完成各种复杂的运算。

1. 算术运算符

若要完成基本的数学运算（如加法、减法、乘法或除法等）、合并数字以及生成数值结果，可以使用下表中的算术运算符。

算术运算符

算术运算符	含 义	示 例
+（加号）	加法	1+2
-（减号）	减法	2-1
-（减号）	负数	-1
*（星号）	乘法	1*2
/（正斜号）	除法	4/2
%（百分号）	百分比	21%
^（脱字号）	乘方	2^3

2. 比较运算符

比较运算符用于比较两个数值的大小关系，并产生逻辑值TURE或FALSE，常用的比较运算符见下表。

逻辑运算符

比较运算符	含 义	示 例
=（等号）	等于	A1=B1
>（大于号）	大于	A1>B1
<（小于号）	小于	A1<B1
>=（大于等号）	大于或等于	A1>=B1
<=（小于等号）	小于或等于	A1<=B1
<>（不等号）	不等于	A1<>B1

3. 连接运算符

连接运算符将一个或多个文本连接为一个组合文本，见下表。

连接运算符

连接运算符	含 义	示 例
&（与号）	将两个值连接或串起来产生一个连续的文本值	"学"&"生"，得到"学生"

4. 引用运算符

使用引用运算符对单元格区域进行合并计算，常用的引用运算符见下表。

引用运算符

引用运算符	含 义	示 例
：（冒号）	区域运算符，生成对两个引用及其之间所有单元格的引用（包括这两个引用）	A1:A9
，（逗号）	联合运算符，将多个引用合并为一个引用	SUM(A1:A2,A3:A4)
（空格）	交集运算符，生成对两个引用中共有的单元格的引用	SUM(A1:A10 B1:B5)

5.1.3 运算符优先级

在某些情况中，执行计算的次序会影响公式的返回值，因此了解如何确定计算次序，以及如何更改次序以获得所需的结果非常重要。

1. 计算次序

公式按特定次序计算值。Excel中的公式始终以等号（=）开头，这个等号告诉

Excel 随后的字符组成一个公式。等号后面是要计算的元素（操作数），各操作数之间由运算符分隔。Excel 按照公式中每个运算符的特定次序从左到右计算公式。

2. 运算符优先级

如果一个公式中有若干个运算符，Excel 将按下表中的次序进行计算。如果一个公式中的若干个运算符具有相同的优先顺序，Excel 将从左到右进行计算。

运算符优先级

优先级	运算符类型	说 明
1	引用运算符	：（冒号）
2		（单个空格）
3		，（逗号）
4	算术运算符	-负数（如-2）
5		%百分比
6		^乘方
7		*和/（乘和除）
8		+ 和 -（加和减）
9	连接运算符	& 连接两个文本字符串
10	比较运算符	< > = >= <= <>

3. 使用括号

按照上面介绍的运算顺序，下面公式的结果是 9，因为 Excel 先进行了乘法计算后进行加法运算。将 2 与 3 相乘，再加上 3，即可得到结果。

=3+2*3

若要更改公式中的运算顺序，可以将公式中要先计算的部分用括号括起来，如：

=(3+2)*3

Excel 将先求出 3 加 2 之和，再用结果乘以 3 得到 15。

5.2 公式的基本操作

公式的操作不同于普通的文本，有其特定的要求。下面将介绍使用公式时必要的操作，如输入、复制、移动、命名以及显示公式等。

5.2.1 输入公式

Excel 公式必须以等号（=）开始，输入公式时可以在选取的单元格中直接输入，也可以在编辑栏的公式栏中输入。输入公式的具体操作方法如下：

	素材文件	光盘：素材文件\第5章\产品月销售额.xlsx

Step 01 选择单元格

打开"素材文件\第5章\产品月销售额.xlsx"，选择需要输入公式的单元格，如下图所示。

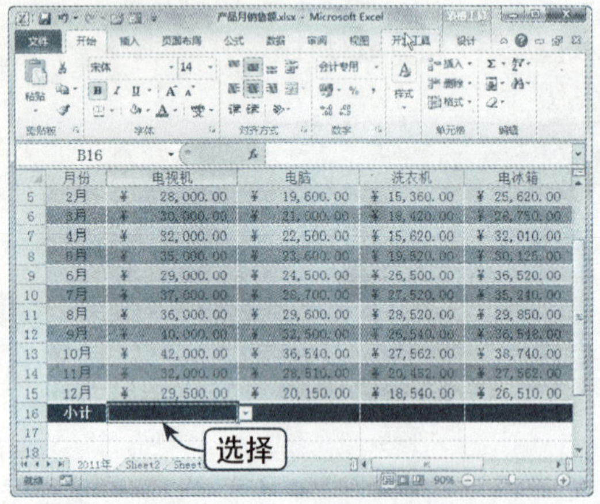

Step 02 输入公式

在单元格或编辑栏的公式栏中输入"="，在单元格和公式栏中都将出现"="，根据需要输入公式表达式，在编辑栏中单击"输入"按钮，如下图所示。

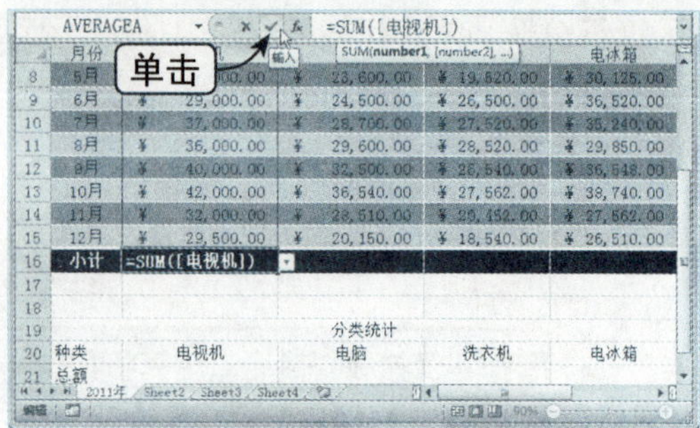

Step 03 查看计算效果

此时，在选择的单元格中将显示使用公式的计算结果，如下图所示。

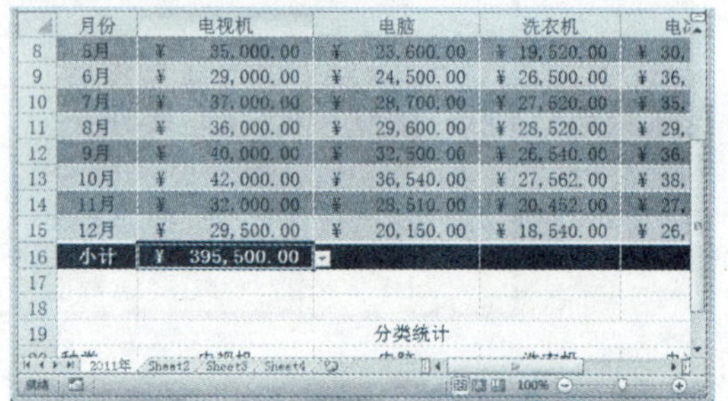

5.2.2 复制公式

在 Excel 2010 中，可以将已经编辑好的公式复制到其他单元格中，从而提高输入效率。在复制公式时，单元格引用将会根据单元格的相对位置而变化。

方法一：使用按钮复制公式

Step 01 单击"复制"按钮

继续上一节进行操作，选择包含公式的单元格，单击"开始"选项卡下"剪贴板"组中的"复制"按钮，如下图所示。

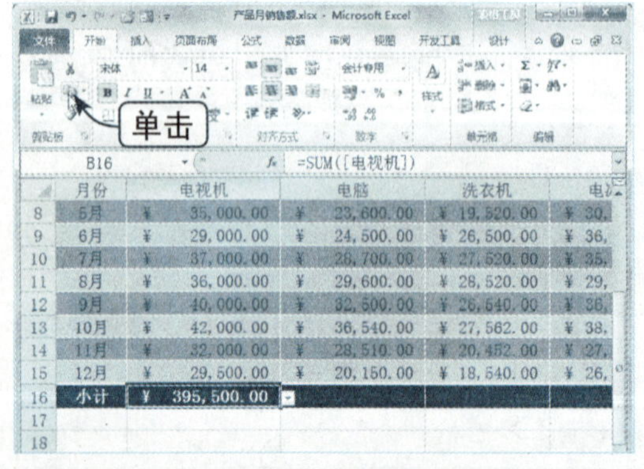

Step 02 单击"粘贴"按钮

选择需要复制公式的单元格，单击"开始"选项卡下"剪贴板"组中的"粘贴"下拉按钮，在弹出的下拉列表中选择"公式和数字格式"选项，如下图所示。

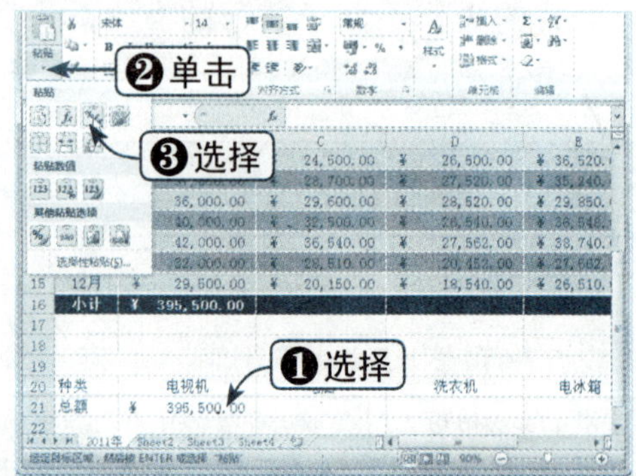

Step 03 查看计算效果

在选择的单元格中出现公式的计算结果，如右图所示。

> **知识点拨**
>
> 除了使用“剪贴板”组中的按钮进行操作外，还可以直接按【Ctrl+C】（复制）、【Ctrl+V】（粘贴）组合键复制公式。

方法二：使用填充柄复制公式

Step 01 拖动填充柄批量复制

继续前面进行操作，拖动填充柄来实现批量复制公式，如下图所示。

Step 02 查看计算效果

此时，即可查看拖动填充柄后复制公式的效果，如下图所示。

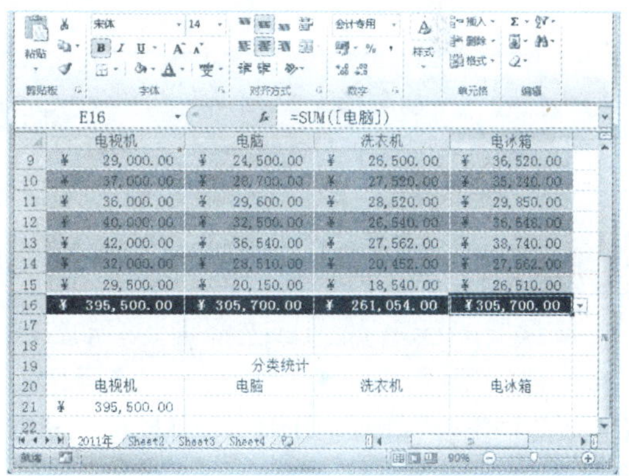

方法三：使用快捷菜单复制公式

Step 01 选择“复制”选项

继续前面进行操作，右击包含公式的单元格，在弹出的快捷菜单中选择“复制”选项，如下图所示。

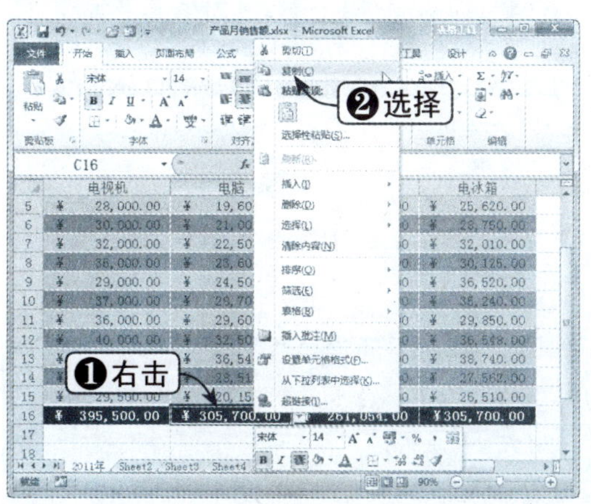

Step 02 选择“选择性粘贴”选项

右击需要粘贴公式的单元格，然后在弹出的快捷菜单中选择“选择性粘贴”选项，如下图所示。

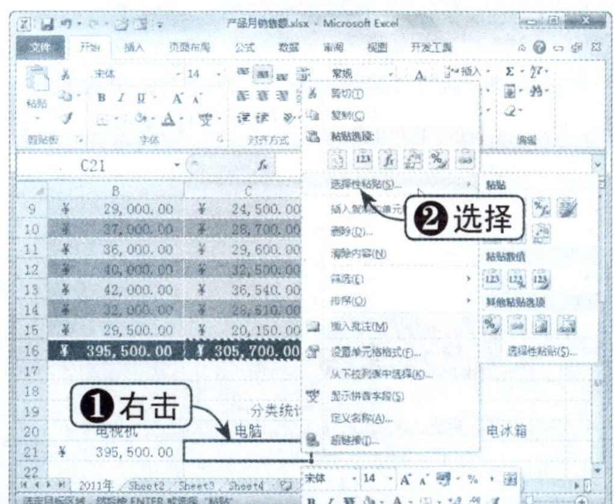

Step 03 设置选择性粘贴

弹出“选择性粘贴”对话框，选中“粘贴”选项区中的“公式”单选按钮，单击“确定”按钮即可，如下图所示。

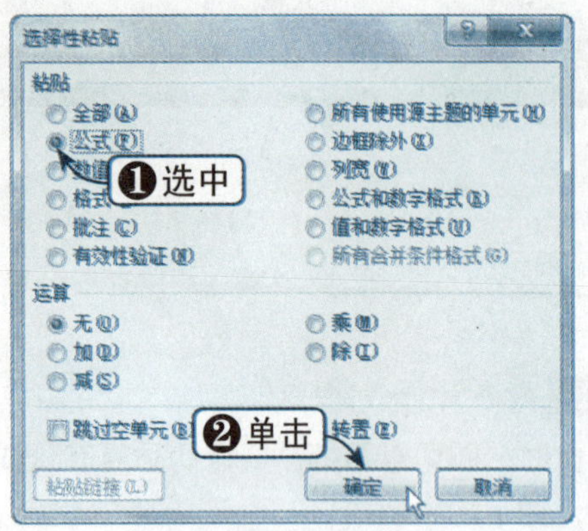

Step 04 查看复制公式效果

此时，即可查看复制公式后的表格效果，如下图所示。

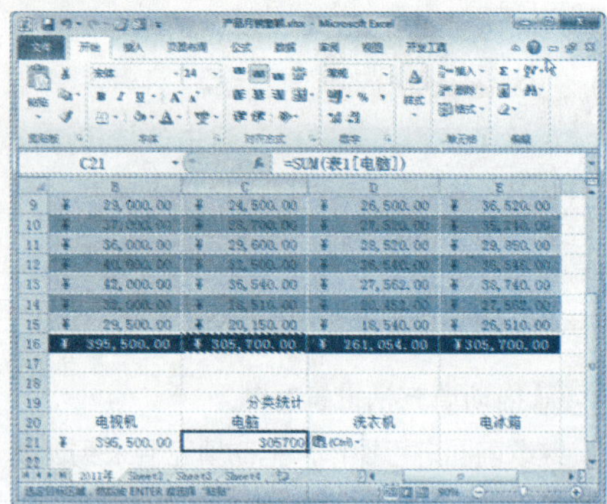

5.2.3 移动公式

移动公式的操作与移动单元格的操作相似，具体操作方法如下：

Step 01 选择包含公式的单元格

继续上一节进行操作，选择需要移动公式的单元格，将鼠标指针移到包含公式的单元格边框上，这时指针变为十字形状，按住鼠标左键并拖动鼠标到目标单元格上释放，如下图所示。

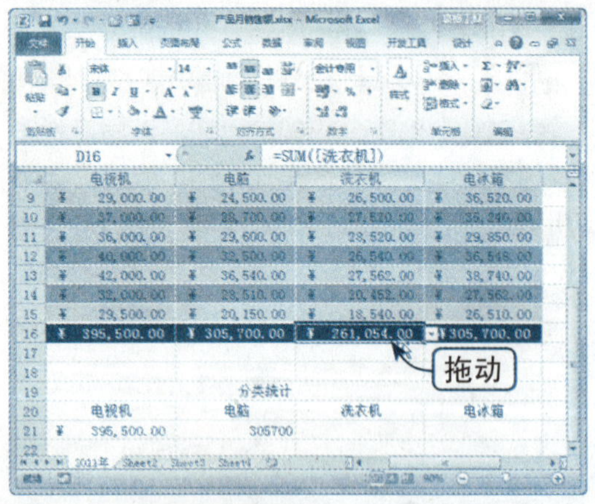

Step 02 查看移动效果

移动公式后，公式中的单元格引用不会发生变化，效果如下图所示。

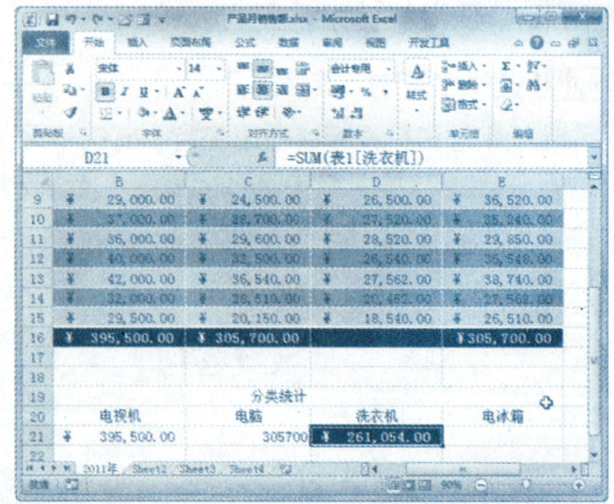

知识点拨

通过前后对比可以发现，这种移动方式不仅移动了公式，也移动了原单元格的格式等其他设置。

5.2.4 编辑公式

对于创建完成的公式，如果不满意或不能满足用户的要求，可以对其进行编辑，具体操作方法如下：

Step 01 双击需要编辑公式的单元格

继续上一节进行操作，双击需要编辑公式的单元格，如下图所示。

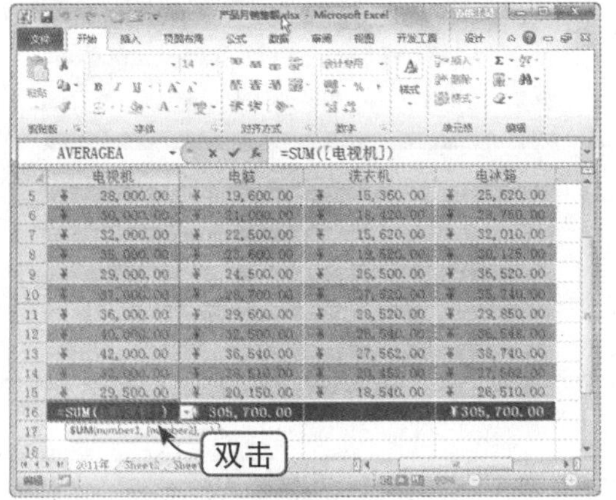

Step 02 编辑公式

根据需要对公式进行编辑，编辑完成后单击编辑栏中的“输入”按钮即可，如下图所示。

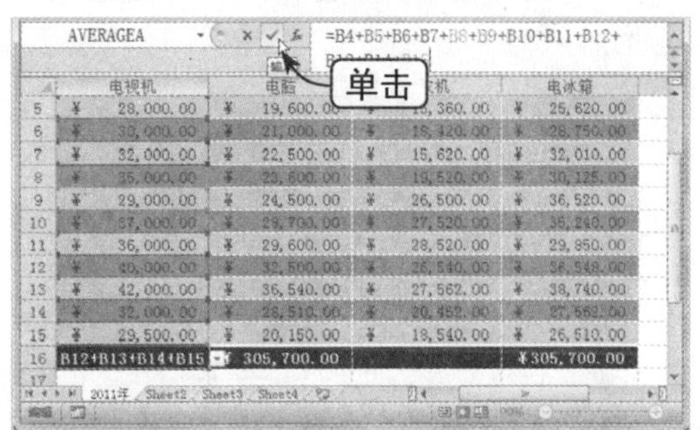

Step 03 查看编辑效果

此时，即可查看编辑公式后的效果，如下图所示。

	月份	电视机	电脑	洗衣机	电冰箱
5	2月	¥ 28,000.00	¥ 19,600.00	¥ 15,360.00	¥ 25,62
6	3月	¥ 30,000.00	¥ 21,000.00	¥ 18,420.00	¥ 28,75
7	4月	¥ 32,000.00	¥ 22,500.00	¥ 15,620.00	¥ 32,01
8	5月	¥ 35,000.00	¥ 23,600.00	¥ 19,520.00	¥ 30,12
9	6月	¥ 29,000.00	¥ 24,500.00	¥ 26,500.00	¥ 36,52
10	7月	¥ 37,000.00	¥ 28,700.00	¥ 27,520.00	¥ 35,24
11	8月	¥ 36,000.00	¥ 29,600.00	¥ 28,520.00	¥ 29,85
12	9月	¥ 40,000.00	¥ 32,500.00	¥ 26,540.00	¥ 36,54
13	10月	¥ 42,000.00	¥ 36,540.00	¥ 27,562.00	¥ 38,74
14	11月	¥ 32,000.00	¥ 28,510.00	¥ 20,452.00	¥ 27,56
15	12月	¥ 29,500.00	¥ 20,150.00	¥ 18,540.00	¥ 26,51
16	小计	¥ 395,500.00	¥ 305,700.00		¥305,700

5.2.5 命名公式

为公式命名后，输入公式名称时可以自动执行公式，显示计算结果。为公式命名的具体操作方法如下：

Step 01 选择“定义名称”选项

继续上一节进行操作，选择需要命名其公式的单元格，单击“公式”选项卡下“定义的名称”组中的“定义名称”下拉按钮，在弹出的下拉列表中选择“定义名称”选项，如右图所示。

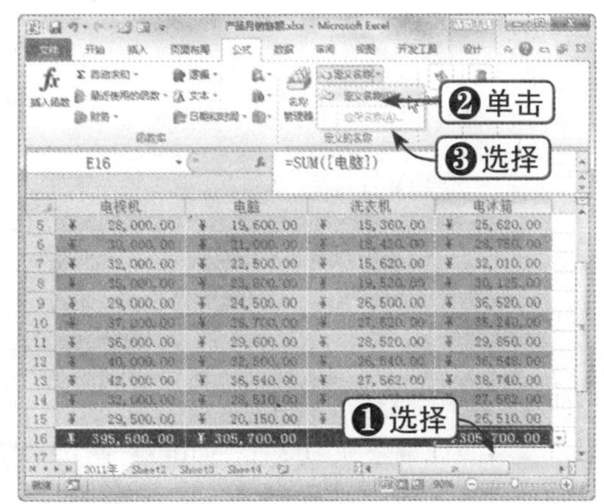

知识点拨

选择公式所在的单元格，然后在编辑栏的名称框中输入名称并按【Enter】键，可以直接对公式进行命名。

Step02 新建公式名称

弹出"新建名称"对话框，在"名称"文本框中输入新名称，在"范围"下拉列表框中选择"工作簿"选项，在"引用位置"文本框中输入单元格地址，单击"确定"按钮，如下图所示。

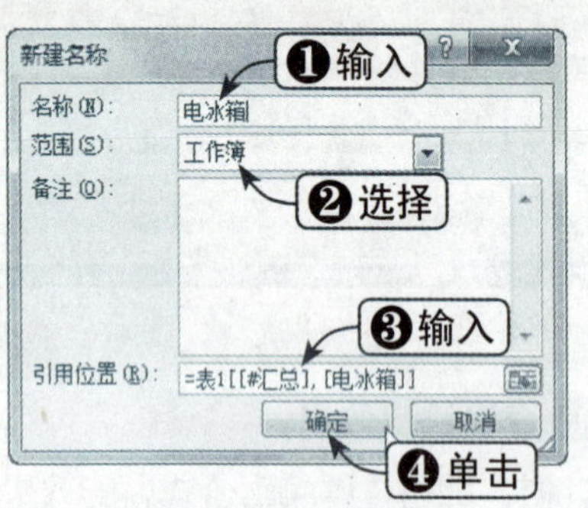

Step03 引用已命名的公式

在单元格的公式中输入已命名的公式名"=电冰箱"，单击编辑栏中的"输入"按钮，即可引用已命名的公式，如下图所示。

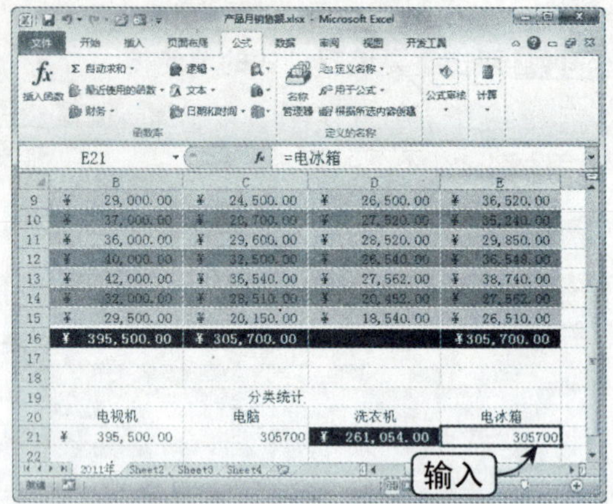

5.2.6 隐藏公式

如果要将公式隐藏，使其不在编辑栏中显示，可以按以下方法进行操作：

Step01 选择"设置单元格格式"选项

继续上一节进行操作，选择需要隐藏公式的单元格，单击"开始"选项卡下"单元格"组中的"格式"下拉按钮，在弹出的下拉列表中选择"设置单元格格式"选项，如下图所示。

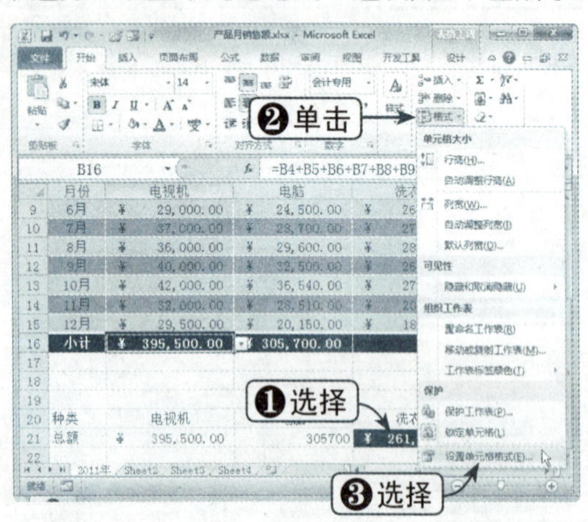

Step02 选中"隐藏"复选框

弹出"设置单元格格式"对话框，选择"保护"选项卡，选中"隐藏"复选框，单击"确定"按钮，如下图所示。

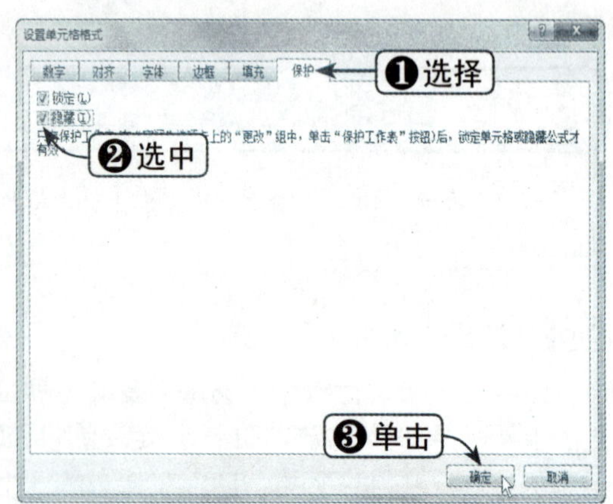

Step03 选择"保护工作表"选项

单击"开始"选项卡下"单元格"组中的"格式"下拉按钮，在弹出的下拉列表中选择"保护工作表"选项，如下图所示。

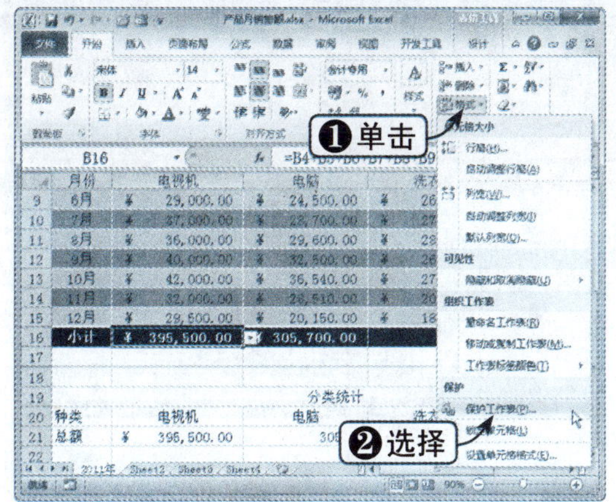

Step 04 设置保护工作表

弹出“保护工作表”对话框，选中“保护工作表及锁定的单元格内容”复选框，在“取消工作表保护时使用的密码”文本框中输入密码，单击“确定”按钮，如下图所示。

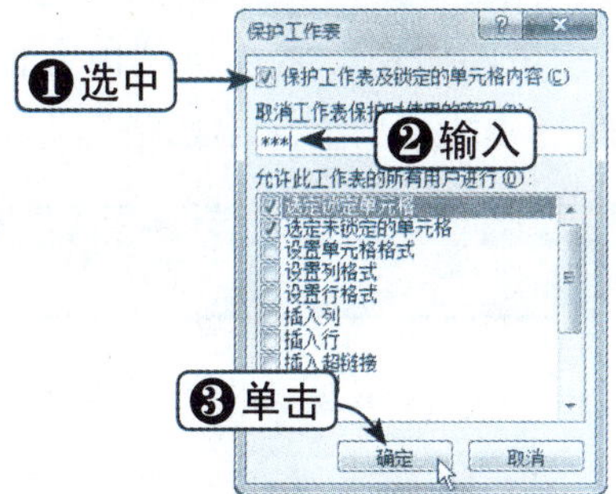

Step 05 确认密码

再次输入密码，以确保密码的正确性，单击“确定”按钮，如下图所示。

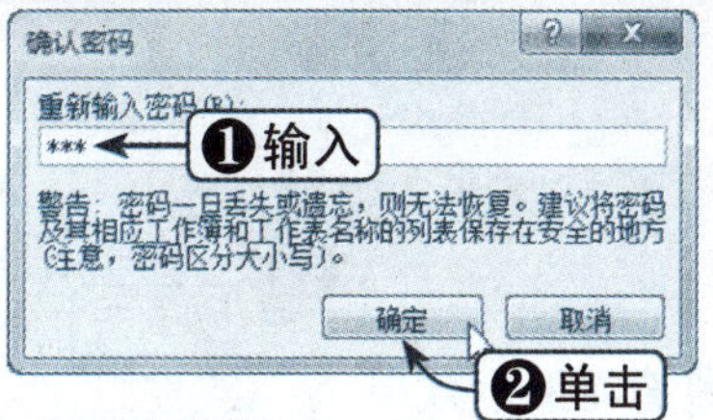

Step 06 查看隐藏效果

单元格隐藏公式后，在编辑栏中就不会显示公式的内容，效果如下图所示。

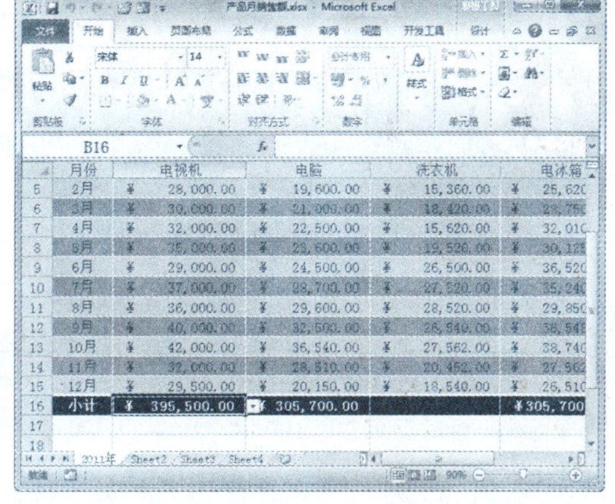

5.2.7 显示公式

如果要将隐藏的公式重新显示，可以按照以下方法进行操作：

Step 01 单击“取消工作表保护”按钮

继续上一节进行操作，单击“开始”选项卡下“单元格”组中的“格式”下拉按钮，在弹出的下拉菜单中选择“取消工作表保护”选项，如右图所示。

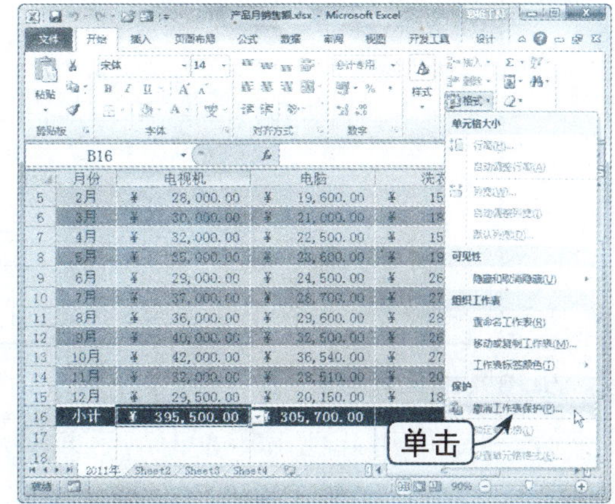

Step 02 撤销工作表保护

弹出“撤销工作表保护”对话框，在“密码”文本框中输入正确的密码，单击“确定”按钮，如下图所示。

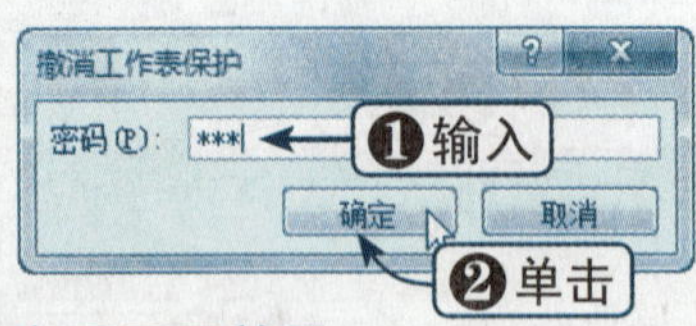

Step 03 查看显示效果

取消隐藏公式后，又可以在编辑栏中看到公式了，效果如右图所示。

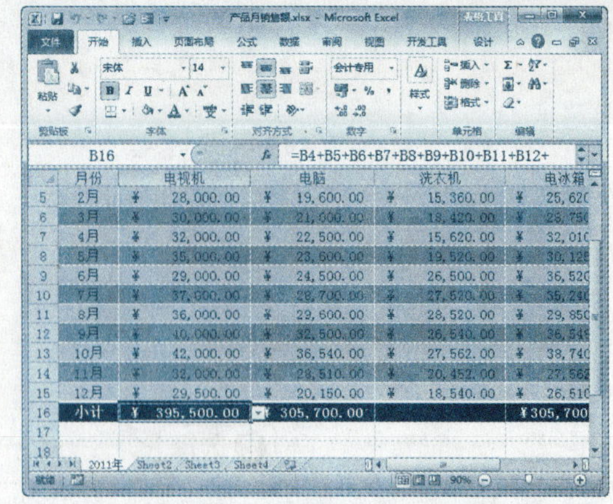

5.3 引用单元格

在公式中常用单元格的地址来代替单元格，称为单元格的引用。它可以把单元格的数据和公式联系起来，如“=AVERAGE(C3:G3)”。下面将介绍如何引用单元格。

5.3.1 A1引用样式

默认情况下，Excel 使用 A1 引用样式，引用样式使用行列标签组合来代替单元格。

1. A1引用样式示例

A1 引用样式是默认的引用方式，不同引用内容的引用方式见下表。

A1 引用样式示例

引 用	正确输入
列A和行5交叉处的单元格	A5
在列A和行5到行10之间的单元格区域	A5:A10
在行5和列A到列G之间的单元格区域	A5:G5
行5中的全部单元格	5:5
行5到行10之间的全部单元格	5:10
列H中的全部单元格	H:H
列H到列J之间的全部单元格	H:J
列A到列E和行5到行10之间的单元格区域	A5:E10

2. 引用其他工作表

还可以引用其他工作表中的单元格，方法是：在工作表名称后加上“！”符号，如“Sheet2!A1”，就表示同一个工作簿中不同工作表的单元格引用。

知识点拨

在不同的工作表或不同的工作簿中引用单元格时，感叹号“！”不能省略。在其他工作表中引用单元格的简捷方法是为这个单元格命名，使用时直接引用该名称。

5.3.2 相对引用

公式中的相对单元格引用就是直接使用行列标志。如果公式所在单元格的位置改变，引用也会随之改变。默认情况下，新公式使用相对引用，具体操作方法如下：

	素材文件	光盘：素材文件\第5章\员工工资表.xlsx

Step 01 输入公式

打开“素材文件\第5章\员工工资表.xlsx”，选择F4单元格，并在该单元格中输入公式“=C4+D4+E4”，单击“输入”按钮，如下图所示。

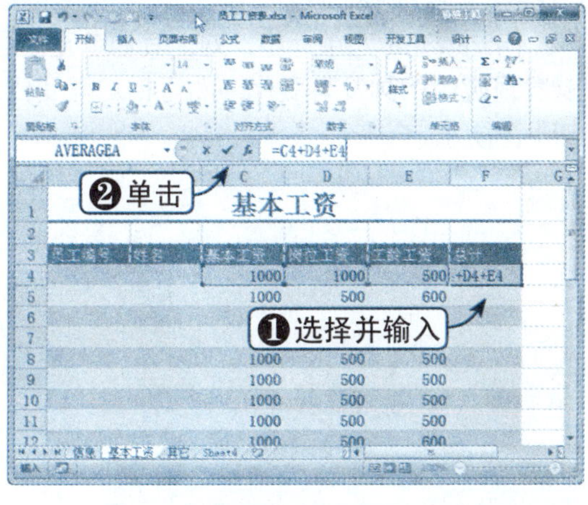

Step 02 公式自动更新

Excel自动向下计算各行的值，或者使用填充柄向下填充，单击F5单元格，填充时公式中引用的单元格地址发生了相对的变化，如下图所示。

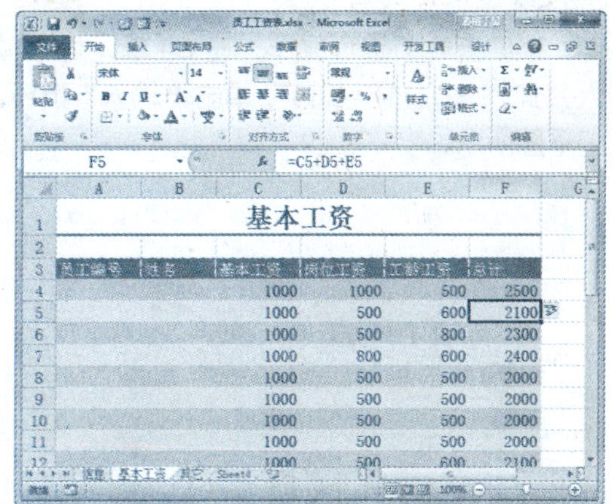

5.3.3 绝对引用

绝对引用就是在行列标志前加上“$”符号，保证在指定位置引用单元格。如果公式所在单元格的位置改变，绝对引用保持不变。如果多行或多列地复制公式，绝对引用将不作调整，具体操作方法如下：

Step 01 输入公式

继续上一节进行操作，选择F4单元格，并在该单元格中输入绝对引用公式“=E5*$B$2”，单击“输入”按钮，如下图所示。

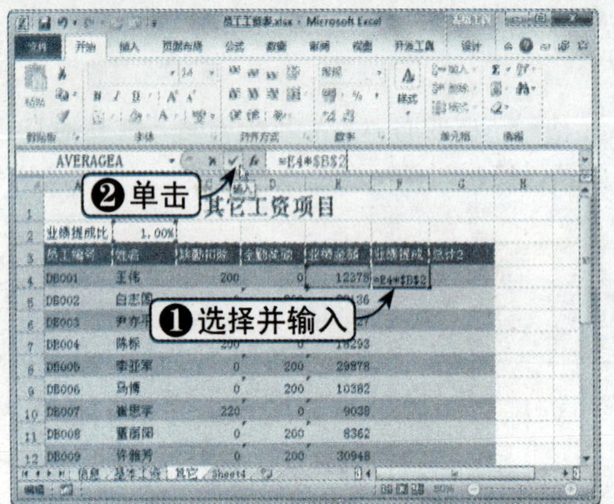

Step 02 填充公式

自动向下填充公式，单击其他单元格，可以发现引用 B2 单元格不发生变化，如下图所示。

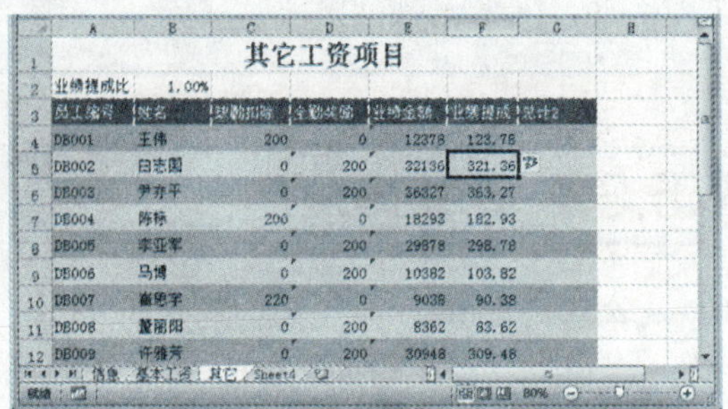

5.3.4 混合引用

如果一个公式既使用了相对引用，又使用了绝对引用，则称为混合引用。在使用混合引用时，一定要分清哪部分是相对引用，哪部分是绝对引用。

Step 01 输入公式

继续上一节进行操作，在 G4 单元格中输入公式“=$D4+$F4-$C4”，单击“输入”按钮，如下图所示。

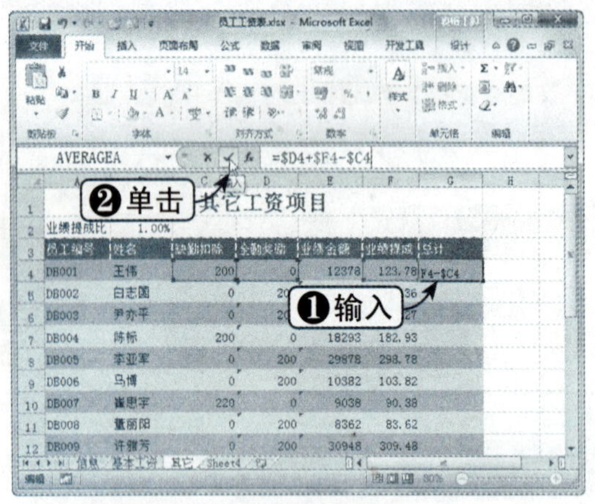

Step 02 复制公式

自动填充下方单元格，对比其他单元格可以发现应用的列没有变化，而行相对有变化，如下图所示。

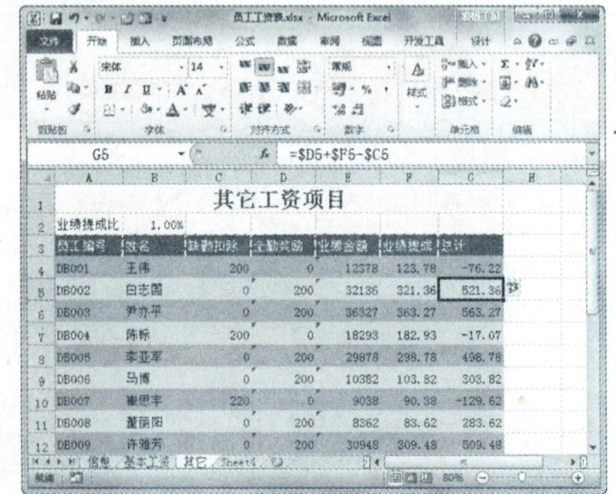

5.3.5 三维引用

三维引用是对两张或两张以上工作表中的单元格或单元格区域进行的引用，也可以在一个工作簿中的不同工作表之间进行公式的引用。三维引用的一般格式为“工作表名！单元格地址”。

Step 01 输入数据

在 A4 单元格中输入“=信息！B4”，单击“输入”按钮，如下图所示。

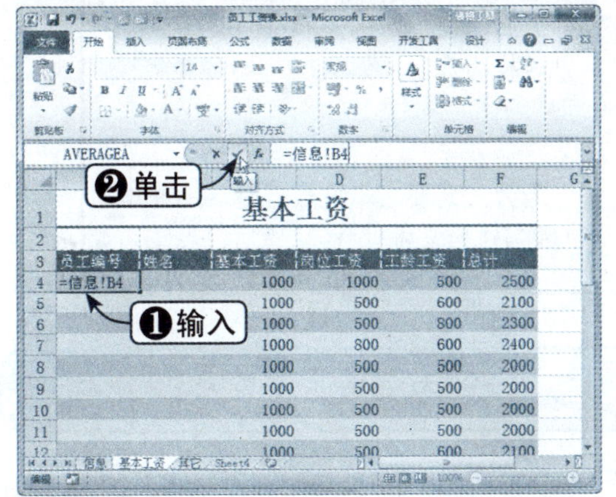

Step 02 向下填充数据

引用“信息”工作表 B4 单元格，向下填充数据即可，如下图所示。

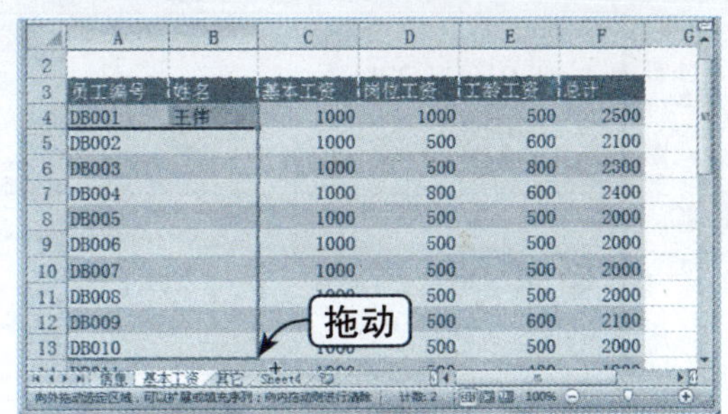

Step 03 查看引用数据效果

单击其他单元格，可以看到自动引用相应的表中对应的数据，如下图所示。

5.4 使用复杂公式

前面介绍了一些简单的公式计算，然而只掌握简单的公式使用是不够的，在工作表中往往会遇到复杂的问题，例如，公式中既有文本数据又有数值数据，此时就需要把文本类型转换为数值类型。

5.4.1 公式的数据转换

在 Excel 中数据是分类型的，有数字型、文本型和逻辑型等。在公式中，每个运算符都连接特定类型的数据。如果运算符连接的数据与所需的类型不同，Excel 能自动转换数据类型。下表中列出了一些数值转换的示例。

数据转换示例

公 式	运算结果	说 明
="1"*"2"	2	当使用+、-、*、/等运算符时，Excel认为运算项是数字。虽然1和2是文本类型的数据，但Excel自动将其转换为数字

="2010/11/27"-"2010/11/7"	20	Excel将具有yy/mm/dd格式的文当做日期，将日期转换成序列号之后，再进行计算
SUM（"1+2",3）	#VALUE	返回出错值，因为Excel不能将文本"1+2"转换为数字，而SUM（"3",3）可以返回6
5&"abc"	5abc	当公式需要文本型数据时，Excel自动将数字转换文本

5.4.2 日期和时间的使用

Excel 将日期存储为序列号。默认情况下，1900 年 1 月 1 日是序列号 1，2008 年 1 月 1 日是序列号 39448，这是因为它距 1900 年 1 月 1 日是第 39448 天。

日期的使用

输 入	结 果	说 明
=DATE(88,1,2)	1988年1月2号	如果year位于0~1899之间，则Excel会将该值加上1900，再计算年份
=DATE(2003,1,2)	2003年1月2日	如果year位于1900~9999之间，则Excel将使用该数值作为年份
=DATE(-1,1,2)	#NUM!	如果year小于0或大于10000，则Excel将返回错误值#NUM!

因为日期和时间都是数值，因此也可以进行加、减等各种运算，见下表。

日期计算

输入日期公式	结 果
="2010/11/27"-"2010/10/27"	31
="2010/11/27"+"2010/10/27"	80987

如果在文本格式的单元格中输入了具有两位数年份的日期，或者在函数中输入具有两位数年份的日期作为文本参数时，Excel 会按如下方式解释年份：

年份说明

输入日期	结 果	说 明
9/11/27	2009/11/27	Excel将00~29之间两位数字的年解释为2000年到2029年
39/11/27	1939/11/27	将30~99之间两位数字的年解释为1930年到1999年

5.4.3 使用数组公式

前面介绍的公式都是执行单个计算并且返回单个结果的情况，而数组公式可以执行多个计算并且返回多个结果。数组公式作用于两组或多组被称为数组参数的数值，每组数组参数必须具有相同数目的行和列。创建数组公式的具体操作方法如下：

Step 01 输入公式

使用数组公式计算 5.3.2 中的数值。切换到 Sheet4 工作表，选择 F4:F20，在编辑栏输入 **“=C4:C20+D4:D20+E4:E20”**，如下图所示。

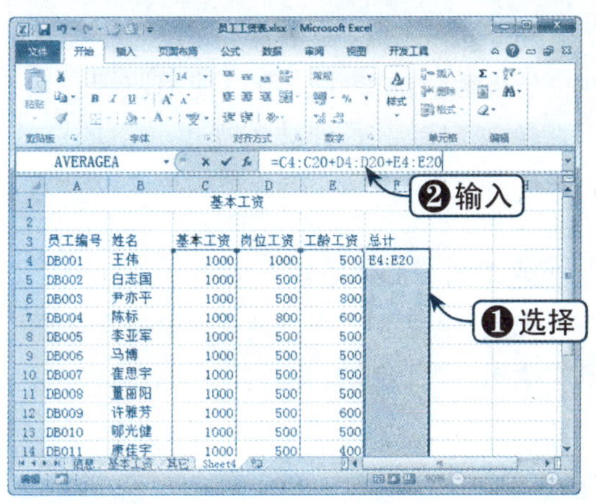

Step 02 变成数组公式

输入完成后按【Ctrl+Shift+Enter】组合键，将其变成数组公式，效果如下图所示。

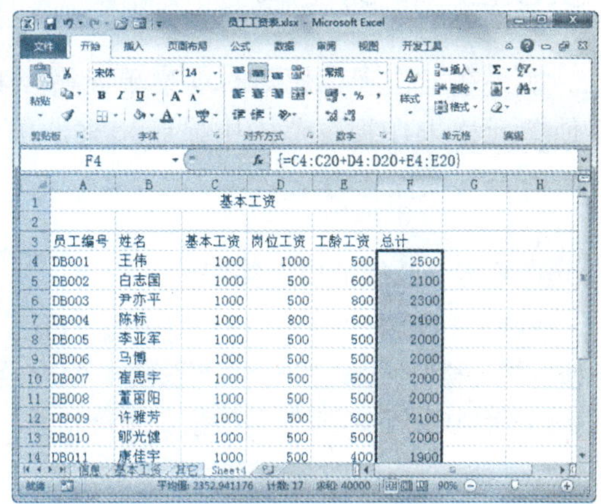

5.5 审核公式

在处理表格数据时，有时会因公式或函数的设置有其他人为因素，造成单元格出现错误值。当出现错误值时，利用公式的审核功能 Excel 会给出提示，并指出错误的原因，并且可以利用公式审核功能跟踪选定范围中公式中的引用或从属单元格，还能跟踪错误。

5.5.1 公式返回的出错值及其产生原因

如果输入的公式有错误，那么 Excel 将显示一个出错值。在 Excel 公式中，一些常见的出错值和产生错误的原因见下表。

错误值	错误产生原因
#VALUE	需要数字或逻辑值时输入了文本
#DIV/0	除数为0
#####!	公式计算的结果太长，超出了单元格的字符范围
#N/A	公式中没有可用的数值或缺少函数参数
#NAME?	使用了不存在的名称或名称的拼写有错误
#NULL!	使用了不正确的区域运算或不正确的单元格引用
#NUM!	使用了不能接收的参数
#REF!	删除了由其他公式引用的单元格

用户可以根据这个表格来判断自己在哪里出现了错误，并进行相应的更改。

5.5.2 监视窗口

如果在工作表中想随时观察单元格及其中的公式数值的变化，可以使用监视窗口。即使单元格未在视图范围中显示出来，仍可以在监视窗口中看到被监视单元格的公式和数值，具体操作方法如下：

Step 01 单击“监视窗口”按钮

继续上一节进行操作，选择需要监视公式数值的单元格区域，单击“公式”选项卡下“公式审核”组中的“监视窗口”按钮，如下图所示。

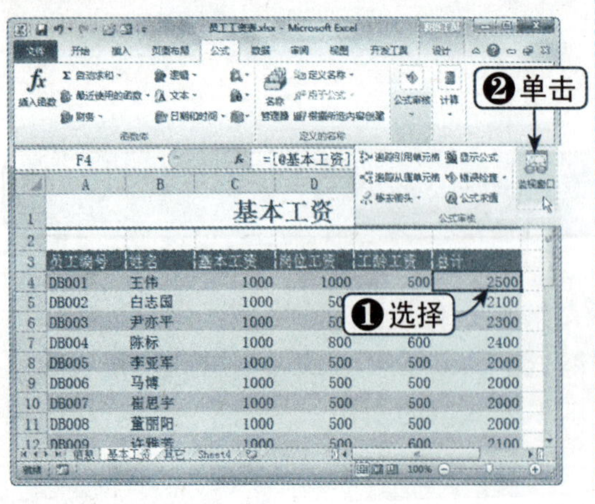

Step 02 单击“添加监视”按钮

弹出“监视窗口”对话框，单击“添加监视”按钮，如下图所示。

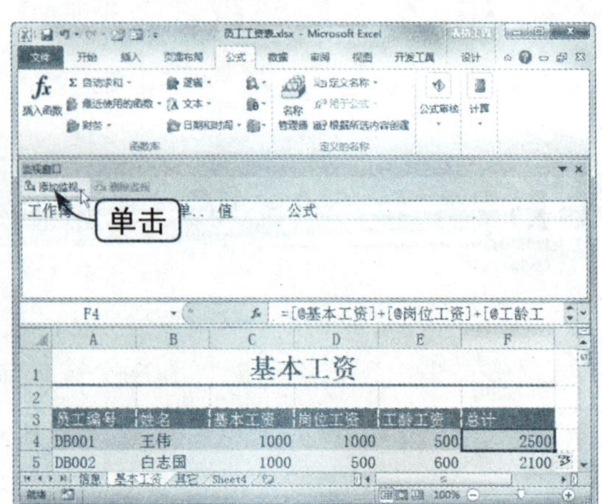

Step 03 设置添加监视点

弹出“添加监视点”对话框，在“选择您想监视其值的单元格”文本框中输入单元格地址，单击“添加”按钮，如下图所示。

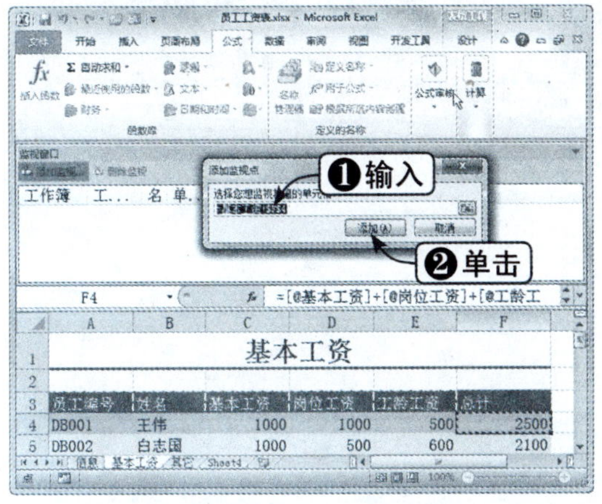

Step 04 查看监视效果

此时，在监视窗口中可以观察到单元格及其中的公式数值的变化，效果如下图所示。

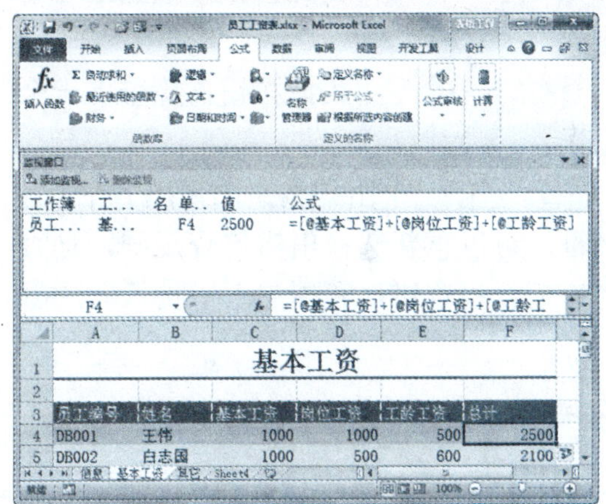

5.5.3 检查公式错误

Excel 2010 使用一定的规则检查公式中出现的问题，这些规则对找出常见的公式错误会大有帮助。检查工作表中公式错误的具体操作方法如下：

Step 01 选择“错误检查”选项

继续上一节进行操作，单击“公式”选项卡下“公式审核”组中的“错误检查”下拉按钮，在弹出的下拉列表中选择“错误检查”选项，如下图所示。

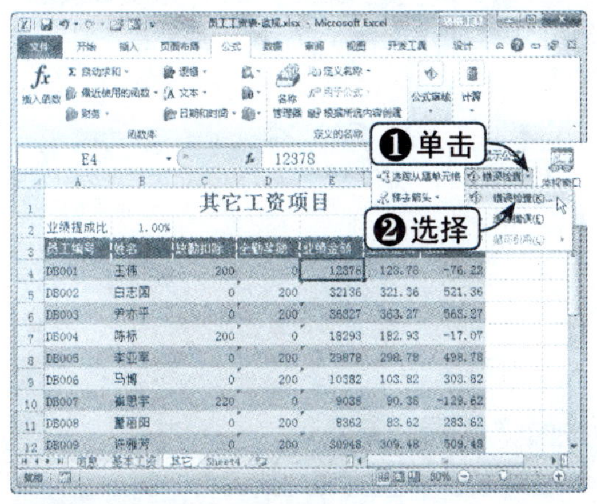

Step 02 查看错误检查提示

弹出“错误检查”提示信息框，根据需要单击相应的按钮即可，如下图所示。

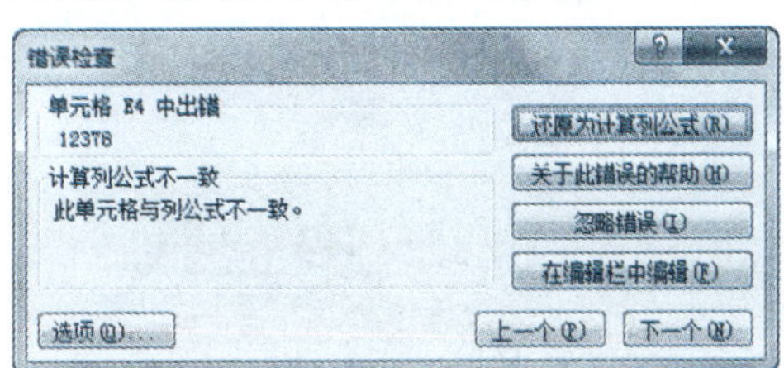

在“错误检查”提示信息框中，各按钮的功能如下：

◎ **还原计算列公式**：单击此按钮，将会弹出“更新值”对话框，选择工作表，重新引用单元格公式来计算出现在单元格的值。

◎ **关于此错误的帮助**：单击此按钮，打开帮助文件，提供此错误的帮助信息。

◎ **忽略错误**：单击此按钮，保留现有内容不变，并且不再提示这个单元格有错误。

◎ **在编辑栏中编辑**：单击此按钮，激活编辑栏，对当前出错单元格内容进行编辑修改。

◎ **上一个**：单击此按钮，检查上一个错误。

◎ **下一个**：单击此按钮，检查下一个错误。

◎ **选项**：单击此按钮，弹出 Excel 对话框，可以重新选择出错检查规则，是否允许后台检查错误和指定出错指示器的颜色，如下图所示。

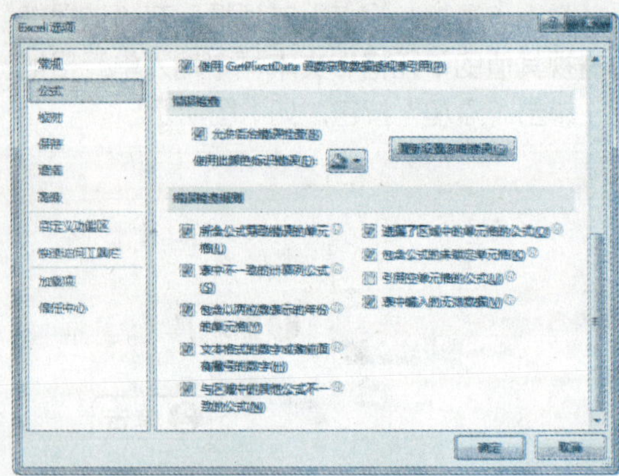

5.5.4 公式求值

如果一个公式很长，用户想看到计算的每个步骤，可以使用“公式求值”对话框，具体操作方法如下：

Step 01 单击“公式求值”按钮

继续上一节进行操作，选择需要求值的单元格，单击“公式”选项卡下“公式审核”组中的“公式求值”按钮，如下图所示。

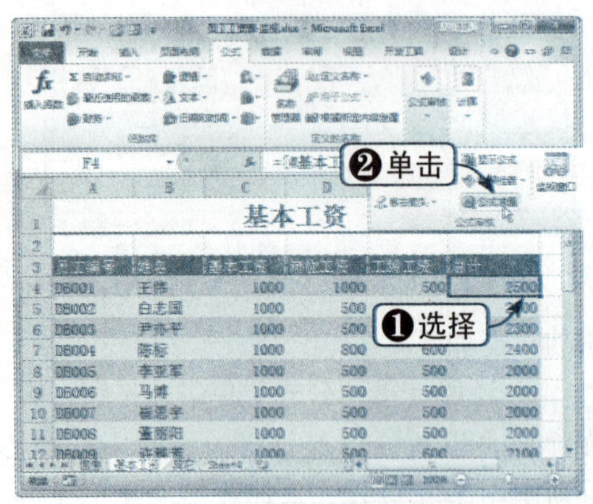

Step 02 计算表达式第一步

弹出“公式求值”对话框，单击“求值”按钮，即可计算出标有下划线的表达式值，如下图所示。

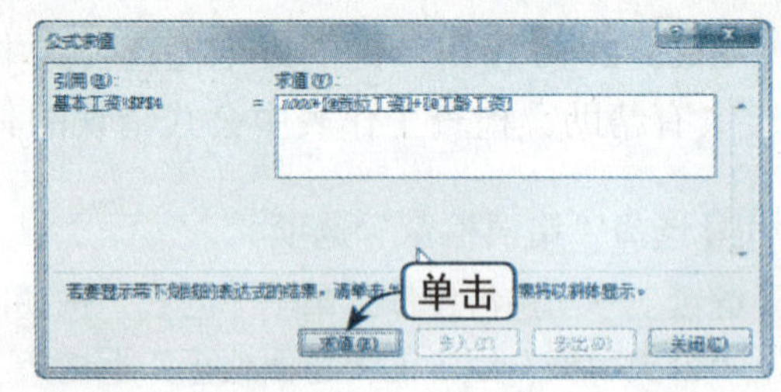

Step 03 计算表达式第二步

继续计算表达式的第二步，单击“求值”按钮，即可计算出表达式第二步的值，如下图所示。

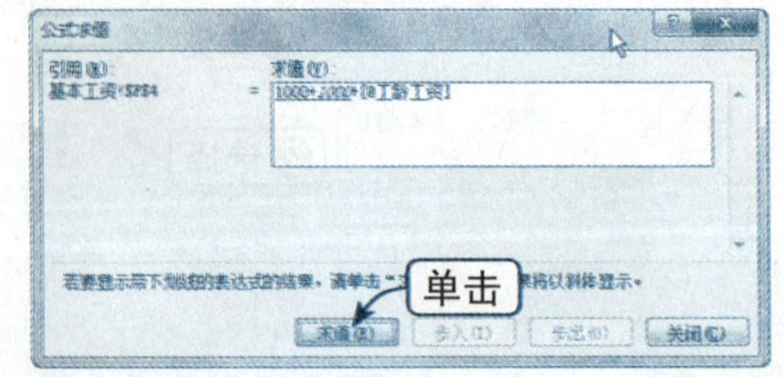

Step 04 查看最终结果

继续操作，直到表达式的每一部分都计算出结果，最终结果如下图所示。

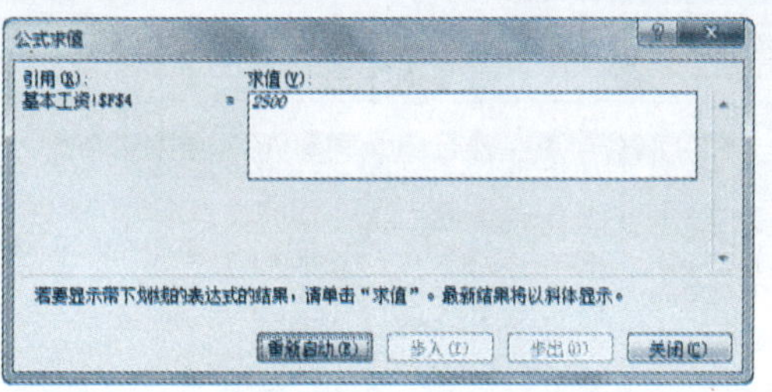

知识点拨

如果公式的下划线部分是对其他公式的引用，单击"步入"按钮，以在"求值"框中显示其他公式；单击"步出"按钮，将返回到以前的单元格和公式。

5.5.5 追踪引用单元格

使用公式计算数据后，单元格中一般不显示公式。使用追踪单元格功能就能很直观地查找引用数据，具体操作方法如下：

Step 01 单击"追踪引用单元格"按钮

继续上一节进行操作，选择要查看数据源的单元格，单击"公式"选项卡下"公式审核"组中的"追踪引用单元格"按钮，如下图所示。

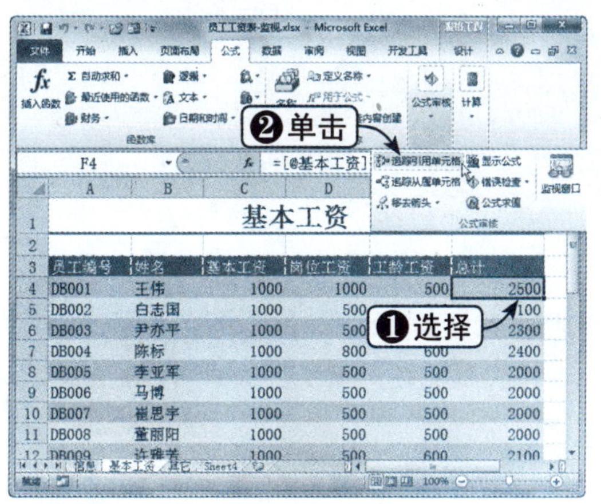

Step 02 查看追踪效果

此时，Excel 会用追踪箭头标示出公式所引用的单元格，如下图所示。

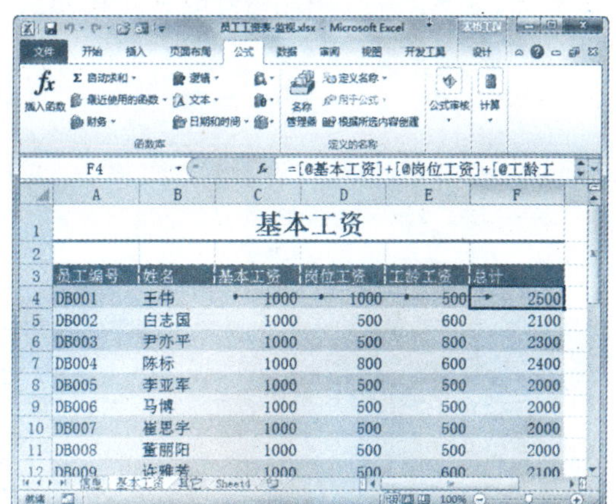

知识点拨

单击"公式"选项卡下"公式审核"组中的"移去箭头"按钮，可以取消追踪。

5.5.6 追踪从属单元格

追踪引用单元格是查看公式引用了哪些单元格中的数据。如果是查看公式被哪些函数所引用，即从属于哪些单元格，可以使用追踪从属单元格功能。追踪从属单元格的具体操作方法如下：

Step 01 单击“追踪从属单元格”按钮

继续上一节进行操作，选择要查看数据源的单元格，单击“公式”选项卡下“公式审核”组中的“追踪从属单元格”按钮，如下图所示。

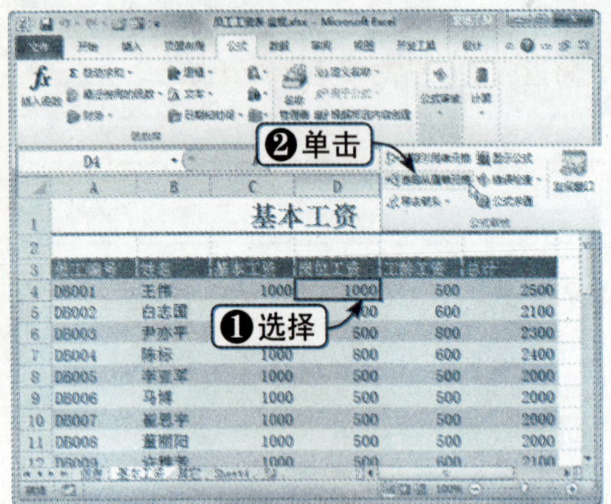

Step 02 查看追踪效果

此时，箭头指向的单元格就是从属单元格，如下图所示。

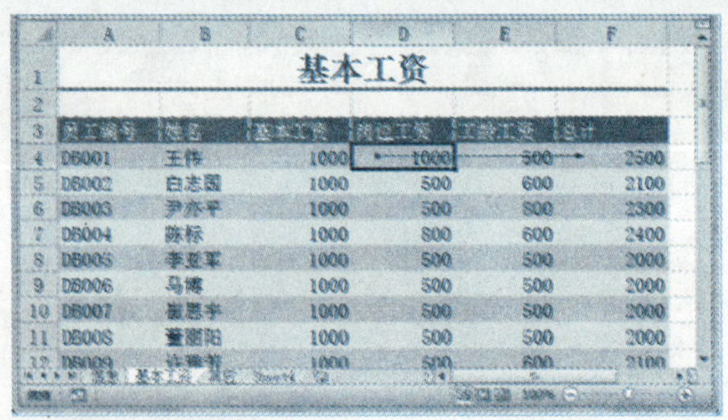

Step 03 取消追踪

单击“公式”选项卡下“公式审核”组中的“移动箭头”按钮，即可取消追踪，如下图所示。

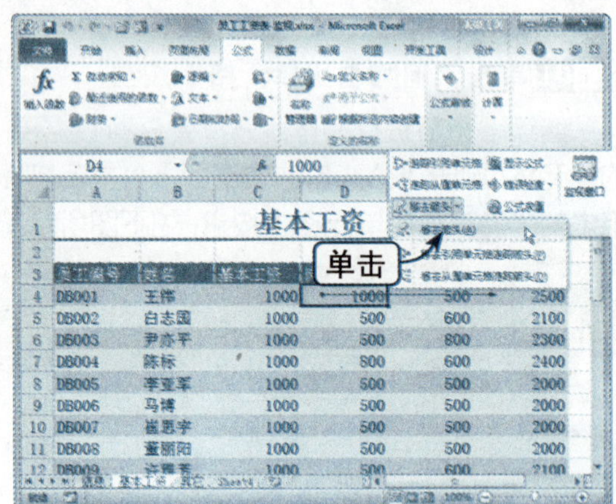

第6章 使用函数

Excel 2010 继承了上一版本的强大函数库，并对部分函数进行了调整，同时保留了过渡性的函数。本章将对使用函数的基础操作，以及文本函数、日期时间函数、数学函数三大常用函数类型进行详细讲解，读者应该熟练掌握。

本章学习重点

1. 函数简介
2. 函数分类
3. 文本函数
4. 日期与时间函数
5. 数学函数

重点实例展示

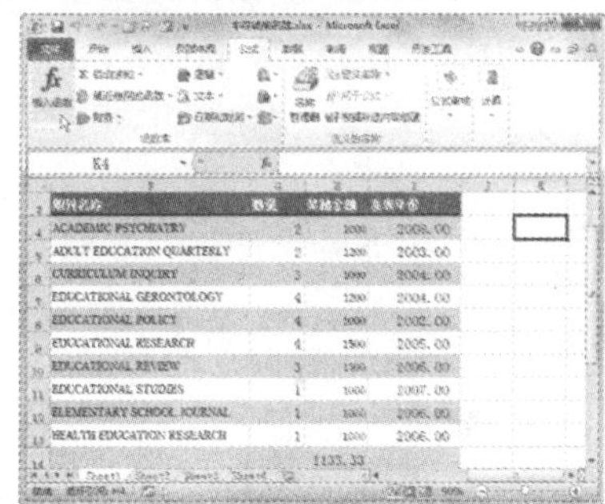

插入函数

本章视频链接

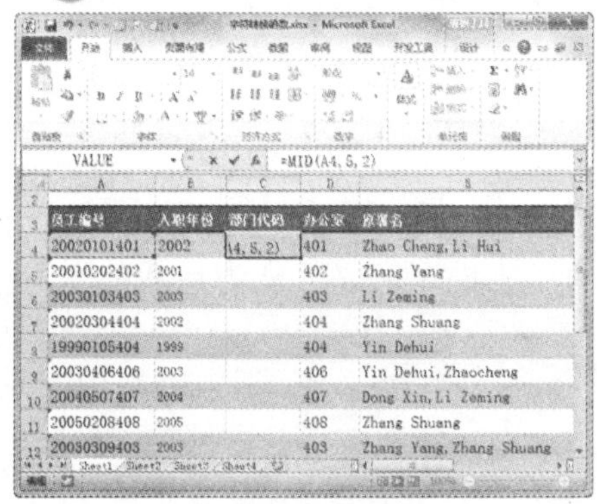

使用文本函数

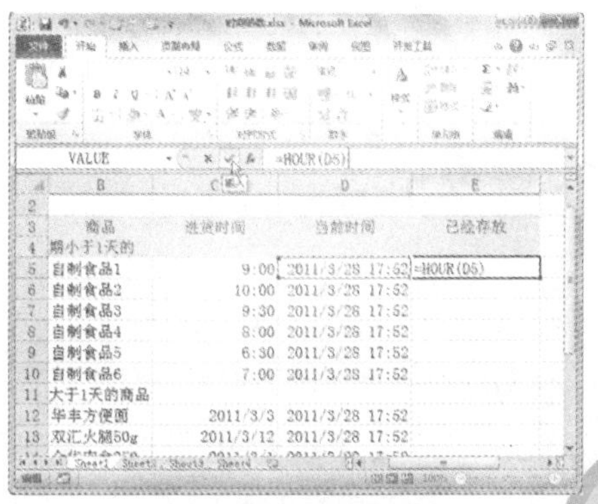

输入时间函数

6.1 函数简介

在 Excel 中，函数是系统预先建立在工作表中，用于执行数学、正文或逻辑运算以及查找数据区有关信息的公式。它使用参数的特定数值，按照语法的特定顺序进行计算。

6.1.1 函数概述

函数是一种预定义的计算关系，它可以将指定的参数按特定的顺序或结构进行计算，并返回计算结果。函数的参数是函数中用来执行计算的数值，是函数进行计算所必需的初始值。参数的类型由函数自身决定，因此使用内置函数时必须了解函数的格式。函数的参数类型包括数字、单元格引用、单元格名称、文本等，也可以是常量、公式或其他函数。

Excel 2010 中包含财务、文本、日期和时间、统计、工程、逻辑、查找和引用、数学和三角等不同领域的函数，基本上能满足不同工作的要求。

Excel 2010 的函数集中在“公式”选项卡下“函数库”组中，如下图所示。

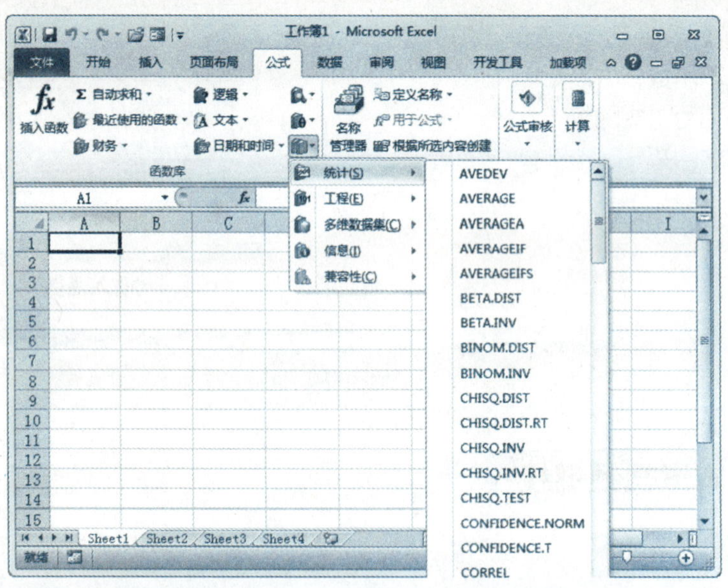

6.1.2 函数语法

在 Excel 中使用函数之前，必须对函数的语法有基本的了解，才能为后面的学习打好基础。

函数的语法：

函数和公式一样，其结构也是以等号“=”开始，后面是函数名称和左括号，然后以逗号分隔输入参数，最后是右括号。

（1）函数名称：如果要查看可用函数的列表，可以选中一个单元格并按【Shift+F3】组合键，在弹出的“插入函数”对话框中查看函数，如下图所示。

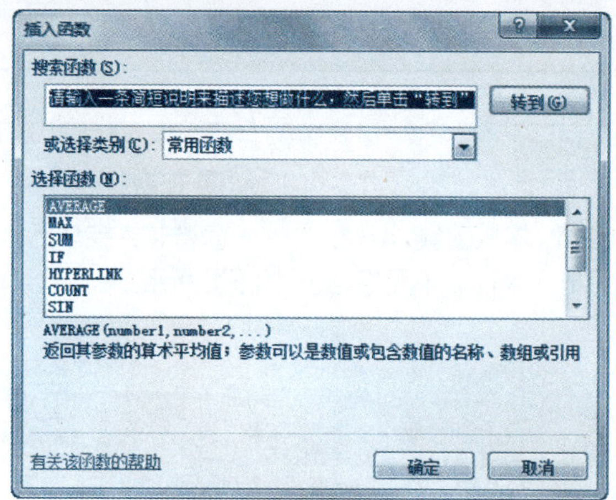

（2）参数：参数可以是文本、数字、逻辑值、数组、出错值或单元格引用。参数也可以是常量、公式等，但指定的参数都必须为有效参数。

（3）参数工具栏：在输入函数时会出现带有语法和参数的工具提示，例如，输入函数“=SUM(”时，参数工具栏就会出现，如下图所示。

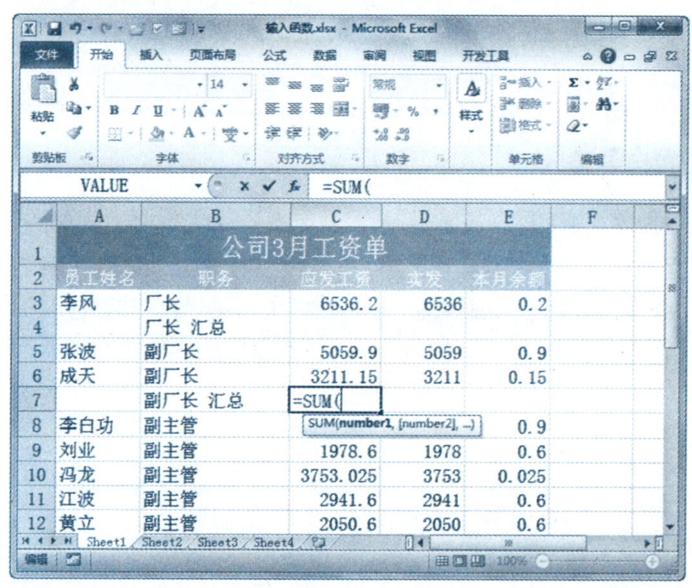

（4）输入公式：如果要创建含有函数的公式，“插入函数”对话框将有助于用户输入工作表函数。在公式中输入函数时，“插入函数”对话框不仅会显示出函数的名称和各个参数，还会显示出函数的功能和参数说明、函数的当前结果和整个公式的当前结果。

6.1.3 函数语法

如果要在工作表中使用函数，那么首先要输入函数。输入函数与输入公式的过程类似，函数的输入可以采用手工和函数向导两种方法来实现。如果能记住函数的名称、

参数和作用，直接在单元格中手工输入函数是最快捷的方法。如果不能确定函数的拼写或参数，可以使用函数向导进行输入。

方法一：手工输入

	素材文件	光盘：素材文件\第6章\输入函数.xlsx

Step01 输入函数

打开“素材文件\第6章\输入函数.xlsx”，选择需要输入函数的单元格，并在该单元格中输入函数，如下图所示。

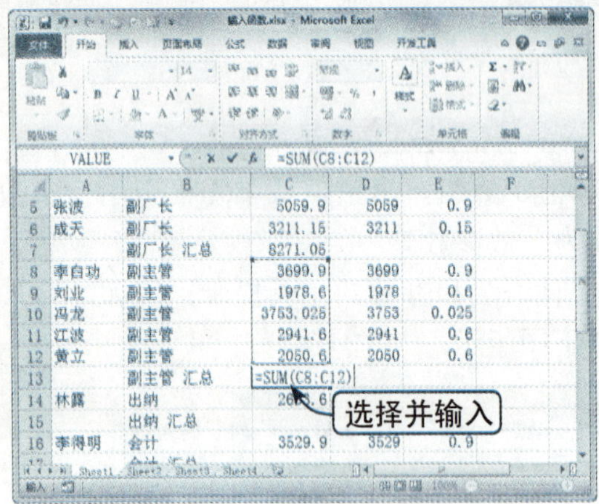

Step02 查看计算结果

函数输入完毕后，按【Enter】键即可完成，如下图所示。

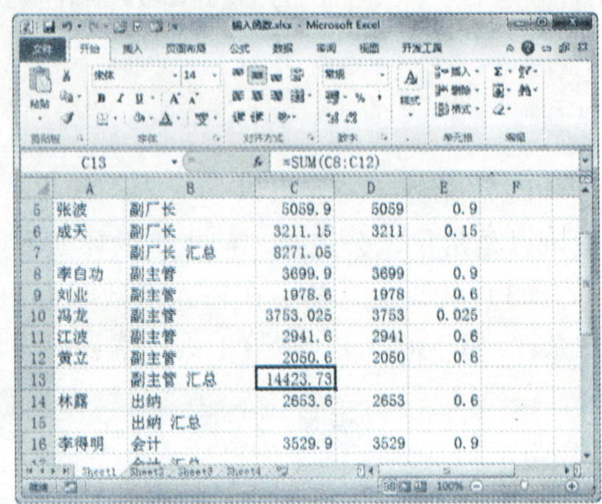

方法二：利用函数向导输入

Step01 单击“插入函数”按钮

继续前面进行操作，选择D13单元格，单击“公式”选项卡下“函数库”组中的“插入函数”按钮，如下图所示。

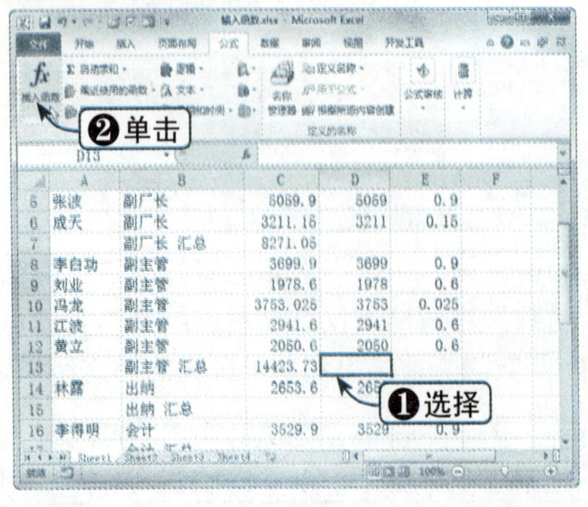

Step02 选择函数

弹出“插入函数”对话框，在“或选择类别”下拉列表框中选择函数类别，在“选择函数”列表框中选择具体的函数，单击“确定”按钮，如下图所示。

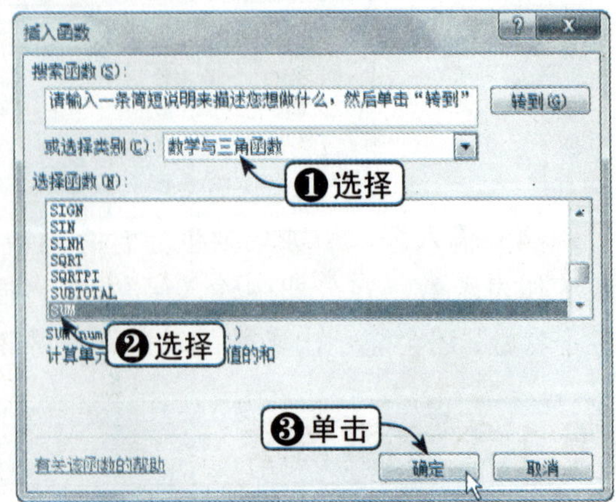

Step 03 设置函数参数

弹出“函数参数”对话框，在 Number1 文本框中设置参数，或单击折叠按钮，如下图所示。

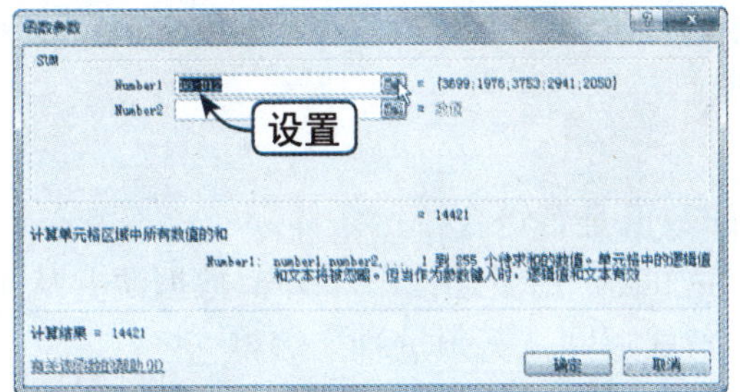

Step 04 选择单元格或单元格区域

返回工作表，选择要作为参数的单元格或单元格，再次单击折叠按钮，如下图所示。

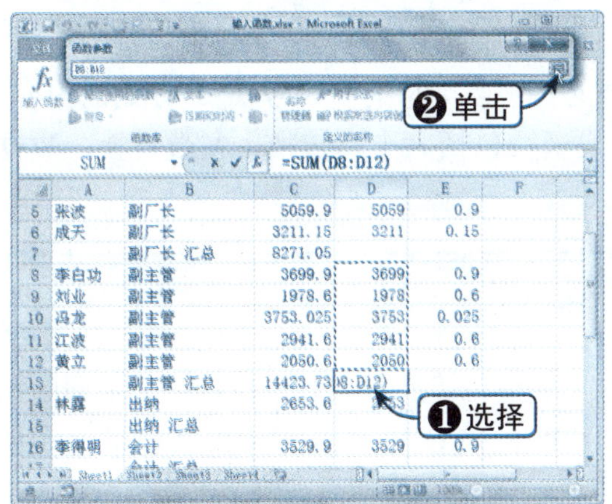

Step 05 设置其他参数

返回对话框，设置其他参数，完成后单击“确定”按钮，如下图所示。

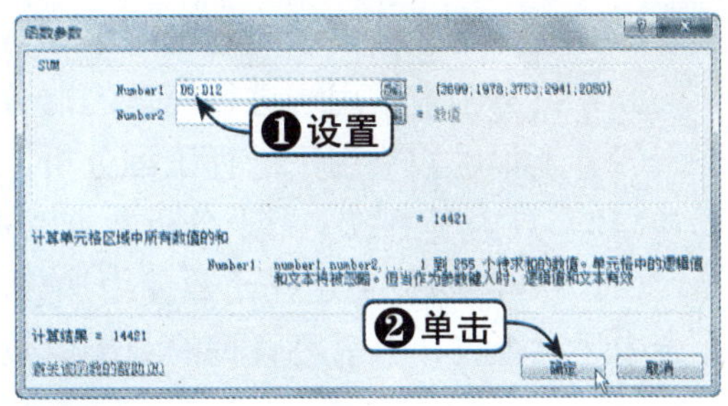

Step 06 查看计算结果

查看利用函数向导输入函数后的计算结果，如下图所示。

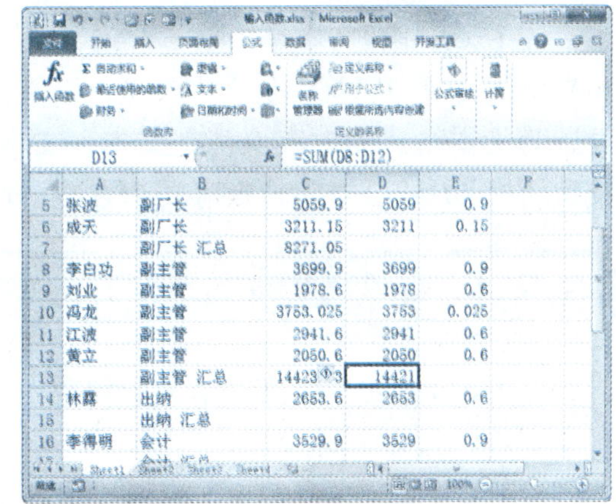

知识点拨

细心的读者可能发现第 3 步和第 5 步中的参数是一样的，这是因为 Excel 2010 会自动选择临近的单元格作为参数。

6.2 函数分类

在使用 Excel 处理工作表时，经常要用函数和公式来自动处理大量的数据。在 Excel 2010 中提供了大量的函数，这些函数按功能可以分为以下几种类型：

（1）文本函数：用于处理字符串。

（2）日期与时间函数：用于在公式中分析处理日期和时间值。

（3）数字和三角函数：用于进行数学上的计算。

（4）逻辑函数：用于判断真假值，或进行符号的检验。

（5）查找和引用函数：用于在表格中查找特定的数据，或查找一个单元格中的引用。

（6）信息函数：用于确定存储在单元格中的数据类型。

（7）统计函数：用于对选定的单元格区域进行统计。

（8）财务函数：用于进行简单的财务计算。

（9）工程函数：用于进行工程分析。

（10）数据库函数：用于分析数据清单中的数值是否符合特定条件。

（11）外部函数：这些函数使用加载项程序加载，用于连接一个外部数据源并从工作表中运行查询，然后将查询的结果以数值的形式返回，无须进行宏编辑。

6.3 文本函数

在 Excel 中，文本是指除了公式、数值、日期或时间之外的字母和数字字符的组合。英文单词、中文字符都是文本类型，以及在单元格中以半角的单引号（'）开始的内容，设置为文本格式的内容也都是文本。文本转换函数包括大小写转换、参数转换、数据类型转换和半角/全角转换等几个方面。

6.3.1 字符转换函数

在 Excel 中可以将文字从大写转换为小写、从小写转换为大写，将各英文单词的第一个字母转换为大写等几种形式，可以使用 UPPER、LOWER 或 PROPER 函数来实现这些功能。

1. UPPER函数：将小写字母转换为大写字母

	素材文件	光盘：素材文件\第6章\字符转换函数.xlsx

Step 01 输入小写字母

打开“素材文件\第 6 章\字符转换函数.xlsx”，在空白单元格输入“=upper(F4)”，按【Enter】键或单击“输入”按钮，如右图所示。

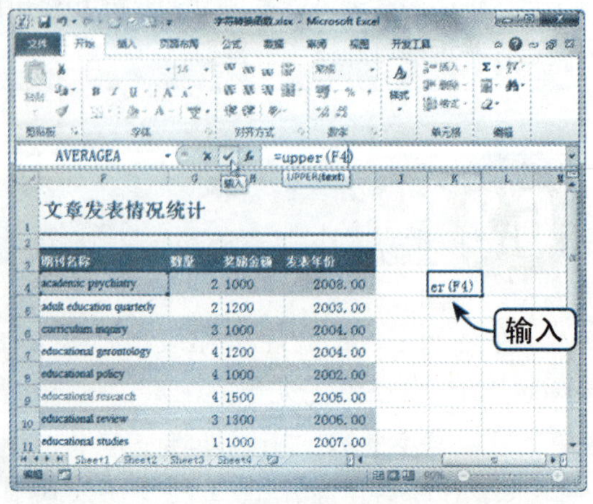

知识点拨

UPPER 函数的用法为：UPPER(text)，text 为单元格名称。

Step 02 填充函数

使用填充柄向下填充函数，如下图所示。

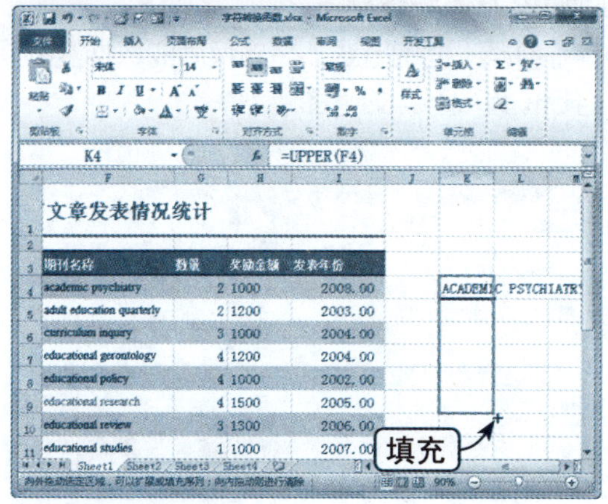

Step 03 粘贴数据

复制转换后的数据，右击要粘贴位置的单元格，在弹出的快捷菜单中选择“粘贴数值”选项，如下图所示。

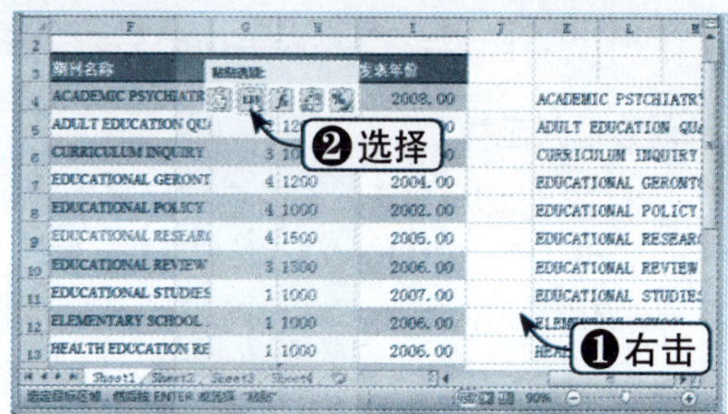

Step 04 查看转换结果

此时，即可查看使用函数转换为文本后的结果，如下图所示。

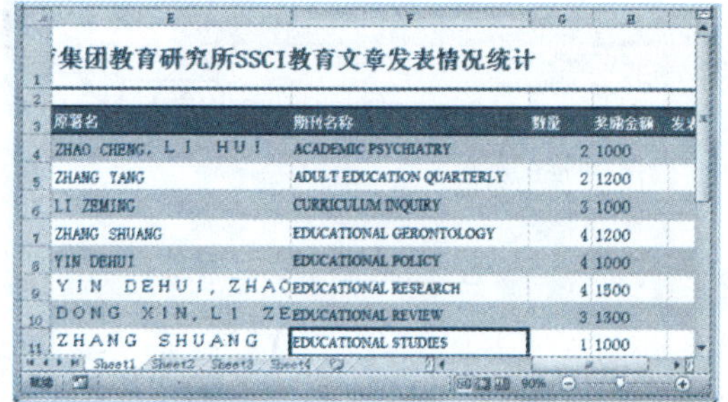

2. LOWER函数：将大写字母转换为小写字母

Step 01 输入函数

继续前面进行操作，在空白单元格中输入“=lower(E4)”，按【Enter】键或单击“输入”按钮，如下图所示。

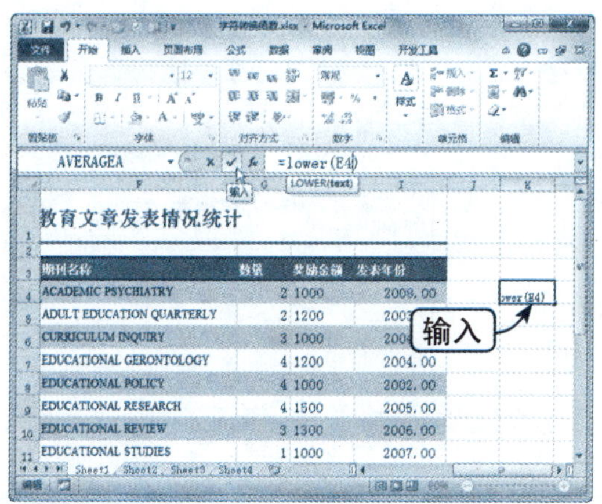

Step 02 复制数据

参照上一节的操作，复制数据到对应的位置，如下图所示。

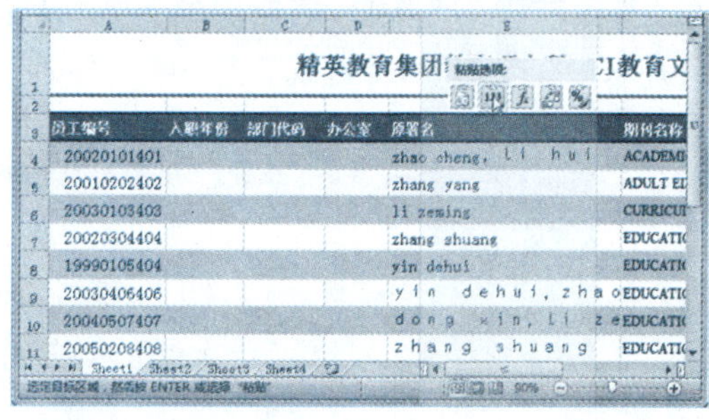

Step 03 查看转换结果

此时，即可查看将大写字母转换成小写字母后的结果，如下图所示。

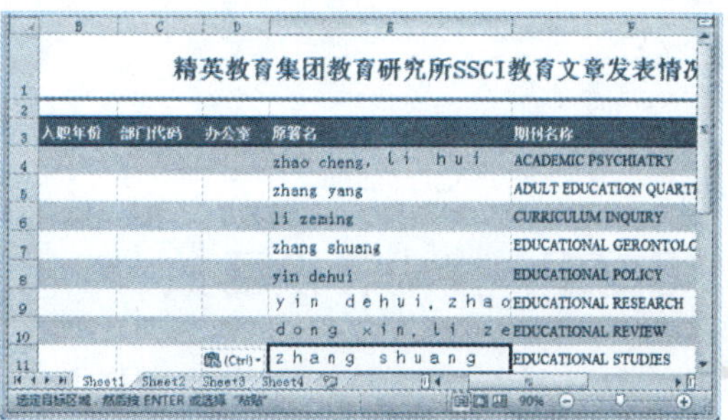

3. PROPER函数：将英文单词中第一个字母转换为大写

Step 01 输入函数

继续前面进行操作，在空白单元格中输入“=proper(C1)”，按【Enter】键或单击“输入”按钮，如下图所示。

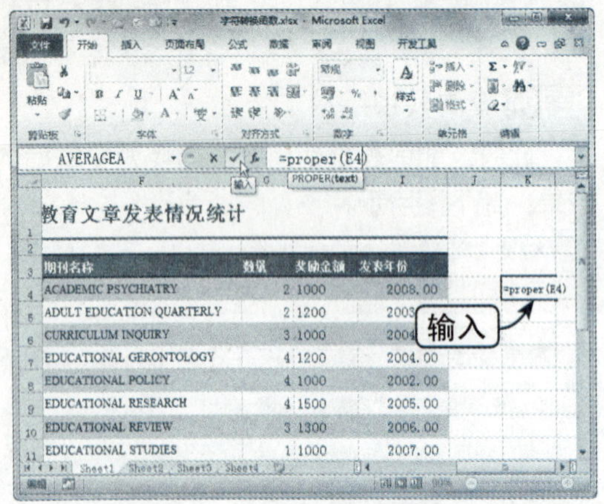

Step 02 查看转换结果

参照上面的方法，将转换后的数据复制到目标位置即可，如下图所示。

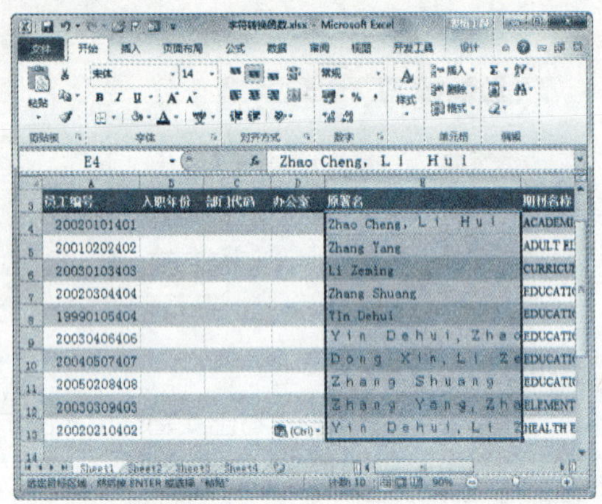

4. ASC函数：将全角字符转换为半角字符

Step 01 输入函数

继续前面进行操作，在空白单元格中输入“=asc(E4)”，按【Enter】键或单击“输入”按钮，如下图所示。

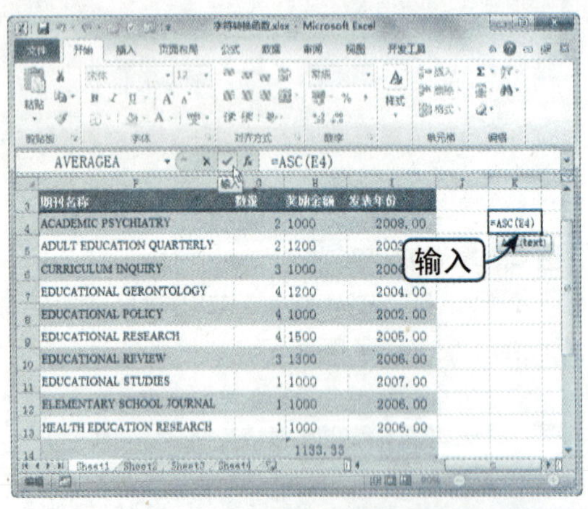

Step 02 查看转换结果

参照上面的操作，即可将全角字符变为半角字符，符合了对人名的格式要求，如下图所示。

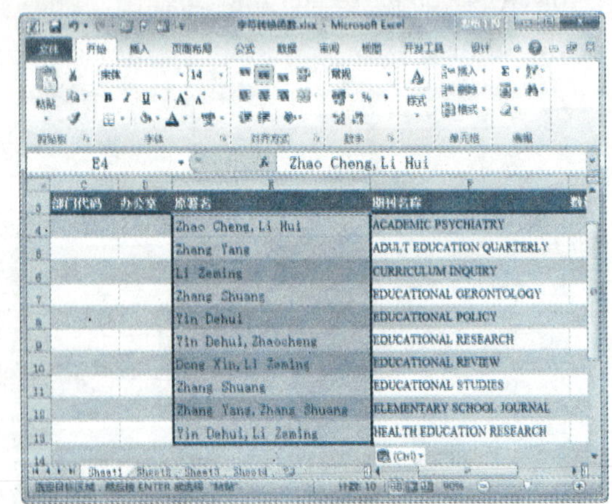

6.3.2 格式转换函数

格式转换函数是将文本格式转换为数值格式，或将数值转换为文本的一种函数。使用格式转换函数对文本进行处理，可以使文本看起来更加直观。

1. VALUE函数：将文本格式转换为数值

Step01 选择 VALUE 选项

继续上一节进行操作，选择空白单元格，单击“公式”选项卡下“函数库”组中的“文本”下拉按钮，在弹出的下拉列表中选择 VALUE 选项，如下图所示。

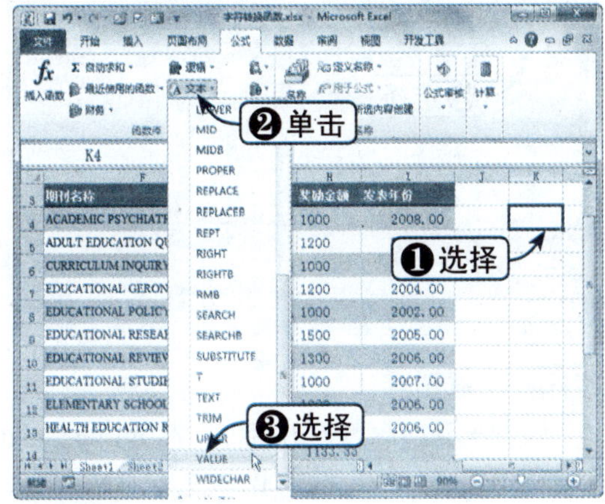

Step02 单击折叠按钮

弹出“函数参数”对话框，单击 Text 文本框右侧的折叠按钮，如下图所示。

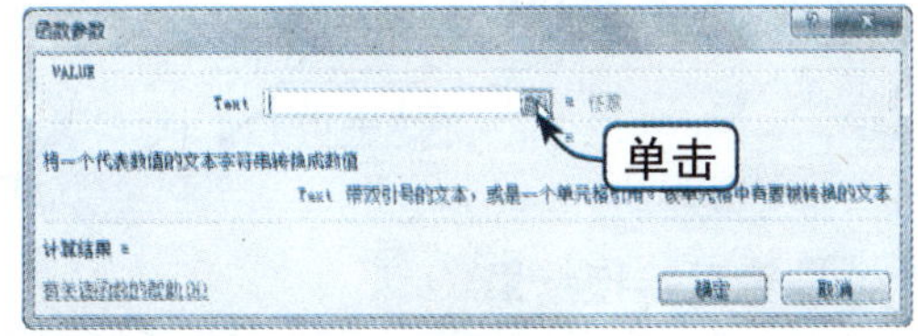

Step03 选择要转换的单元格

返回工作表，选择要转换的单元格，单击折叠按钮，如下图所示。

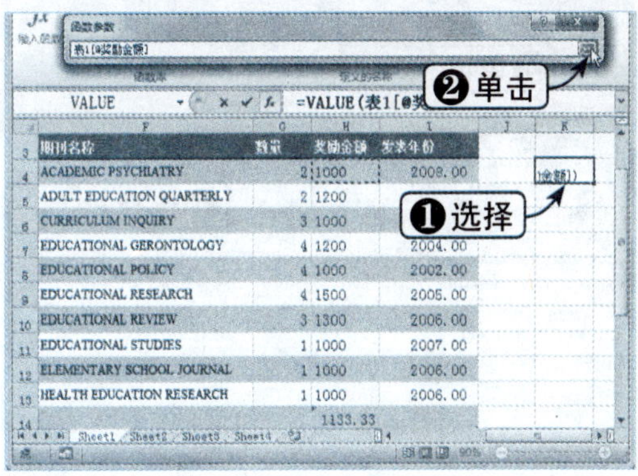

Step04 确认函数

返回“函数参数”对话框，将自动添加对应的区域，确认后单击“确定”按钮，如下图所示。

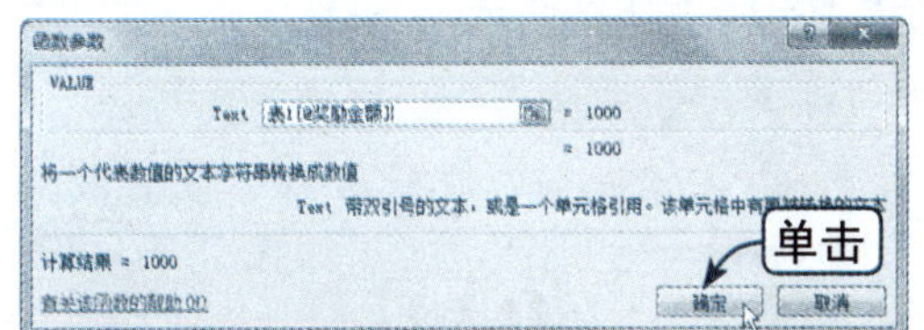

Step05 查看转换结果

参照前面的操作，填充并复制数据到目标位置即可，如下图所示。

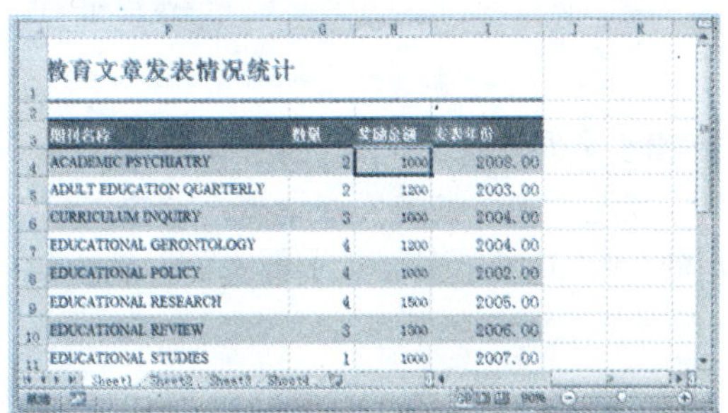

2. TEXT函数：将数值格式转换为文本格式

TEXT(value,format_text)

参数 value：用户将要设置的数据源数据。

参数 format_text：用户自己选择的文本数字格式。

Step01 单击“插入函数”按钮

继续前面进行操作，选择空白单元格，单击“公式”选项卡下“函数库”组中的“插入函数”按钮，如下图所示。

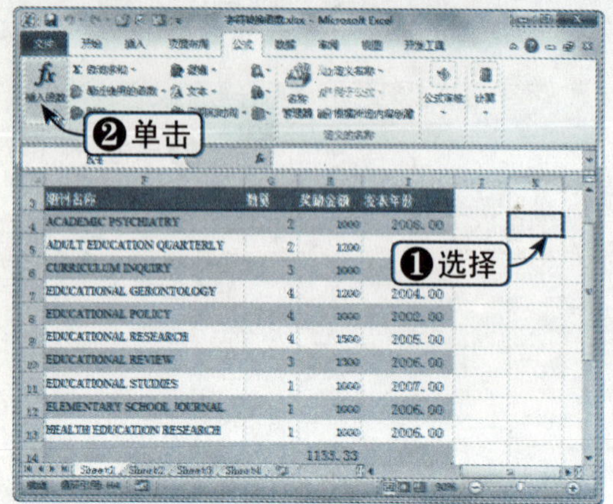

Step 02 选择插入函数

弹出“插入函数”对话框，在“或选择类别”下拉列表框中选择“文本”选项，在“选择函数”列表框中选择 TEXT 函数，单击“确定”按钮，如下图所示。

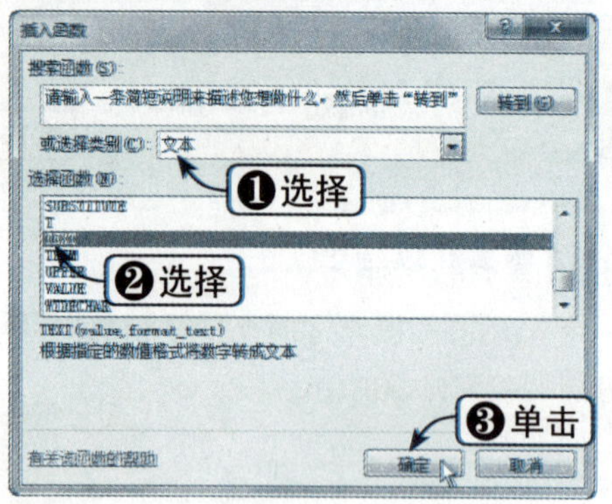

Step 03 单击折叠按钮

弹出“函数参数”对话框，单击 Text 文本框右侧的折叠按钮，如下图所示。

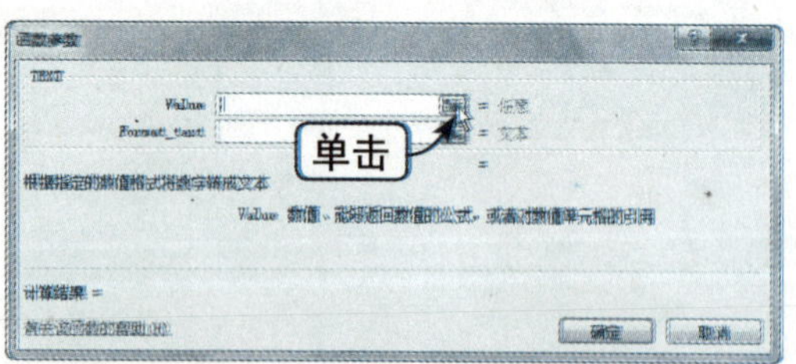

Step 04 选择数据

返回工作表，选择要转换的单元格，再次单击折叠按钮，如下图所示。

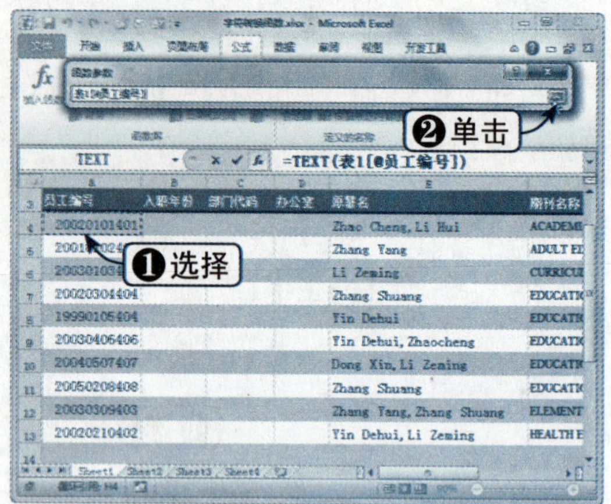

Step 05 设置格式

返回“函数参数”对话框，在 Format_text 文本框中输入 0000000000，单击“确定”按钮，如下图所示。

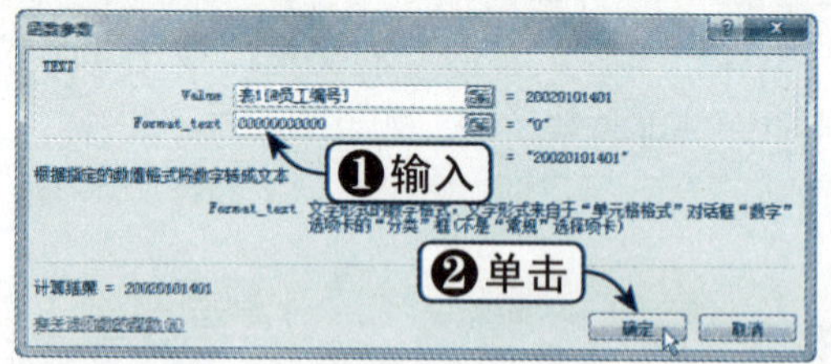

Step 06 查看转换结果

用转换后的数据替换原有的数据即可，如下图所示。

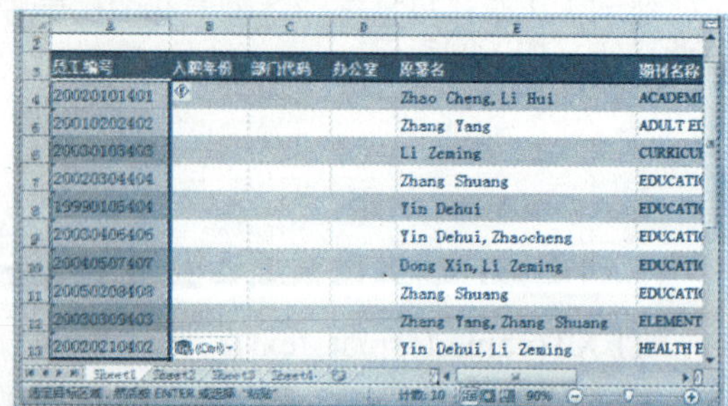

知识点拨

用同样的方法转换 I 列的数据，不同之处是在 Format_text 文本框中输入 0000，即代表字符的个数，如果位数不够则补充 0。

3. DOLLAR函数：将数字转换为文本

Step 01 选择单元格

继续前面进行操作，选择 K4 单元格，并在该单元格中输入函数“=dollar(H4)”，如下图所示。

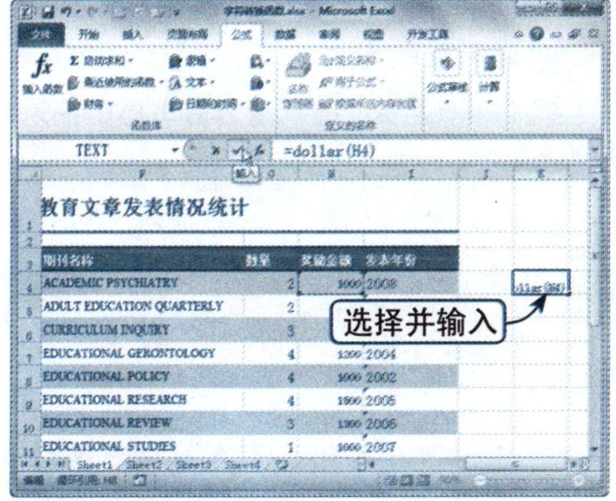

Step 02 填充函数

按【Enter】键后，向下填充函数，如下图所示。

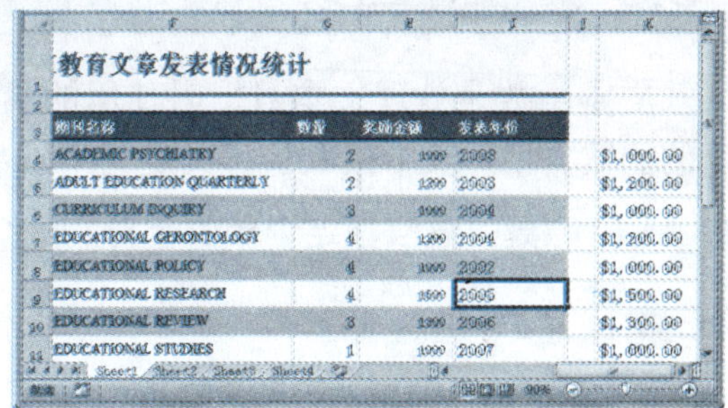

Step 03 查看转换结果

将转换后的内容替换原来的内容即可，如下图所示。

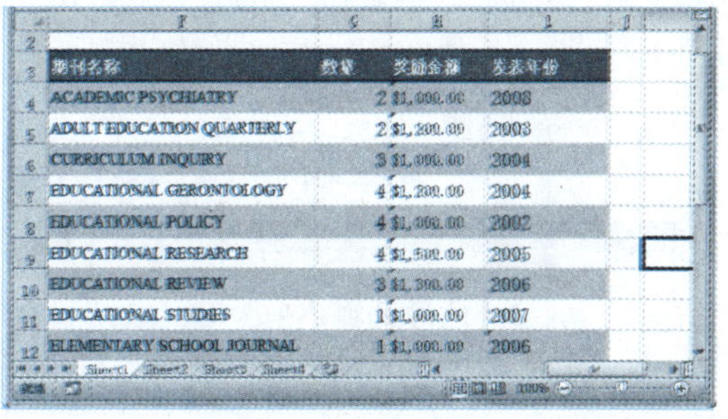

4. RMB函数：将数值转换为货币格式

Step 01 选择单元格

继续前面进行操作，选择空白单元格，在编辑栏中输入“=RMB(H4)”，如下图所示。

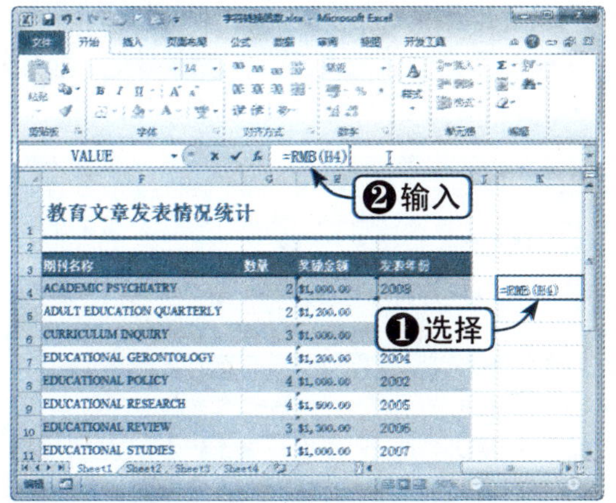

Step 02 填充函数

按【Enter】键，并向下填充函数，如下图所示。

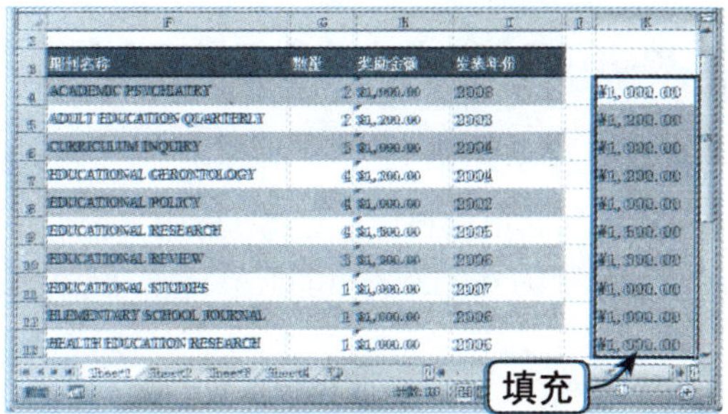

Step 03 查看转换结果

此时，即可将奖励金额替换为人民币类型，如下图所示。

6.3.3 文本函数

文本函数是处理文本数据时使用的函数，和数学函数一样，它也是使用得比较普遍的函数类型，其中截取字符又是文本函数中最为常用的。

1. LEFT函数：返回指定个数的字符

Step 01 输入文本函数

继续前面进行操作，选择 B4 单元格，在该单元格中输入函数“=LEFT(A4,4)”，如下图所示。

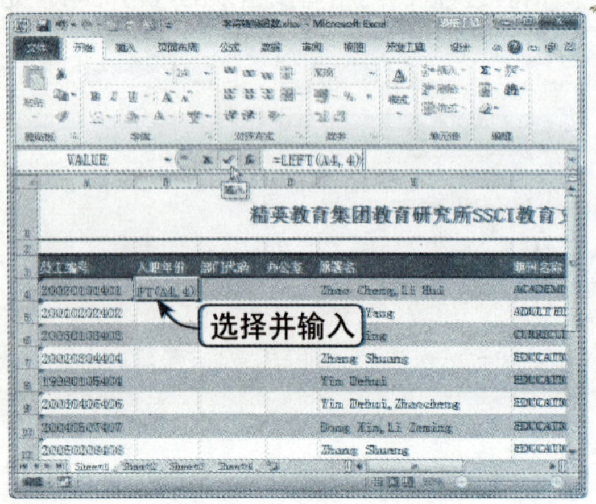

Step 02 查看截取结果

按【Enter】键，即可查看截取后的结果，如下图所示。

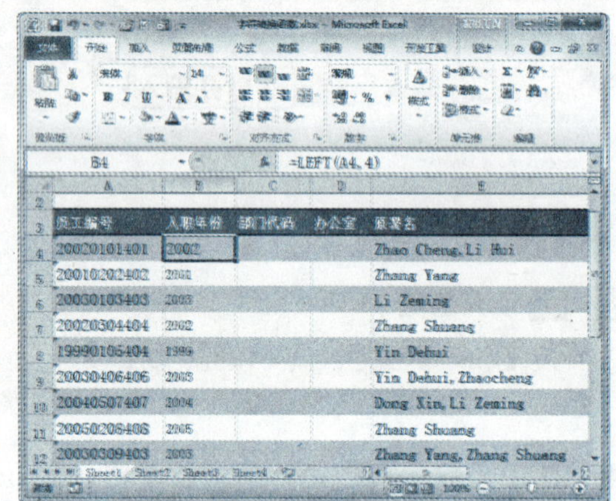

2. RIGHT函数：从右边截取指定个数的字符

Step 01 选择单元格

继续前面进行操作，选择 D4 单元格，在该单元格中输入函数“=right(A4,3)”，如下图所示。

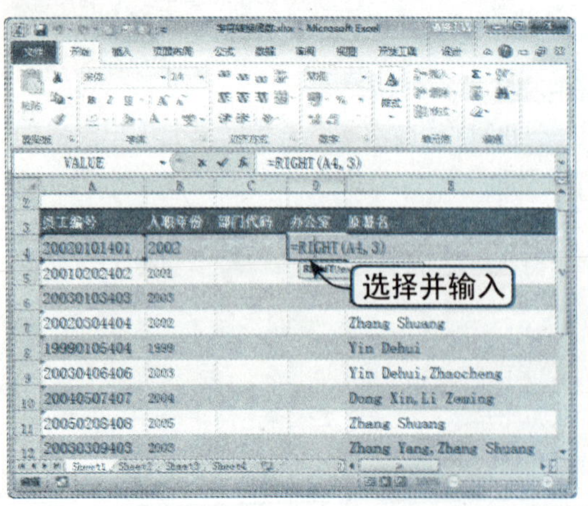

Step 02 查看截取结果

按【Enter】键，即可查看截取后的结果，如下图所示。

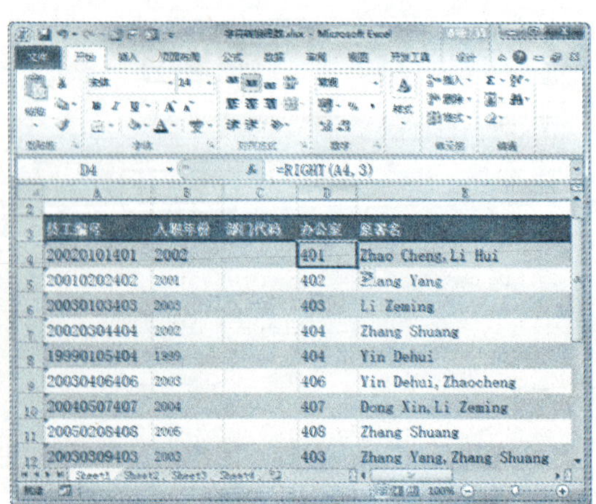

3. MID 函数：返回指定长度的字符

Mid(text,start_num,num_chars)

参数 text：包含截取字符串的文本；参数 start_num：提取字符的位置；参数 num_chars：提取字符串的长度。

Step 01 选择单元格

继续前面进行操作，选择 C4 单元格，在该单元格中输入函数 **"=MID(A4,2,5)"**，如下图所示。

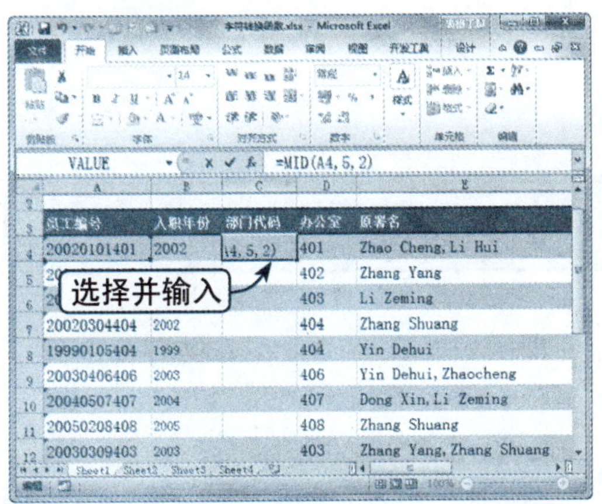

Step 02 查看截取结果

按【Enter】键，即可查看截取后的结果，如下图所示。

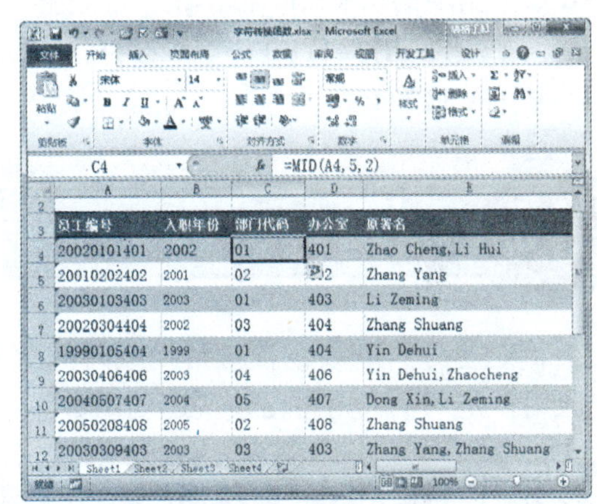

下面对其他常用文本函数的参数进行介绍。

REPT 函数：重复文本

REPT 函数用于根据指定次数重复显示文本。其语法格式如下：

REPT(text,number_times)

参数 text：为需要重复显示的文本。

参数 number_times：指定文本重复次数。

例如：REPT("*" ,3)

结果：***

REPLACE 函数：替换函数

REPLACE 函数用于替换字符串中指定位置上的文本。其语法格式如下：

REPLACE(old_text,start_num,num_char,new_text)

参数 old_text：要替换其部分字符的文本。

参数 start_num：old_text 中要被替换字符的起始位置。

参数 num_char：old_text 将被替换的字符个数。

参数 new_text：要用于替换 old_text 中字符的文本。

例如：=REPLACE("abcdefg" ,1,2, "ww")

结果：wwcdefg

SUBSTITUTE 函数：替换文本函数

SUBSTITUTE 函数适用于知道被替换的文本，而不知道其位置的场合。其语法格式如下：

SUBSTITUTE(text,old_text,new_text,instance_num)

参数 text：为需要替换其中字符的文本。

参数 old_text：为需要替换的旧文本。

参数 new_text：用于替换 old_text 文本。

参数 instance_num：为一数值，用来指定以 new_text 替换第几次出现的 old_text。如果指定了 instance_num，则只有满足要求的 old_text 被替换；否则，将用 new_text 替换 text 中出现的所有 old_text。

例如：=SUBSTITUTE("123456","23","777")

结果：1777456

6.4 日期与时间函数

日期与时间函数包含对日期或时间数据的处理函数，此类函数在各类办公中都可能应用，是一个应用得比较普遍的函数库。

6.4.1 返回指定日期

NOW 函数：返回当前日期和时间，此函数没有参数，返回当前系统的时间。

	素材文件	光盘：素材文件\第6章\时间函数.xlsx

Step 01 选择单元格

打开"素材文件\第6章/时间函数.xlsx"，选择 D5 单元格，在该单元格中输入函数"=NOW()"，如下图所示。

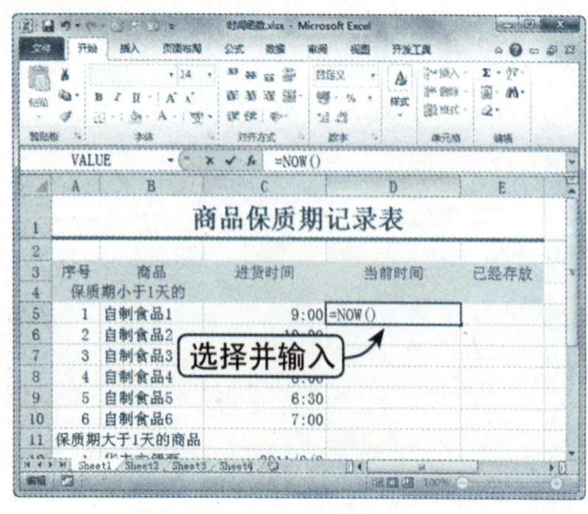

Step 02 查看填充结果

按【Enter】键，即可向下填充需要的单元格，结果如下图所示。

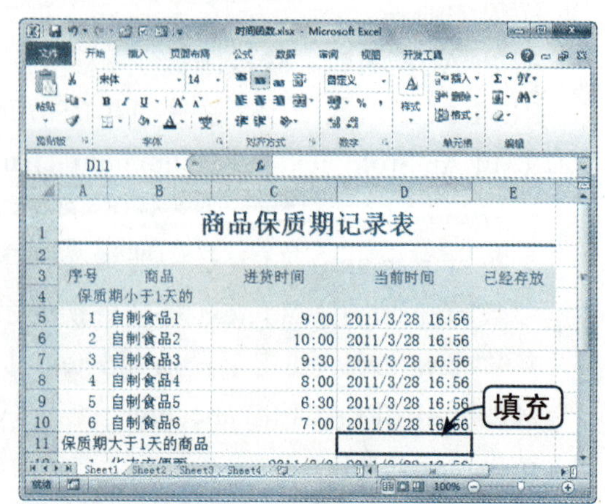

常用日期函数示例：

TODAY 函数：返回当前日期

TODAY 函数用于返回当前日期。

例如：=TODAY()

结果：2010/11/30

YEAR 函数：返回日期中的年份

Year 函数返回一个四位数，对应给定日期的年份。

例如：=YEAR(A1)

结果：2010

MONTH 函数：返回日期中的月份

MONTH 函数返回一个 1~12 之间的数，对应给定日期的月份。

例如：=MONTH(A1)

结果：11

DAY 函数：返回日期中的日数

DAY 函数返加一个 1~31 之间的数，对应给定日期的日部分。

例如：=DAY(A1)

结果：30

WEEKDAY 函数：返回星期数

WEEKDAY 函数用于返回指定日期的星期数。

例如：=WEEKDAY(A1，2)

结果：2

6.4.2 时间函数

HOUR 函数：返回小时数。

HOUR 函数用于返回指定时间值的小时数，小时数为介于 0~23 之间的整数。其语法格式如下：

HOUR(serial_number)。

Step 01 输入时间函数

在 E5 单元格中输入函数 “=HOUR(D5)”，如右图所示。

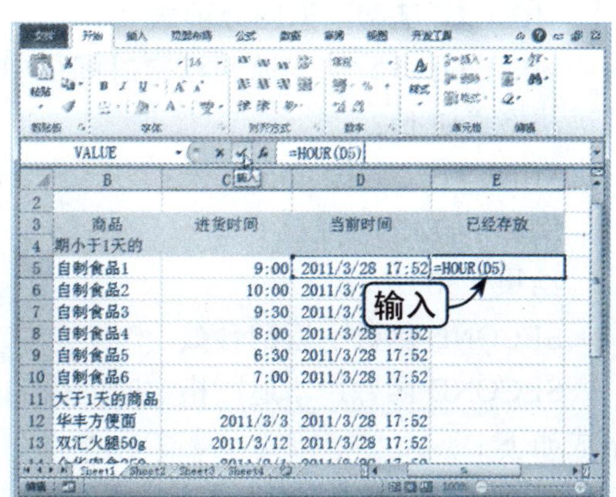

知识点拨

选择“公式”选项卡，单击“插入函数”按钮，弹出“插入函数”对话框，在类别中选择“日期与时间”选项，从下面的列表中可以查看相应的时期与时间函数。

Step02 查看计算结果

按【Enter】键后，即可查看计算结果，如下图所示。

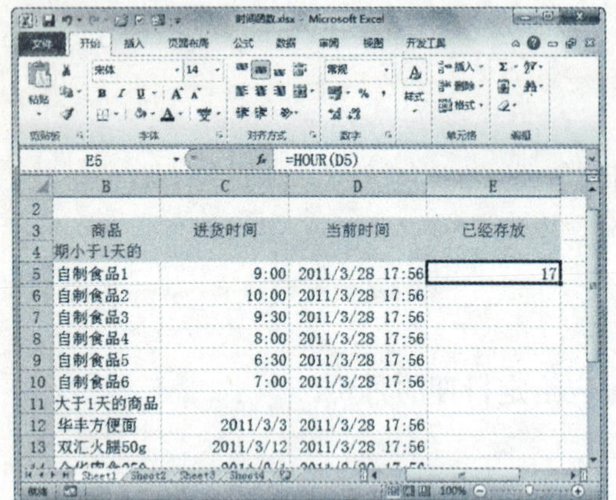

Step03 计算差值

修改 E5 单元格的公式为“=HOUR (D5) - HOUR (C5)”，单击“输入”按钮，如下图所示。

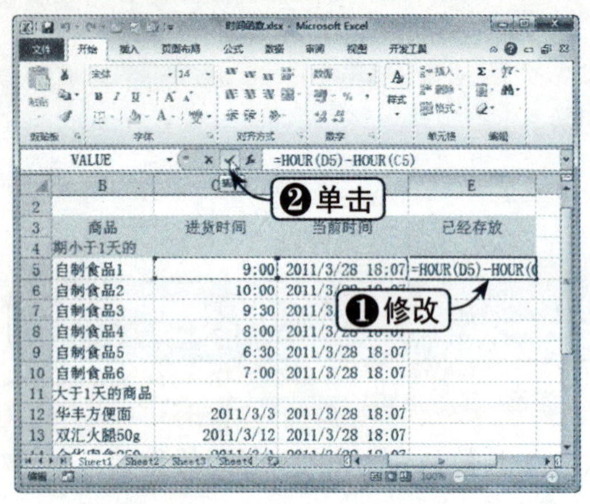

Step04 修改单元格格式

修改单元格的格式为“数值”格式，单击小数位缩进按钮，去掉小数位，如下图所示。

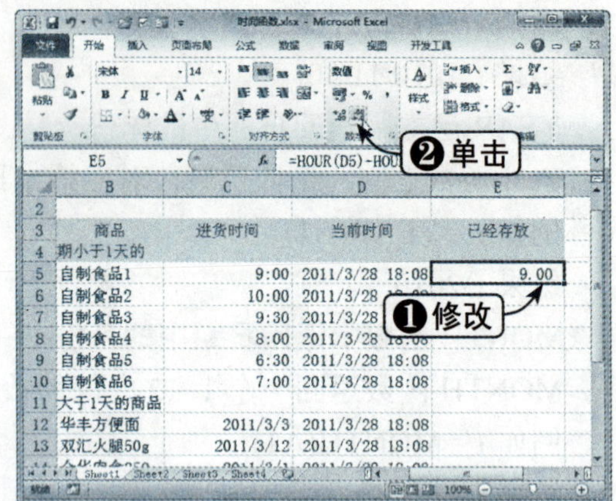

Step05 查看计算效果

使用填充柄向下填充函数，查看计算结果，如下图所示。

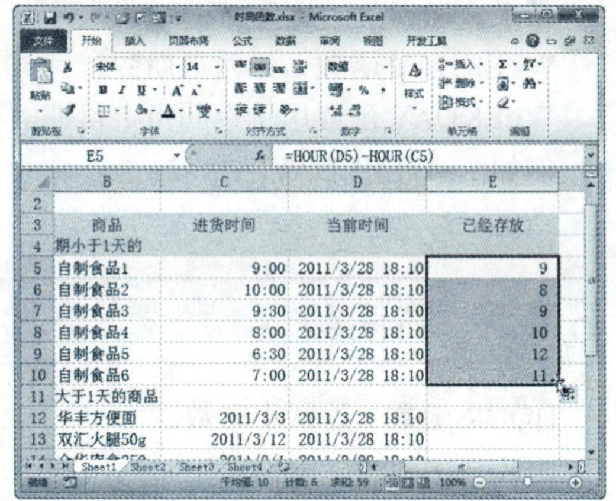

常用时间函数示例：

MINUTE 函数：返回分钟数

MINUTE 函数用于返回指定时间值中的分钟数，分钟数是介于 0~59 之间的整数，其语法格式如下：

MINUTE（serial_number）

例如：=MINUTE(A1)

结果：30

SECOND 函数：返回秒数

SECOND 函数用于返回指定时间值的秒数，秒数是介于 0~59 之间的整数，其语法格式如下：

SECOND(serial_number)

例如：=SECOND(A1)

结果：30

6.4.3 日期函数应用

DAYS360 函数：计算两日期之间的天数。

DAYS360 函数按照一年 365 天进行计算，用于返回两个日期之间相差的天数。

Step01 添加起始日期

继续上一节进行操作，在 E12 单元格中输入“=DAYS360（”，单击 C12 单元格，如下图所示。

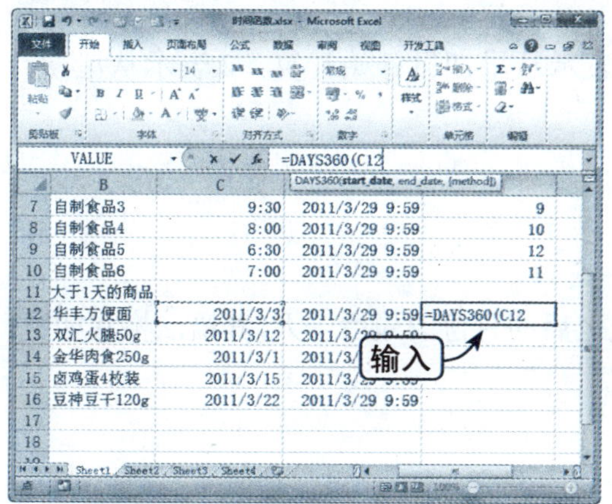

Step02 添加终止日期

在公式后输入“,”，单击 D12 单元格，输入右括号，单击“输入”按钮，如下图所示。

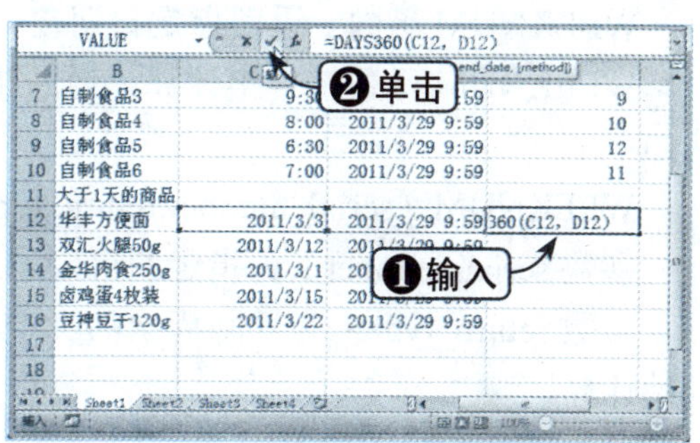

Step03 查看计算结果

使用填充柄向下填充函数，查看计算结果，如下图所示。

	B	C	D	E
5	自制食品1	9:00	2011/3/29 10:07	9
6	自制食品2	10:00	2011/3/29 10:07	8
7	自制食品3	9:30	2011/3/29 10:07	9
8	自制食品4	8:00	2011/3/29 10:07	10
9	自制食品5	6:30	2011/3/29 10:07	12
10	自制食品6	7:00	2011/3/29 10:07	11
11	大于1天的商品			
12	华丰方便面	2011/3/3	2011/3/29 10:07	26
13	双汇火腿50g	2011/3/12	2011/3/29 10:07	17
14	金华肉食250g	2011/3/1	2011/3/29 10:07	28
15	卤鸡蛋4枚装	2011/3/15	2011/3/29 10:07	14
16	豆神豆干120g	2011/3/22	2011/3/29 10:07	7

下面对其他常用日期函数的参数进行介绍。

NETWORKDAYS 函数：计算两个日期间的工作日

NETWORKDAYS 函数可以计算两个日期间的工作日数值，工作日不包括周末和专门指定的假期，其语法格式如下：

NETWORKDAYS(start_date,end_date,holidays)

参数 start_date：为起始日期。

参数 end_date：为结束日期。

参数 holidays：为要排除在外的日期，例如，十一国庆节若为 7 天假日，则需要将这段时间排除。

例如：=NETWORKDAYS(A1,B1,7)

结果：268

WORKDAY 函数：返回指定工作日之前或之后的日期值

WORKDAY 函数用于按指定的工作日返回之前或之后的日期值。其语法格式如下：

WORKDAY(start_date,days,holidays)

参数 start_date：为指定的起始日期。

参数 days：为工作日。

参数 holidays：为需要扣除的节日或假日。

例如：=WORKDAY(B1,100,7)

结果：40652

WEEKNUM 函数：返回指定日期在一年中的周次

WEEKNUM 函数按一年计算，返回指定日期在一年中排列的周次位置。其语法格式如下：

WEEKNUM（serial_number,return_type）

参数 serial_number：为指定的日期。

参数 return_type：为返回周次的类型，1 表示从星期日开始计算，2 表示从星期一开始计算。

例如：=WEEKNUM(B1,2)

结果：49

EOMONTH 函数：返回指定月份的最后一天

EOMONTH 函数用于返回指定日期之前或之后的月份的最后一天，其语法格式如下：

EOMONTH(start_date,months)

参数 start_date：为起始日期。

参数 months：为月数。

例如：=EOMONTH(B1,2)

结果：2011/1/31

6.5 数学函数

数学函数包括大量的数学计算公式，包括一些平常较少用的或专业的公式，其功能强大，可以完成许多数学计算。下面以一些常用的数学函数为例进行讲解。

6.5.1 使用ABS函数返回绝对值

下面使用 ABS 函数返回数值的绝对值，其使用方法如下：

	素材文件	光盘：素材文件\第6章\ABS函数.xlsx

Step 01 输入函数

打开"素材文件\第 6 章\ABS 函数 .xlsx"，在 B3 中输入 ="ABS(B2)"，按【Enter】键即可，如下图所示。

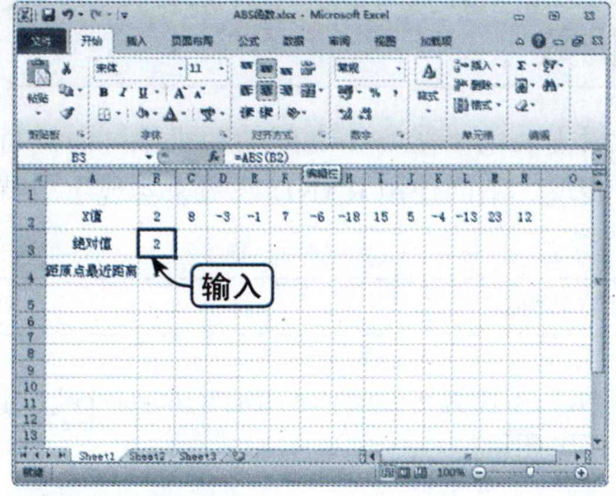

Step 02 填充函数

将鼠标指针移至B3单元格右下角，当其变成十字形填充柄时向右拖动填充单元格至N3，可以自动计算出相应的绝对值，如下图所示。

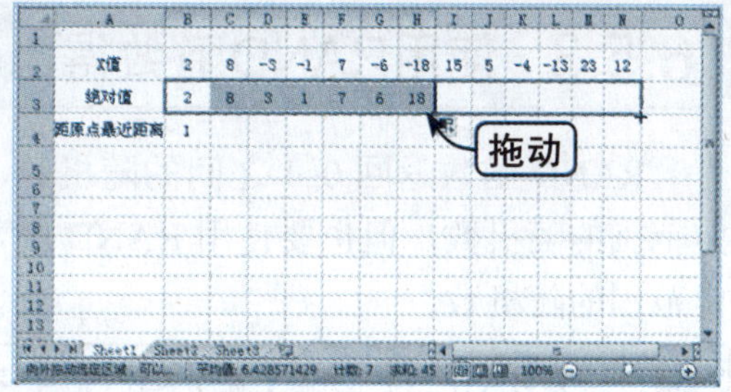

Step 03 计算最小值

在B4单元格中用函数MIN（B3:N3）计算绝对值中的最小值，如下图所示。

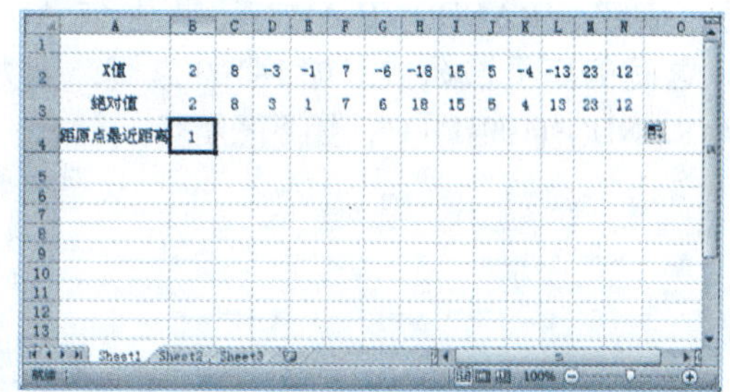

6.5.2 使用INT函数返回数值的整数

INT函数返回一个小数的整数，如4.323，返回4，它不是采用四舍五入法，而是采用舍尾法，即对于4.987，也是返回4，而不是5。

	素材文件	光盘：素材文件\第6章\INT函数.xlsx

Step 01 输入INT函数

打开“素材文件\第6章\INT函数.xlsx”，在C3单元格中输入“=INT(B3)”，单击“输入”按钮，如下图所示。

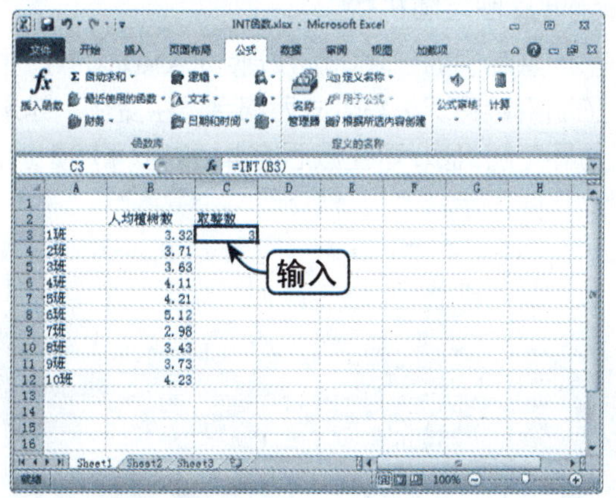

Step 02 填充函数

参照上一节，使用填充柄向下填充函数，计算结果如下图所示。

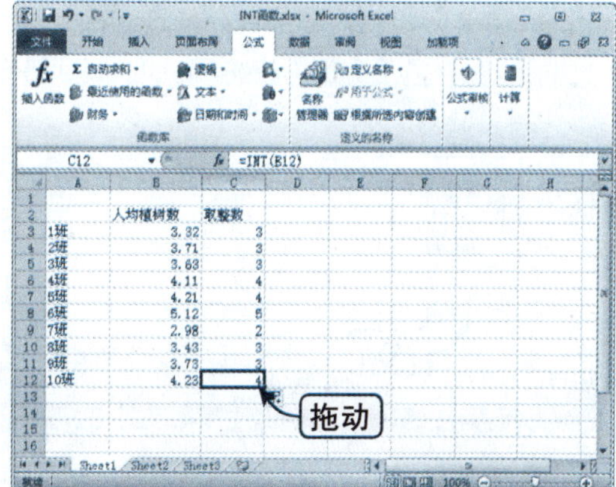

6.5.3 使用RAND函数得出随机数

RAND 函数返回 0~1 之间的随机数，一般需要的不是 0~1 之间的随机数，而是特定范围的随机数，但也要使用 RAND 函数来实现。下面使用 RAND 函数来实现生成特定范围的随机数。

	素材文件	光盘：素材文件\第6章\RAND函数.xlsx

Step01 编辑公式

打开"素材文件\第 6 章\RAND 函数.xlsx"，"RAND()*(B-A)+A" 是生成 A 与 B 之间的随机数公式，如 1~100 之间，则为 "=RAND()*(100-1)+1"，如下图所示。

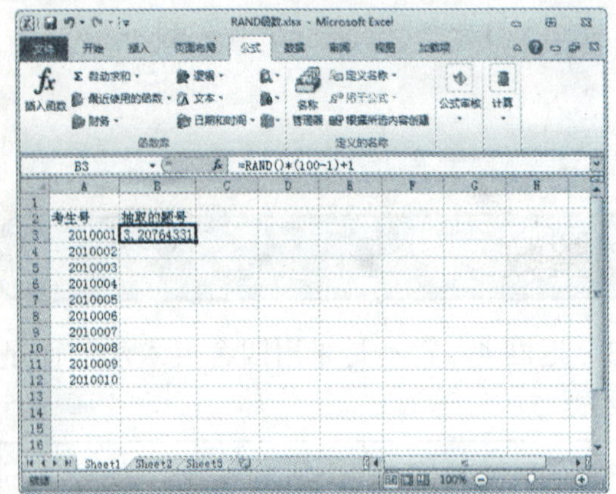

Step02 填充公式

参照上一节使用填充柄向下填充公式，效果如下图所示。

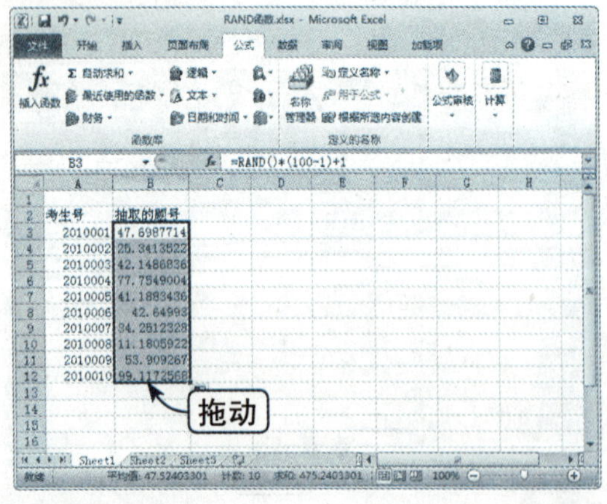

Step03 取整数

结合上一节的 INT 函数，将随机数改成整数，公式为 "=INT(RAND()*(100-1)+1)"，如下图所示。

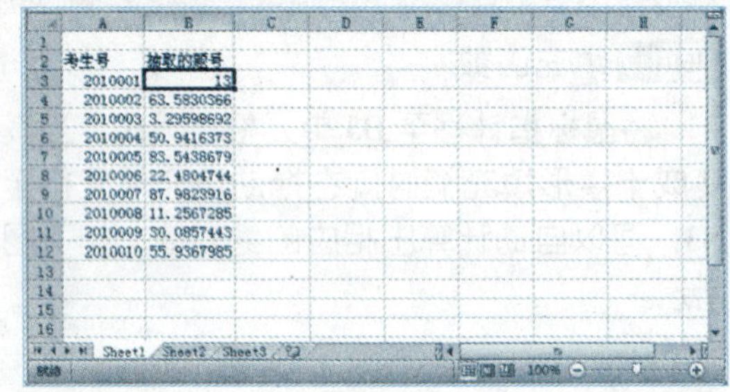

Step04 填充公式

使用填充柄向下填充公式，计算结果如下图所示。

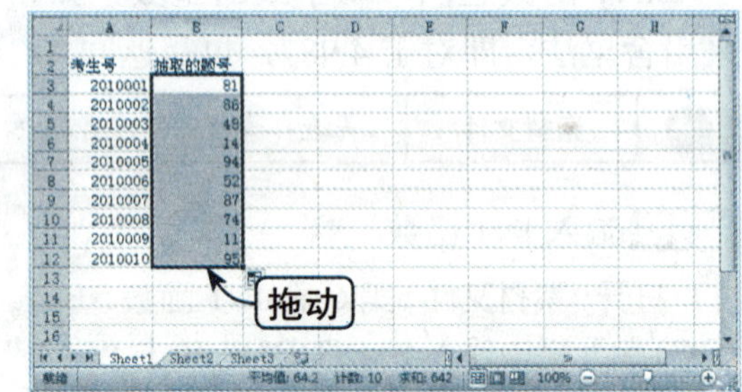

Step05 固定随机数

从前面的步骤可以发现，RAND 函数产生的随机数每次编辑公式后都会发生变化，如果想固定随机数，可在激活编辑栏时按【F9】键，如下图所示。

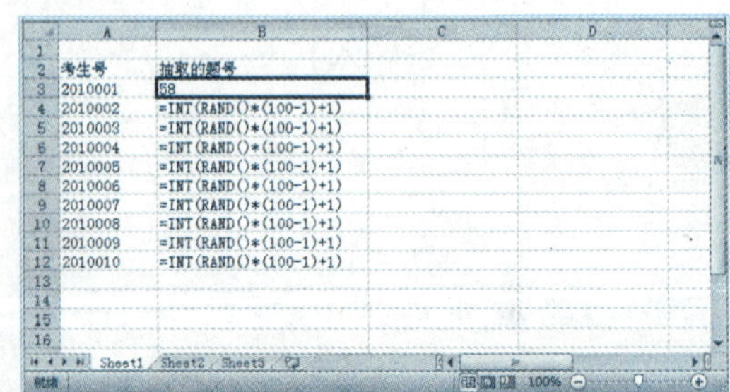

6.5.4 使用SUNIF函数对符合条件的值求和

SUMIF 函数对满足某一条件的单元格求和，如求“一班”所有男生的总成绩。

	素材文件	光盘：素材文件\第6章\SUMIF函数.xlsx

Step 01 选择 SUMIF 函数

打开“素材文件\第6章\SUMIF函数.xlsx”，选择B20单元格，选择“公式”选项卡，单击“函数库”组中的“数学与三角函数”下拉按钮，在弹出的下拉列表中选择 SUMIF 函数，如下图所示。

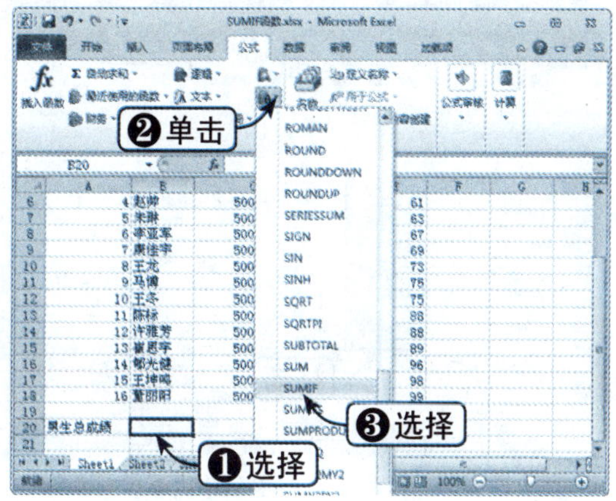

Step 02 单击折叠按钮

弹出“函数参数”对话框，单击 Range 文本框右侧的折叠按钮，如下图所示。

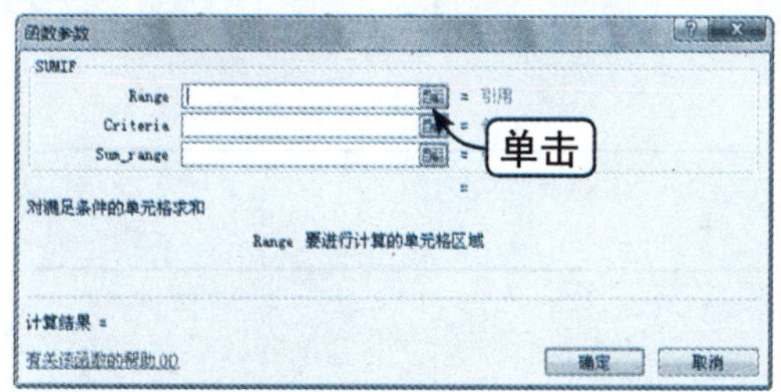

Step 03 选择数据区域

返回工作表，选择 D3:D18 区域，再次单击折叠按钮，如下图所示。

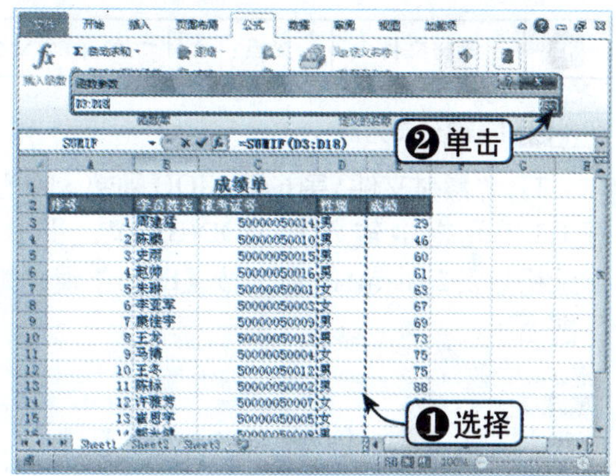

Step 04 设置其他参数

在 Criteria 文本框中输入“男”，sum_rage 使用折叠按钮选择成绩区域 E3:E18，单击“确定”按钮，如下图所示。

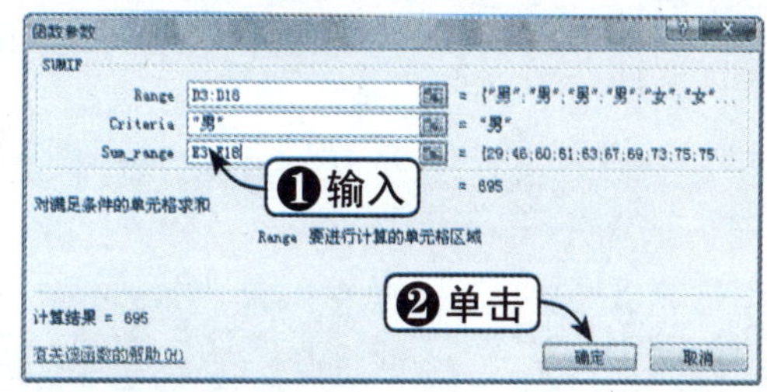

Step 05 查看计算结果

返回工作表，即可看到男生的总成绩，结果如下图所示。

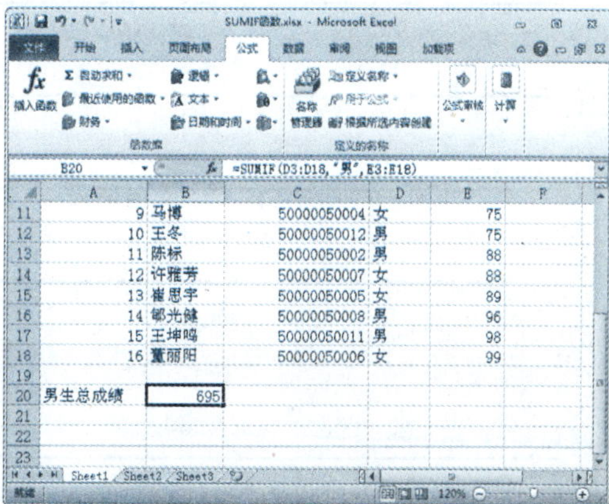

6.5.5 使用MOD函数判断奇偶数

MOD 函数返回一个数被另一个数除的余数，通常用来判断一个数是奇数还是偶数。例如，上一节中如果考生抽到是奇数则上午面试，偶数则下午面试，此时需要使用 MOD 函数。

	素材文件	光盘：素材文件\第6章\MOD函数.xlsx

Step 01 编辑公式

打开"素材文件\第6章\MOD函数.xlsx"，在 C3 单元格中输入"=MOD(B3,2)"，即 B3 单元格除以 2 所得的余数，按【Enter】键，如下图所示。

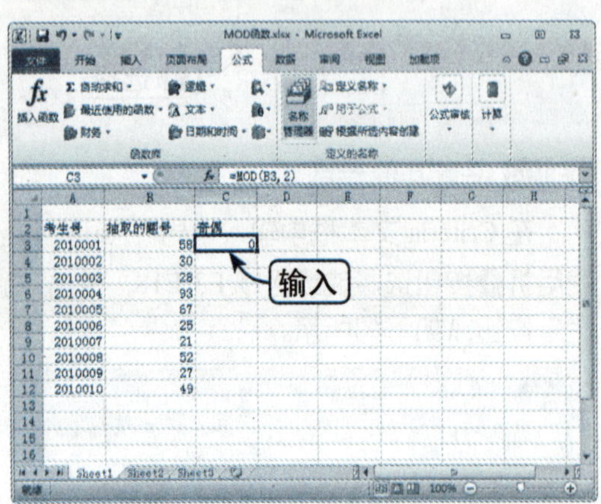

Step 02 填充公式

使用填充柄向下填充公式，其中 0 为偶数，1 为奇数，如下图所示。

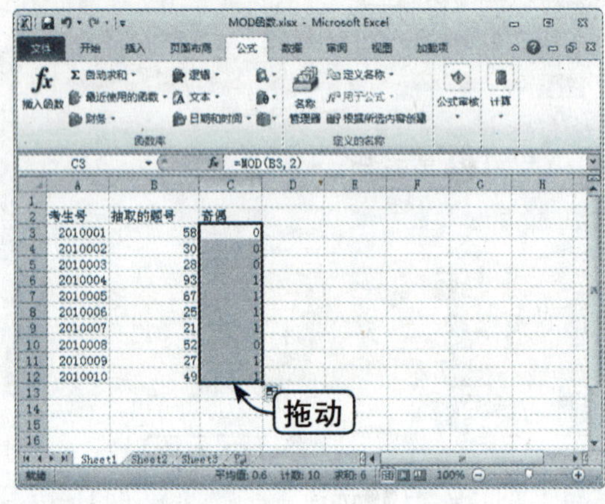

● 读书笔记

第7章 设计艺术化工作表

插入图形、图像和艺术字等都是增强工作表直观性的常用手段，能够满足用户在电子表格制作中的各种特殊需要。本章将对在工作表中插入图形、插入艺术字、插入图片、插入SmartArt图形，以及插入文本框和对象等进行详细介绍，读者应该熟练掌握。

本章学习重点

1. 插入图形
2. 插入艺术字
3. 插入图片
4. 插入与设置SmartArt图形
5. 插入文本框和对象

重点实例展示

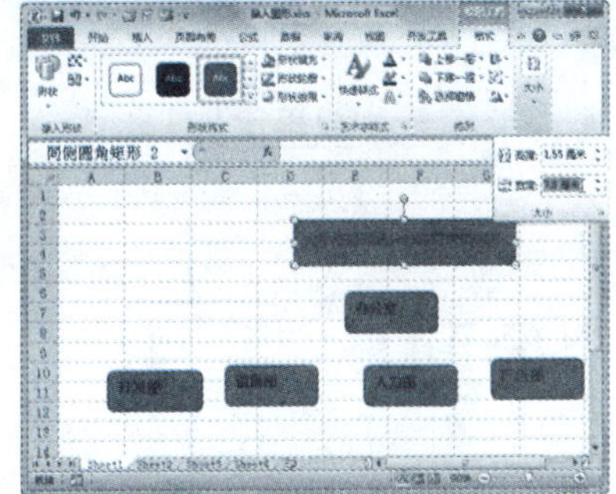

插入SmartArt图形

本章视频链接

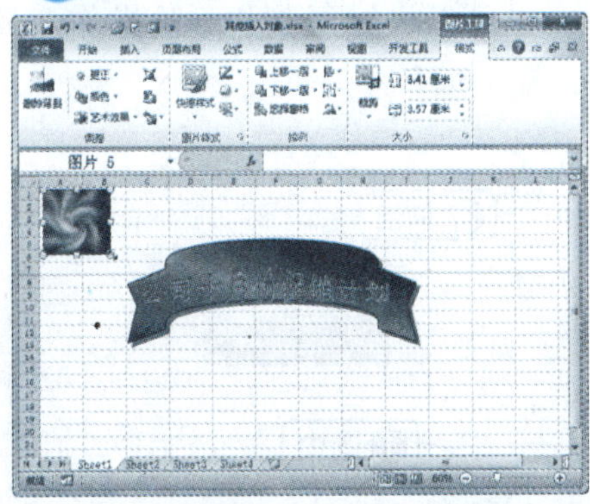

调整图片大小和位置

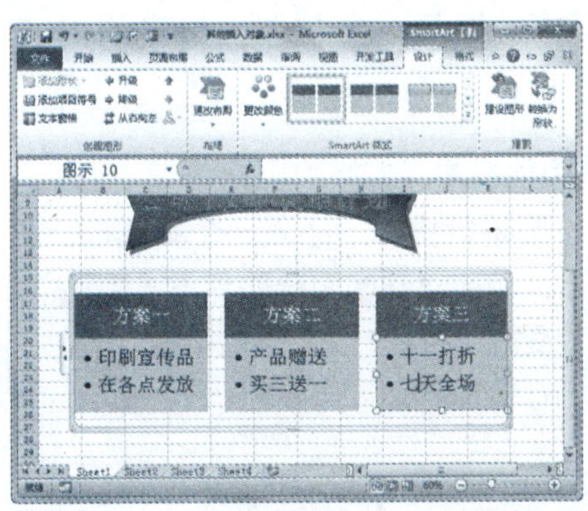

输入流程文字

7.1 插入图形

图形是一种线条构成的形状，在 Excel 中使用形状可以绘制各种结构图、辅助线，以及用作装饰和美化等。下面将介绍使用图形的各种操作方法和技巧。

7.1.1 绘制图形形状

为表格添加图形，可以制作各种结构图，以达到修饰和美化表格的作用。绘制图形形状的具体操作方法如下：

Step 01 选择形状

新建一个空白工作簿，命名并保存工作簿。选择 A1 单元格，单击“插入”选项卡下“插图”组中的“形状”下拉按钮，在弹出的下拉列表中选择“半圆角矩形”形状，如下图所示。

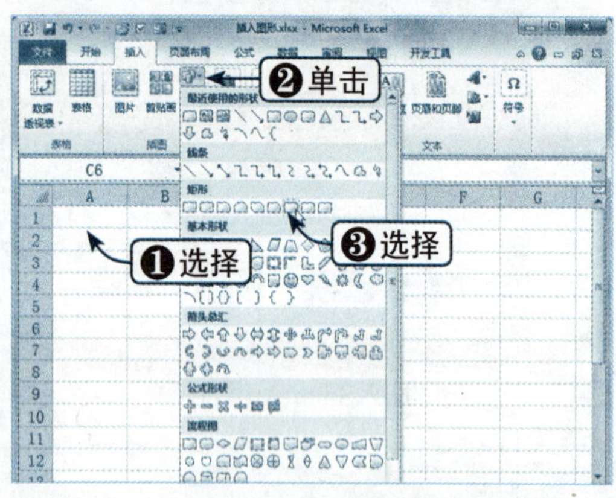

Step 02 绘制形状

在工作表区域左上角按住鼠标左键并拖动鼠标，绘制需要的形状，如下图所示。

7.1.2 复制与删除图形对象

工作表中的图形对象与单元格中的内容一样，也可以进行复制和删除操作，具体操作方法如下：

Step 01 复制图形对象

继续上一节进行操作，插入一个新图形，选中图形对象，单击“开始”选项卡下“剪贴板”组中的“复制”按钮，如右图所示。

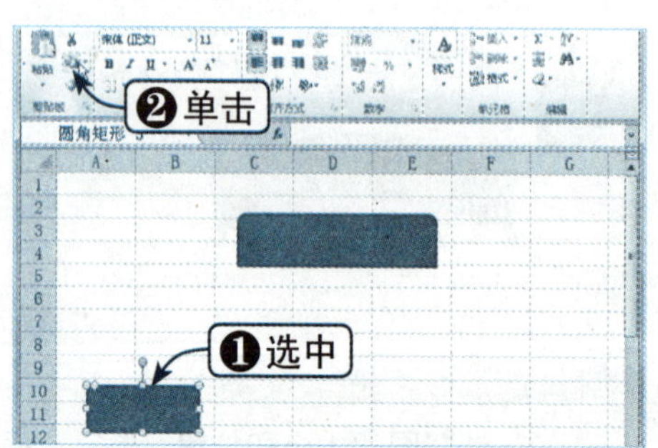

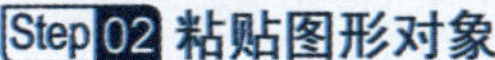

Step 02 粘贴图形对象

选中工作表中的任意一个单元格，单击“开始”选项卡下“剪贴板”组中的“粘贴”按钮，如下图所示。

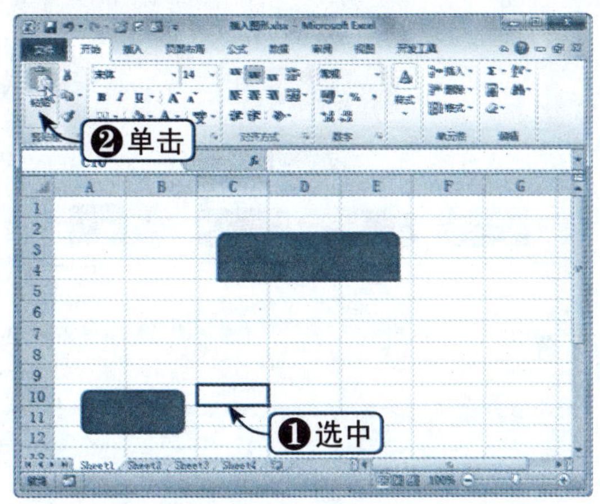

Step 03 查看复制效果

此时，即可看到复制图形对象后的效果，如下图所示。

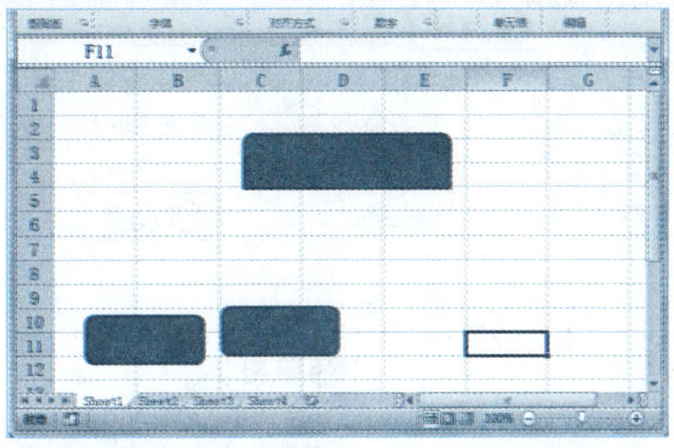

Step 04 删除图形对象

选中需要删除的图形对象，按【Delete】键即可将其删除。

7.1.3 为形状添加文字

在创建的各类图形形状中，除了直线、曲线以及任意多边形外，其他所有的形状都可以向其中添加文字。为形状添加文字的具体操作方法如下：

Step 01 选择“编辑文字”选项

继续上一节进行操作，选中图形，并在该图形上右击，在弹出的快捷菜单中选择“编辑文字”选项，如下图所示。

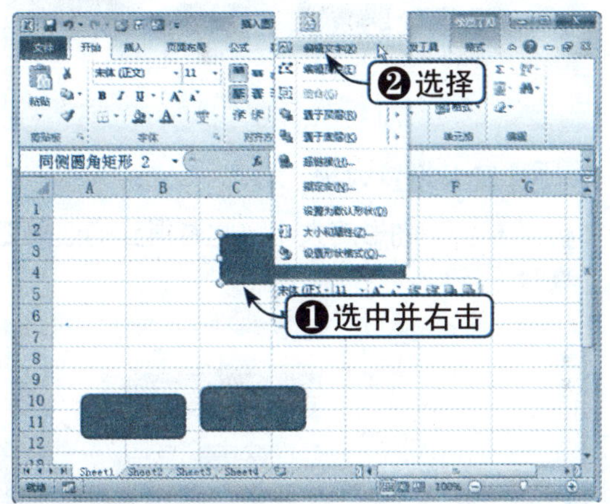

Step 02 添加文字

这时，在图形中间出现一个文字插入点，输入文字，如下图所示。

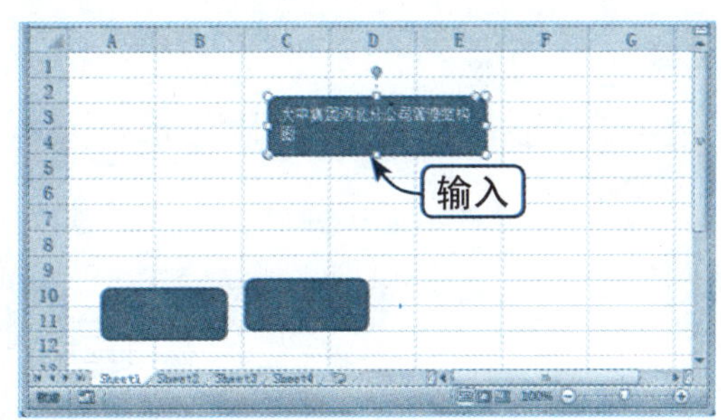

Step 03 选择“字体”选项

选中输入的文字并右击，在弹出的快捷菜单中选择“字体”选项，如下图所示。

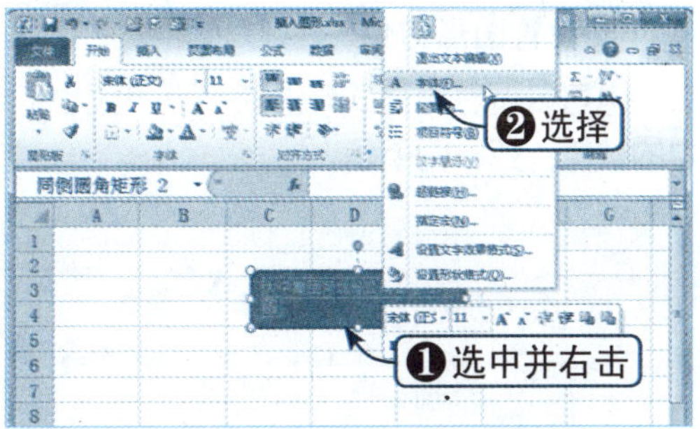

Step 04 设置字体格式

弹出“字体”对话框，选择“字体”选项卡，设置字体格式，单击“确定”按钮，如下图所示。

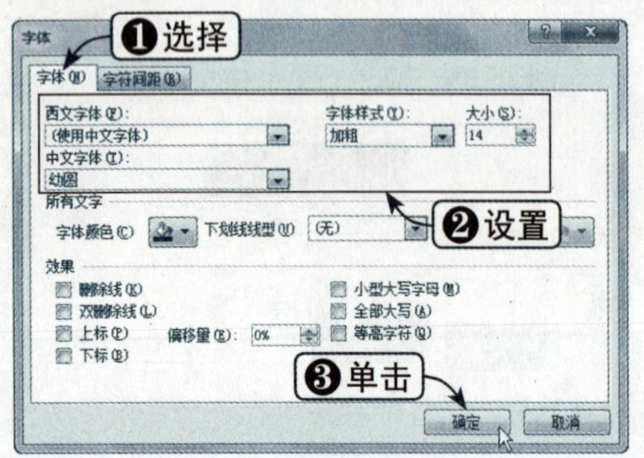

Step 05 查看设置效果

参照前面的操作方法，继续添加图形和文字，效果如下图所示。

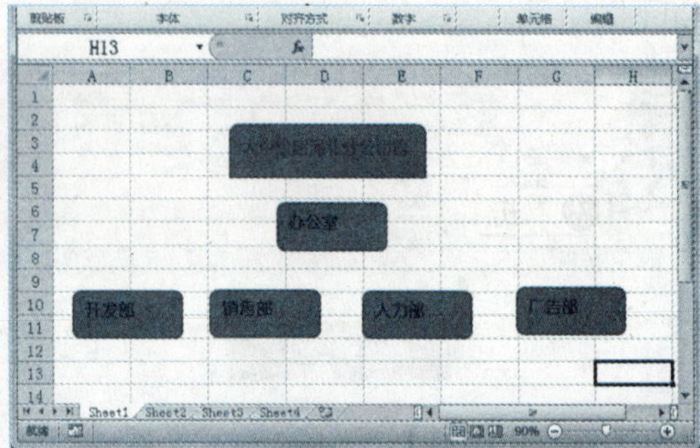

7.1.4 调整图形大小

插入后的图形往往不能符合用户的需要，用户可以根据文本内容调整图形的大小，具体操作方法如下：

Step 01 拖动调整图形大小

选中图形，拖动图形的边框，调整图形的大小，如下图所示。

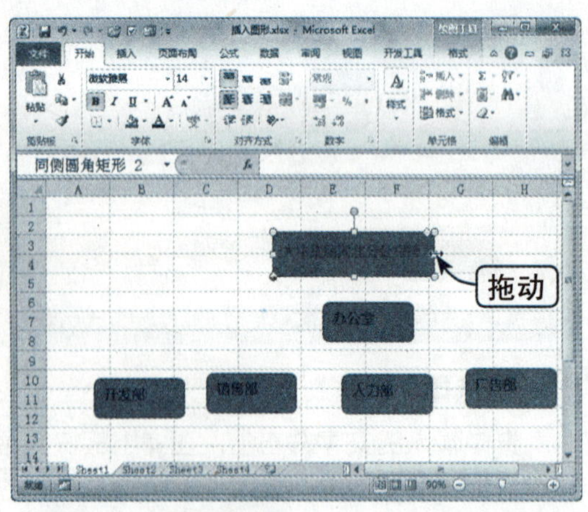

Step 02 设置图形数值

也可以调整“格式”选项卡下“大小”组中的数值，如下图所示。

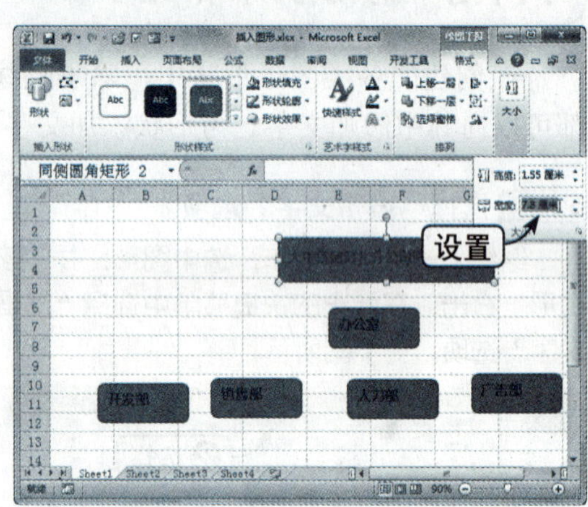

Step 03 查看设置效果

调整各个图形的大小，此时得到的效果如下图所示。

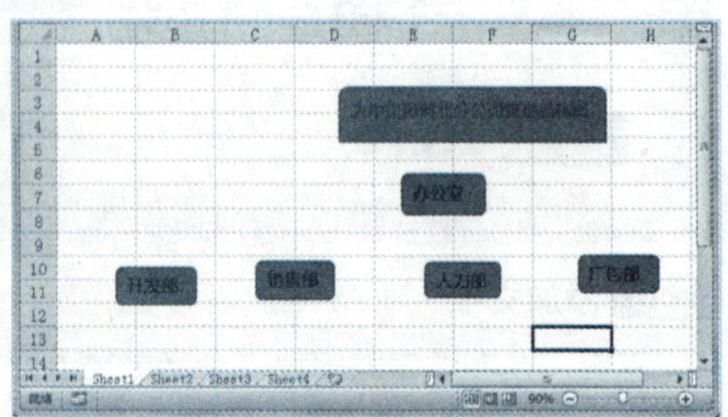

7.1.5 调整图形位置

用户可以对插入的图形进行位置上的调整，具体操作方法如下：

Step 01 选定图形

继续上一节进行操作，选定需要改变位置的图形，这时图形被八个尺寸控制点包围，如下图所示。

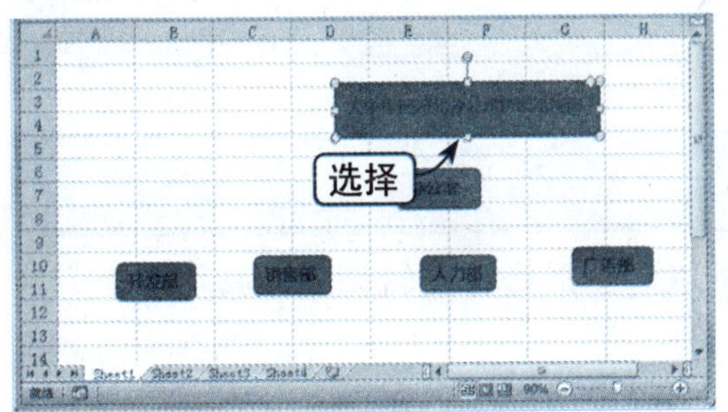

Step 02 改变图形位置

移动鼠标，当指针变为十字箭头时，按住鼠标左键并拖动图形到适合位置再释放鼠标，如下图所示。

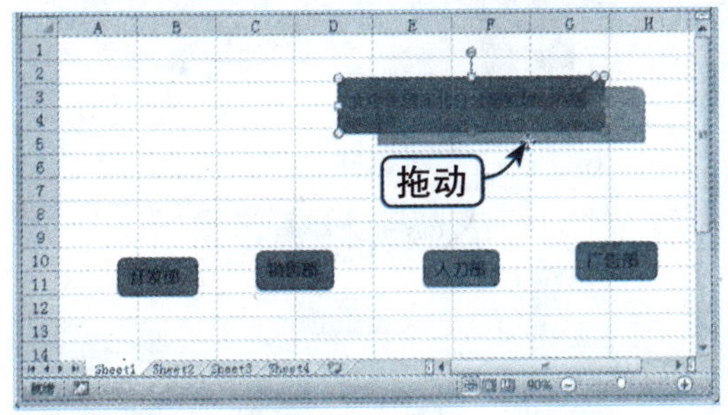

Step 03 选择多个图形

按住【Shift】键不放，分别单击下面的四个图形，选择多个图形，如下图所示。

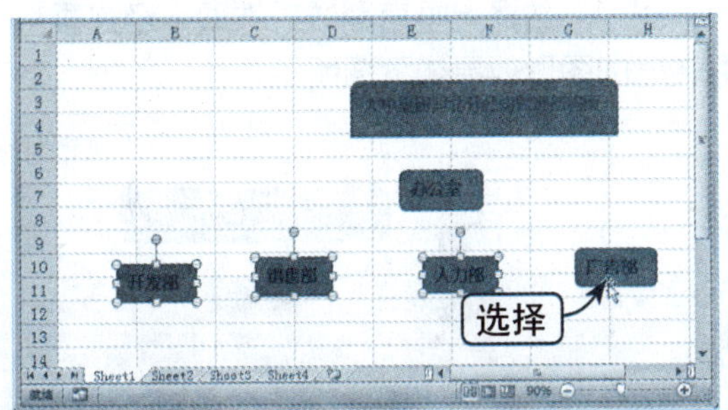

Step 04 设置顶端对齐

单击“格式”选项卡下“排列”组中的“对齐”下拉按钮，在弹出的下拉列表中选择“顶端对齐”选项，如下图所示。

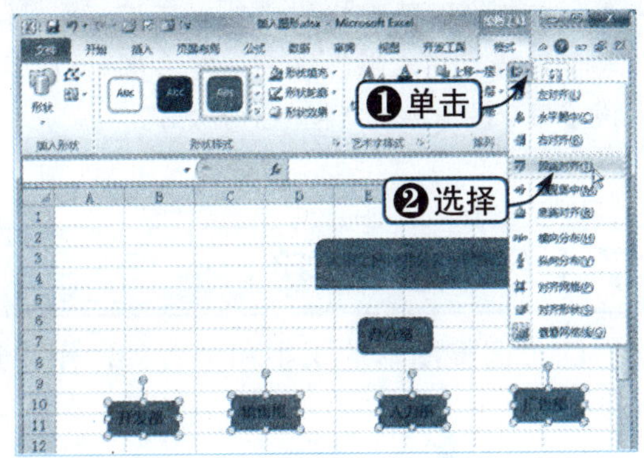

Step 05 设置横向分布

采用同样的方法，再设置其为“横向分布”，如下图所示。

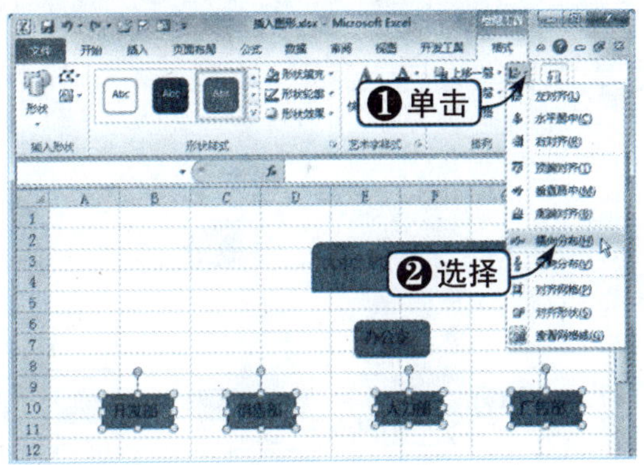

Step 06 设置水平居中

选中上方两个图形，设置对齐方式为“水平居中”，如下图所示。

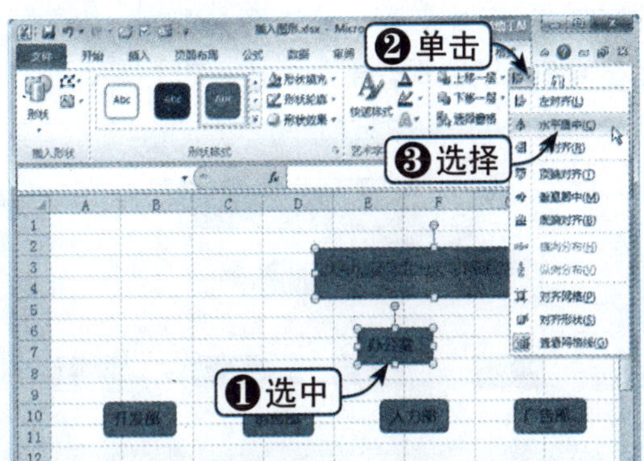

Step 07 查看设置效果

设置各个图形的位置后，还可以进行手动调节，效果如右图所示。

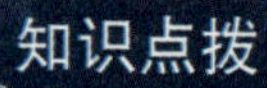

打开“设置形状格式”对话框，在左侧选择“文本框”选项，在右侧可以设置每个图形中文本框的对齐方式。

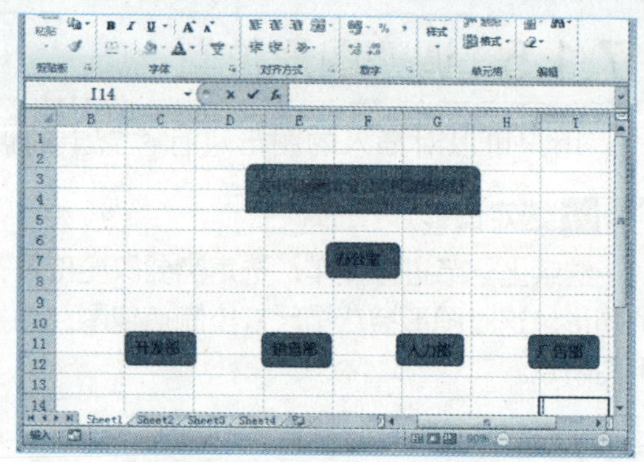

7.1.6 旋转形状

除了调整图形的大小和位置外，用户还可以对图形进行旋转调整，具体操作方法如下：

Step 01 旋转图形

继续上一节进行操作，插入一个箭头图形，如下图所示。

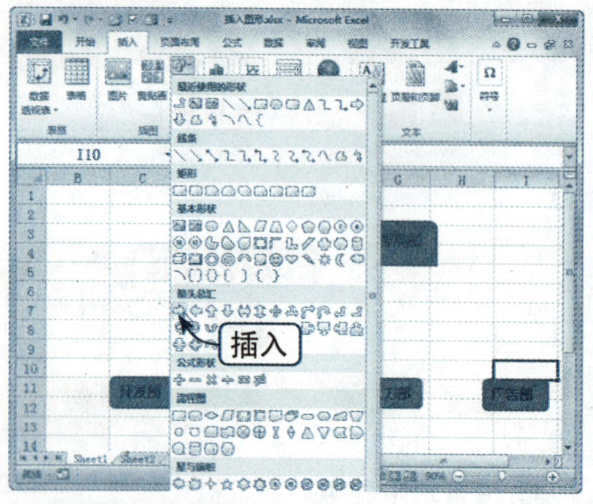

Step 02 拖动鼠标旋转形状

选中箭头图形，将鼠标指针移到绿色的旋转控制点上，指针变成旋转箭头形状，按住鼠标左键并拖动以旋转箭头形状，如下图所示。

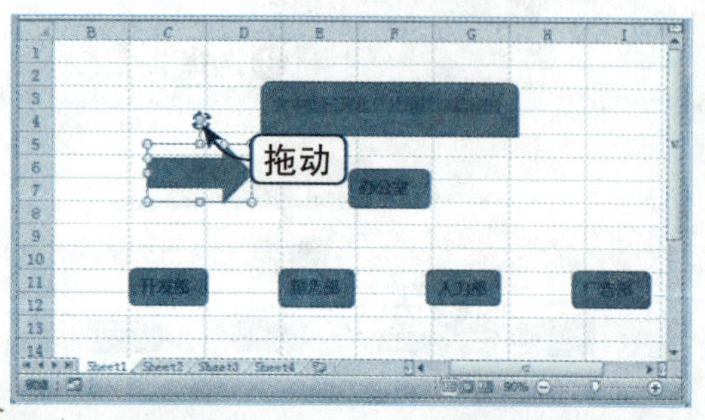

Step 03 选择旋转选项

选中插入的图形，单击“格式”选项卡下“排列”组中的“旋转”下拉按钮，在弹出的下拉列表中选择合适的旋转选项，如下图所示。

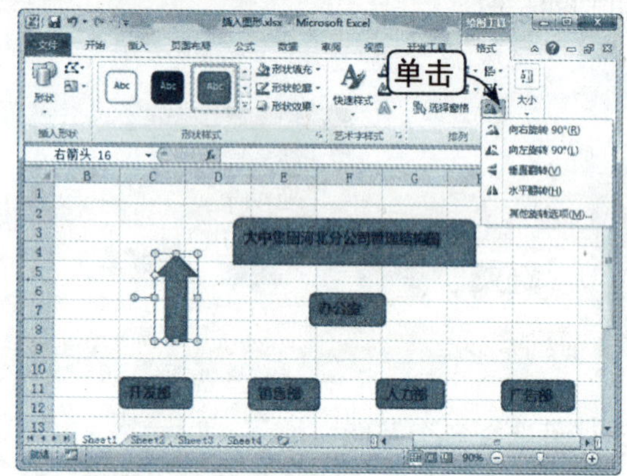

Step 04 查看翻转效果

例如，选择“垂直翻转”选项，经过垂直翻转后的图形效果如下图所示。

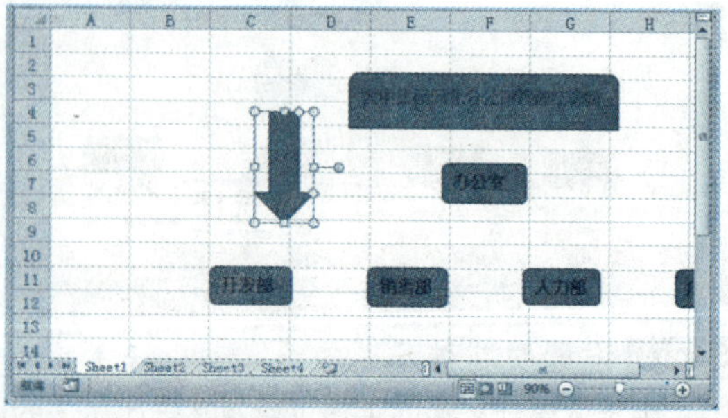

Step 05 调整旋转图形

调整图形的大小和位置，并移动到合适的位置，如右图所示。

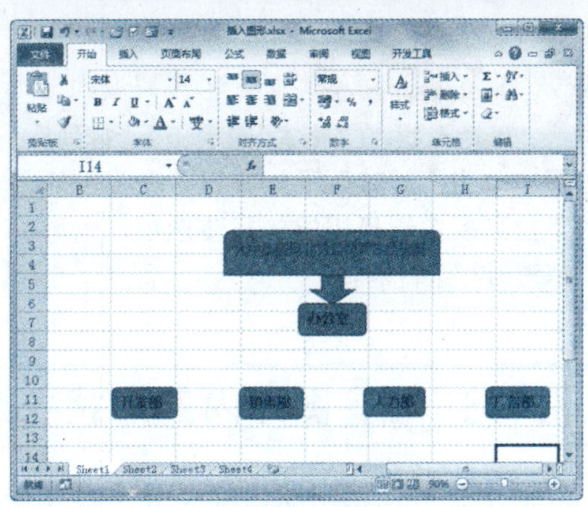

知识点拨

如果想要向左或向右对图形旋转 90 度，可以使用功能区中相应的按钮来完成操作。

7.1.7 翻转图形

有时插入图形的方向与所需的方向正好相反，这时可以翻转图形，具体操作方法如下：

Step 01 选择图形

继续上一节进行操作，参照前面的方法选择新图形，如下图所示。

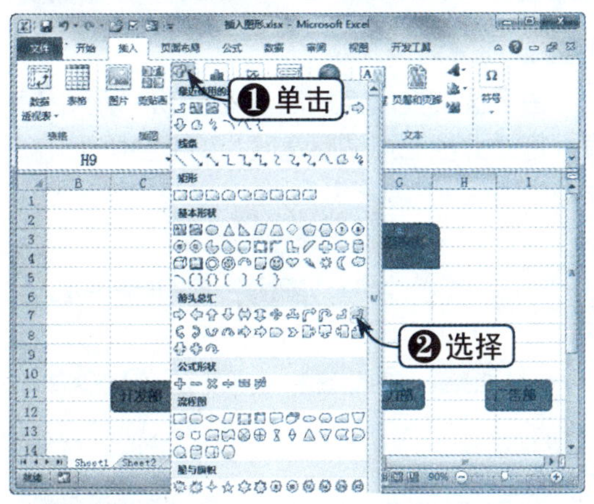

Step 02 绘制图形

拖动鼠标，绘制图形，效果如下图所示。

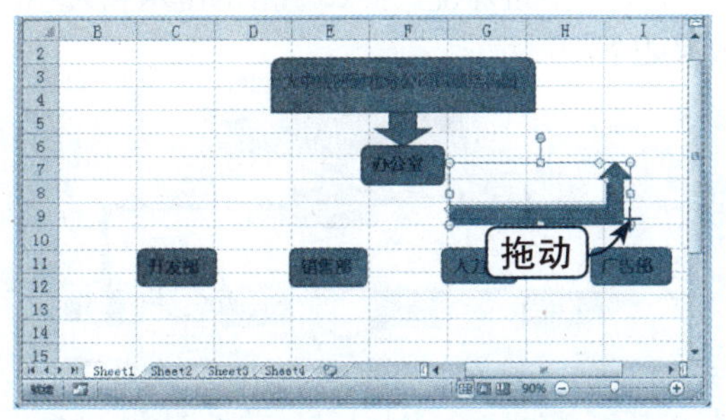

Step 03 翻转图形

将鼠标指针移至图形下边框，当其变成双向箭头时反向拖动鼠标，如下图所示。

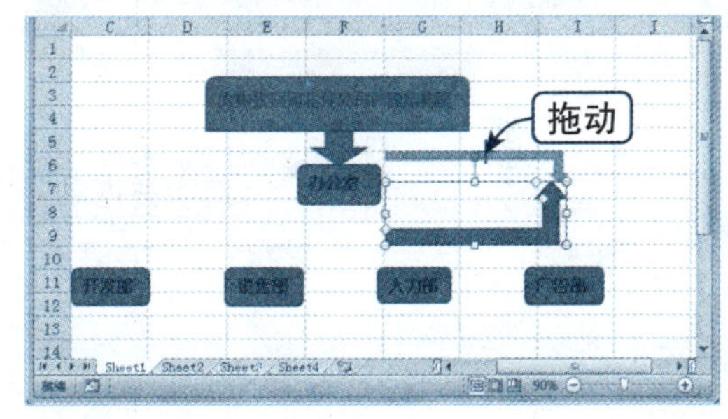

Step 04 查看翻转效果

此时，即可将图形翻转过来，效果如下图所示。

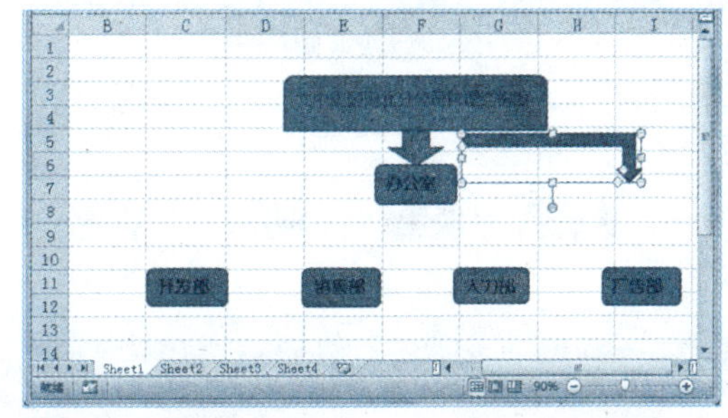

Step 05 调整图形

翻转后调整图形的大小和位置，得到的效果如下图所示。

知识点拨

选择形状，在"格式"选项卡下"排列"组中单击"旋转"下拉按钮，在弹出的下拉列表中选择相应的翻转选项，也可以对形状进行翻转。

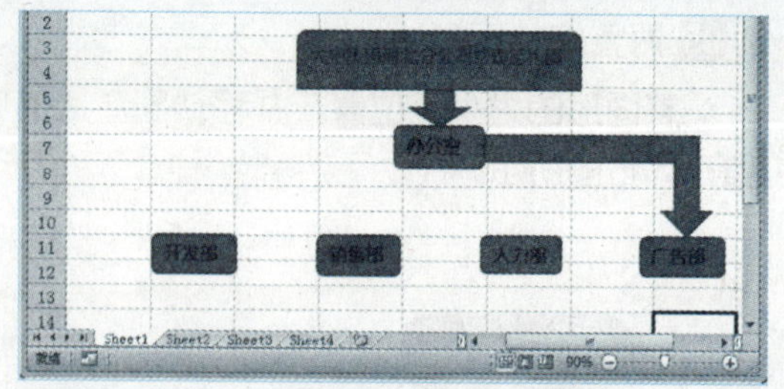

7.1.8 设置图形内部形状

对于某些图形形状，除了 8 个尺寸控制点和 1 个旋转控制点外，还会有一个黄色的控制点，用来调整图形内部的形状。设置图形内部形状的具体操作方法如下：

Step01 选择图形

继续上一节进行操作，选中图形，拖动左上角的黄色控制点，如下图所示。

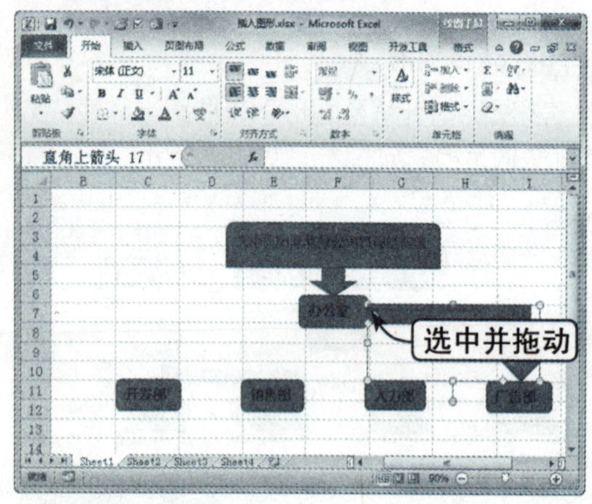

Step02 调整边线

拖动到适当程度后释放鼠标，如下图所示。

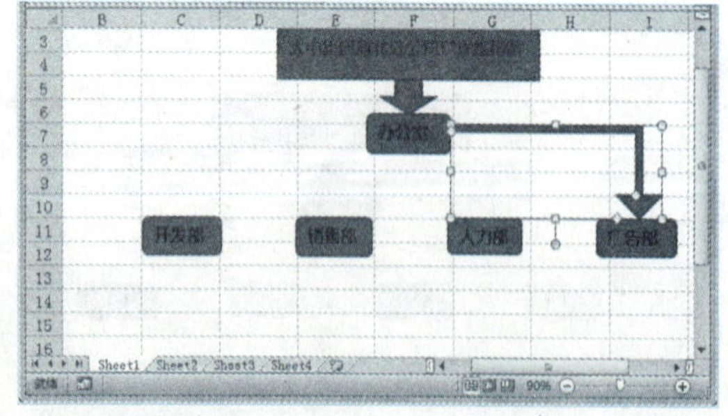

Step03 调整箭头高度

拖动最右面的控制点，可以调整箭头的高度，如下图所示。

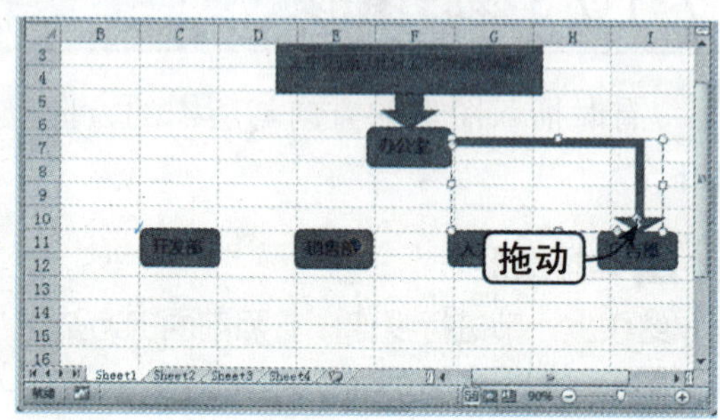

Step04 调整箭头宽度

最下面的控制点控制着内部形状箭头的宽度，拖动此控制点调整宽度，如下图所示。

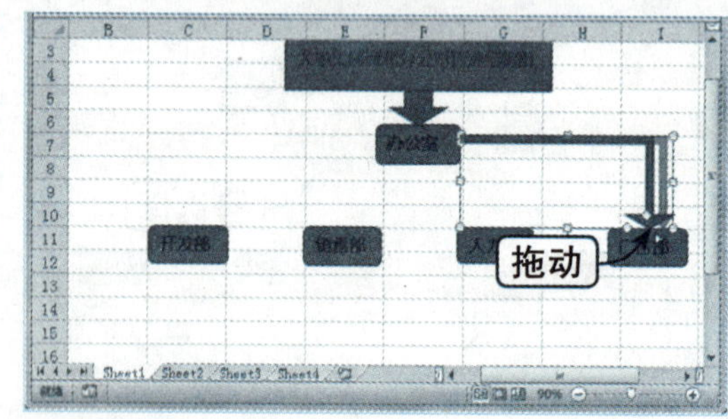

Step05 查看调整效果

修改内部形状后，微调图形的位置和大小，效果如下图所示。

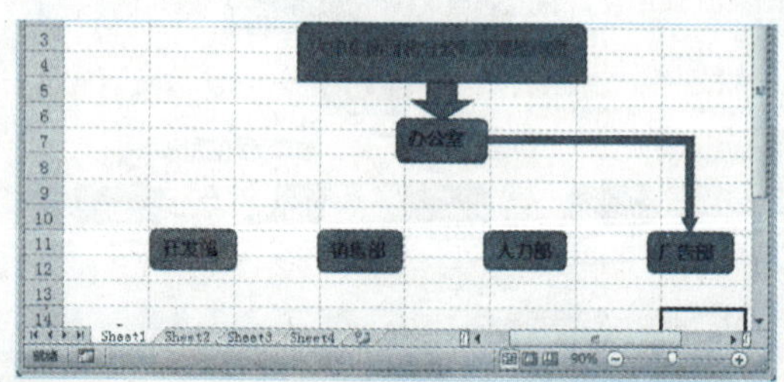

7.1.9 设置形状的外观

默认情况下，插入的形状都为蓝色。用户可以快速改变图形的外观，具体操作方法如下：

Step 01 单击“其他”下拉按钮

继续上一节进行操作，选择需要改变外观样式的图形形状，单击“格式”选项卡下“形状样式”组“形状样式”列表框中的“其他”下拉按钮，如下图所示。

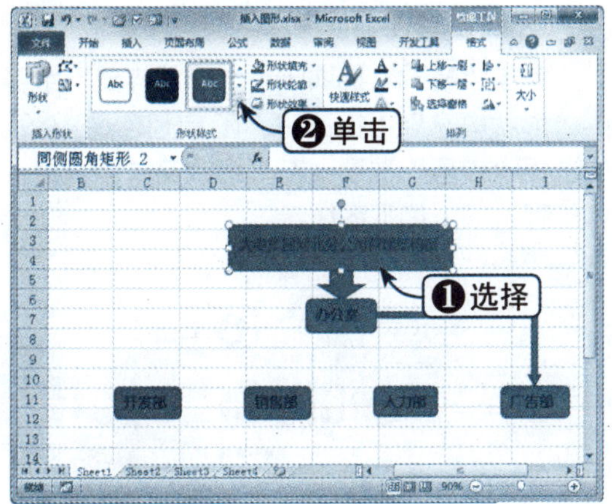

Step 02 选择样式

在弹出的外观样式列表中选择需要的样式，如下图所示。

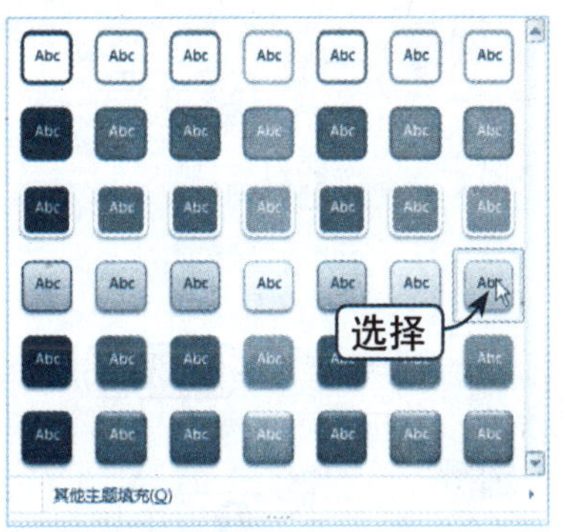

Step 03 查看设置效果

应用样式，为其他图形也设置不同的样式，效果如下图所示。

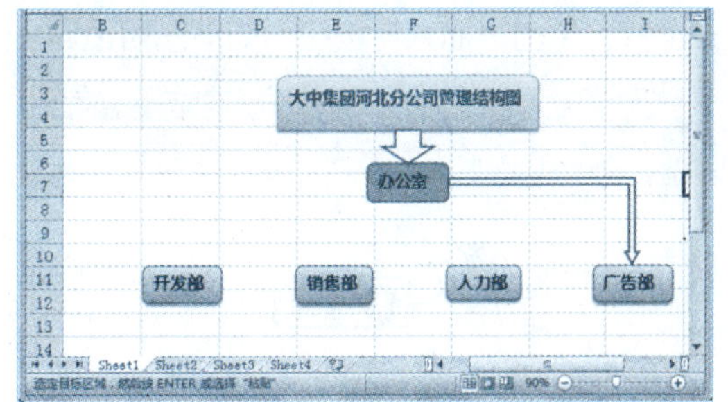

7.1.10 设置形状填充

为了使插入的图形形状更加美观，用户可以设置图形形状填充效果，具体操作方法如下：

Step 01 填充蓝色

继续上一节进行操作，插入其他箭头完善图形。选中图形，单击“格式”选项卡下“形状样式”组中的“形状填充”下拉按钮，在弹出的下拉列表中选择“蓝色”，即可填充蓝色，如右图所示。

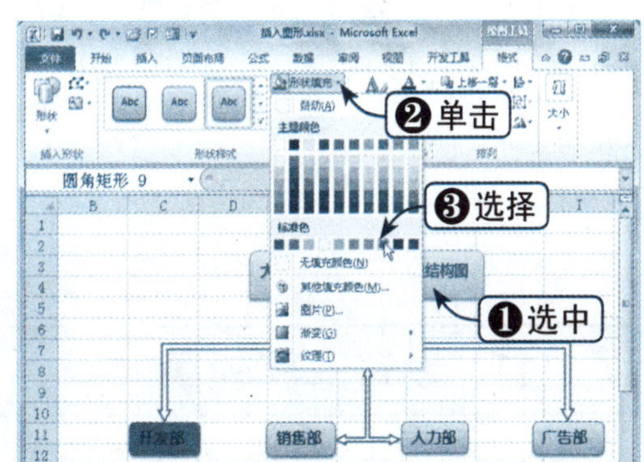

Step 02 设置图片填充形状

不仅可以为图形填充颜色，还可以为图形填充图片。选中图形，单击“格式”选项卡下“形状样式”组中的“填充”下拉按钮，在弹出的下拉列表中选择“图片”选项，如下图所示。

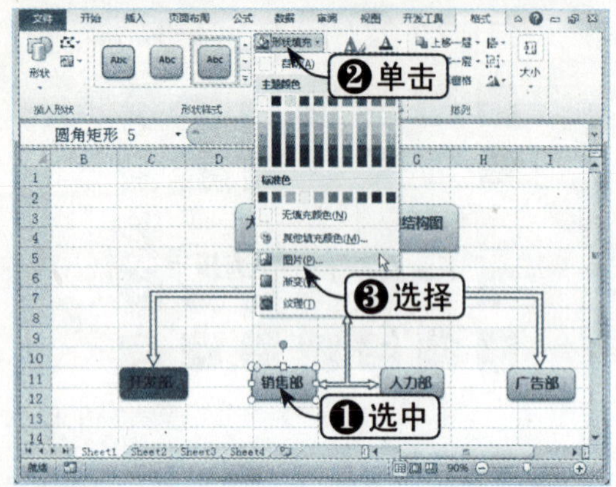

Step 03 选择插入图片

弹出“插入图片”对话框，在图片库中选择图片，单击“插入”按钮，如下图所示。

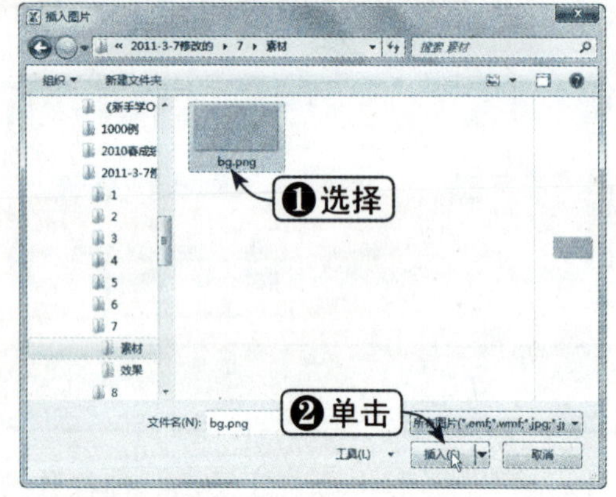

Step 04 设置渐变填充

单击“格式”选项卡下“形状样式”组中的“形状填充”下拉按钮，在弹出的下拉列表中选择“渐变”选项，在其级联菜单中选择一种渐变选项，如下图所示。

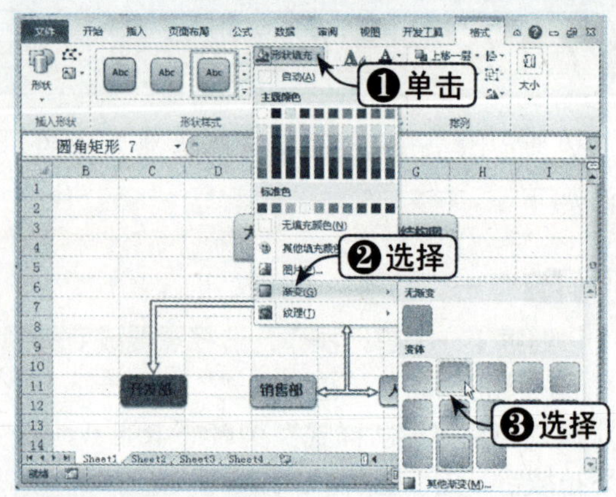

Step 05 设置纹理填充

单击“格式”选项卡下“形状样式”组中的“形状填充”下拉按钮，在弹出的下拉列表中选择“纹理”选项，在其级联菜单中选择一种纹理选项，如下图所示。

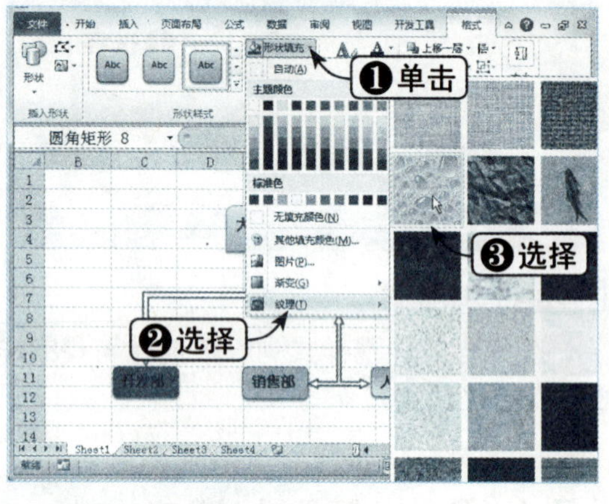

Step 06 查看设置效果

此时，即可查看设置好各种填充后的最终效果，如下图所示。

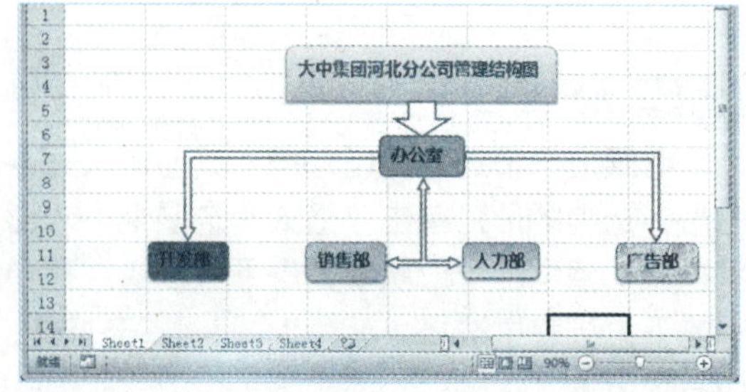

7.1.11 设置形状轮廓

插入到工作表中的形状其轮廓还可以改变，即为形状指定轮廓颜色、线型和宽度，

具体操作方法如下：

Step 01 选择轮廓颜色

继续上一节进行操作，选中某个图形，单击“格式”选项卡下“形状样式”组中的“形状轮廓”下拉按钮，在弹出的下拉列表中选择一种颜色，如下图所示。

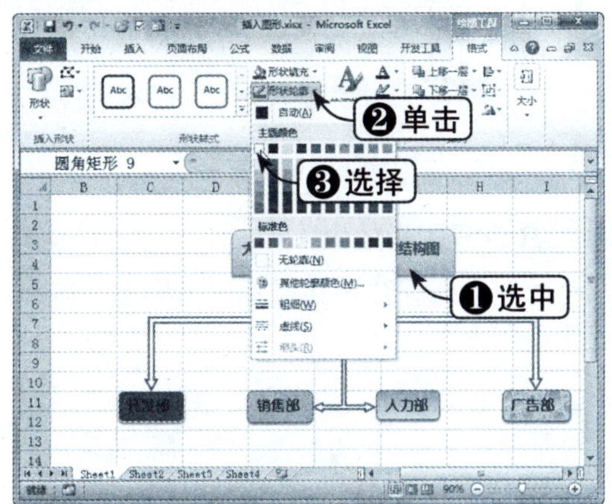

Step 02 设置轮廓粗细

单击“形状样式”组中的“形状轮廓”下拉按钮，在弹出的下拉列表中选择“粗细”选项，在线条列表中选择一个选项，如下图所示。

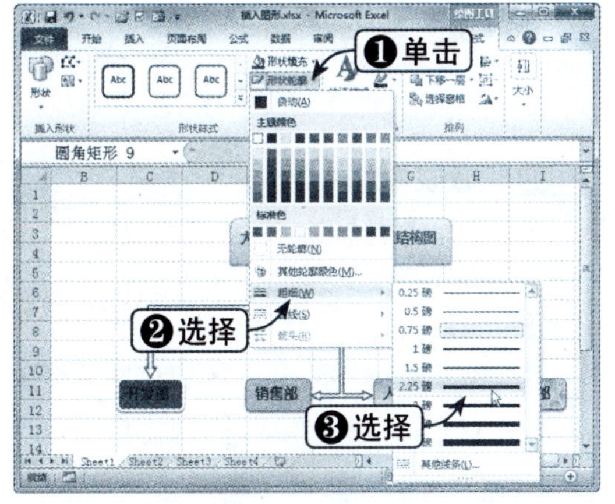

Step 03 设置轮廓线型

单击“形状轮廓”下拉按钮，在弹出的下拉列表中选择“虚线”选项，在其级联菜单中选择一种线型，如下图所示。

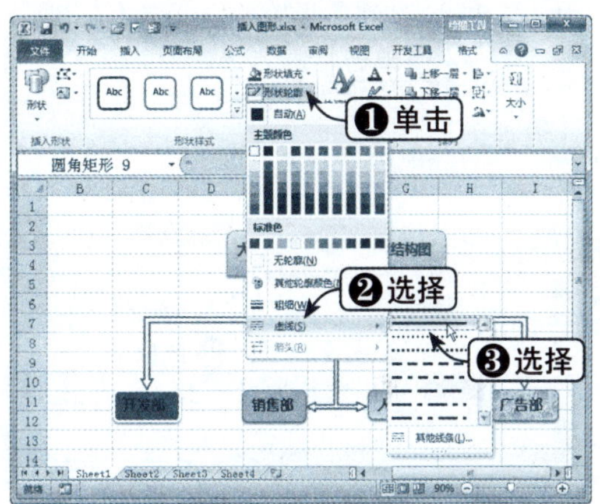

Step 04 查看设置效果

可以照此方法继续为不同的图形设置不同的轮廓，效果如下图所示。

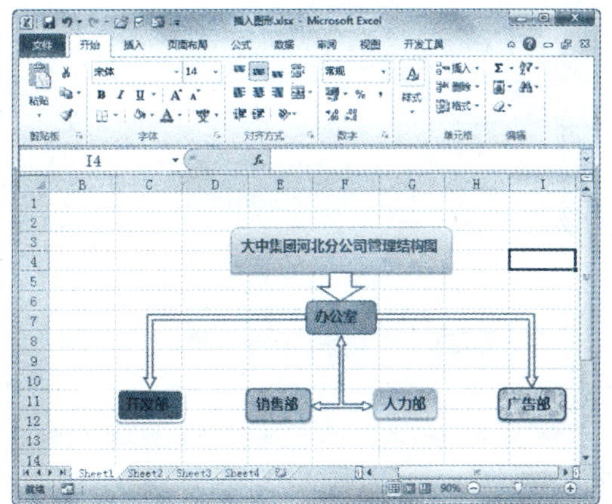

7.1.12 设置形状效果

设置形状效果就是为图形设置三维效果、阴影、映像、发光、柔化边缘、棱台及三维旋转效果等。下面将详细介绍如何为图形设置这些形状效果，具体操作方法如下：

Step01 使用预设效果

继续上一节进行操作，选中图形，单击“格式”选项卡下“形状样式”组中的“形状效果”下拉按钮，在弹出的下拉列表中选择“预设”选项，在其级联菜单中选择合适的效果选项，如下图所示。

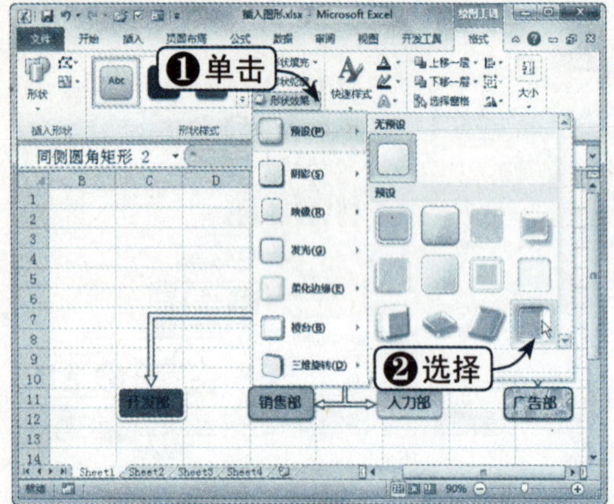

Step02 查看预设效果

使用预设快速设置图形，此时得到的效果如下图所示。

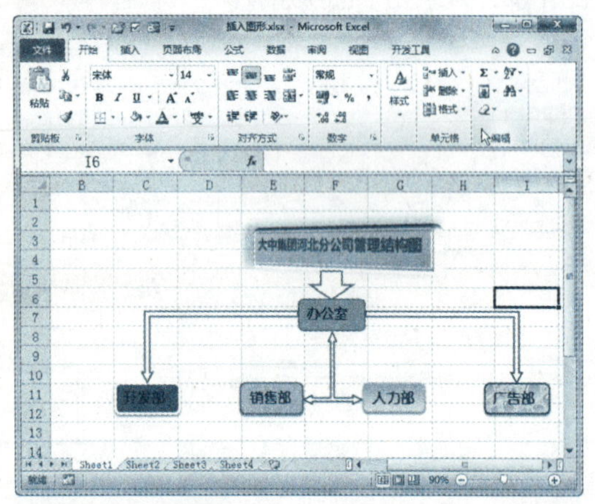

Step03 选择阴影效果

撤销上一步操作，选中图形，单击“格式”选项卡下“形状样式”组中的“形状效果”下拉按钮，在弹出的下拉列表中选择“阴影”选项，在其级联菜单中选择一种阴影效果，如下图所示。

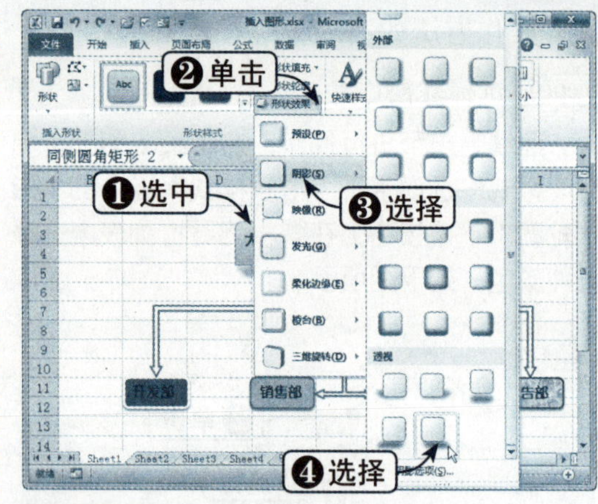

Step04 查看阴影效果

此时，即可查看设置图形阴影后的效果，如下图所示。

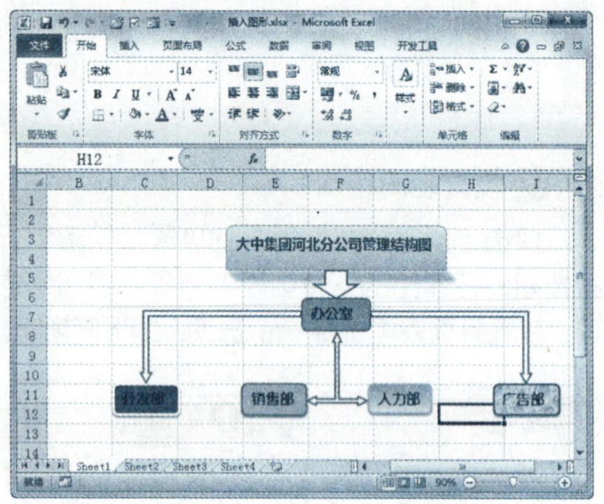

Step05 设置映像

选中四个子类图形，在“形状效果”下拉列表中选择“映像”选项，在弹出的列表中选择合适的选项，如下图所示。

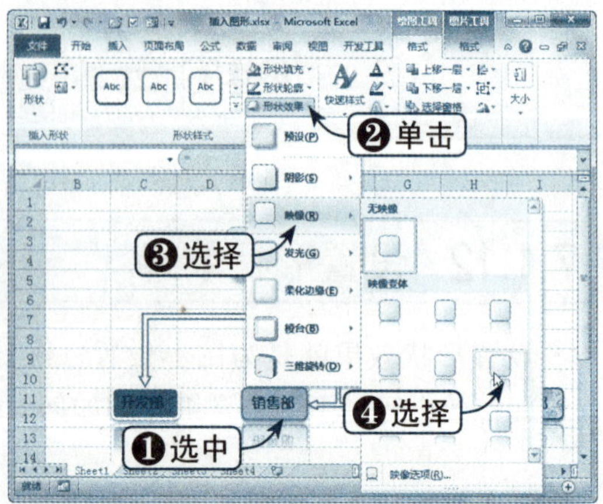

Step 06 查看映像效果

此时，即可查看设置映像后的图形效果，如下图所示。

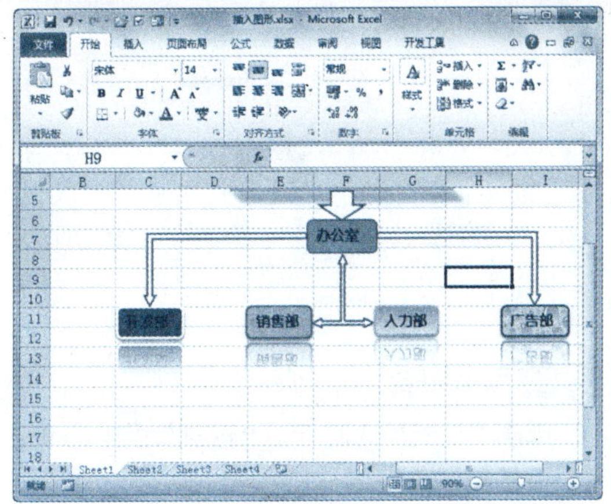

Step 07 设置棱台效果

选中首个图形，在“形状效果”下拉列表中选择“棱台”选项，在弹出的列表中选择合适的选项，如下图所示。

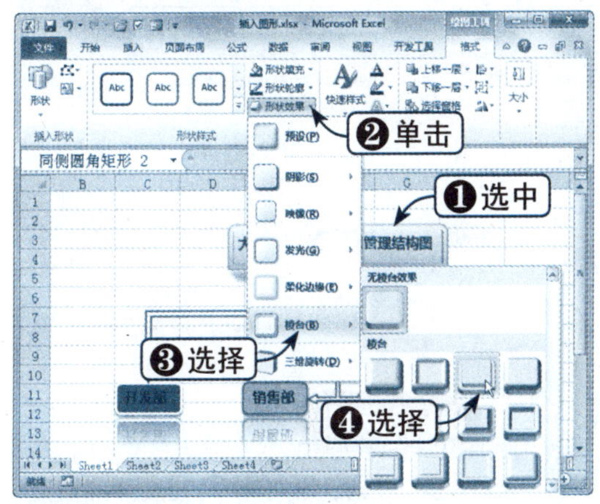

Step 08 查看棱台效果

此时，即可查看设置棱台效果后的图形，如下图所示。

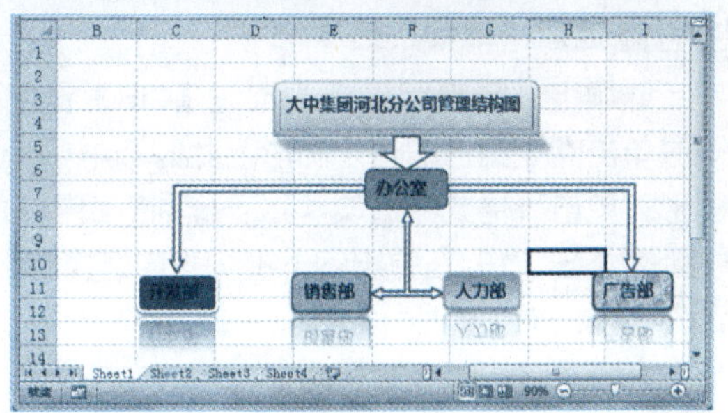

Step 09 选择三维旋转选项

在“形状效果”下拉列表中选择“三维旋转”选项，在弹出的列表中选择合适的选项，如下图所示。

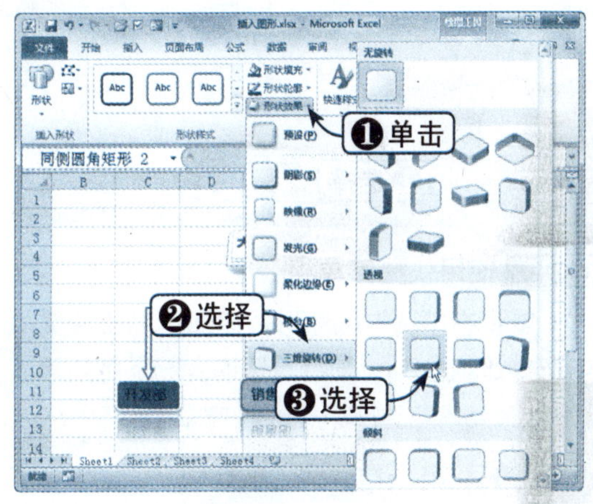

Step 10 查看旋转效果

经过三维旋转形状效果的设置之后，图形具有了立体的效果，如下图所示。

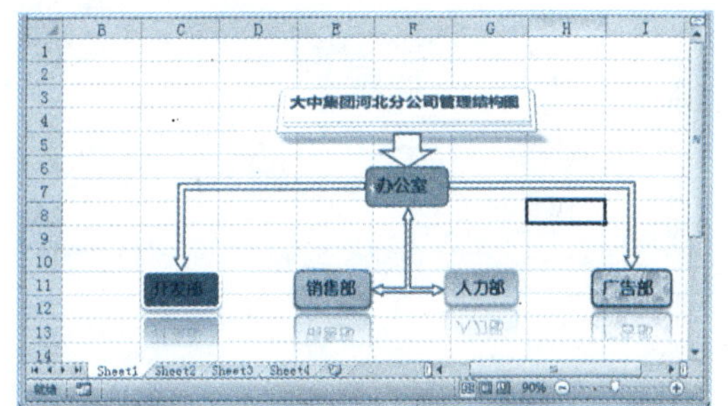

7.1.13 图形对象的组合与取消组合

用户可以对多个图形进行组合操作，组合后的一组图形将成为一个整体，对这组图形的操作就像对一个图形进行操作一样，这给工作带来了极大的方便。组合图形对象的具体操作方法如下：

Step 01 选择“组合”选项

继续上一节进行操作，按住【Ctrl】键的同时单击需要组合的各个图形，此时选中多个图形，单击“格式”选项卡下“排列”组中的“组合”下拉按钮，在弹出的下拉列表中选择“组合”选项，如下图所示。

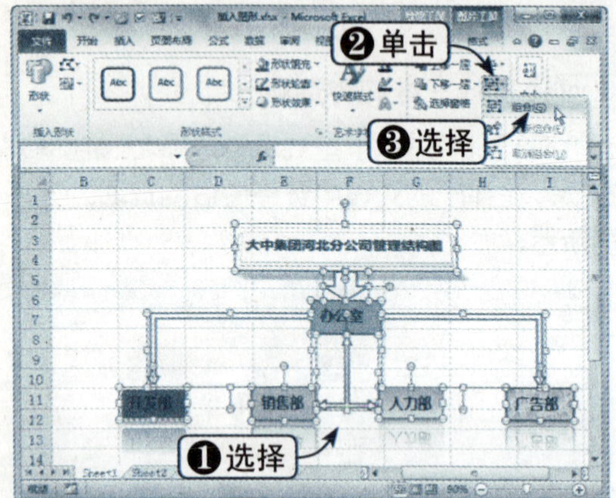

Step 02 使用快捷菜单组合

或者右击选中的图形，在弹出的快捷菜单中选择“组合”|“组合”选项，如下图所示。

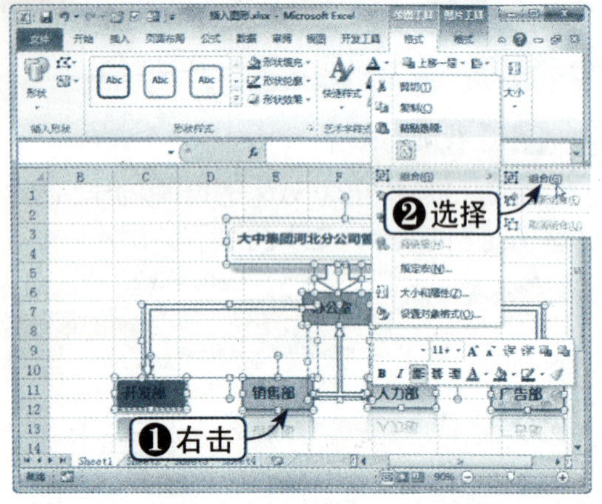

Step 03 查看组合效果

组合后的图形可以作为一个整体被放大或缩小等，效果如下图所示。

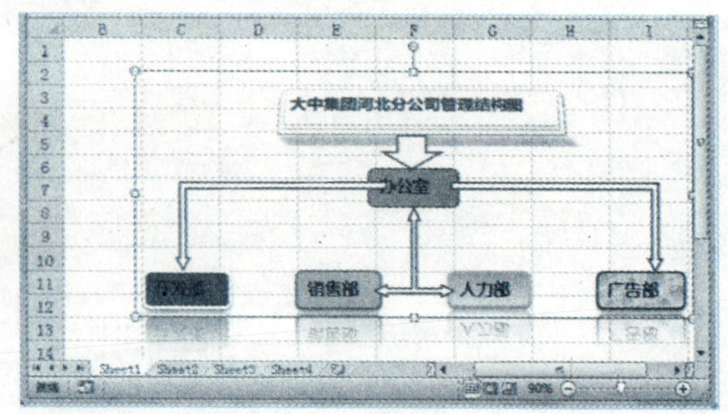

Step 04 取消组合

单击“格式”选项卡下“排列”组中的“组合”下拉按钮，在弹出的下拉列表中选择“取消组合”选项，如下图所示。

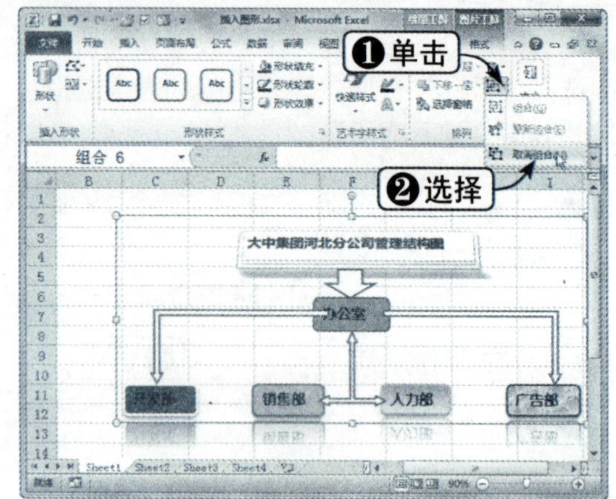

知识点拨

选中多个图形也可以同时复制和移动，但它们依然是独立的，可以分别对其进行编辑。而组合后的多个图形成为一个图形，只有取消组合后才可以进行编辑。

7.2 插入艺术字

艺术字不同于普通文字，它具有很多特殊效果，如阴影、斜体和旋转等。在工作表中插入艺术字可以提高工作表的观赏性。

7.2.1 插入艺术字

下面将详细介绍如何在工作表中插入艺术字，具体操作方法如下：

Step 01 选择艺术字

新建空白工作簿，命名并保存。单击“插入”选项卡下“文本”组中的“艺术字”下拉按钮，在弹出的下拉列表中选择一种艺术字，如下图所示。

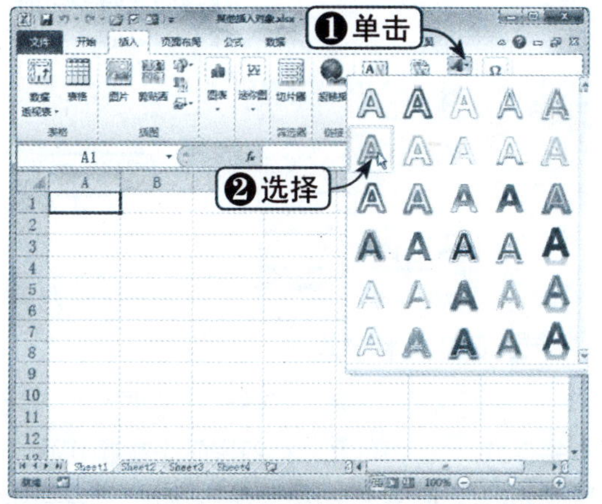

Step 02 插入艺术字

此时，工作表中会出现艺术字图形，其中包含默认文本，如下图所示。

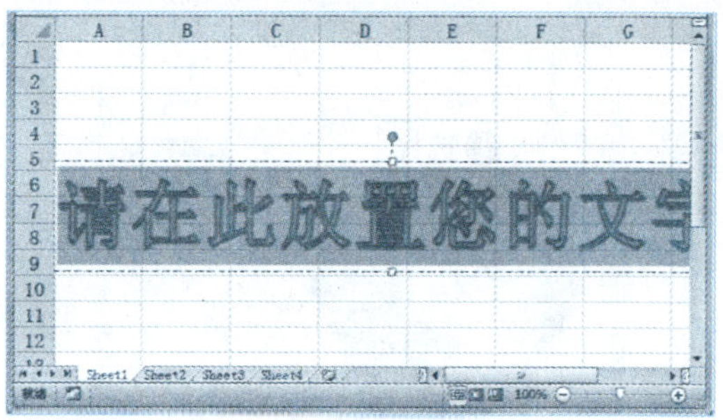

Step 03 输入艺术字文本

删除默认文本，输入需要的文本内容即可，如下图所示。

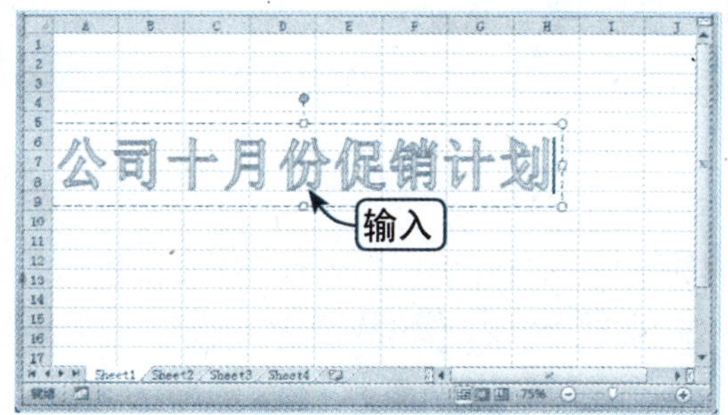

7.2.2 修改艺术字格式

插入到工作表中的艺术字可以根据需要设置它的格式，如文本填充、文本轮廓和文本效果等。修改艺术字格式的具体操作方法如下：

Step 01 选择“其他填充颜色”选项

继续上一节进行操作，选中艺术字，单击“格式”选项卡下“艺术字样式”组中的“文本填充”下拉按钮，在弹出的下拉列表中选择“其他填充颜色”选项，如右图所示。

知识点拨

除了在“艺术字样式”组中修改艺术字格式外，还可以在“形状样式”组中为其添加适当的形状样式。

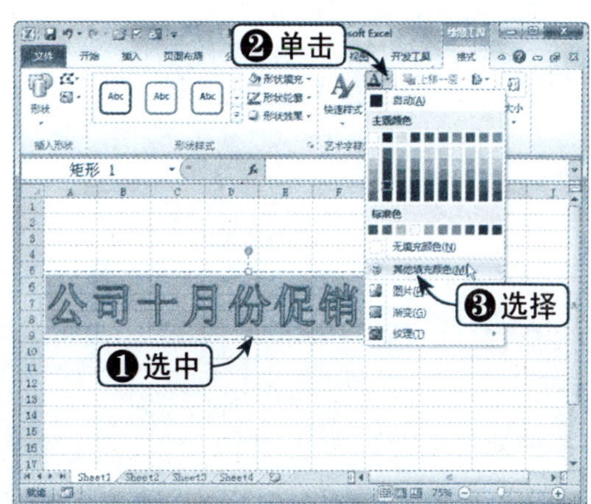

Step 02 选择颜色

弹出“颜色”对话框，选择“标准”选项卡，单击合适的色块，单击“确定”按钮，如下图所示。

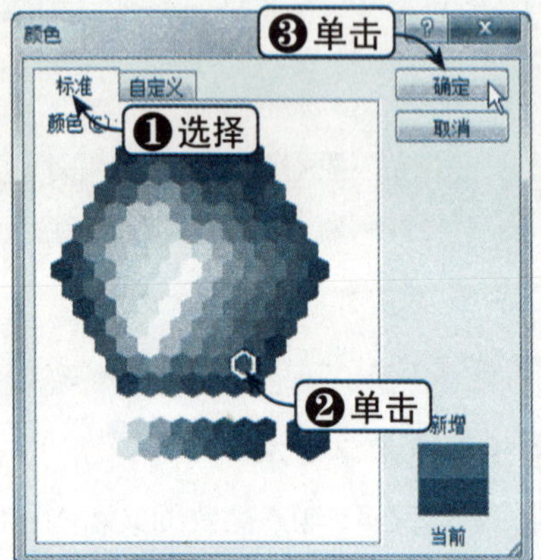

Step 03 查看填充效果

此时，艺术字内部填充颜色，得到的效果如下图所示。

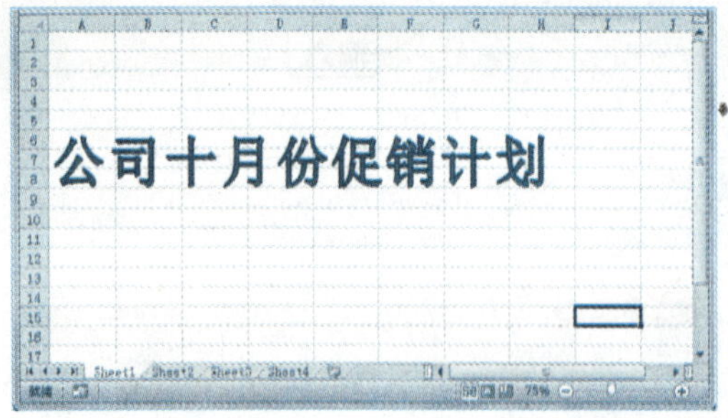

Step 04 选择色块

单击“格式”选项卡下“艺术字样式”组中的“文本轮廓”下拉按钮，在弹出的下拉列表中选择色块，如下图所示。

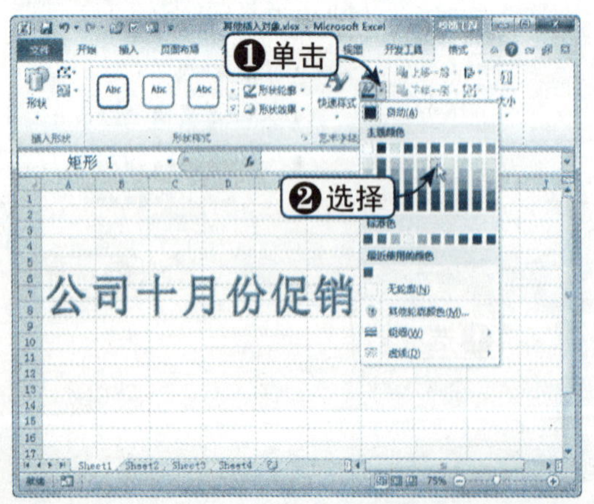

Step 05 设置轮廓粗细

单击“格式”选项卡下“艺术字样式”组中的“文本轮廓”下拉按钮，在弹出的下拉列表中选择“粗细”选项，在其级联菜单中选择合适的选项，如下图所示。

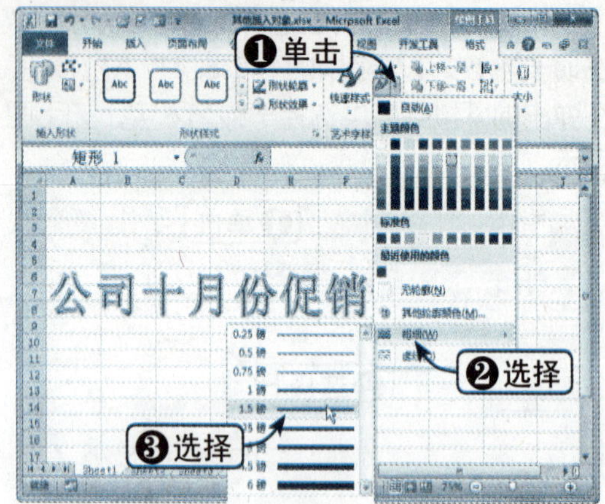

Step 06 设置艺术字效果

选中艺术字，单击“格式”选项卡下“艺术字样式”组中的“文本效果”下拉按钮，选择“转换”选项，在级联菜单中选择一种样式，如下图所示。

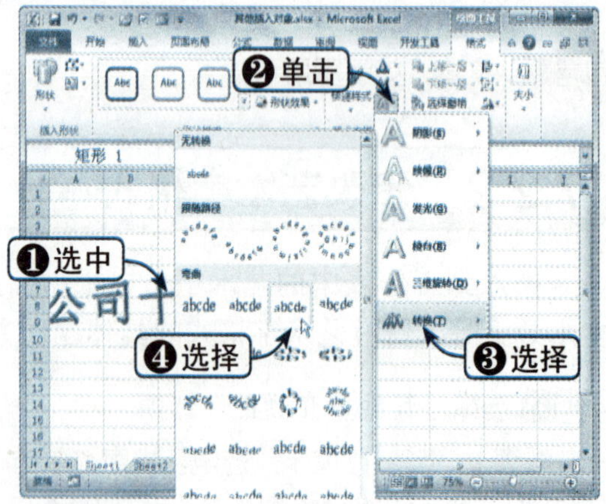

Step 07 使用快速样式

用户也可以重新选择样式，单击“快速样式”组中的“其他”下拉按钮，在弹出的列表中选择即可，如下图所示。此处暂不使用。

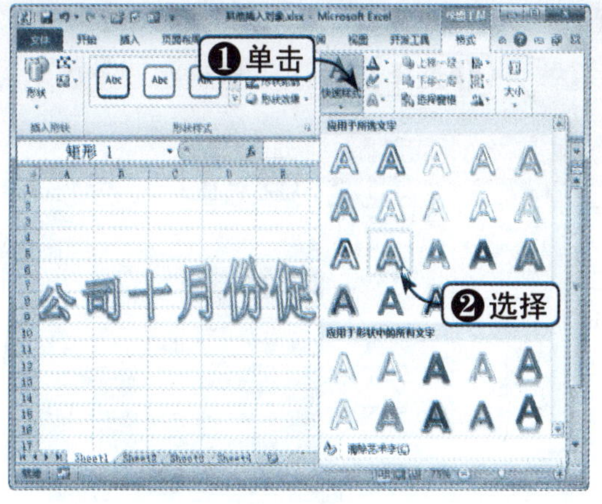

Step 08 查看最终效果

调整艺术字的位置和大小，即可得到最终效果，如下图所示。

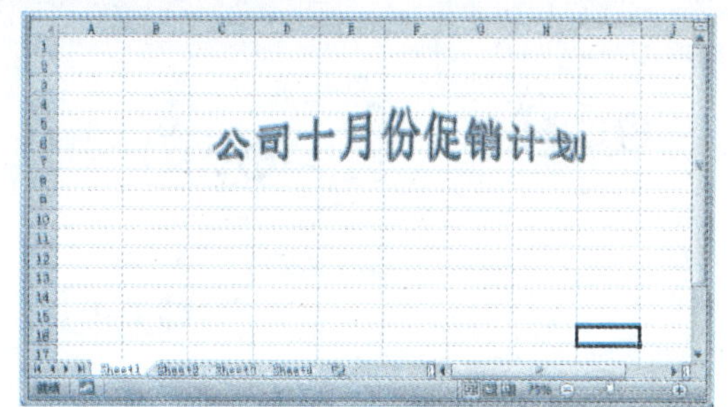

7.3 插入图片

在 Excel 中也可以像在 Word 中一样插入图片，使工作表可以显示更多、更丰富的内容，也可以使用图片来美化工作表。

7.3.1 插入剪贴画

Excel 提供了很多剪贴画类型，每个剪贴画类型中又有许多剪贴画，用户可以从丰富的剪辑库中选择剪贴画。下面将详细介绍如何在工作表中插入剪贴画，具体操作方法如下：

Step 01 单击“剪贴画”按钮

继续上一节进行操作，单击“插入”选项卡下“插图”组中的“剪贴画”按钮，如下图所示。

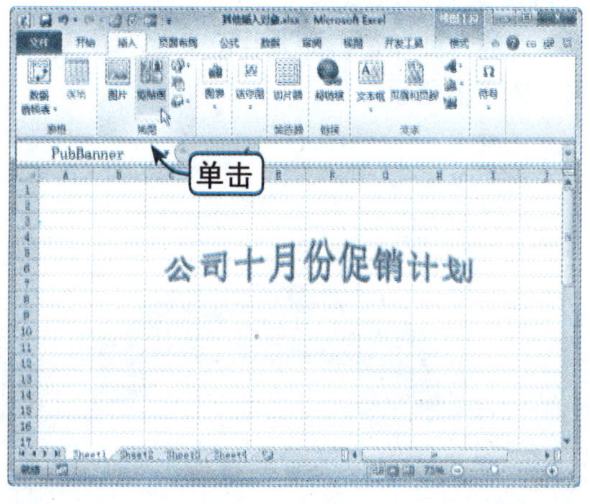

Step 02 选择剪贴画

弹出“剪贴画”任务窗格，在“结果类型”下拉列表框中选择“所有媒体文件类型”选项，单击“搜索”按钮，在图片列表框中选择一种图片，如下图所示。

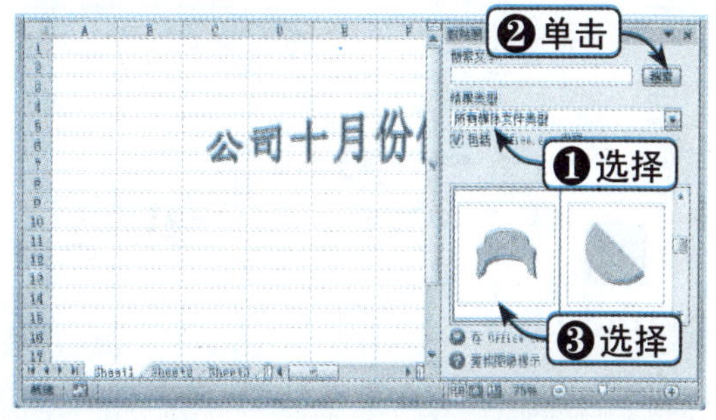

Step 03 选择“下移一层”选项

调整插入的剪贴画大小和位置，右击剪贴

画，在弹出的快捷菜单中选择“置于底层”|“下移一层”选项，如下图所示。

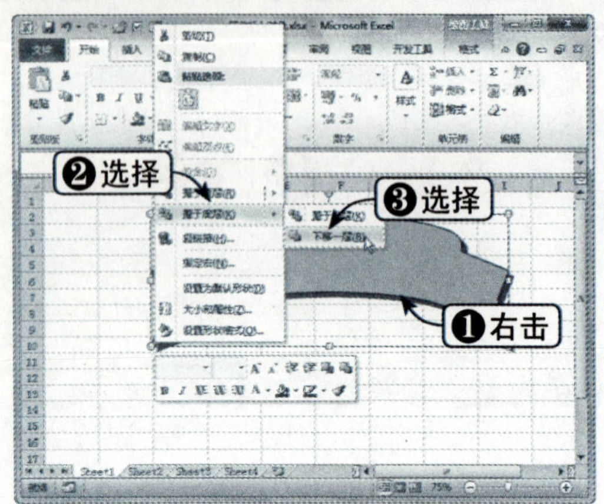

Step04 调整剪贴画效果

调整剪贴画的大小、位置和图层后，效果如下图所示。

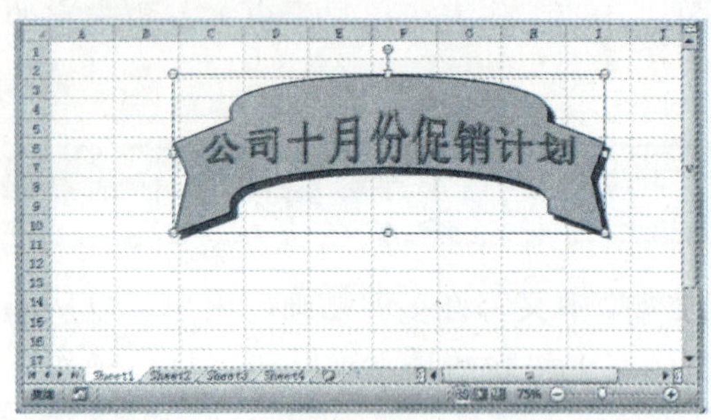

Step05 选择“设置形状格式”选项

右击剪贴画，在弹出的快捷菜单中选择“设置形状格式”选项，如下图所示。

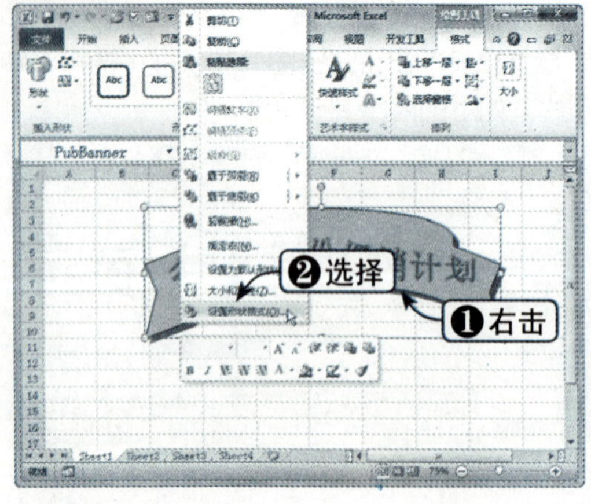

Step06 设置填充选项

弹出“设置形状格式”对话框，选择“填充”选项，根据需要设置填充色，如下图所示。

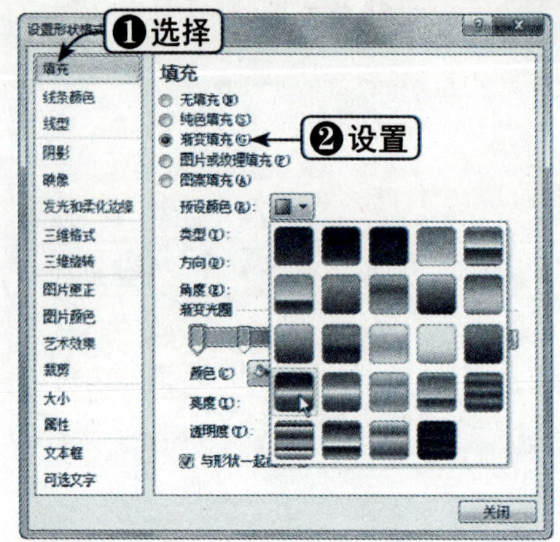

Step07 修改填充

还可以对填充的方向、颜色、透明度等进行调整，单击“关闭”按钮，如下图所示。

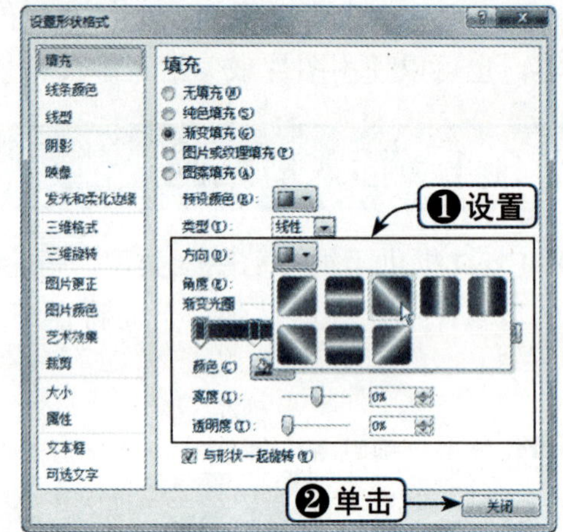

Step08 查看最终效果

此时，即可查看插入并设置剪贴画后的效果，如下图所示。

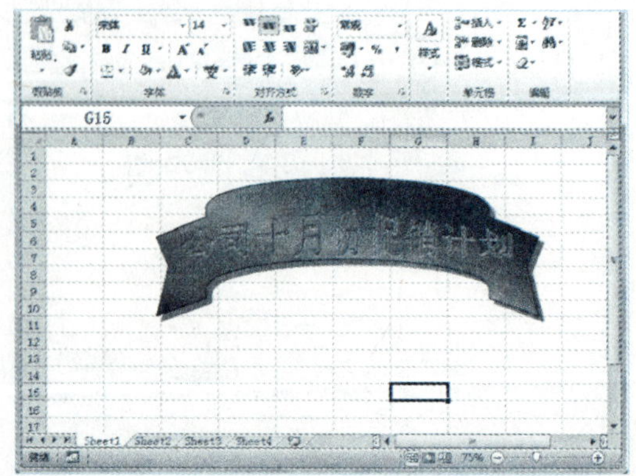

知识点拨

选中剪贴画会显示“图片工具”选项卡，利用该选项卡中的各工具按钮就可以完成对剪贴画的操作，如设置剪贴画的颜色、亮度和大小等。

7.3.2 插入图片文件

在工作表中可以插入图形和Excel提供的剪贴画，但这些图形数目有限。有了插入图片文件的功能，就可以在工作表中插入十分精美的图片。插入图片文件的具体操作方法如下：

Step01 单击“图片”按钮

继续前面进行操作，单击“插入”选项卡下“插图”组中的“图片”按钮，如下图所示。

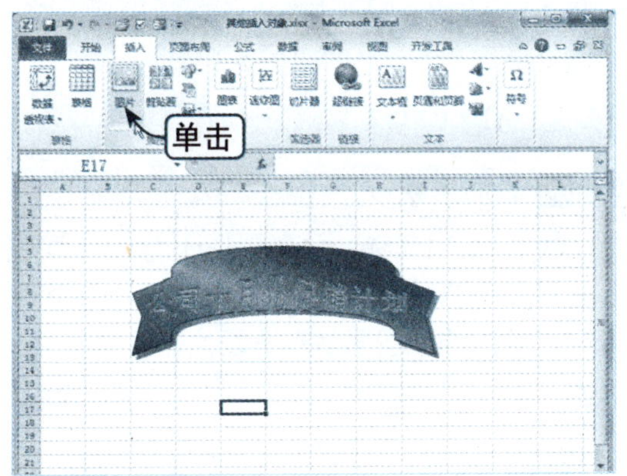

Step02 选择插入图片

弹出“插入图片”对话框，选择要插入图片所在的文件夹目录，在右窗格选择一幅图片，单击“插入”按钮，如下图所示。

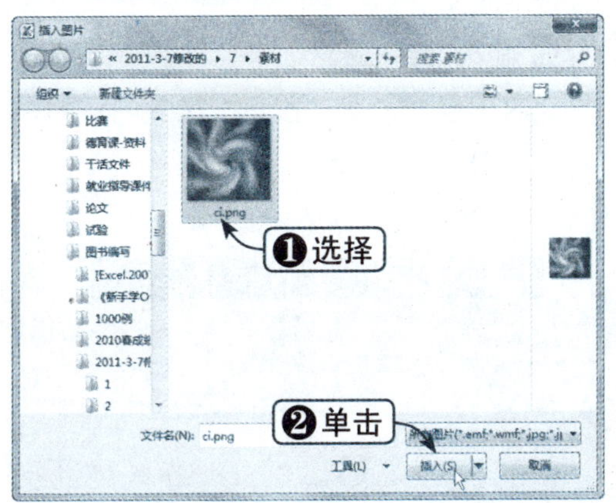

Step03 调整图片大小和位置

成功插入图片后，调整其大小和位置，如下图所示。

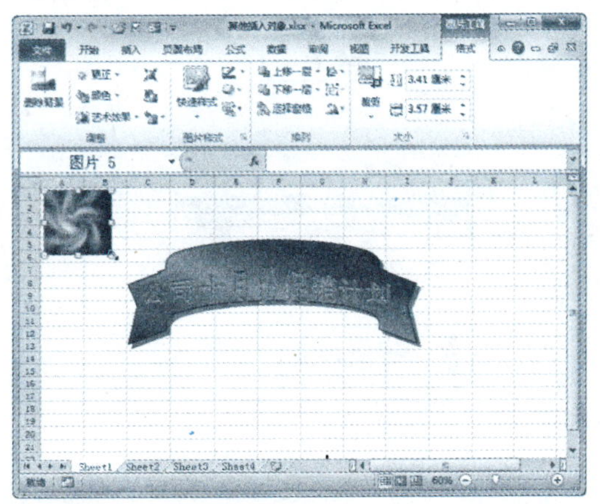

Step04 查看插入图片效果

此时，即可查看插入并设置图片的大小和位置后的效果，如下图所示。

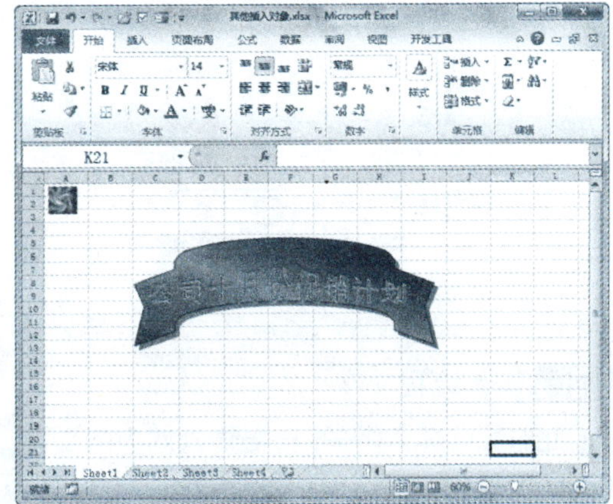

7.4 插入与设置SmartArt图形

SmartArt 图形包括水平列表、垂直列表、组织结构图和射线图等。SmartArt 图形主要用于演示流程、层次结构、循环或关系等。

7.4.1 插入与设置SmartArt图形

Excel 2010 提供的 SmartArt 图形功能极大地方便了制作各种流程图和关系图等，具体操作方法如下：

Step 01 单击“插入 SmartArt 图形”按钮

继续上一节进行操作，选择需要插入图形的单元格，单击“插入”选项卡下“插图”组中的“插入 SmartArt 图形”按钮，如下图所示。

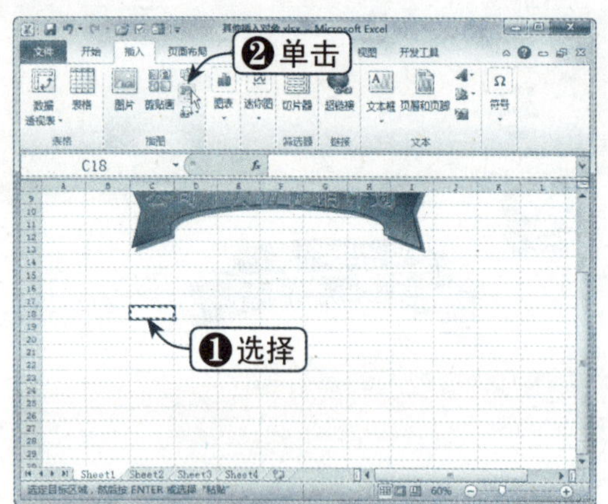

Step 02 选择 SmartArt 图形类型

弹出“选择 SmartArt 图形”对话框，选择需要的图形类型，单击“确定”按钮，如下图所示。

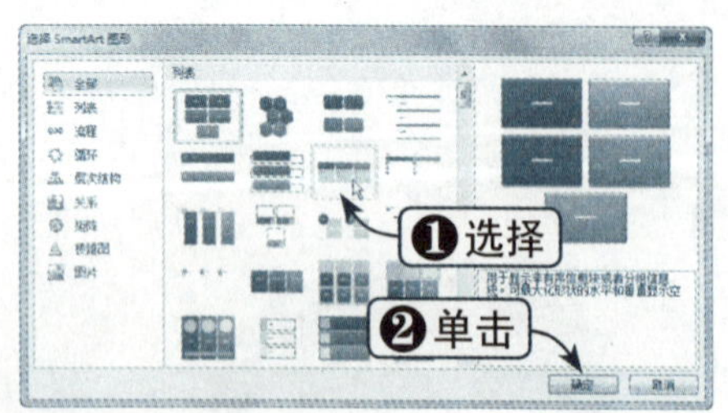

Step 03 输入流程文字

此时即可插入图形，直接输入对应的文字，如下图所示。

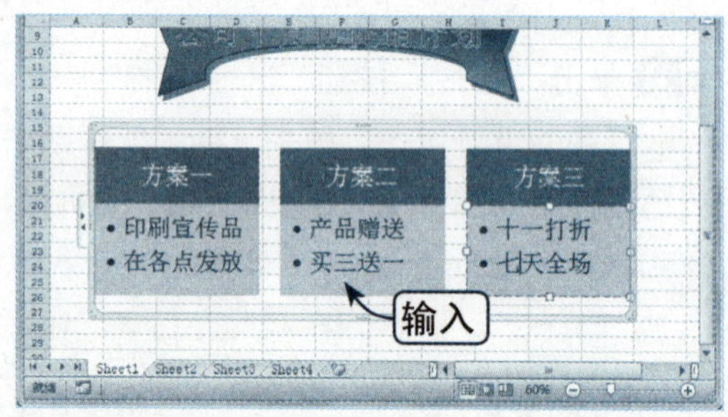

Step 04 添加形状

默认插入的 SmartArt 图形不够时，可右击图形，在弹出的快捷菜单中选择“添加形状” | “在后面添加形状”选项，如下图所示。

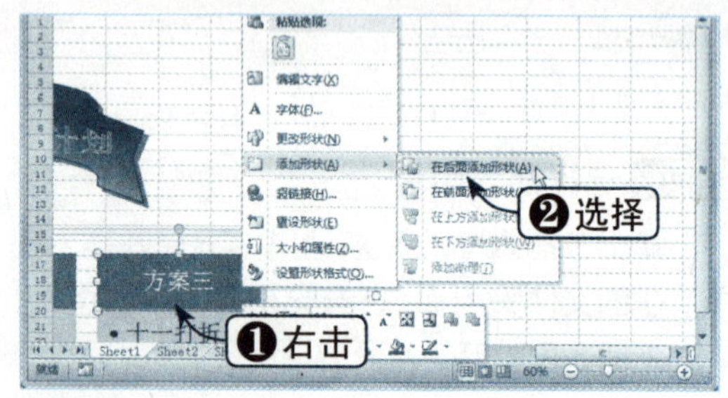

Step 05 输入内容

此时出现新形状，在其中输入内容即可，效果如下图所示。

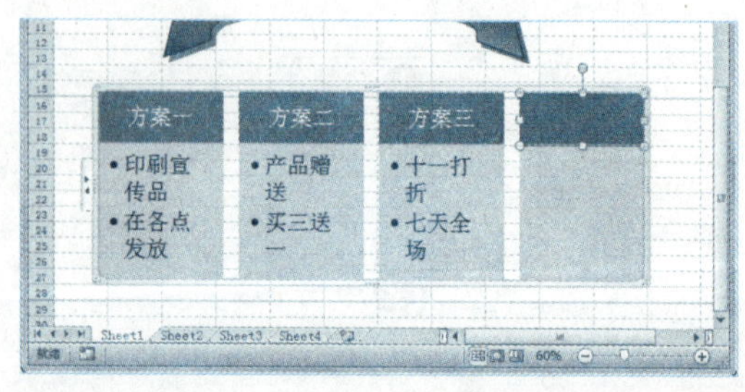

7.4.2 设置SmartArt图形的格式

SmartArt 图形的格式包括 SmartArt 图形的布局、颜色以及快速样式等，修改 SmartArt 图形的具体操作方法如下：

Step 01 选择图形布局流程

继续上一节进行操作，选中最后添加的形状，按【Delete】键将其删除。选择需要修改的 SmartArt 图形，单击“设计”选项卡下“布局”组中的“其他”下拉按钮，在弹出的下拉列表中选择一种流程，如下图所示。

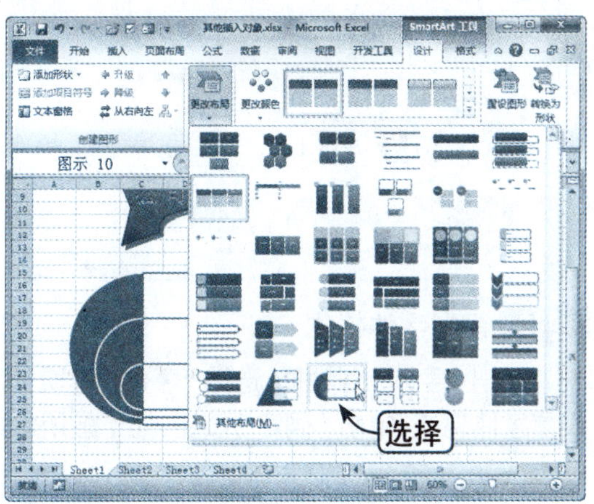

Step 02 查看修改布局效果

此时，原流程形状修改为另一种流程形状，效果如下图所示。

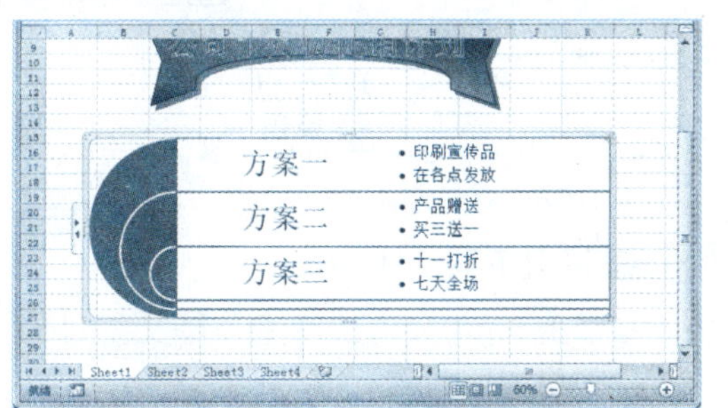

Step 03 修改 SmartArt 图形的颜色

选中需要修改颜色的 SmartArt 图形，单击“设计”选项卡下“SmartArt 样式”组中的“更改颜色”下拉按钮，选择所需的颜色，如下图所示。

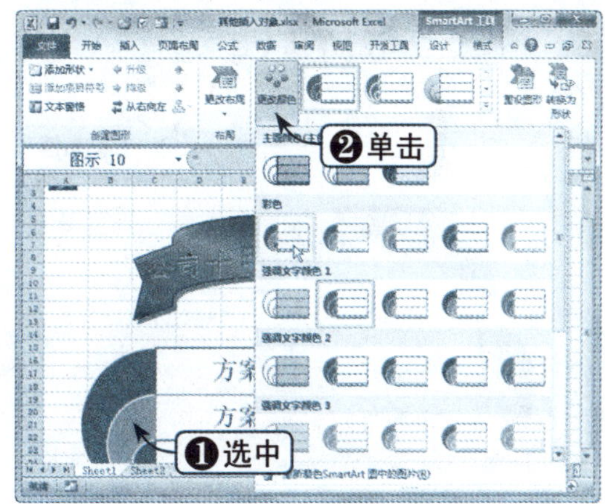

Step 04 查看修改颜色效果

此时，原流程颜色修改为另一种流程颜色，效果如下图所示。

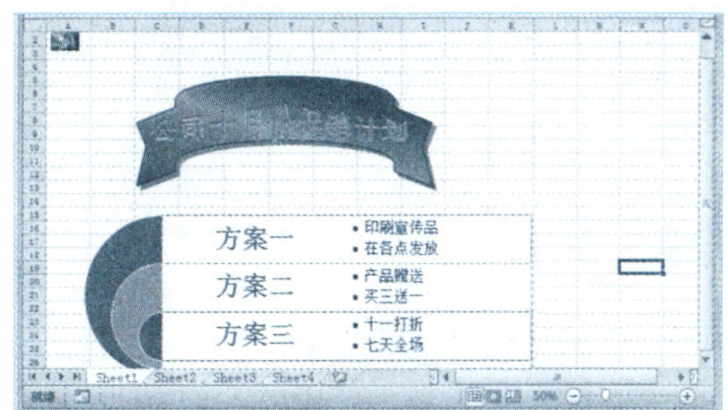

7.5 插入文本框和对象

除了在工作表中插入图形、图片以及艺术字外，还可以插入水平或垂直文本框，并且可以插入嵌入对象，如 ACD See BMP 图像、PowerPoint 演示文稿、Flash 文档、媒体剪辑和视频剪辑等。

7.5.1 插入文本框

在工作表中插入文本框的具体操作方法如下：

Step01 选择“横排文本框”选项

继续上一节进行操作，单击“插入”选项卡下“文本”组中的“文本框”下拉按钮，在弹出的下拉列表中选择“横排文本框”选项，如下图所示。

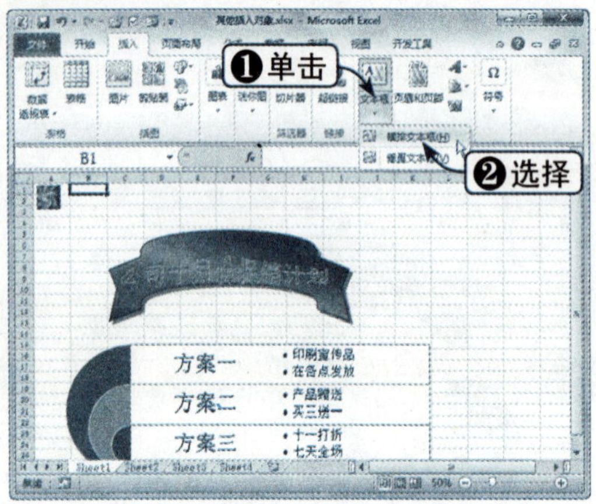

Step02 插入文本框

这时鼠标指针变成闪烁的光标，在需要插入文本框的位置用鼠标拖曳的方法即可插入文本框，如下图所示。

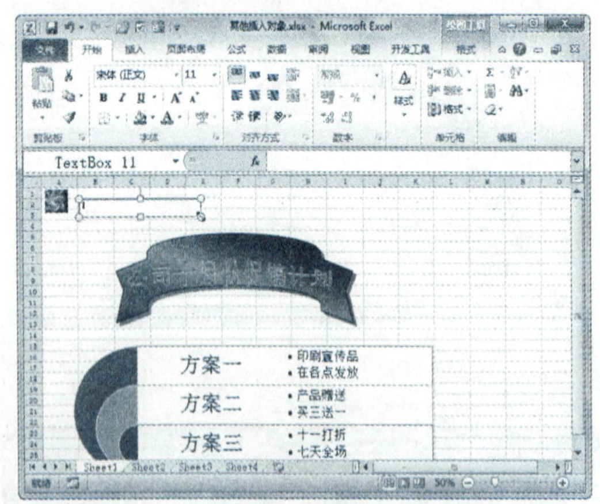

Step03 选择“字体”选项

在文本框中输入要添加的文字，选中首个文字并且右击，在弹出的快捷菜单中选择“字体”选项，如下图所示。

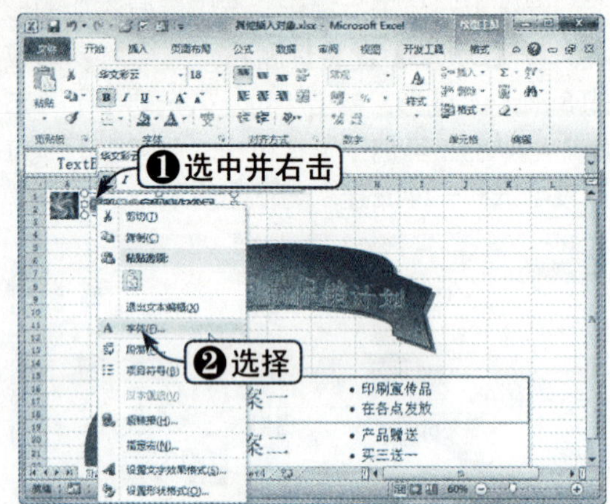

Step04 设置字体格式

弹出“字体”对话框，选择“字体”选项卡，设置字体格式，单击“确定”按钮，如下图所示。

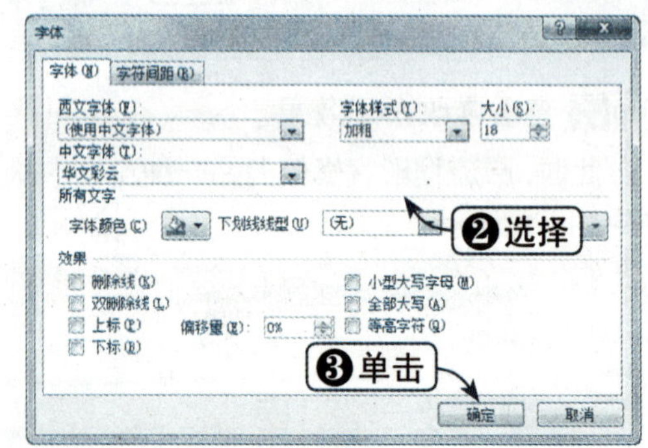

Step05 设置不同字体格式

参照上一步的方法，设置不同文字的不同格式，效果如下图所示。

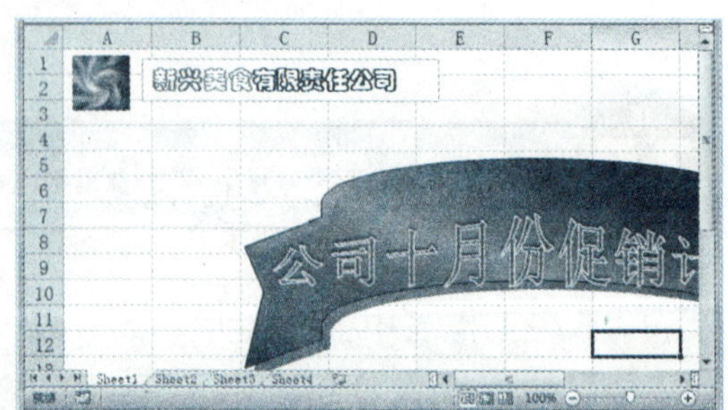

Step 06 去除轮廓

选中文本框，单击“格式”选项卡下“形状样式”组中“形状轮廓”下拉按钮，在弹出的下拉列表中选择“无轮廓”选项，如下图所示。

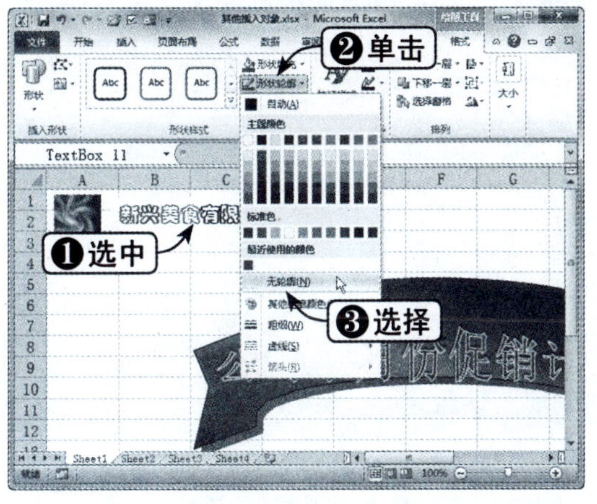

Step 07 查看文本框最终效果

此时，即可查看设置好的文本框最终效果，如下图所示。

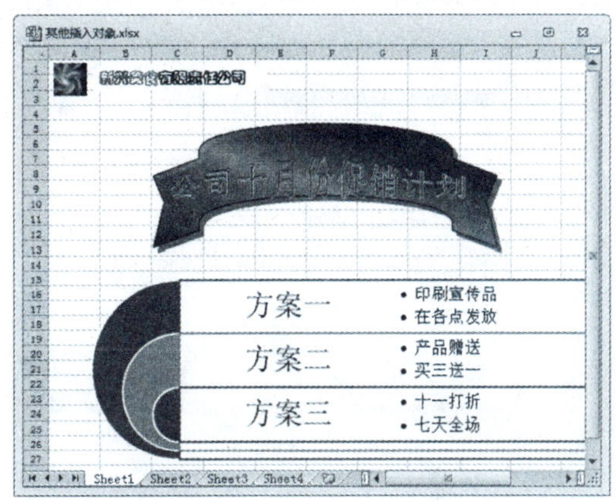

7.5.2 插入对象

在工作表中插入嵌入对象的具体操作方法如下：

Step 01 单击“对象”按钮

继续上一节进行操作，单击“插入”选项卡下“文本”组中的“对象”按钮，如下图所示。

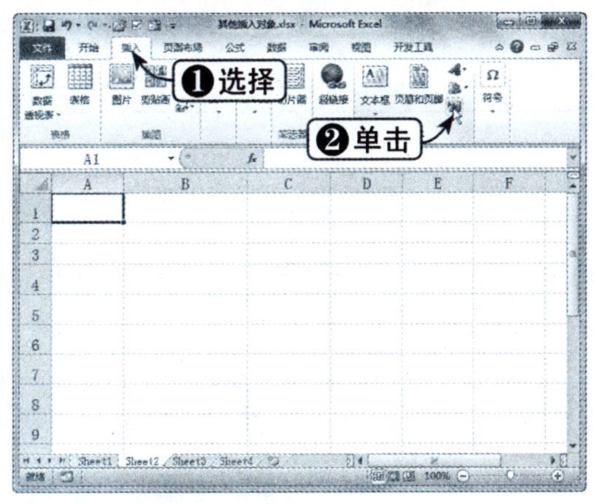

Step 02 单击“浏览”按钮

弹出“对象”对话框，选择“由文件创建”选项卡，单击“浏览”按钮，如下图所示。

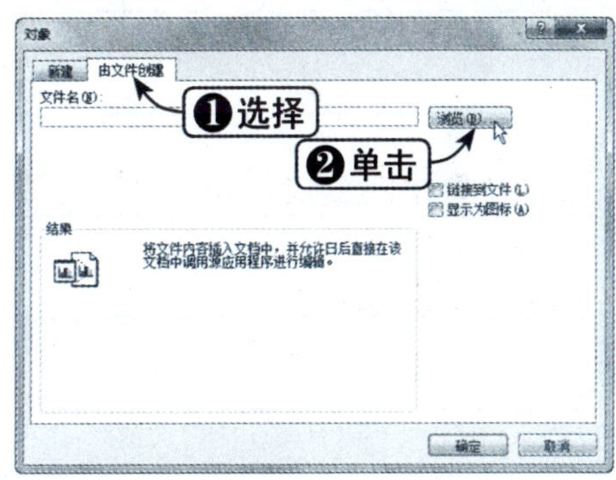

Step 03 选择插入对象

弹出“浏览”对话框，选择文件，单击“插入”按钮，效果如下图所示。

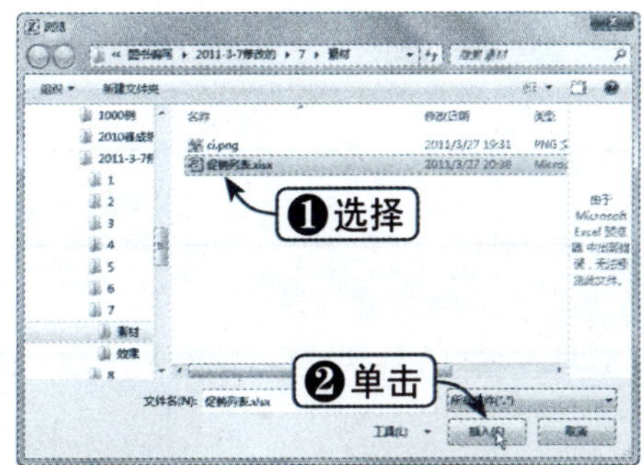

Step 04 设置其他选项

返回“对象”对话框，可选中“连接到文件”复选框，在此不选择，单击“确定”按钮，如下图所示。

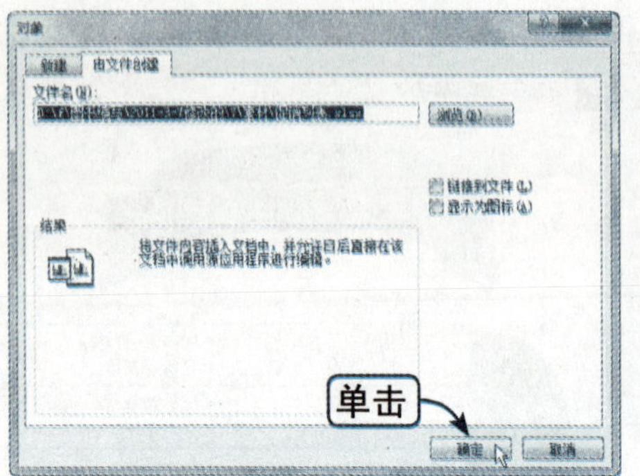

Step 05 查看插入对象效果

返回工作表，可以看到插入对象后的效果，如下图所示。

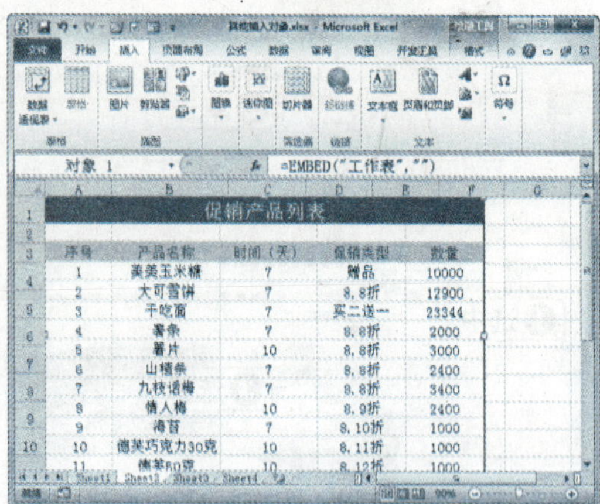

读书笔记

第8章 创建和编辑Excel图表

在Excel 2010中，为了更直观地表现工作簿中抽象的数据，可以在表格中创建Excel图表以清楚地了解各个数据的大小及变化情况，便于对数据进行对比和分析。本章将全面介绍Excel中的柱形图、折线图等各类图表，图表的插入的编辑，以及使用误差线和趋势线等知识。

本章学习重点

1. 绘制图表概述
2. 图表类型
3. 创建图表
4. 编辑图表
5. 应用误差线
6. 应用趋势线

重点实例展示

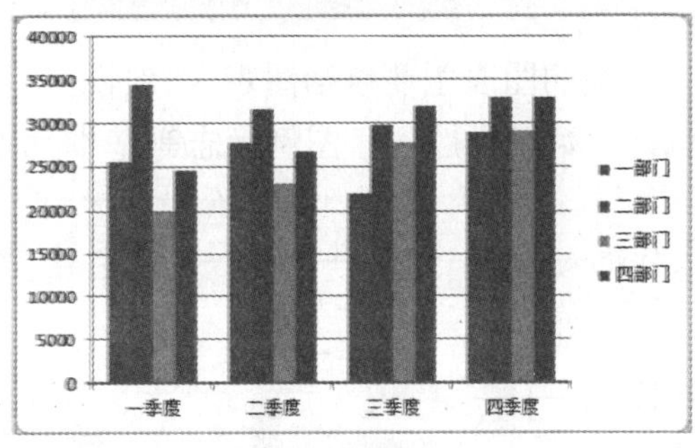

柱形图

本章视频链接

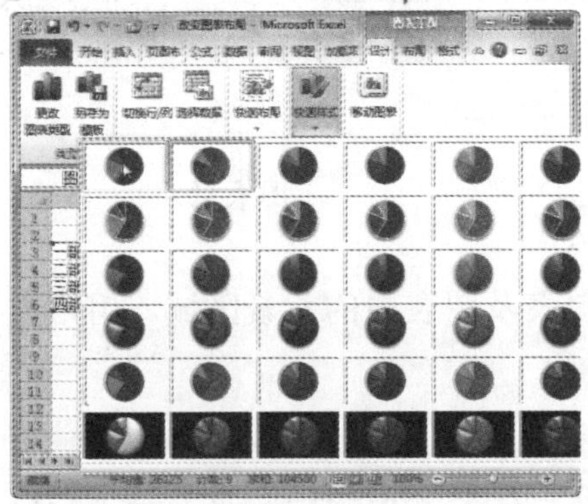

选择图表样式

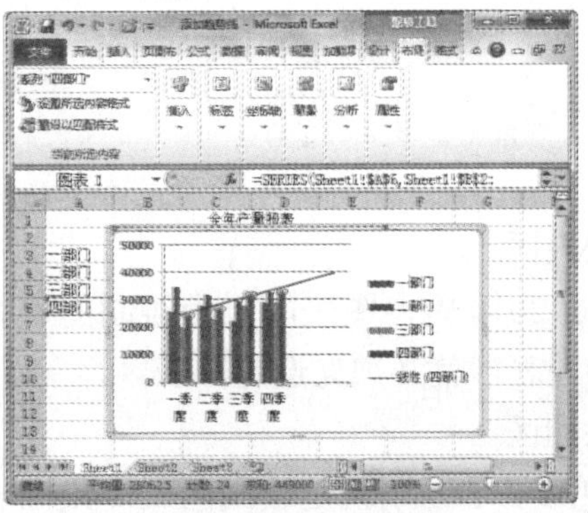

查看添加趋势线效果

8.1 绘制图表概述

在 Excel 中，图表包含标题、系列、各类坐标轴、图例等不同的组成部分，了解图表的组成是学习图表的基础，下面将进行详细介绍。

8.1.1 图表概述

图表是由工作表中的数据生成的，它能形象地反映出数据的对比关系及变化趋势，可以将抽象的数据形象化。当工作表中的数据源发生变化时，图表中对应的数据和图形也将自动更新。

在 Excel 2010 中，只需要选择图表类型、图表布局和图表样式，即可创建专业效果的图表，还可以将喜欢的图表作为图表模板进行保存，以便日后使用。

8.1.2 图表的组成元素

一般的图表主要包括图表区、绘图区、图例项、背景、图表标题、分类轴、分类轴标题、数轴区、数轴标题区、图例标志等基本元素，如下图所示。

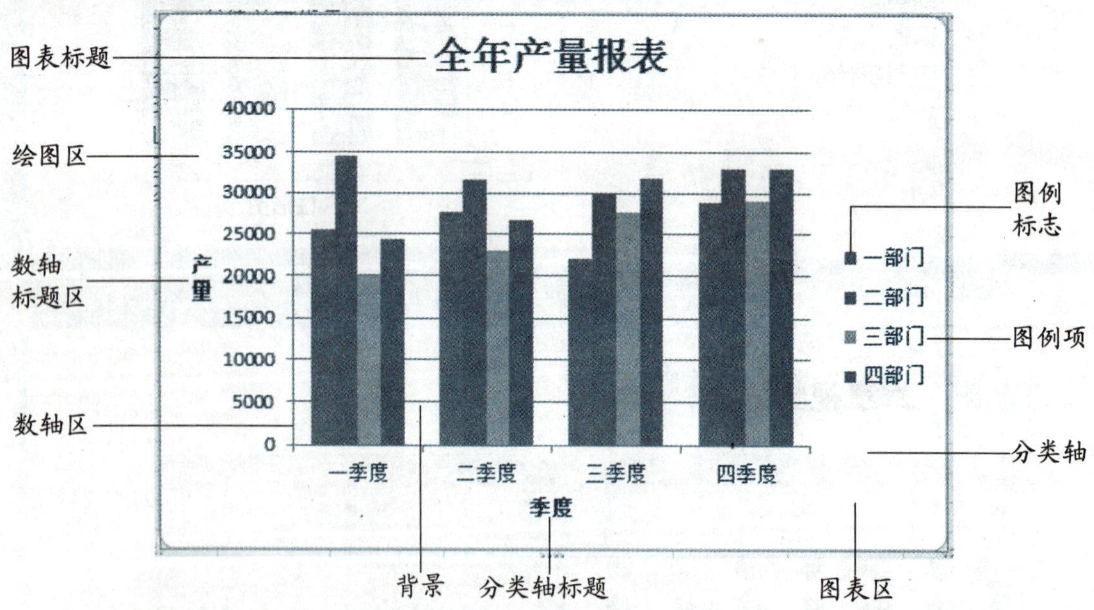

（1）图表区

在 Excel 2010 中，图表区包含绘制的整张图表及图表中的元素区域。用户如果要复制或移动图表，就必须先选定图表区。

（2）绘图区

图表中的整个区域就是绘图区。二维图表和三维图表的绘图区有一些不同。二维图表的绘图区是以坐标轴为界，并包括全部数据系列的区域；三维图表的绘图区是以坐标轴为界，并包含数据系列、分类名称、刻度线和坐标轴标题的区域。

（3）图表标题

图表标题在图表中起到说明的作用，是图表性质的大致概括和内容总结，相当于一篇文章的标题，用它来定义图表的名称。它可以自动与坐标轴对齐或居中排列于图表的最顶端。图表标题分为 3 种，分别为：图表标题、分类 X 轴和数据 Y 轴。

（4）数值轴标题和分类轴标题

数值轴标题位于图表的左边，标记数值轴的名称；分类轴标题位于图表的下边，标记分类轴的名称。

（5）数值轴

数值轴是位于图表左边的坐标轴。

（6）数值轴主要网格线

网格线和坐标纸类似，是图表中从坐标轴刻度延伸并贯穿整个绘图区的可选线系列。网格线的形式有多种：水平的、垂直的、主要的和次要的，用户在使用时还可以对它们进行组合。网格线使得对图表中的数据进行观察和估计更加准确和方便。

（7）背景墙和基底

背景墙和基底是三维图表的组成部分，它以 X 轴、Y 轴和 Z 轴所构成的平面为背景墙，以 X 轴和 Y 轴所构成的平面为基底。

（8）数据系列

在 Excel 2010 中，数据系列又称为分类，指的是图表上的一组相关数据点。每一个数据系列都由具有相同图案的数据标记来代表。工作表中的每一个数据都由一个数据标记代表。每一个数据系列分别来自于工作表的某一行或某一列。在同一张图表中，用户可以绘制多个数据系列。

（9）图例

图例是包括“图例项标志”和“图例项”，每个图例项标志和图表中相应数据系列的颜色及图案一致。

8.2 图表类型

Excel 2010 提供了多种类型的图表，如柱形图、折线图、饼图、条形图、面积图、XY 散点图、股价图、曲面图、圆环图和气泡图等。选用什么样的工作表，基于什么样的目的，就要选择合适的图表。下面将具体介绍各种图表类型。

8.2.1 柱形图

柱形图是 Excel 2010 默认的图表类型，也是用户使用较多的一类图表。它以垂直的柱状图形来表示数据点，柱形的高度则代表数值的大小，如下图所示。柱形图通常用于不同时期或不同类别数据之间的比较，也可用来反映不同时期和不同类别数据的差异。

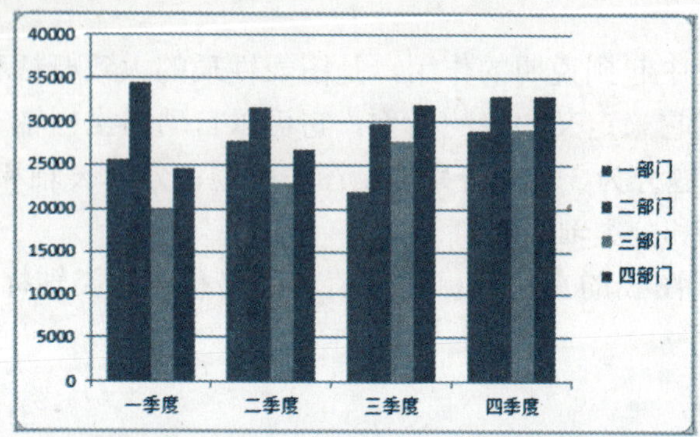

柱形图的分类轴（水平轴）用于表示时间或类别；数值轴（垂直轴）用于参照数据值的大小。对于相同时期或类别上的不同系列，则可以用图例和颜色来区分。

8.2.2 折线图

折线图是用来表示数据随时间推移而变化的一类图表，它以点状图形为数据点，并由左向右用直线将各点连接成为折线形状，折线的起伏可以反映出数据的变化趋势，如下图所示。折线图用一条或多条折线来绘制一组或多组数据。通过观察可以判断每一组数据的峰值与谷值，以及折线变化的方向、速率和周期等。对于多条折线，还可以观察各折线的变化趋势是否相近或相异，并据此说明问题。

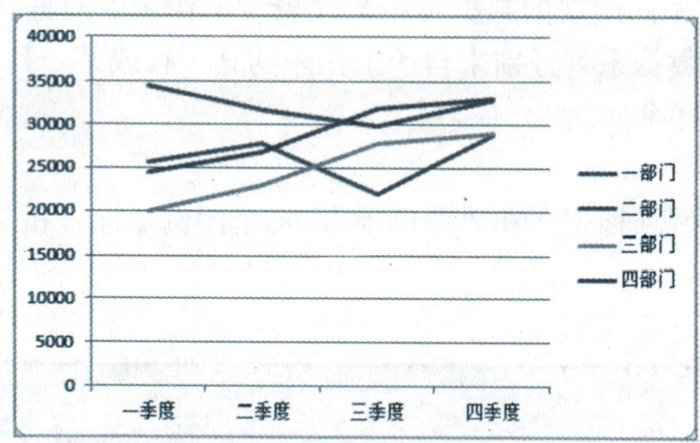

在折线图中，分类轴（水平轴）表示时间的推移，数据轴（垂直轴）则用于参照在折线上与某个时刻对应特定点的数值大小。

8.2.3 饼图

饼图通常只有一个数据系列，它将一个圆划分为若干个扇形，每个扇形代表数据系列中的一项数据值，扇形的大小表示相应数据项占该数据系列总和的比例值，如下图所示。饼图通常用来描述构成比例方面的信息。

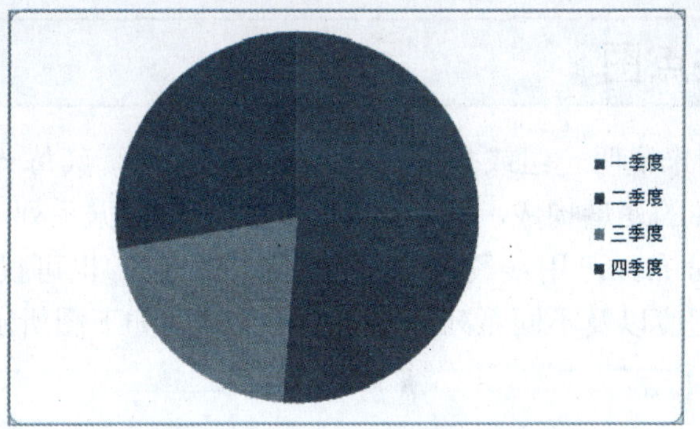

8.2.4 条形图

条形图可以看做是水平放置的柱形图，它以水平的条状图形表示数据点，条形的长度代表数值的大小，如下图所示。条形图主要用于比较不同类别数据之间的差异。

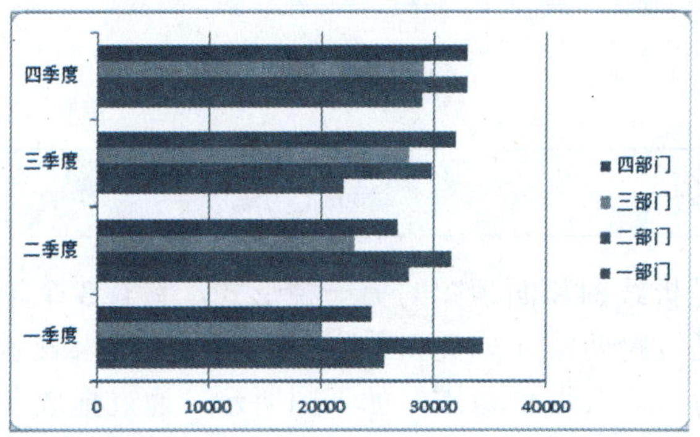

与柱形图相反，条形图以垂直方向的坐标轴作为分类轴、水平方向的坐标轴作为数值轴。如果分类刻度标签较长，使用此类图表可以避免刻度标签的文字拥在一起。

8.2.5 面积图

面积图实际上是折线图的另一种表现形式，它利用各系列的折线与坐标轴间围成的图形来表达各系列数据随时间推移的变化趋势，用于强调各系列同其总体之间存在的部分与整体的关系，如下图所示。

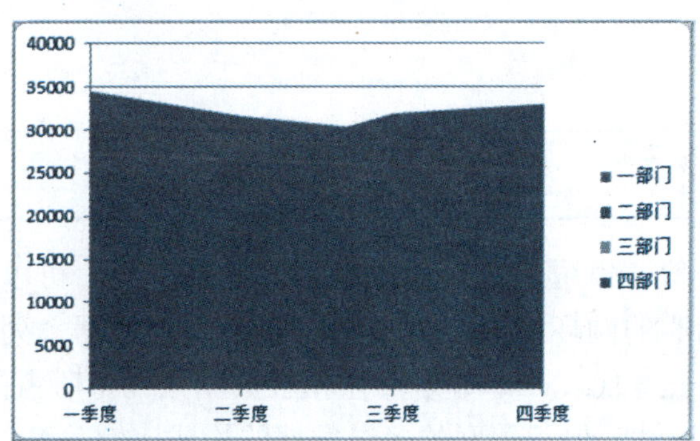

8.2.6 XY散点图

XY 散点图可用来说明一组或多组变量间的相互关系，其每一个数据点都由两个分别对应于 XY 坐标轴的变量构成，每一组数据构成一个数据系列。XY 散点图的数据点一般呈簇状不规则分布，可用线段将数据点连接在一起，也可仅用数据点来说明数据的变化趋势、离散程度以及不同系列数据间的相关性，如下图所示。

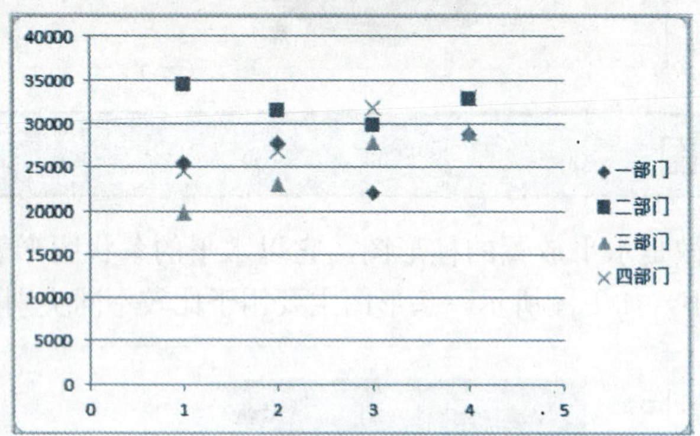

8.2.7 曲面图

曲面图实际上是折线图和面积图的另一种形式，它有 3 个轴，分别代表分类、系列和数值。曲面图通过跨两维（分类和系列）的曲面图形来表示数据的变化趋势，曲面图形的颜色与图等代表其取值范围，如下图所示。通过拖放曲面图的坐标轴，可以方便地变换观察图形的角度。

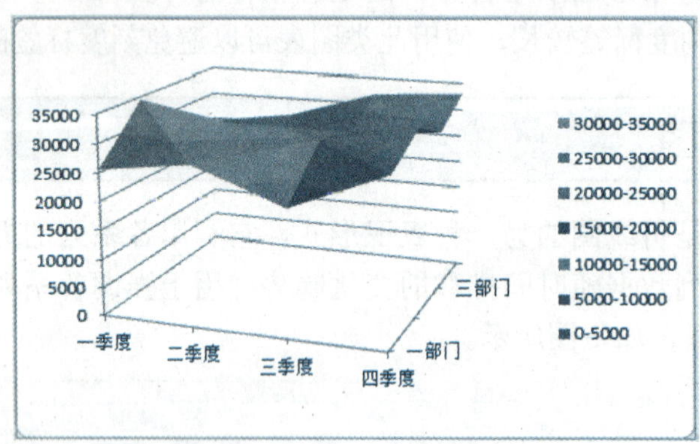

8.2.8 圆环图

圆环图与饼图类似，也用来描述构成比例的信息，但它可以有多个数据系列。圆环图由一个或多个同心的圆环组成，每个圆环表示一个数据系列，并划分为若干个环形段，每个环形段的长度代表一个数据值在相应数据系列中所占的比例，如下图所示。环形图常用来比较不同性质但相关联的多组数据的构成比例关系。

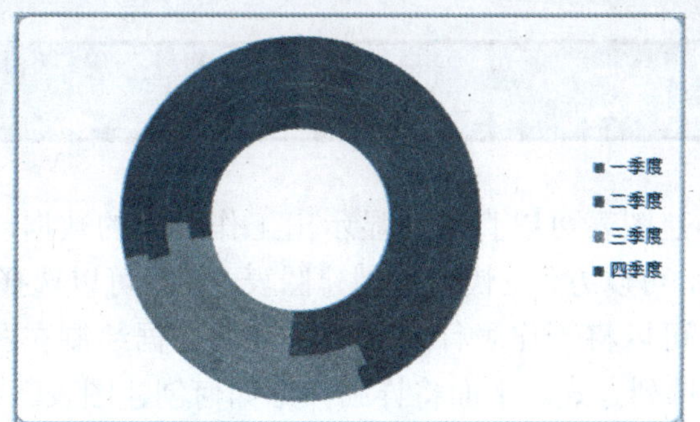

8.2.9 气泡图

气泡图是 XY 散点图的扩展，它相当于在 XY 散点图的基础上增加第 3 个变量，即气泡的尺寸。气泡所处的坐标值代表对应于 x 轴（水平轴）和 y 轴（垂直轴）的两个变量值，气泡的大小则用来表示数据系列中第 3 个变量的值，数值越大，气泡就越大，如下图所示。因此，气泡图可用于分析更为复杂的数据关系，除两组之间的关系外，还可以对另一组相关指标的数值大小进行描述。

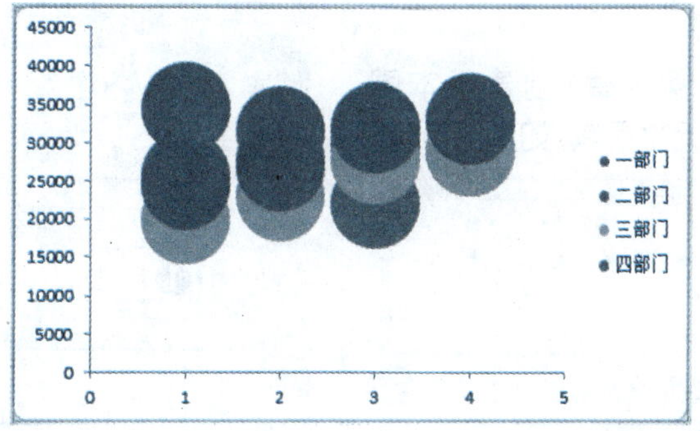

8.2.10 雷达图

雷达图常用于多项指标的全面分析，具有完整、清晰和直观的优点。雷达图的每个分类都有一个独立的坐标轴，各轴由图表中心向外辐射，同一系列的数据点绘制在坐标轴上，以折线参考值绘制成图表的几个系列，并与用实际值绘制成的系列进行比较，使图表的阅读者能够对各项指标的变动情况及其好坏趋向一目了然，如下图所示。

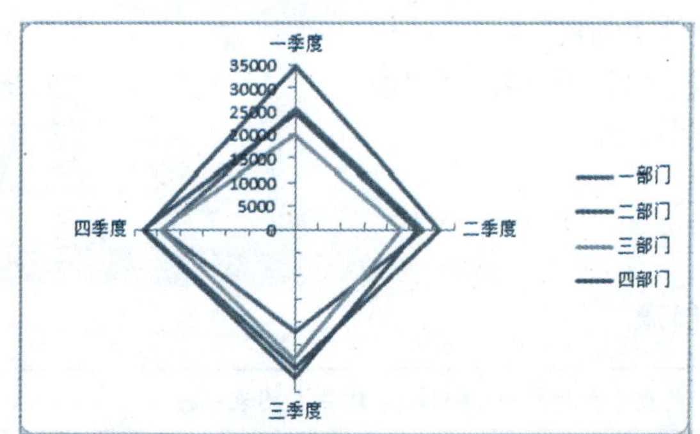

8.3 创建图表

通过为工作表创建图表可以直观地显示出工作表中的数据，以便数据的分析与处理。在 Excel 2010 中，可以方便、快捷地创建图表，并且可以选择多种类型的图表形状。对于多数图表来说，可以将工作表行或列中排列的数据绘制在图表中，但某些图表类型则需要特定的数据排列方式。下面将详细介绍如何创建图表。

8.3.1 创建基本图表

使用 Excel 2010 创建基本图表时，用户只需选择图表的类型便可以完成操作。创建基本图表的具体操作方法如下：

方法一：使用功能区按钮创建

素材文件	光盘：素材文件\第8章\创建基本图表.xlsx

Step 01 选择单元格区域

打开“素材文件\第 8 章\创建基本图表.xlsx”，选择 A2:E6 单元格区域，如下图所示。

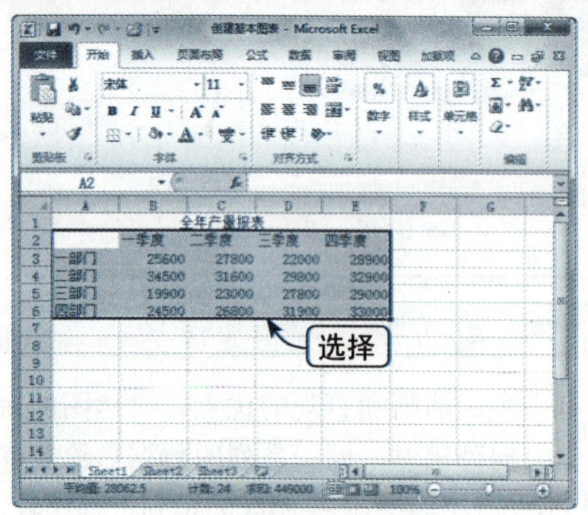

Step 02 选择“簇状柱形图”选项

单击“插入”选项卡下“图表”组中的“柱形”下拉按钮，在弹出的下拉列表中选择“簇状柱形图”选项，如下图所示。

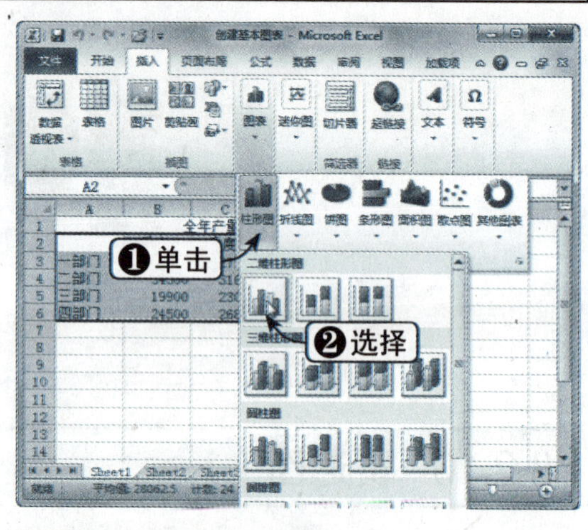

Step 03 查看图表创建效果

此时，即可查看新创建的簇状柱形图表效果，如下图所示。

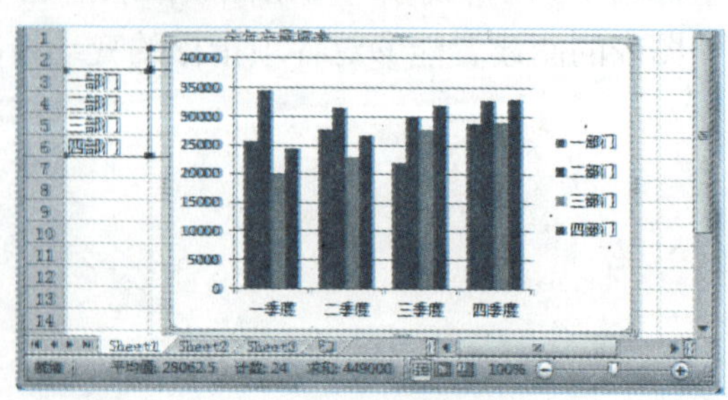

方法二：通过对话框创建

素材文件	光盘：素材文件\第8章\创建基本图表.xlsx

Step 01 单击扩展按钮

打开“素材文件\第8章\创建基本图表.xlsx”，选择A2:E6单元格区域，单击“插入”选项卡下“图表”组的按钮，如下图所示。

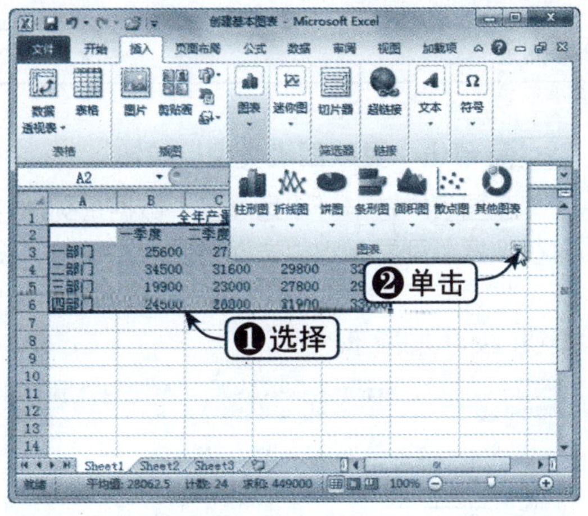

Step 02 选择图表类型

弹出“插入图表”对话框，在左窗格中选择“柱形图”选项，在右窗格中选择“簇状柱形图”选项，单击“确定”按钮，即可完成图表的插入操作，如下图所示。

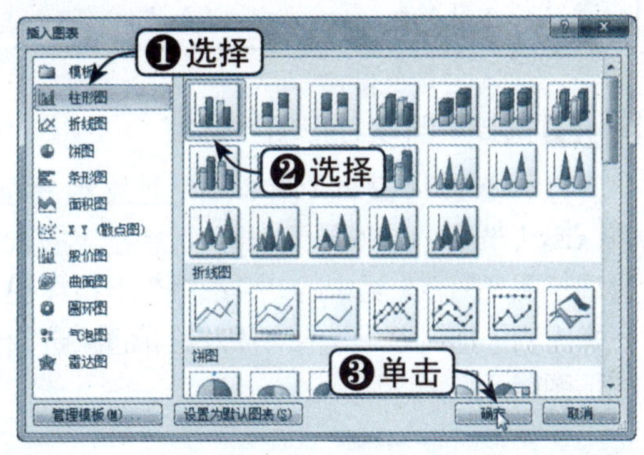

8.3.2 使用快捷键创建图表

使用快捷键创建的图表是基于默认图表类型的图表，具体操作方法如下：

	素材文件	光盘：素材文件\第8章\创建基本图表.xlsx

Step 01 选择单元格区域

打开“素材文件\第8章\创建基本图表.xlsx”，选择A2:E6单元格区域，然后按【Alt+F1】快捷键，即可在工作表中创建一个柱形图表，如下图所示。

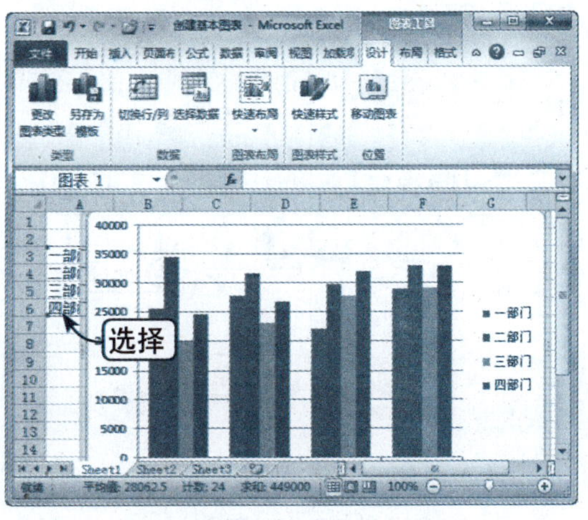

Step 02 创建图表工作表

默认情况下，创建的图表会嵌入到工作表中。如果要创建图表工作表，则按【F11】键，就会默认创建一个名称为Chart1的图表工作表，如下图所示。

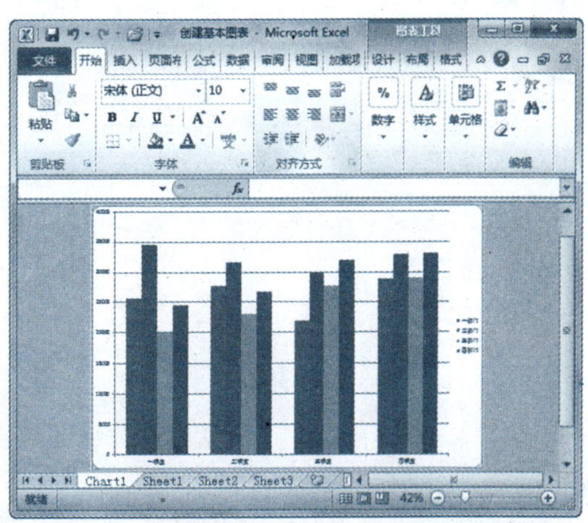

8.3.3 创建组合图表

组合图表就是使用两种或多种图表类型来强调图表中包含不同类型的信息。创建组合图表的具体操作方法如下：

	素材文件	光盘：素材文件\第8章\创建组合图表.xlsx

Step01 选择"簇状柱形图"选项

打开"素材文件\第8章\创建组合图表.xlsx"，选择A2:F6单元格区域，单击"插入"选项卡下"图表"组中的"柱形图"下拉按钮，在弹出的下拉列表中选择"簇状柱形图"选项，如下图所示。

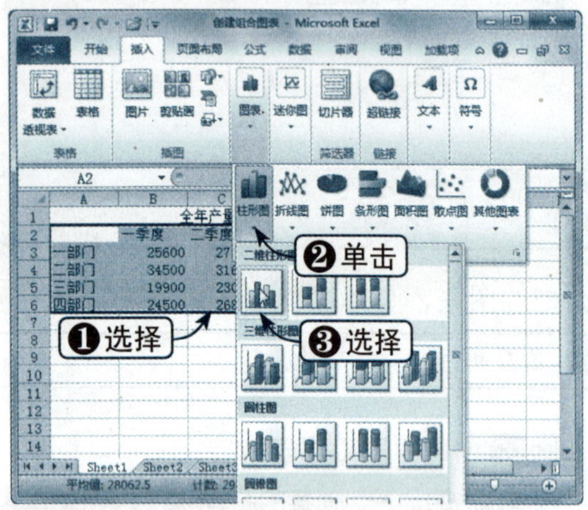

Step02 查看图表插入效果

此时，即可查看插入簇状柱形图后的效果，如下图所示。

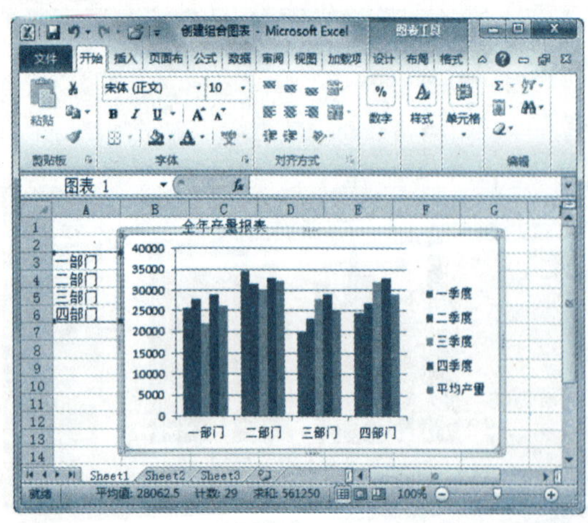

Step03 单击"更改图表类型"按钮

在图表中选中"平均产量"数据系列，这时在数据系列周围出现选择控制点，单击"设计"选项卡下"类型"组中的"更改图表类型"按钮，如下图所示。

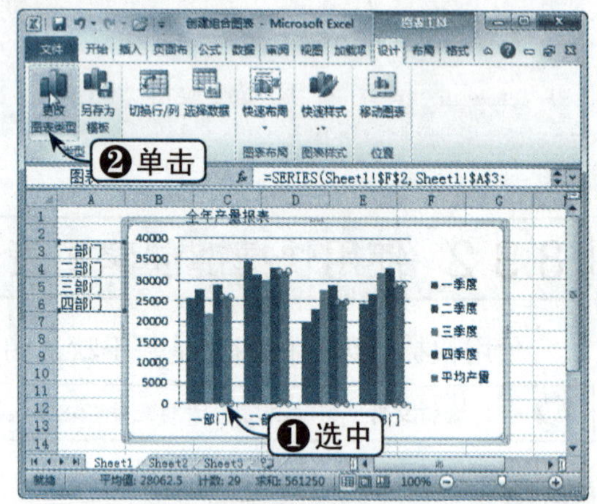

Step04 选择图表类型

弹出"更改图表类型"对话框，在左窗格中选择"折线图"选项，在右窗格中选择"带数据标记的折线图"选项，单击"确定"按钮，如下图所示。

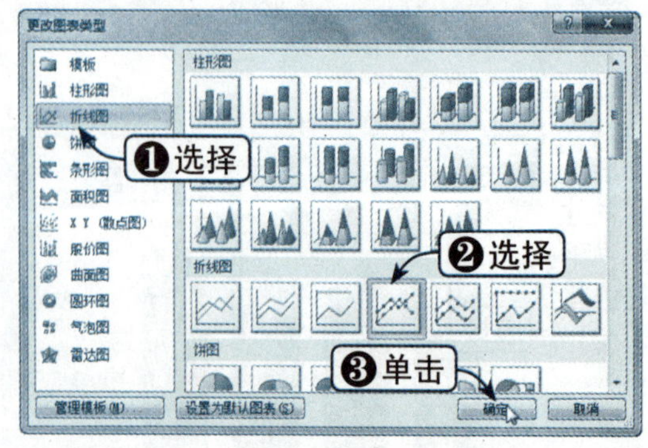

Step05 查看组合图表效果

此时，即可查看组合图表创建成功后的效

果，如下图所示。

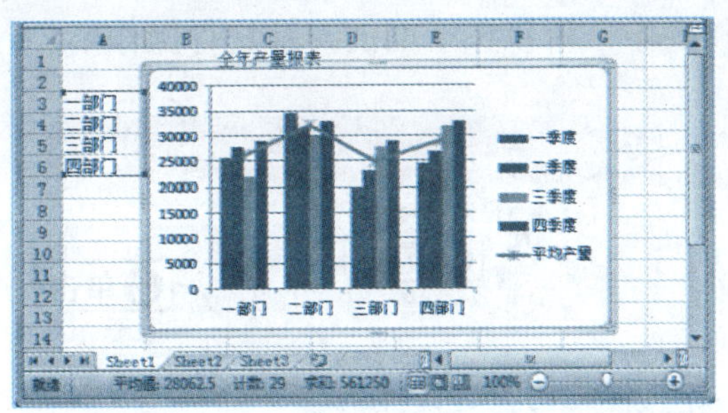

知识点拨

组合图表时，不能将二维图表与三维图表组合在一起，否则会弹出提示信息框，提示用户是否更改当前图表的类型，以便将两个图表组合在一起。

8.4 编辑图表

在创建图表时，一般使用默认的图表类型、图标样式等设置，但用户的需要是多种多样的，还可以对创建的图表进行修改操作。

8.4.1 调整图表的位置与大小

要将创建的图表移动到合适的位置，并调整为合适的大小，具体操作方法如下：

	素材文件	光盘：素材文件\第8章\改变图表布局1.xlsx

方法一：使用鼠标调整

Step 01 选中需要移动的图表

打开“素材文件\第8章\改变图表布局1.xlsx”，选中需要移动的图表，如下图所示。

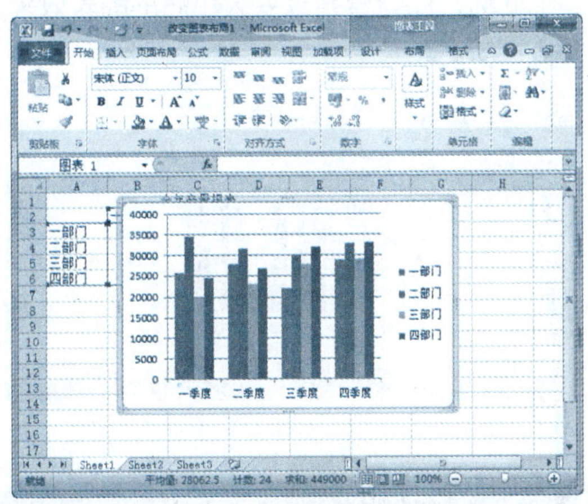

Step 02 移动图表

将鼠标指针放到该图表上，当其变为十字形状时，按住鼠标左键并将其拖动到合适的位置后释放，即可完成移动操作，如下图所示。

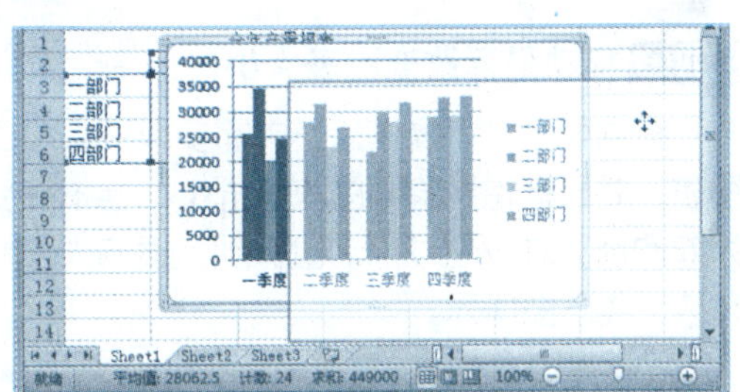

Step 03 查看移动效果

此时，即可查看移动图表之后的效果，如下图所示。

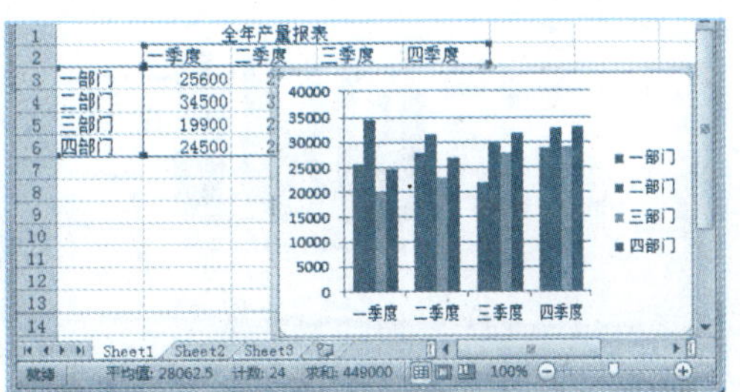

方法二：使用功能区按钮调整

如果用户想把图表放在工作簿之外的工作表中，可以按下面的方法进行操作：

Step 01 单击“移动图表”按钮

继续前面进行操作，选中需要移动的图表，单击“设计”选项卡下“位置”组中的“移动图表”按钮，如下图所示。

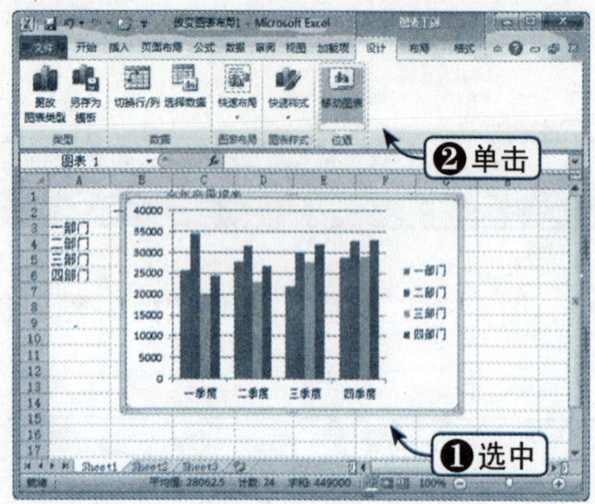

Step 02 选择移动位置

弹出“移动图表”对话框，选中“新工作表”单选按钮，单击“确定”按钮，如下图所示。

Step 03 查看移动后的效果

此时，图表将以图表工作表显示，移动效果如下图所示。

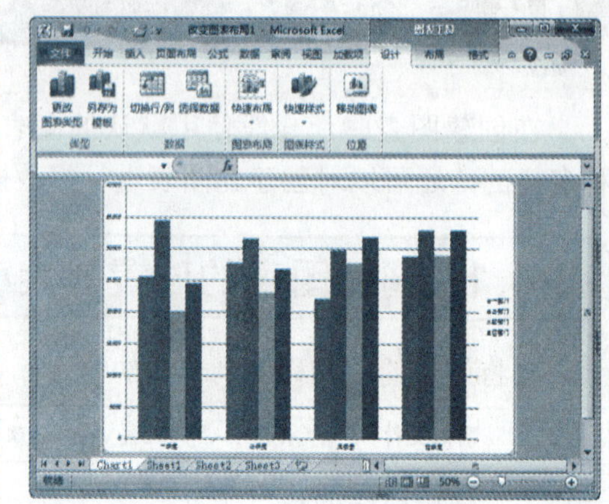

改变图表大小的操作比较简单，具体操作方法如下：

Step 01 拖动鼠标改变图表大小

继续前面进行操作，选中需要改变大小的图表，将鼠标指针移到图表边框上，当指针变为双向箭头时按住并拖动鼠标到合适的大小后释放，如下图所示。

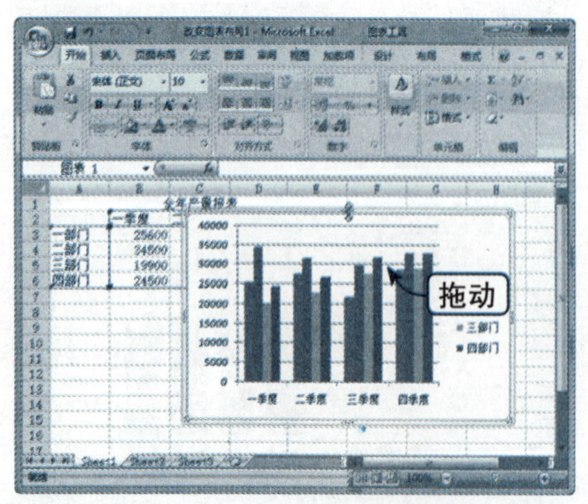

Step 02 查看图表效果

此时，即可查看改变大小后的图表效果，如下图所示。

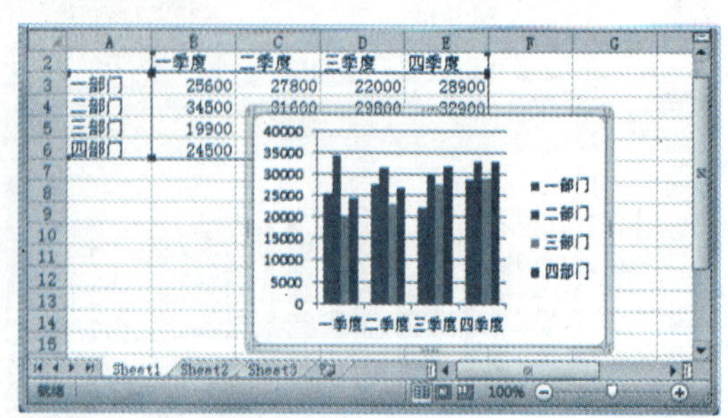

知识点拨

缩放图表取决于当前选择的区域是图表区，还是绘图区。

8.4.2 改变图表类型

虽然在创建图表时已经选择了图表类型，但如果用户觉得创建后的图表不能直观地表达工作表中的数据，还可以改变图表的类型，具体操作方法如下：

	素材文件	光盘：素材文件\第8章\改变图表类型.xlsx

Step 01 选择“更改图表类型”选项

打开“素材文件\第8章\改变图表类型.xlsx”，右击图表，在弹出的快捷菜单中选择“更改图表类型”选项，如下图所示。

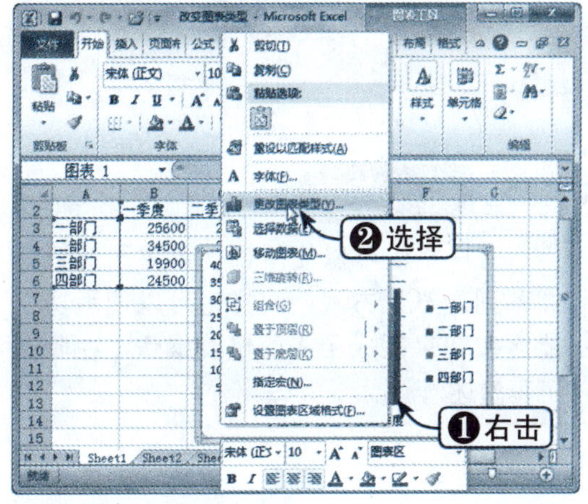

Step 02 选择图表类型

弹出“更改图表类型”对话框，在左窗格中选择“柱形图”选项，在右窗格中选择“三维圆锥图”选项，单击“确定”按钮，如下图所示。

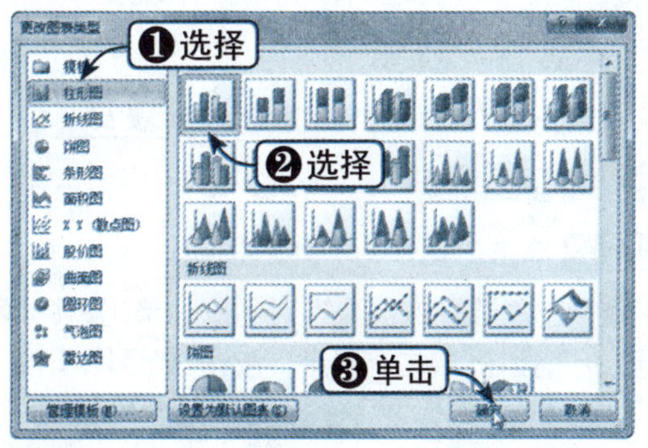

Step 03 查看图表效果

此时，图表由原来的簇状柱形图变为现在的三维圆锥图，效果如下图所示。

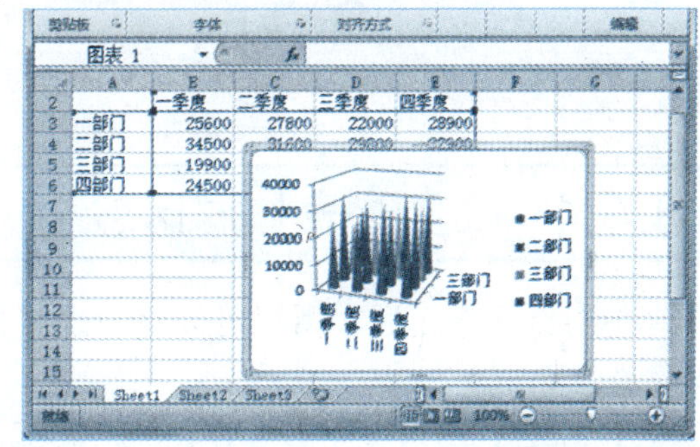

8.4.3 改变数据系列产生方式

图表中的数据系列既可以按列产生，也可以按行来产生。用户可以根据需要更改数据系列的产生方式，具体操作方法如下：

	素材文件	光盘：素材文件\第8章\改变数据系列产生方式.xlsx

Step 01 选择“选择数据”选项

打开“素材文件\第8章\改变数据系列产生方式.xlsx”，右击图表，在弹出的快捷菜单中选择“选择数据”选项，如下图所示。

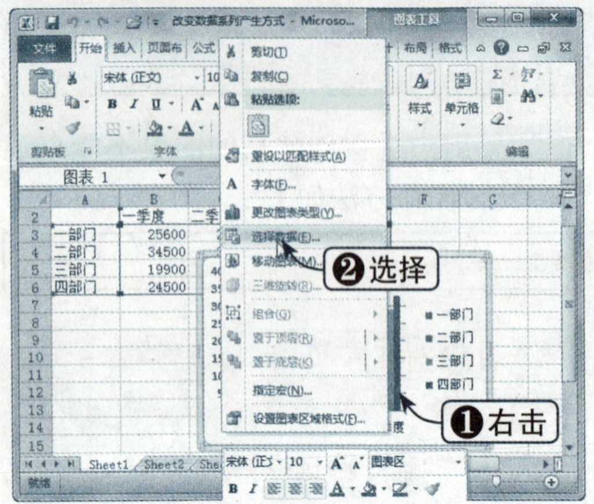

Step02 单击“切换行/列”按钮

弹出“选择数据源”对话框，单击“切换行/列”按钮，单击“确定”按钮，如下图所示。

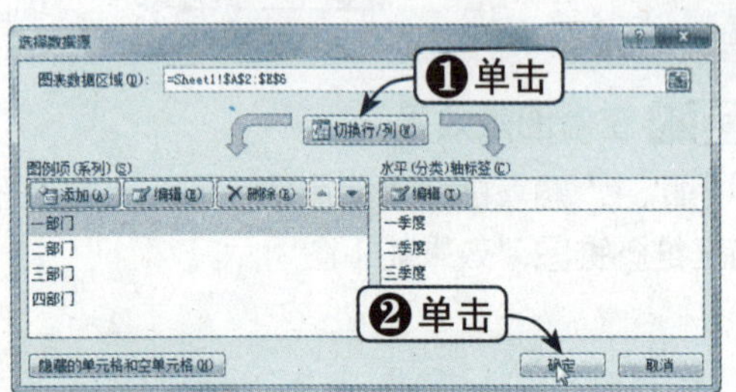

Step03 查看修改效果

此时，即可查看修改数据系列产生方式后的图表效果，如下图所示。

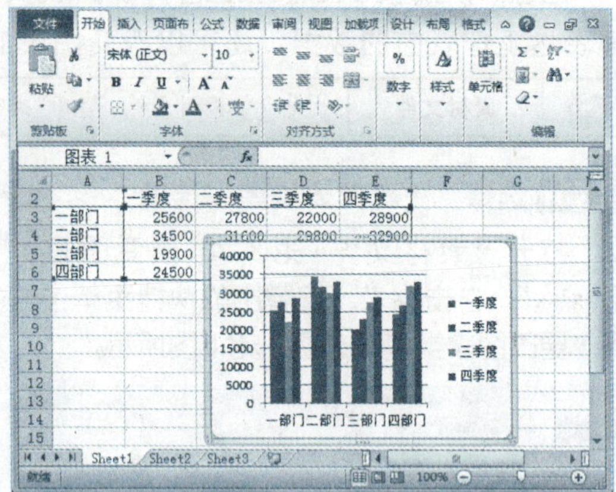

知识点拨

用户不仅可以使用快捷菜单改变数据系列的产生方式，同样也可以使用功能区按钮来完成相应的修改操作，在此不再赘述。

8.4.4 改变图表数据区域

在创建图表之后，用户可以重新选择图表的数据区域。改变图表数据区域的具体操作方法如下：

	素材文件	光盘：素材文件\第8章\改变图表数据区域.xlsx

Step01 选择“选择数据”选项

打开“素材文件\第8章\改变图表数据区域.xlsx”，选中并右击需要改变图表数据区域的图表，在弹出的快捷菜单中选择“选择数据”选项，如右图所示。

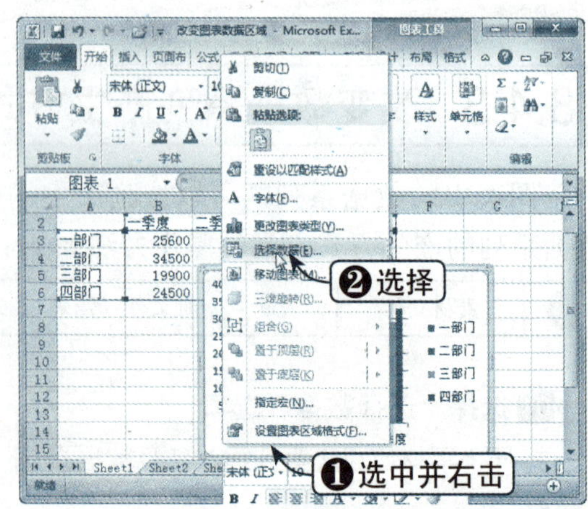

知识点拨

选择图标，然后在“设计”选项卡下“图表布局”组中单击“选择数据”按钮，也可以打开“选择数据源”对话框。

Step 02 选择图表数据区域

弹出“选择数据源”对话框，在“图表数据区域”文本框中选择一、三部门的数据区域，单击“确定”按钮，如下图所示。

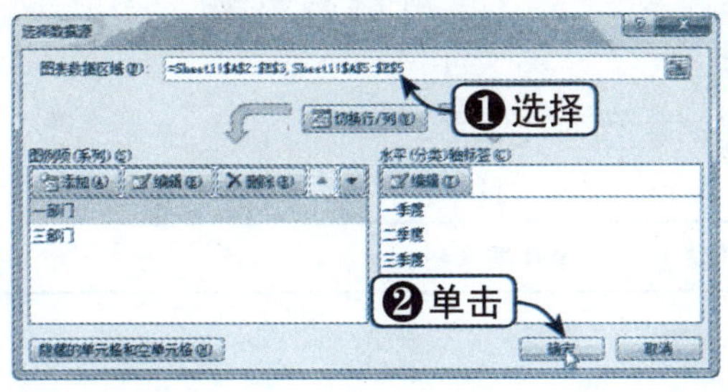

Step 03 查看图表效果

此时，即可查看改变数据区域之后的图表效果，如下图所示。

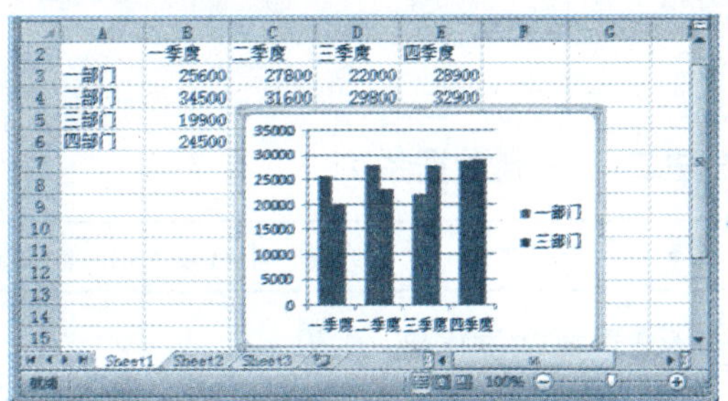

8.4.5 在图表中添加或删除数据系列

当用户向已建立了图表的工作表中添加了数据系列后，当然也希望图表能把添加的数据系列显示出来。下面将介绍如何在图表中添加或删除数据系列。

1. 添加数据系列

方法一：使用快捷菜单添加

	素材文件	光盘：素材文件\第8章\在图表中添加或删除数据系列.xlsx

Step 01 选择“选择数据”选项

打开“素材文件\第8章\在图表中添加或删除数据系列.xlsx”，选中并右击需要添加数据系列的图表，在弹出的快捷菜单中选择“选择数据”选项，如下图所示。

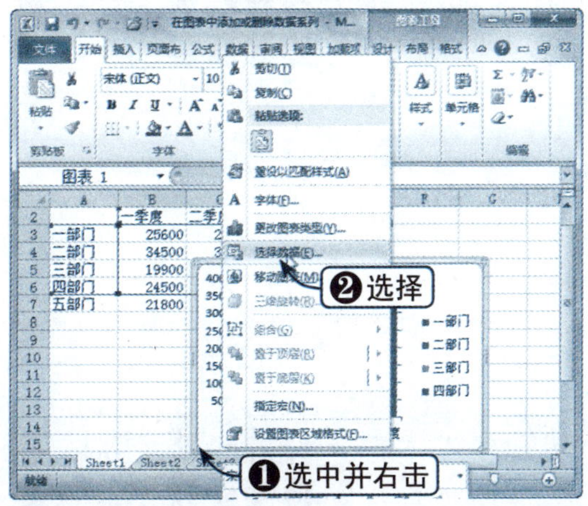

Step 02 单击“添加”按钮

弹出“选择数据源”对话框，在“图例项”选项区中单击“添加”按钮，如下图所示。

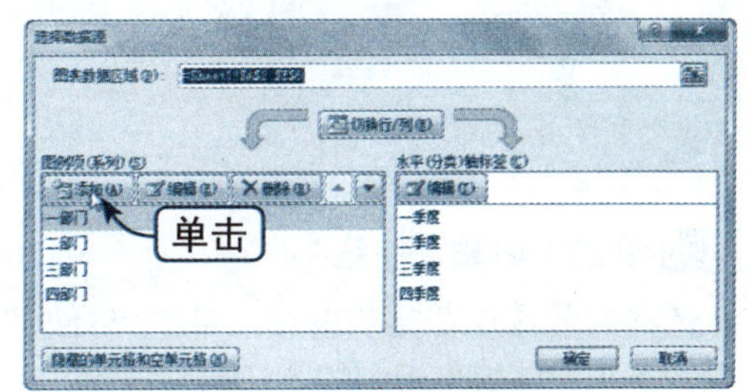

Step 03 设置系列名称和系列值

弹出“编辑数据系列”对话框，在“系列名称”文本框中输入“五部门”，在“系列值”文本框中选择五部门的数据范围，单击“确定”按钮，如下图所示。

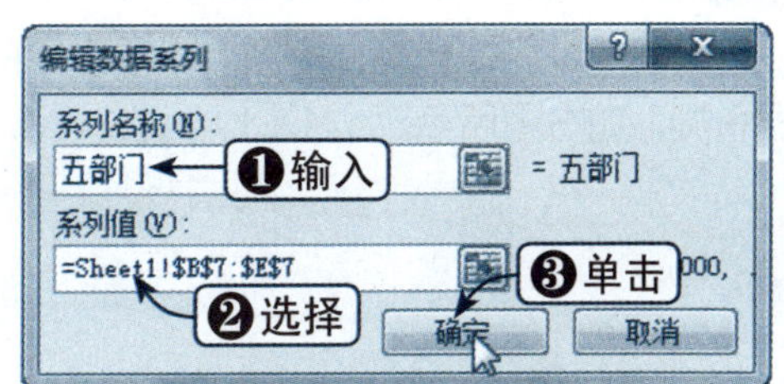

Step04 查看图表效果

此时，即可查看添加新系列后的图表效果，如右图所示。

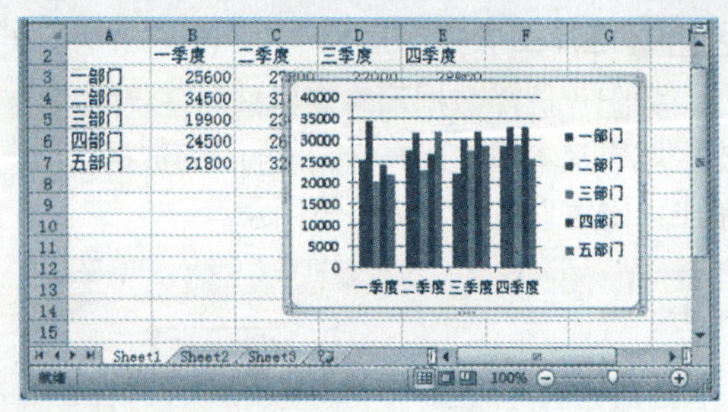

方法二：复制数据系列

	素材文件	光盘：素材文件\第8章\在图表中添加或删除数据系列.xlsx

Step01 选择数据区域

打开"素材文件\第8章\在图表中添加或删除数据系列.xlsx"，选择需要添加的数据所在的单元格区域，单击"开始"选项卡下"剪贴板"组中的"复制"按钮，如下图所示。

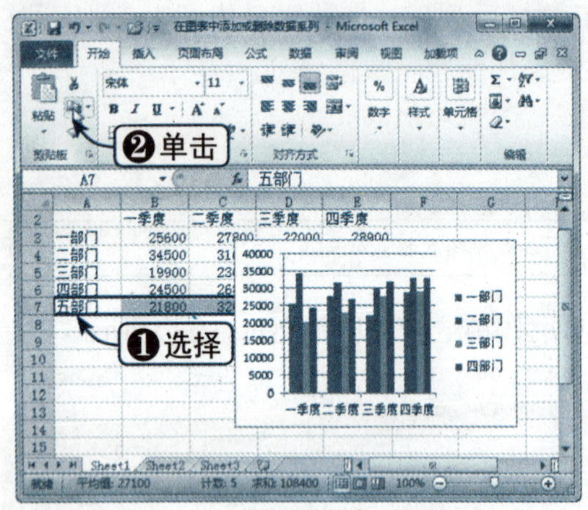

Step02 单击"粘贴"按钮

选择需要添加数据的图表。单击"开始"选项卡下"剪贴板"组中的"粘贴"按钮，如下图所示。

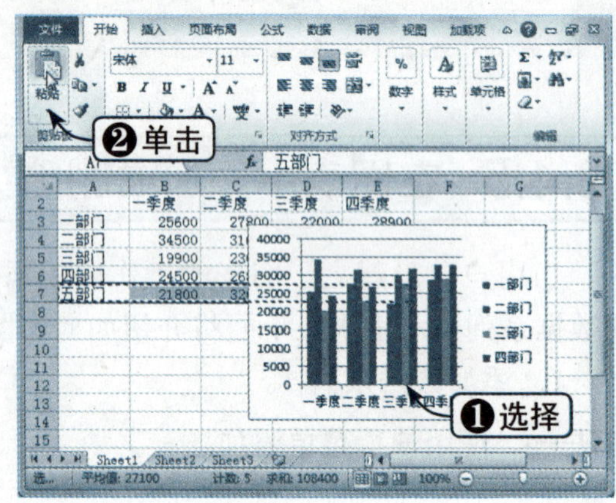

Step03 查看图表效果

此时，即可查看添加新系列后的图表效果，如下图所示。

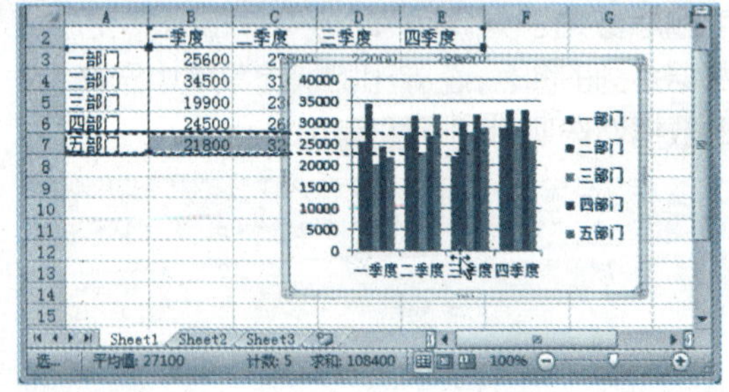

2. 删除数据系列

删除数据系列的具体操作方法如下：

Step01 选择图表中要删除的数据系列

继续前面进行操作，选定图表中要删除的数据系列，如右图所示。

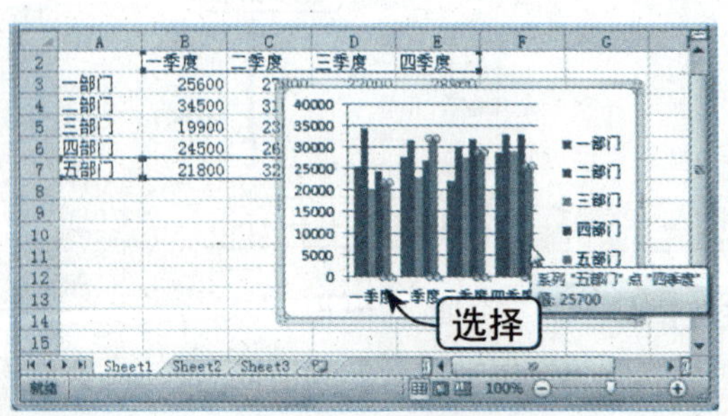

Step 02 查看图表效果

按【Delete】键即可删除数据系列，效果如下图所示。

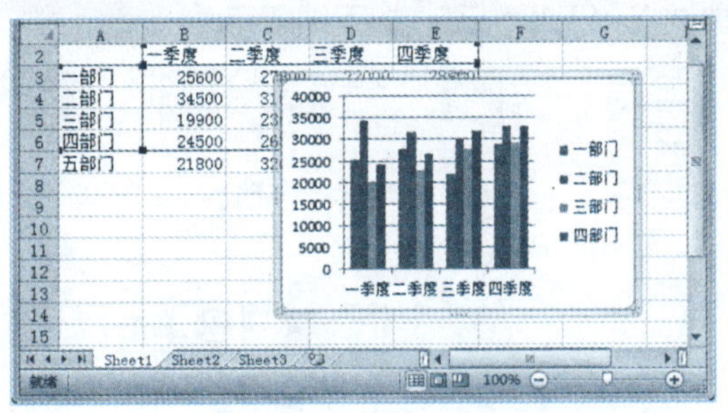

知识点拨

如果要把工作表中的某个数据系列与图表中的数据系列一起删除，只需选定工作表中数据系列所在的单元格区域，然后按【Delete】键，即可把工作表中的数据源和图表中的数据系列一起删除。

8.4.6 设置图表选项

用户可以设置或修改图表标题、坐标轴、图例和数据标志等选项，具体操作方法如下：

	素材文件	光盘：素材文件\第8章\设置图表选项.xlsx

Step 01 选择“图表上方”选项

打开“素材文件\第8章\设置图表选项.xlsx”，选择需要添加标题的图表，单击“布局”选项卡下“标签”组中的“图表标题”下拉按钮，在弹出的下拉列表中选择“图表上方”选项，如下图所示。

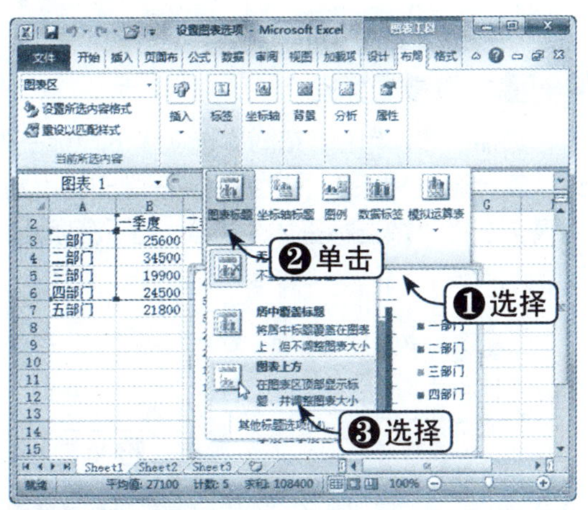

Step 02 输入图表标题

此时图表的上方出现“图表标题”字样，在此输入“全年产量报表”替换“图表标题”字样，如下图所示。

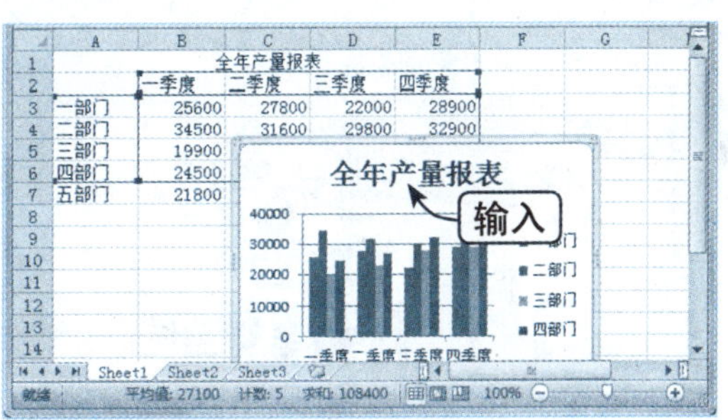

Step 03 添加横坐标轴标题

单击“布局”选项卡下“标签”组中的“坐标轴标题”下拉按钮，在弹出的下拉列表中选择“主要横坐标轴标题”选项，在其级联菜单中选择“坐标轴下方标题”选项，如下图所示。

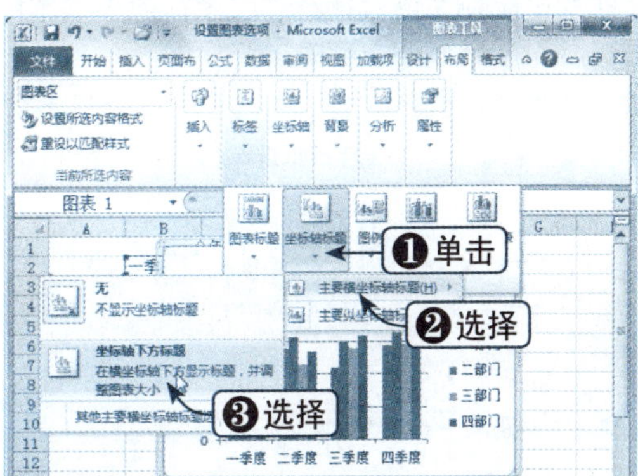

Step 04 输入坐标轴标题

在坐标轴下方出现“坐标轴标题”字样，在此双击鼠标左键并输入“季度”替换“坐标轴标题”字样，如下图所示。

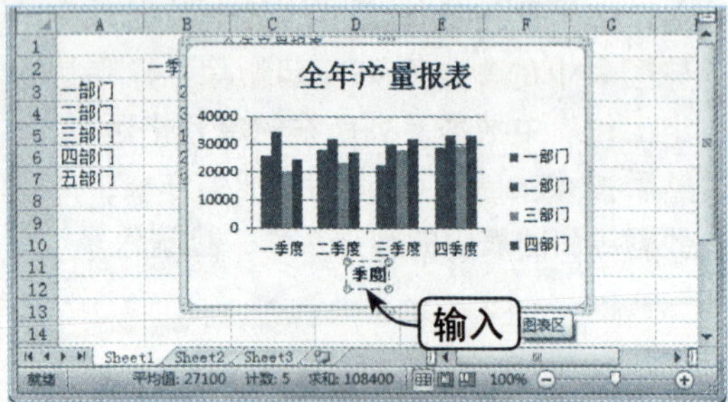

Step 05 添加纵坐标轴标题

单击“布局”选项卡下“标签”组中的“坐标轴标题”下拉按钮，在弹出的下拉列表中选择“主要纵坐标轴标题”选项，在其级联菜单中选择“竖排标题”选项，如下图所示。

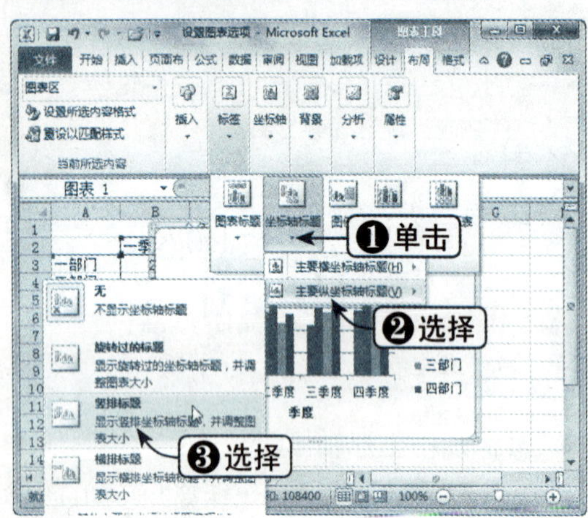

Step 06 输入坐标轴标题

在坐标轴的左侧出现“坐标轴标题”字样，在此双击鼠标左键并输入“产量”覆盖“坐标轴标题”字样，如下图所示。

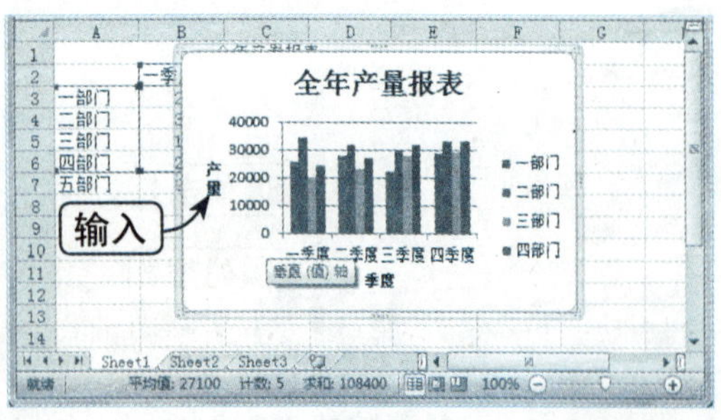

Step 07 设置图例

选择图表，单击“布局”选项卡下“标签”组中的“图例”下拉按钮，在弹出的下拉列表中选择“无”选项，如下图所示。

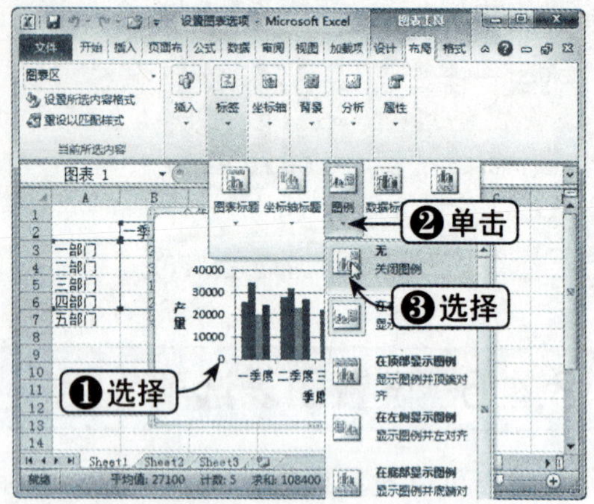

Step 08 查看隐藏图例效果

此时，即可查看取消图例显示后的图表效果，如下图所示。

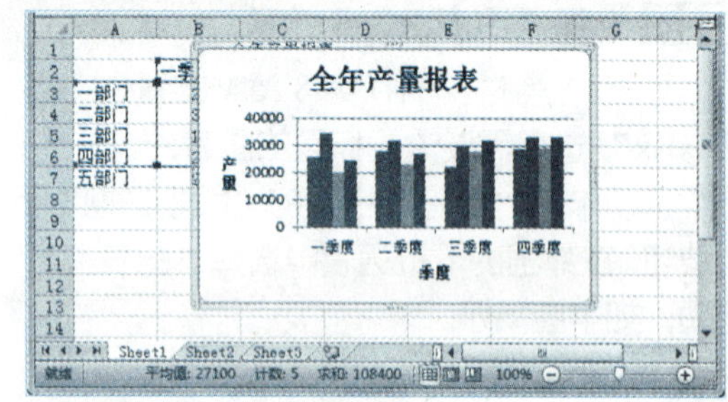

Step 09 设置数据标签

选择图表，单击“布局”选项卡下“标签”组中的“数据标签”下拉按钮，在弹出的下拉列表中选择“数据标签内”选项，如下图所示。

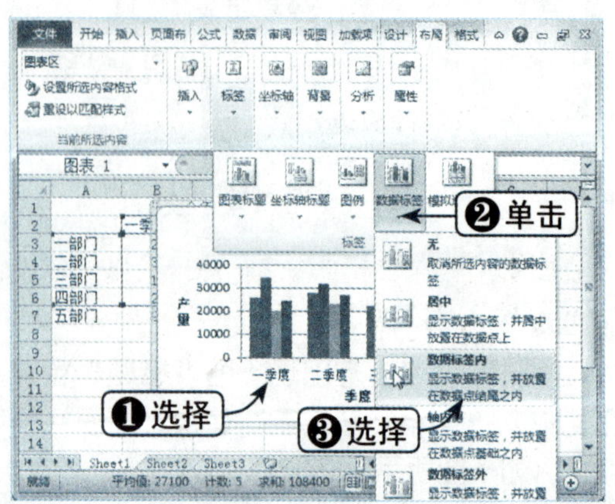

Step 10 查看设置效果

此时，即可将数据标签显示出来，效果如右图所示。

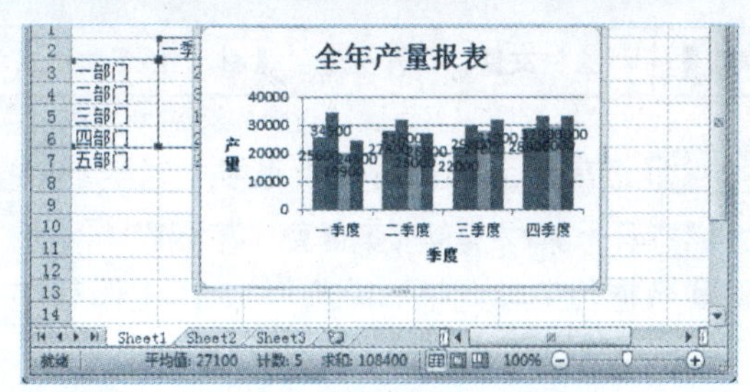

8.4.7 向图表中添加文本

为图表添加横排或竖排文本框，可以使图表含有更多的说明信息，使用户更加了解图表的内容。为图表添加文本的具体操作方法如下：

	素材文件	光盘：素材文件\第8章\向图表中添加文本.xlsx

Step 01 选择“横排文本框”选项

打开“素材文件\第 8 章\向图表中添加文本.xlsx”，选择需要添加文本的图表，单击“布局”选项卡下“插入”组中的“文本框”下拉按钮，在弹出的下拉列表中选择“横排文本框”选项，如下图所示。

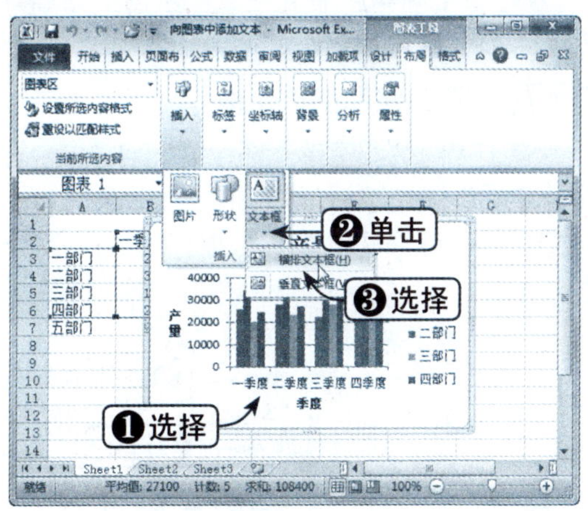

Step 02 拖出文本框

将鼠标指针放到图表中要添加文本框的位置，拖放出合适大小的文本框后释放鼠标，如下图所示。

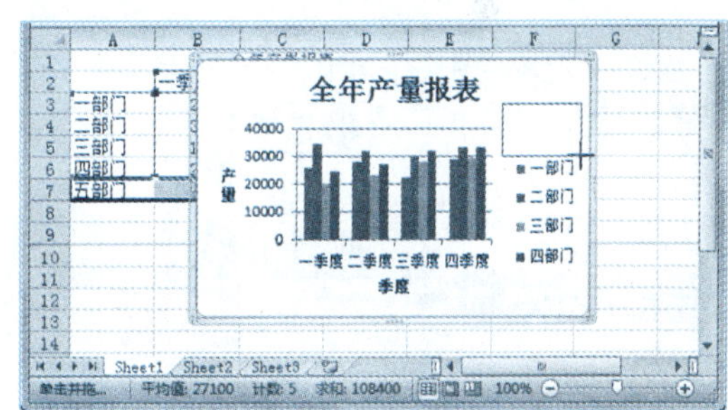

Step 03 添加文字

在文本框中输入所要添加的文字，效果如下图所示。

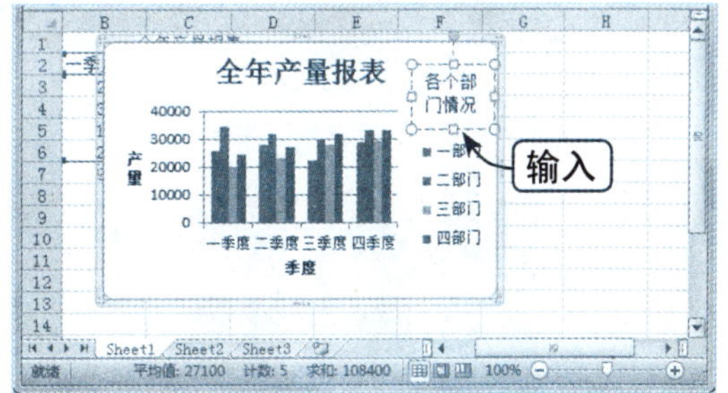

8.4.8 在图表中显示隐藏数据和空单元格

默认情况下，在图表中不显示隐藏在工作表中的数据，空单元格显示为空距。不过，用户可以显示隐藏的数据，并更改空单元格的显示方式。在图表中显示隐藏数据和空单元格的具体操作方法如下：

素材文件	光盘：素材文件\第8章\在图表中显示隐藏数据和空单元格.xlsx

Step 01 选择“簇状柱形图”选项

打开“素材文件\第8章\在图表中显示隐藏数据和空单元格.xlsx”，Sheet1工作表中二部门已被隐藏，三部门四季度没有输入数据。选择A2:F6单元格区域，单击“插入”选项卡下“图表”组中的“柱形图”下拉按钮，在弹出的下拉列表中选择“簇状柱形图”选项，如下图所示。

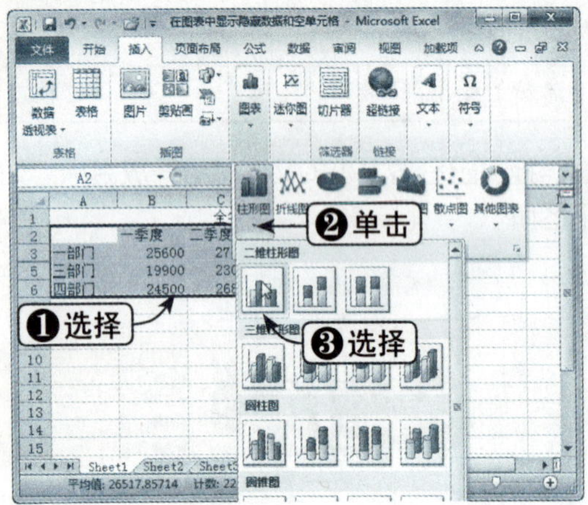

Step 02 查看设置效果

此时，新插入的图表中即可看出隐藏的数据系列和空单元格并没有显示，如下图所示。

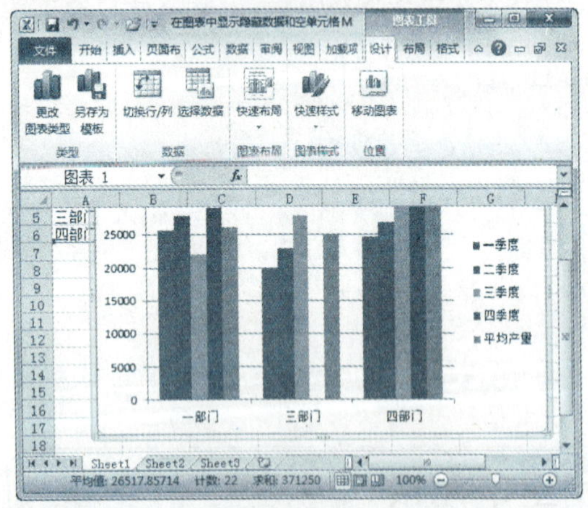

Step 03 单击“选择数据”按钮

单击“设计”选项卡下“数据”组中的“选择数据”按钮，如下图所示。

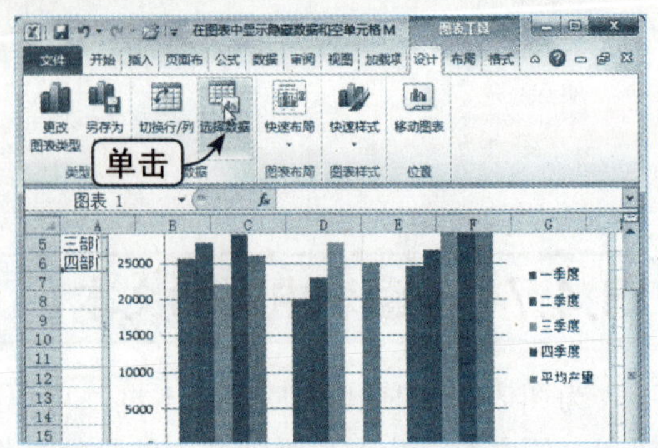

Step 04 单击“隐藏的单元格和空单元格”按钮

弹出“选择数据源”对话框，单击“隐藏的单元格和空单元格”按钮，如下图所示。

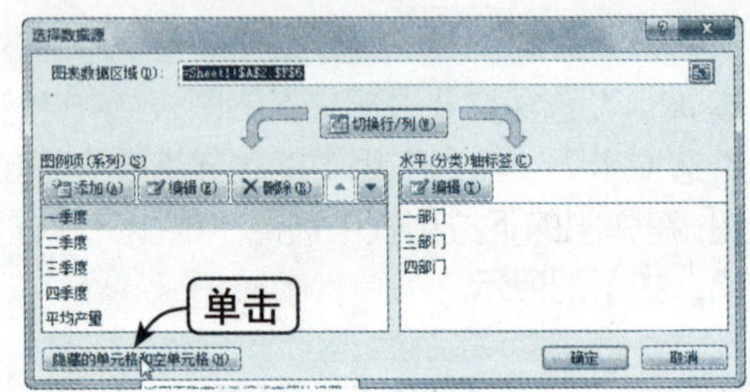

Step 05 设置隐藏和空单元格

弹出“隐藏和空单元格设置”对话框，选中“空距”单选按钮，并选中“显示隐藏行列中的数据”复选框，单击“确定”按钮，如下图所示。

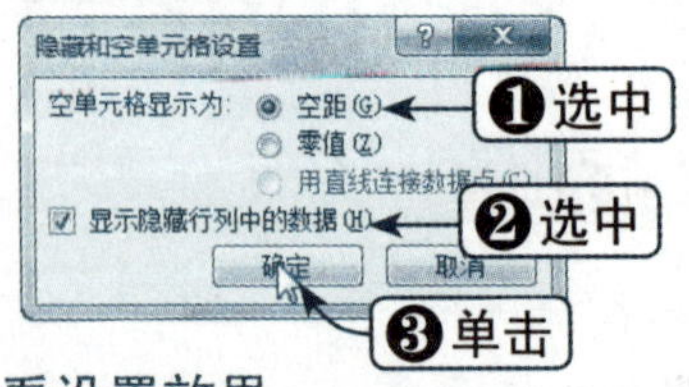

Step 06 查看设置效果

此时，即可看到显示隐藏数据和空单元格后的图表效果，如下图所示。

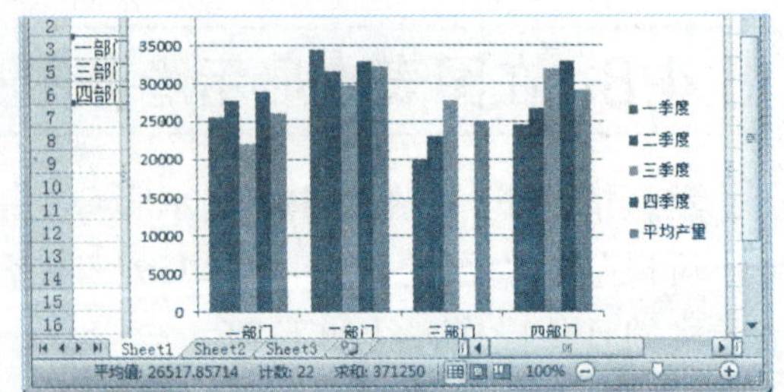

8.4.9 改变图表布局

创建图表后，用户可以使用预定义布局快速改变图表的布局，具体操作方法如下：

	素材文件	光盘：素材文件\第8章\改变图表布局.xlsx

Step 01 选择“饼图”选项

打开“素材文件\第8章\改变图表布局.xlsx”，选择A2:B6单元格区域，单击“插入”选项卡下“图表”组中的“饼图”下拉按钮，在弹出的下拉列表中选择“饼图”选项，如下图所示。

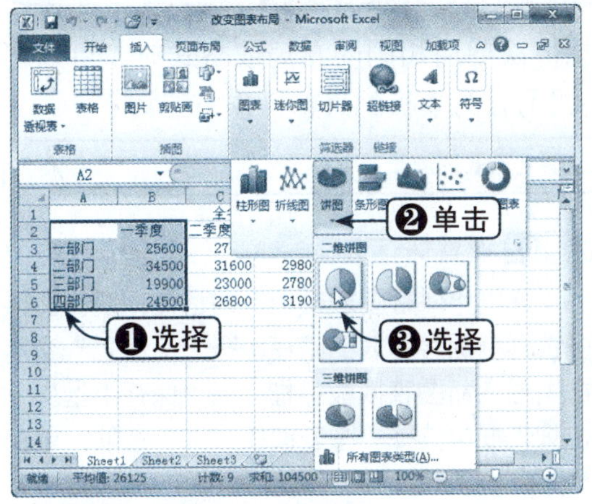

Step 02 选择预定义图表布局

单击“设计”选项卡下“图表布局”组中的“快速布局”下拉按钮，在弹出的下拉列表中选择“布局2”选项，如下图所示。

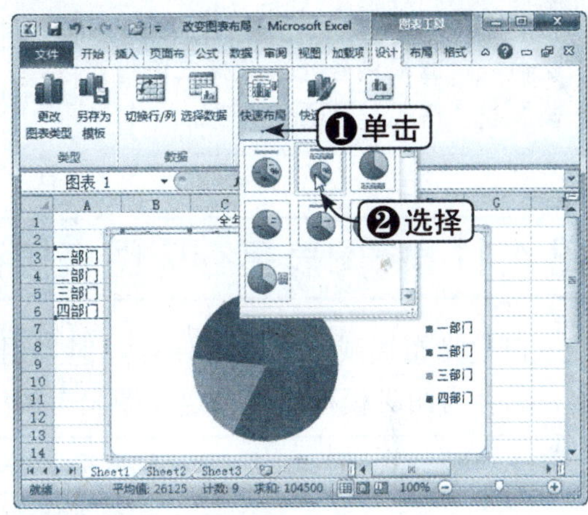

Step 03 查看图表效果

此时，即可查看使用快速预定义布局后的图表效果，如下图所示。

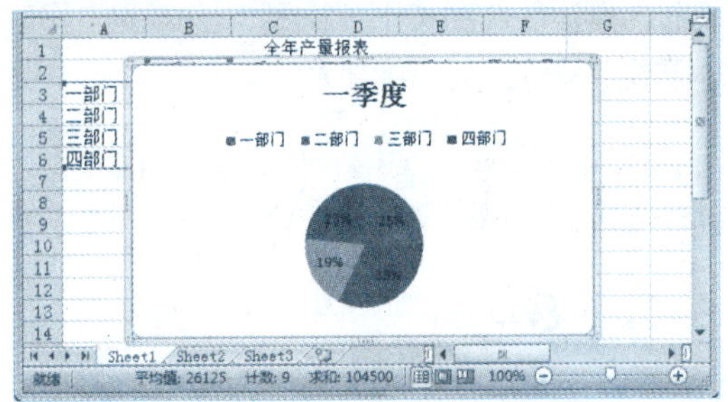

8.4.10 改变图表样式

在Excel 2010中还提供了多种预定义样式，用户可以从中选择所需要的样式，具体操作方法如下：

Step 01 选择样式

继续上一节进行操作，单击“设计”选项卡下“图表样式”组中的“快速样式”下拉按钮，在弹出的下拉列表中选择“样式1”选项，如右图所示。

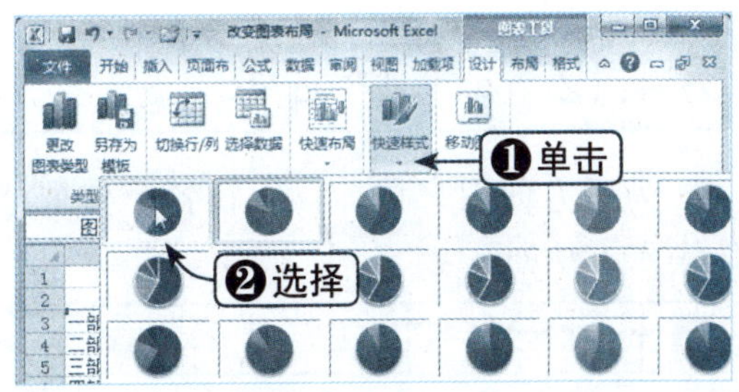

Step 02 查看应用样式效果

此时，即可查看使用快速预定义样式后的图表效果，如右图所示。

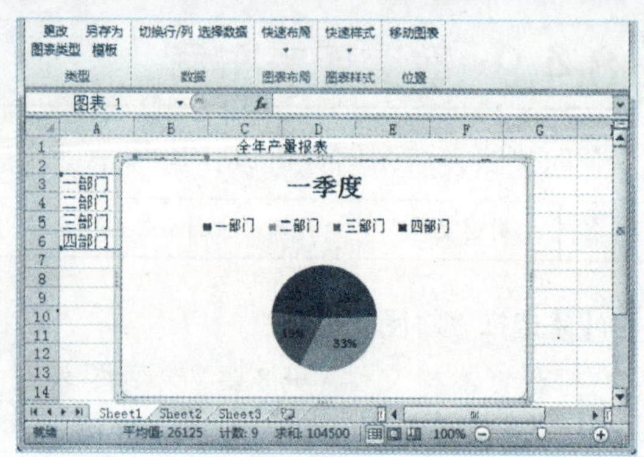

知识点拨

除了可以更改图表的样式外，用户还可以对图表中各元素的样式进行修改，需要在“格式”选项卡中进行操作。

8.4.11 将图表另存为图表模板

自定义布局或格式不能保存，但当用户想再次使用相同的布局或格式时，可以把图表另存为图表模板。将自定义图表布局或格式另存为模板的具体操作方法如下：

	素材文件	光盘：素材文件\第8章\将图表另存为模板.xlsx

Step 01 单击“另存为模板”按钮

打开“素材文件\第8章\将图表另存为图表模板.xlsx”，选择要另存为模板的图表，单击“设计”选项卡下“类型”组中的“另存为模板”按钮，如下图所示。

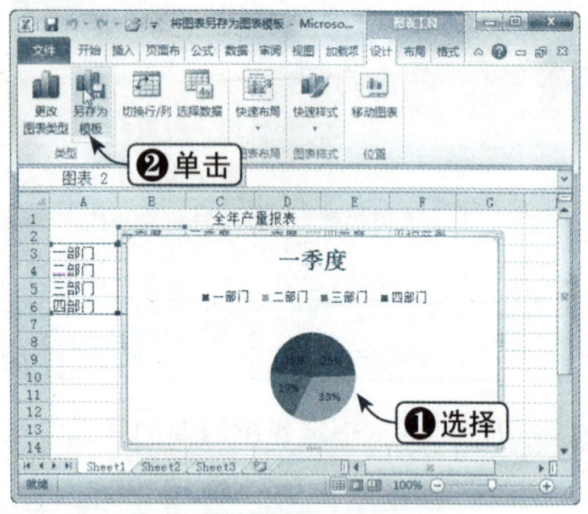

Step 02 设置保存选项

弹出“保存图表模板”对话框，在左窗格中选择要保存图表的路径，在“文件名”文本框中输入新图表模板名称，在“保存类型”下拉列表框中选择“图表模板文件”选项，单击“保存”按钮即可，如下图所示。

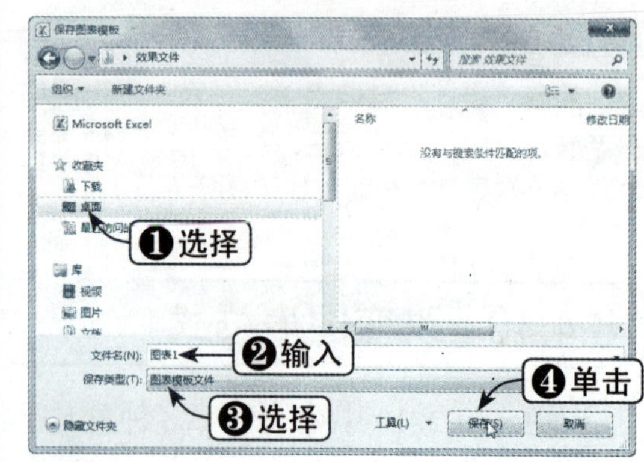

8.4.12 添加网络线

为了方便用户估计、比较各个数据标签，可以在图表中添加网格线作为参考，具体操作方法如下：

	素材文件	光盘：素材文件\第8章\添加网格线.xlsx

Step 01 选择网格线类型

打开"素材文件\第8章\添加网格线.xlsx"，选择图表，单击"布局"选项卡下"坐标轴"组中的"网格线"下拉按钮，在弹出的下拉列表中选择"主要横网格线"|"主要网格线"选项，如下图所示。

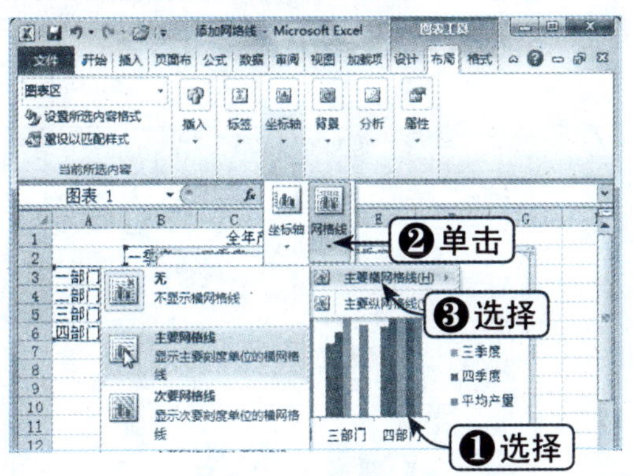

Step 02 查看添加网格线效果

此时，即可查看添加主要横网格线后的图表效果，如下图所示。

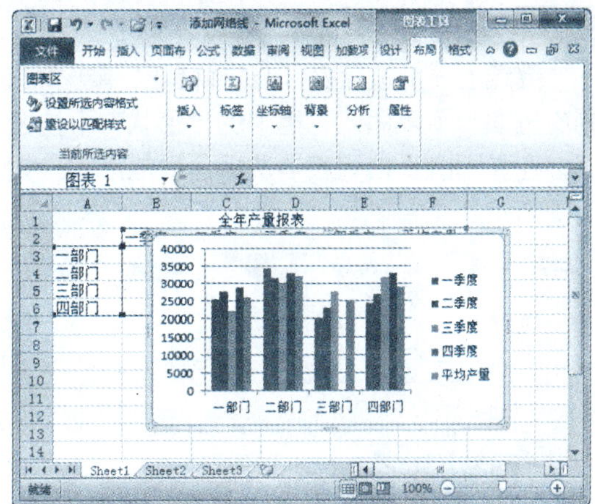

8.4.13 插入图片

在图表中也是可以插入图片的，具体操作方法如下：

Step 01 单击"图片"按钮

继续上一节进行操作，选择图表，单击"布局"选项卡下"插入"组中的"图片"按钮，如下图所示。

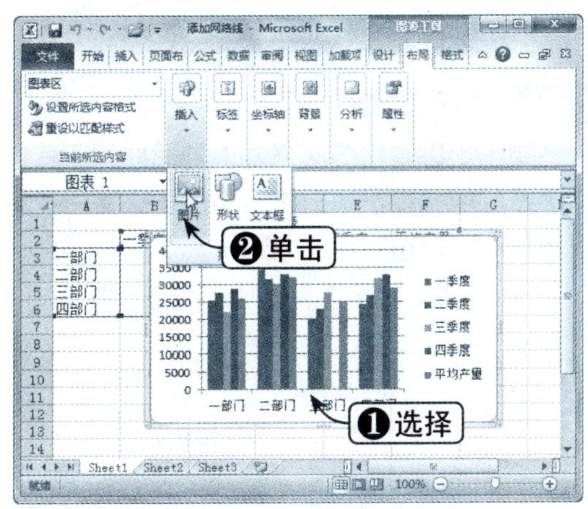

Step 02 选择插入图片

弹出"插入图片"对话框，选择目标图片，单击"插入"按钮，如下图所示。

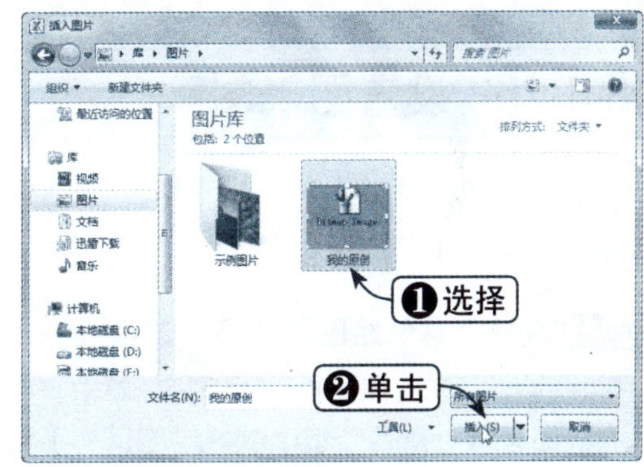

Step 03 调整图片位置

此时，即可在图表中插入图片，拖动图片到合适的位置即可，效果如下图所示。

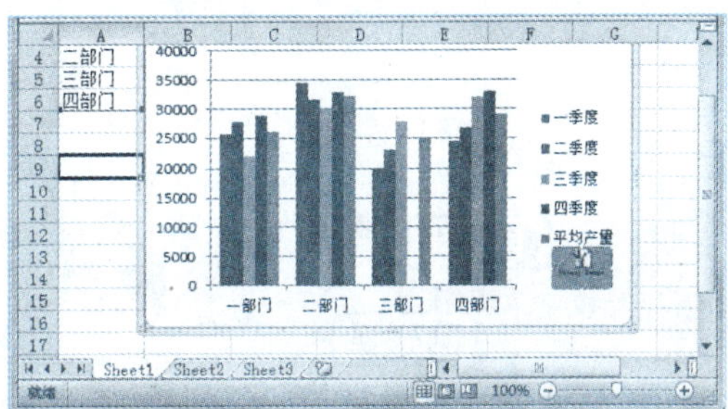

8.4.14 插入形状

在图表区中也可以插入形状，用于完善图表，具体操作方法如下：

Step 01 选择合适的形状

继续上一节进行操作，选择图表，单击“布局”选项卡下“插入”组中的“形状”下拉按钮，在弹出的下拉列表中选择合适的形状，如下图所示。

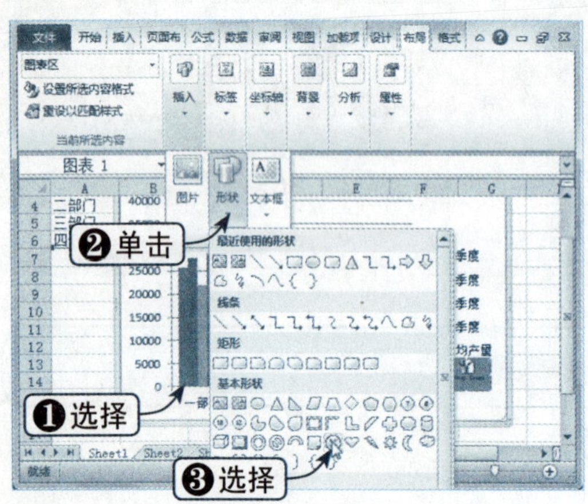

Step 02 调整形状大小和位置

在图表区对形状的大小和位置进行调整，调整后的效果如下图所示。

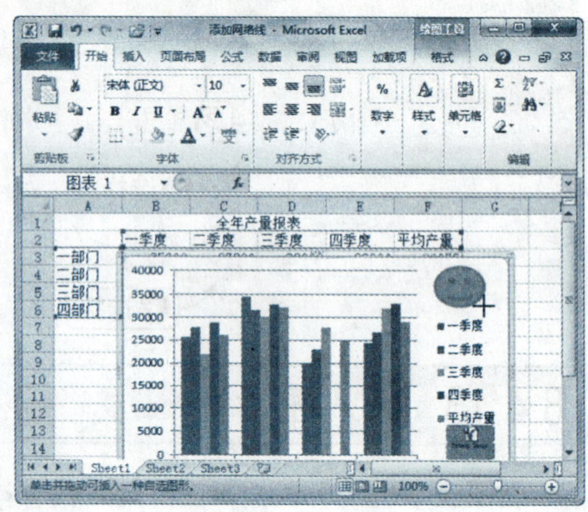

8.4.15 设置图表图案

在图表创建好之后，为了使其看起来更加美观，可以对图表的颜色、图案、线型、填充效果及边框等进行设置，具体操作方法如下：

Step 01 选择“其他绘图区选项”选项

继续上一节进行操作，选择图表，单击“布局”选项卡下“背景”组中的“绘图区”下拉按钮，在弹出的下拉列表中选择“其他绘图区选项”选项，如下图所示。

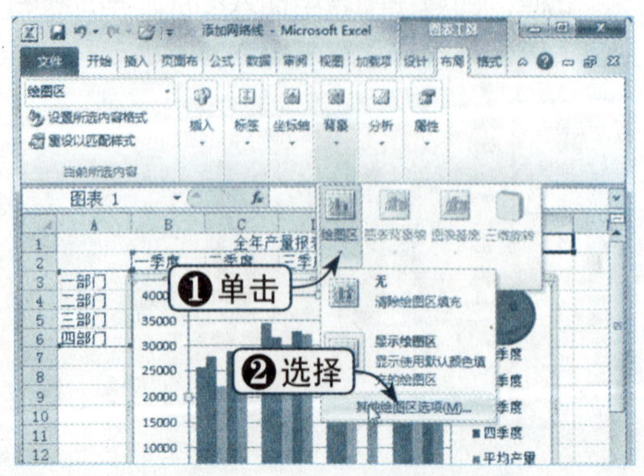

Step 02 设置绘图区

弹出“设置绘图区格式”对话框，在其中对边框颜色和图案填充进行相应的设置后，单击“关闭”按钮，如下图所示。

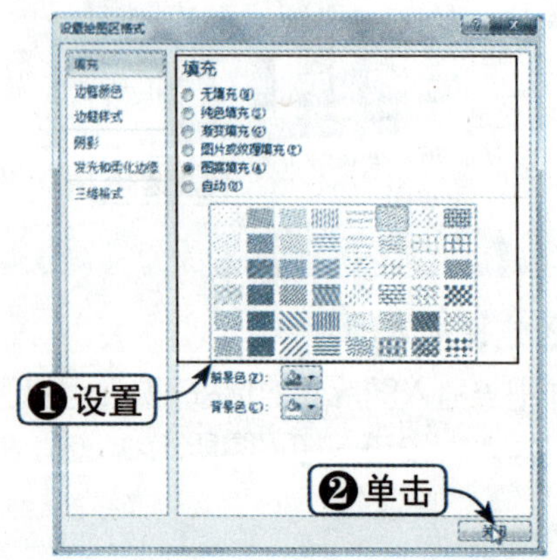

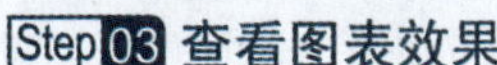

Step 03 查看图表效果

此时，即可查看设置图案后的图表效果，如右图所示。

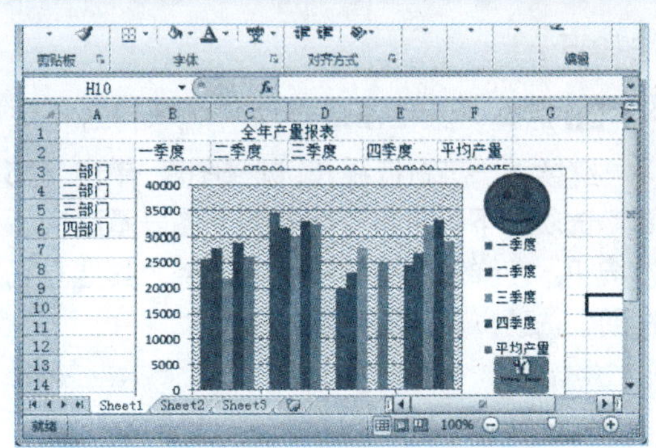

> **知识点拨**
>
> 若要清除绘图区图案，则单击“绘图区”下拉按钮，在弹出的下拉列表中选择“无”选项即可。

8.4.16 设置背景墙

背景墙只适用于使用三维图表的情况，背景墙的使用可以使图表显示效果更好，具体操作方法如下：

	素材文件	光盘：素材文件\第8章\设置背景墙.xlsx

Step 01 选择“其他背景墙选项”选项

打开“素材文件\第8章\设置背景墙.xlsx”，选择图表，单击“布局”选项卡下“背景”组中的“图表背景墙”下拉按钮，在弹出的下拉列表中选择“其他背景墙选项”选项，如下图所示。

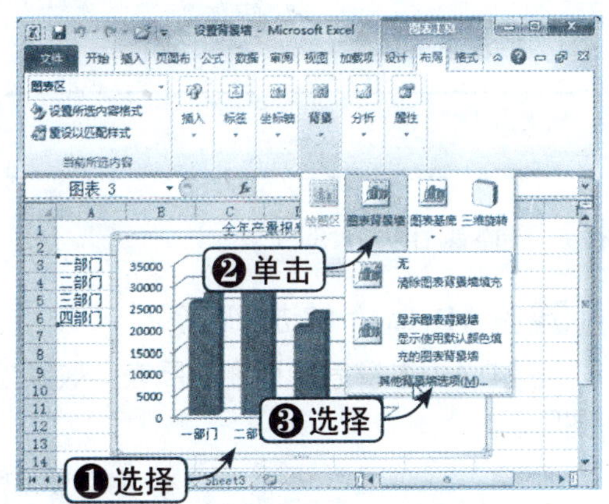

Step 02 设置背景墙格式

弹出“设置背景墙格式”对话框，设置填充、边框和三维等格式，单击“关闭”按钮，如下图所示。

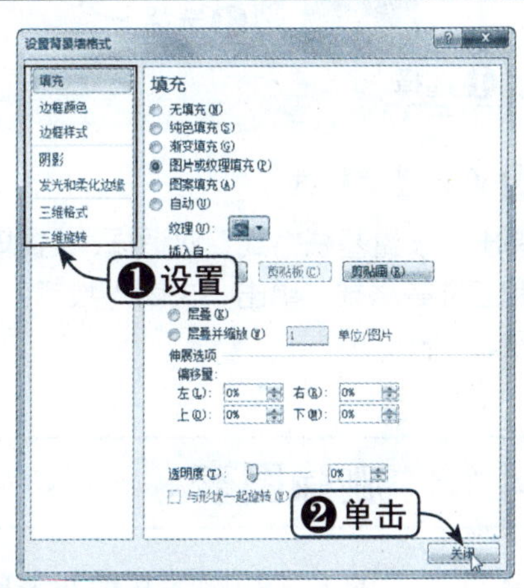

Step 03 查看背景墙效果

添加背景墙后，三维图表的视觉效果有所改善，效果如下图所示。

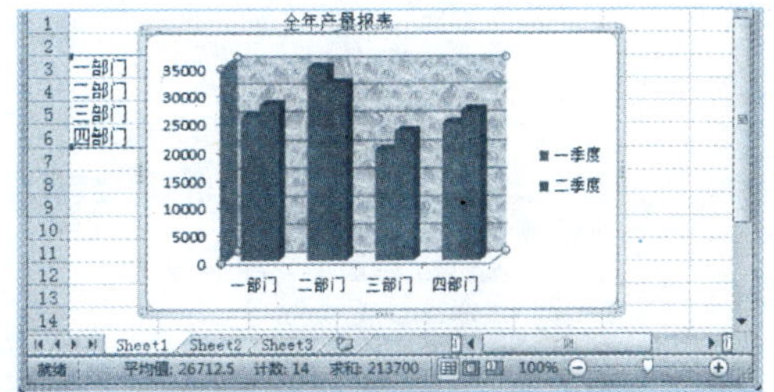

8.4.17 设置图表基底

图表基底是三维坐标中位于横坐标底部的外观样式，设置图表基底的具体操作方法如下：

Step 01 选择“其他基底选项”选项

继续上一节进行操作，选择图表，单击“布局”选项卡下“背景”组中的“图表基底”下拉按钮，在弹出的下拉列表中选择“其他基底选项”选项，如下图所示。

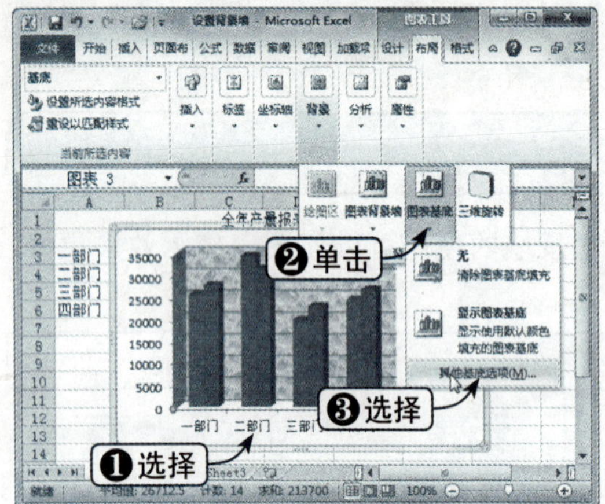

Step 02 设置基底格式

弹出“设置基底格式”对话框，设置填充、边框和三维等格式，单击“关闭”按钮，如下图所示。

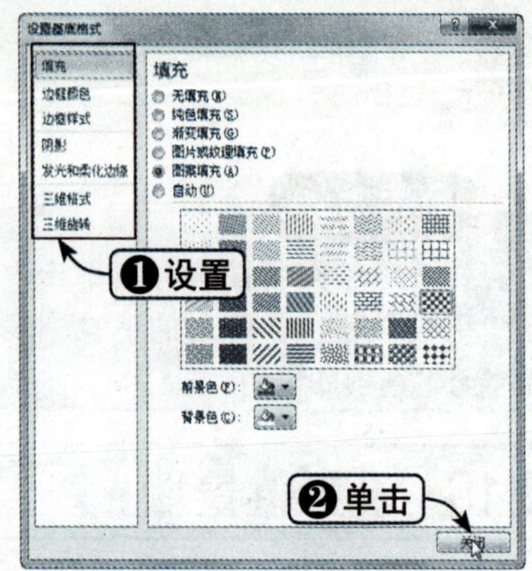

Step 03 查看设置基底效果

添加基底效果后，横坐标附近显示底色效果，如下图所示。

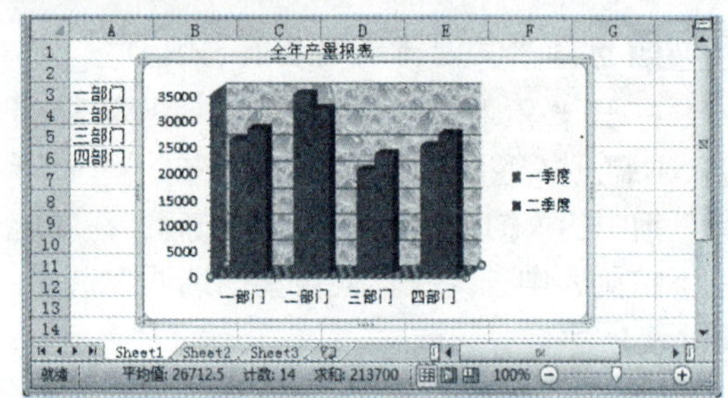

8.4.18 删除图表

删除图表的方法和删除其他对象的方法一样，具体操作方法如下：

Step 01 选择需要删除的图表

继续上一节进行操作，首先选择需要删除的图表，如下图所示。

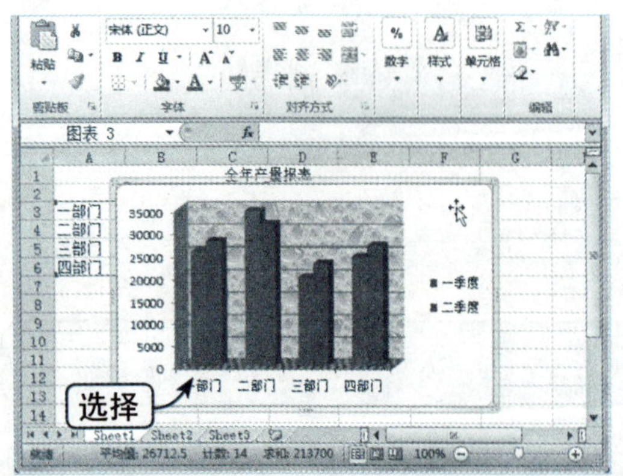

Step 02 按【Delete】键进行删除

按【Delete】键后即可删除图表，效果如下图所示。

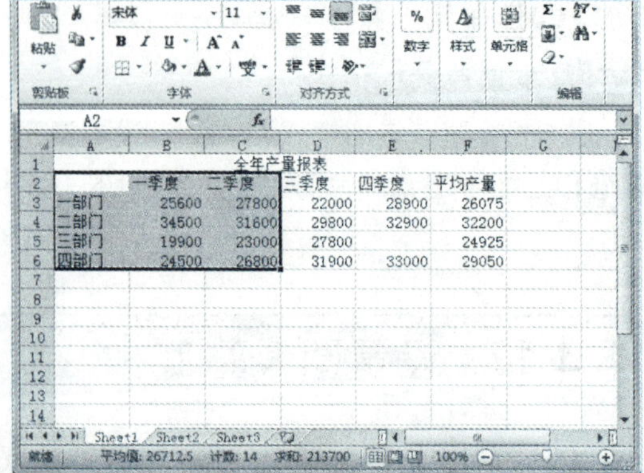

8.5 应用误差线

误差线是代表数据系列中每一数据与实际值偏差的图形线条，常用的误差线是Y误差线。在图表中可以添加误差线，下面将进行详细的介绍。

8.5.1 添加误差线

为数据系列添加误差线的具体操作方法如下：

	素材文件	光盘：素材文件\第8章\添加误差线.xlsx

Step 01 选择"标准误差误差线"选项

打开"素材文件\第8章\添加误差线.xlsx"，在数据图表中选择需要添加误差线的数据系列，单击"布局"选项卡下"分析"组中的"误差线"下拉按钮，在弹出的下拉列表中选择"标准误差误差线"选项，如下图所示。

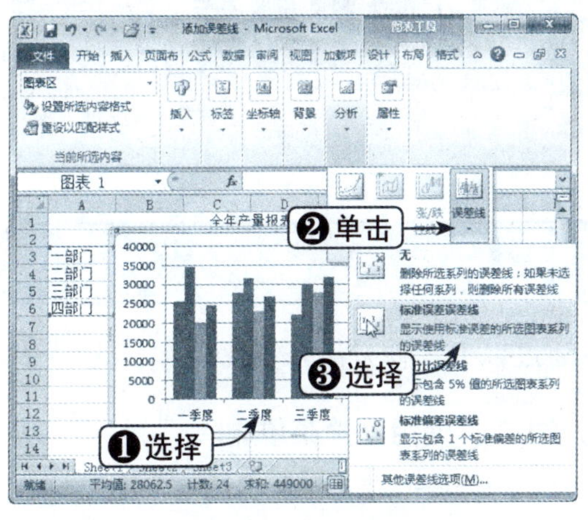

Step 02 查看误差线

此时，即可查看添加误差线后的图表效果，如下图所示。

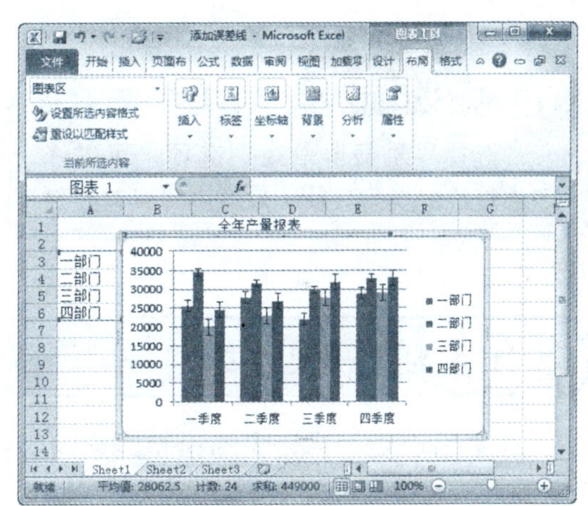

8.5.2 修改误差线

用户可以对误差线的各种设置进行修改。对于任何一条误差线所作的修改，将影响到与之相关数据系列的所有误差线。修改误差线的具体操作方法如下：

Step 01 选择图表数据系列

继续上一节进行操作，选择需要修改误差线图表中的数据系列，单击"布局"选项卡下"分析"组中的"误差线"下拉按钮，在弹出的下拉列表中选择"其他误差线选项"选项，如下图所示。

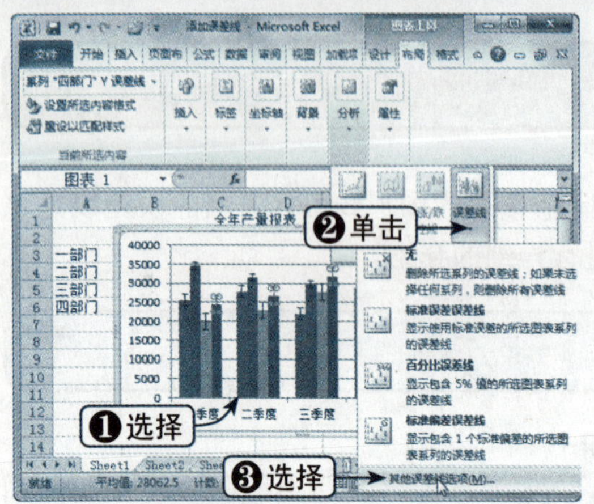

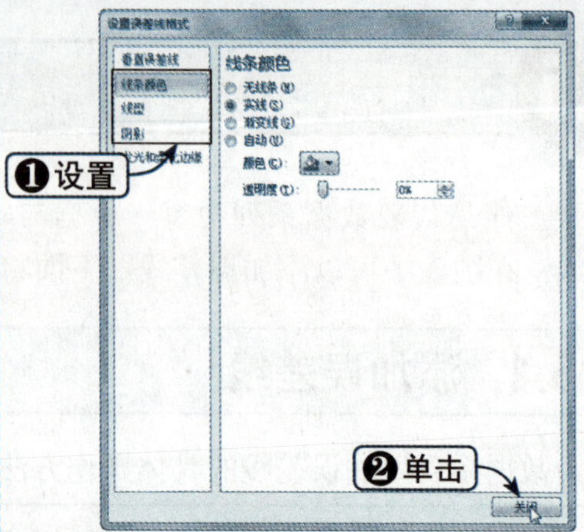

Step 02 设置误差线格式

弹出“设置误差线格式”对话框，在其中设置误差线的样式、线条颜色、线型及阴影等参数，单击“关闭”按钮，如下图所示。

知识点拨

选择“垂直误差线”选项，可以修改误差线的类型，默认为“正负误差线”。

Step 03 查看修改效果

此时，即可查看修改误差线后的图表效果，如下图所示。

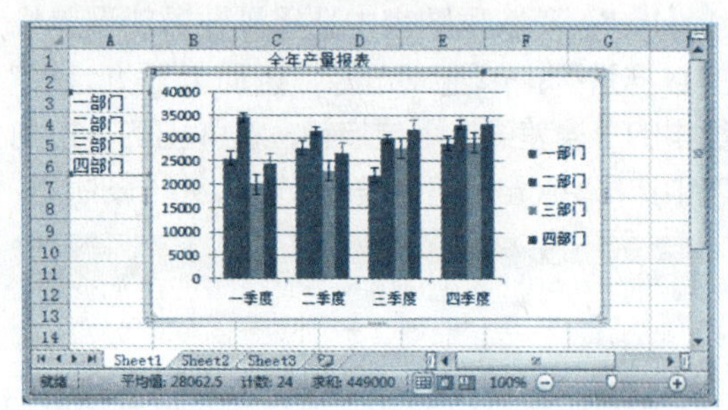

8.5.3 删除误差线

如果用户要将图表中的误差线删除，可以通过以下 3 种方法来实现：

方法一：使用快捷键删除

继续上一节进行操作，选中图表中需要删除的误差线，直接按【Delete】键即可，如下图所示。

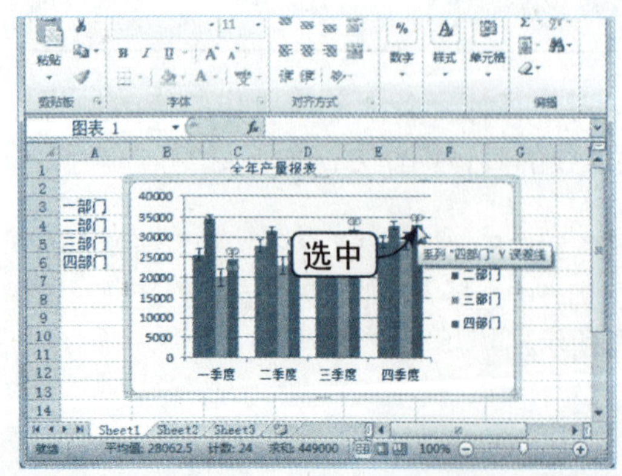

方法二：使用快捷菜单删除

选中图表中需要删除的误差线并右击，在弹出的快捷菜单中选择“删除”选项即可，如下图所示。

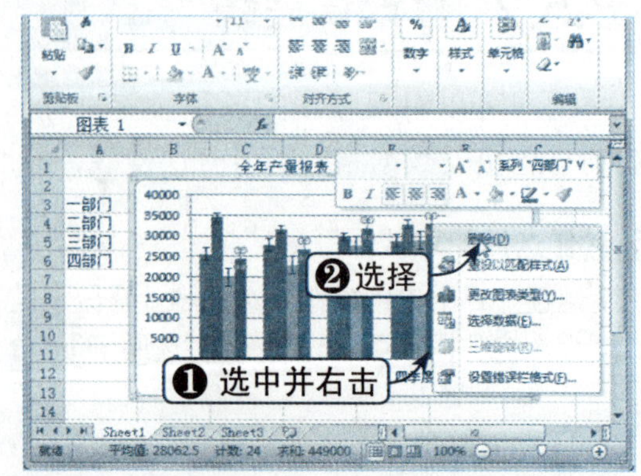

方法三：使用功能区按钮删除

选中图表中需要删除的误差线，单击“布局”选项卡下“分析”组中的“误差线”下拉按钮，在弹出的下拉列表中选择“无”选项即可，如右图所示。

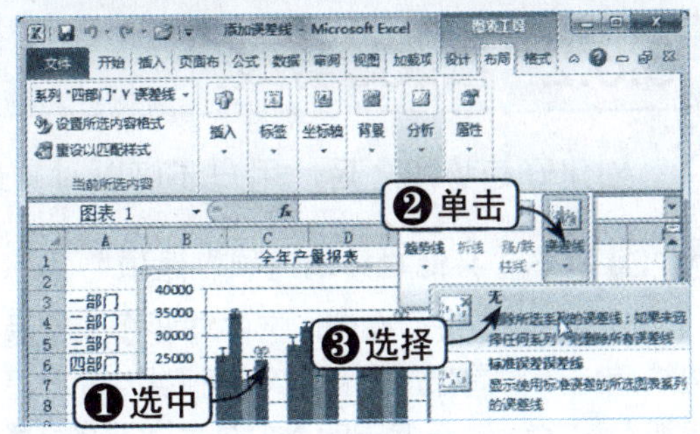

8.6 应用趋势线

趋势线用图形的方式显示了数据的预测趋势，并可用于预测分析，也称回归分析。利用回归分析可以根据实际数据用图表中扩展趋势线预测分析未来数据。在 Excel 2010 中，可以自动对数据进行拟合，然后绘制出趋势线。但是，并不是所有的图表都可以添加趋势线。柱形图、折线图、XY 散点图和条形图的数据系列可以添加趋势线，而不能向三维图表、堆积型图表、雷达图、饼图或圆环图的数据系列中添加趋势线。

8.6.1 添加趋势线

趋势线只能预测某一个特殊的数据系列而不是整张图表，添加趋势线的具体操作方法如下：

	素材文件	光盘：素材文件\第8章\添加趋势线.xlsx

Step 01 选择“线性预测趋势线”选项

打开“素材文件\第8章\添加趋势线.xlsx”，选中需要添加趋势线的图表数据系列，单击“布局”选项卡下“分析”组中的“趋势线”下拉按钮，在弹出的下拉列表中选择“线性预测趋势线”选项，如下图所示。

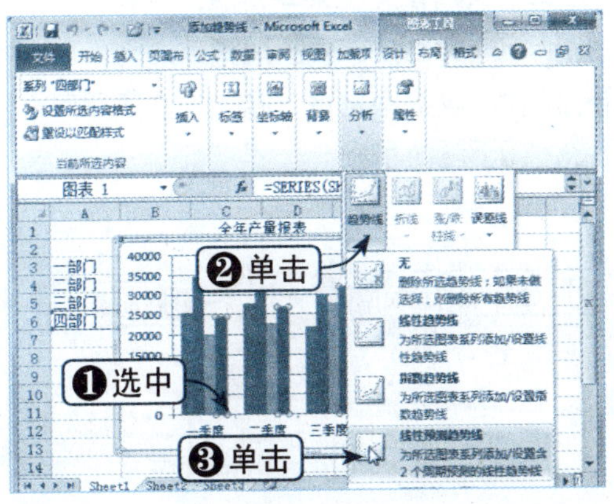

Step 02 查看添加趋势线效果

此时，即可查看添加趋势线后的图表效果，如下图所示。

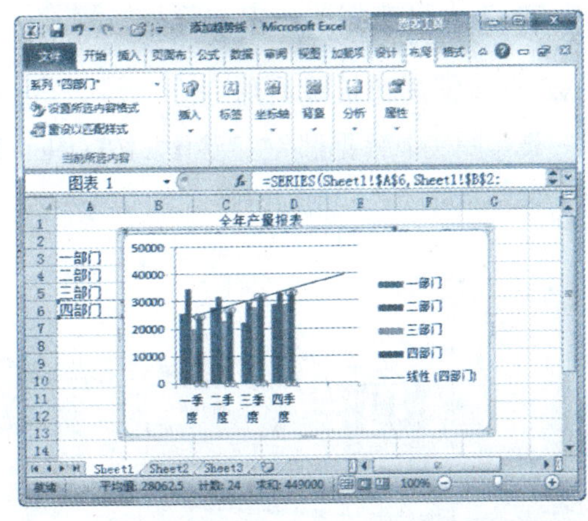

8.6.2 修改趋势线

创建好趋势线之后，用户还可以对其进行修改，具体操作方法如下：

Step 01 选择"其他趋势线选项"选项

继续上一节进行操作，选中需要修改的趋势线，单击"布局"选项卡下"分析"组中的"趋势线"下拉按钮，在弹出的下拉列表中选择"其他趋势线选项"选项，如下图所示。

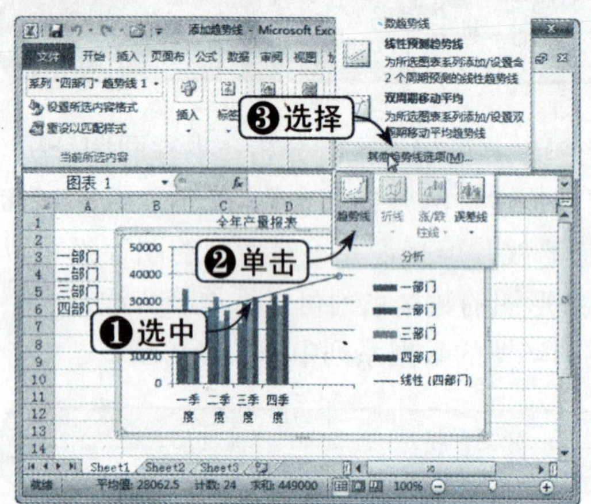

Step 02 设置趋势线格式

弹出"设置趋势线格式"对话框，在其中设置误差线的样式、线条颜色、线型及阴影等参数，单击"关闭"按钮，如下图所示。

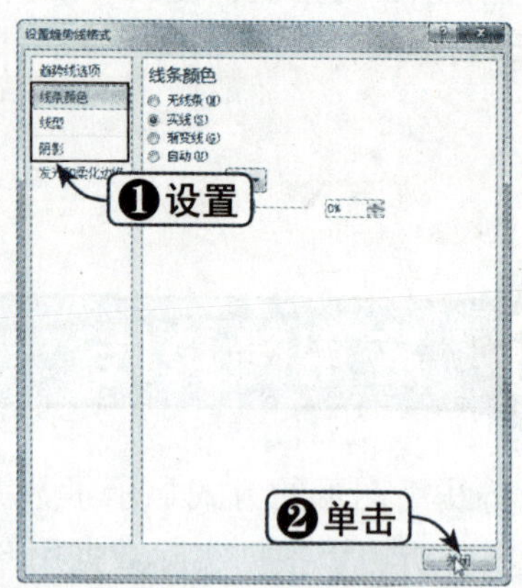

Step 03 查看修改趋势线效果

此时，即可查看修改趋势线格式后的图表效果，如下图所示。

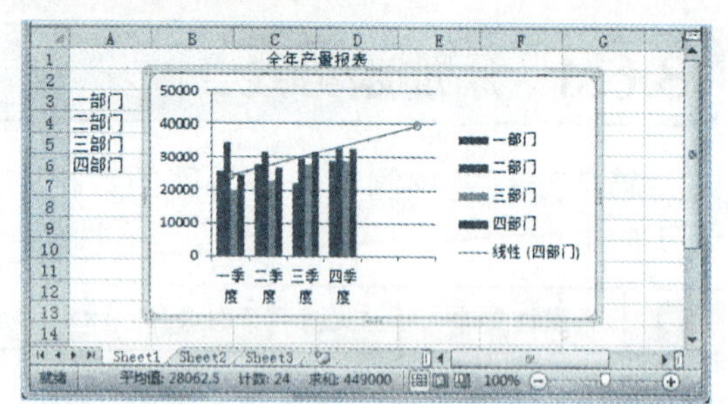

8.6.3 删除趋势线

如果用户要将图表中的趋势线删除，可以使用下面 3 种方法进行操作：

方法一：使用快捷键删除

选中图表中需要删除的趋势线，按【Delete】键即可直接删除，如下图所示。

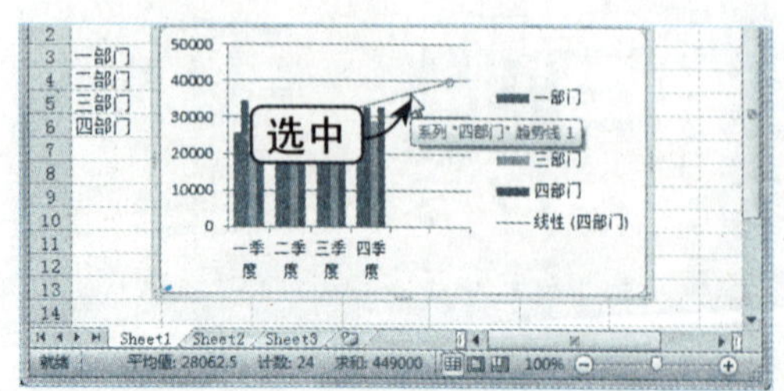

方法二：使用快捷菜单删除

选中图表中需要删除的趋势线并右击，在弹出的快捷菜单中选择"删除"选项即可将其删除，如下图所示。

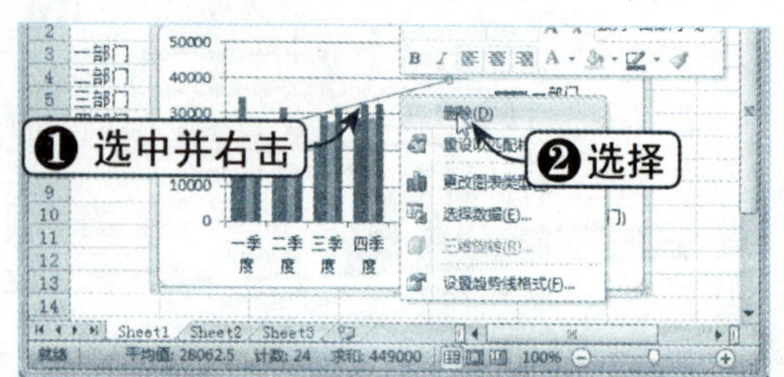

方法三：使用功能区按钮删除

选中图表中需要删除的趋势线，单击“布局”选项卡下“分析”组中的“趋势线”下拉按钮，在弹出的下拉列表中选择“无”选项，即可删除趋势线，如右图所示。

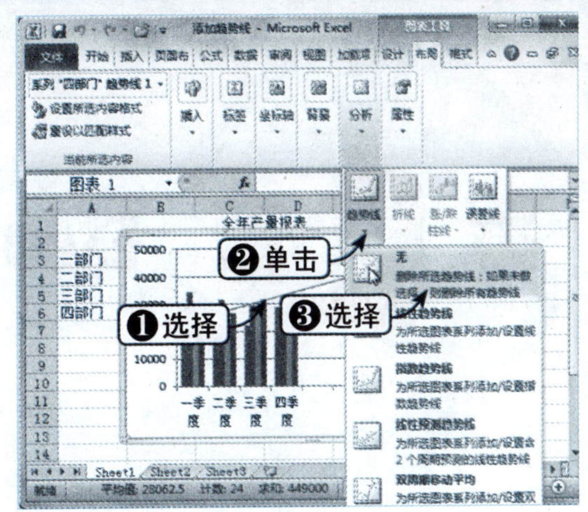

知识点拨

右击趋势线，在弹出的快捷菜单中选择“设置趋势线格式”选项，在弹出的对话框中可以设置趋势线线条颜色、线型、阴影等参数。

读书笔记

第9章 Excel数据分析与管理

在Excel实际应用中，经常需要对数据进行多种分析与管理，本章将详细介绍数据分析与管理的相关知识，其中包括使用记录单，数据排序，数据筛选，分类汇总等，帮助读者轻松掌握对各种表格数据进行分析处理的方法和技巧。

本章学习重点

1. 使用记录单
2. 数据排序
3. 数据筛选
4. 分类汇总

重点实例展示

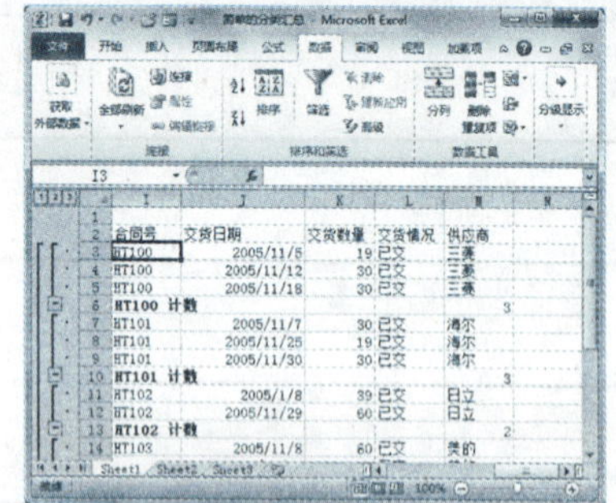

简单的分类汇总

本章视频链接

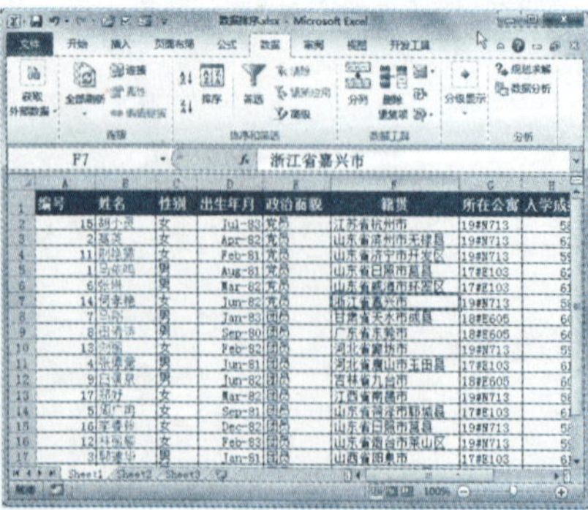

自定义排序

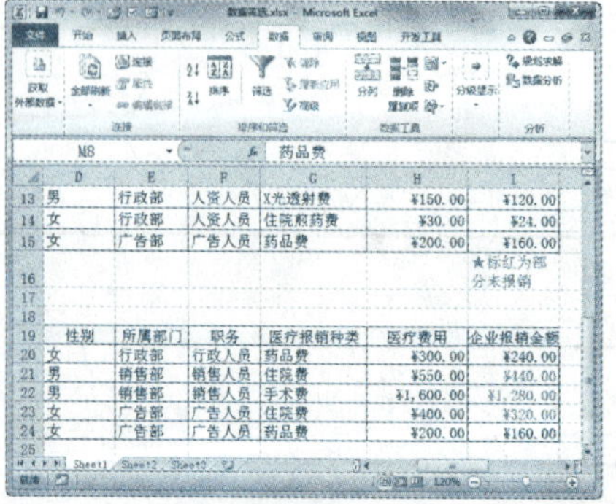

关系高级筛选

9.1 使用记录单

在 Excel 中建立了数据列表后，Excel 会根据字段名自动产生记录单。数据列表中的数据一般会很多，直接在其中录入数据会很繁琐，效率也不高；使用记录单添加数据则会十分方便，而且可以使用记录单修改和删除数据，同时也可以用来查找记录。默认情况下，在 Excel 2010 中记录单命令并不能从功能区找到，而需要用户进行添加。下面将介绍使用记录单的各种操作知识。

9.1.1 添加记录单命令

添加记录单命令的具体操作方法如下：

	素材文件	光盘：素材文件\第9章\记录单.xlsx

Step 01 选择“选项”选项

打开“素材文件\第 9 章\记录单 .xlsx”，选择“文件”选项卡，在左侧选择“选项”选项，如下图所示。

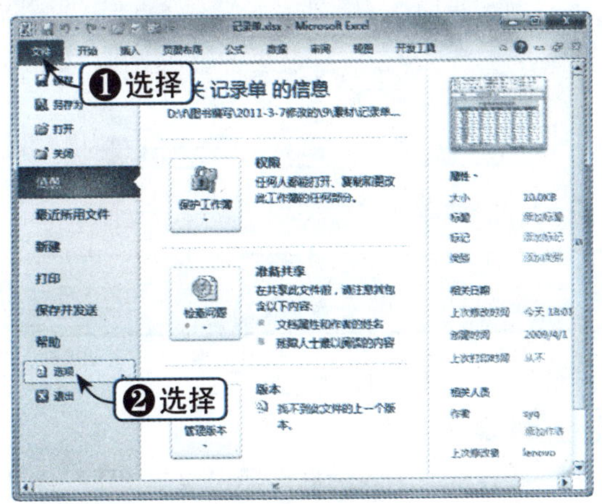

Step 02 添加记录单命令

弹出“Excel 选项”对话框，在左窗格中选择“快速访问工具”选项，在“从下列位置选择命令”下拉列表框中选择“所有命令”选项，在“分隔符”下拉列表框中选择“记录单”选项，单击“添加”按钮，然后单击“确定”按钮，如下图所示。

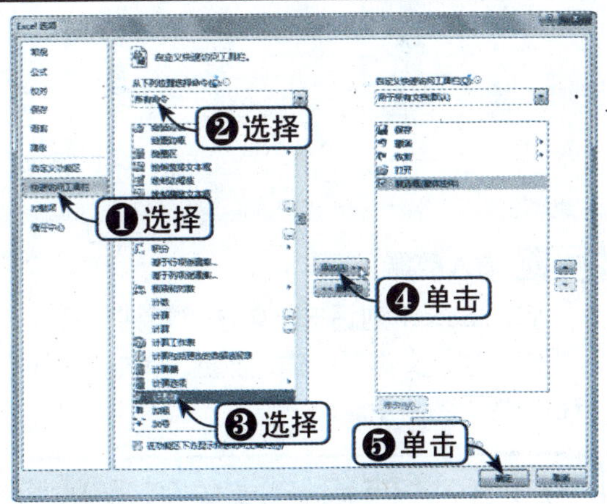

Step 03 查看添加效果

此时，记录单命令即可添加到快速访问工具栏中，如下图所示。

产品季末库存记录单				
产品名称	第一季度	第二季度	第三季度	第四季度
电视机	890	650	780	450
电脑	1200	1500	1650	1000
洗衣机	780	520	410	630
电冰箱	875	752	651	789
空调	550	350	289	420
微波炉	1050	785	683	850
电磁炉	752	562	456	580
电饭锅	456	580	365	423
电视机	384	875	1050	562
电脑	393	752	785	456

9.1.2 使用记录单输入数据

当行数或列数较多时，利用原始的方式输入数据有时会给用户带来不少麻烦，经常会出现串行或串列的现象。利用记录单来输入数据可以避免这种现象，具体操作方法如下：

Step 01 单击“记录单”按钮

继续上一节进行操作，单击快速访问工具栏中的“记录单”按钮，如下图所示。

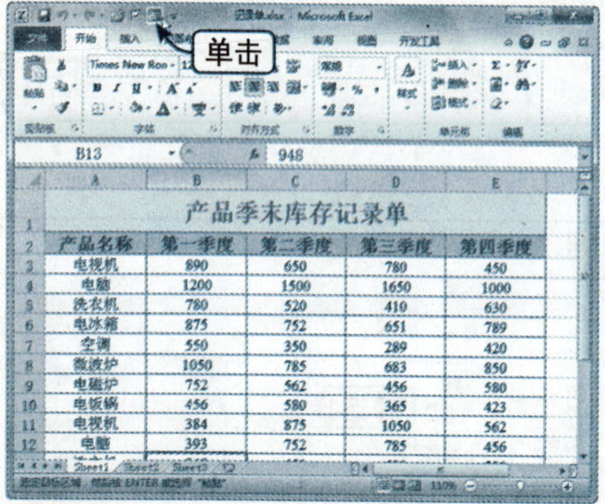

Step 02 输入数据

弹出Sheet1对话框，单击“新建”按钮，在相应的字段文本框中输入数据，单击“关闭”按钮，如下图所示。

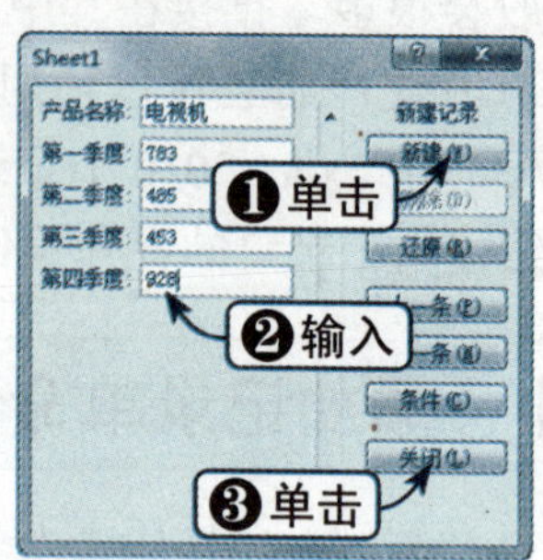

Step 03 查看输入效果

此时，即可查看利用记录单输入数据后的效果，如下图所示。

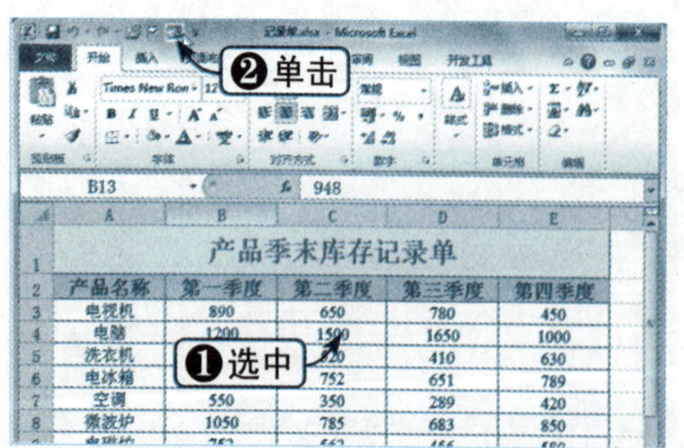

9.1.3 使用记录单修改数据

对于使用记录单输入的数据可以随时进行修改，具体操作方法如下：

Step 01 单击“记录单”按钮

继续上一节进行操作，选中Sheet1工作表中任意一个有数据的单元格，单击快速工具栏中的“记录单”按钮，如下图所示。

Step 02 修改记录

弹出Sheet1对话框，通过单击“下一条”按钮，切换到用户需要修改的那条记录，在各字段文本框中输入相应的数据，单击“关闭”按钮，如下图所示。

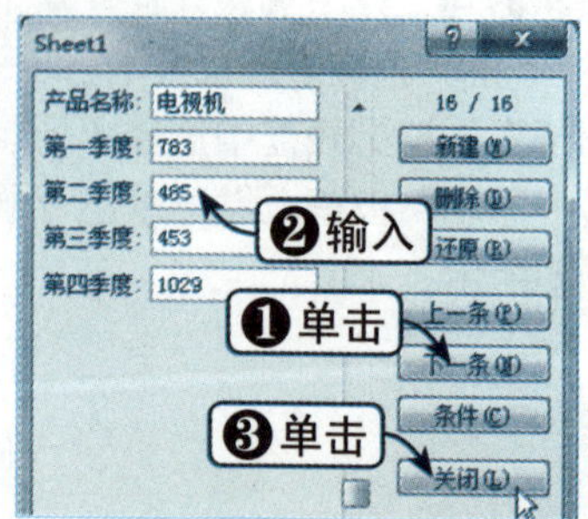

Step03 查看修改效果

此时，即可查看修改后的数据记录效果，如右图所示。

	A	B	C	D	E
7	空调	550	350	289	420
8	微波炉	1050	785	683	850
9	电磁炉	752	562	456	580
10	电饭锅	456	580	365	423
11	电视机	384	875	1050	562
12	电脑	393	752	785	456
13	洗衣机	948	651	683	580
14	电冰箱	938	789	850	1500
15	电磁炉	785	684	897	1650
16	电饭锅	972	873	527	1000
17	电视机	873	548	894	1293
18	电视机	783	485	453	1029

9.1.4 使用记录单删除数据

使用记录单输入数据时，对于不需要的记录，可以随时将其删除，具体操作方法如下：

Step01 单击“记录单”按钮

继续上一节进行操作，选中 Sheet1 工作表中任意一个有数据的单元格，单击快速工具栏中的“记录单”按钮，如下图所示。

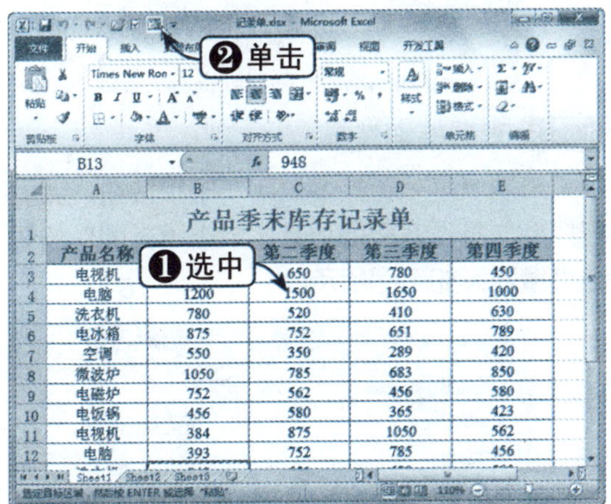

Step02 删除记录

弹出 Sheet1 对话框，通过单击“下一条”按钮，切换到用户需要删除的那条记录，单击“删除”按钮，如下图所示。

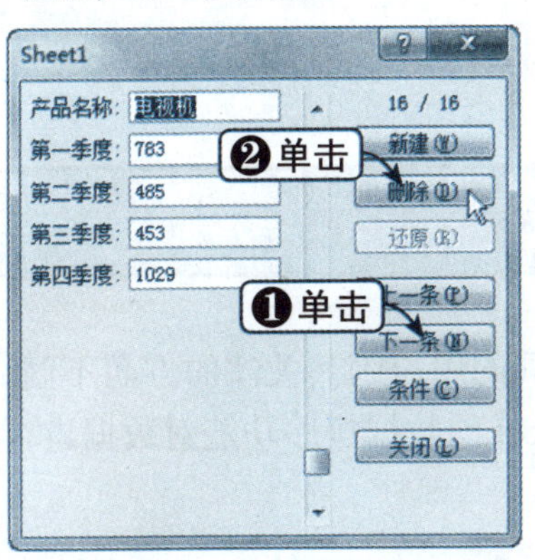

Step03 确定删除操作

弹出提示信息框，询问显示的记录将被删除，单击“确定”按钮将删除记录，单击“取消”按钮将取消删除操作，在此单击“确定”按钮，如下图所示。

Step04 查看删除效果

此时，即可查看使用记录单删除记录后的效果，如下图所示。

	A	B	C	D	E
7	空调	550	350	289	420
8	微波炉	1050	785	683	850
9	电磁炉	752	562	456	580
10	电饭锅	456	580	365	423
11	电视机	384	875	1050	562
12	电脑	393	752	785	456
13	洗衣机	948	651	683	580
14	电冰箱	938	789	850	1500
15	电磁炉	785	684	897	1650
16	电饭锅	972	873	527	1000
17	电视机	873	548	894	1293

知识点拨

被删除的记录将被永久删除，删除的动作是不能用“恢复”命令来恢复的，所以在删除记录时千万要谨慎。

9.1.5 使用记录单搜索记录

通过记录单还可以完成条件搜索工作。在进行搜索时可以按照单一条件进行搜索，也可以使用多个条件进行复合搜索，具体操作方法如下：

Step 01 单击“记录单”按钮

继续上一节进行操作，选中 Sheet1 工作表中任意一个有数据的单元格，单击快速工具栏中的“记录单”按钮，如下图所示。

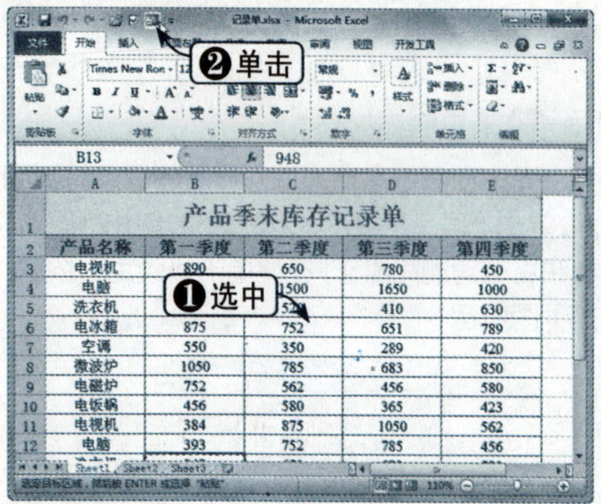

Step 02 单击“条件”按钮

弹出 Sheet1 对话框，单击“条件”按钮，如下图所示。

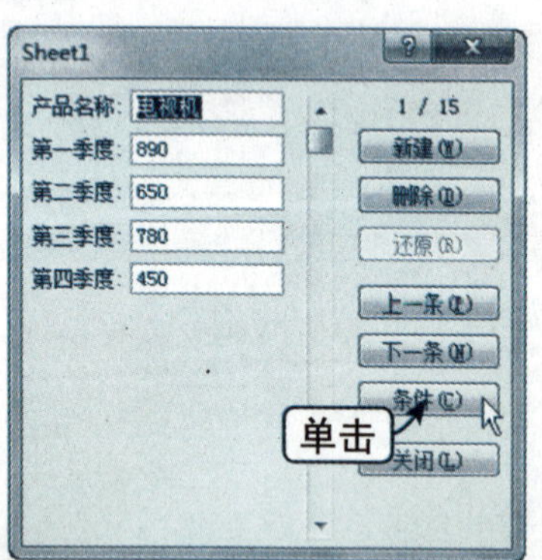

Step 03 设置查找条件

在记录单对话框中输入查找的条件，单击“下一条”按钮，如下图所示。

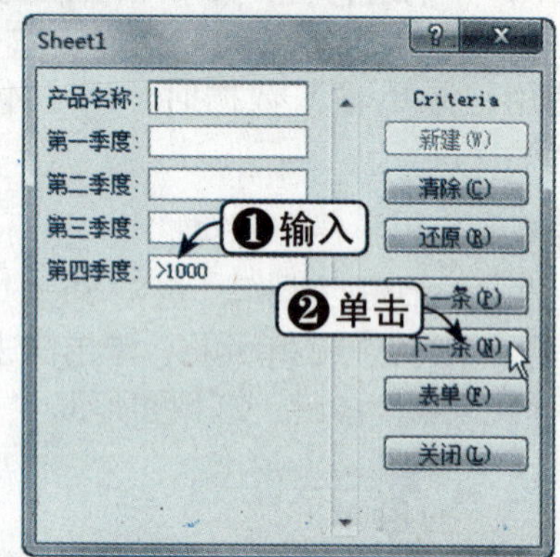

Step 04 查看搜索结果

单击“上一条”或“下一条”按钮，即可查找到与条件匹配的记录，单击“关闭”按钮结束搜索，如下图所示。

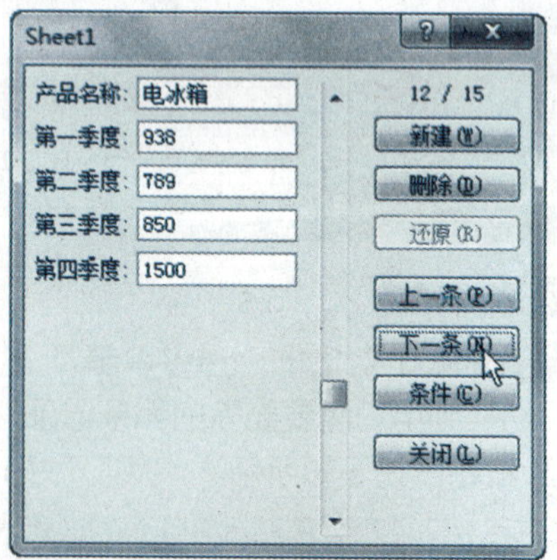

9.2 数据排序

对于 Excel 工作表或 Excel 表格中的数据，不同的用户因其关注的方面不同，可能需要对这些数据进行不同的排列，这时可以使用 Excel 的数据排序功能对数据进行排序。

9.2.1 使用记录单删除数据

Excel 的排序有一定的规则，了解 Excel 的排序规则可以更好地使用排序功能。

1.排序的种类

Excel 的排序主要包括以下几种：

◎ 将名称列表按字母顺序排列；

◎ 按从高到低的顺序排列数字；

◎ 按颜色或图标对行进行排序；

◎ 对一列或多列中的数据按文本、数字及日期和时间进行排序；

◎ 可以按自定义序列或格式进行排序。

◎ 大多数排序操作都是针对列进行的，但也可以针对行进行操作。

2.排序的原则

排序条件随工作簿一起保存，这样当打开工作簿时都会对于 Excel 表格重新应用排序。如果希望保存排序条件，以便在打开工作簿时可以定期重新应用排序，最好使用表，这对于多列排序或花费很长时间创建的排序特别重要。

对数据进行排序时，Excel 会遵循以下原则：

◎ 如果按某一列来排序，则该列上完全相同的行将保持它们的原始次序。

◎ 在排序列中有空白单元格的行会被放置在排序数据的最后。

◎ 对隐藏行不会进行排序，除非它们是分级显示的一部分。

◎ 排序选项中包含选定的列、顺序和方向等，则在最后一次排序后会被保存下来，直到修改它们或修改选定区域或列标记为止。

◎ 如果按一个以上的列进行排序，主要列中有完全相同项的行会根据指定的第二列进行排序，第二列有完全相同的行会根据指定的第三列进行排序，且依次类推。

3.排序的次序

在按升序排序时，默认情况下 Excel 使用下表中的排序次序；在按降序排序时，则使用与下表所述相反的次序。

默认的排序方式

值	说 明
数字	数字按从最小的负数到最大的正数进行排序
日期	日期按从最早的日期到最晚的日期进行排序
文本	字母数字文本按从左到右的顺序逐字符进行排序
逻辑值	在逻辑值中，FALSE排在TRUE之前
错误值	所有错误值的优先级相同
空格	空格始终排在最后

9.2.2 快速排序

工作表中使用得最多的排序方法就是按列排序。按列排序就是按某列中的数据的

升序或降序对记录进行排序，具体操作方法如下：

方法一：使用功能区按钮排序

	素材文件	光盘：素材文件\第9章\数据排序.xlsx

Step 01 单击"升序"按钮

打开"素材文件\第9章\数据排序.xlsx"，选择排序关键字列中的任意单元格，单击"数据"选项卡下"排序和筛选"组中的"升序"按钮，如下图所示。

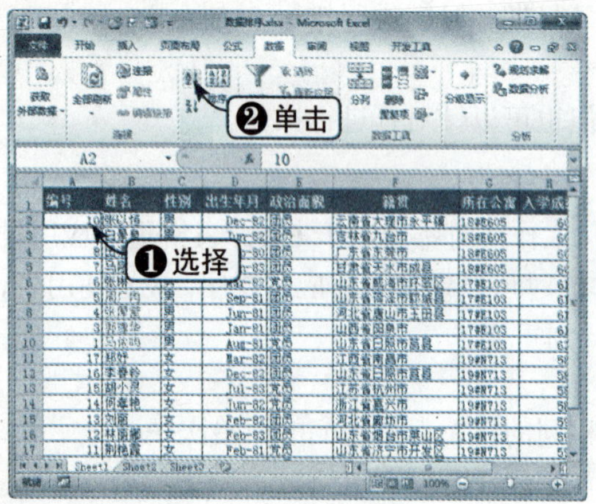

Step 02 查看排序效果

此时，即可查看排序后的数据表，如下图所示。

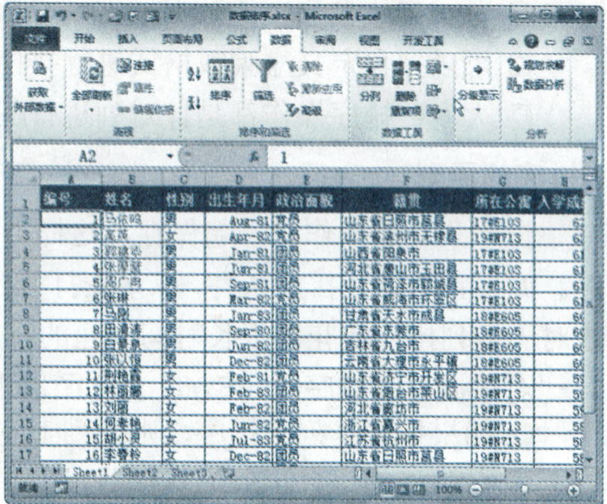

方法二：使用快捷菜单排序

Step 01 选择"降序"选项

选择需要排序的关键字单元格并右击，在弹出的快捷菜单中选择"排序"|"降序"选项，如下图所示。

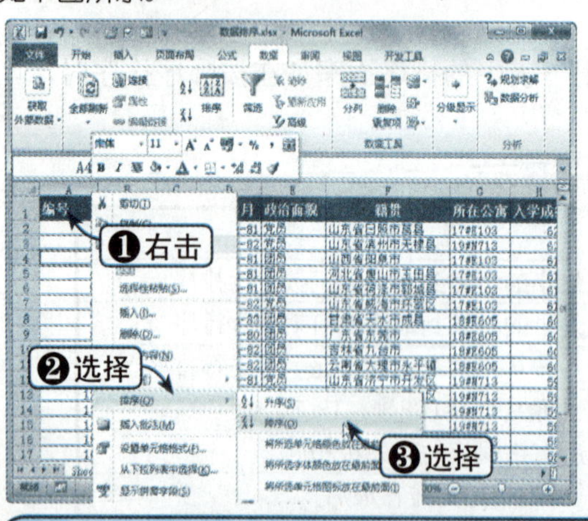

Step 02 查看排序效果

此时，即可查看排序后的数据表，如下图所示。

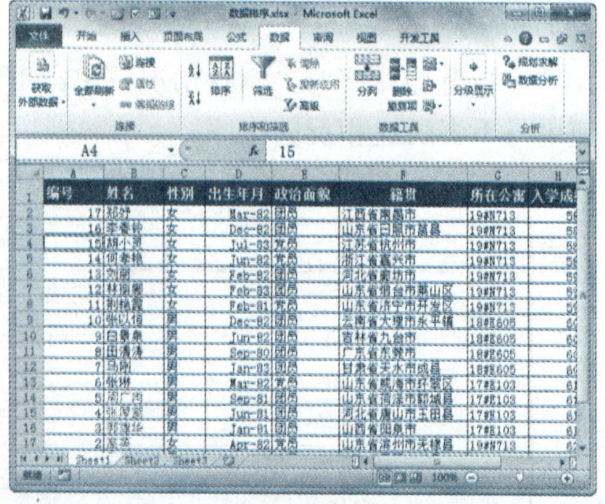

9.2.3 按多列排序

按一列进行排序时，可能会遇到某列数据有相同部分的情况。如果想进一步排序，就需要使用多列排序，具体操作方法如下：

	素材文件	光盘：素材文件\第9章\数据排序.xlsx

Step 01 单击“排序”按钮

打开“素材文件\第9章\数据排序.xlsx”，选中某一数据单元格，单击“数据”选项卡下“排序和筛选”组中的“排序”按钮，如下图所示。

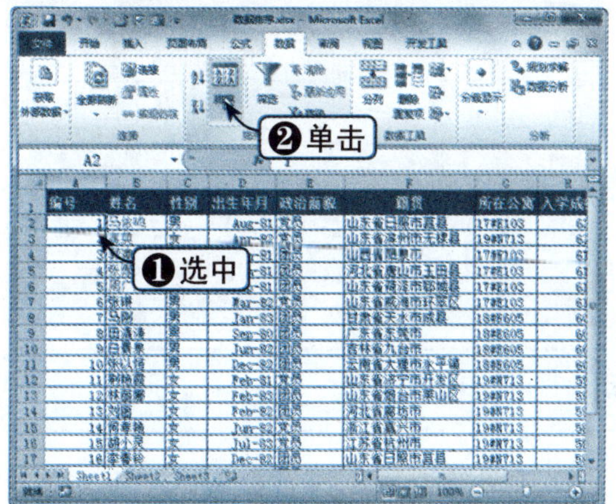

Step 02 设置排序次序

弹出“排序”对话框，在“主要关键字”选项区中设置排序的条件，如下图所示。

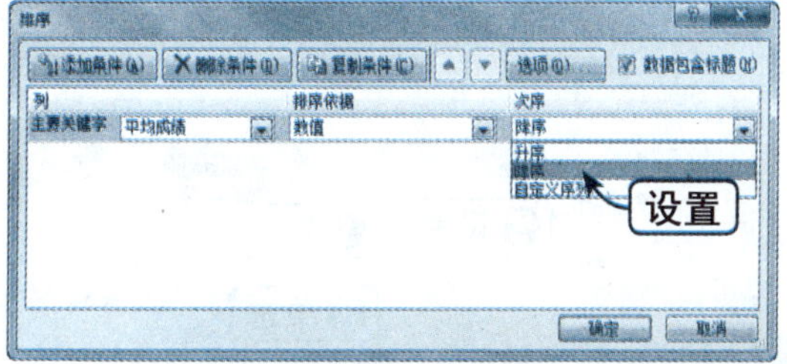

Step 03 设置次要关键字

单击“添加条件”按钮，采用同样的方法设置次要排序，单击“确定”按钮，如下图所示。

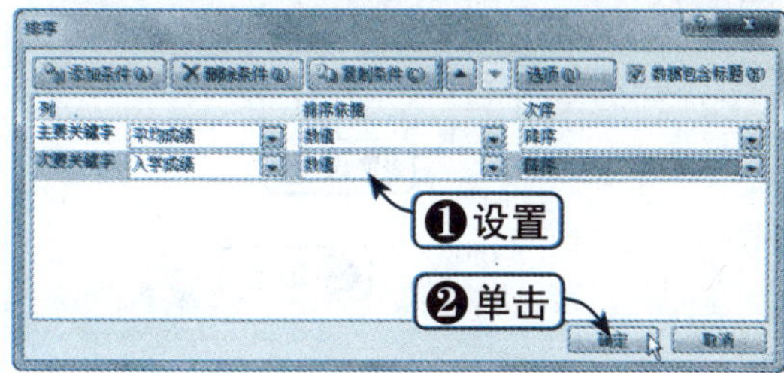

Step 04 查看排序效果

此时，即可查看按多列排序后的数据表，如下图所示。

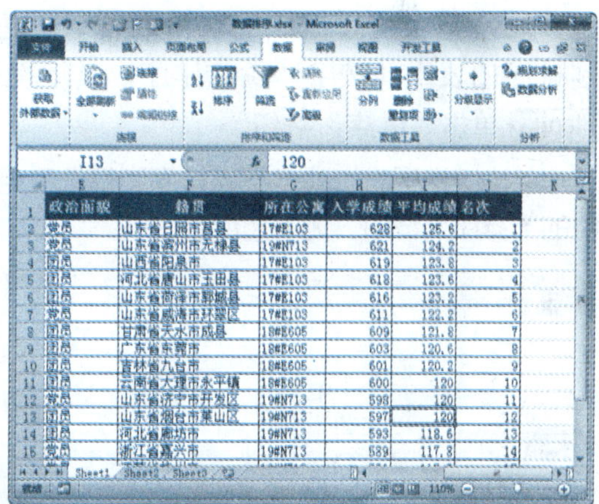

9.2.4 对数据列表中的某部分进行排序

如果用户只希望对数据列表中的某一部分进行排序，则可以按照下面的方法进行操作：

	素材文件	光盘：素材文件\第9章\数据排序.xlsx

Step 01 单击“排序”按钮

打开“素材文件\第9章\数据排序.xlsx”，选择需要进行排序的单元格区域，单击“数据”选项卡下“排序和筛选”组中的“排序”按钮，如右图所示。

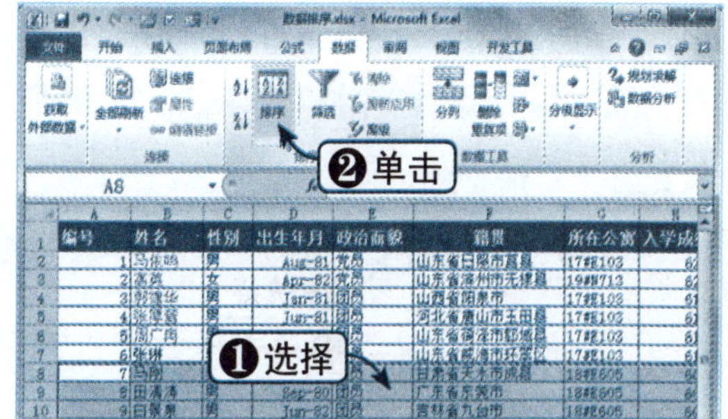

Step 02 设置排序条件

弹出“排序”对话框，单击“删除条件”按钮，可删除多余的条件，设置排序条件，单击“确定”按钮，如下图所示。

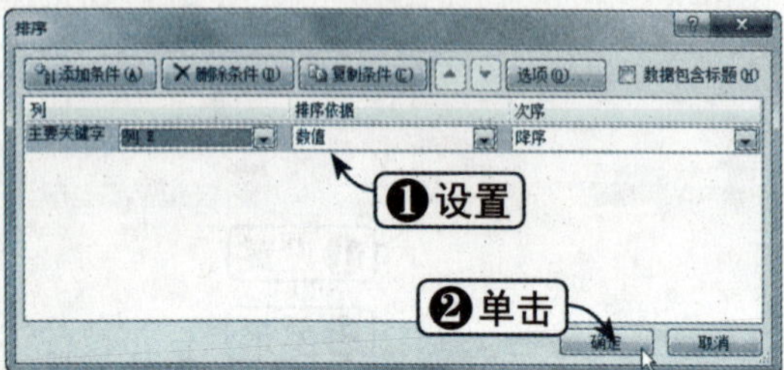

Step 03 查看排序效果

此时，即可查看对所选区域排序后的数据表，如下图所示。

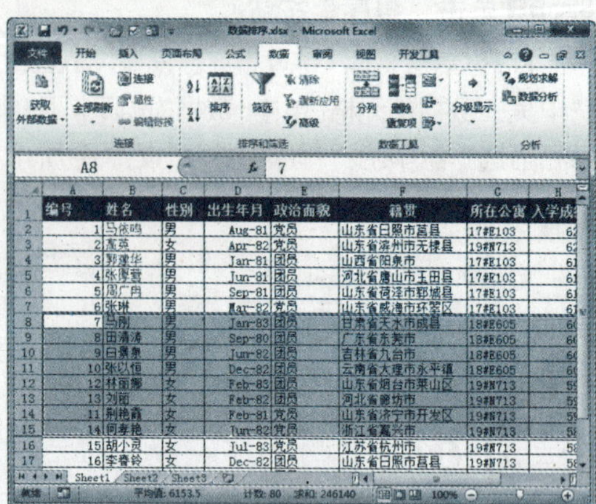

9.2.5 按单元格颜色进行排序

用户甚至可以按照单元格的背景颜色、文字颜色等对数据进行排序。下面对按性别排序的表重新按字体颜色排序，具体操作方法如下：

Step 01 单击“排序”按钮

单击“数据”选项卡下“排序和筛选”组中的“排序”按钮，如下图所示。

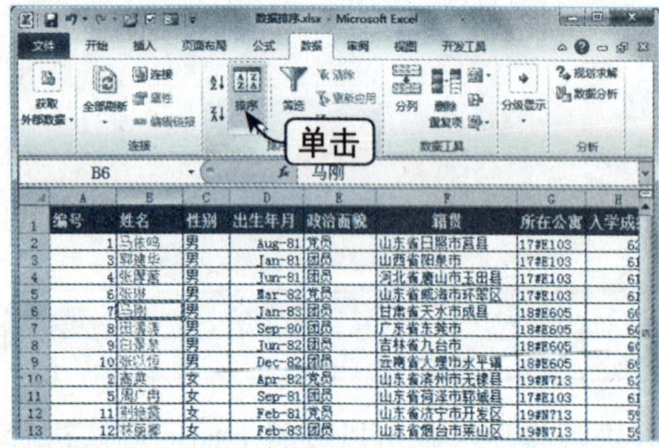

Step 02 设置排序条件

弹出“排序”对话框，在“排序依据”下拉列表框中选择“字体颜色”选项，设置其他选项，单击“确定”按钮，如下图所示。

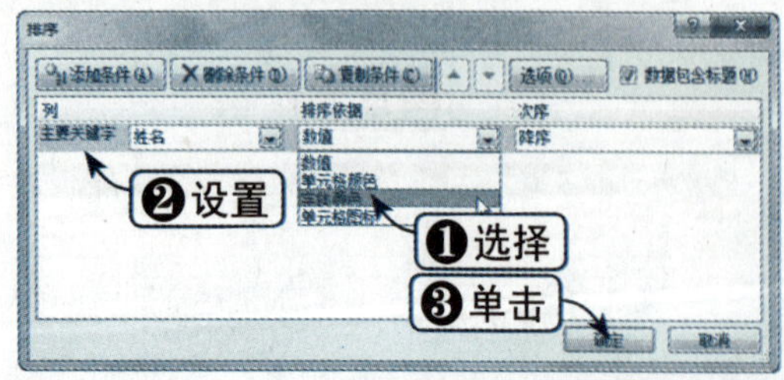

Step 03 选择颜色

在“次序”下拉列表中选择一种颜色，设置其他参数，单击“确定”按钮，如下图所示。

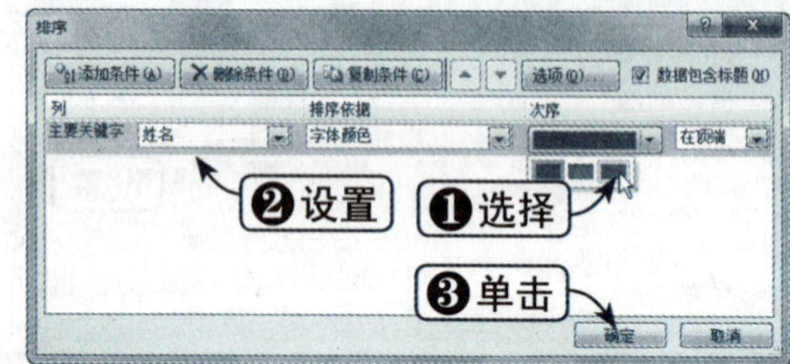

Step 04 查看排序效果

此时，即可查看按单元格颜色排序后的数据表，如下图所示。

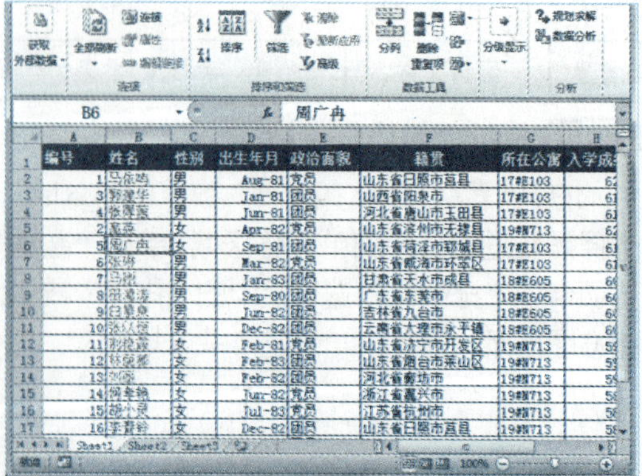

9.2.6 自定义排序

使用 Excel 的排序规则可以满足工作中大部分排序工作的需要，但有时需要按照一些特殊的排序序列进行排序，这时就需要使用 Excel 的自定义排序功能。

Step 01 选择“选项”选项

继续上一节进行操作，选择“文件”选项卡，在弹出的下拉列表中选择“选项”选项，如下图所示。

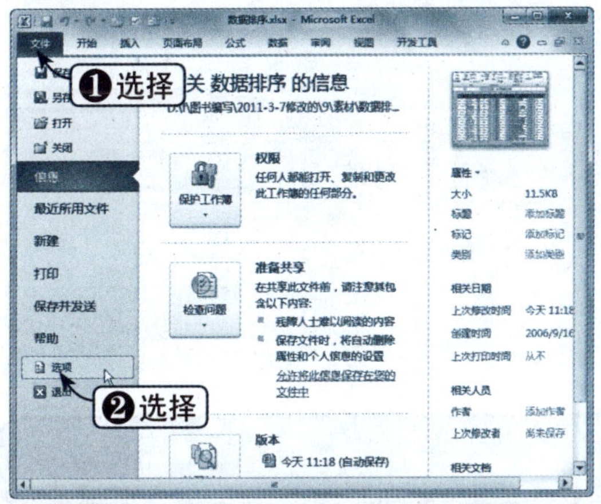

Step 02 单击“编辑自定义列表”按钮

弹出“Excel 选项”对话框，选择左窗格中“高级”选项，单击右窗格中的“编辑自定义列表”按钮，如下图所示。

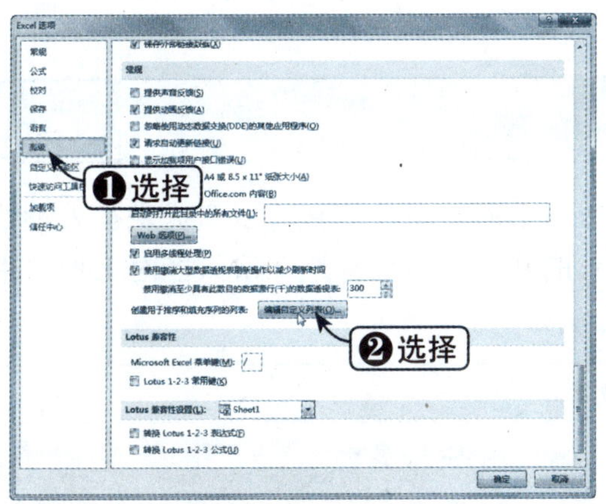

Step 03 输入自定义排序序列

弹出“自定义序列”对话框，单击“添加”按钮，在“输入序列”列表框中输入自定义的排序序列，按【Enter】键分隔列表条目，单击“确定”按钮，如下图所示。

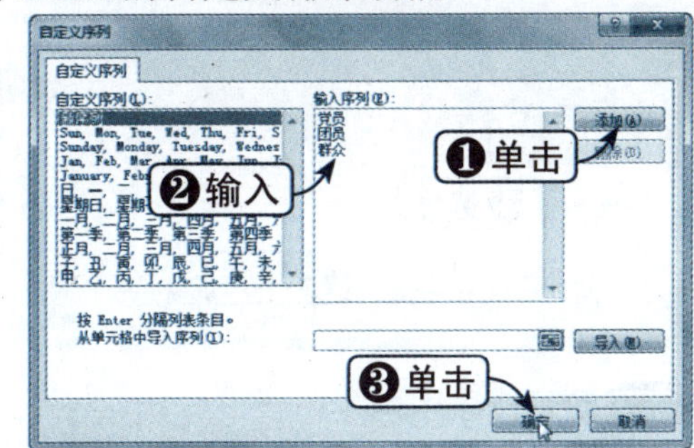

Step 04 单击“排序”按钮

单击“数据”选项卡下“排序和筛选”组中的“排序”按钮，如下图所示。

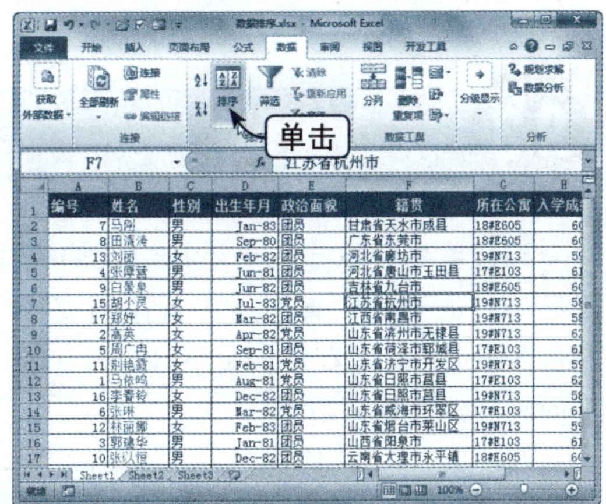

Step 05 设置排序条件

弹出“排序”对话框，在“次序”下拉列表框中选择“自定义序列”选项，设置其他条件，单击“确定”按钮，如下图所示。

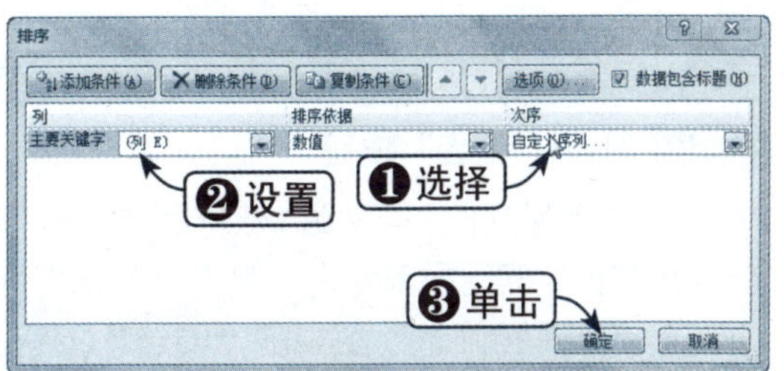

Step 06 选择自定义序列

弹出“自定义序列”对话框，在“自定义

序列”列表框中选择新插入的排序序列，单击“确定”按钮，如下图所示。

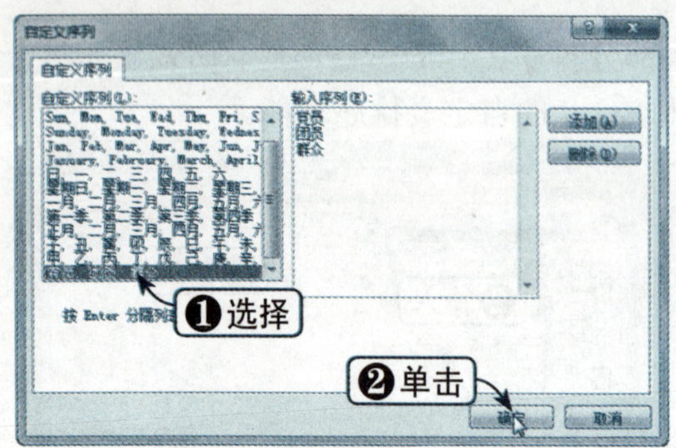

Step07 确定排序序列

返回“排序”对话框，此时可以看到自定义的排序序列已经添加到“次序”下拉列表框中，单击“确定”按钮，如下图所示。

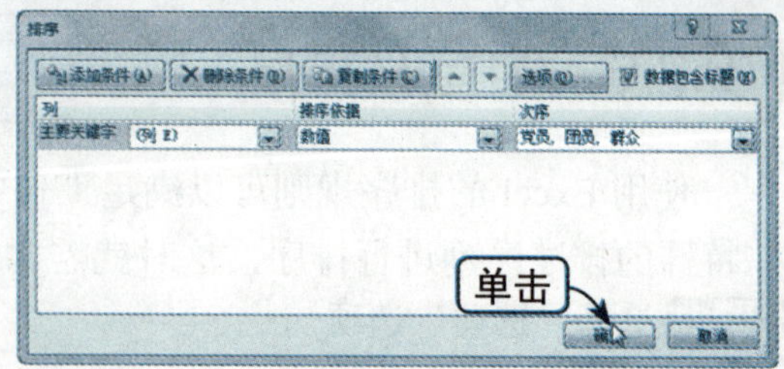

Step08 查看自定义排序效果

此时，即可查看按照用户自定义的排序序列排序后的数据表，如下图所示。

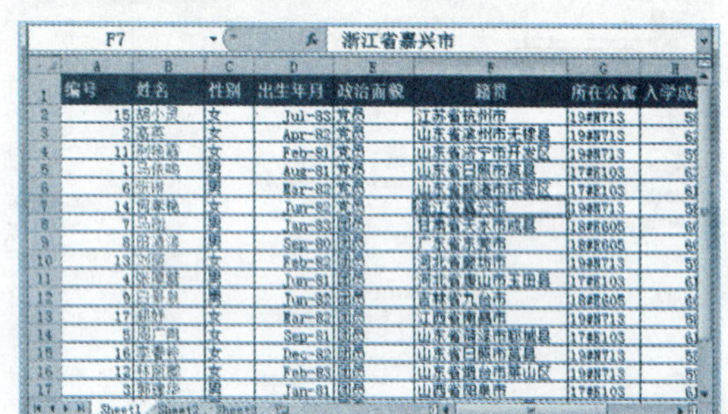

9.3 数据筛选

筛选数据可以显示满足指定条件的行，并隐藏不希望显示的行。筛选数据后，对于筛选过的数据子集不用重新排列或移动就可以进行复制、查找、编辑、设置格式、制作图表或打印。默认情况下，Excel 包含两种筛选数据的方法，即自动筛选和高级筛选，下面将分别进行介绍。

9.3.1 使用自动筛选

自动筛选是按照选定的内容进行筛选，适用于简单条件，它为用户提供在大量数据记录的数据清单中快速查找符合条件的记录的功能。自动筛选一次只能对工作表中的一个区域应用筛选。自动筛选的具体操作方法如下：

	素材文件	光盘：素材文件\第9章\数据筛选.xlsx

Step01 单击“筛选”按钮

打开“素材文件\第 9 章\数据筛选 .xlsx”，选中数据表中的任意单元格，单击“数据”选项卡下“排序和筛选”组中的“筛选”按钮，如右图所示。

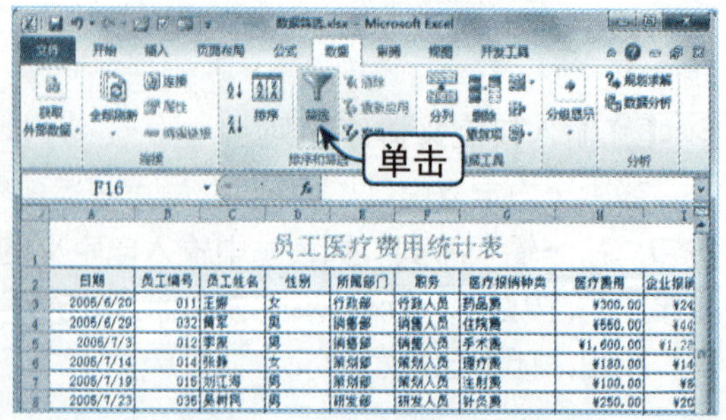

Step 02 设置筛选条件

每个字段的右侧出现一个筛选按钮，单击某筛选按钮，在弹出的下拉列表中选中要显示项目的复选框，单击“确定”按钮，如下图所示。

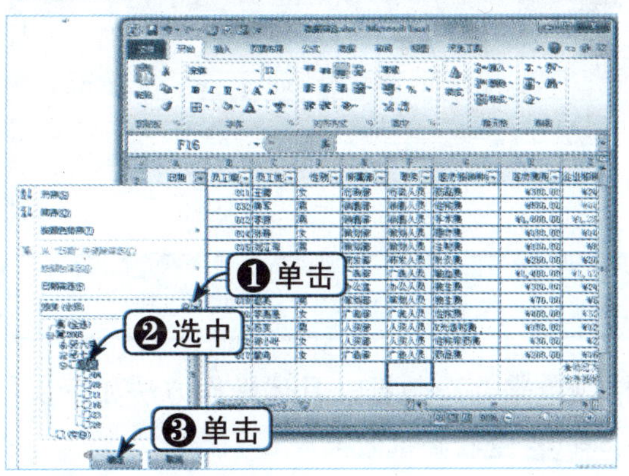

Step 03 查看筛选效果

此时，筛选日期是 6 月和 7 月的数据，如下图所示。

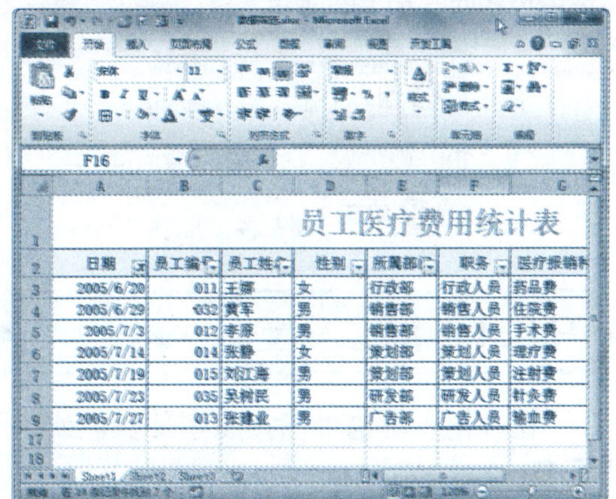

知识点拨

如果用户要在数据表中使用其他筛选，则需要删除本次筛选，然后才可以在数据表中重新进行筛选。

9.3.2 数字筛选

用户还可以对数据或文本按指定的条件进行筛选，具体操作方法如下：

Step 01 单击“筛选”按钮

继续使用上一节的素材，取消上次筛选，选中数据表中的任意单元格，单击“数据”选项卡下“排序和筛选”组中的“筛选”按钮，如下图所示。

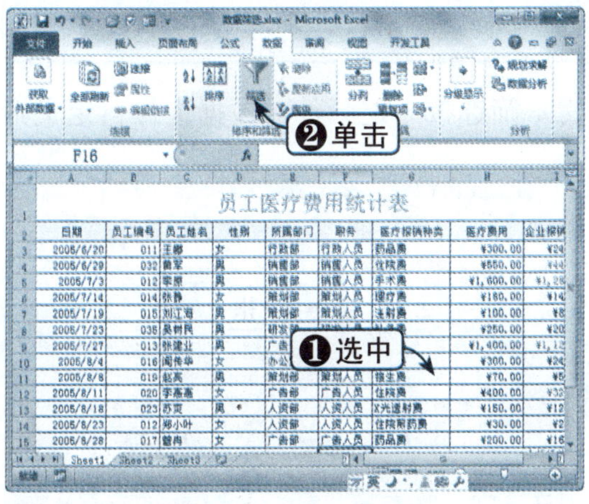

Step 02 选择“大于”选项

每个字段的右侧出现一个筛选按钮，单击某数字列右侧的筛选按钮，在弹出的下拉列表中选择“数字筛选”|“大于”选项，如下图所示。

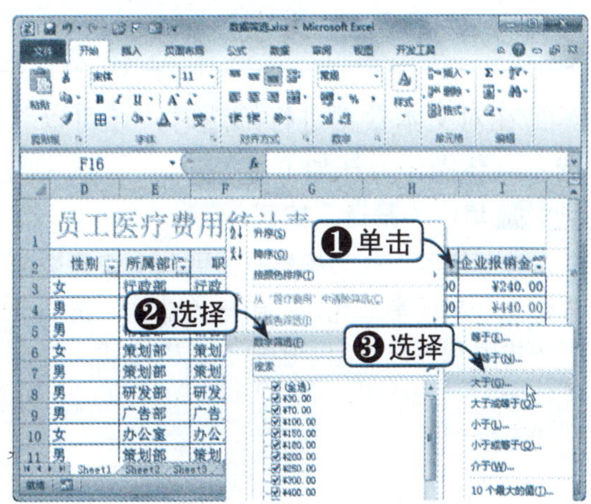

Step 03 设置筛选条件

弹出“自定义自动筛选方式”对话框，在“大于”条件右侧的下拉列表框中输入数值，单击“确定”按钮，如下图所示。

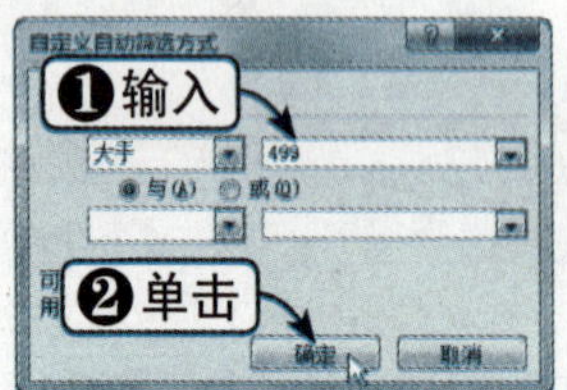

Step 04 查看筛选效果

此时，即可筛选出医疗费用500元及以上的员工数据，如下图所示。

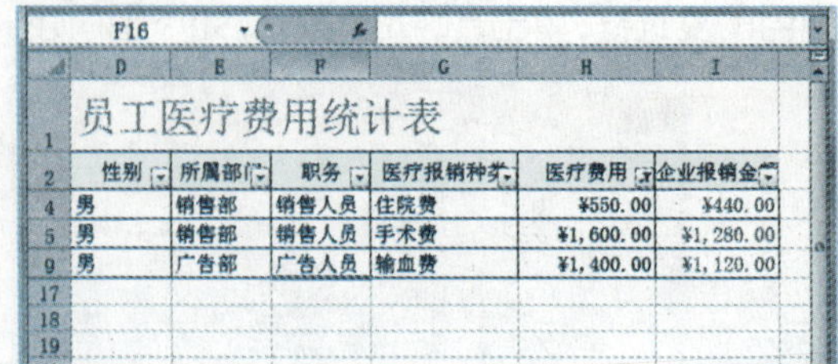

9.3.3 颜色筛选

在数据表中也可以按照字体颜色或单元格颜色来筛选数据，具体操作方法如下：

Step 01 设置字体颜色

继续使用上一节的素材，取消上次筛选，单击对应列的筛选按钮，在弹出的下拉列表中选择“按颜色筛选”选项，在其级联菜单中选择颜色，如下图所示。

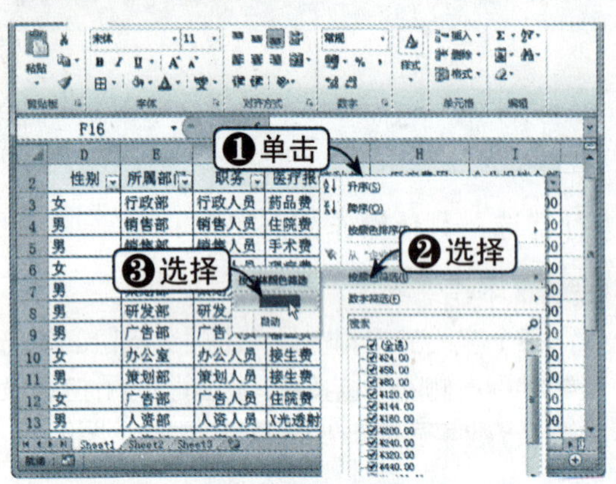

Step 02 查看筛选效果

此时，即可查看按颜色筛选后的数据表效果，如下图所示。

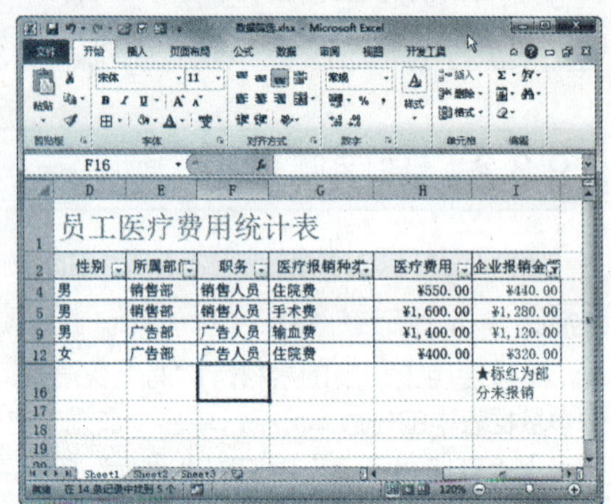

9.3.4 文本筛选

在对文本数据进行筛选时，还可以利用文本筛选按一定条件对数据进行自定义筛选，具体操作方法如下：

Step 01 单击“筛选”按钮

继续使用上一节的素材，取消上次筛选选中数据表中任意单元格，单击“数据”选项卡下“排序和筛选”组中的“筛选”按钮，如右图所示。

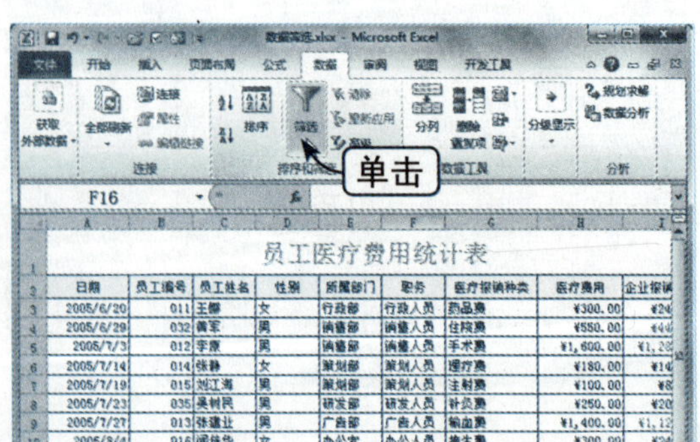

Step 02 选择“等于”选项

单击“所属部门”右侧的筛选按钮，在弹出的下拉列表中选择“文本筛选”|“等于”选项，如下图所示。

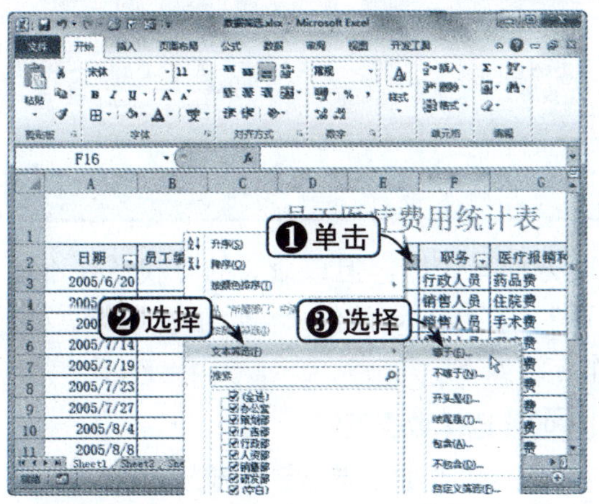

Step 03 设置筛选条件

弹出“自定义自动筛选方式”对话框，在“等于”条件右侧的下拉列表框中选择“行政部”选项，单击“确定”按钮，如下图所示。

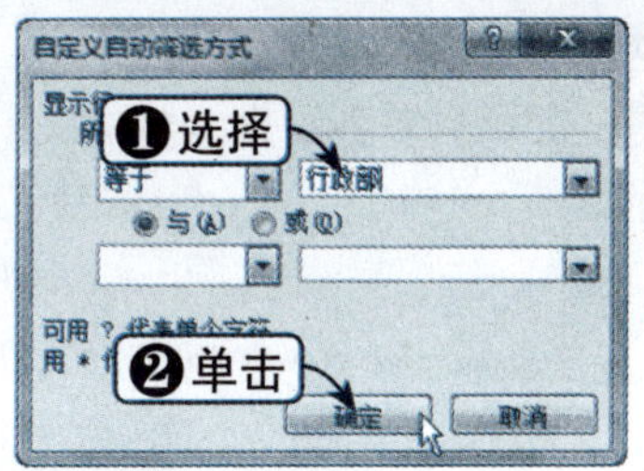

Step 04 查看筛选效果

此时，即可查看经过文本筛选后的数据表效果，如下图所示。

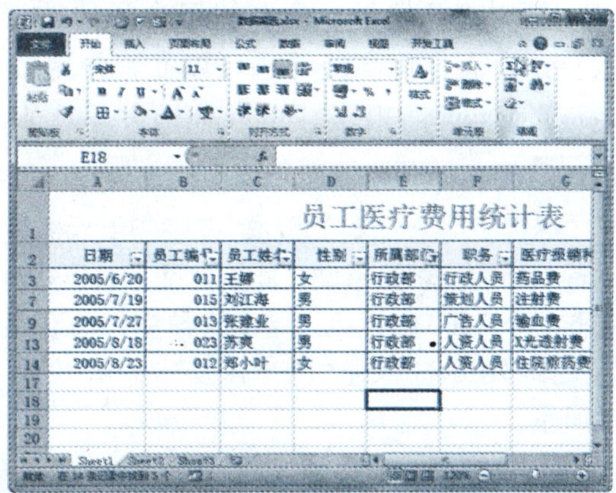

9.3.5 清除筛选

如果不想显示筛选的结果，可以清除筛选，使数据恢复到筛选前的状态。清除筛选的具体操作方法如下：

Step 01 单击“筛选”按钮

继续使用上一节的素材，单击“数据”选项卡下“排序和筛选”组中的“筛选”按钮，如下图所示。

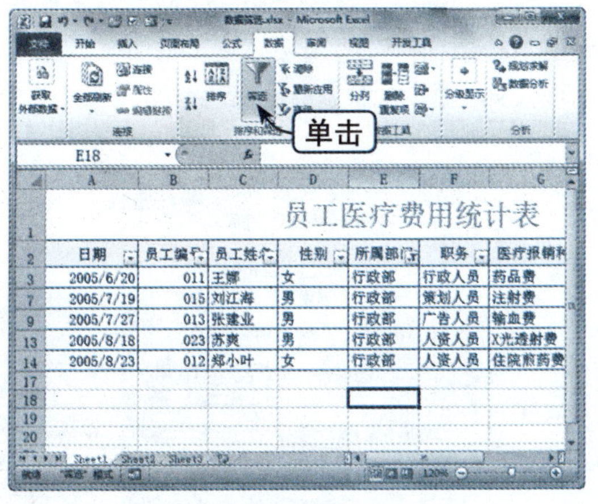

Step 02 选中“全部”复选框

在弹出的下拉列表中选中“全部”复选框，单击“确定”按钮，如下图所示。

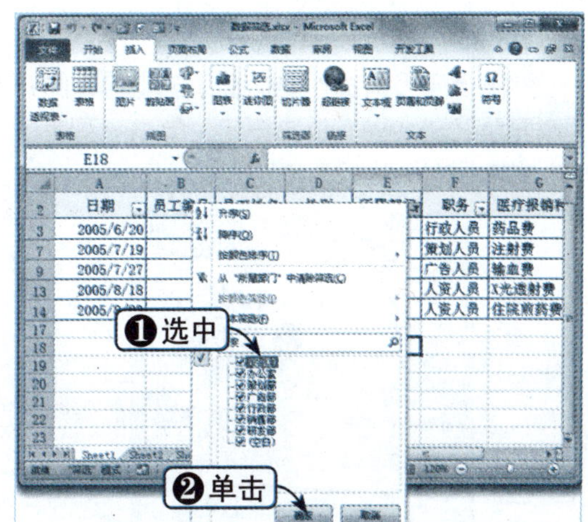

Step 03 查看恢复效果

此时，即可恢复到原来的数据表，效果如右图所示。

员工医疗费用统计表

日期	员工编号	员工姓名	性别	所属部门	职务	医疗报销种类
2005/6/20	011	王娜	女	行政部	行政人员	药品费
2005/6/29	032	黄军	男	销售部	销售人员	住院费
2005/7/3	012	李原	男	销售部	销售人员	手术费
2005/7/14	014	张静	女	策划部	策划人员	理疗费
2005/7/19	015	刘江海	男	行政部	策划人员	注射费
2005/7/23	035	吴树民	男	研发部	研发人员	针灸费
2005/7/27	013	张建业	男	行政部	广告人员	输血费
2005/8/4	016	闻传华	女	办公室	办公人员	接生费
2005/8/8	019	赵亮	男	策划部	策划人员	接生费
2005/8/11	020	李惠惠	女	广告部	广告人员	住院费

9.3.6 与关系高级筛选

使用“筛选”命令查找符合条件的记录既方便又快捷，但该命令的查找条件不能太复杂，而使用高级筛选可以允许使用多个条件。高级筛选的结果可以放在原数据处，也可以复制到工作表中的其他地方，具体操作方法如下：

Step 01 输入标题和筛选条件

继续使用上一节的素材，在空白单元格区域输入标题和筛选条件，即医疗费用大于 200 同时小于 1400 的记录，单击“数据”选项卡下“排序和筛选”组中的“高级”按钮，如下图所示。

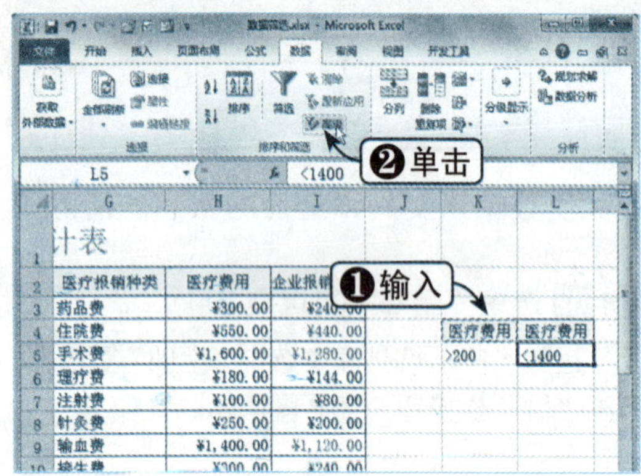

Step 02 单击“高级”按钮

弹出“高级筛选”对话框，选中“在原有区域显示筛选结果”单选按钮，单击“列表区域”文本框右侧的折叠按钮，如下图所示。

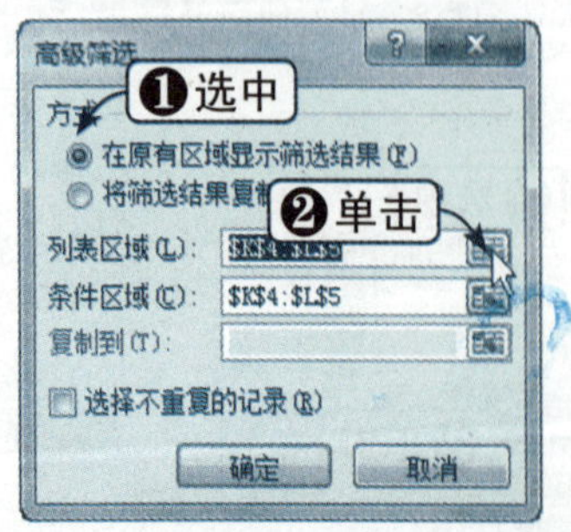

Step 03 选择数据区域

返回工作表，选择要筛选的原数据表，再次单击折叠按钮，如下图所示。

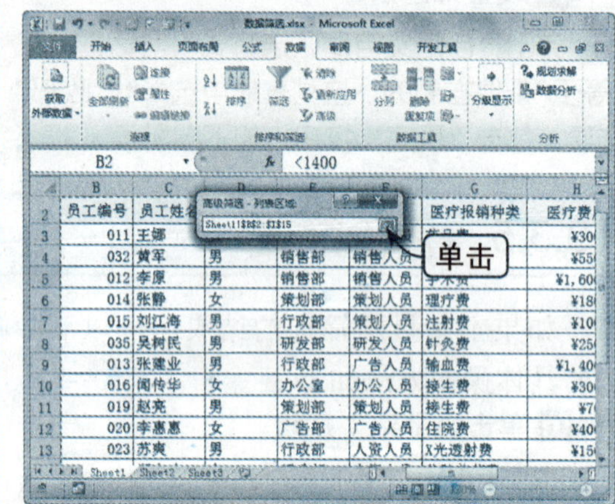

Step 04 设置条件区域

返回对话框，单击“条件区域”文本框右侧的折叠按钮，或者直接在文本框中输入条件区域，如下图所示。

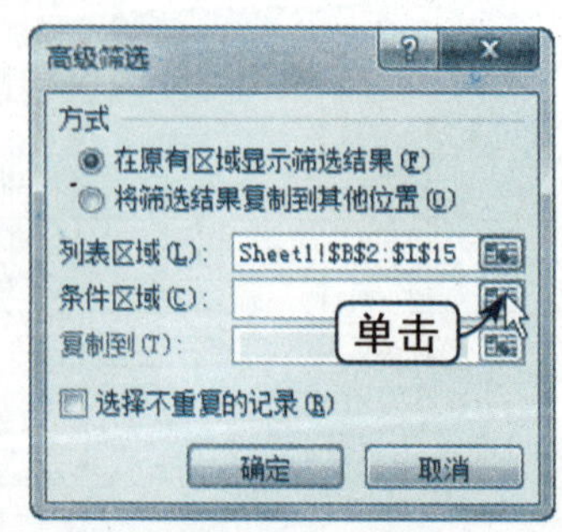

Step 05 选择条件区域

返回工作表，选中条件区域，再次单击折叠按钮，如下图所示。

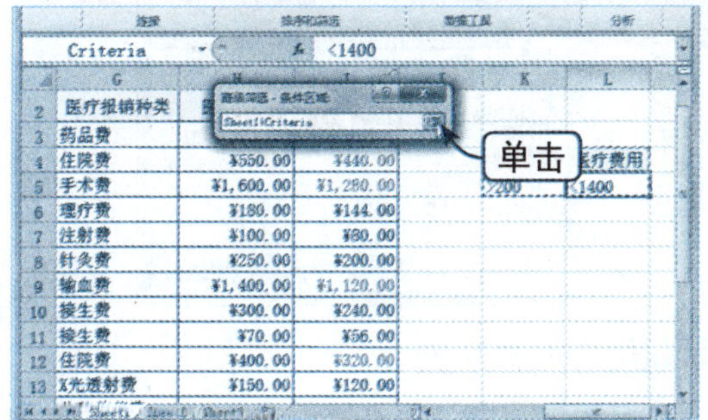

Step 06 其他设置

设置好列表区域和条件区域后，其他设置此时可以保持默认设置，单击“确定”按钮，如下图所示。

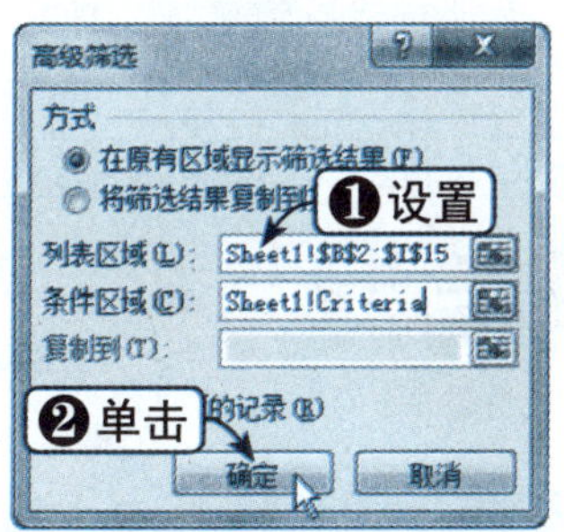

Step 07 查看筛选效果

此时，即可查看经过高级筛选后的数据表，如下图所示。

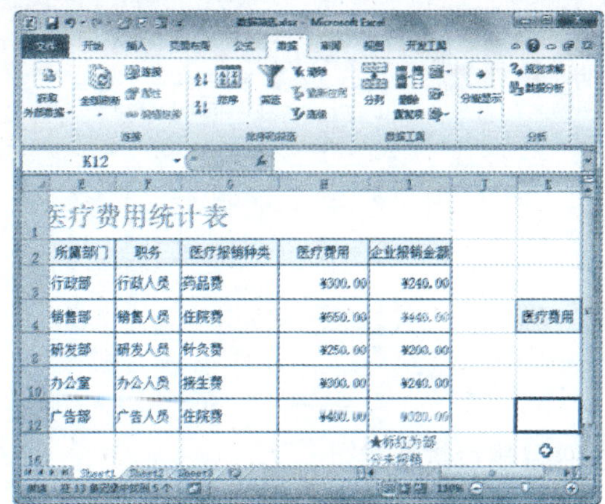

知识点拨

在设置条件区域时，建议从原数据表中复制对应的标题和条件，可以防止出现不一致的情况。

9.3.7 或关系高级筛选

前面使用与关系进行高级筛选，同样也可以使用或关系进行高级筛选，具体操作方法如下：

Step 01 设置筛选条件

继续使用上一节的素材，在空白单元格区域输入标题和筛选条件，注意各个条件是单独占一行的。单击“数据”选项卡下“排序和筛选”组中的“高级”按钮，如下图所示。

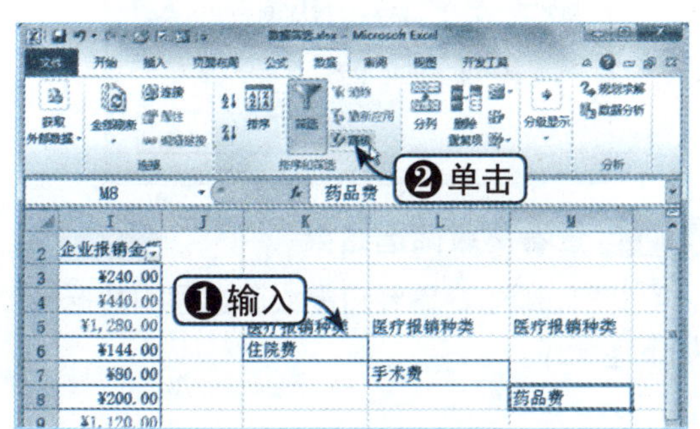

Step 02 设置列表区域

弹出“高级筛选”对话框，单击“列表区域”折叠按钮，如下图所示。

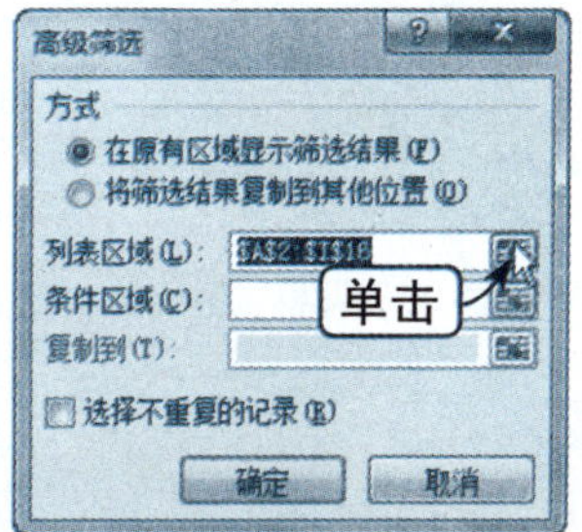

Step 03 选择列表区域

返回工作表，选择整个数据区域，再次单

击折叠按钮，如下图所示。

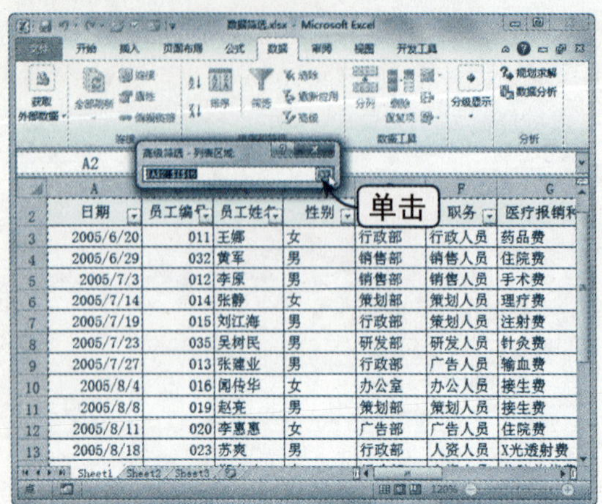

Step 04 单击折叠按钮

返回对话框，单击“条件区域”文本框右侧的折叠按钮，如下图所示。

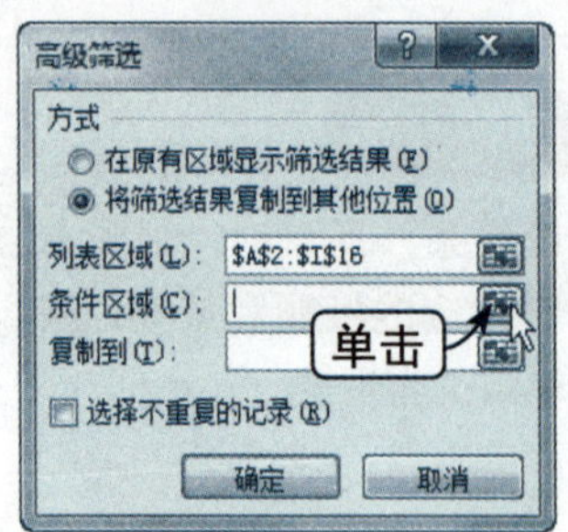

Step 05 选择条件区域

返回工作表，选中前面设置的条件区域，再次单击折叠按钮，如下图所示。

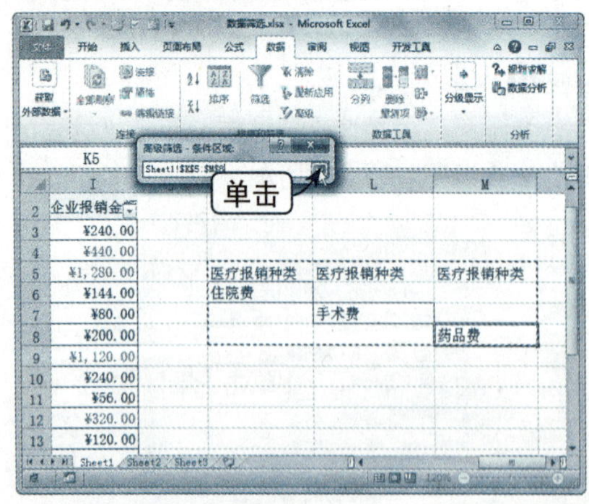

Step 06 查看筛选条件

返回“高级筛选”对话框，选中“将筛选结果复制到其他位置”单选按钮，单击“复制到”文本框右侧的折叠按钮，如下图所示。

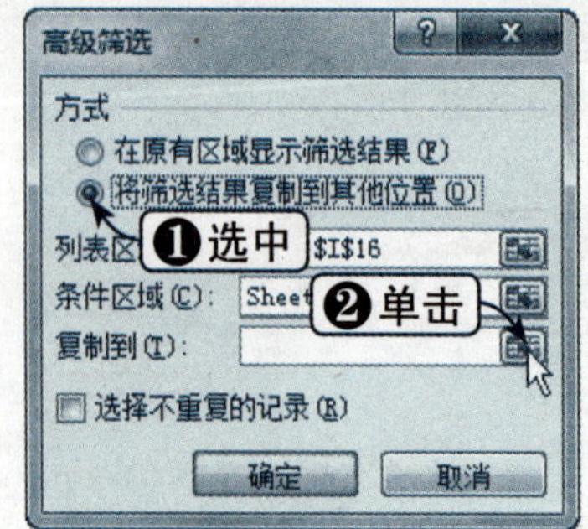

Step 07 选择新位置

返回工作表，在一个能够容纳筛选结果的空白区域选择一个起始单元格，如下图所示。

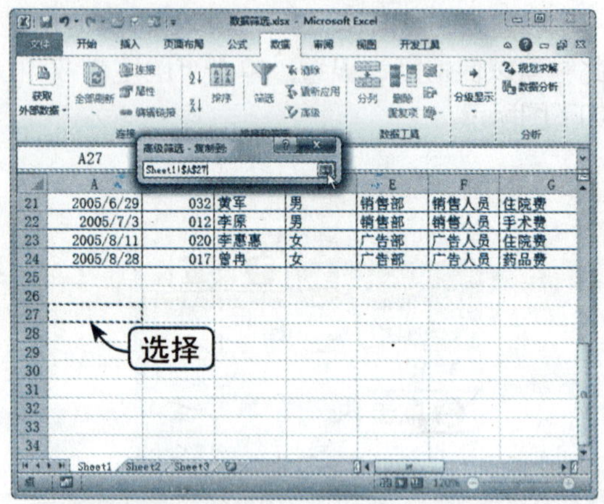

Step 08 确认筛选条件

设置完成后检查一下设置，单击“确定”按钮，如下图所示。

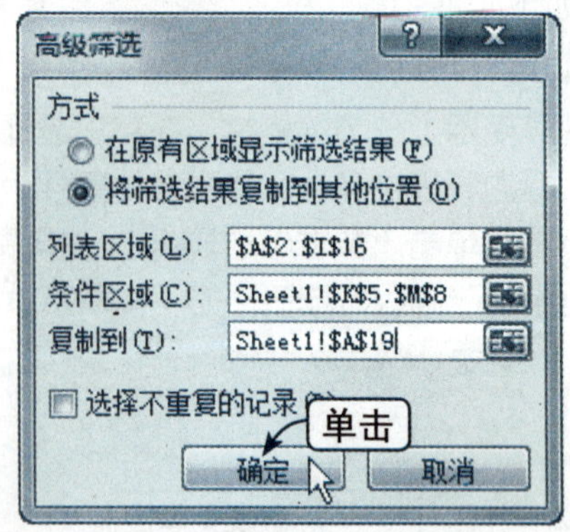

Step 09 查看高级筛选结果

此时，即可查看经过高级筛选后的数据表，如下图所示。

	D	E	F	G	H	I
13	男	行政部	人资人员	X光透射费	¥150.00	¥120.00
14	女	行政部	人资人员	住院煎药费	¥30.00	¥24.00
15	女	广告部	广告人员	药品费	¥200.00	¥160.00
16						★标红为部分未报销
17						
18						
19	性别	所属部门	职务	医疗报销种类	医疗费用	企业报销金额
20	女	行政部	行政人员	药品费	¥300.00	¥240.00
21	男	销售部	销售人员	住院费	¥550.00	¥440.00
22	男	销售部	销售人员	手术费	¥1,600.00	¥1,280.00
23	女	广告部	广告人员	住院费	¥400.00	¥320.00
24	女	广告部	广告人员	药品费	¥200.00	¥160.00
25						

知识点拨

对比“与”和“或”两种筛选条件可以发现，当条件值写在同一行时是“与”的关系；当条件不在同一行时，它们是“或”的关系。

9.4 分类汇总

分类汇总是利用汇总函数计算得到的，可以为每列显示多个汇总函数类型。总计是从明细数据派生的，而不是从分类汇总中派生的。

9.4.1 分类汇总简介

若要自动在列表中创建分类汇总公式，只需移动鼠标指针到列表的任意位置单击鼠标左键，再单击“数据”选项卡下“分级显示”组中的“分类汇总”按钮即可，此时将弹出“分类汇总”对话框，如右图所示。

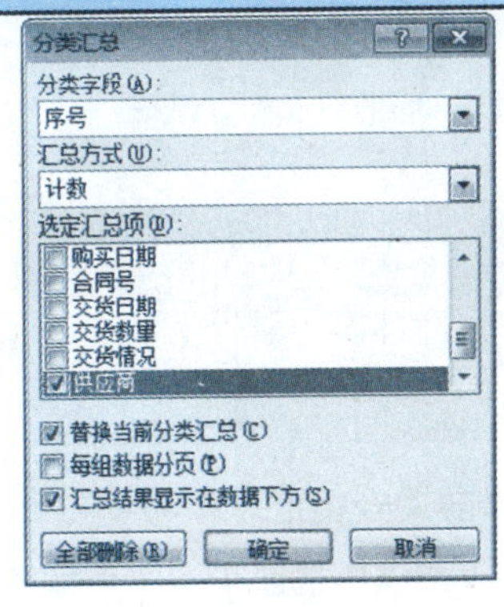

在“分类汇总”对话框中，包含的选项如下：

◎ 分类字段：该下拉列表框显示数据列表中的所有字段，用户必须运用选择的字段对数据列表进行排序。

◎ 汇总方式：从 11 个函数中作出选择，通常使用“求和”函数。

◎ 选定汇总项：这个列表框中显示了数据列表中的所有字段，选中想要进行分类汇总字段前面的复选框。

◎ 替换当前分类汇总：如果此复选框被选中，Excel 会移走任何已存在的分类汇总公式，用新的分类汇总进行替换。

◎ 每组数据分页：如果选中此复选框，Excel 在每组数据分类汇总之后自动插入分页符。

◎ 汇总结果显示在数据下方：如果此复选框被选中，Excel 将会把分类汇总放置在数据下方；否则，分类汇总将出现在数据上方。

◎ 全部删除：单击此按钮，将删除数据列表中的所有分类汇总公式。

如果将工作簿设置为自动计算公式，则在编辑明细数据时“分类汇总”命令将自动重新计算分类汇总和总计值。“分类汇总”命令还会分级显示列表，以便用户可以显示和隐藏每个分类汇总的明细行。

9.4.2 简单的分类汇总

在数据量较小的工作表中，通常需要对某些字段进行分类统计，具体操作方法如下：

	素材文件	光盘：素材文件\第9章\简单的分类汇总.xlsx

Step01 按合同号进行排序

打开“素材文件\第9章\简单的分类汇总.xlsx”，按合同号进行排序，排序后的数据表如下图所示。

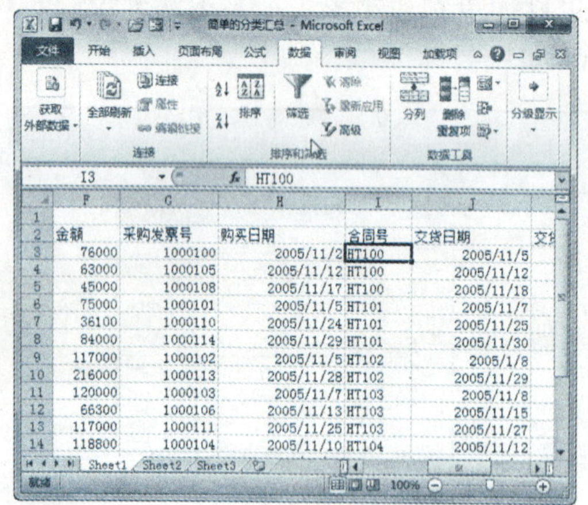

Step02 单击“分类汇总”按钮

单击“数据”选项卡下“数据工具”组中的“分类汇总”按钮，如下图所示。

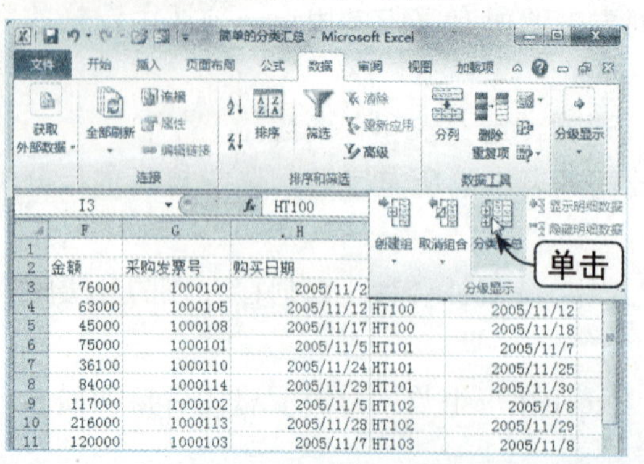

Step03 设置分类汇总

弹出“分类汇总”对话框，在“分类字段”下拉列表框中选择“合同号”选项，在“汇总方式”下拉列表框中选择“计数”选项，在“选定汇总项”列表框中选中“购买数量”复选框，单击“确定”按钮，如下图所示。

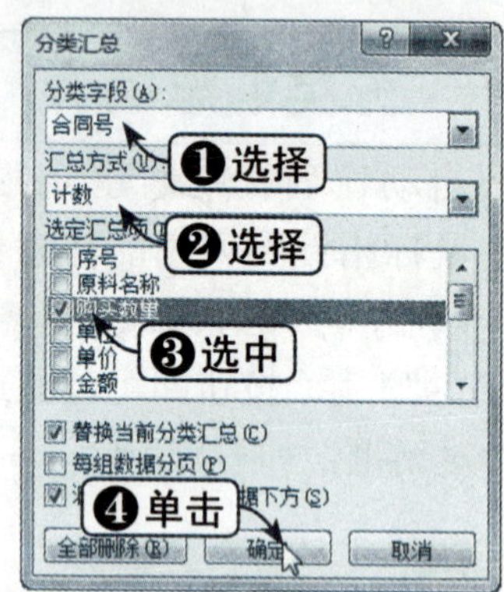

Step04 查看设置效果

分类汇总后，在数据清单的行号左侧将出现分级层次+和-按钮，效果如下图所示。

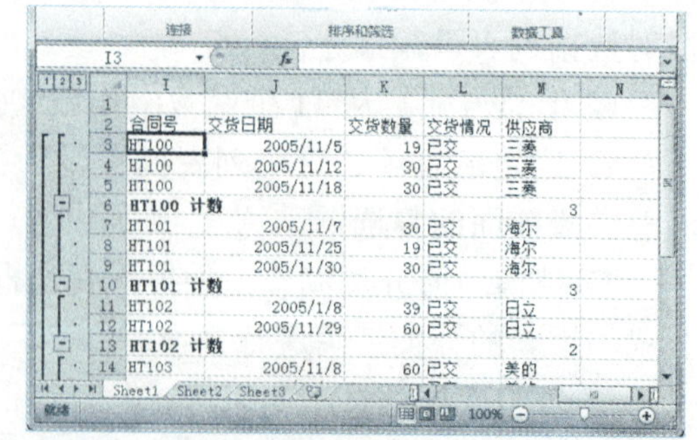

9.4.3 高级分类汇总

对于数据中包含多个分类项目和多个汇总方式的情况，需要进行高级分类汇总，具体操作方法如下：

素材文件	光盘：素材文件\第9章\高级分类汇总.xlsx

Step 01 按供应商进行排序

打开“素材文件\第9章\高级分类汇总.xlsx”，按供应商进行排序，排序后的数据表如下图所示。

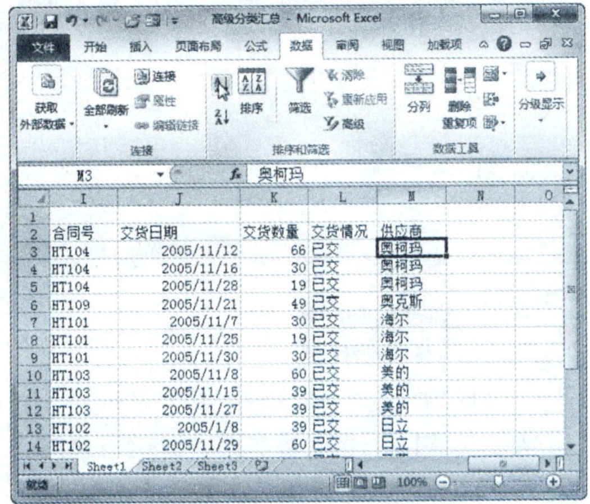

Step 02 单击“分类汇总”按钮

单击“数据”选项卡下“数据工具”组中的“分类汇总”按钮，如下图所示。

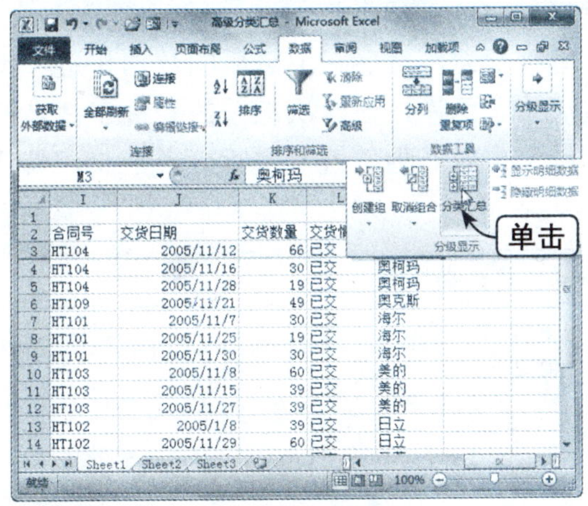

Step 03 设置分类汇总

弹出“分类汇总”对话框，在“分类字段”下拉列表框中选择“供应商”选项，在“汇总方式”下拉列表框中选择“求和”选项，在“选定汇总项”列表框中选中“购买数量”和“金额”复选框，单击“确定”按钮，如下图所示。

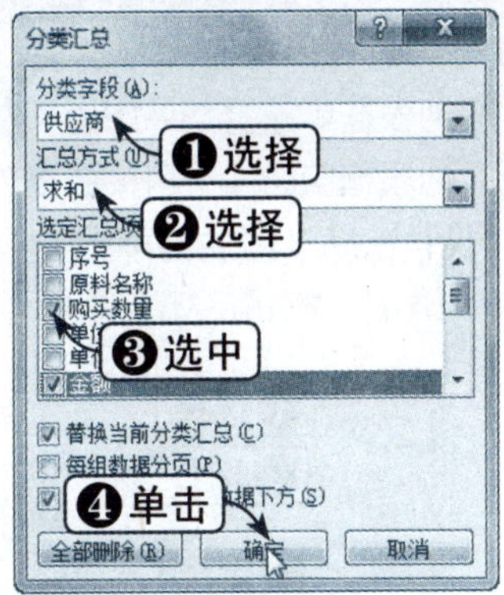

Step 04 查看分类汇总效果

分类汇总后，在数据清单的行号左侧将出现分级层次+和-按钮，效果如下图所示。

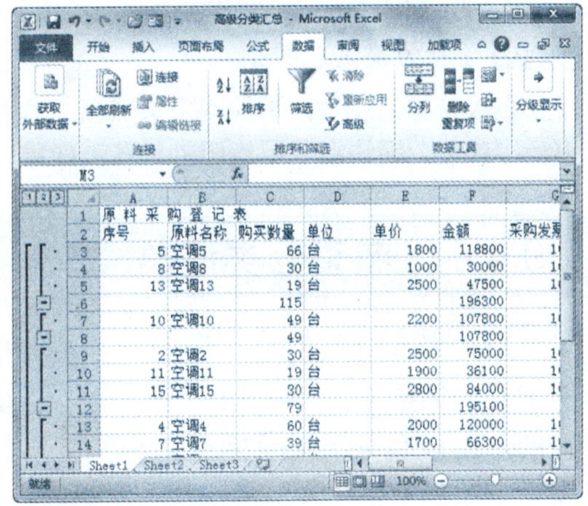

Step 05 单击“分类汇总”按钮

单击“数据”选项卡下“分级显示”组中的“分类汇总”按钮，如下图所示。

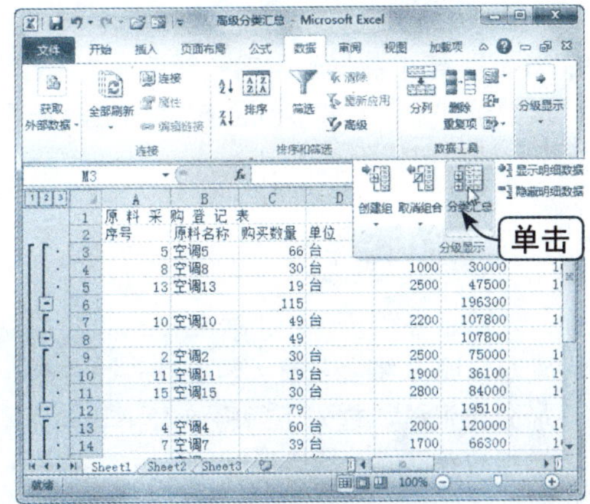

Step 06 设置分类汇总

弹出“分类汇总”对话框，在“分类字段”下拉列表框中选择“供应商”选项，在“汇总方式”下拉列表框中选择“平均值”选项，在“选定汇总项”列表框中选中“购买数量”和“金额”复选框，取消选择“替换当前分类汇总”复选框，单击“确定”按钮，如下图所示。

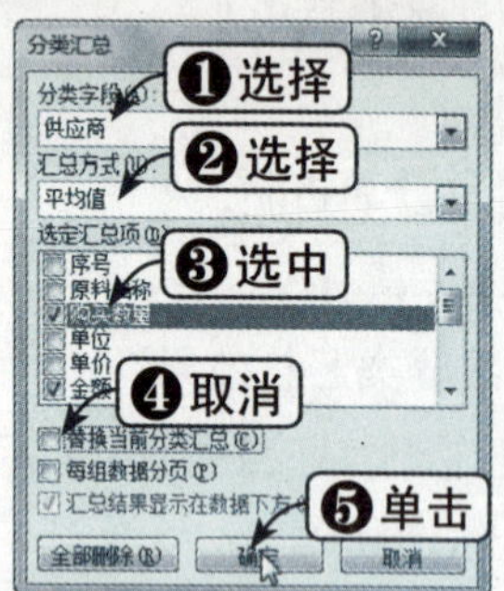

Step 07 查看分类汇总效果

高级分类汇总后，不仅对购买数量、金额进行了求和，还进行了平均值的计算，效果如下图所示。

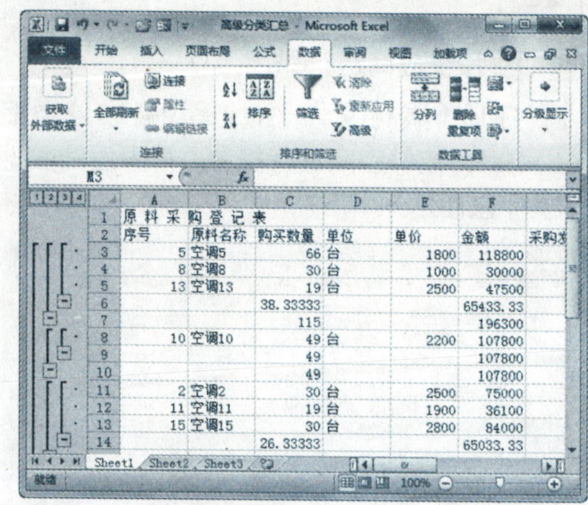

知识点拨

仔细观察可以发现，以上复杂的分类汇总实际上是进行了两次分类汇总的结果。但一定要注意，分类汇总前要确保已经进行排序。

9.4.4 嵌套分类汇总

所谓嵌套分类汇总，是指先对某项指标进行汇总，然后对汇总后的数据作进一步的细化。例如，上节中的高级分类汇总虽然汇总了两次，但两次汇总的关键字都是相同的。而嵌套分类汇总则是在分类汇总的基础上再对其他关键字进行分类汇总，具体操作方法如下：

	素材文件	光盘：素材文件\第9章\嵌套分类汇总.xlsx

Step 01 单击“排序”按钮

打开“素材文件\第 9 章\嵌套分类汇总.xlsx”，选中数据表中的任意单元格，单击“数据”选项卡下“排序和筛选”组中的“排序”按钮，如右图所示。

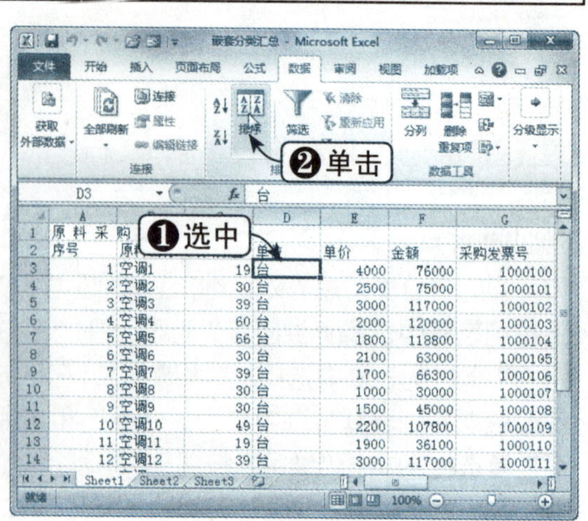

知识点拨

若正在处理 Excel 表格，则“分类汇总”命令将会灰显。若要在表格中添加分类汇总，首先必须将该表格转换为常规数据区域，然后再添加分类汇总。

Step 02 设置排序选项

弹出“排序”对话框，单击“添加条件”按钮，在“主要关键字”和“次要关键字”下拉列表框中进行相应的设置后单击“确定”按钮，如下图所示。

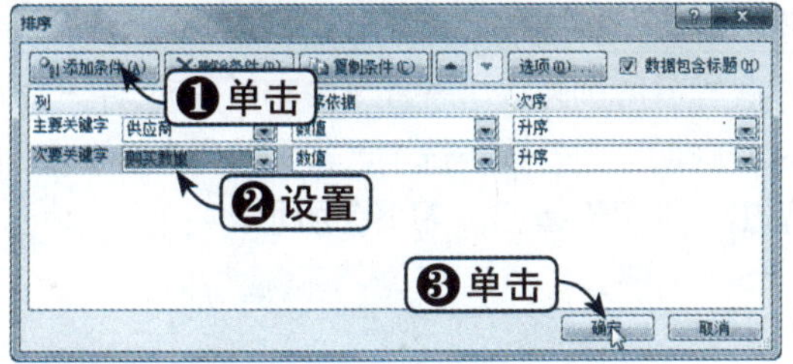

Step 03 单击“分类汇总”按钮

单击“数据”选项卡下“分组显示”组中的“分类汇总”按钮，如下图所示。

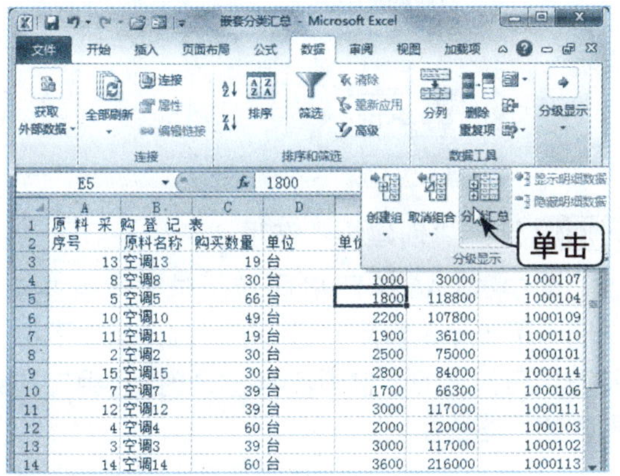

Step 04 设置分类汇总

弹出“分类汇总”对话框，在“分类字段”下拉列表框中选择“合同号”选项，在“汇总方式”下拉列表框中选择“求和”选项，在“选定汇总项”列表框中选中“购买数量”复选框，单击“确定”按钮，如下图所示。

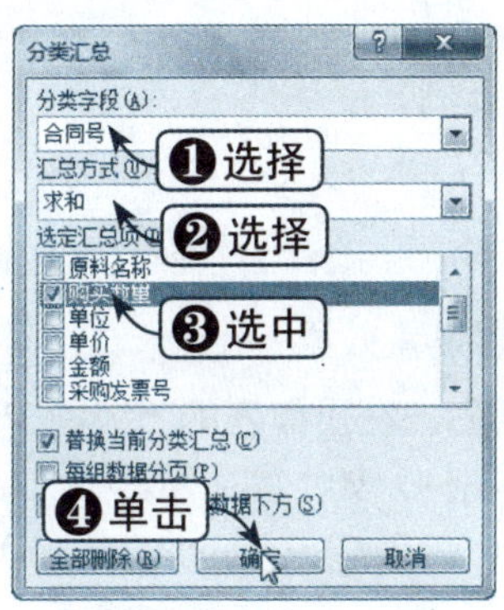

Step 05 单击“分类汇总”按钮

再次单击“数据”选项卡下“分组显示”组中的“分类汇总”按钮，如下图所示。

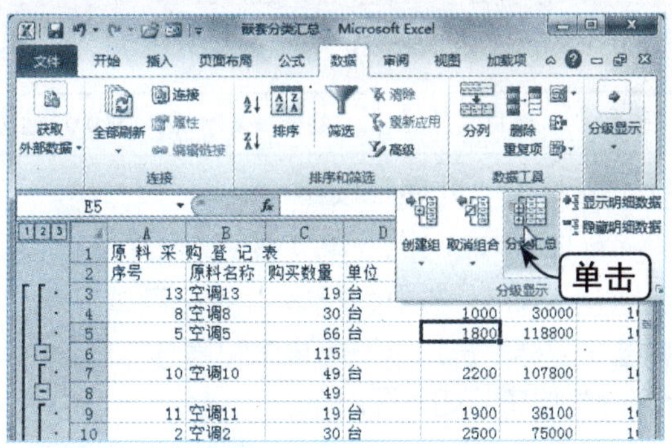

Step 06 设置分类汇总

弹出“分类汇总”对话框，在“分类字段”下拉列表框中选择“供应商”选项，在“汇总方式”下拉列表框中选择“求和”选项，在“选定汇总项”列表框中选中“金额”复选框，取消选择“替换当前分类汇总”复选框，单击“确定”按钮，如下图所示。

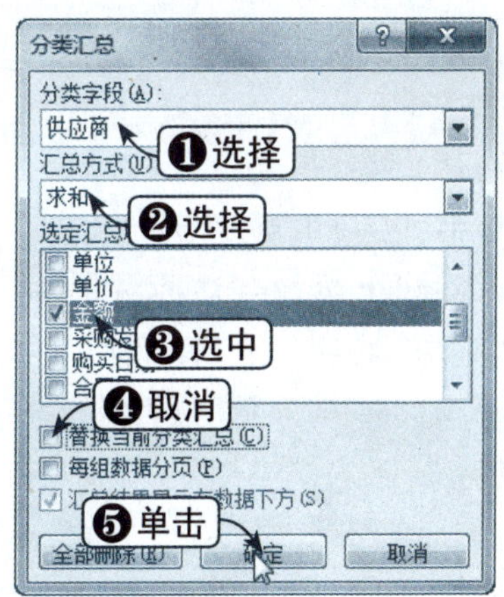

Step 07 查看分类汇总效果

此时，即可查看使用嵌套分类汇总后的效果，如下图所示。

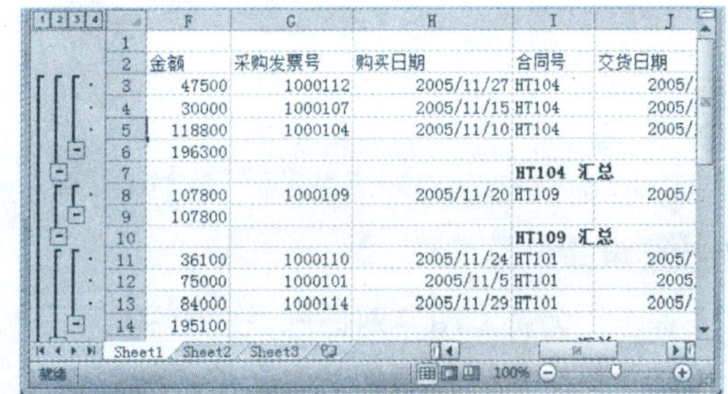

9.4.5 组合与分级显示数据

使用了分类汇总后，Excel 会对分类字段以组的方式创建一个级别，具体操作方法如下：

	素材文件	光盘：素材文件\第9章\组合与分组显示数据.xlsx

Step 01 单击“升序”按钮

打开“素材文件\第 9 章\组合与分组显示数据.xlsx”，选中数据表中的任意单元格，单击“数据”选项卡下“排序和筛选”组中的“升序”按钮，如下图所示。

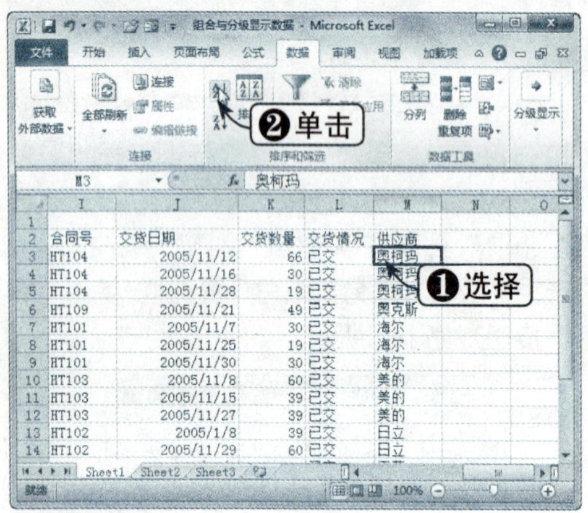

Step 02 单击“分类汇总”按钮

单击“数据”选项卡下“分级显示”组中的“分类汇总”按钮，如下图所示。

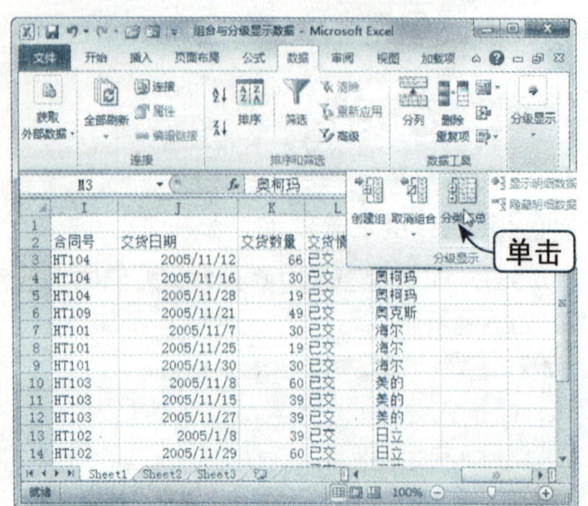

Step 03 设置分类汇总

弹出“分类汇总”对话框，在“分类字段”下拉列表框中选择“供应商”选项，在“汇总方式”下拉列表框中选择“求和”选项，在“选定汇总项”列表框中选中“购买数量”复选框，单击“确定”按钮，如下图所示。

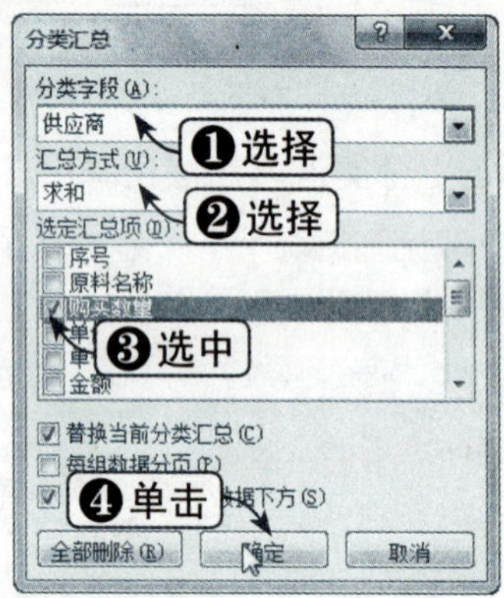

Step 04 选择“创建组”选项

选中 A3:A6 单元格区域，单击“数据”选项卡下“分组显示”组中的“创建组”下拉按钮，在弹出的下拉列表中选择“创建组”选项，如下图所示。

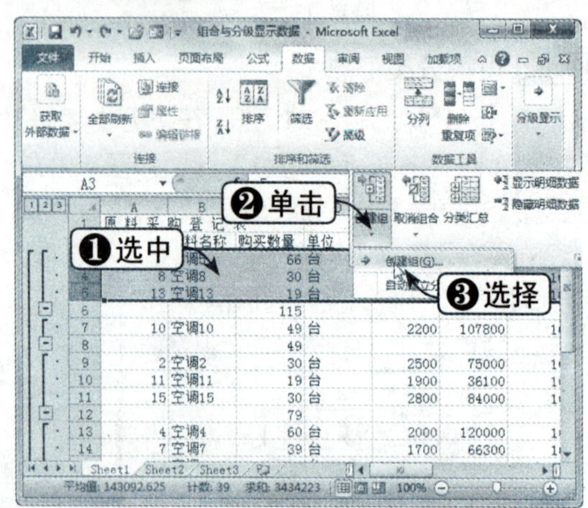

Step 05 查看设置效果

创建组后，在工作表的“级别 3”后面会出现一个级别 4，如下图所示。

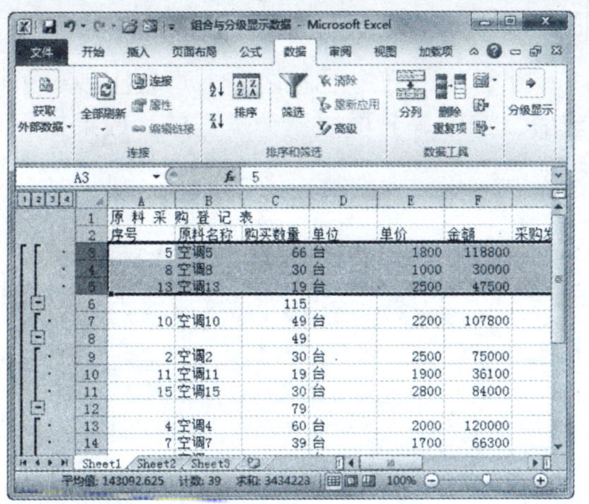

Step 06 选择“取消组合”选项

如果要取消组合，可以选中 A3:A5 单元格区域，单击“数据”选项卡下“分组显示”组中的“取消组合”下拉按钮，然后在弹出的下拉列表中选择“取消组合”选项即可，如下图所示。

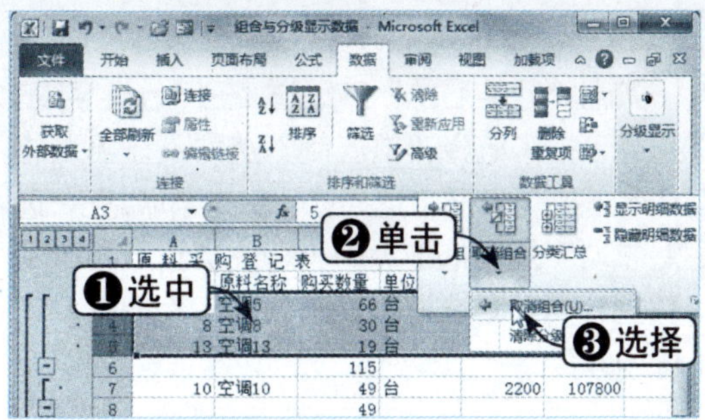

Step 07 查看显示效果

此时，即可查看恢复到原来分组显示的效果，如下图所示。

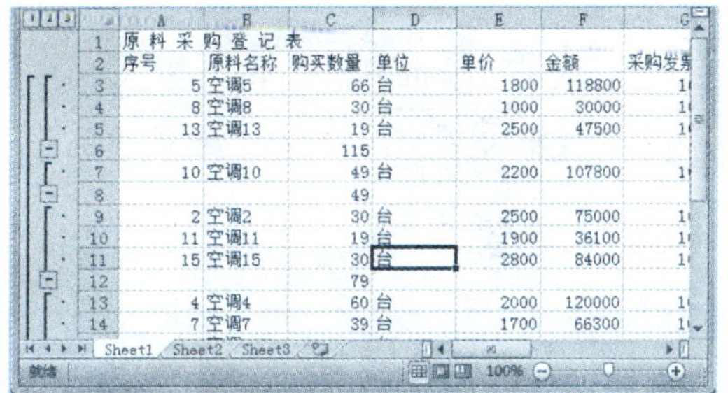

9.4.6 分页显示分类汇总

分页显示分类汇总就是将汇总的每一类数据单独地列在一页中，具体操作方法如下：

	素材文件	光盘：素材文件\第9章\分页显示分类汇总.xlsx

Step 01 单击“升序”按钮

打开“素材文件\第 9 章\分页显示分类汇总.xlsx”，选中数据表中的任意单元格，单击“数据”选项卡下“排序和筛选”组中的“升序”按钮，如下图所示。

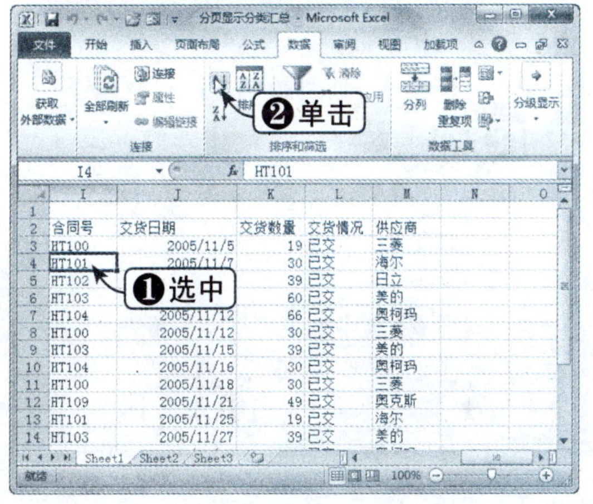

Step 02 单击“分类汇总”按钮

单击“数据”选项卡下“分级显示”组中的“分类汇总”按钮，如下图所示。

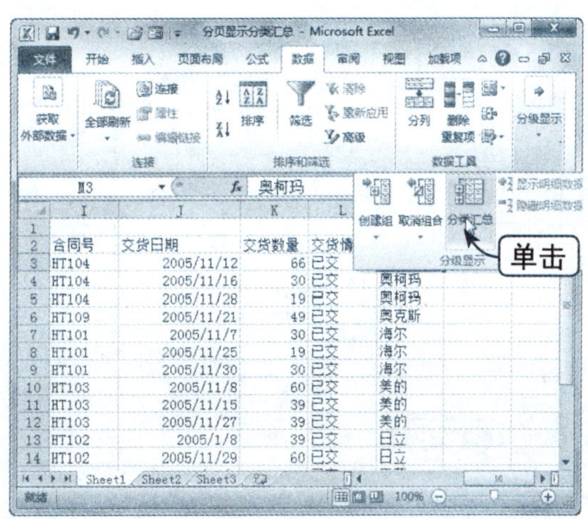

Step 03 设置分类汇总

弹出“分类汇总”对话框，在“分类字段”下拉列表框中选择“供应商”选项，在“汇总方式”下拉列表框中选择“计数”选项，在“选定汇总项”列表框中选中“购买数量”和“每组数据分页”复选框，单击“确定”按钮，如下图所示。

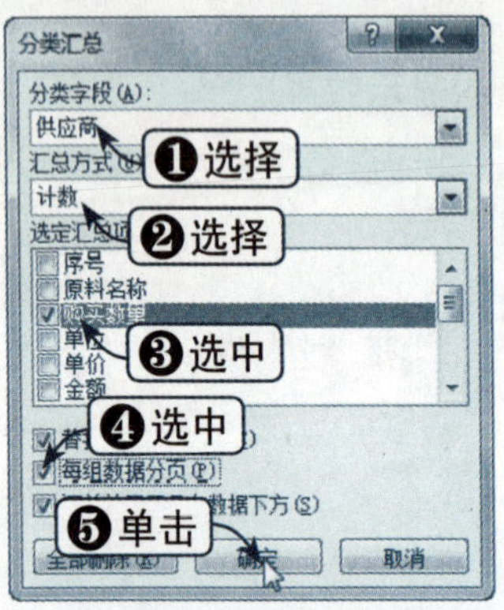

Step 04 查看设置效果

此时，每一个汇总项的下方会出现一条虚线，这就是分页显示分类汇总，效果如下图所示。

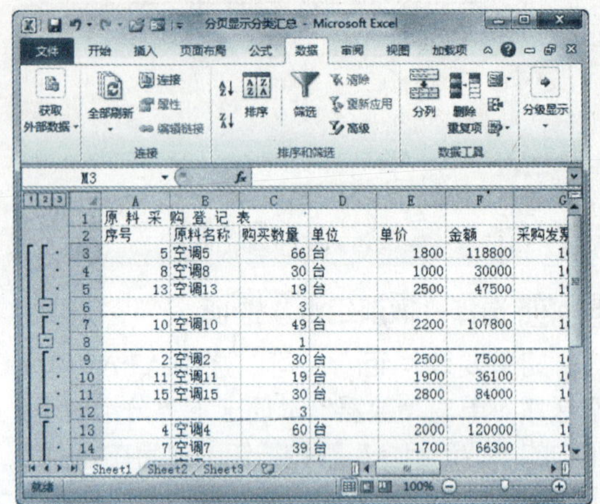

9.4.7 分级显示设置

对于分类汇总后的数据，如果工作表中没有显示分级显示符号，用户可以自己修改 Excel 的默认设置，具体操作方法如下：

	素材文件	光盘：素材文件\第9章\分级显示设置.xlsx

Step 01 选择“选项”选项

打开“素材文件\第 9 章\分级显示设置.xlsx”，选择“文件”选项卡，在弹出的 Backstage 视图中选择“选项”选项，如下图所示。

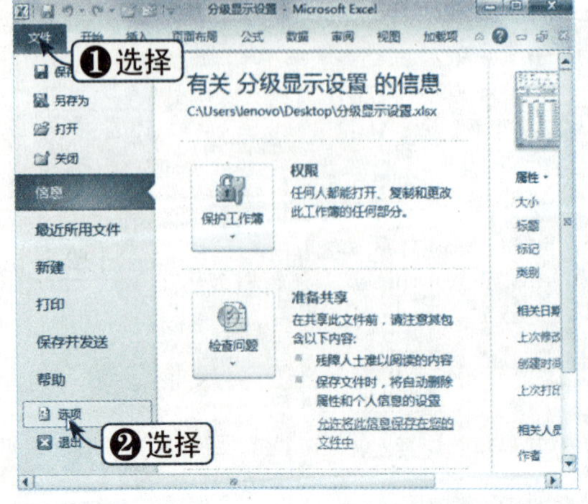

Step 02 设置分级显示

弹出“Excel 选项”对话框，选择左窗格中的“高级”选项，在右窗格中选中“如果应用了分组显示，则显示分级显示符号”复选框，单击“确定”按钮即可，如下图所示。

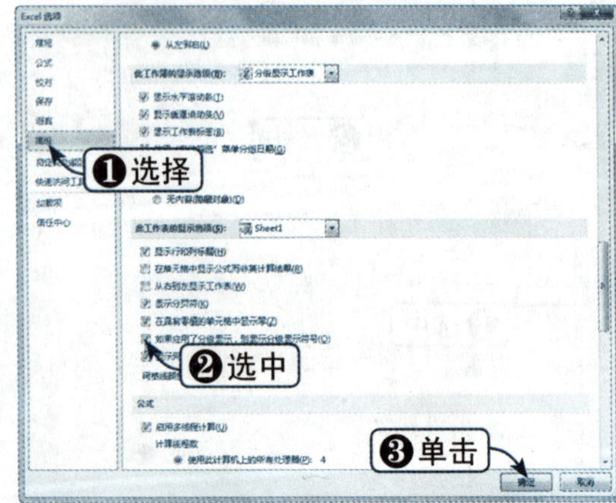

9.4.8 清除分类汇总

对于不需要或错误的分类汇总可以将其删除，具体操作方法如下：

	素材文件	光盘：素材文件\第9章\清除分类汇总.xlsx

Step 01 单击“分类汇总”按钮

打开“素材文件\第9章\清除分类汇总.xlsx”，选中数据表中的任意单元格，单击“数据”选项卡下“分组显示”组中的“分类汇总”按钮，如下图所示。

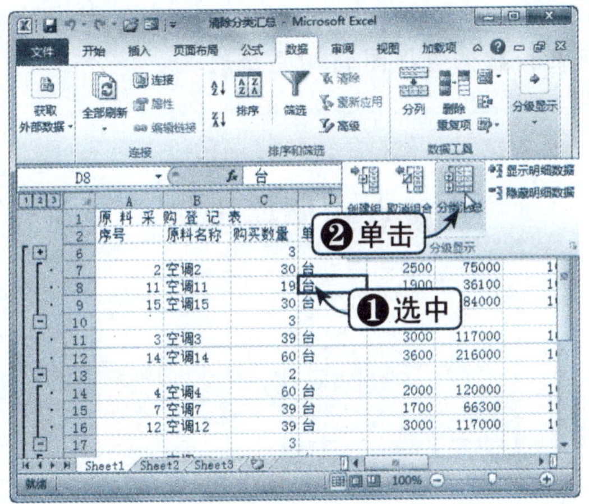

Step 02 单击“全部删除”按钮

弹出“分类汇总”对话框，单击“全部删除”按钮，即可清除分类汇总，如下图所示。

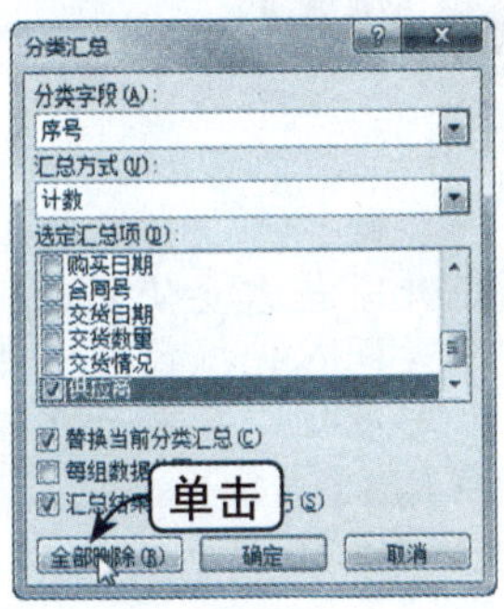

Step 03 查看清除效果

此时，即可查看清除分类汇总后的效果，如下图所示。

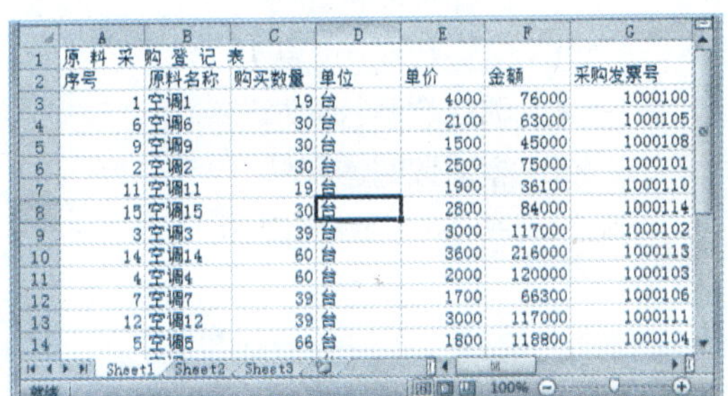

	A	B	C	D	E	F	G
1	原 料 采 购 登 记 表						
2	序号	原料名称	购买数量	单位	单价	金额	采购发票号
3	1	空调1	19	台	4000	76000	1000100
4	6	空调6	30	台	2100	63000	1000105
5	9	空调9	30	台	1500	45000	1000108
6	2	空调2	30	台	2500	75000	1000101
7	11	空调11	19	台	1900	36100	1000110
8	15	空调15	30	台	2800	84000	1000114
9	3	空调3	39	台	3000	117000	1000102
10	14	空调14	60	台	3600	216000	1000113
11	4	空调4	60	台	2000	120000	1000103
12	7	空调7	39	台	1700	66300	1000106
13	12	空调12	39	台	3000	117000	1000111
14	5	空调5	66	台	1800	118800	1000104

● 读书笔记

第10章 数据透视表和数据透视图

如果数据排序、筛选和分类汇总等不能满足数据分析的需要，此时就需要使用数据透视表功能。数据透视表是对数据的查询与分析，是深入挖掘数据内部信息的重要工具；数据透视图则是数据透视表的图形展示。本章将详细介绍数据透视表和数据透视图的相关知识。

本章学习重点

1. 数据透视表和数据透视图概述
2. 创建数据透视表
3. 编辑数据透视表
4. 创建数据透视图
5. 编辑数据透视图

重点实例展示

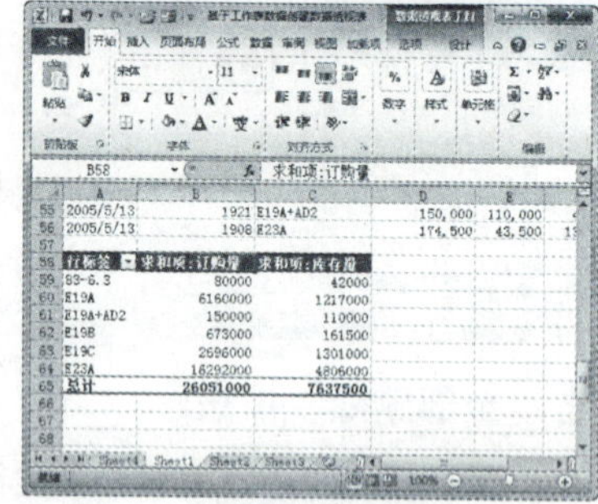

创建数据透视表

本章视频链接

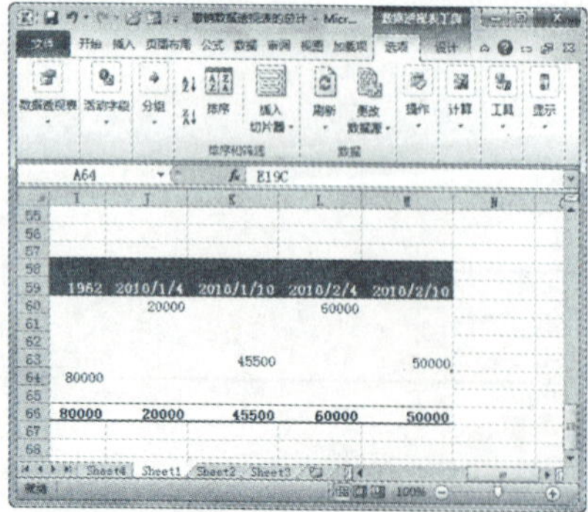

撤销数据表的总计

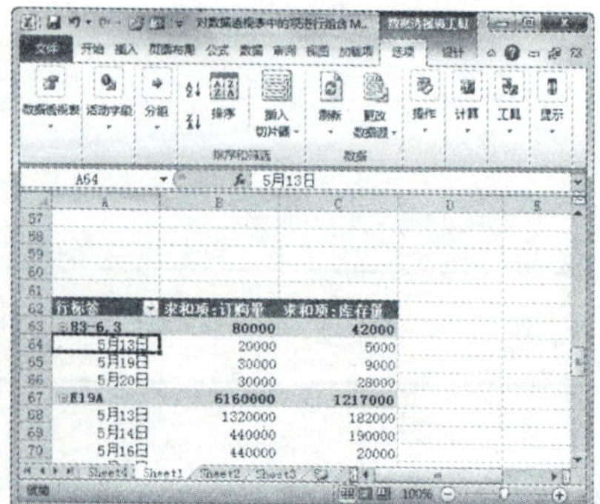

使用报表删选数据

10.1 数据透视表和数据透视图概述

下面将简要介绍数据透视表和数据透视图，以及数据透视图与图表的区别等。

10.1.1 数据透视表简介

数据透视表是一种可以快速汇总大量数据的交互式方法。使用数据透视表可以深入分析数值数据，并且可以解决一些预计不到的数据问题。数据透视表是针对以下用途特别设计的：

◎ 以多种用户友好方式查询大量数据。

◎ 对数值数据进行分类汇总和聚合，按照分类和子分类对数据进行汇总，创建自定义计算和公式。

◎ 展开或折叠要关注结果的数据级别，查看感兴趣区域摘要数据的明细。

◎ 将行移动到列或将列移动到行，以查看源数据的不同汇总。

◎ 对最有用和最关注的数据子集进行筛选、排序、分组和有条件地设置格式，使用户能够关注所需的信息。

◎ 提供简明、有吸引力并且带有批注的联机报表或打印报表。

如果要分析相关的汇总值，尤其是在要合计较大的数字列表并对每类数字进行多种比较时，通常使用数据透视表。

数据透视表由页字段、页字段项、行字段、列字段、数据字段和数据区域组成。如下图所示为一个典型的数据透视表。

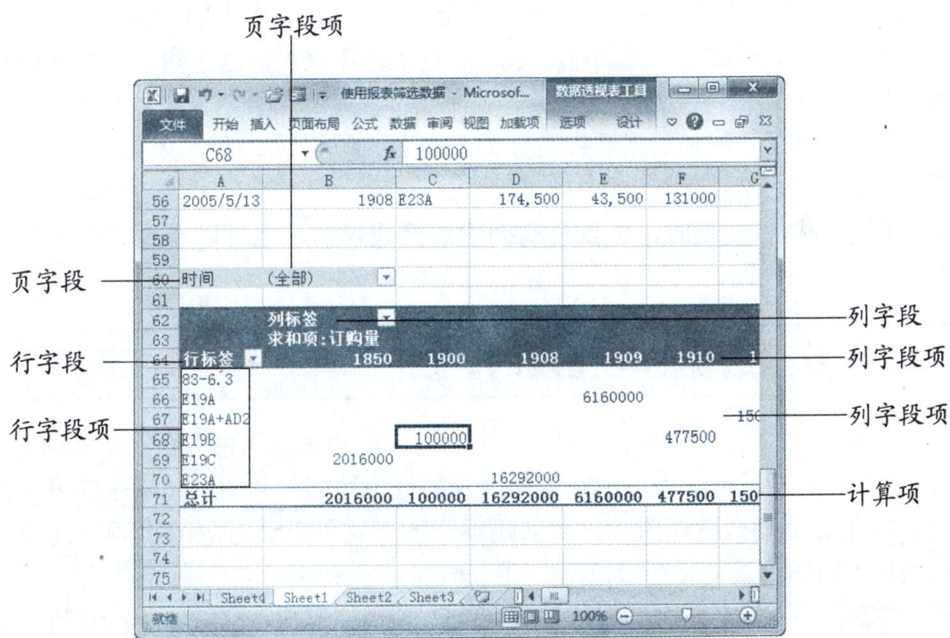

下面介绍一些与数据透视表有关的术语。

◎ **源数据**：为数据透视表提供数据，有基础行或数据库记录。

◎ **字段**：为从源列表或数据库中的字段衍生的数据分类。

◎ **行字段**：数据透视表中指行方向的源数据清单或表单中的字段。

◎ **列字段**：数据透视表中指列方向的源数据清单或表单中的字段。

◎ **页字段**：数据透视表中指页方向的源数据清单或表单中的字段。

◎ **页字段项**：源数据库或表格中的每个字段、列条目或数据都称为页字段列表中的一项。

◎ **数据字段**：源数据库、表或数据库中的字段，其中包含在数据透视表或数据透视图报表中汇总的数据。数据字段通常包含数字型数据。

◎ **数据区域**：含有汇总数据的数据透视表中的一部分。

10.1.2 数据透视图简介

数据透视图是以图形形式表示的数据透视表。和图表与数据区域之间的关系相同，各数据透视表之间的字段相互对应。如果更改了某一列表的某个字段位置，则另一报表中的相应字段位置也会改变。

在数据透视图中，除了具有标准图表的系列、分类、数据标记和坐标轴以外，数据透视图还有一些特殊的元素，如报表筛选字段、值字段、系列字段、项和分类字段等，其中：

◎ 报表筛选字段是用来根据特定项筛选数据的字段。使用报表筛选字段是在不修改系列和分类信息的情况下，汇总并快速集中处理数据子集的捷径。

◎ 值字段来自基本源数据的字段，提供进行比较或计算的数据。

◎ 系列字段是数据透视图中为系列方向指定的字段，字段中的项提供单个数据系列。

◎ 项代表一个列或行字段的唯一条目，且出现在报表筛选字段、分类字段和系列字段的下拉列表中。

◎ 分类字段是分配到数据透视图分类方向上的源数据中的字段，它为那些用来绘图的数据点提供单一分类。

首次创建数据透视表时，可以自动创建数据透视图，也可以通过数据透视表中现有数据创建数据透视图。

10.1.3 数据透视图与图表的区别

数据透视图中的大多数操作和标准图表一样，但两者之间也存在以下差别：

◎ **交互**：对于标准图表，用户为要查看的每个数据透视图创建一张图表，但它们不能交互。而对于数据透视图，只要创建单张图表就可以通过更改报表布局或显示的明细数据以不同的方式交互查看数据。

◎ **图表类型**：标准图表的默认图表类型为簇状柱形图，它按分类比较值。数据透

视图的默认图表类型为堆积柱形图，它比较各个值在整个分类总计中所占的比例。用户可以将数据透视图类型更改为除 XY 散点图、股价图和气泡图之外的其他任何图表类型。

◎ **图表位置**：默认情况下，标准图表是嵌入在工作表中的，而数据透视图默认情况下是创建在图表工作表上的。创建数据透视图后，还可以将其重新定位到工作表上。

◎ **源数据**：标准图表可以直接外部链接到工作表单元格中，数据透视图则可以基于相关联的数据透视表中几种不同的数据类型。

◎ **图表元素**：数据透视图除包含与标准图表相同的元素外，还包括字段和项，可以添加、旋转或删除字段和项来显示不同数据。标准图表中的分类、系列和数据分别对应于数据透视图中的分类字段、系列字段和值字段。数据透视图中还包含报表筛选。而这些字段中都包含项，这些项在标准图表中显示为图例中的分类标签或系列名称。

◎ **格式**：刷新数据透视图时会保留大多数格式，但不保留趋势线、数据标签、误差线及对数据系列的其他更改。标准图表只要应用了这些格式，就不会将其丢失。

◎ **移动或调整项的大小**：在数据透视图中，即使可以为图例选择一个预设位置，并可以更改标题的字体大小，但无法移动或重新调整绘图区、图例、图表标题或坐标轴标题的大小；而在标准图表中，可以移动和重新调整这些元素的大小。

10.2 创建数据透视表

用户可以从多种源创建数据透视表，既可以从 Excel 表格创建数据透视表，也可以从外部数据创建数据透视表。如果要从外部数据创建数据透视表，首先需要检索外部数据。

10.2.1 基于工作表数据创建数据透视表

数据透视表是一种对大量数据快速汇总和建立交叉列表的交互表格。在数据透视表中，可以转换行和列，以查看源数据的不同汇总结果，可以显示不同的页面来筛选数据，还可以根据需要显示区域中的明细数据。创建数据透视表的具体操作方法如下：

素材文件	光盘：素材文件\第10章\基于工作表数据创建数据透视表.xlsx

Step 01 选择“数据透视表”选项

打开“素材文件\第 10 章\基于工作表数据创建数据透视表 .xlsx”，选择需要创建数据透视表的单元格区域 A2:F56，单击“插入”选项卡下“表格”组中的“数据透视表”下拉按钮，在弹出的下拉列表中选择“数据透视表”选项，如右图所示。

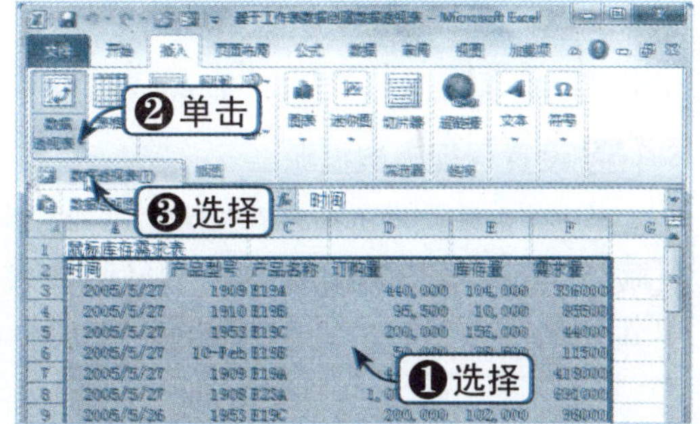

Step 02 设置透视表数据源

弹出“创建数据透视表”对话框，在“表/区域”文本框中输入数据源，选中“新工作表”单选按钮，单击“确定”按钮，如下图所示。

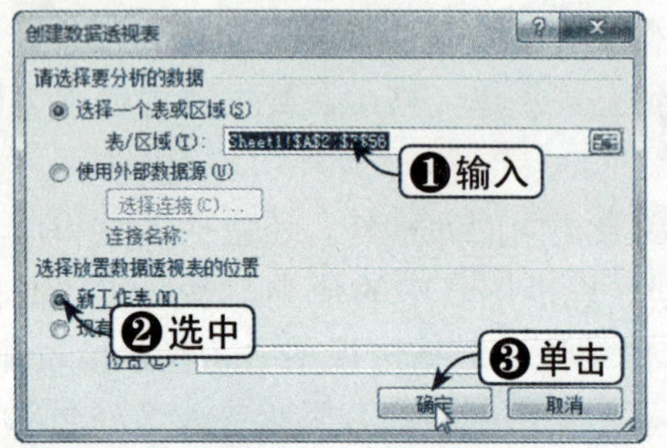

Step 03 设置数据透视表字段

弹出“数据透视表字段列表”窗格，分别选中“产品名称”、“订购量”、“库存量”和“需求量”字段复选框，单击“关闭”按钮，如下图所示。

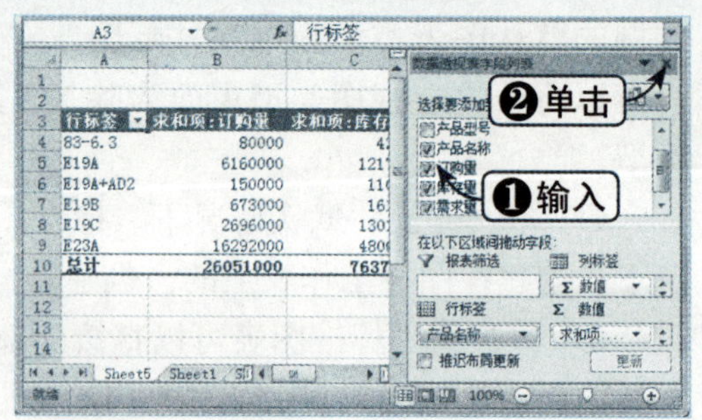

Step 04 查看创建效果

此时，即可创建以“产品名称”为行标签，“订购量”、“库存量”和“需求量”为字段的求和数据透视表，如下图所示。

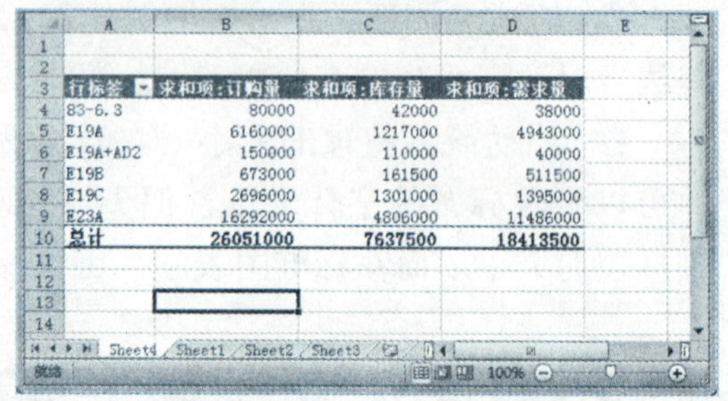

如果用户想要在原工作表中创建数据透视表，可以按照以下方法进行操作：

Step 01 选择“数据透视表”选项

继续前面进行操作，选择需要创建数据透视表的单元格区域A2:F56，单击“插入”选项卡下“表格”组中的“数据透视表”下拉按钮，在弹出的下拉列表中选择“数据透视表”选项，如下图所示。

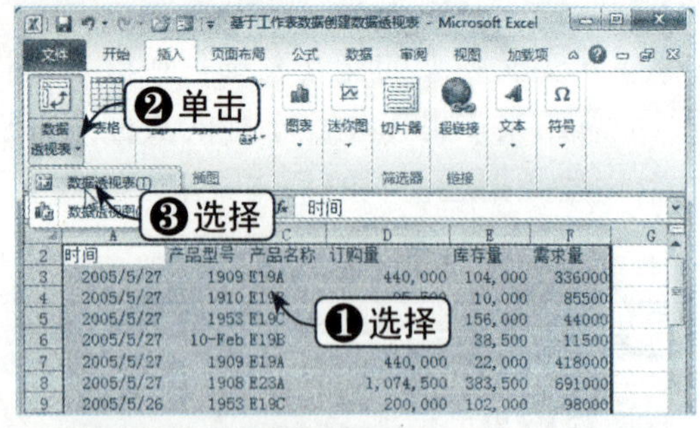

Step 02 设置透视表数据源

弹出“创建数据透视表”对话框，在“表/区域”文本框中输入数据源，选中“现有工作表”单选按钮，单击“位置”折叠按钮，如下图所示。

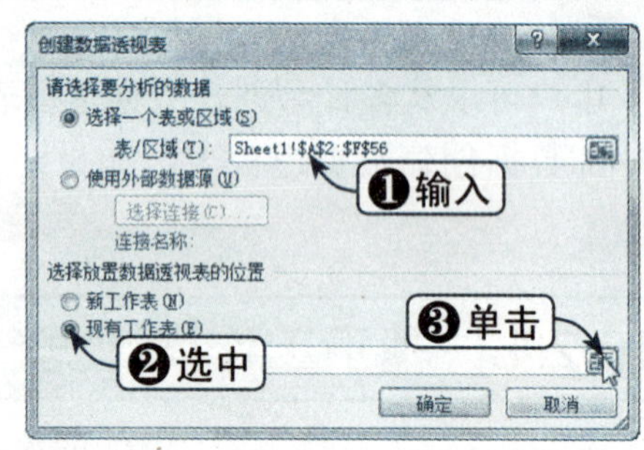

Step 03 设置数据透视表位置

弹出“创建数据透视表”对话框，选择数据源区域，再次单击折叠按钮，如下图所示。

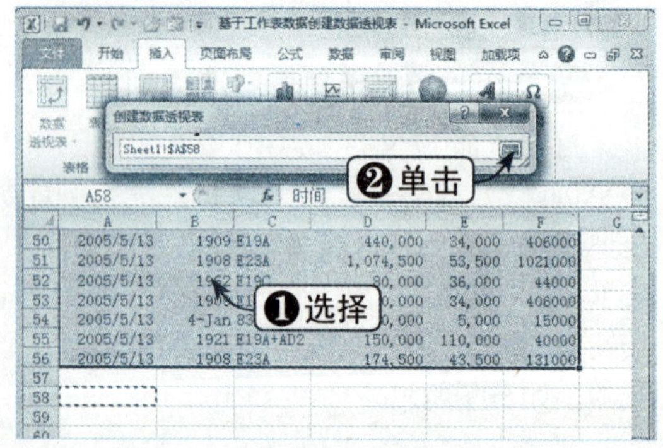

Step 04 设置数据透视表字段

弹出“数据透视表字段列表”窗格，分别选中“产品名称”、“订购量”、“库存量”字段复选框，单击“关闭”按钮，如下图所示。

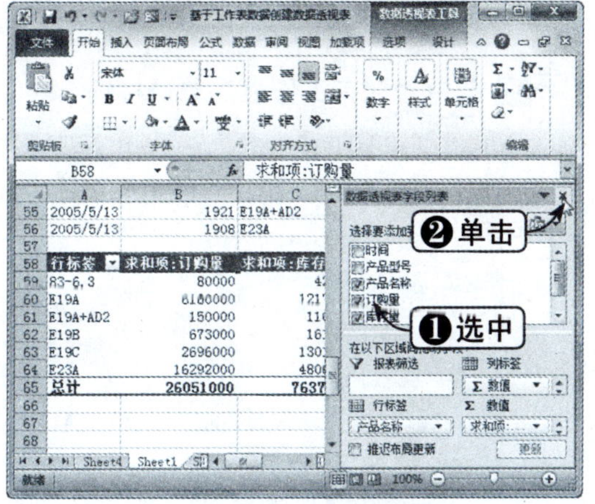

Step 05 查看创建效果

此时，即可查看在现有工作表中创建数据透视表的效果，如下图所示。

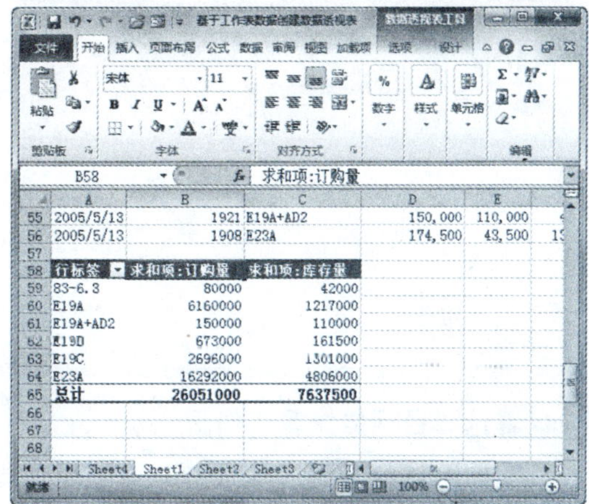

10.2.2 连接外部数据源创建数据透视表

除了可以根据现有工作表的数据创建数据透视表之外，也可以在当前工作簿中连接相关的外部数据源创建数据透视表，具体操作方法如下：

	素材文件	光盘：素材文件\第10章\外部数据源创建数据透视表.xlsx

Step 01 选择“数据透视表”选项

打开“素材文件\第10章\外部数据源创建数据透视表.xlsx”，单击“插入”选项卡下“表格”组中的“数据透视表”下拉按钮，在弹出的下拉列表中选择“数据透视表”选项，如下图所示。

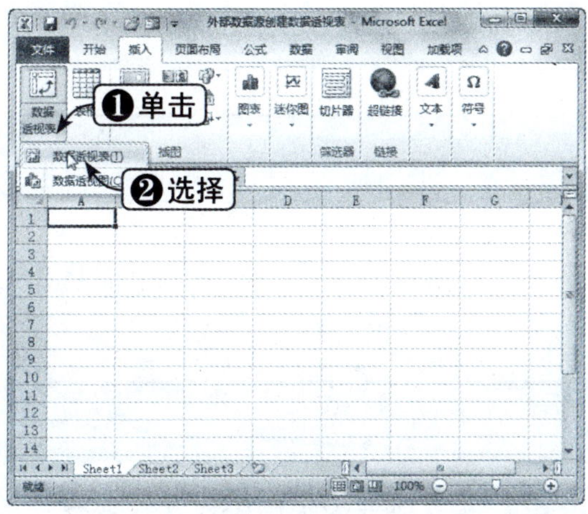

Step 02 单击“选择连接”按钮

弹出“创建数据透视表”对话框，选中“使用外部数据源”单选按钮，单击“选择连接”按钮，如下图所示。

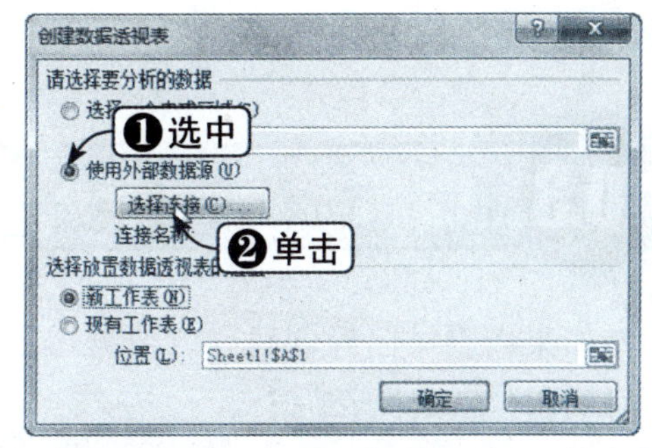

Step 03 单击“浏览更多”按钮

弹出“现有连接”对话框，单击“浏览更多”按钮，如下图所示。

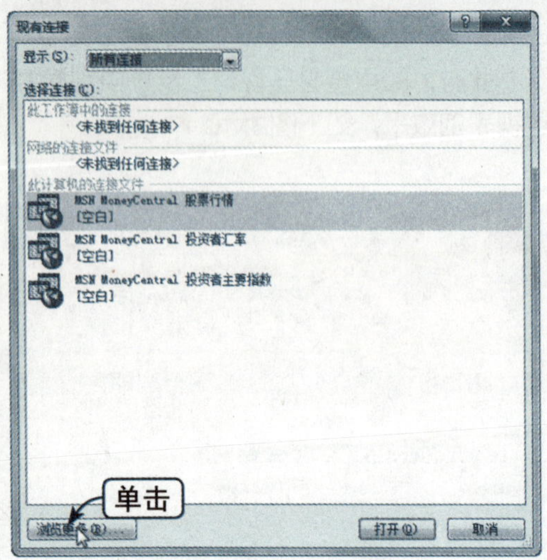

Step 04 选择目标数据源工作簿

弹出“选择数据源”对话框，找到目标数据源工作簿，单击“打开”按钮，如下图所示。

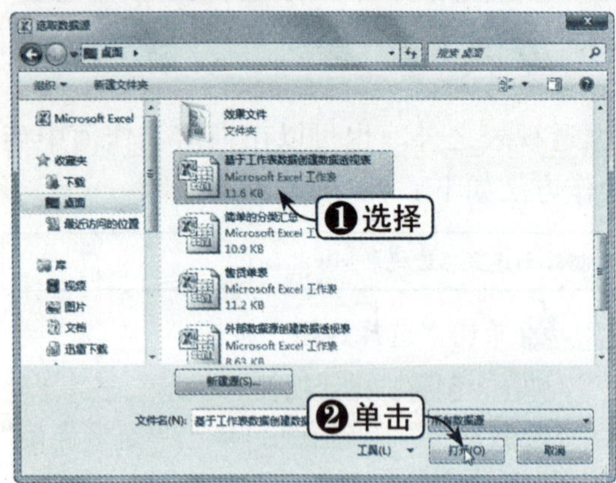

Step 05 选择工作表

弹出“选择表格”对话框，选中 Sheet1$ 工作表，单击“确定”按钮，如下图所示。

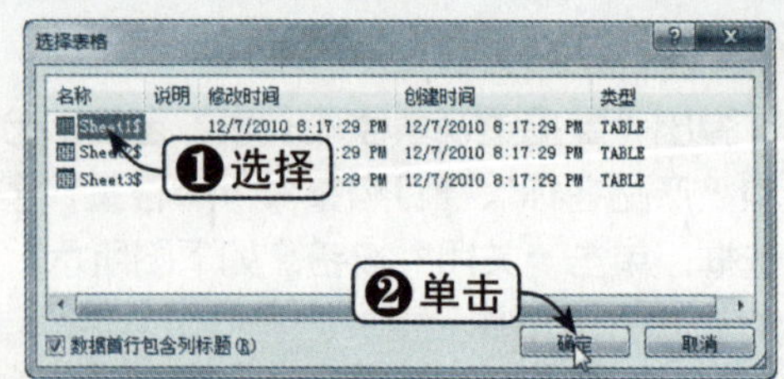

Step 06 选中“现有工作表”单选按钮

返回“创建数据透视表”对话框，选中“现有工作表”单选按钮，单击“确定”按钮，如下图所示。

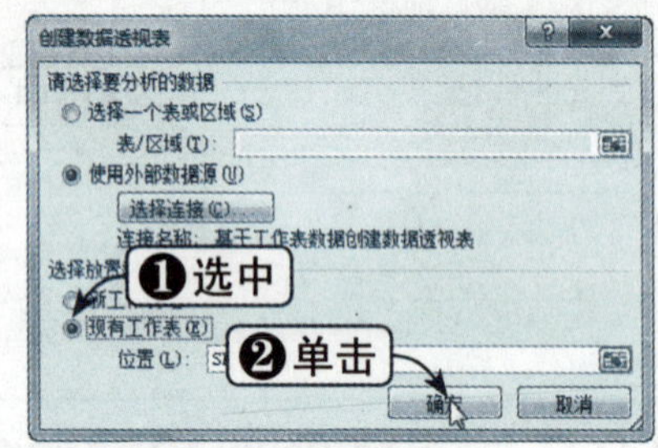

Step 07 查看创建效果

弹出“数据透视表字段列表”窗格，用户可以根据需求自行设置字段，如下图所示。

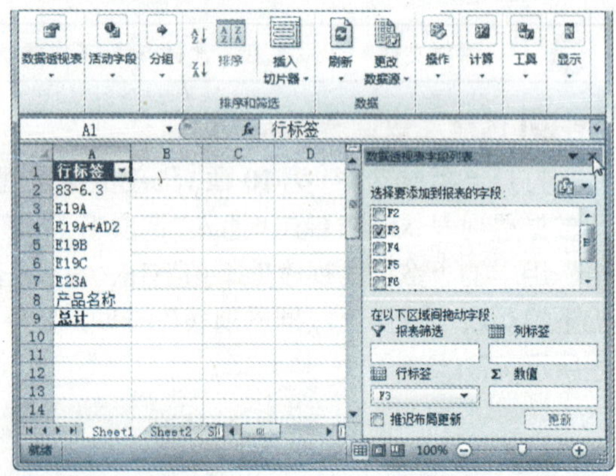

10.3 编辑数据透视表

如果用户对已经创建好的数据透视表不满意，还可以对其进行修改。下面将介绍如何编辑数据透视表。

10.3.1 改变数据透视表名称

掌握了如何创建数据透视表后，下面将介绍数据透视表的常用操作。改变数据透视表名称的具体操作方法如下：

	素材文件	光盘：素材文件\第10章\改变数据透视表名称.xlsx

Step 01 选中数据透视表中的任意单元格

打开“素材文件\第 10 章\改变数据透视表名称 .xlsx”，选中数据透视表中的任意单元格，这时在功能区中会出现“选项”和“设计”选项卡，如下图所示。

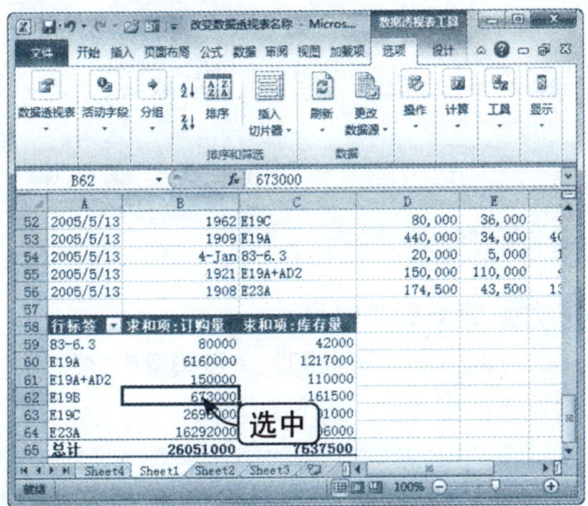

Step 02 修改数据透视表名称

单击“选项”选项卡下的“数据透视表”下拉按钮，在弹出的下拉列表中选择“数据透视表名称”选项，在文本框中输入需要的名称即可，如下图所示。

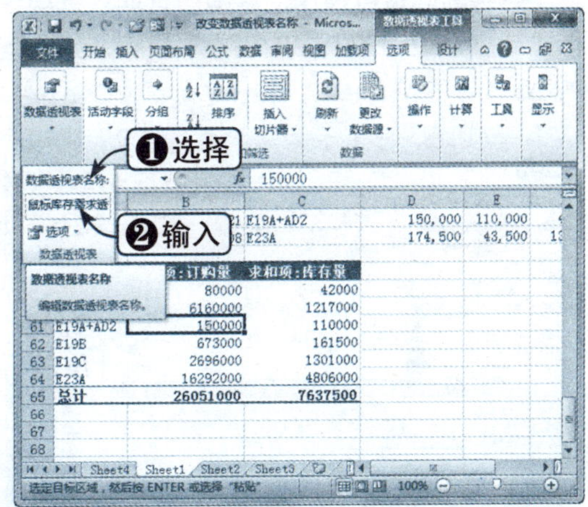

10.3.2 添加和删除数据透视表字段

使用数据透视表查看数据汇总时，可以根据需要随时添加和删除数据透视表的字段，以便重新组织数据。

1. 添加数据透视表字段

	素材文件	光盘：素材文件\第10章\添加和删除数据透视表字段.xlsx

Step 01 单击“字段列表”按钮

打开“素材文件\第 10 章\添加和删除数据透视表字段 .xlsx”，选中数据透视表中的任意单元格，单击“选项”选项卡下“显示”组中的“字段列表”按钮，如下图所示。

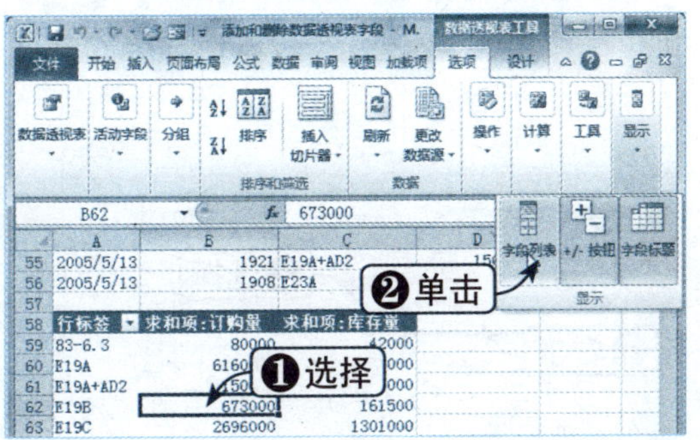

Step 02 添加字段

弹出“数据透视表字段列表”窗格，在列表框中选中“需求量”复选框，如下图所示。

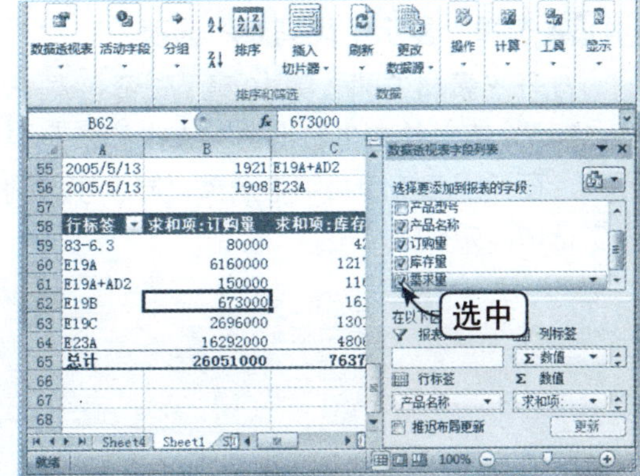

Step 03 查看添加新字段效果

此时，即可查看在数据透视表中添加新字段后的效果，如右图所示。

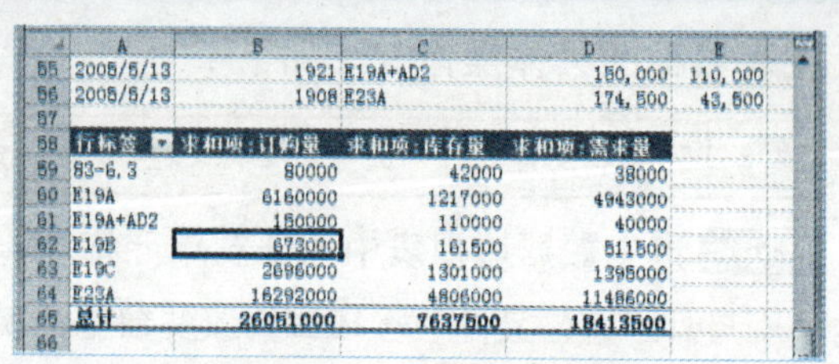

2. 删除数据透视表字段

Step 01 单击“字段列表”按钮

继续前面进行操作，单击“选项”选项卡下“显示”组中的“字段列表”按钮，如下图所示。

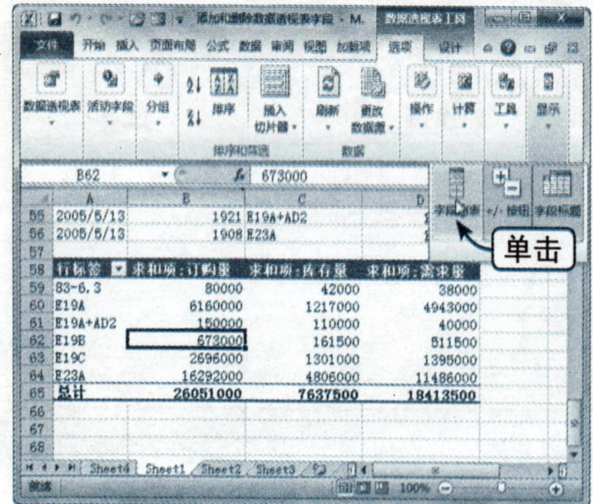

Step 02 删除字段

弹出“数据透视表字段列表”窗格，在列表框中取消选择“订购量”复选框，如下图所示。

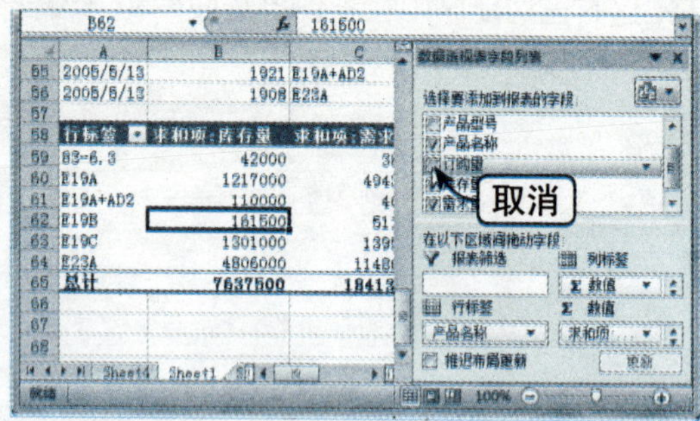

Step 03 查看删除效果

此时，即可查看删除“订购量”字段后的数据透视表效果，如下图所示。

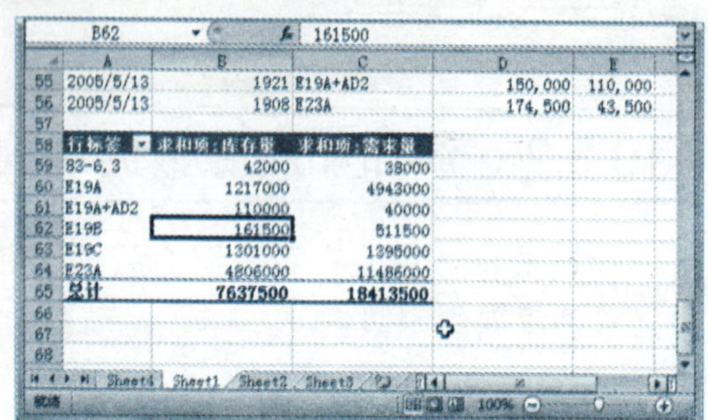

10.3.3 改变行列标签

数据透视表中的行列标签可以互换，具体操作方法如下：

	素材文件	光盘：素材文件\第10章\改变行列标签.xlsx

Step 01 选择“显示字段列表”选项

打开“素材文件\第 10 章\改变行列标签.xlsx”，选中并右击数据透视表中的任意单元格，在弹出的快捷菜单中选择“显示字段列表”选项，如右图所示。

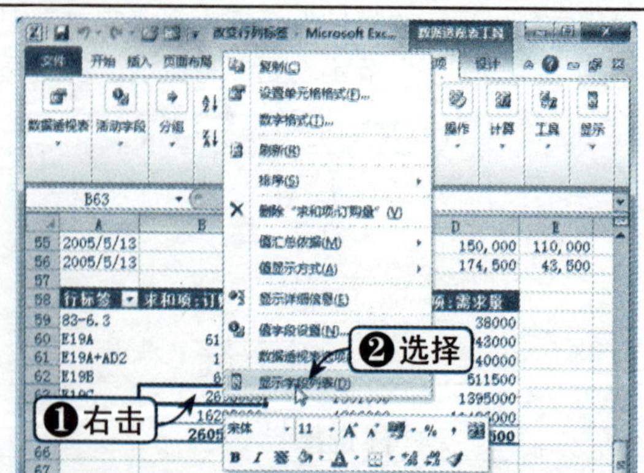

Step 02 选择“移动到列标签”选项

弹出“数据透视表字段列表”窗格，在“行标签”选项卡下单击“产品名称”下拉按钮，在弹出的下拉列表中选择“移动到列标签”选项，如下图所示。

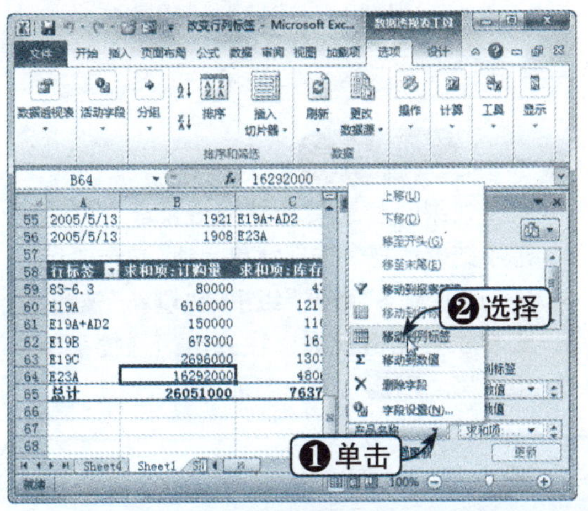

Step 03 查看互换效果

此时，即可查看行列标签互换后的效果，如下图所示。

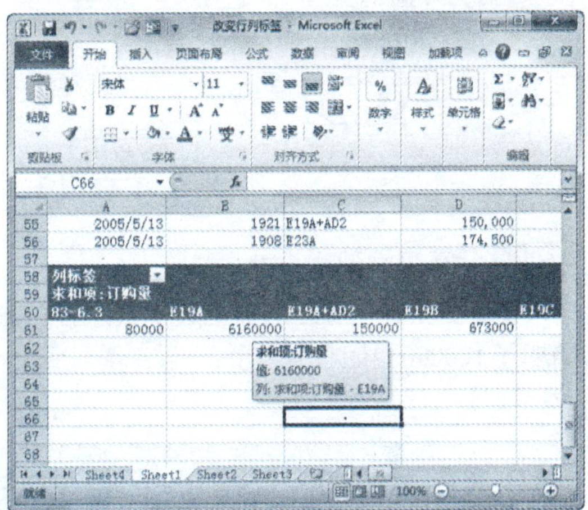

10.3.4 改变数据透视表中的数据

数据透视表仅用于筛选和查看数据，但并不能用于修改工作表中的数据。如果数据源中的数据被修改，数据透视表中的数据也不会自动更新。若需要执行更新操作，具体操作方法如下：

	素材文件	光盘：素材文件\第10章\改变数据透视表中的数据.xlsx

Step 03 修改订购量数据

打开“素材文件\第10章\改变数据透视表中的数据.xlsx”，修改鼠标的订购量数据为130000，如下图所示。

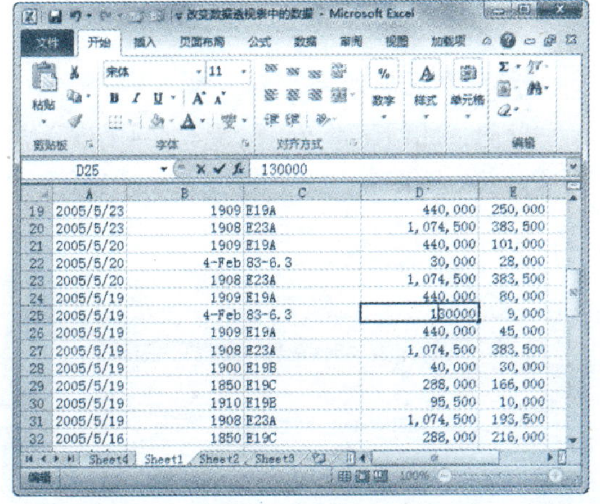

Step 02 选择“更改数据源”选项

选中数据透视表的任意单元格，单击“选项”选项卡下“数据”组中的“更改数据源”下拉按钮，在弹出的下拉列表中选择“更改数据源”选项，如下图所示。

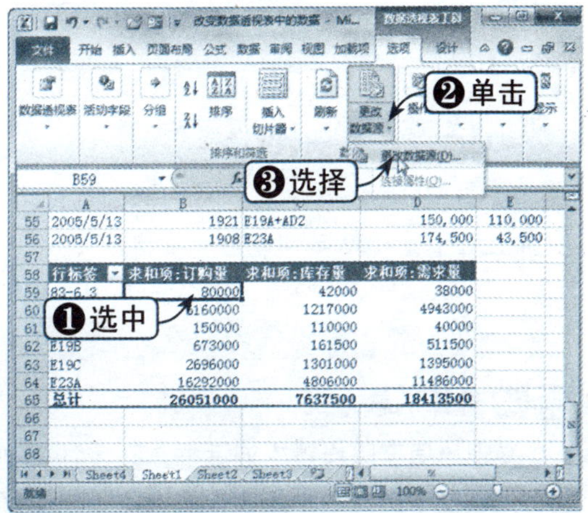

Step 03 重新选择数据源

弹出“移动数据透视表”对话框，单击“表/区域”折叠按钮，重新选择数据源，单击“确定”按钮，如下图所示。

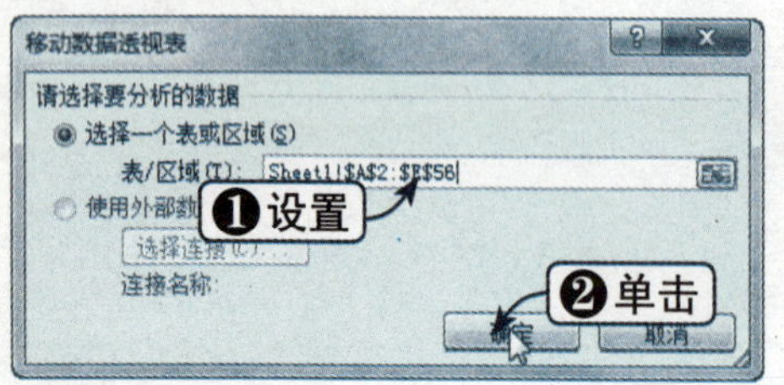

Step 04 查看更新效果

重新更新数据源后的数据透视表，订购量增加了100000，如右图所示。

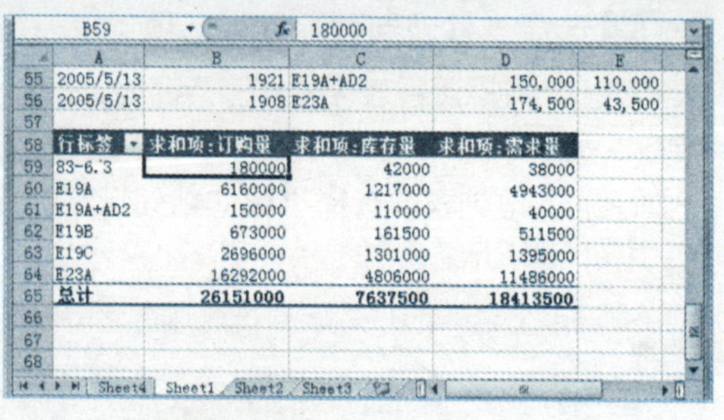

知识点拨

如果想快速更新数据透视表，只需选中数据透视表的任意单元格，单击“选项”选项卡下“数据”组中的“刷新”按钮，或右击数据透视表，在弹出的快捷菜单中选择“刷新”选项即可。

10.3.5 改变字段的汇总方式

在Excel 2010中，默认的汇总方式为求和方式，用户还可以对数据区域采取其他汇总方式。更改字段汇总方式的具体操作方法如下：

	素材文件	光盘：素材文件\第10章\改变字段的汇总方式.xlsx

Step 01 选择“显示字段列表”选项

打开“素材文件\第10章\改变字段的汇总方式.xlsx”，选中并右击数据透视表“订购量”列中的任意单元格，在弹出的快捷菜单中选择“值字段设置”选项，如下图所示。

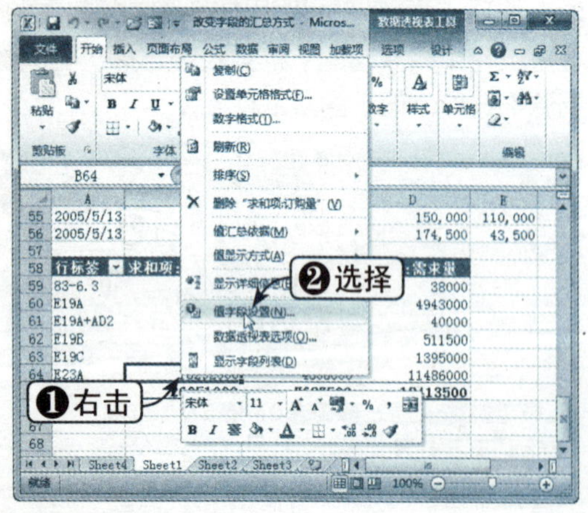

Step 02 选择汇总方式

弹出“值字段设置”对话框，在“计算类型”列表框中选择“平均值”选项，单击“确定”按钮，如下图所示。

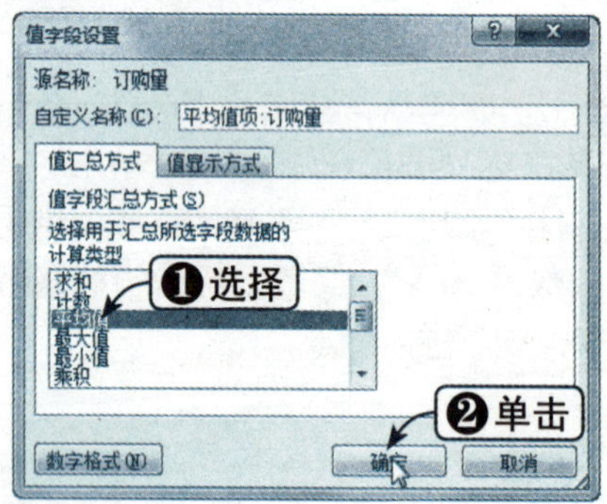

Step 03 查看汇总效果

此时，即可查看“订购量”以平均值汇总方式汇总后的效果，如下图所示。

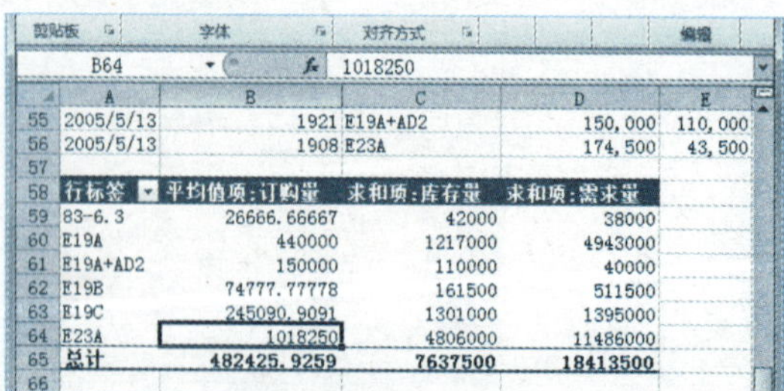

10.3.6 添加字段列标签

添加列标签的具体操作方法如下：

	素材文件	光盘：素材文件\第10章\改变字段的汇总方式.xlsx

Step 01 单击“字段列表”按钮

打开“素材文件\第10章\添加列标签.xlsx”，选中数据透视表中的任意单元格，单击“数据”选项卡下“显示”组中的“字段列表”按钮，如下图所示。

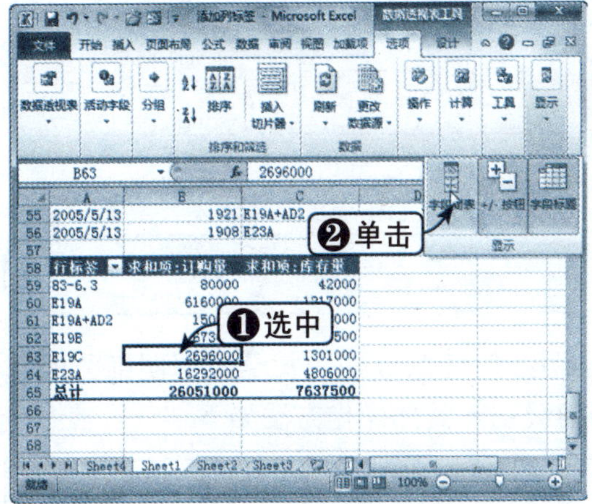

Step 02 选择“添加到列标签”选项

弹出“数据透视表字段列表”窗格，右击要添加的字段名称，在弹出的快捷菜单中选择“添加到列标签”选项，如下图所示。

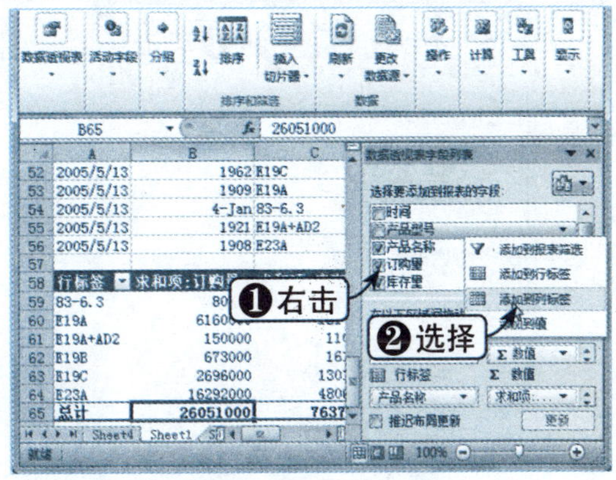

Step 03 查看列标签效果

此时，即可查看数据透视表添加列标签后的效果，如下图所示。

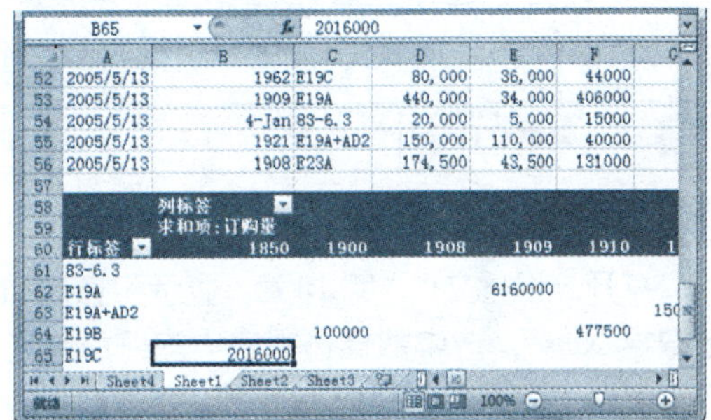

10.3.7 撤销数据透视表的总计

如果不需要对行进行求和等统计，可以将其取消，具体操作方法如下：

	素材文件	光盘：素材文件\第10章\撤销数据透视表的总计.xlsx

Step 01 选择“选项”选项

打开“素材文件\第10章\撤销数据透视表的总计.xlsx”，选中数据透视表中的任意单元格，单击“数据”选项卡下“数据透视表”组中的“选项”下拉按钮，在弹出的下拉列表中选择“选项”选项，如右图所示。

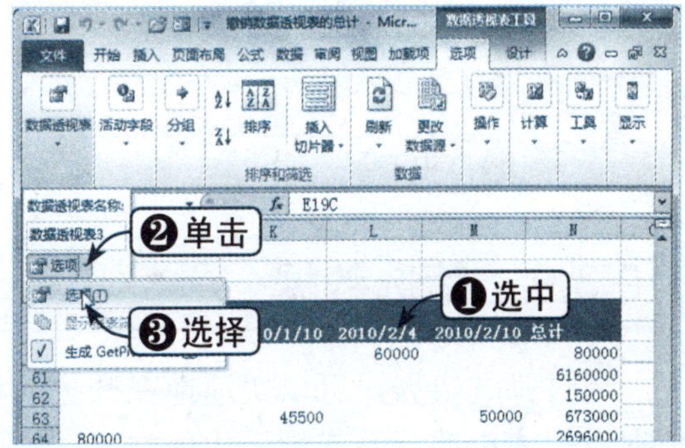

Step 02 取消选择“显示行总计”复选框

弹出“数据透视表选项”对话框，单击“汇总和筛选”选项卡，取消选择“显示行总计”复选框，单击“确定”按钮，如下图所示。

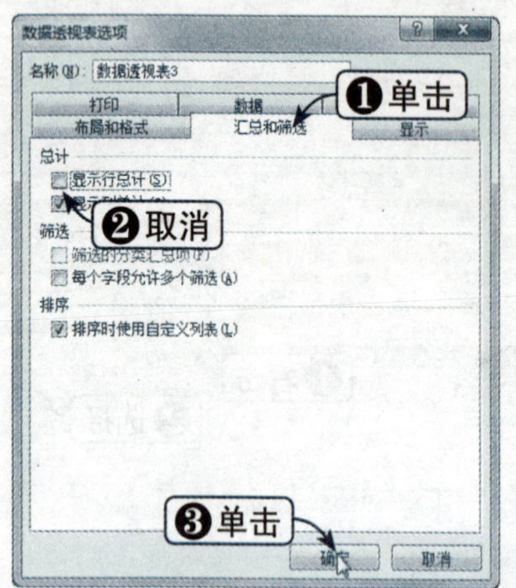

Step 03 查看设置效果

此时，即可查看撤销行总计后的数据透视表效果，如下图所示。

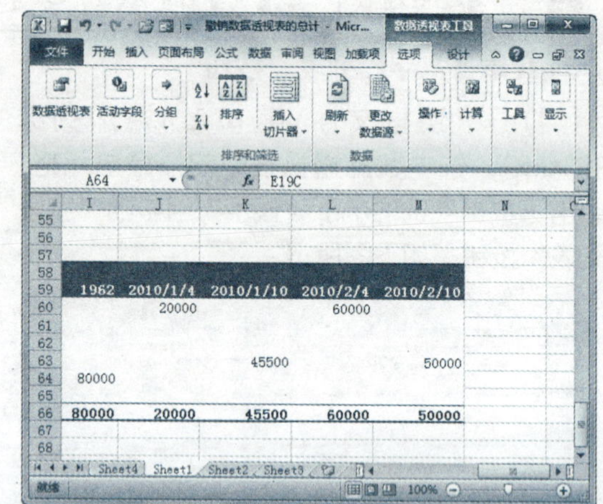

10.3.8 显示和隐藏明细数据

为了便于进行查看，可以显示或隐藏数据明细的任意级别，甚至数据明细的所有级别；也可以显示或隐藏到下一级别以外的明细级别，具体操作方法如下：

	素材文件	光盘：素材文件\第10章\撤销数据透视表的总计.xlsx

Step 01 单击“展开整个字段”按钮

打开“素材文件\第10章\显示和隐藏明细数据.xlsx”，选中数据透视表中的任意单元格，单击“数据”选项卡下“活动字段”组中的“展开整个字段”按钮，如下图所示。

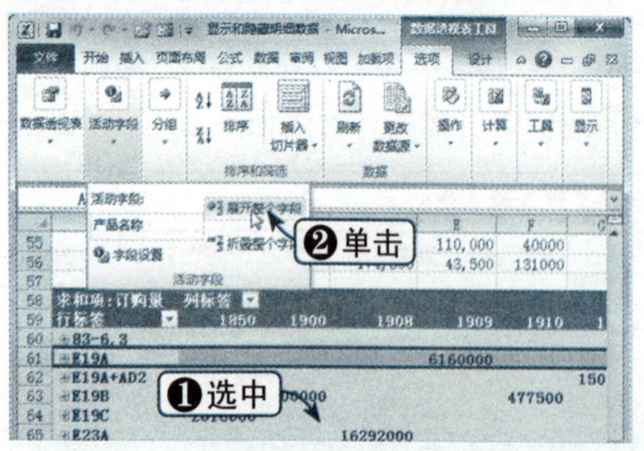

Step 02 查看显示效果

此时，数据透视表显示出所有的明细数据，如下图所示。

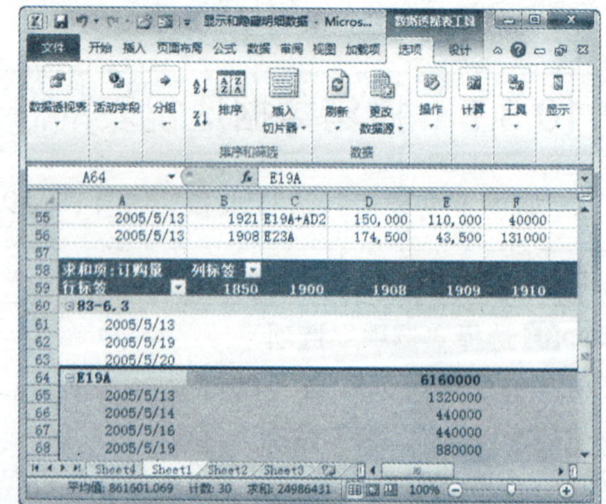

10.3.9 筛选数据

通过筛选数据，可以快速地在数据透视表中查找和使用数据子集。用户可以筛选数据透视表中的标签或标签内的文本项，筛选区域数值中的数字，筛选日期以及按内容筛选等。

1. 文本筛选

	素材文件	光盘：素材文件\第10章\筛选数据.xlsx

Step01 选择“显示字段列表”选项

打开“素材文件\第10章\筛选数据.xlsx”，选中并右击数据透视表中的任意单元格，在弹出的下拉列表中选择“显示字段列表”选项，如下图所示。

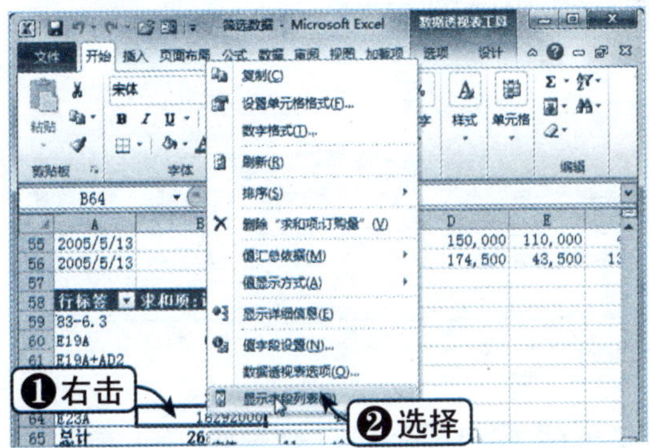

Step02 选择“包含”选项

弹出“数据透视表字段列表”窗格，单击“产品名称”下拉按钮，在弹出的下拉列表中选择“标签筛选”|“包含”选项，如下图所示。

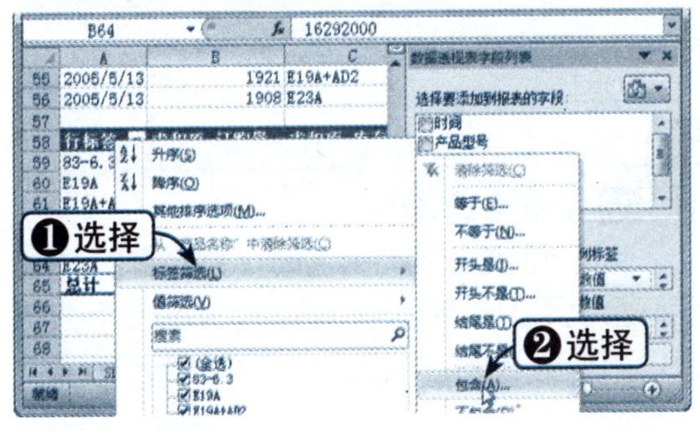

Step03 设置筛选条件

弹出“标签筛选(产品名称)”对话框，在“包含”文本框中输入“E*”，单击“确定”按钮，如下图所示。

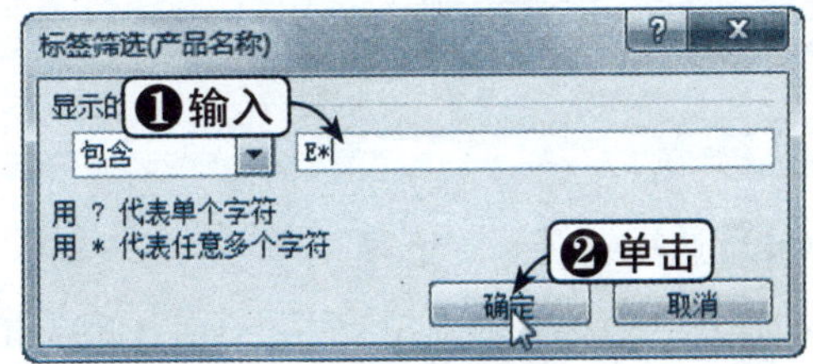

Step04 查看筛选效果

此时，即可显示按“产品名称”筛选后的数据透视表，结果如下图所示。

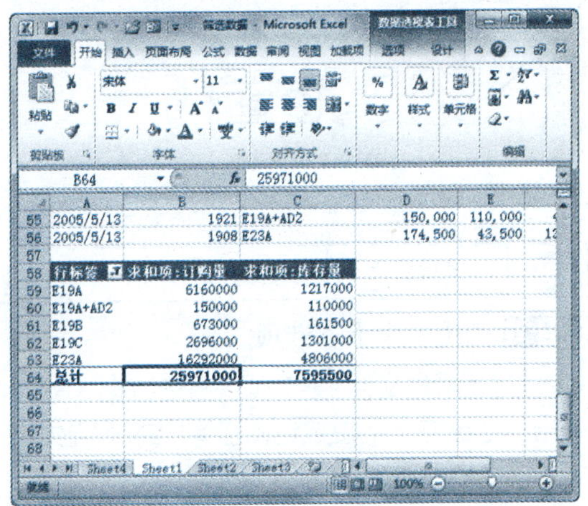

2. 日期筛选

	素材文件	光盘：素材文件\第10章\筛选数据.xlsx

Step01 选择“显示字段列表”选项

打开“素材文件\第10章\筛选数据.xlsx”，右击数据单元格，在弹出的下拉列表中选择“显示字段列表”选项，如右图所示。

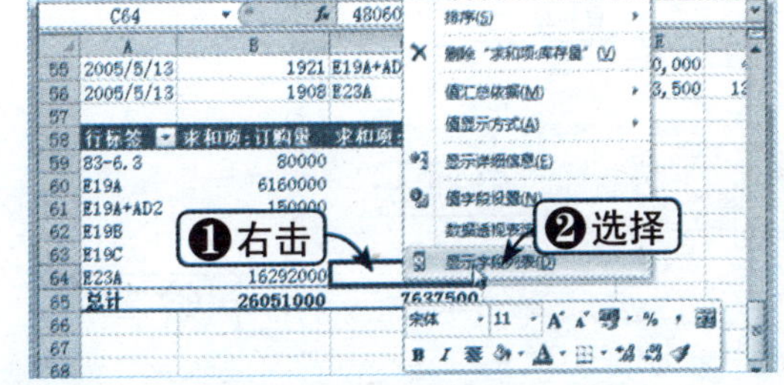

Step 02 选中“时间”复选框

弹出“数据透视表字段列表”窗格，在“选择要添加到报表的字段”列表框中选中“时间”复选框，如下图所示。

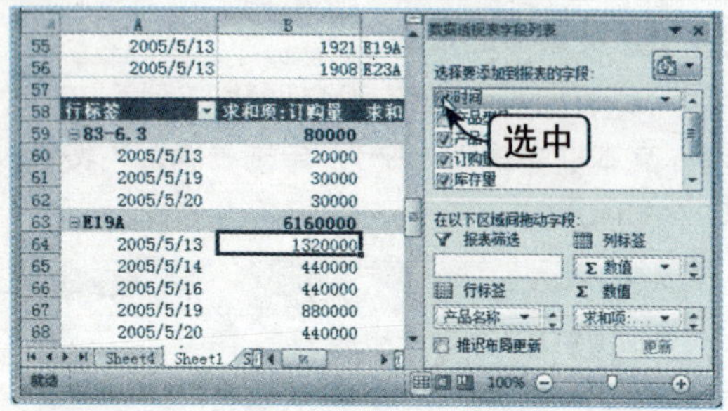

Step 03 选择“等于”选项

单击“行标签”下拉按钮，在弹出的下拉列表中选择“日期筛选”|“等于”选项，如下图所示。

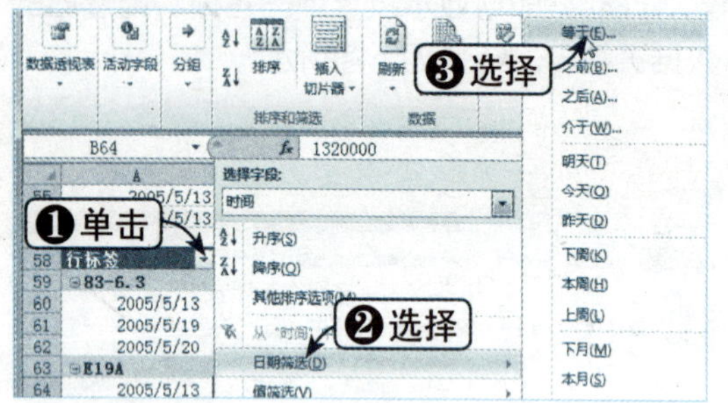

Step 04 设置筛选条件

弹出“日期筛选（时间）”对话框，设置筛选条件，单击“确定”按钮，如下图所示。

Step 05 查看筛选效果

此时，即可查看按日期筛选后的数据透视表，结果如下图所示。

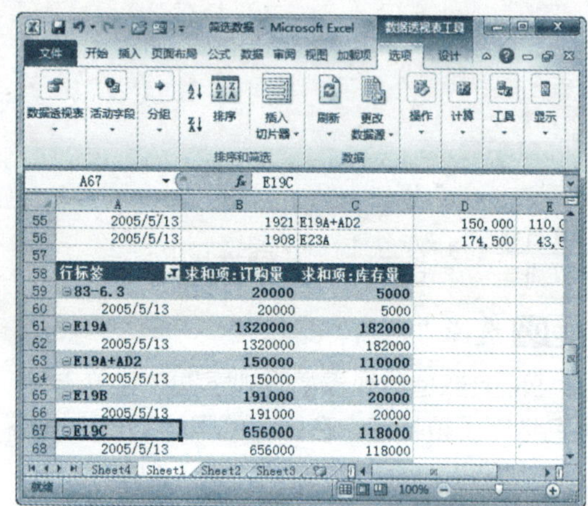

3. 数值筛选

	素材文件	光盘：素材文件\第10章\筛选数据.xlsx

Step 01 选择“大于”选项

打开“素材文件\第10章\筛选数据.xlsx”，单击“行标签”下拉按钮，在弹出的下拉列表中选择“值筛选”|“大于”选项，如下图所示。

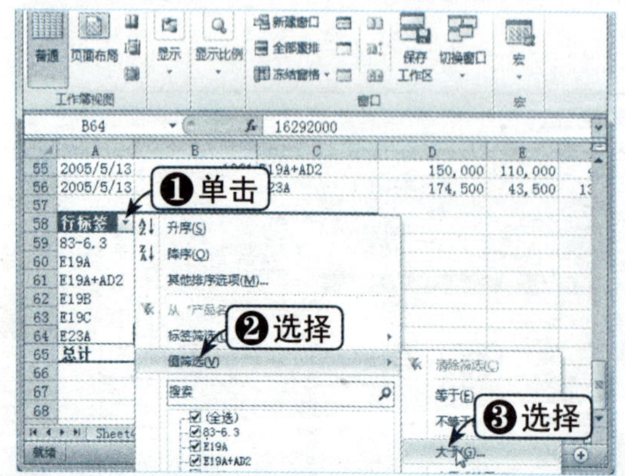

Step 02 设置筛选条件

弹出“值筛选（产品名称）”对话框，在“显示符合以下条件的项目”选项区中设置好筛选条件，单击“确定”按钮，如下图所示。

Step 03 查看筛选效果

此时，即可查看按值筛选后的数据透视表效果，如下图所示。

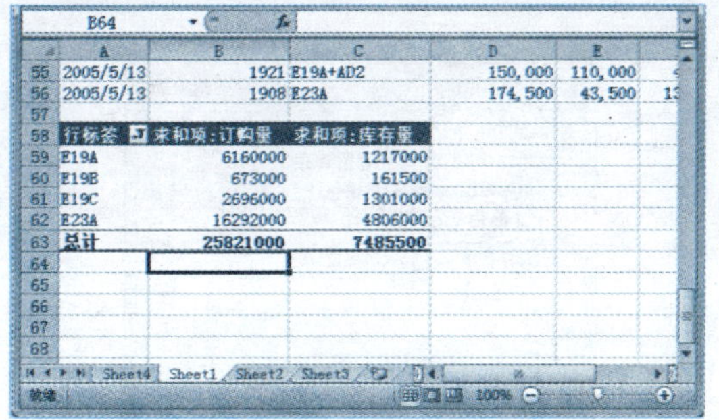

行标签	求和项:订购量	求和项:库存量
E19A	6160000	1217000
E19B	673000	161500
E19C	2696000	1301000
E23A	16292000	4806000
总计	25821000	7485500

知识点拨

单击“行标签”下拉按钮，在弹出的下拉列表中选择“值筛选”|“自定义筛选”选项，可以进行多条件筛选。

4. 前几项筛选

	素材文件	光盘：素材文件\第10章\筛选数据.xlsx

Step 01 选择“10个最大的值”选项

打开“素材文件\第10章\筛选数据.xlsx”，单击“行标签”下拉按钮，在弹出的下拉列表中选择“值筛选”|“10个最大的值”选项，如下图所示。

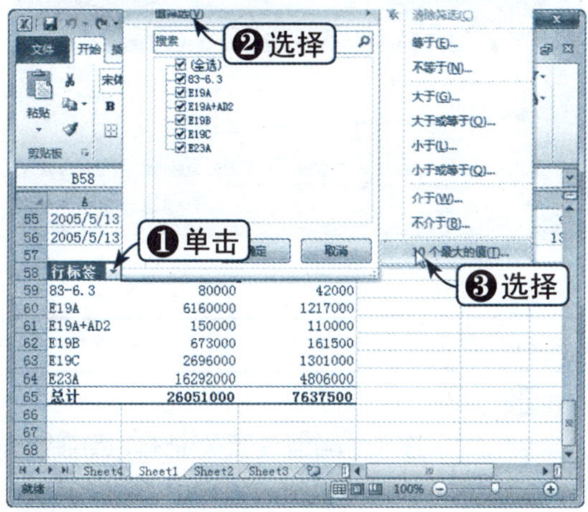

Step 02 设置筛选条件

弹出“前10个筛选（产品名称）”对话框，在“显示”选项区中设置好筛选条件，单击“确定”按钮，如下图所示。

Step 03 查看筛选效果

此时，即可查看按最小前3项筛选后的数据透视表效果，如下图所示。

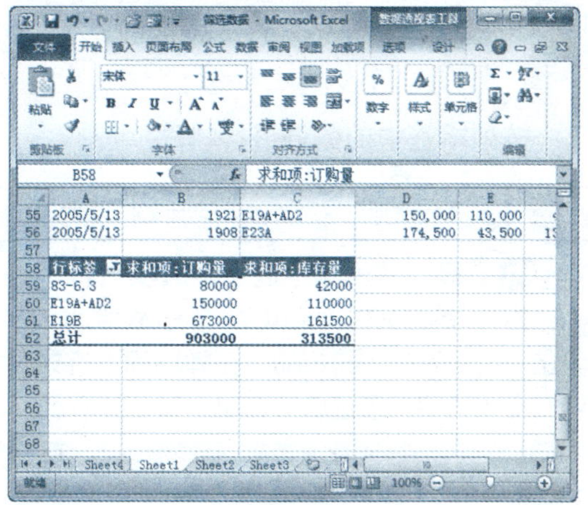

行标签	求和项:订购量	求和项:库存量
83-6.3	80000	42000
E19A+AD2	150000	110000
E19B	673000	161500
总计	903000	313500

10.3.10 数据排序

用户不仅可以对表格中的数据进行排序，还可以对数据透视表中的数据进行排序，具体操作方法如下：

	素材文件	光盘：素材文件\第10章\排序数据.xlsx

1．按行标签中数据进行降序排序

Step01 选择“其他排序选项”选项

打开“素材文件\第10章\排序数据.xlsx”，单击“行标签”下拉按钮，在弹出的下拉列表中选择“其他排序选项”选项，如下图所示。

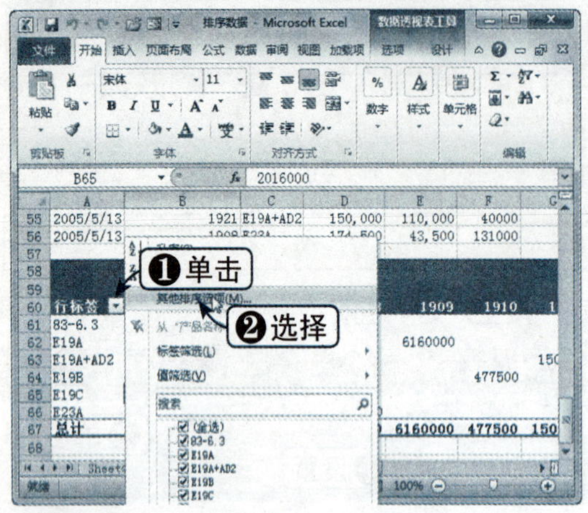

Step02 设置排序顺序

弹出“排序（产品名称）”对话框，选中“降序排序”单选按钮，单击“确定”按钮，如下图所示。

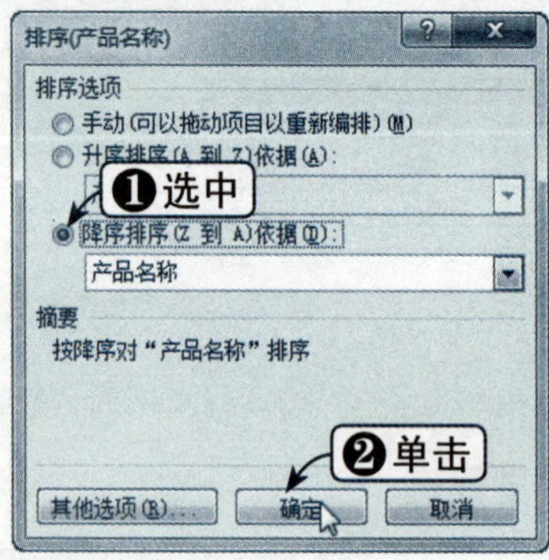

Step03 查看排序效果

此时，即可查看数据透视表按“产品名称”降序方式对行字段进行排序后的效果，如下图所示。

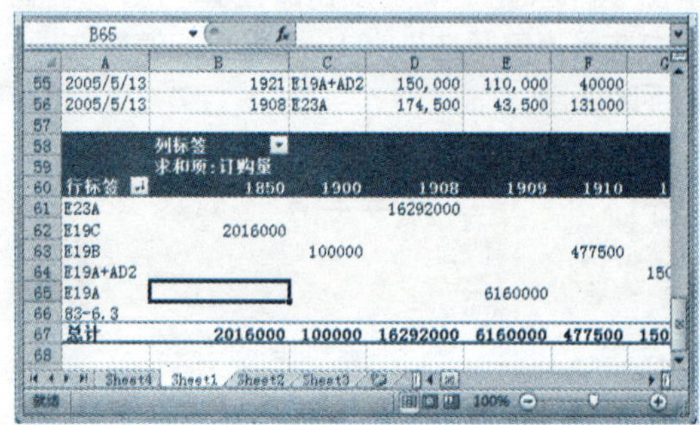

2．按列标签中的数据进行排序

素材文件	光盘：素材文件\第10章\排序数据.xlsx

Step01 选择“其他排序选项”选项

打开“素材文件\第10章\排序数据.xlsx”，单击“行标签”下拉按钮，在弹出的下拉列表中选择“其他排序选项”选项，如下图所示。

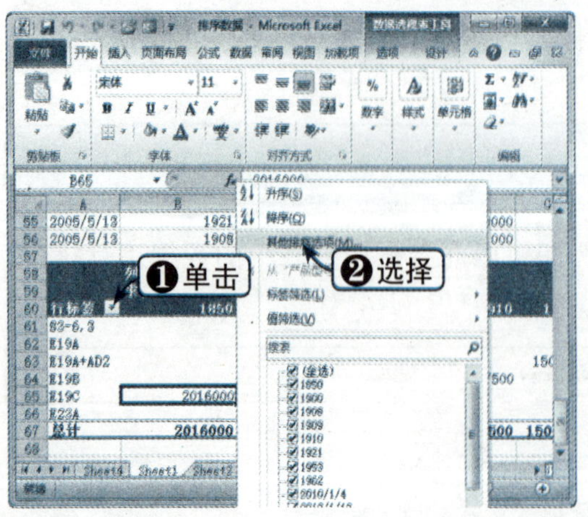

Step02 设置排序顺序

弹出“排序（产品型号）”对话框，选中“升序排序”单选按钮，单击“确定”按钮，如下图所示。

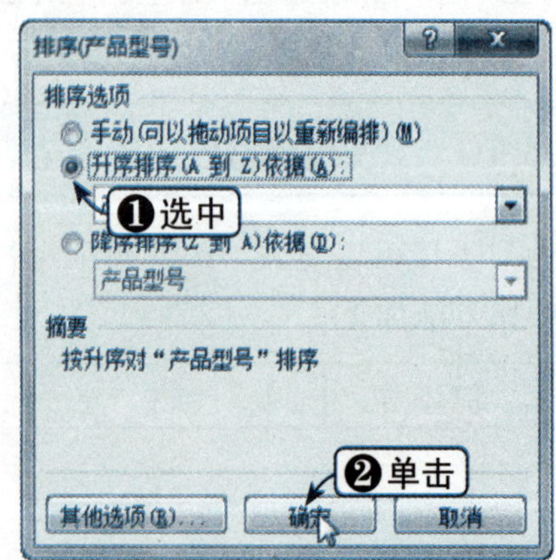

Step 03 查看排序效果

此时，即可查看数据透视表按“产品型号”升序方式对各字段进行排序后的效果，如右图所示。

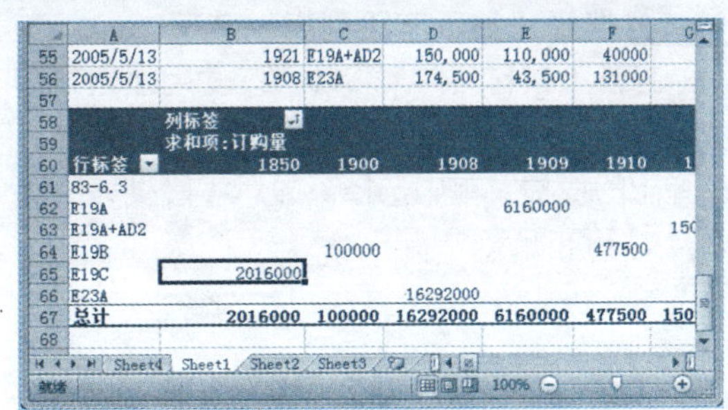

3．按值进行排序

素材文件	光盘：素材文件\第10章\排序数据.xlsx

Step 01 单击“排序”按钮

打开“素材文件\第10章\排序数据.xlsx”，单击数据透视表中的任意单元格，单击“选项”选项卡下“排序和筛选”组中的“排序”按钮，如下图所示。

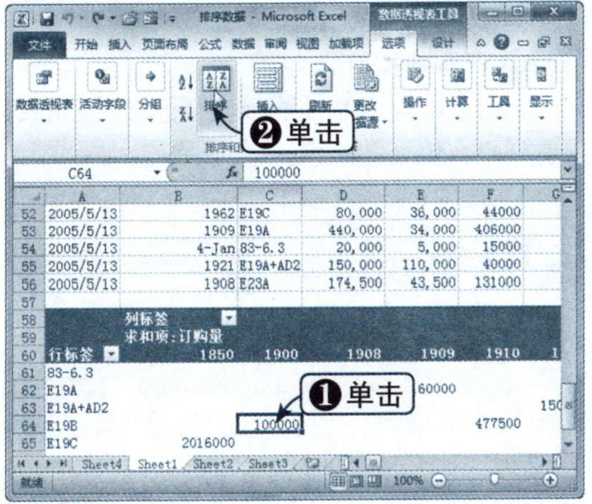

Step 02 设置排序顺序

弹出“按值排序”对话框，在“排序选项”选项区中选中“降序”单选按钮，在“排序方向”选项区中选中“从上到下”单选按钮，单击“确定”按钮，如下图所示。

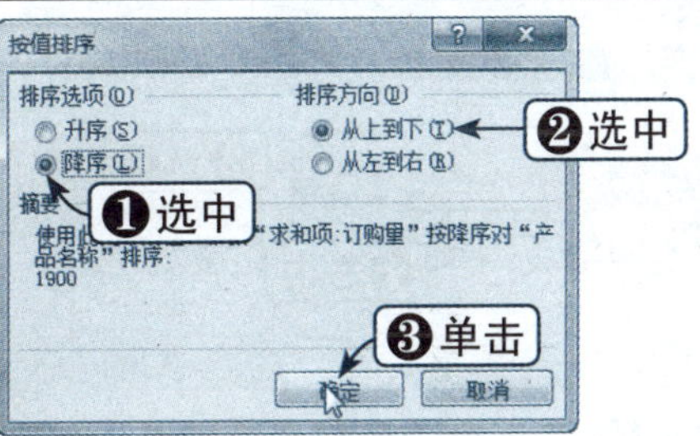

Step 03 查看排序效果

此时，即可查看数据透视表依据“求和项：订购量”按降序对“产品名称”排序后的结果，如下图所示。

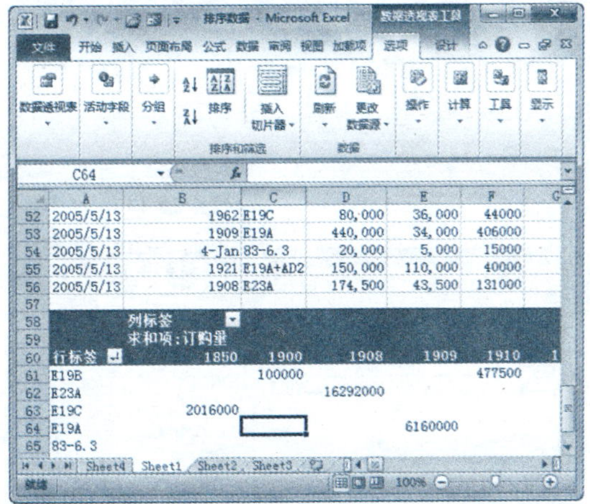

10.3.11 使用报表筛选数据

使用报表筛选可以在数据透视表中方便地显示数据子集。在数据透视表中使用报表筛选的具体操作方法如下：

素材文件	光盘：素材文件\第10章\使用报表筛选数据.xlsx

Step 01 选择“显示字段列表”选项

打开“素材文件\第10章\使用报表筛选数据.xlsx”，右击数据透视表中的任意单元格，在弹出的快捷菜单中选择“显示字段列表”选项，如下图所示。

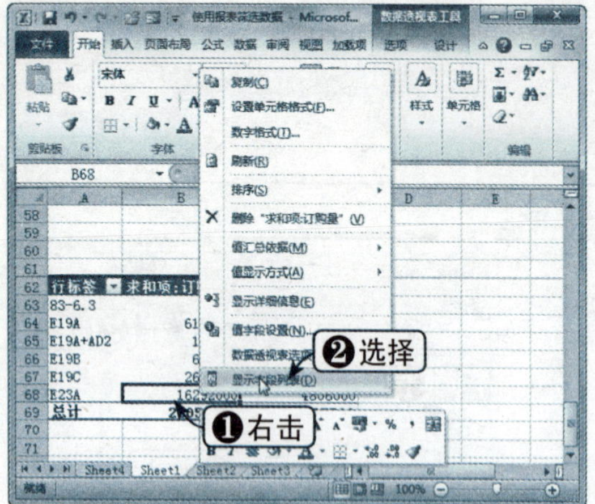

Step 02 选择“添加到报表筛选”选项

弹出“数据透视表字段列表”窗格，右击“时间”字段，在弹出的快捷菜单中选择“添加到报表筛选”选项，如下图所示。

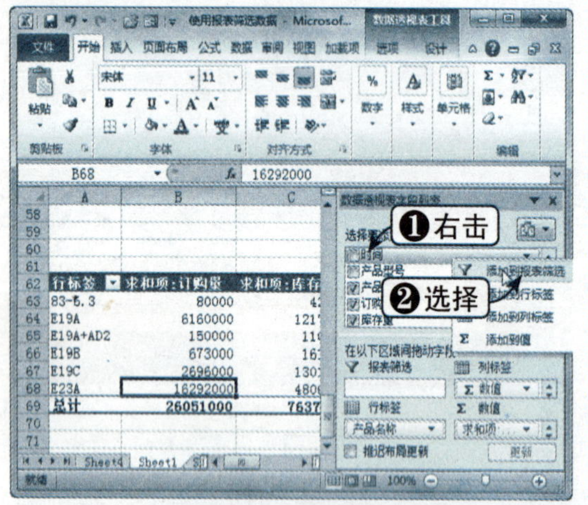

Step 03 设置报表筛选

单击“时间（全部）”下拉按钮，在弹出的下拉列表中选中“选择多项”复选框，在时间上选择相应的日期，单击“确定”按钮，如下图所示。

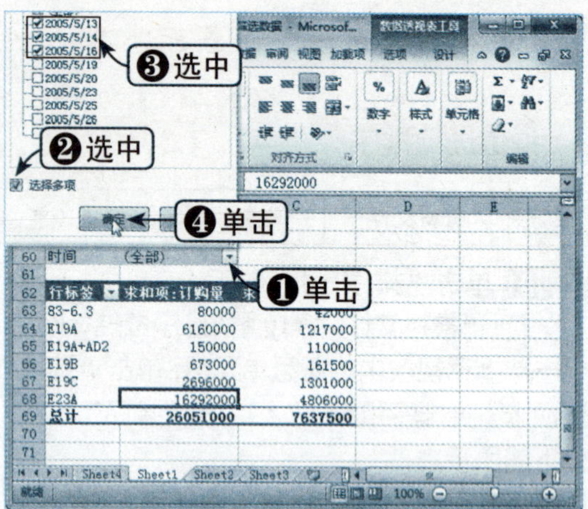

Step 04 查看数据筛选效果

此时，即可查看按照报表筛选数据后的数据透视表，如下图所示。

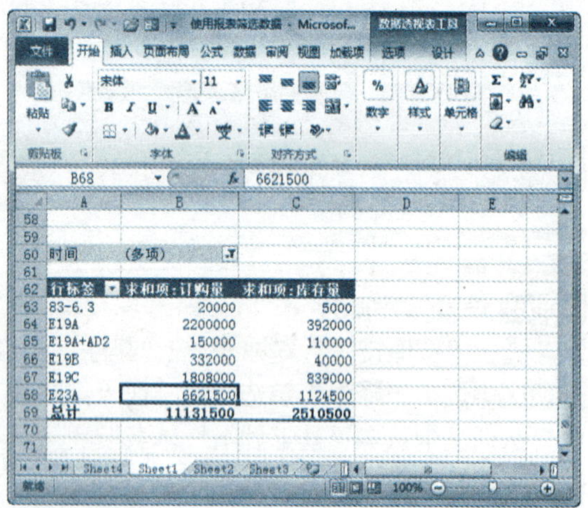

10.3.12 对数据透视表中的项进行组合

用户还可以对数据透视表中的项进行组合，具体操作方法如下：

	素材文件	光盘：素材文件\第10章\对数据透视表中的项进行组合.xlsx

Step01 单击“将字段分组”按钮

打开“素材文件\第 10 章\对数据透视表中的项进行组合.xlsx”，选中 A64 单元格，单击“选项”选项卡下“分组”组中的“将字段分组”按钮，如下图所示。

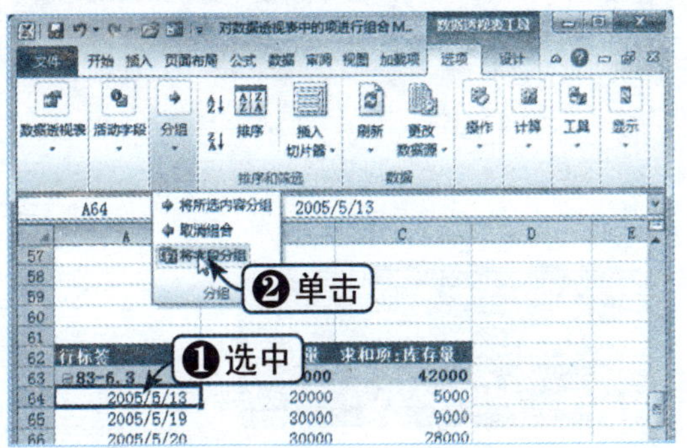

Step02 设置分组条件

弹出“分组”对话框，进行相应的设置后单击“确定”按钮，如下图所示。

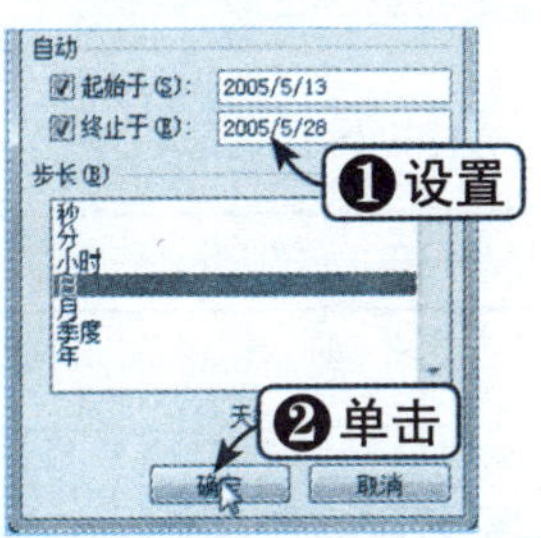

Step03 查看分组效果

此时，即可查看按字段分组后的数据透视表，如下图所示。

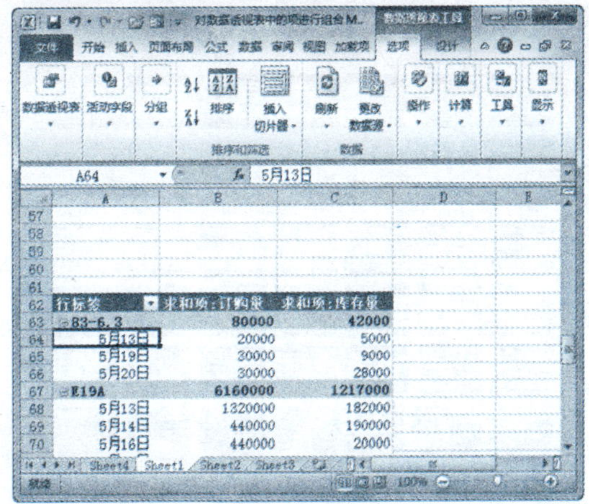

知识点拨

如果用户不想再组合，只需选中分组的字段，单击“选项”选项卡下“分组”组中的“取消组合”按钮，即可取消组合。

10.3.13 设置数据透视表样式

在数据透视表制作完成后，可以使用样式对其进行外观美化，具体操作方法如下：

	素材文件	光盘：素材文件\第10章\设置数据透视表样式.xlsx

Step01 单击“其他”按钮

打开“素材文件\第 10 章\设置数据透视表样式.xlsx”，选中数据透视表中的任意单元格，单击“设计”选项卡下“数据透视表样式”组中的“其他”按钮，如右图所示。

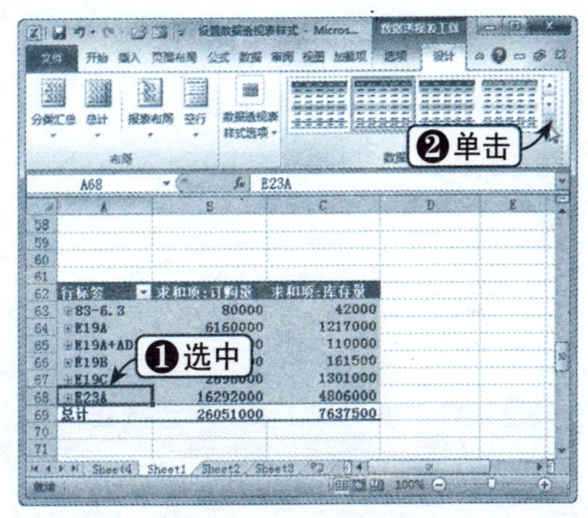

知识点拨

设置数据透视表样式时，可以在“数据透视表样式选项”组中设置是否显示“行标题”、“列标题”、“镶边行”和“镶边列”。

Step 02 选择样式

弹出“样式”下拉列表，在其中选择一种样式，如下图所示。

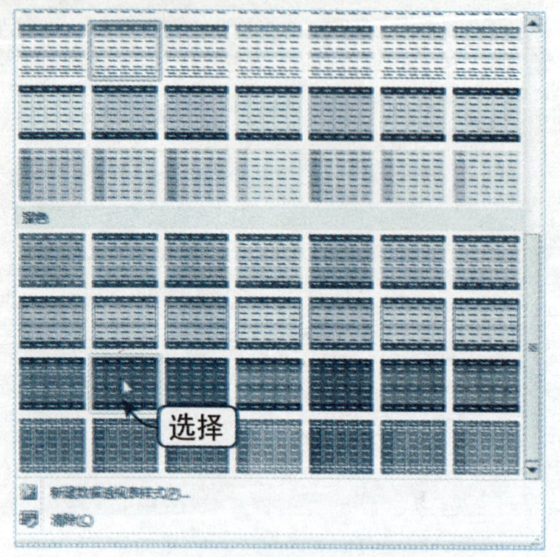

Step 03 查看应用样式效果

此时，即可查看数据透视表应用新样式后的效果，如下图所示。

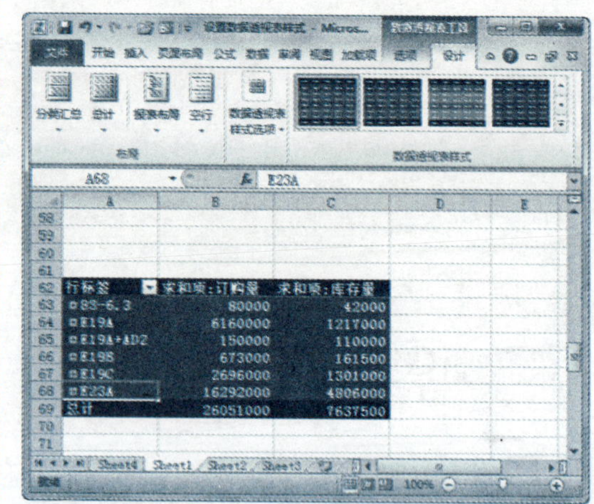

10.3.14 移动数据透视表

如果用户想要移动数据透视表的位置，具体操作方法如下：

	素材文件	光盘：素材文件\第10章\设置数据透视表样式.xlsx

Step 01 单击“移动数据透视表”按钮

打开“素材文件\第10章\移动数据透视表.xlsx”，选中数据透视表中的任意单元格，单击“选项”选项卡下“操作”组中的“移动数据透视表”按钮，如下图所示。

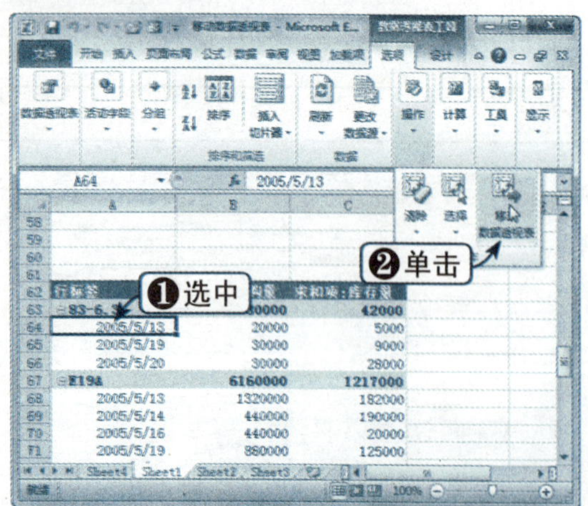

Step 02 选中“现有工作表”单选按钮

弹出“移动数据透视表”对话框，选中“现有工作表”单选按钮，单击“位置”折叠按钮，如下图所示。

Step 03 重新选择位置

在现有工作表中重新选择C60单元格，再次单击折叠按钮，如下图所示。

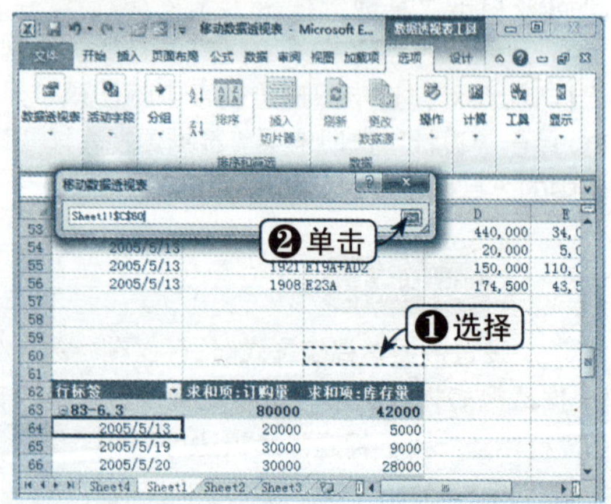

Step 04 确定新位置

返回"移动数据透视表"对话框，新位置已经确定，单击"确定"按钮，如下图所示。

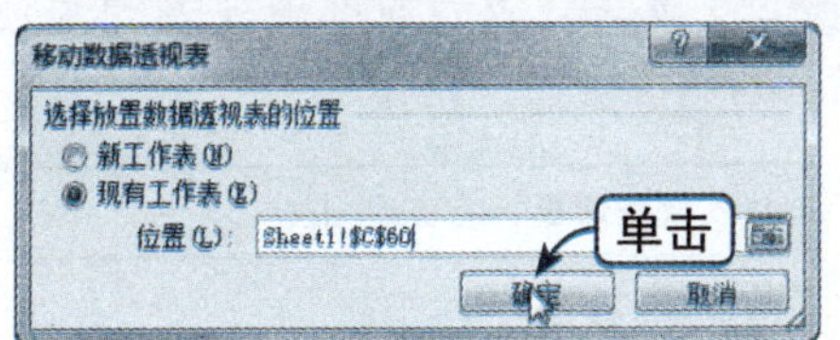

Step 05 查看移动效果

此时，即可查看移动后的数据透视表效果，如下图所示。

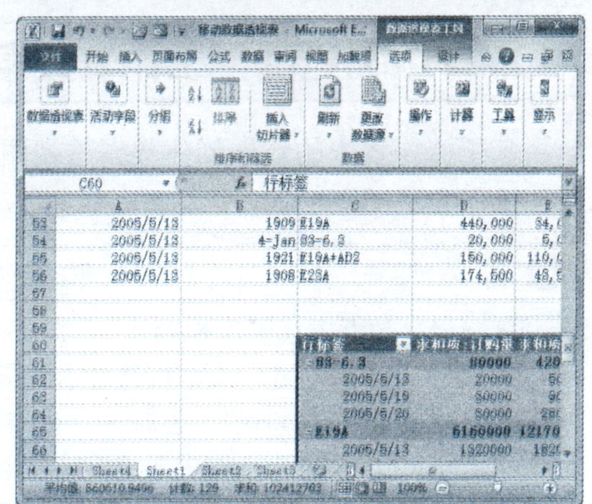

10.3.15 删除数据透视表

如果用户想要删除数据透视表，具体操作方法如下：

	素材文件	光盘：素材文件\第10章\删除数据透视表.xlsx

Step 01 选择"整个数据透视表"选项

打开"素材文件\第10章\删除数据透视表.xlsx"，选中数据透视表中的任意单元格，单击"选项"选项卡下"操作"组中的"选择"下拉按钮，在弹出的下拉列表中选择"整个数据透视表"选项，如下图所示。

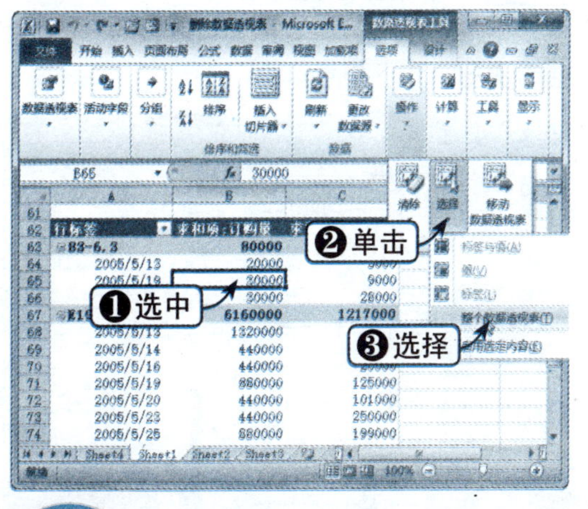

Step 02 删除整个数据透视表

选中整个数据透视表后，按【Delete】键后即可删除整个数据透视表，如下图所示。

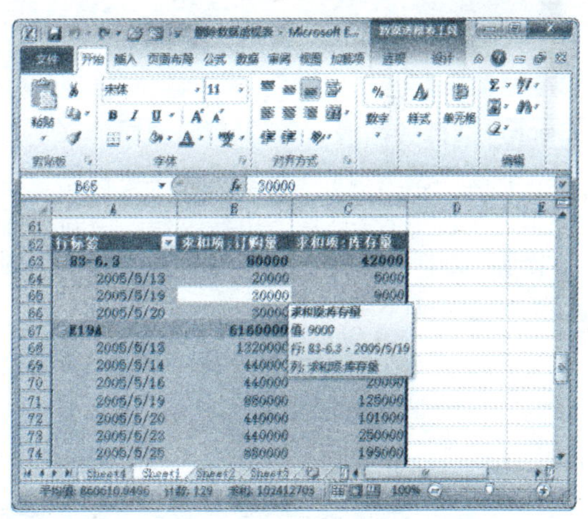

10.4 创建数据透视图

数据透视表是一种比较直观的数据查看方式，但如果数据源很大，数据透视表中的数据很多，数据的排列就会很复杂，仍然会让人眼花缭乱。借助数据透视图可以更直观地分析数据，下面将详细介绍如何创建数据透视图。

10.4.1 创建基于工作表数据的数据透视图

基于工作表中的数据创建数据透视图时，工作表数据会成为数据透视表的源数据，具体操作方法如下：

	素材文件	光盘：素材文件\第10章\创建基于工作表数据的数据透视图.xlsx

Step 01 选择“数据透视图”选项

打开“素材文件\第10章\创建基于工作表数据的数据透视图.xlsx”，选择A2:F56单元格区域，单击“插入”选项卡下“表格”组中的“数据透视表”下拉按钮，在弹出的下拉列表中选择“数据透视图”选项，如下图所示。

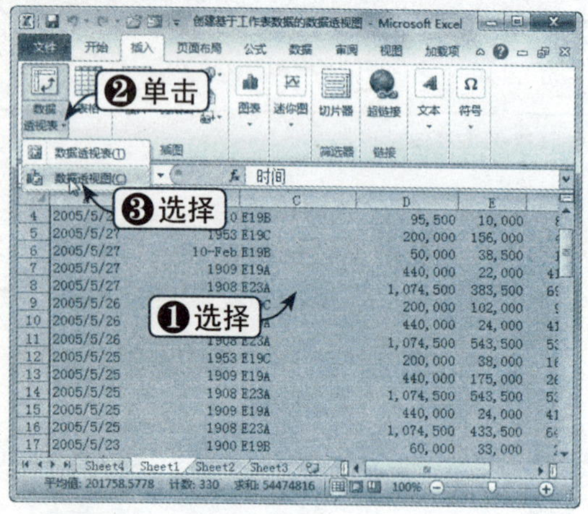

Step 02 选择数据源

弹出“创建数据透视表及数据透视图”对话框，单击“表/区域”折叠按钮，重新选择数据源，选中“新工作表”单选按钮，单击“确定”按钮，如下图所示。

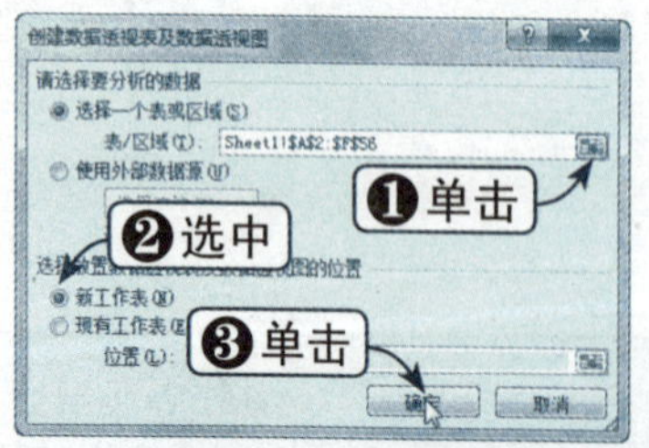

Step 03 选择数据字段

弹出“数据透视表字段列表”窗格，分别选中“产品名称”、“订购量”和“库存量”复选框，单击“关闭”按钮，如下图所示。

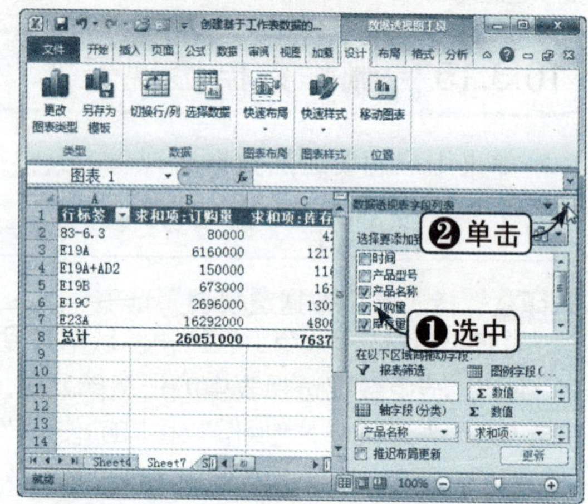

Step 04 查看数据透视图效果

此时，即可查看基于工作表数据创建的数据透视图，如下图所示。

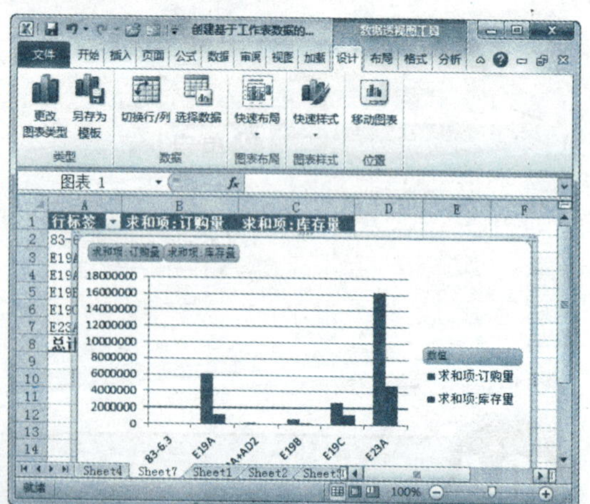

10.4.2 使用外部数据源创建数据透视图

从外部数据源创建数据透视图就是使用当前工作表以外的数据表中的数据创建数据透视图，具体操作方法如下：

	素材文件	光盘：素材文件\第10章\外部数据源创建数据透视图.xlsx

Step 01 选择"数据透视图"选项

打开"素材文件\第 10 章\外部数据源创建数据透视图.xlsx"，选择 Sheet1 工作表中的任意单元格，单击"插入"选项卡下"表格"组中的"数据透视表"下拉按钮，在弹出的下拉列表中选择"数据透视图"选项，如下图所示。

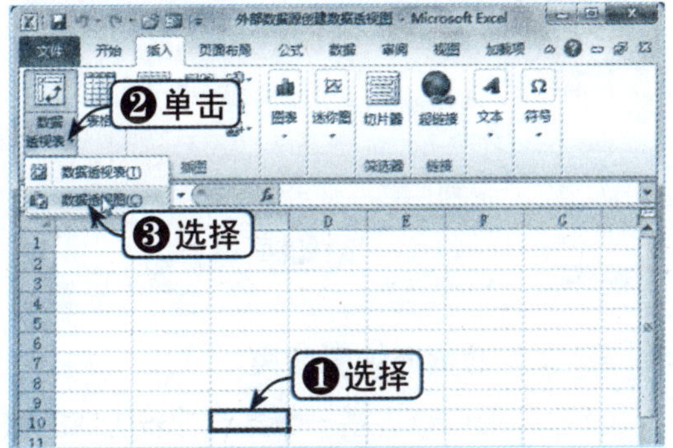

Step 02 选中"使用外部数据源"单选按钮

弹出"创建数据透视表及数据透视图"对话框，选中"使用外部数据源"单选按钮，单击"选择连接"按钮，如下图所示。

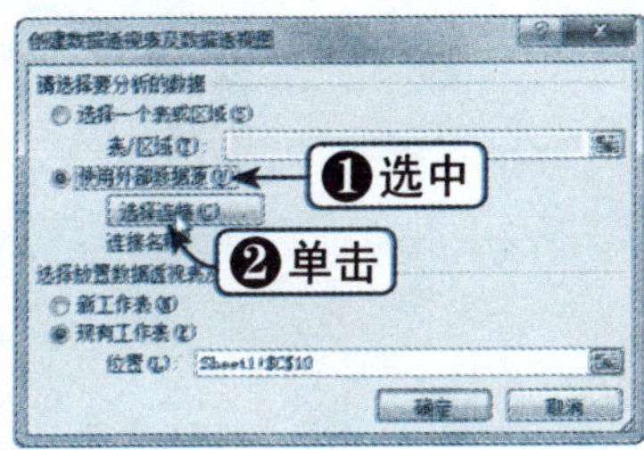

Step 03 单击"浏览更多"按钮

弹出"现有连接"对话框，单击"浏览更多"按钮，如下图所示。

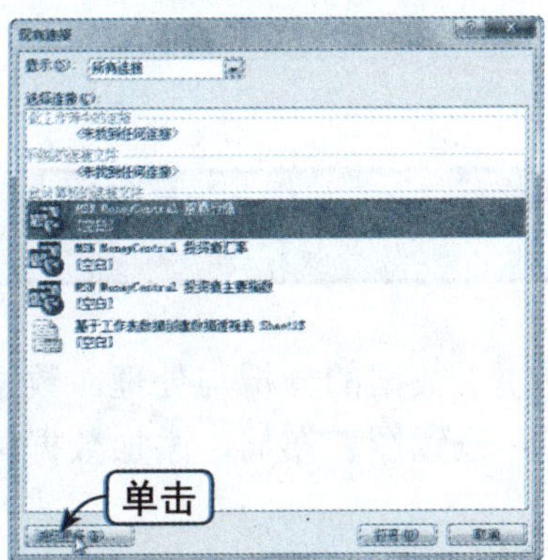

Step 04 选择目标数据源工作簿

弹出"选择数据源"对话框，找到目标数据源工作簿，单击"打开"按钮，如下图所示。

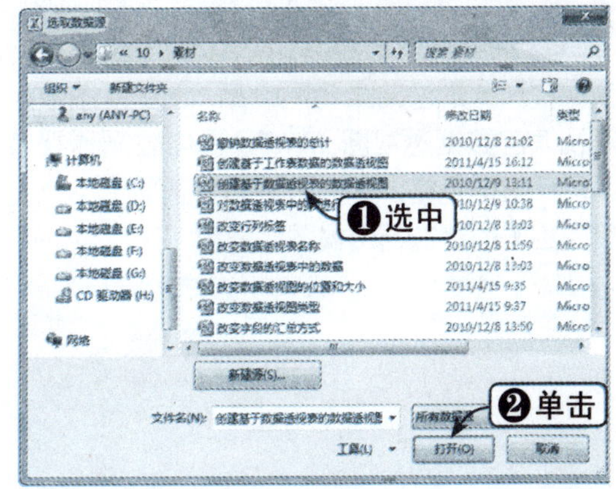

Step 05 选择工作表

弹出"选择表格"对话框，选择 Sheet1$ 选项，单击"确定"按钮，如下图所示。

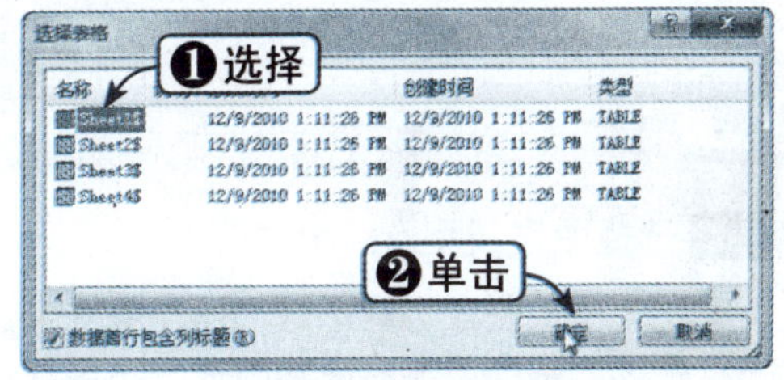

Step 06 选择相应字段到数据透视图

弹出"数据透视表字段列表"窗格，选择相应的字段到数据透视图中，即可完成数据透视图的创建，如下图所示。

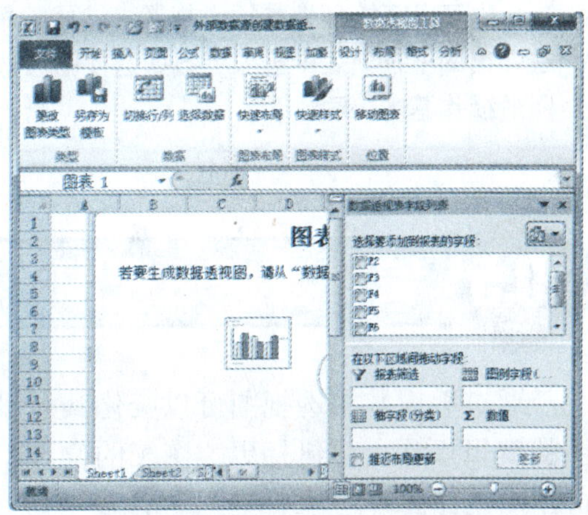

10.4.3 创建基于数据透视表的数据透视图

生成数据透视表之后，就可以由数据透视表生成数据透视图，具体操作方法如下：

	素材文件	光盘：素材文件\第10章\创建基于数据透视表的数据透视图.xlsx

Step 01 单击“数据透视图”按钮

打开“素材文件\第 10 章\创建基于数据透视表的数据透视图 .xlsx”，选中数据透视表中的任意单元格，单击“选项”选项卡下“工具”组中的“数据透视图”按钮，如下图所示。

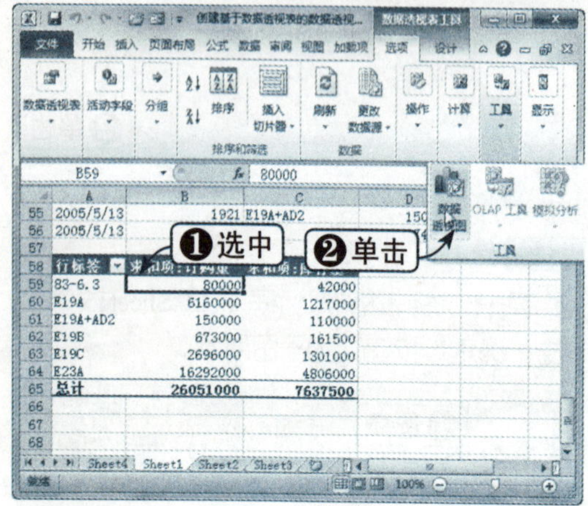

Step 02 选择图表类型

弹出“插入图表”对话框，在左窗格中选择“柱形图”选项，在右窗格中选中“簇状柱形图”选项，单击“确定”按钮，如下图所示。

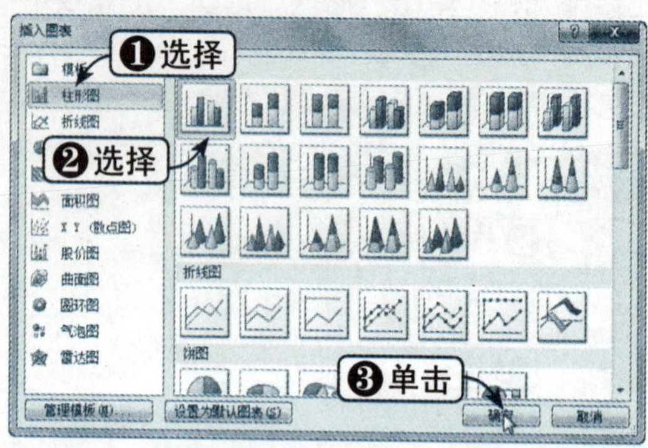

Step 03 查看数据透视图效果

此时，即可查看基于数据透视表生成的数据透视图，如下图所示。

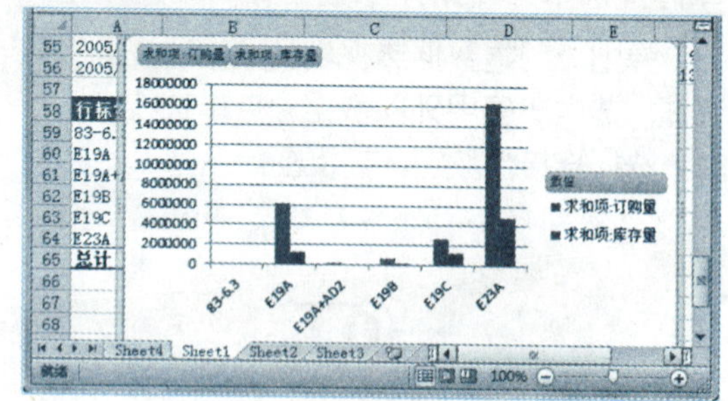

知识点拨

也可以直接创建数据透视图，选择“插入”选项卡，单击“数据透视表”下拉按钮，在弹出的下拉列表中选择“数据透视图”选项，下面的操作与从数据透视表创建数据透视图的操作基本相同。

10.5 编辑数据透视图

通过编辑数据透视图可以美化其显示效果，更便于数据的分析与处理。数据透视图的编辑操作主要包括更改图表的位置，编辑标题，设置图表布局，添加数据标签和应用图表样式等。

10.5.1 改变数据透视图的位置和大小

用户可以根据需要将数据透视图调整到合适的大小，并将其移动到合适的位置，具体操作方法如下：

	素材文件	光盘：素材文件\第10章\改变数据透视图的位置和大小.xlsx

Step01 移动数据透视图

打开"素材文件\第10章\改变数据透视图的位置和大小.xlsx"，将鼠标指针移到数据透视图上，当指针变为十字形状时按下鼠标左键将其拖动鼠标到合适的位置并释放，如下图所示。

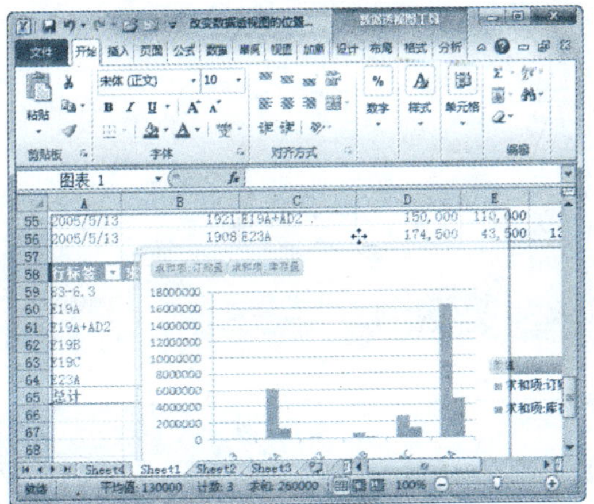

Step02 查看移动效果

此时，即可查看移动位置后的数据透视图效果，如下图所示。

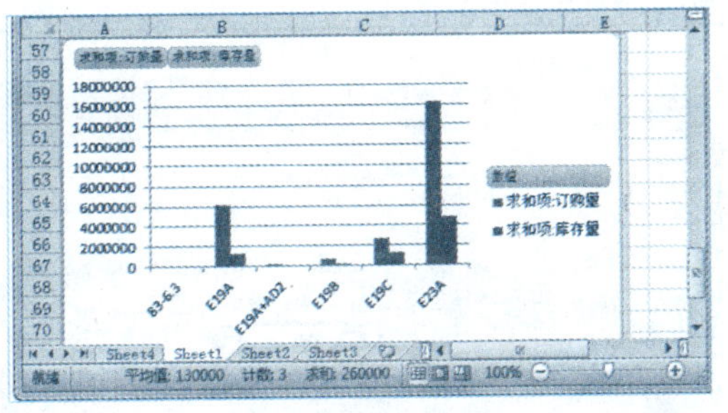

Step03 改变大小

将鼠标指针放到数据透视图边框，当指针变为双向箭头时按下鼠标左键将其拖动，拖到合适大小后释放鼠标，如下图所示。

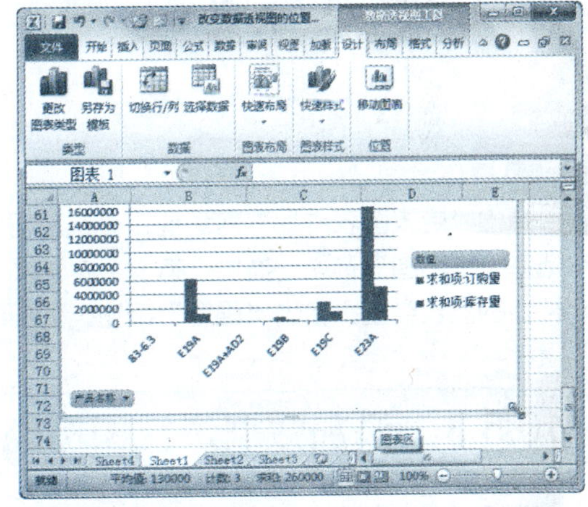

Step04 查看调整效果

此时，即可查看改变位置和大小后的数据透视图效果，如下图所示。

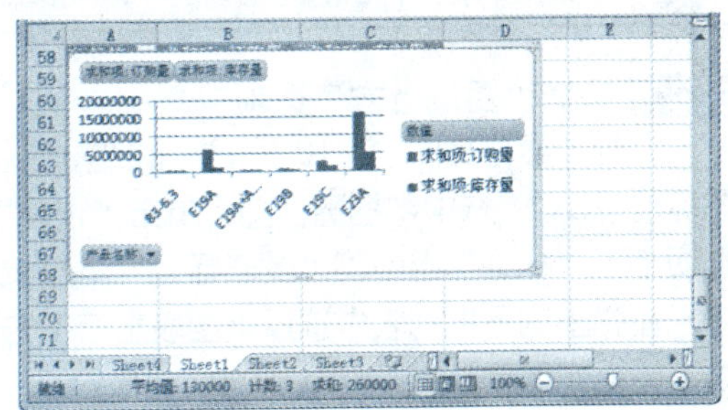

10.5.2 改变数据透视图类型

改变数据透视图类型与改变图表类型相似，具体操作方法如下：

	素材文件	光盘：素材文件\第10章\改变数据透视图类型.xlsx

Step 01 单击“数据透视图”按钮

打开“素材文件\第 10 章\改变数据透视图类型 .xlsx”，选中数据透视图，单击“设计”选项卡下“类型”组中的“更改图表类型”按钮，如下图所示。

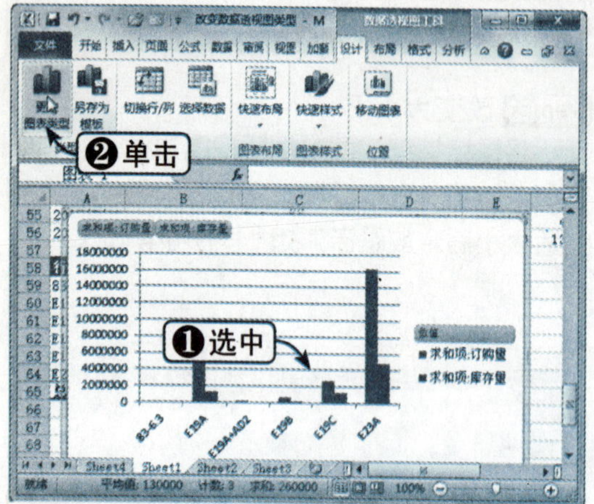

Step 02 选择类型

弹出“更改图表类型”对话框，在左窗格中选择“柱形图”选项，然后在右窗格中选择一种新的图表类型，单击“确定”按钮，如下图所示。

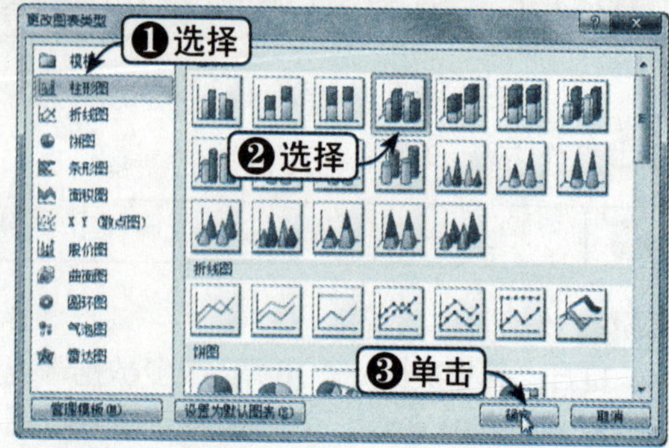

Step 03 查看设置效果

此时，即可查看数据透视图改为“三维簇状柱形图”类型后的效果，如下图所示。

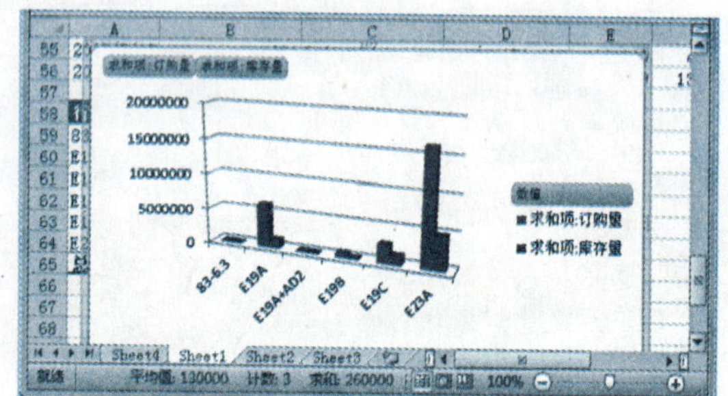

10.5.3 添加数据透视图标题

默认创建的数据透视图没有添加标题，用户需要自己来添加标题，具体操作方法如下：

	素材文件	光盘：素材文件\第10章\添加数据透视图标题.xlsx

Step 01 选择“图表上方”选项

打开“素材文件\第 10 章\添加数据透视图标题 .xlsx”，选中数据透视图，单击“设计”选项卡下“标签”组中的“图表标签”下拉按钮，在弹出的下拉列表中选择“图表上方”选项，如右图所示。

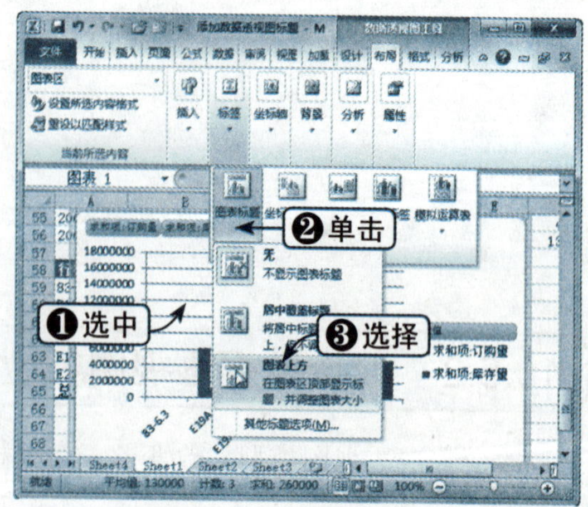

Step 02 添加标题

这时，在数据透视图的上方就会出现“图表标题”字样，输入标题内容即可添加标题，如右图所示。

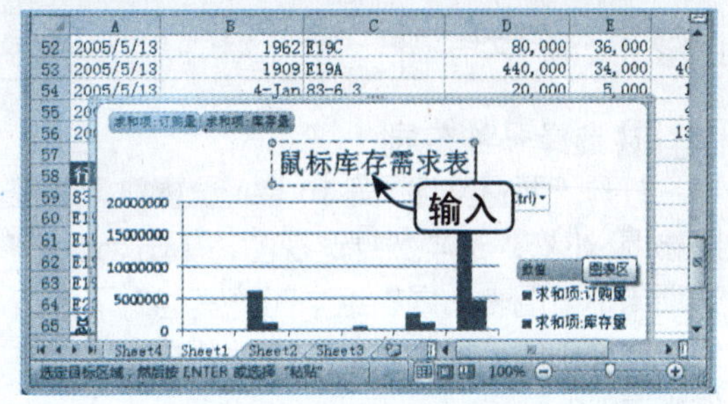

10.5.4 添加数据透视图字段

在前面介绍了如何给数据透视表添加字段，下面将介绍如何给数据透视图添加字段，具体操作方法如下：

	素材文件	光盘：素材文件\第10章\添加数据透视图字段.xlsx

Step 01 单击“字段列表”按钮

打开“素材文件\第10章\添加数据透视图字段.xlsx”，选中数据透视图，单击“分析”选项卡下“显示/隐藏”组中的“字段列表”下拉按钮，如下图所示。

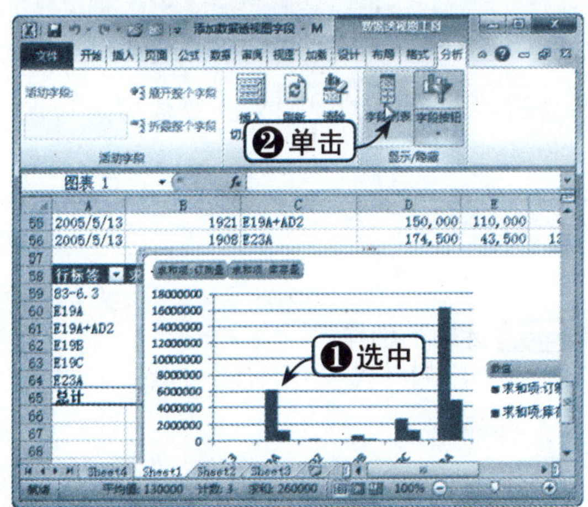

Step 02 选中“需求量”复选框

弹出“数据透视表字段列表”窗格，在“选择要添加到报表的字段”列表框中选中“需求量”复选框，如下图所示。

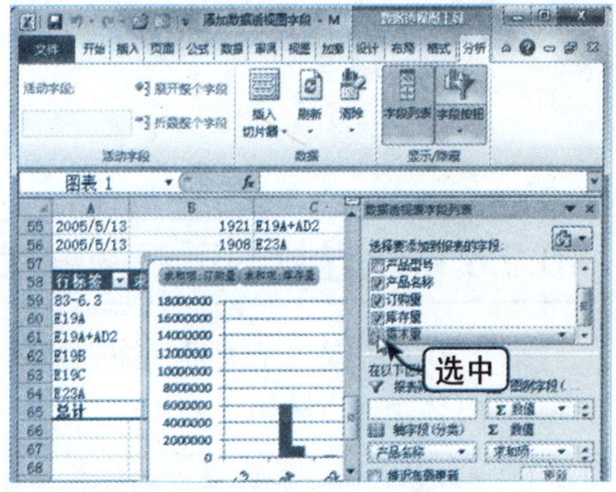

Step 03 查看添加字段效果

此时，在图表的上方多了“求和项：需求量”字段，给数据透视图添加字段后的效果如下图所示。

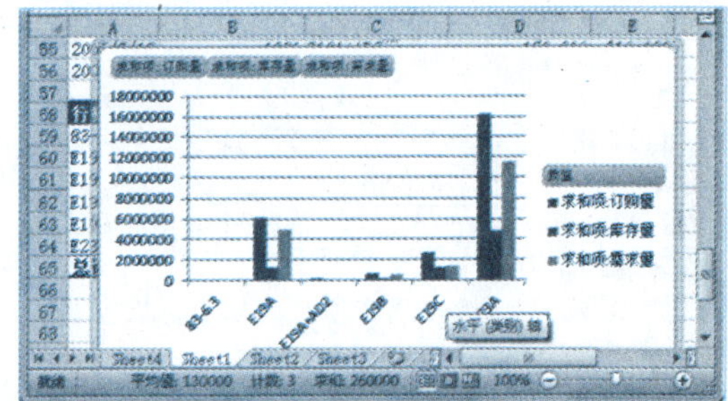

10.5.5 设置数据透视图布局

与其他图表类似，数据透视图也可以调整布局，具体操作方法如下：

	素材文件	光盘：素材文件\第10章\设置数据透视图布局.xlsx

Step 01 选择一种布局

打开“素材文件\第10章\设置数据透视图布局.xlsx”，选中数据透视图，单击“设计”选项卡下“图表布局”组中的“其他”下拉按钮，在弹出的下拉列表中选择一种布局，如右图所示。

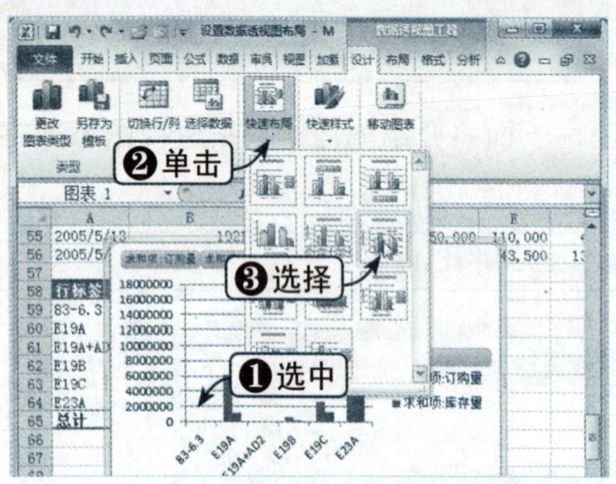

Step 02 查看设置效果

此时，即可查看应用新布局后的数据透视图效果，如右图所示。

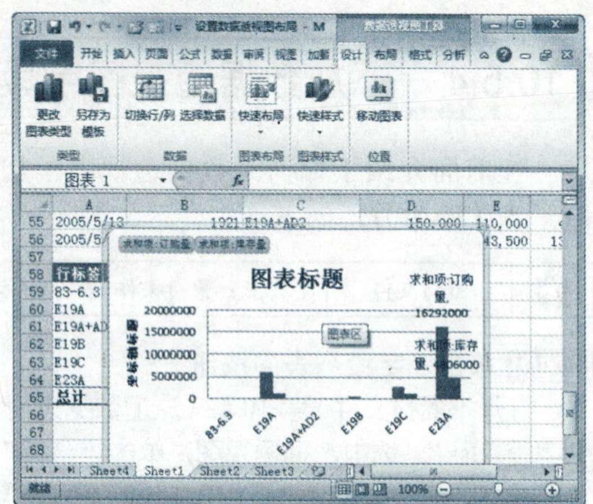

10.5.6 设置数据透视图样式

Excel 2010 中提供了大量的图表样式，用户可以应用图表样式来改变数据透视图的样式，具体操作方法如下：

	素材文件	光盘：素材文件\第10章\设置数据透视图样式.xlsx

Step 01 单击“其他”下拉按钮

打开“素材文件\第10章\设置数据透视图样式.xlsx”，选中数据透视图，单击“设计”选项卡下“图表样式”组中的“其他”下拉按钮，如下图所示。

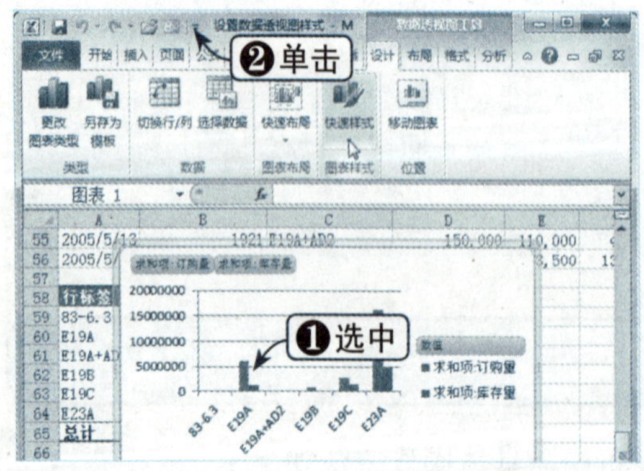

Step 02 选择一种样式

在弹出的样式下拉列表中选择一种样式，如下图所示。

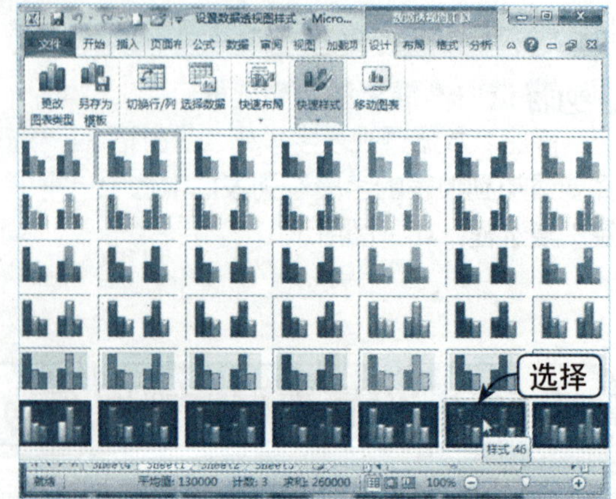

Step 03 查看设置效果

此时，即可查看应用新样式后的数据透视图效果，如右图所示。

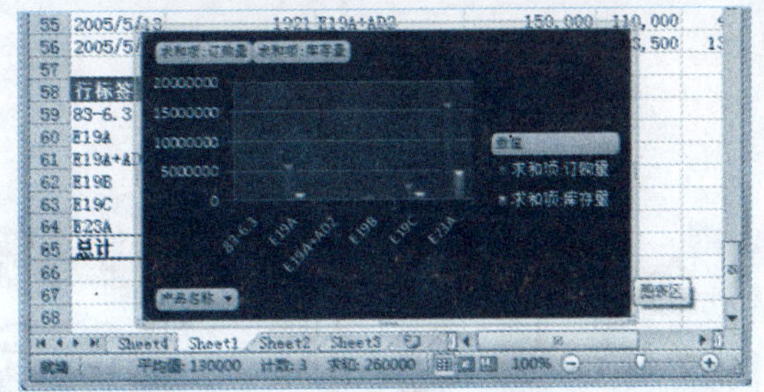

10.5.7 为数据透视图添加数据标签

为数据透视图添加标签后可以更精确地使用图表，具体操作方法如下：

	素材文件	光盘：素材文件\第10章\为数据透视图添加数据标签.xlsx

Step 01 选择“数据标签外”选项

打开“素材文件\第10章\为数据透视图添加数据标签.xlsx”，选中数据透视图，单击“设计”选项卡下“标签”组中的“数据标签”下拉按钮，在弹出的下拉列表中选择“数据标签外”选项，如下图所示。

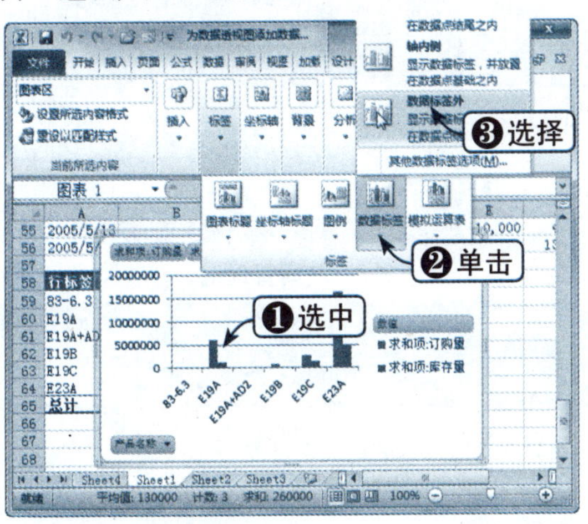

Step 02 查看设置效果

此时，即可查看添加数据标签后的数据透视图效果，如下图所示。

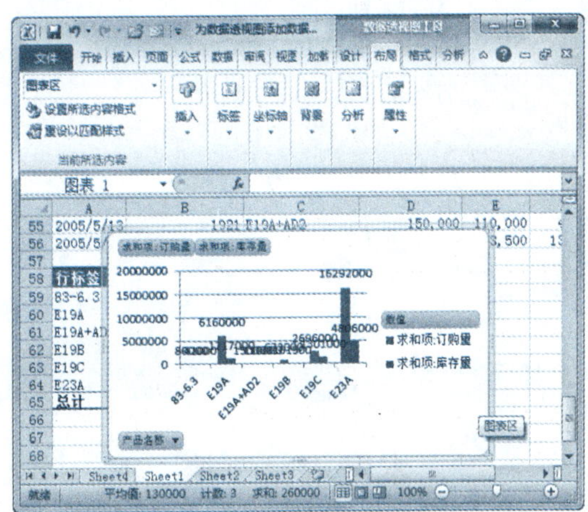

● 读书笔记

第11章 Excel表格数据的运算

本章将对数据的运算进行介绍，重点讲解单变量求解、规划求解分析产品最大利润、使用方案等，另外还介绍部分常用的数据统计分析工具，如直方图、回归分析等工具，读者应该熟练掌握。

本章学习重点

1. 运算表
2. 单变量求解
3. 规划求解
4. 使用方案
5. 数据分析工具

重点实例展示

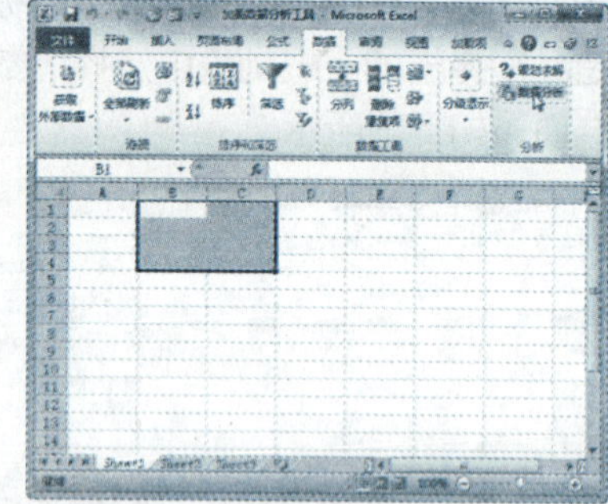

方案管理器

本章视频链接

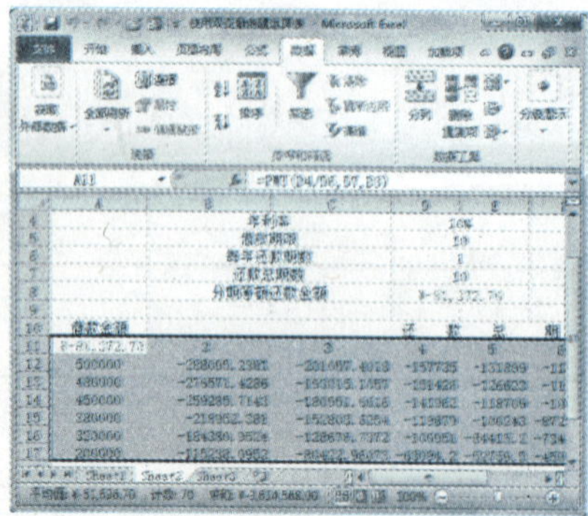

制作运算表

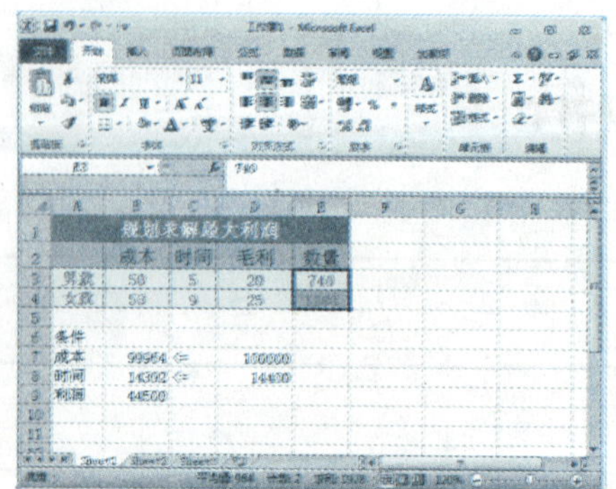

规划求解

11.1 运算表

使用运算表可以帮助用户进行数据分析，提供管理参考，下面将对使用运算表的方法和技巧进行详细介绍。

11.1.1 什么是运算表

运算表是工作表中的一个单元格区域，用于显示公式中某些值的更改对公式结果的影响。运算表提供了一种快捷手段，它可以通过一步操作计算出多种情况下的值；同时它还是一种有效的方法，可以查看和比较由工作表中不同变化所引起的各种结果。

运算表主要有单变量运算表和双变量运算表之分，可以分别计算出公式中一个值或两个值发生变化时公式得到的结果。

11.1.2 使用单变量创建运算表

单变量运算表是一种相对简单的数据分析方法，适用于对单一不确定因素进行预测比较，是帮助进行公司管理决策等有效的途径。使用单变量创建运算表的具体操作方法如下：

	素材文件	光盘：素材文件\第11章\使用单变量创建运算表.xlsx

Step 01 输入公式

打开“素材文件\第 11 章\使用单变量创建运算表 .xlsx”，选中 C8 单元格，并在该单元格输入公式来计算分期等额还款金额，如下图所示。

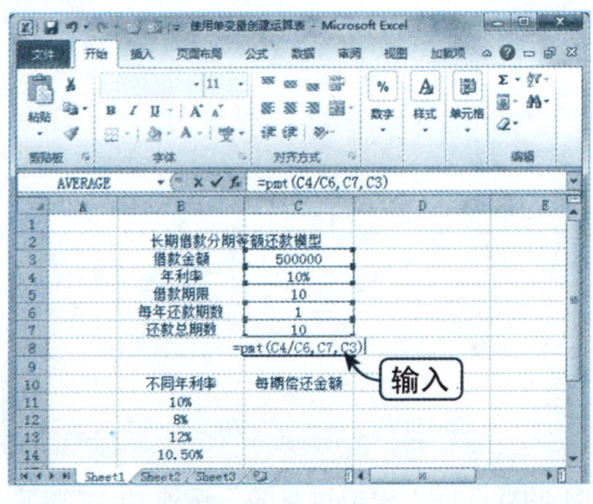

Step 02 选择单元格区域

在 C11 单元格中输入同样的公式来计算偿还金额，并选中 B11:C14 单元格区域，如下图所示。

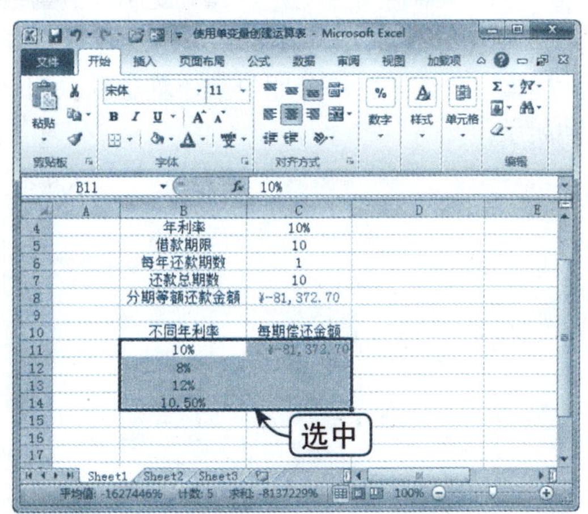

Step 03 选择“模拟运算表”选项

单击“数据”选项卡下“数据工具”组中的“模拟分析”下拉按钮，在弹出的下拉列表中选择“模拟运算表”选项，如下图所示。

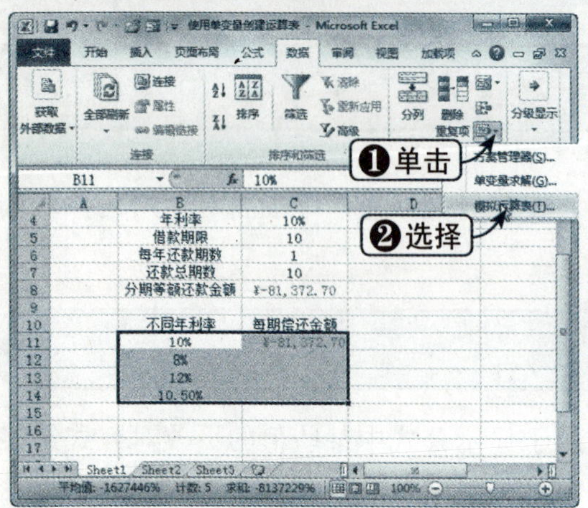

Step 04 选择引用列的单元格

弹出“模拟运算表”对话框，在“输入引用列的单元格”文本框中输入要引用的单元格，单击“确定”按钮，如下图所示。

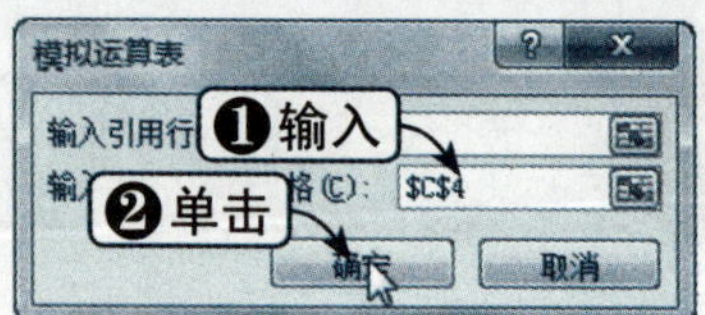

Step 05 查看运算表

此时，即可查看使用单变量创建的运算表，如下图所示。

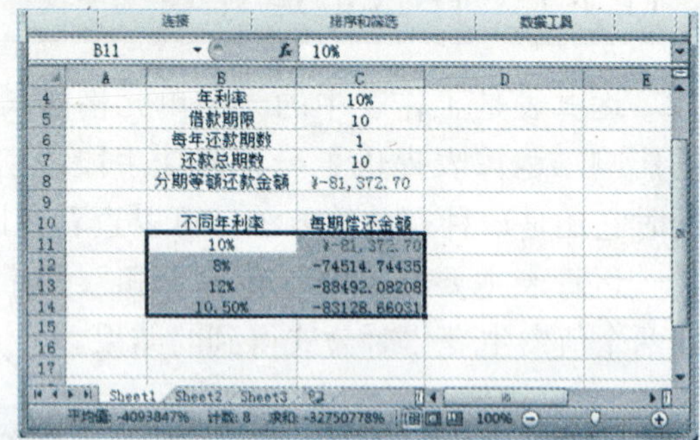

11.1.3 使用双变量创建运算表

下面将介绍使用双变量的方法。双变量相对于单变量运算要复杂些，它要计算两个变量的结果。使用双变量创建运算表的具体操作方法如下：

	素材文件	光盘：素材文件\第11章\使用双变量创建运算表.xlsx

Step 01 输入公式

打开“素材文件\第11章\使用双变量创建运算表.xlsx”，选中D8单元格，并在该单元格输入公式来计算分期等额还款金额，如下图所示。

Step 02 选中单元格区域

在A11单元格中输入同样的公式来计算偿还金额，并选中B11:J17单元格区域，如下图所示。

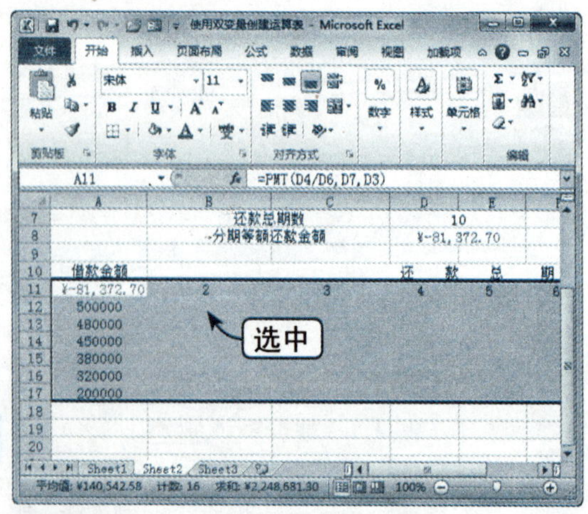

Step 03 选择“模拟运算表”选项

单击“数据”选项卡下“数据工具”组中

的“模拟分析”下拉按钮，在弹出的下拉列表中选择“模拟运算表”选项，如下图所示。

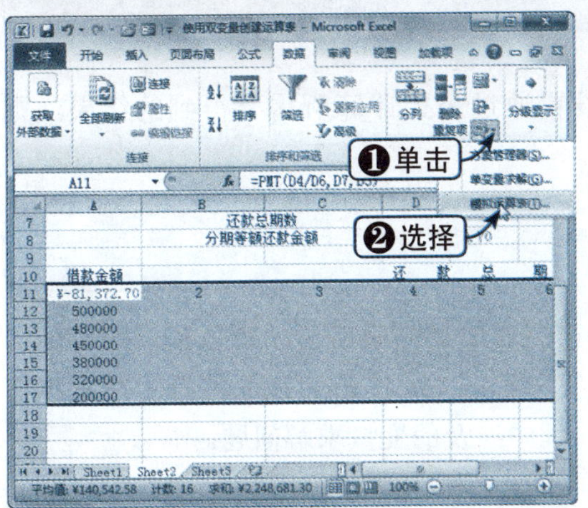

Step 04 选择引用的单元格

弹出“模拟运算表”对话框，选择引用的单元格，单击“确定”按钮，如下图所示。

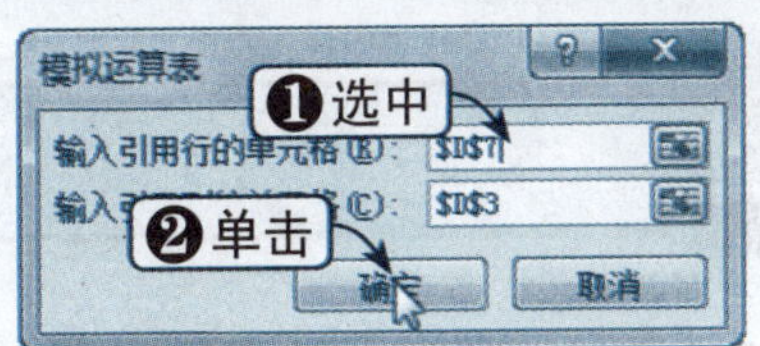

Step 05 查看运算表

此时，即可查看使用双变量创建的运算表，如下图所示。

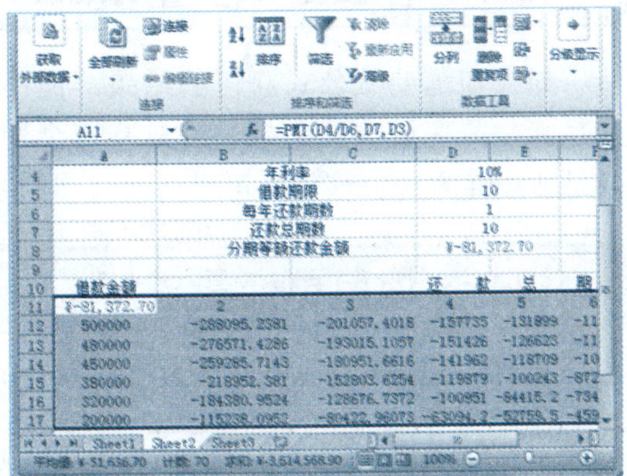

11.1.4 删除运算表的计算结果

若需要重新计算或不再需要这些计算，可以删除这些结果，具体操作方法如下：

	素材文件	光盘：素材文件\第11章\删除运算表的计算结果.xlsx

Step 01 选中单元格区域

打开“素材文件\第 11 章\删除运算表的计算结果.xlsx”，选中 A11:J17 单元格区域，如下图所示。

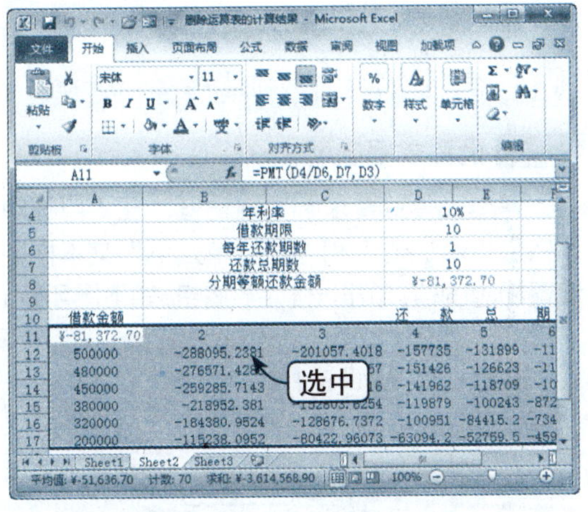

Step 02 查看删除效果

按【Delete】键后，即可删除运算表的计算结果，如下图所示。

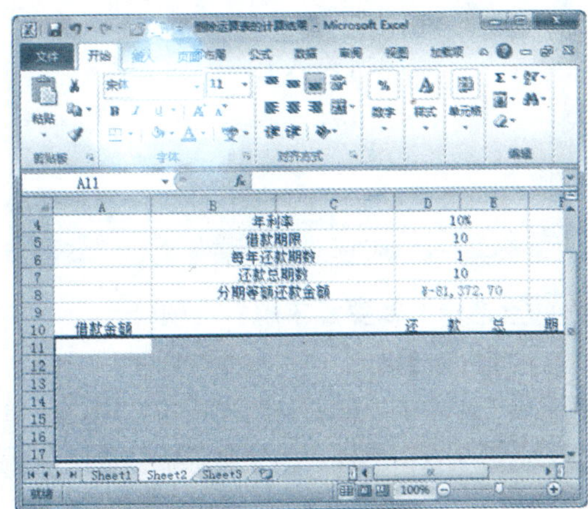

11.2 单变量求解

单变量求解是一个简单的概念，用户设置通过公式计算所需要得到的结果，则Excel求出达到这一目标的正确数值。

11.2.1 什么是单变量求解

如果知道要从公式获得的结果，但不知道公式取该结果所需的输入值，即可使用该功能。单变量求解就是求解只有一个变量的方程的根，方程可以是线性方程，也可以是非线性方程。该工具可以解决许多财务管理中涉及的变量求解问题。

11.2.2 使用单变量求解

使用单变量求解功能的具体操作方法如下：

	素材文件	光盘：素材文件\第11章\使用单变量求解.xlsx

Step 01 输入公式

打开“素材文件\第11章\使用单变量求解.xlsx”，选中C4单元格，并输入公式，如下图所示。

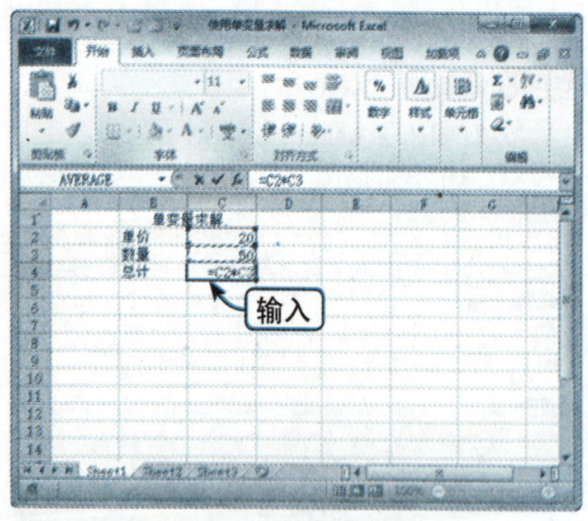

Step 02 选择“单变量求解”选项

按【Enter】键后，单击“数据”选项卡下“数据工具”组中的“模拟分析”下拉按钮，在弹出的下拉列表中选择“单变量求解”选项，如下图所示。

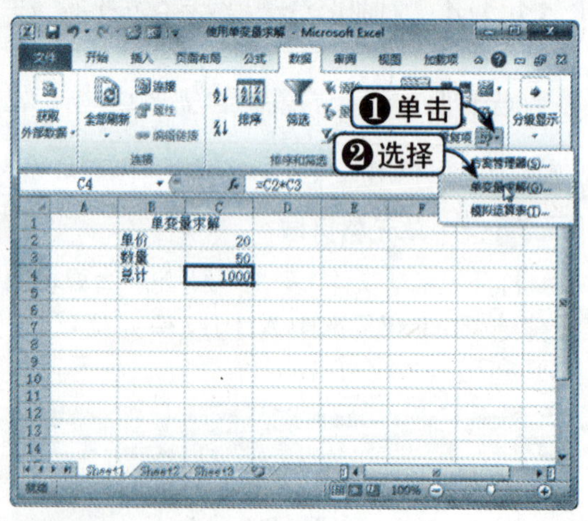

Step 03 设置求解选项

弹出“单变量求解”对话框，在“目标单元格”、“目标值”和“可变单元格”文本框中设置相应的值，单击“确定”按钮，如下图所示。

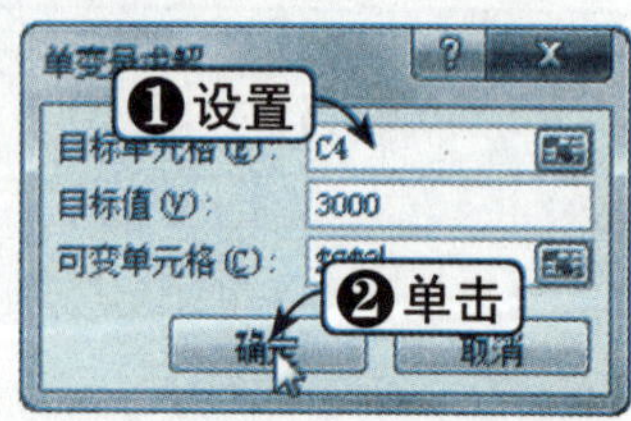

Step 04 查看单变量求解状态

弹出“单变量求解状态”对话框，显示出使用单变量求解的结果，单击“确定”按钮，如下图所示。

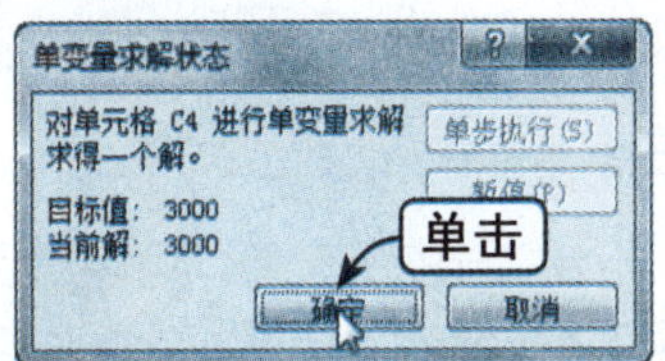

Step 05 查看求解结果

此时，即可查看使用单变量求解后的结果，如下图所示。

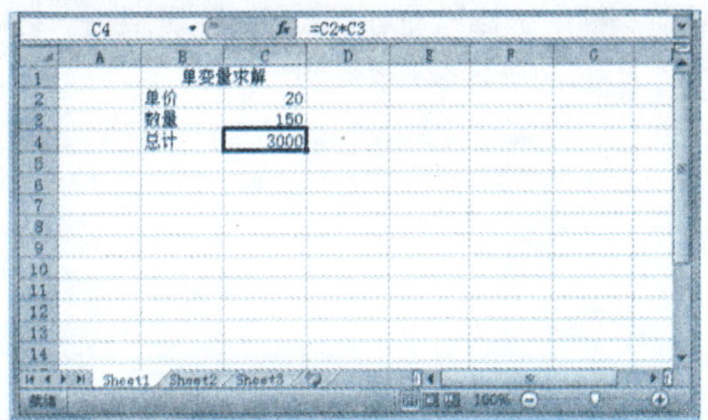

11.3 规划求解

规划求解也是一组数学公式的应用，是企业数据分析中常用的技巧。下面将详细介绍规划求解的使用方法和技巧。

11.3.1 规划求解简介

规划求解是一组命令的组成部分，也是 Excel 中的一个加载宏。规划求解可以解决单变量求解单一值的局限性，使用该工具不仅可以解决运筹学、线性规划等问题，还可以用来求解线性方程组及非线性方程组，以及财务管理中涉及很多的优化问题，如最大利润、最小成本、最优投资组合、目标规划、线性回归及非线性回归等。

11.3.2 加载规划求解

如果功能区的“数据”选项卡下没有“规划求解”按钮，可以添加该功能按钮，具体操作方法如下：

	素材文件	光盘：素材文件\第11章\加载规划求解.xlsx

Step 01 选择“选项”选项

打开“素材文件\第 11 章\加载规划求解.xlsx”，选择“文件”选项卡，在弹出的 Backstage 视图中选择“选项”选项，如下图所示。

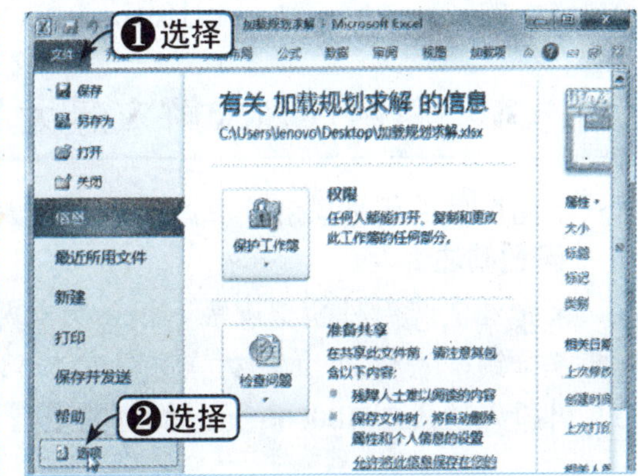

Step 02 设置 Excel 选项

弹出“Excel 选项”对话框，在左窗格中选择“加载项”选项，在右窗格的“管理”下拉列表框中选择“Excel 加载项”选项，单击“转到”按钮，如下图所示。

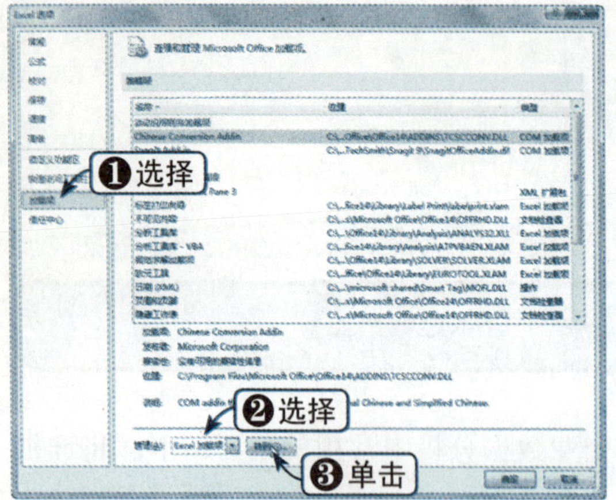

Step 03 选中“规划求解加载项”复选框

弹出“加载宏”对话框，选中“规划求解加载项”复选框，单击“确定”按钮，如下图所示。

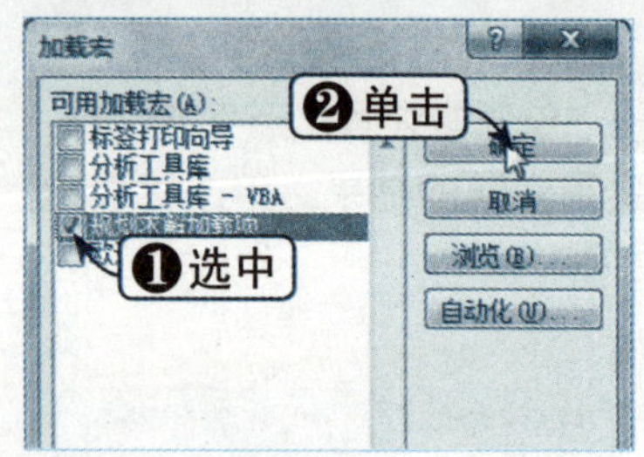

Step 04 查看添加按钮效果

返回开始打开的工作簿，可以看到在“数据”选项卡下已经有了“规划求解”按钮，如下图所示。

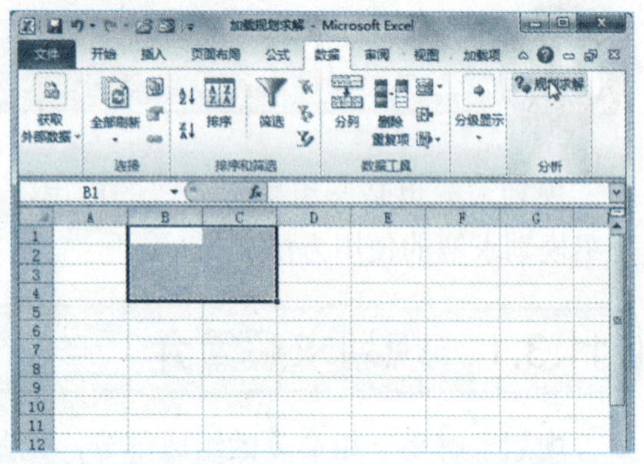

11.3.3 使用规划求解的注意事项

要想利用规划求解得到最佳方案，最关键的工作是将问题转变为规划模型，并利用电子表格来实现，利用单元格之间的关系来描述决策变量、约束条件和目标之间的互相影响。但是，即使有了正确的模型，规划求解也并不总是能帮助用户找到最佳方案，这就需要用户对规划求解的技术特点与运算过程有充分的了解，并且通过调整现有的选项以及调整决策变量的初始值来进行优化计算。Excel 的规划求解在处理非线性问题时，由于计算过于复杂，因此决策变量的初始值对计算的影响非常大。实际上，规划求解并非 Excel 特有的工具，而且 Excel 的规划求解工具有许多局限性。许多公司开发了更强大的规划求解工具，用于解决更复杂的规划模型。

11.3.4 使用规划求解求最大利润

下面以使用规划求解计算产品利润最大值为例进行讲解。

问题阐述：

某企业生产一种新型皮鞋，包括男女两种款式。其中，男款每双成本 50 元，生产需要 5 分钟，毛利 20 元。女款每双成本 53 元，生产时间为 9 分钟，毛利 25 元。企业每月可投入的成本 100000 元，每月的生产时间为 240 小时，则每月生产男女鞋各多少

双才能充分利用可投入资金和时间，并且使利润最大呢？

构建模型：

将这一问题转换成数学模型，按上述条件列出公式。设男女鞋的数量分别为 X、Y，利润最大值为 Z。

目标函数：Z = 20X + 25Y

条件：

50X + 53Y <= 100000

5X + 9Y <= 240×60

且，X >= 1，Y >= 1，X、Y 都为整数。

Step 01 建立表格

根据问题在工作表建立表格，如下图所示。

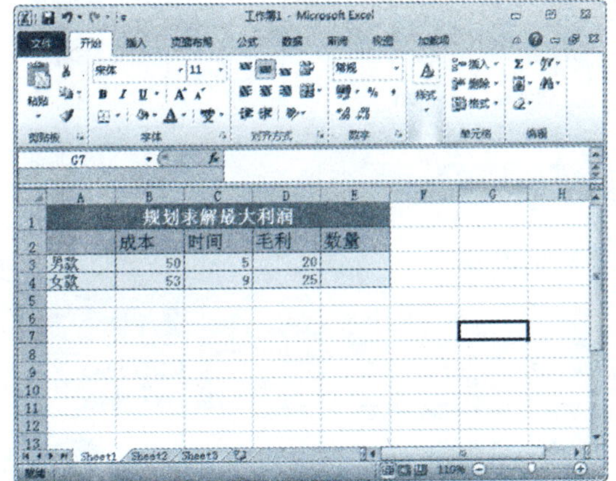

Step 02 建立条件区域

在工作表建立条件区域，列出相应的条件，对总成本、总时间的计算需要设置公式，如下图所示。

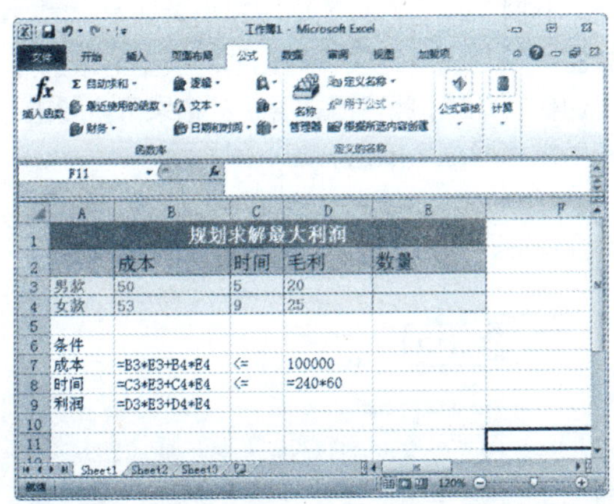

Step 03 单击“规划求解”按钮

选择“数据”选项卡，单击“分析”组中的“规划求解”按钮，如下图所示。

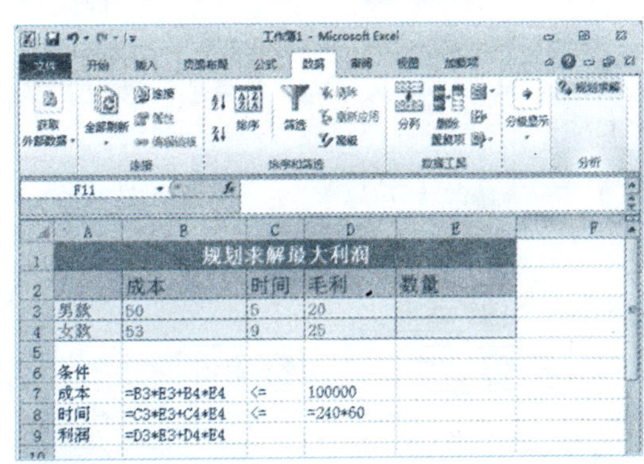

Step 04 单击折叠按钮

单击“设置目标”文本框右侧的折叠按钮，如下图所示。

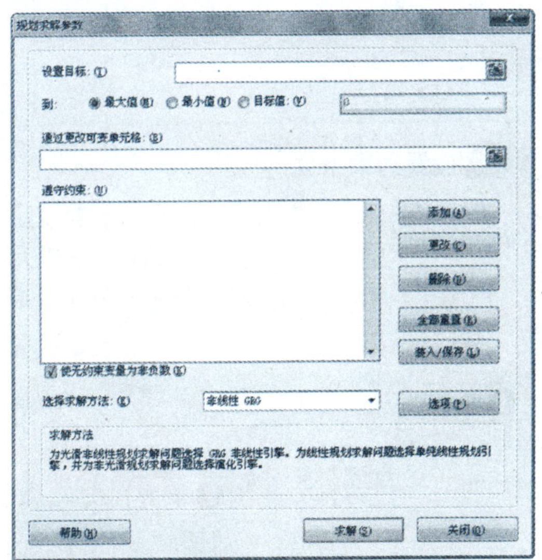

Step 05 选择单元格

返回工作表，选中 B9 单元格，再次单击折叠按钮，如下图所示。

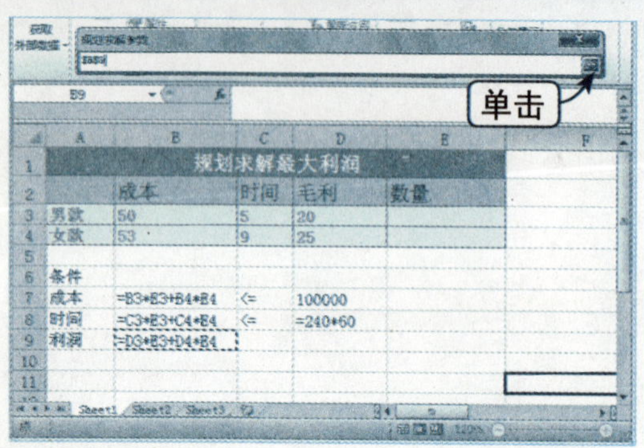

Step 06 设置可变单元格

返回对话框，选中“最大值”单选按钮，使用同样的方法设置“通过更改可变单元格”文本框为 $E$3:$E$4，单击“添加”按钮，如下图所示。

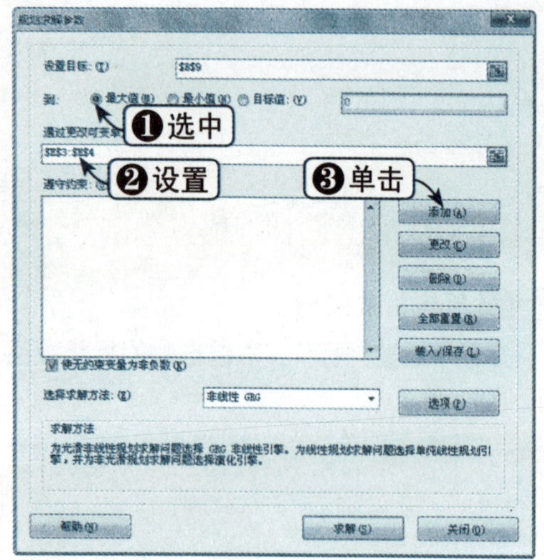

Step 07 设置约束条件

弹出“添加约束”对话框，使用折叠按钮或直接在文本框输入约束值（公式）所在单元格，单击“添加”按钮，即可添加一条约束条件，如下图所示。

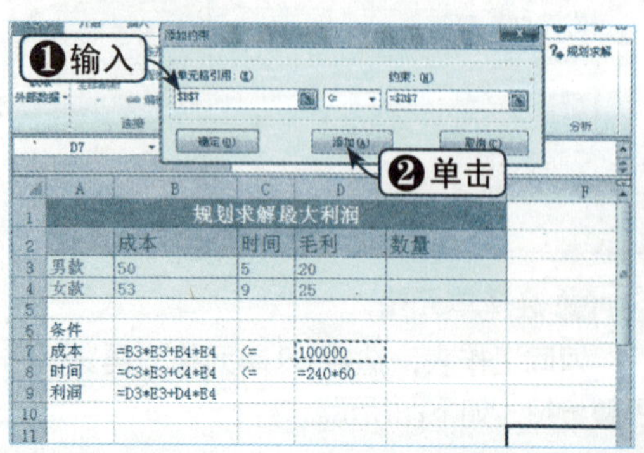

Step 08 限定数量为整数

因为鞋的数量必须是整数，因此在添加此条件时需要选择 int 选项，继续添加完成后单击“取消”按钮，如下图所示。

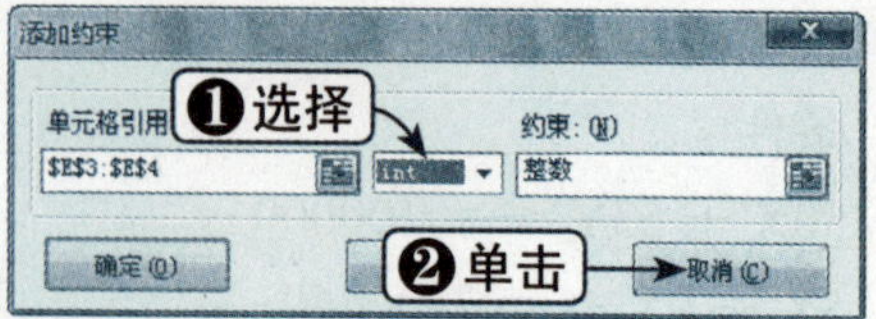

Step 09 单击“求解”按钮

返回对话框，可以看到已经添加了各约束条件，其他项可以保持默认设置，单击“求解”按钮，如下图所示。

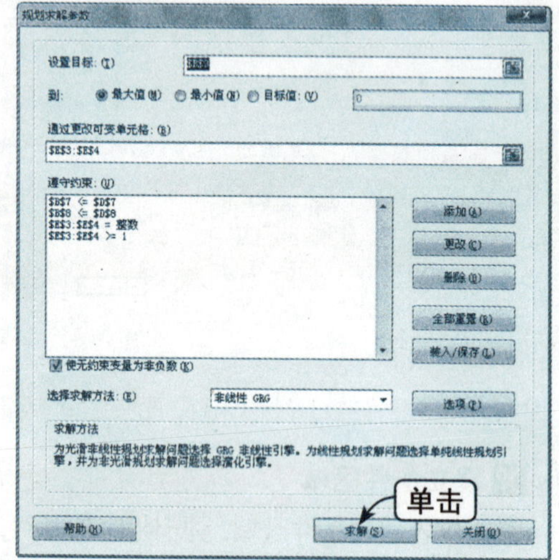

Step 10 查看规划求解结果

此时，在工作表即可出现求解结果，同时弹出“规划求解结果”对话框，根据结果选择是否保留结果，保存方案等。若结果符合要求，则单击“确定”按钮，如下图所示。

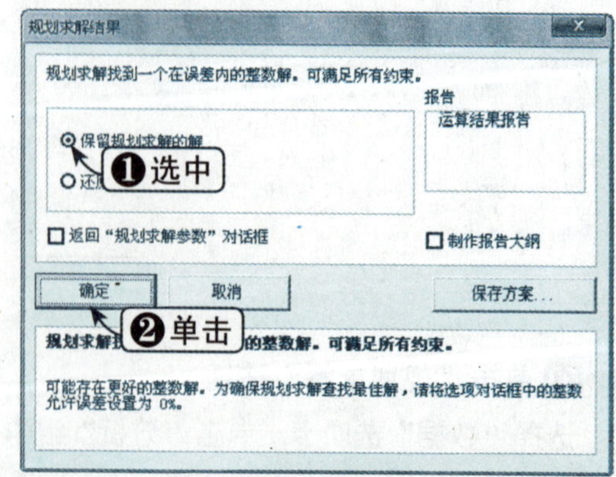

Step 11 查看求解结果

此时，在原来的可变单元格 E3、E4 中出现男女鞋的数量，在 B9 单元格中出现利润总额 44500 元，如右图所示。

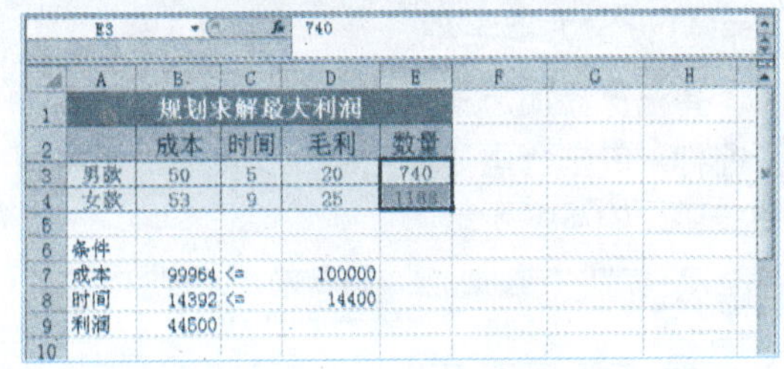

11.4 使用方案

对于使用规划求解等工具分析的数据，可以进一步保存为方案，用于企业决策。下面将详细介绍如何使用方案。

11.4.1 方案管理器

如果需要分析公式中的 3 个及以上变量发生变化时公式结果的变化情况，使用数据表将不能有效地工作，这时可以使用方案来模拟这种情况。

方案是一组由 Excel 保存在工作表中并可以进行自动替换的值。用户可以使用方案预测工作表模型的输出结果，还可以在工作表中创建并保存不同的数值组，切换到任何新方案，以查看不同的结果。

11.4.2 添加方案

要对方案进行编辑，首先要将方案保存起来，具体操作方法如下：

	素材文件	光盘：素材文件\第11章\规划求解.xlsx

Step 01 选择“方案管理器”选项

打开“素材文件\第 11 章\规划求解.xlsx”，选择“数据”选项卡，单击“数据工具”组中的“模拟分析”下拉按钮，在弹出的下拉列表中选择“方案管理器”选项，如下图所示。

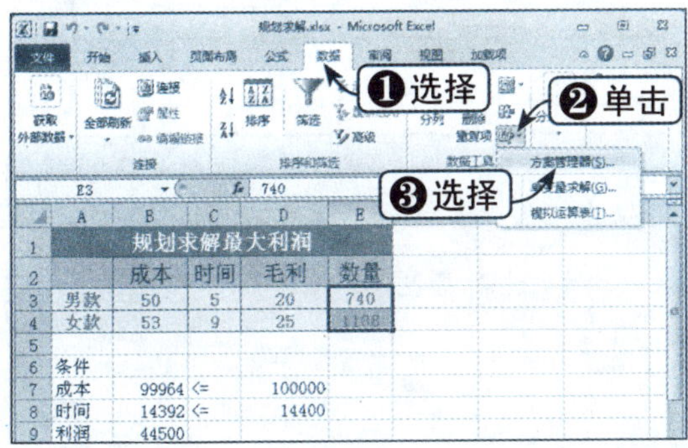

Step 02 单击“添加”按钮

弹出“方案管理器”对话框，单击“添加”按钮，如下图所示。

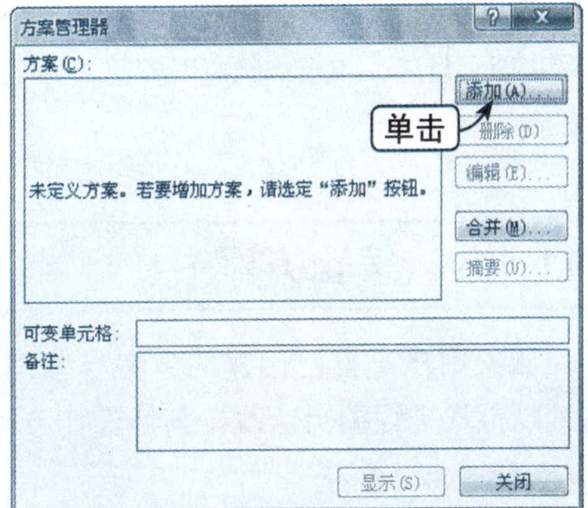

Step03 设定方案名称

弹出“添加方案”对话框，为方案设置一个名称，单击“可变单元格”文本框右侧的折叠按钮，如下图所示。

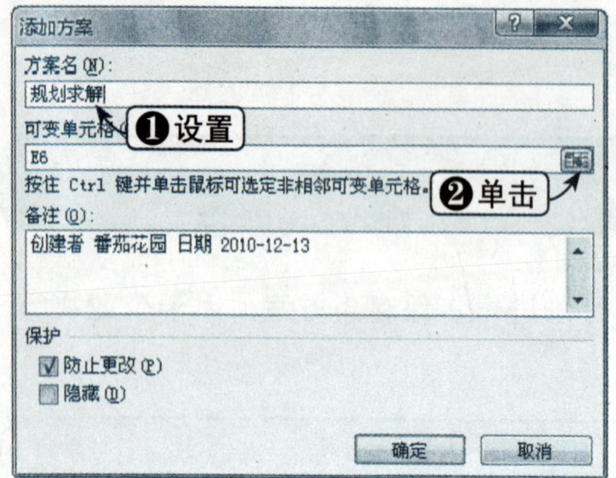

Step04 选择可变单元格

返回工作表，选择可变单元格 E3、E4，如下图所示。

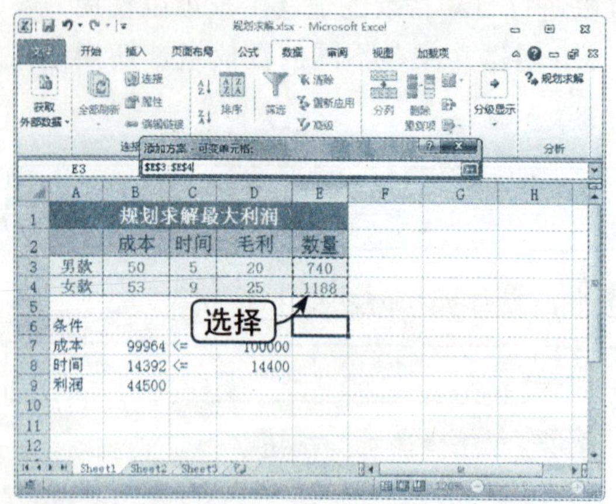

Step05 填写备注

弹出“编辑方案”对话框，在“备注”文本区中填写备注，单击“确定”按钮，如下图所示。

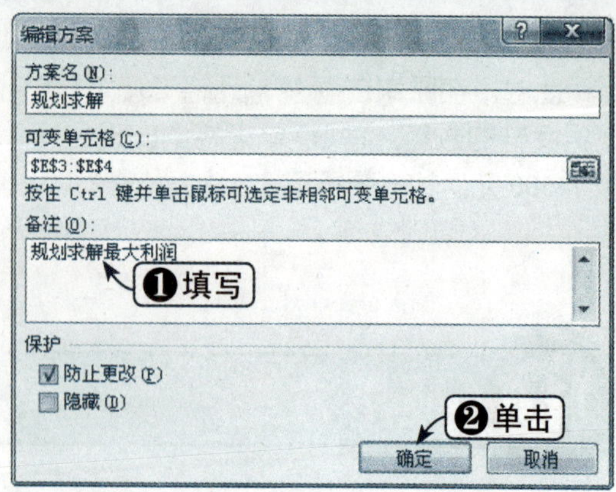

Step06 查看可变单元格值

弹出“方案变量值”对话框，可以看到已经显示了可变单元格的值，单击“确定”按钮，如下图所示。

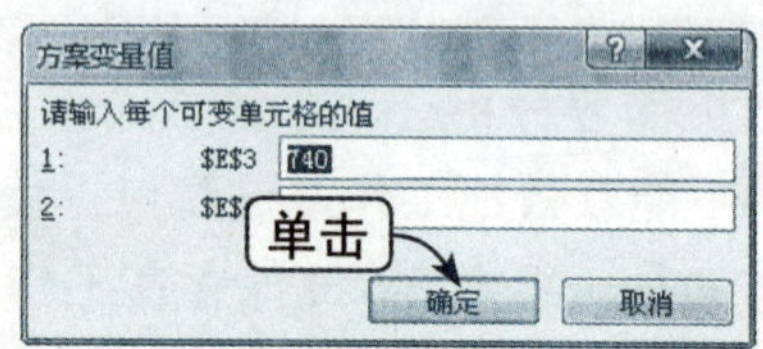

Step07 保存结果

返回“方案管理器”对话框，方案已经设置完毕，单击“关闭”按钮即可，如下图所示。

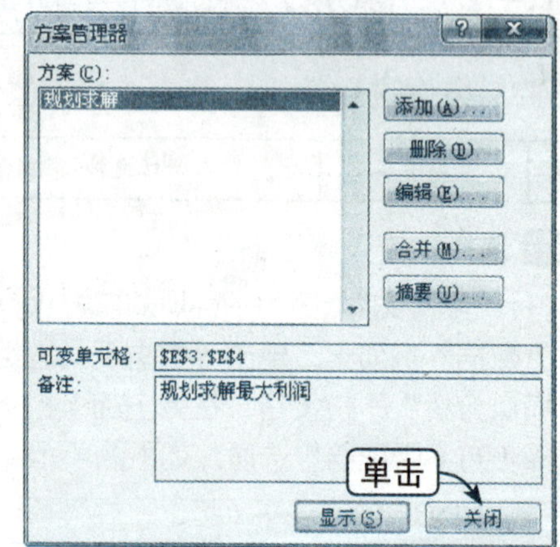

11.4.3 编辑方案

如果用户对自己创建的方案有些地方不满意，这时就需要编辑方案。创建的方案还可以再次进行编辑修改，具体操作方法如下：

Step 01 选择“方案管理器”选项

继续上一节进行操作，选择“数据”选项卡，单击“数据工具”组中的“模拟分析”下拉按钮，在弹出的下拉列表中选择“方案管理器”选项，如下图所示。

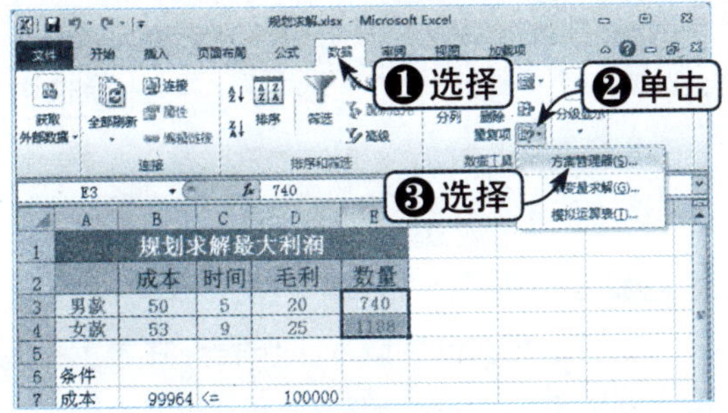

Step 02 选择方案

弹出“方案管理器”对话框，可以看到已经创建的方案，选择其中的方案，单击“编辑”按钮，如下图所示。

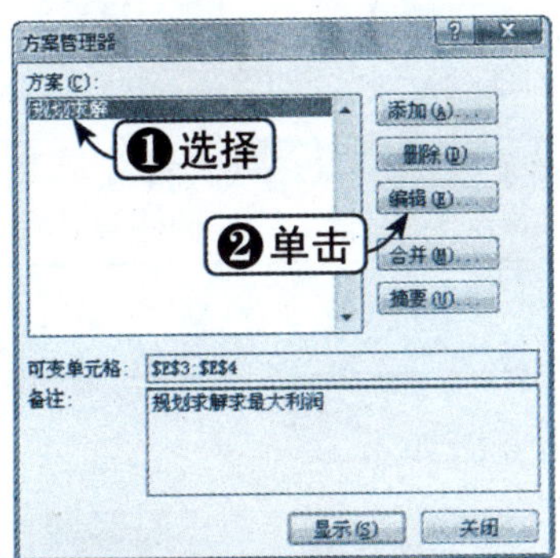

Step 03 编辑设置

弹出“编辑方案”对话框，修改相关设置，单击“确定”按钮，如下图所示。

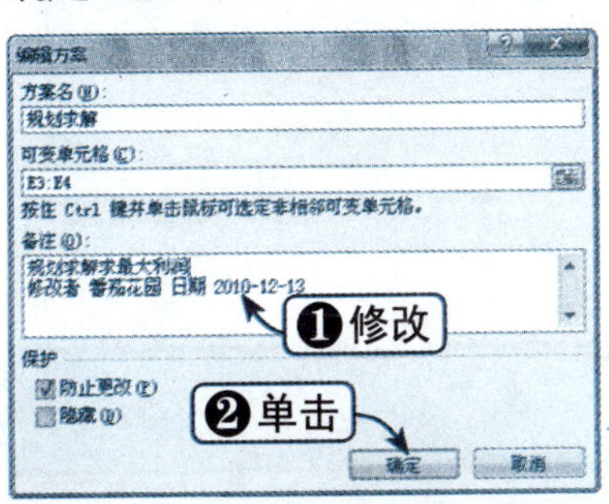

Step 04 修改可变单元格数值

弹出“方案变量值”对话框，修改可变单元格的数值，单击“确定”按钮，如下图所示。

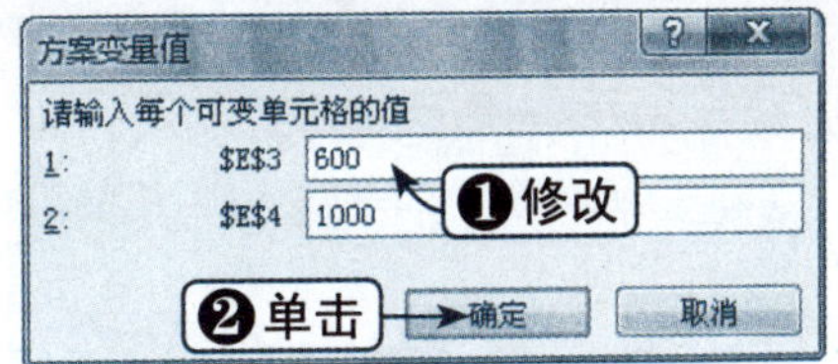

Step 05 单击“显示”按钮

返回“方案管理器”对话框，单击“显示”按钮，如下图所示。

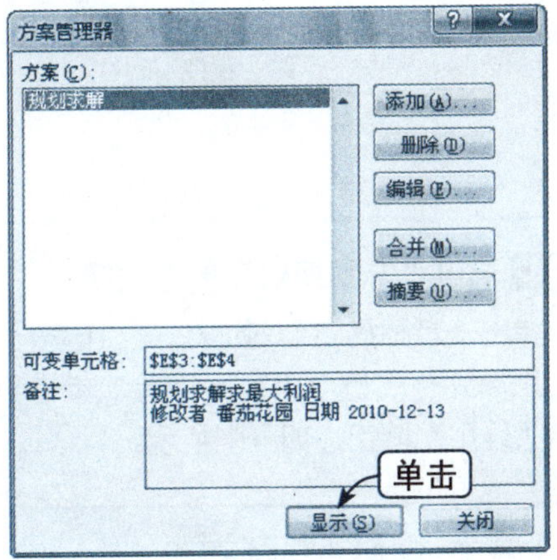

Step 06 查看修改结果

修改数值后，得到的结果发生了变化，如下图所示。

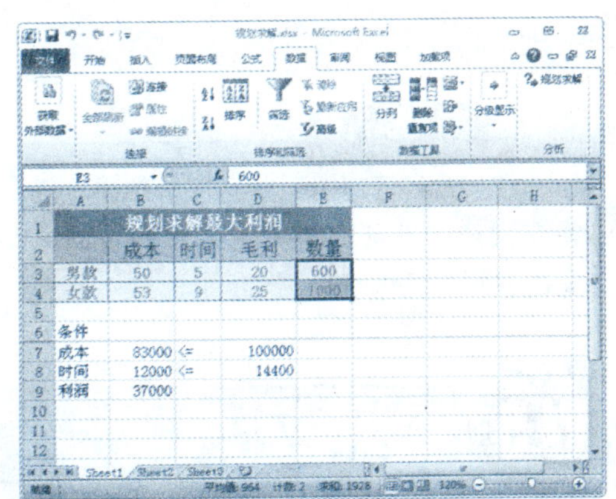

11.4.4 创建方案摘要

假如创建了多组规划求解，那么如何对这些方案及其结果进行比较呢？此时，可以使用方案摘要来实现这一要求，具体操作方法如下：

Step 01 单击“摘要”按钮

对照保存方案的方法再创建一个新方案，弹出“方案管理器”对话框，单击“摘要”按钮，如下图所示。

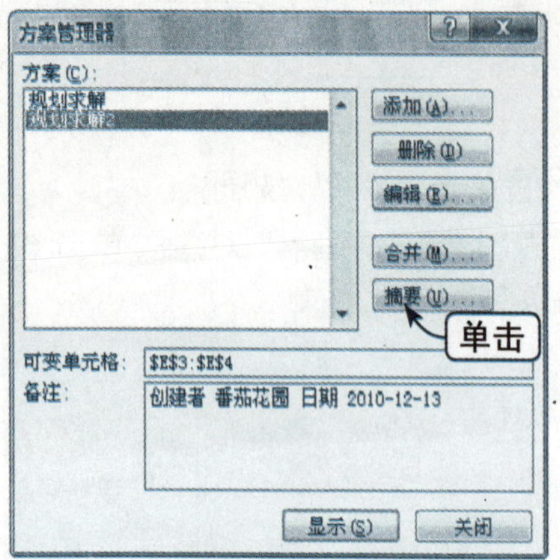

Step 02 选中“方案摘要”单选按钮

弹出“方案摘要”对话框，工作表自动选择结果单元格，选中“方案摘要”单选按钮，单击“确定”按钮，如下图所示。

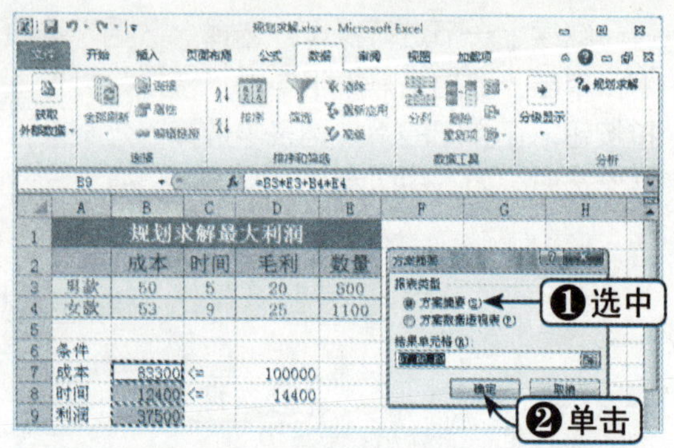

Step 03 查看摘要

此时，将自动生成新工作表，并显示不同方案的结果，如下图所示。

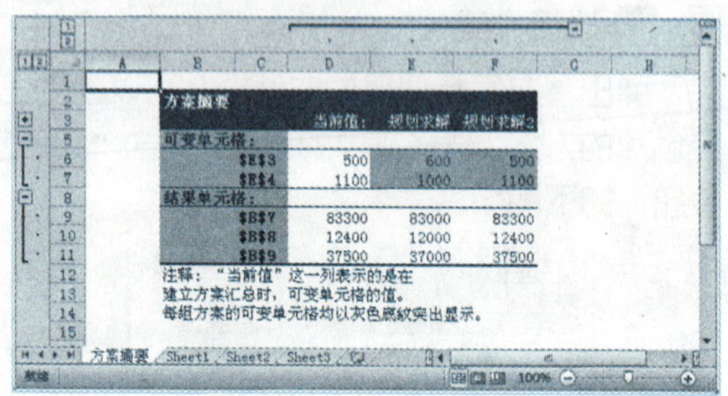

11.4.5 删除方案

对于没有用的方案用户可以将其删除，具体操作方法如下：

在“方案管理器”对话框中选择要删除的方案，单击“删除”按钮即可，如右图所示。

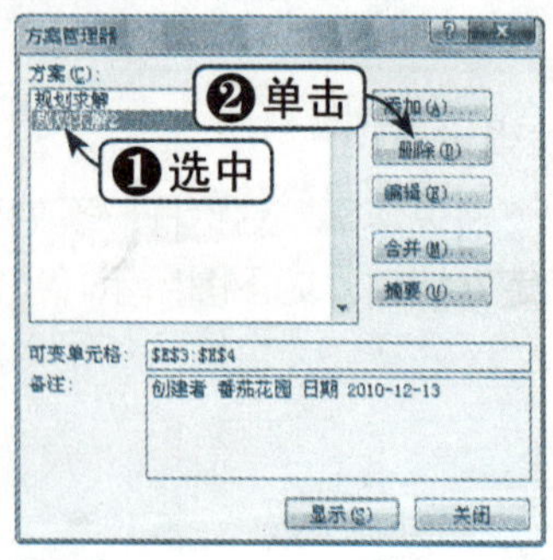

知识点拨

在“方案管理器”对话框中单击“合并”按钮，还可以将其他工作表中的方案合并到本工作表中。

11.5 数据分析工具

数据分析工具是一种提供分析能力的插件，正常情况下在Excel中没有装载该工具。分析工具由分析程序和附加工作表函数组成，下面将详细介绍如何加载和使用数据分析工具。

11.5.1 加载数据分析工具

素材文件	光盘：素材文件\第11章\加载数据分析工具.xlsx

Step 01 选择“选项”选项

打开“素材文件\第11章\加载数据分析工具.xlsx”，选择“文件”选项卡，在弹出的下拉列表中选择“选项”选项，如下图所示。

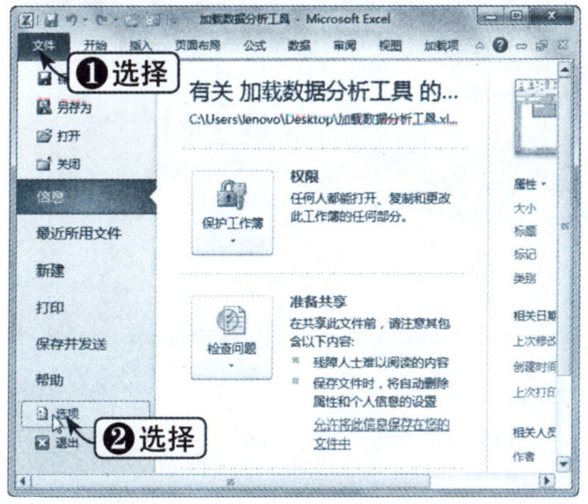

Step 02 设置Excel加载项

弹出“Excel选项”对话框，在左窗格中选择“加载项”选项，在右窗格的“管理”下拉列表框中选择“Excel加载项”选项，单击“转到”按钮，如下图所示。

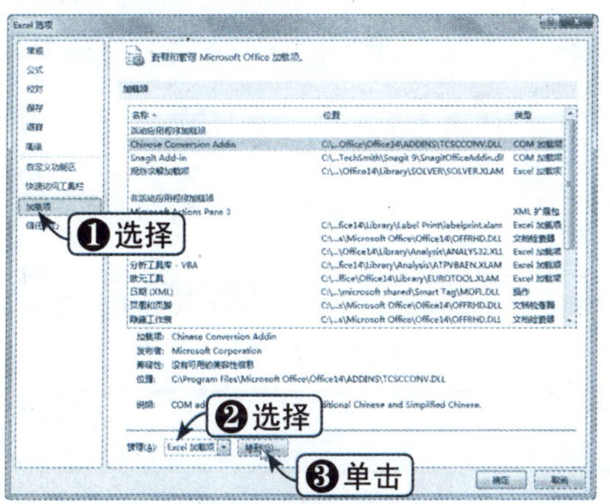

Step 03 选中“分析工具库”复选框

弹出“加载宏”对话框，选中“分析工具库”复选框，单击“确定”按钮，如下图所示。

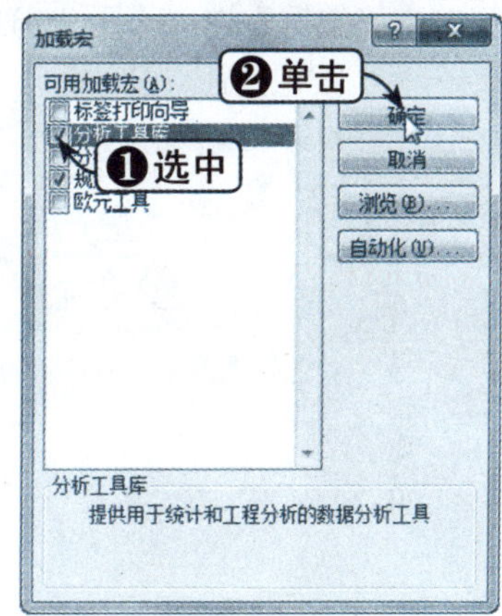

Step 04 查看加载效果

回到开始打开的工作簿，可以看到在“数据”选项卡下已经有了“数据分析”按钮，如下图所示。

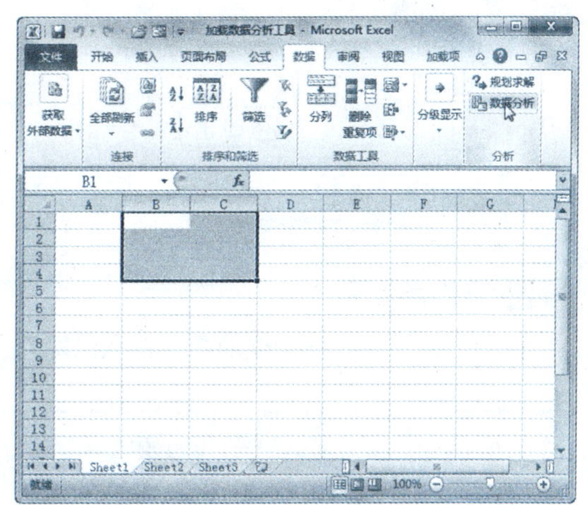

11.5.2 直方图工具

直方图分析工具可以计算数据单元格区域和数据接收区间的单个和累积频率，此工具可用于统计数据集中某个数值出现的次数。它接收一个输入范围和一个接收区域，接收区间就是直方图每列的值域。下面将介绍如何使用直方图工具来创建直方图，具体操作方法如下：

素材文件	光盘：素材文件\第11章\使用直方图工具.xlsx

Step 01 单击“数据分析”按钮

打开“素材文件\第11章\使用直方图工具.xlsx”，单击“数据”选项卡下“分析”组中的“数据分析”按钮，如下图所示。

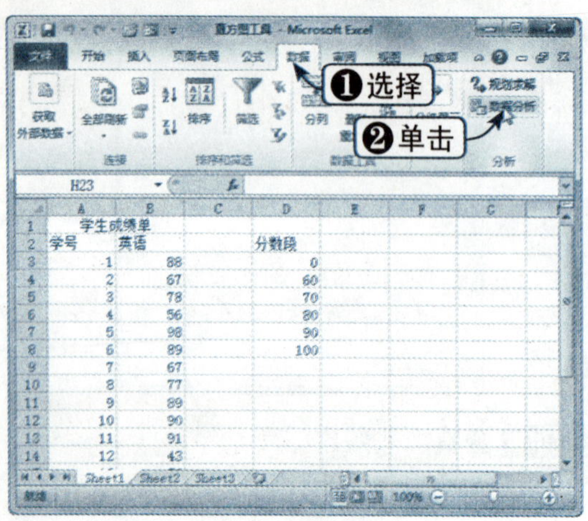

Step 02 选择“直方图”选项

弹出“数据分析”对话框，在“分析工具”列表框中选择“直方图”选项，单击“确定”按钮，如下图所示。

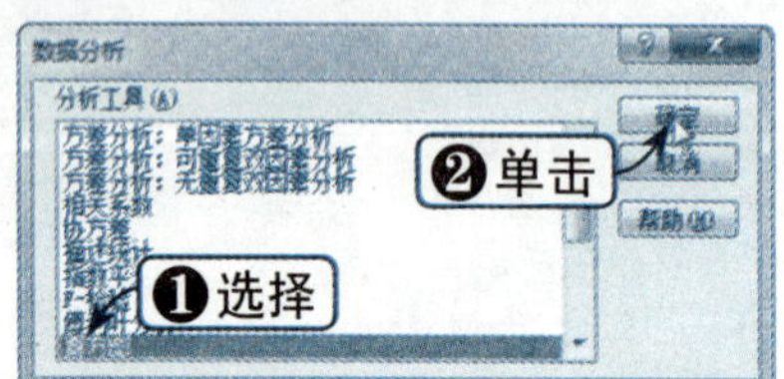

Step 03 设置直方图

弹出“直方图”对话框，在“输入区域”、“接收区域”、“输出区域”进行设置，选中“标志”、“柏拉图”、“累积百分率”和“图表输出”复选框，单击“确定”按钮，如下图所示。

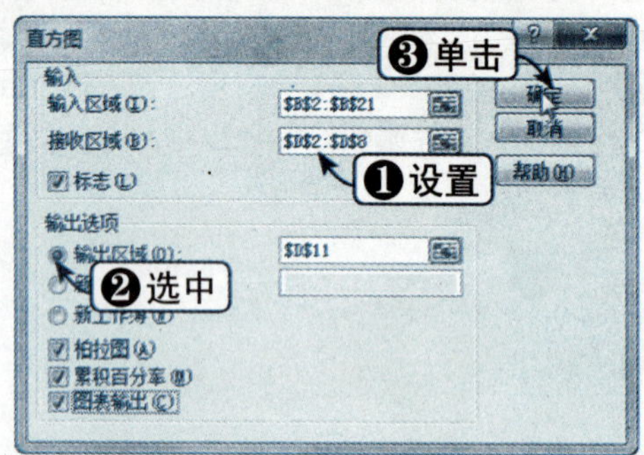

Step 04 查看创建效果

此时，即可查看使用直方图工具创建直方图的效果，如下图所示。

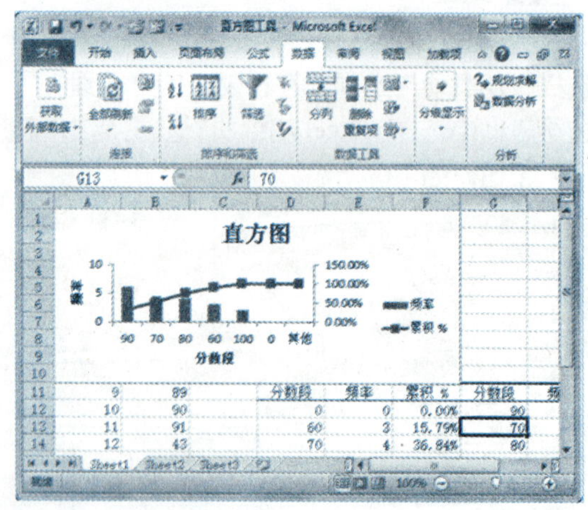

11.5.3 描述统计工具

描述统计的任务是描述随机变量的统计规律性，使用该工具可以生成数据区域中数据的单变量统计分析报表，提供有关数据趋中性和易变性的信息，具体操作方法如下：

素材文件	光盘：素材文件\第11章\描述统计工具.xlsx

Step 01 单击“数据分析”按钮

打开“素材文件\第 11 章\描述统计工具.xlsx”，单击“数据”选项卡下“分析”组中的“数据分析”按钮，如下图所示。

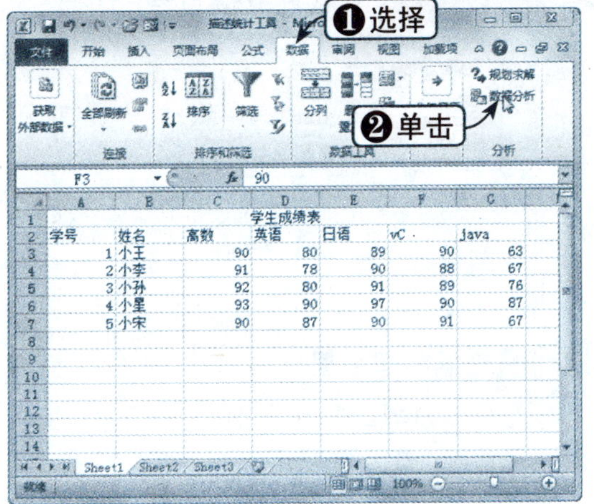

Step 02 选择“描述统计”选项

弹出“数据分析”对话框，在“分析工具”列表框中选择“描述统计”选项，单击“确定”按钮，如下图所示。

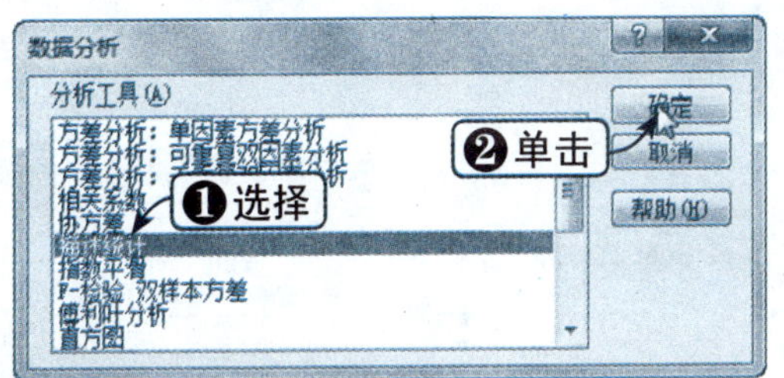

Step 03 设置描述统计

弹出“描述统计”对话框，单击“输入区域”右侧的编辑按钮进行选择，选中“标志位于第一行”、“汇总统计”和“平均数置信度”复选框，选中“输出区域”单选按钮，单击右侧的编辑按钮进行选择，单击“确定”按钮，如下图所示。

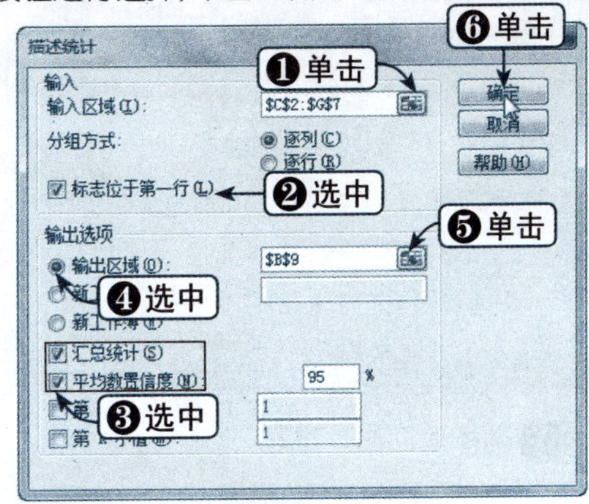

Step 04 查看创建效果

此时，即可查看使用描述统计工具创建的描述统计图，如下图所示。

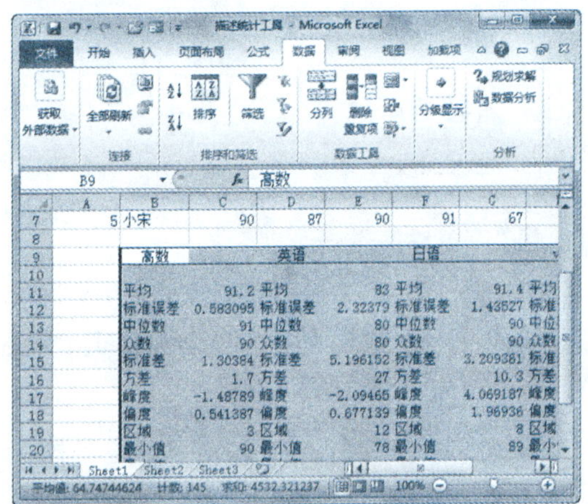

11.5.4 回归分析工具

回归分析工具通过对一组观察值使用“最小二乘法”直接拟合来执行线性回归分析，该工具可用来分析单个因变量是如何受一个或几个自变量值影响的，具体操作方法如下：

	素材文件	光盘：素材文件\第11章\回归分析工具.xlsx

Step 01 单击“数据分析”按钮

打开“素材文件\第 11 章\回归分析工具.xlsx”，单击“数据”选项卡下“分析”组中的“数据分析”按钮，如下图所示。

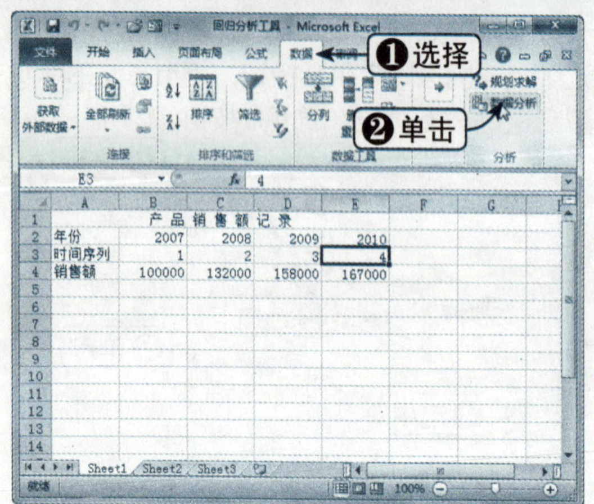

Step 02 选择“回归”选项

弹出“数据分析”对话框，在“分析工具”列表框中选择“回归”选项，单击“确定”按钮，如下图所示。

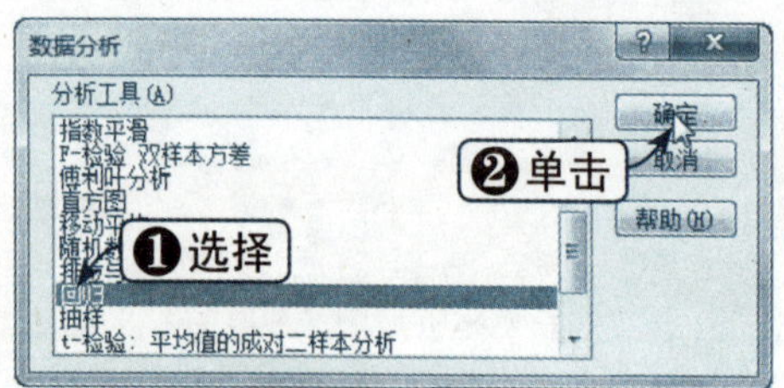

Step 03 设置描述统计

弹出“回归”对话框，分别单击“Y 值输入区域”和“X 值输入区域”右侧的编辑按钮进行选择，选中“标志”、“置信度”、“残差”、“标准残差”和“残差图”复选框，选中“输出区域”单选按钮，单击右侧的编辑按钮进行选择，单击“确定”按钮，如下图所示。

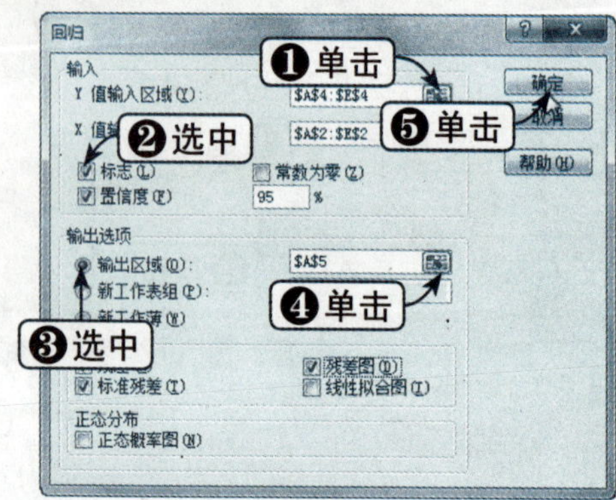

Step 04 查看创建效果

此时，即可查看使用回归分析工具创建的回归统计表，如下图所示。

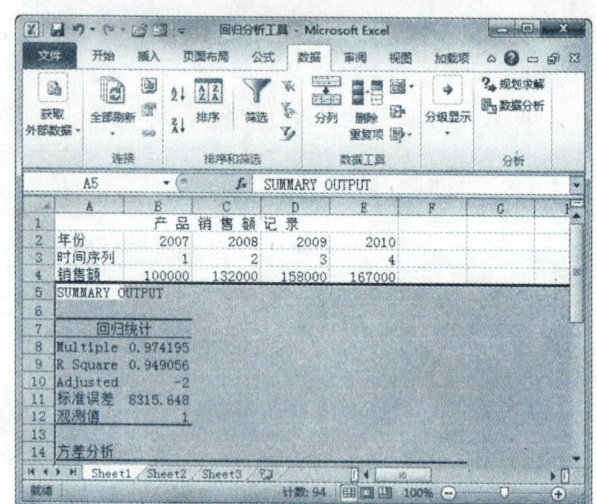

读书笔记

第12章 Excel页面设置与打印

在制作好Excel表格之后，即可将其打印输出。本章将对使用Excel打印输出数据的方法进行全面介绍，其中包括设置页面版式，设置打印选项，打印预览与打印，使用分页符、设置页眉和页脚，以及添加工作表水印效果等，读者应该熟练掌握。

本章学习重点

1. 设置页面版式
2. 设置打印选项
3. 打印预览和打印
4. 使用分页符
5. 设置页眉和页脚
6. 添加工作表水印效果

重点实例展示

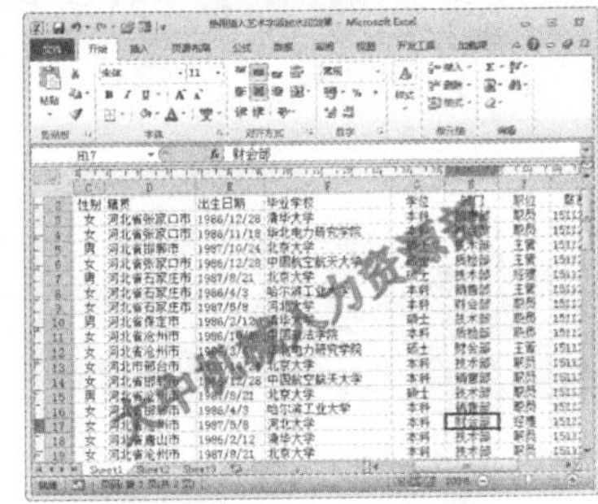

添加工作表水印效果

本章视频链接

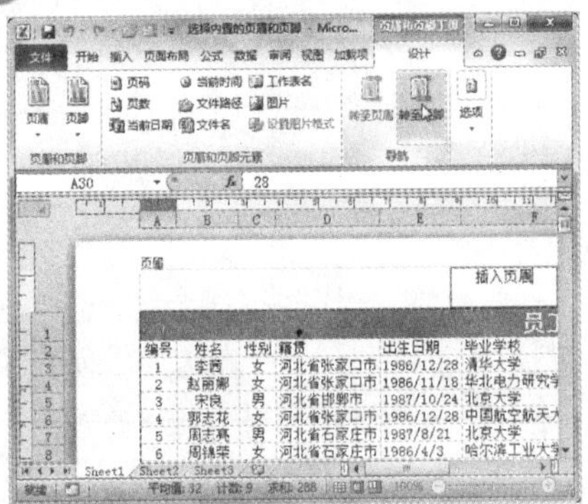

设置页眉和页脚

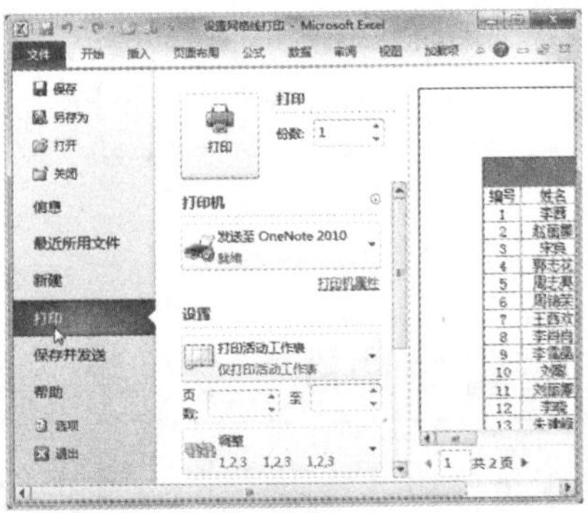

设置打印

12.1 设置页面版式

在 Excel 2010 中，每个工作表都有一个默认的页面版式，用于打印 Excel 工作表，但在实际工作表打印过程中，经常需要根据实际情况设置页面版式。

12.1.1 设置打印页面

在设置打印页面时，可以设置打印方向、纸张大小、缩放、打印质量等页面版式，具体操作方法如下：

	素材文件	光盘：素材文件\第12章\设置打印页面.xlsx

Step 01 单击对话框启动器按钮

打开“素材文件\第12章\设置打印页面.xlsx”，单击“页面布局”选项卡下“页面设置”组中的对话框启动器按钮，如下图所示。

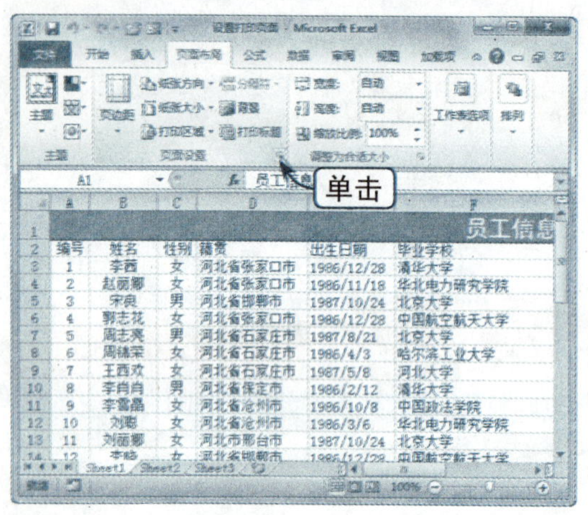

Step 02 设置页面选项

弹出“页面设置”对话框，选择“页面”选项卡，选中“横向”单选按钮，在“缩放比例”数值框中输入 150，在“纸张大小”下拉列表框中选择 A4 选项，单击“打印预览”按钮，如下图所示。

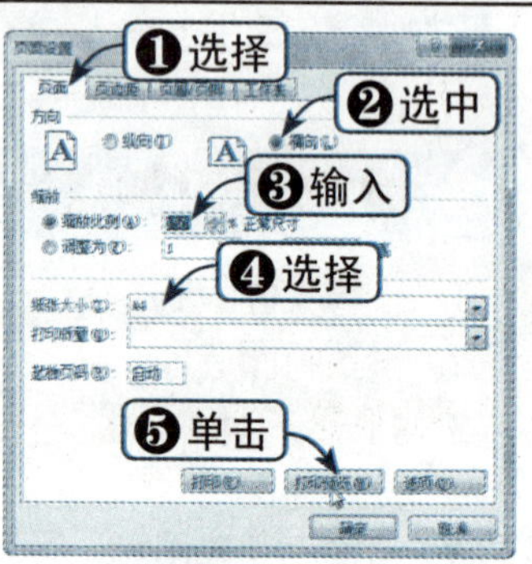

Step 03 查看预览效果

此时，即可查看按 150% 缩放比例后的页面效果，如下图所示。

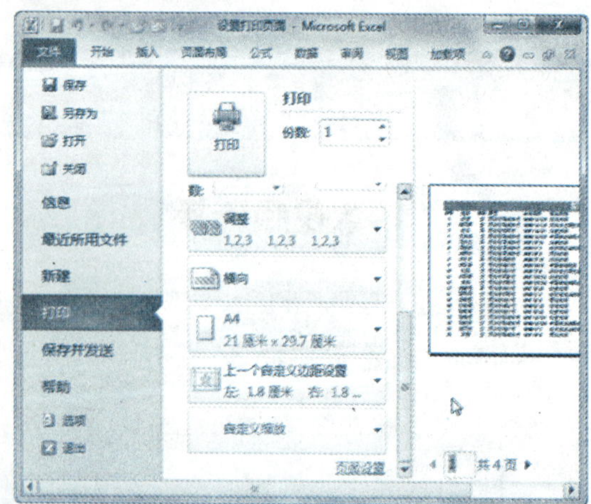

12.1.2 设置页边距

设置页边距是打印办公文件时常用的基本设置，用户可以对表格设置一个打印区域，具体操作方法如下：

素材文件	光盘：素材文件\第12章\设置页边距.xlsx

Step 01 单击对话框启动器按钮

打开“素材文件\第12章\设置页边距.xlsx”，单击“页面布局”选项卡下“页面设置”组中的对话框启动器按钮，如下图所示。

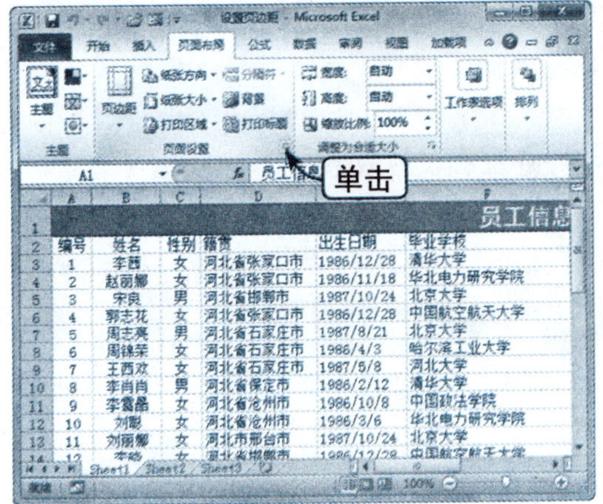

Step 02 设置页边距

弹出“页面设置”对话框，选择“页边距”选项卡，在“上”、“下”、“左”、“右”数值框中分别输入2、2、2.2和2.2，单击“打印预览”按钮，如下图所示。

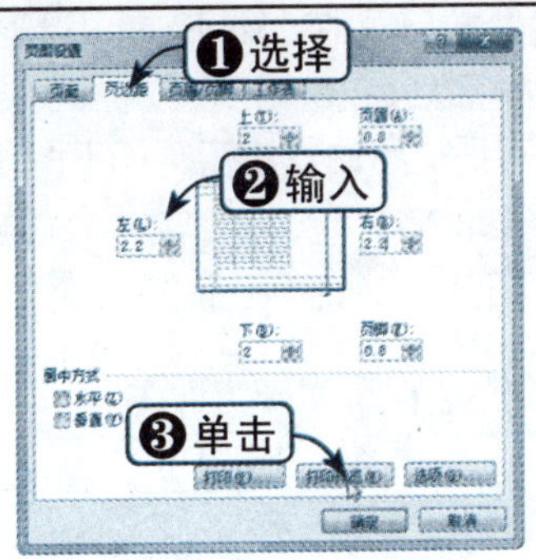

Step 03 查看预览打印效果

此时，即可查看预览打印效果，如下图所示。

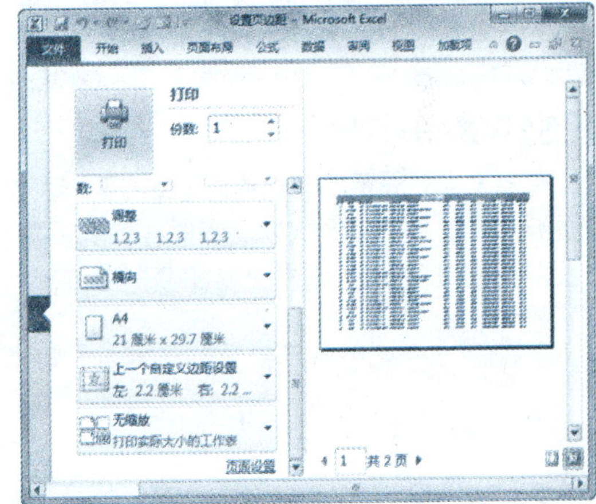

知识点拨

选择“文件”选项卡，在弹出的Backstage视图中选择“打印”选项，单击“页面设置”超链接，也会弹出“页面设置”对话框。

12.2 设置打印选项

在Excel 2010中，除了可以设置页面版式外，还可以设置工作表的打印选项，下面将进行详细介绍。

12.2.1 设置打印区域

如果打印的不是整个数据区域，用户可以打印一个选定的区域，具体操作方法如下：

Step 01 单击对话框启动器按钮

打开"素材文件\第12章\设置打印区域.xlsx"，单击"页面布局"选项卡下"页面设置"组中的下对话框启动器按钮，如下图所示。

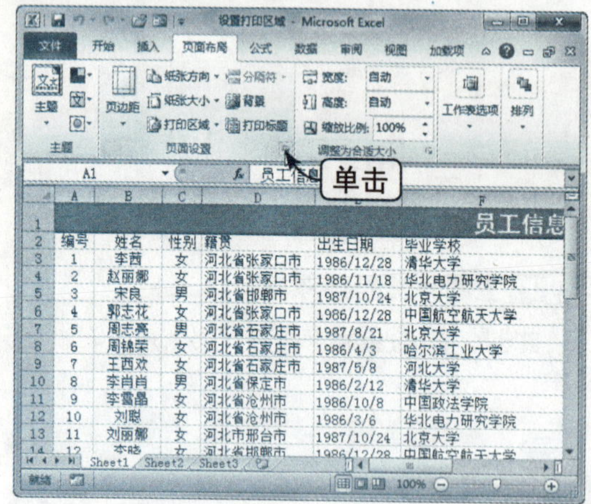

Step 02 设置打印区域

弹出"页面设置"对话框，选择"工作表"选项卡，单击"打印区域"文本框右侧的折叠按钮，选择打印区域，单击"打印预览"按钮，如下图所示。

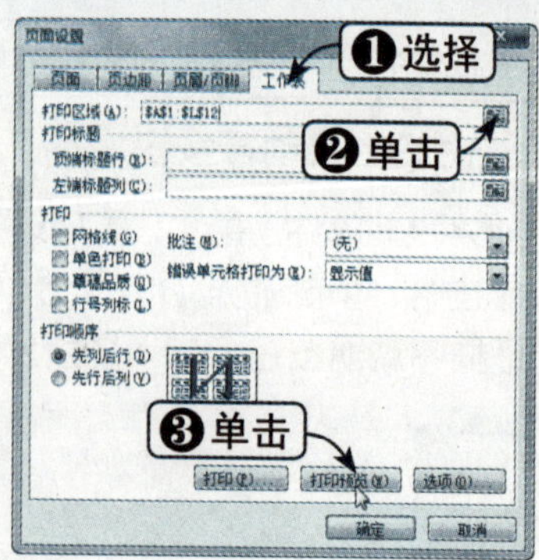

Step 03 查看设置效果

此时，前12行内容成为被打印的区域，效果如下图所示。

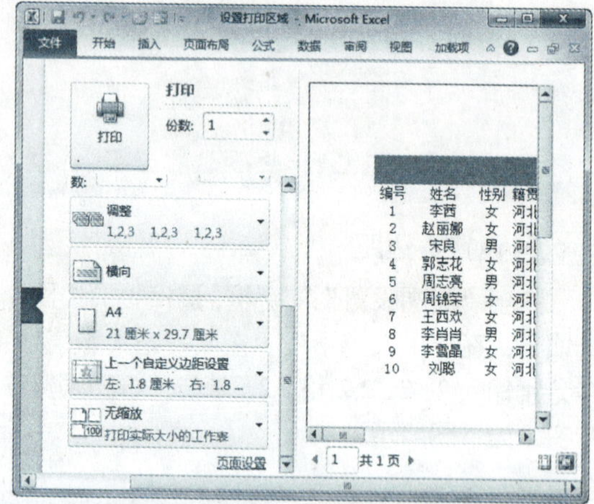

12.2.2 设置打印标题

当工作表的打印页数大于1时，第2页以后将不出现顶端标题行和左端标题列。如果需要在打印时能在每一页中均能包含顶端标题行和左端标题列，可以进行以下操作：

	素材文件	光盘：素材文件\第12章\设置打印标题.xlsx

Step 01 单击"打印标题"按钮

打开"素材文件\第12章\设置打印标题.xlsx"，单击"页面布局"选项卡下"页面设置"组中的"打印标题"按钮，如右图所示。

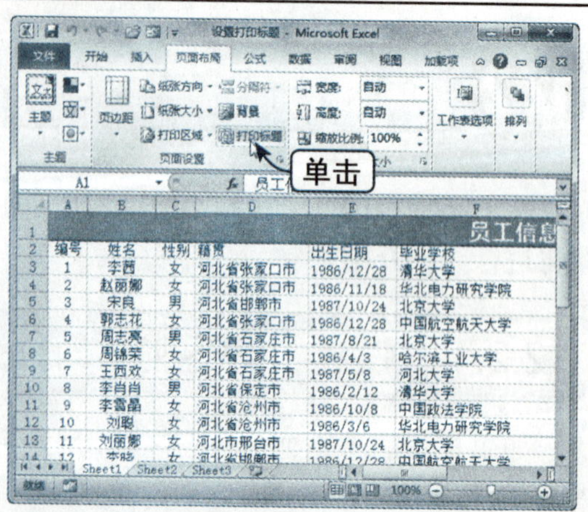

知识点拨

如果是在单元格编辑模式下或在同一工作表上选择了图表，或选择了多个工作表，则"打印标题"命令将不可用。

Step 02 设置单元格范围

弹出“页面设置”对话框，选择“工作表”选项卡，在“打印区域”文本框和“打印标题”选项区中设置单元格范围，单击“打印预览”按钮，如下图所示。

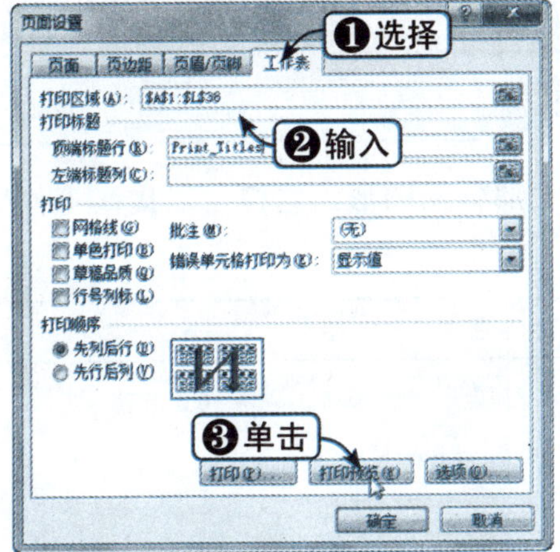

Step 03 查看设置效果

设置后即可显示标题，选择第 2 页，效果如下图所示。

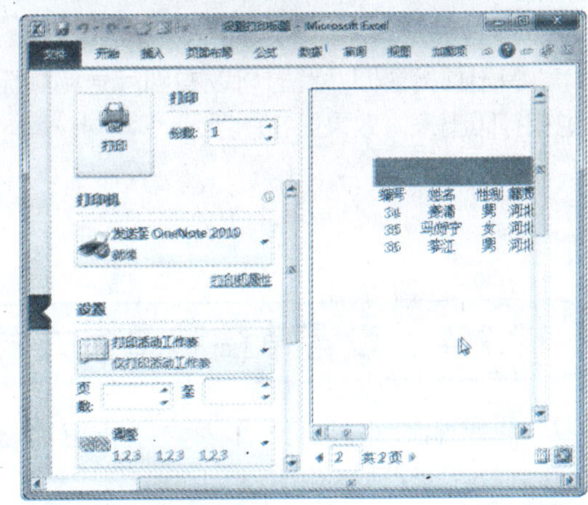

知识点拨

当工作表中存在公式时，难免会出现一些错误信息，可以选择“页面设置”对话框中的“工作表”选项卡，选择“错误单元格打印为”下拉列表框中的“空白”选项，这样就不会将工作表中的错误信息打印出来，而只打印一个空白单元格。

12.2.3 设置行号和列标的打印

用户也可以将工作表的行号或列标打印出来，具体操作方法如下：

	素材文件	光盘：素材文件\第12章\设置行号和列标的打印.xlsx

Step 01 单击对话框启动器按钮

打开“素材文件\第 12 章\设置行号和列标的打印 .xlsx”，单击“页面布局”选项卡下“页面设置”组中的对话框启动器按钮，如下图所示。

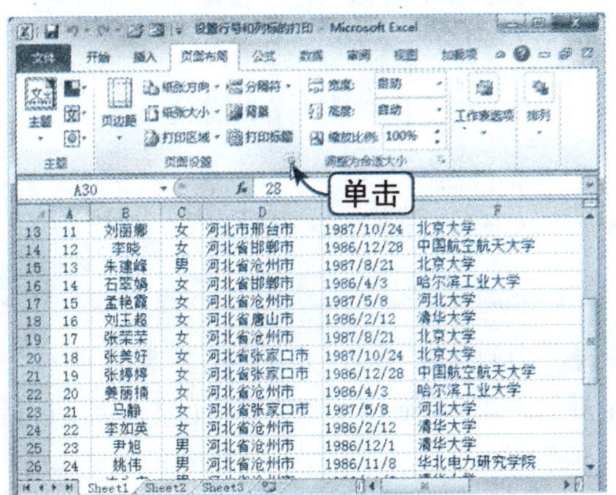

Step 02 选中“行号列标”复选框

弹出“页面设置”对话框，选择“工作表”选项卡，选中“行号列标”复选框，单击“打印预览”按钮，如下图所示。

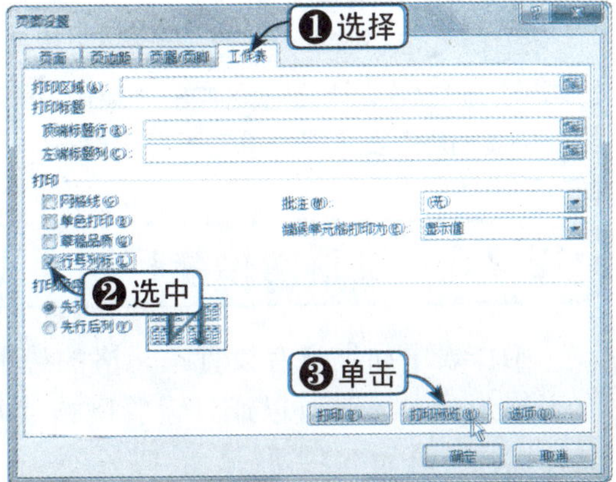

Step 03 预览打印效果

弹出预览窗口，此时可以看到行号和列标也被打印出来，效果如右图所示。

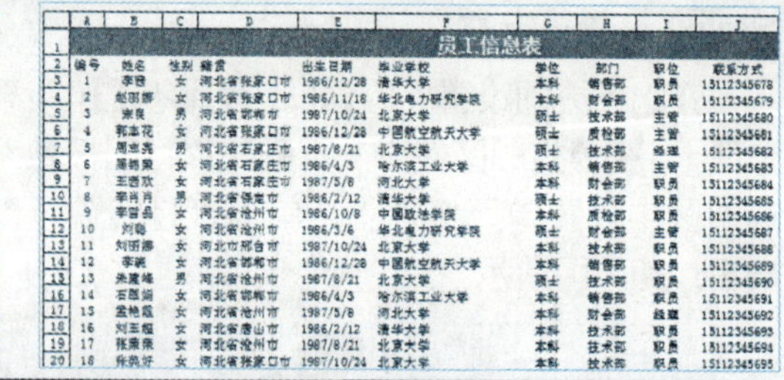

12.2.4 设置草稿和单色方式打印

以草稿方式打印工作表时，将忽略格式和大部分的图形，这样可以提高工作表的打印速度，具体操作方法如下：

	素材文件	光盘：素材文件\第12章\设置草稿和单色方式打印.xlsx

Step 01 单击对话框启动器按钮

打开“素材文件\第12章\设置草稿和单色方式打印.xlsx”，单击“页面布局”选项卡下“页面设置”组中的对话框启动器按钮，如下图所示。

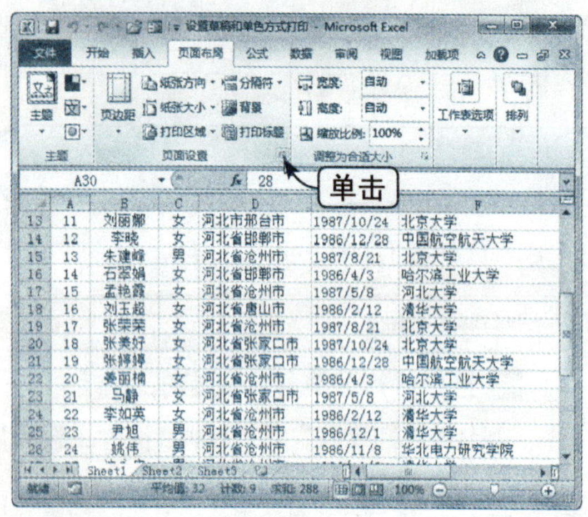

Step 02 设置打印选项

弹出“页面设置”对话框，选择“工作表”选项卡，选中“打印”选项区中的“单色打印”和“草稿品质”复选框，单击“打印预览”按钮，如下图所示。

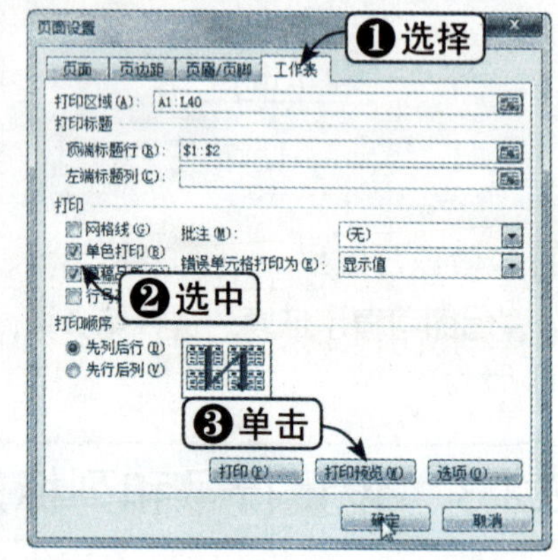

Step 03 预览打印效果

弹出预览视图，可以看到预览中没有了色彩和格式设置，效果如下图所示。

12.2.5 设置网格线打印

工作表中如果没有设置单元格的边框格式，当打印工作表时单元格数据之间就没有表格形式，这时可以通过设置网格线打印在打印，以工作表时给单元格添加边框，具体操作方法如下：

 素材文件	光盘：素材文件\第12章\设置网格线打印.xlsx

Step 01 单击对话框启动器按钮

打开“素材文件\第 12 章\设置网格线打印.xlsx”，单击“页面布局”选项卡下“页面设置”组中的对话框启动器按钮，如下图所示。

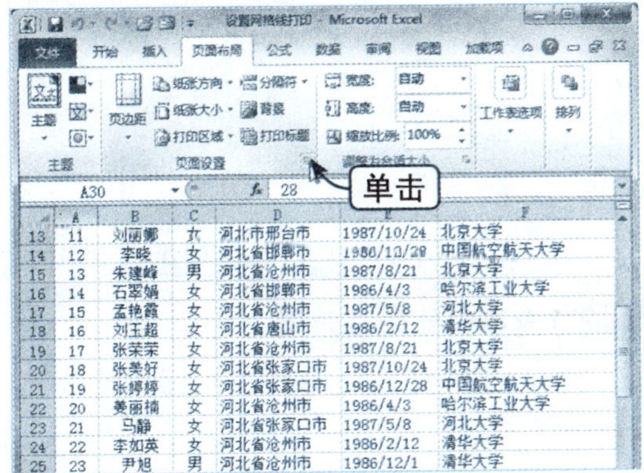

Step 02 选中“网格线”复选框

弹出“页面设置”对话框，选择“工作表”选项卡，选中“网格线”复选框，单击“打印预览”按钮，如下图所示。

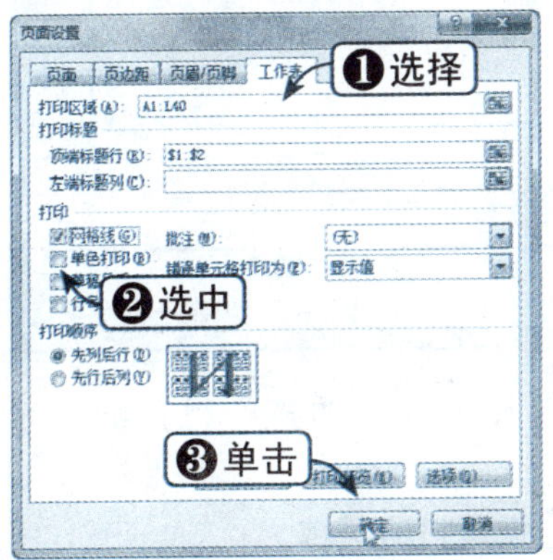

Step 03 预览网格线效果

弹出预览视图，可以看到打印预览中添加了网格线，效果如下图所示。

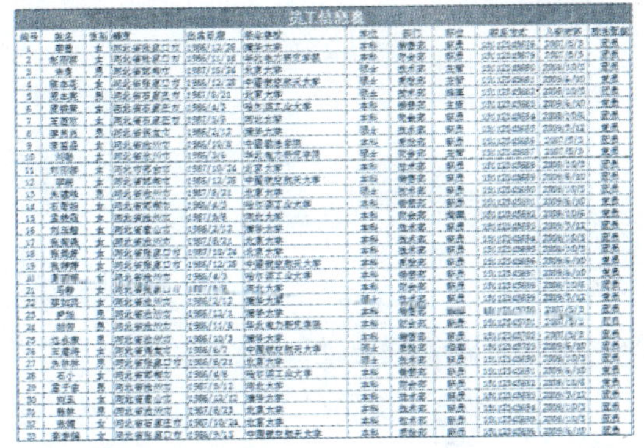

> **知识点拨**
>
> 当工作表包含的数据很多，在一个打印页中既不能打印完所有的数据行，又不能打印完所有的数据列，这时系统将需要打印的工作表拆分成 M×N 个打印页面进行打印。Excel 默认的打印顺序是先列后行，如果需要改变工作表打印顺序，可以进行如下操作：在“页面设置”对话框中选择“工作表”选项卡，选中“打印顺序”选项区中的“先行后列”复选框，此时工作表的打印顺序就是先行后列。

12.3 打印预览和打印

设置好页面版式之后，可以对设置的效果进行预览，根据预览再调整页面设置，设置满意后再打印。

12.3.1 打印预览

在 Excel 2010 中提供了方便的打印预览效果，具体操作方法如下：

Step 01 选择“打印”选项

继续上一节进行操作，选择“文件”选项卡，在弹出的 Backstage 视图中选择“打印”选项，即可看到打印效果，如下图所示。

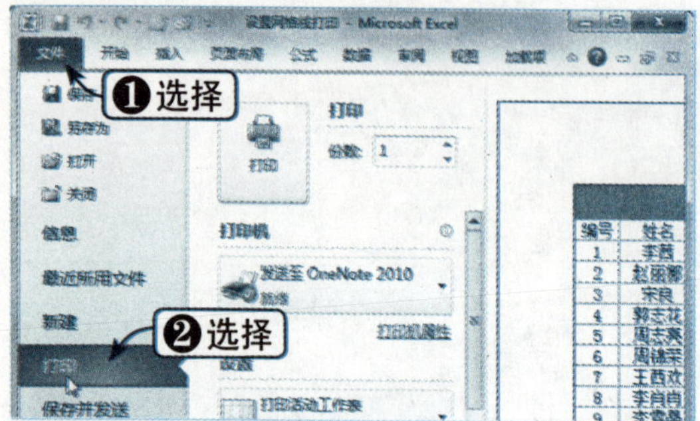

Step 02 单击对话框启动器按钮

也可以单击“页面布局”选项卡下“页面设置”组中的对话框启动器按钮，如下图所示。

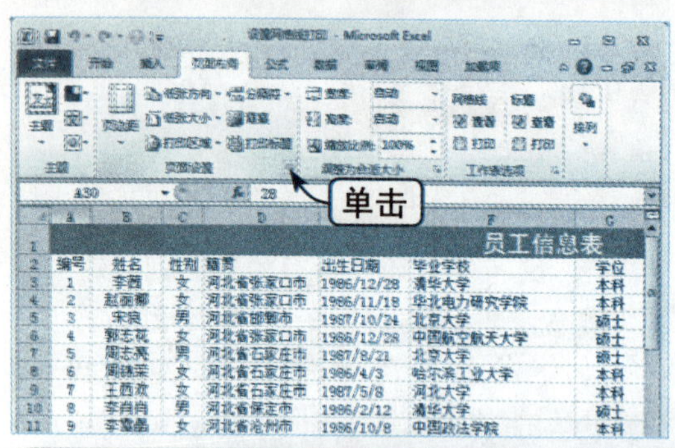

Step 03 单击“打印预览”按钮

弹出“页面设置”对话框，单击“打印预览”按钮，如下图所示。

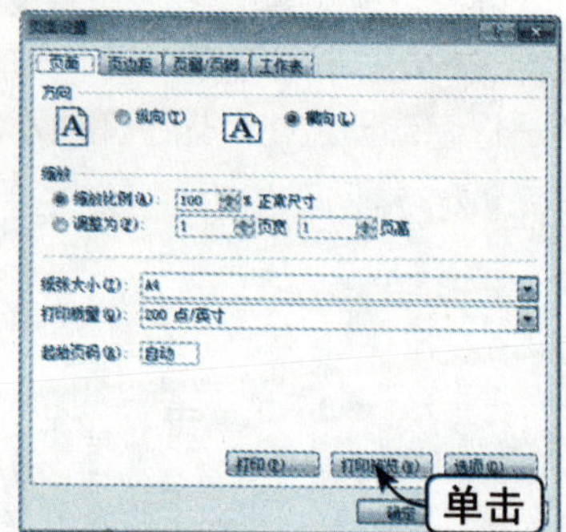

Step 04 查看打印预览效果

此时，即可查看设置好的打印预览效果，如下图所示。

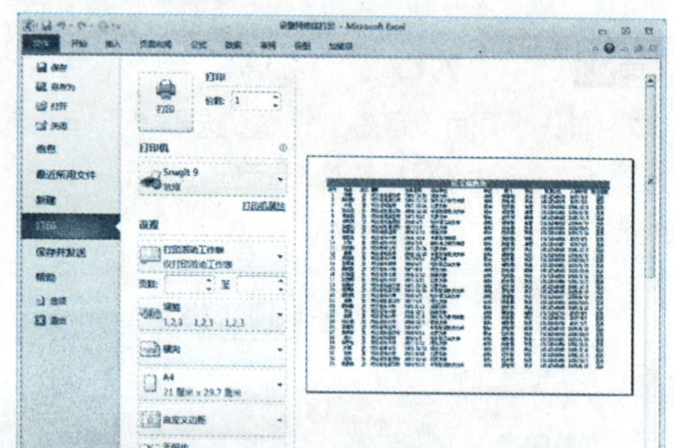

12.3.2 打印设置

打印工作表时可以设置一定的顺序，还可以选择要使用的打印机、纸张方向等，具体操作方法如下：

Step 01 选择打印机类型

继续上一节进行操作，在打印工作表 Backstage 视图中可以选择打印机的类型，如下图所示。

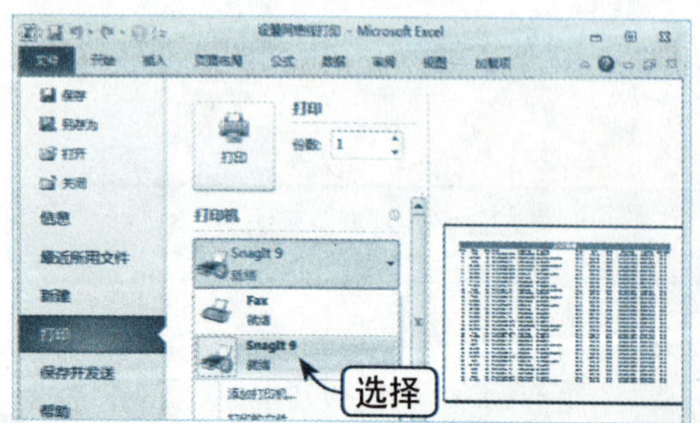

Step 02 设置打印区域

单击“打印活动工作表”下拉按钮，选择要打印的区域，如下图所示。

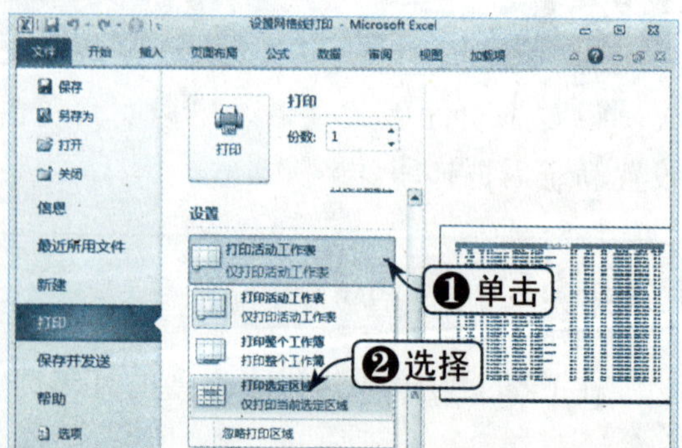

Step 03 设置打印顺序

单击“调整”下拉按钮，选择打印时输出的顺序，如下图所示。

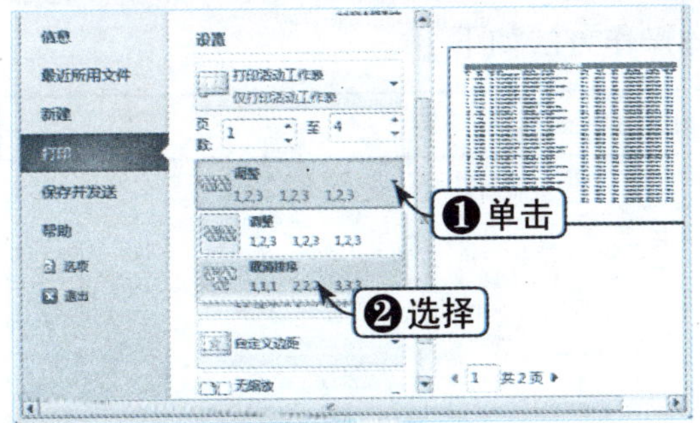

Step 04 设置纸张方向

单击“横向”下拉按钮，选择纸张的使用方向，如下图所示。

> **知识点拨**
>
> 用户还可以在“打印”选项中设置纸张大小和页边距等参数。

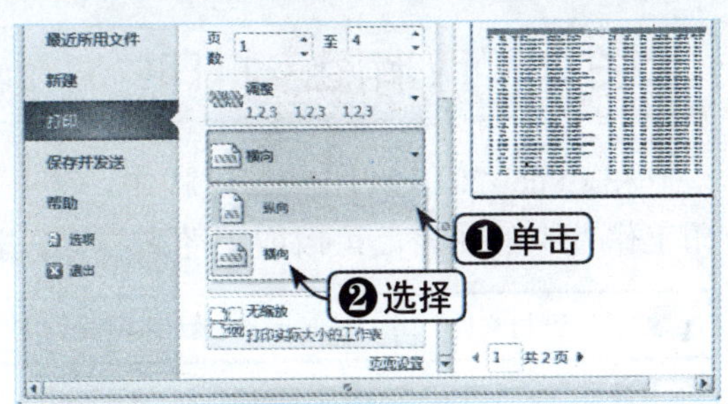

Step 05 设置缩放方式

单击“无缩放”下拉按钮，选择缩放的方式，设置完成后单击“打印”按钮，如下图所示。

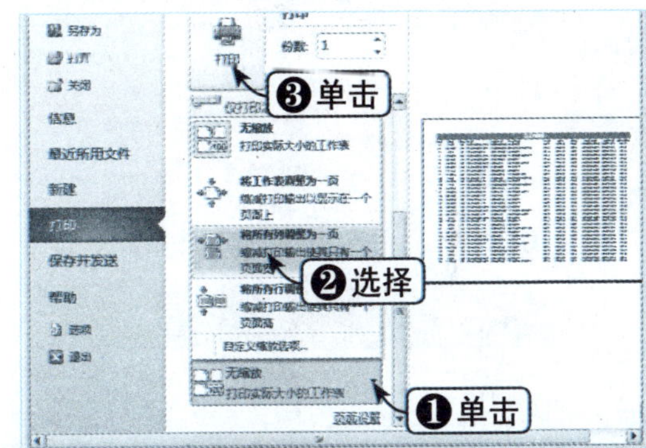

12.3.3 打印不连续的行或列

如果打印的记录不是连续的行或列，就是不连续的打印，具体操作方法如下：

	素材文件	光盘：素材文件\第12章\打印不连续的行.xlsx

Step 01 设置纸张方向

打开“素材文件\第 12 章\打印不连续的行.xlsx”，按住【Ctrl】键的同时单击不需要打印的行号标（或列），右击选中的行，在弹出的快捷菜单中选择“隐藏”选项，如下图所示。

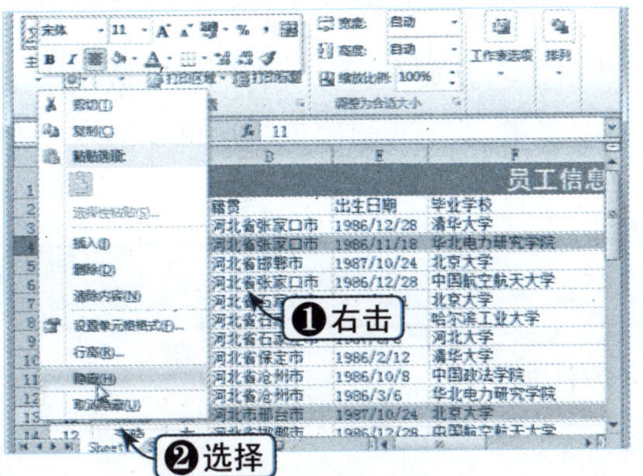

Step 02 预览打印效果

这样当打印工作表时，就只打印显示的内容，而不打印隐藏的内容，如下图所示。

12.3.4 取消图表打印

在 Excel 2010 打印文件过程中，工作表中包含的图表都会打印出来。如果不想打印工作表中的图表，可以取消图表打印，具体操作方法如下：

	素材文件	光盘：素材文件\第12章\取消图表打印.xlsx

Step 01 单击“选择窗格”按钮

打开“素材文件 \ 第 12 章 \ 取消图表打印 .xlsx”，单击“页面布局”选项卡下“排列”组中的“选择窗格”按钮，如下图所示。

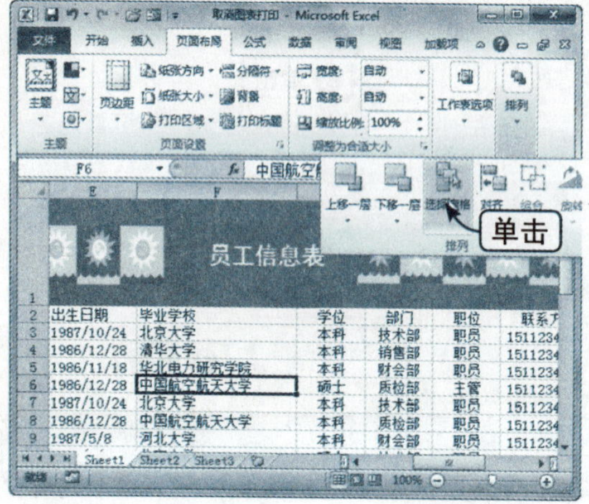

Step 02 设置打印选项

弹出“选择和可见性”任务窗格，单击“工作表中的图形”列表中不需要打印图片名称右侧的按钮，此时该按钮变成按钮，如下图所示。

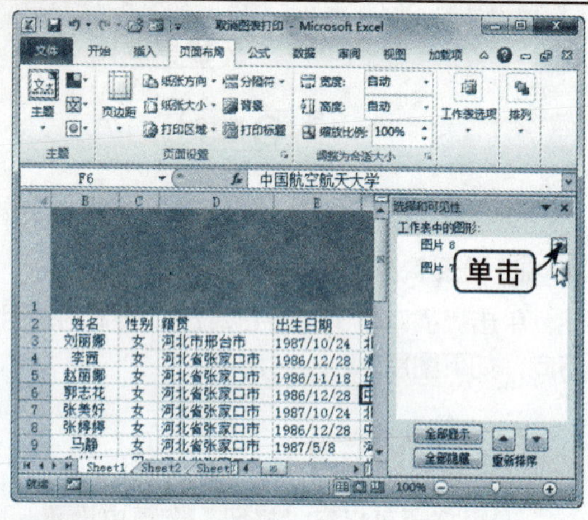

Step 03 预览打印效果

此时，即可使用打印预览功能查看打印效果，如下图所示。

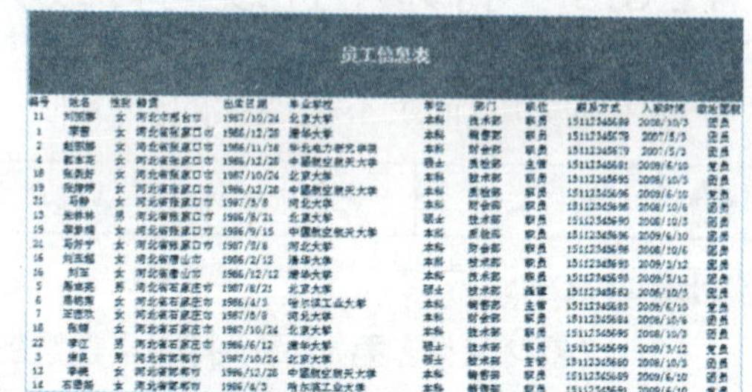

12.4 使用分页符

如果要打印多页工作表，Excel 将自动在其中插入分页符。分页符的位置取决于纸张的大小、页边距设置和设定的打印比例。当需要将文件强制分页时，可以插入一个分页符。

12.4.1 插入分页符

在需要分页的地方插入分页符，具体操作方法如下：

	素材文件	光盘：素材文件\第12章\插入分页符.xlsx

Step 01 选择"插入分布符"选项

打开"素材文件\第 12 章\插入分页符.xlsx"，选中 D10 单元格，单击"页面布局"选项卡下"页面设置"组中的"分隔符"下拉按钮，在弹出的下拉列表中选择"插入分页符"选项，如下图所示。

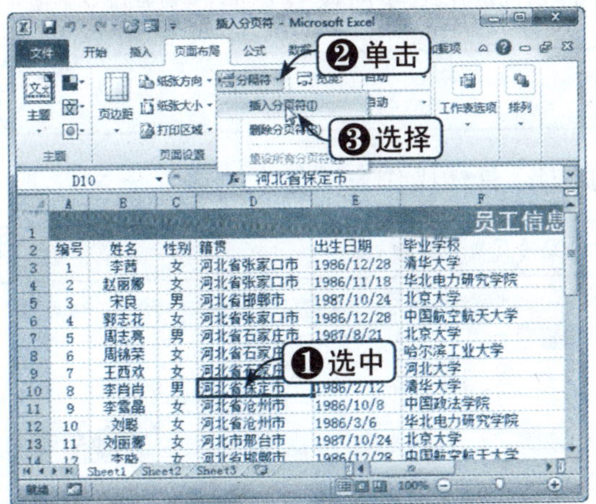

Step 02 查看分页效果

此时工作表中出现的虚线即是分页符，表格实际被分成了四部分，如下图所示。

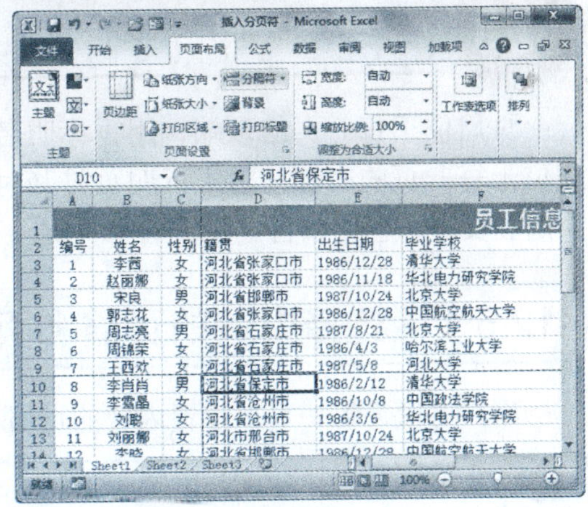

> **知识点拨**
>
> 如果要插入水平分页符，则单击要插入分页符行下面行中的任意单元格；如果要插入垂直分页符，则单击要插入分页符列右边列中的任意单元格。

12.4.2 删除分页符

当不需要分页符时可以将其删除，删除分页符的具体操作方法如下：

Step 01 选择"删除分页符"选项

继续上一节进行操作，单击"页面布局"选项卡下"页面设置"组中的"分隔符"下拉按钮，在弹出的下拉列表中选择"删除分页符"选项，如下图所示。

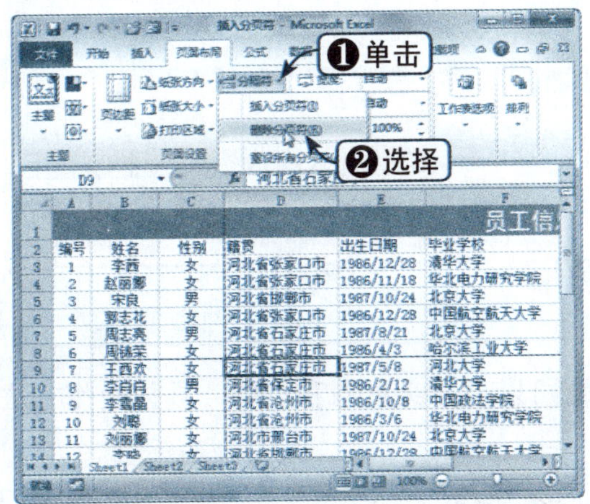

Step 02 查看删除效果

此时工作表中的分页符已经被删除，效果如下图所示。

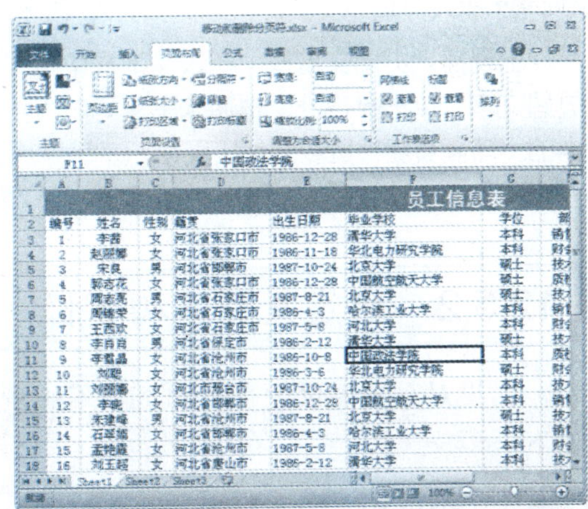

12.5 设置页眉和页脚

页眉位于每一页的顶端，用于标明名称和报表标题，可以由文本或图形组成。页脚位于每一页的底部，用于标明页号和时间等。在 Excel 2010 中，既可以选择内置的页眉和页脚，也可以自定义页眉和页脚。下面将详细介绍如何设置页眉和页脚。

12.5.1 选择内置的页眉和页脚

用户可以为每一页都设置内置的页眉和页脚，具体操作方法如下：

素材文件	光盘：素材文件\第12章\选择内置的页眉和页脚.xlsx

Step 01 单击“页眉和页脚”按钮

打开“素材文件\第 12 章\选择内置的页眉和页脚 .xlsx”，单击“插入”选项卡下“文本”组中的“页眉和页脚”按钮，如下图所示。

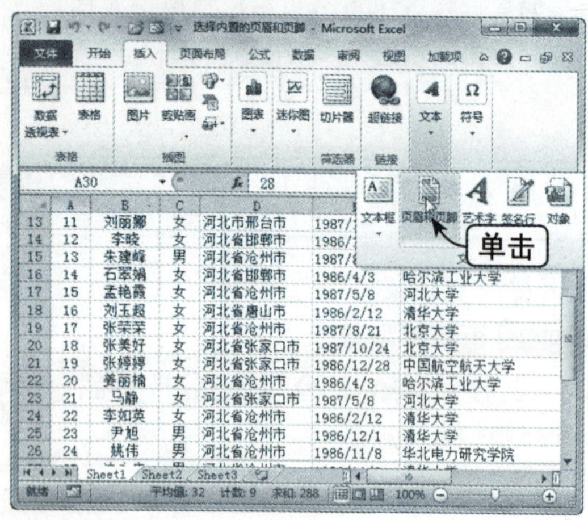

Step 02 插入页眉

出现插入页眉文本框，在该文本框中输入页眉文本，单击“设计”选项卡下“导航”组中的“转到页脚”按钮，如下图所示。

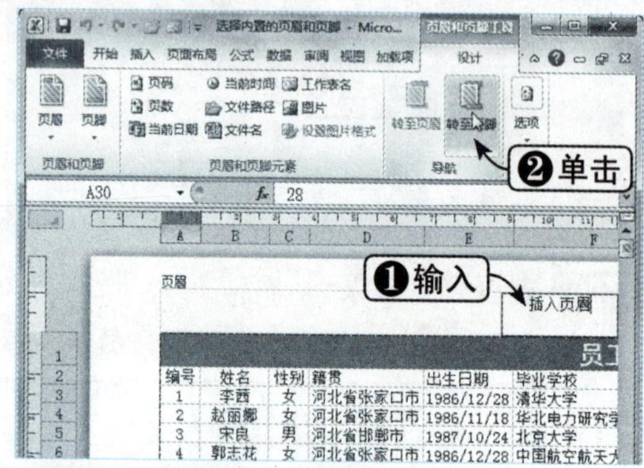

Step 03 插入页脚

此时光标跳转到页脚位置，在页脚文本框中输入页脚文本，双击任意单元格结束编辑操作即可，如下图所示。

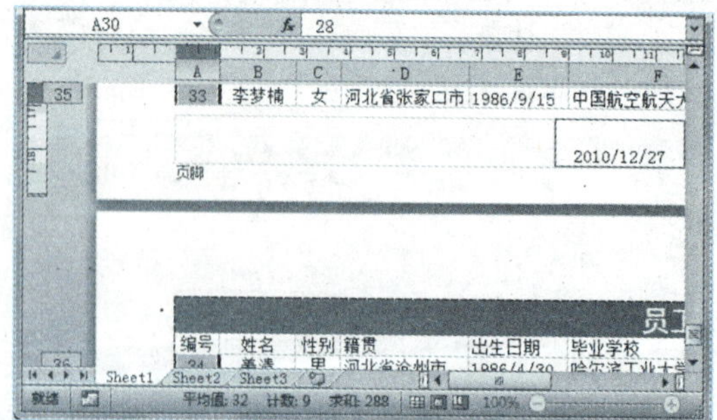

12.5.2 自定义页眉和页脚

如果对系统提供的页眉和页脚不满意，还可以自定义页眉和页脚，具体操作方法如下：

 素材文件	光盘：素材文件\第12章\自定义页眉和页脚.xlsx

Step 01 单击“页眉和页脚”按钮

打开“素材文件\第12章\自定义页眉和页脚.xlsx”，单击“插入”选项卡下“文本”组中的“页眉和页脚”按钮，如下图所示。

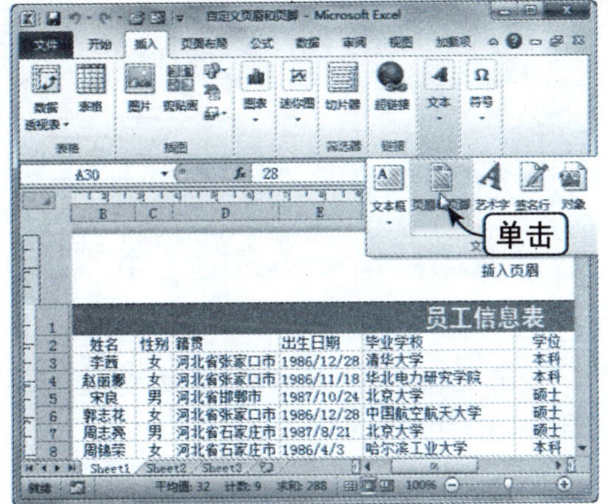

Step 02 单击“图片”按钮

单击“设计”选项卡下“页眉和页脚元素”组中的“图片”按钮，如下图所示。

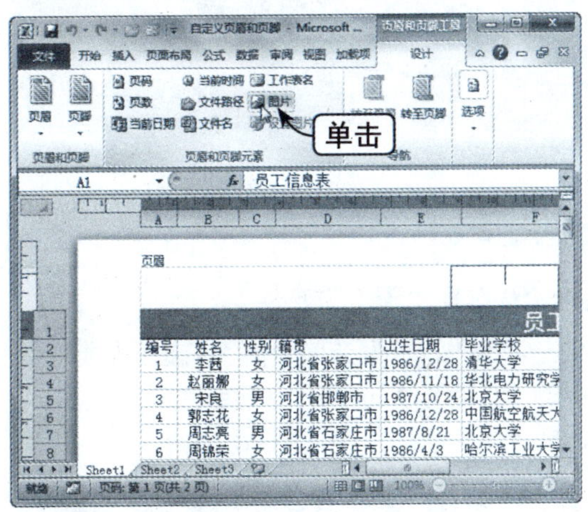

Step 03 选择插入图片

弹出“插入图片”对话框，选中要插入的图片，单击“插入”按钮，如下图所示。

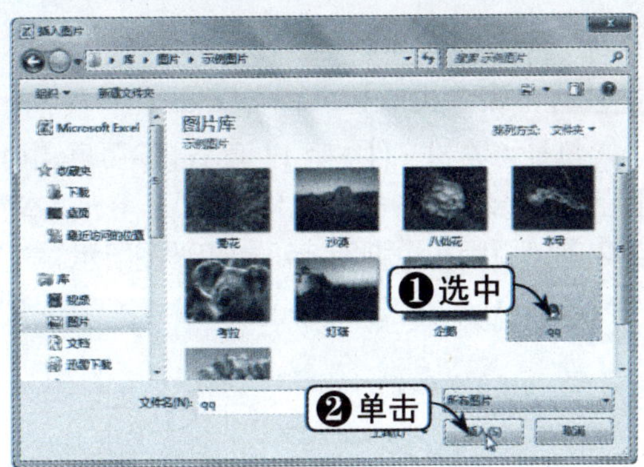

Step 04 输入页眉文字

在页眉文本框中输入“大中商贸进出口集团公司”字样，并单击“设计”选项卡下“导航”组中的“转到页脚”按钮，如下图所示。

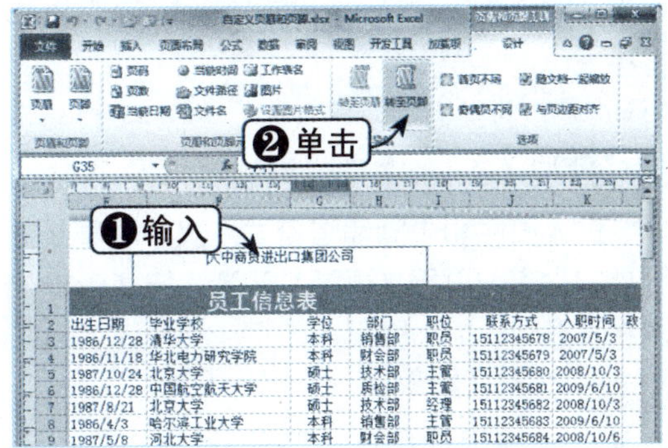

Step 05 插入页脚

采用同样的方法插入页脚，设置后的效果如下图所示。

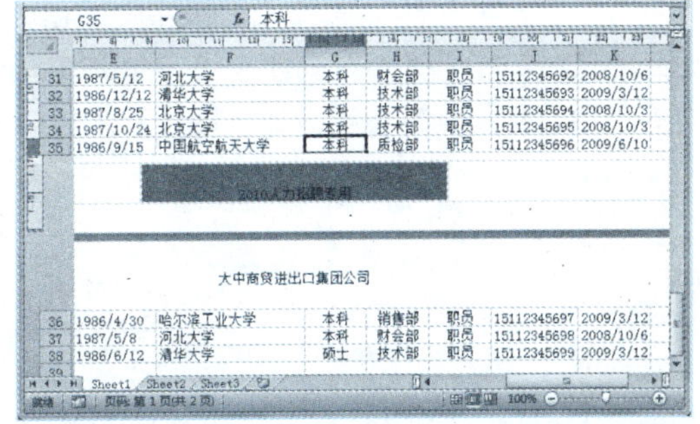

12.5.3 删除页眉和页脚

当不再需要工作表的页眉和页脚时，可以将其删除，具体操作方法如下：

	素材文件	光盘：素材文件\第12章\删除页眉和页脚的方法.xlsx

方法一：使用快捷键删除

Step01 单击“页眉和页脚”按钮

打开“素材文件\第 12 章\删除页眉和页脚的方法 .xlsx”，单击“插入”选项卡下“文本”组中的“页眉和页脚”按钮，如下图所示。

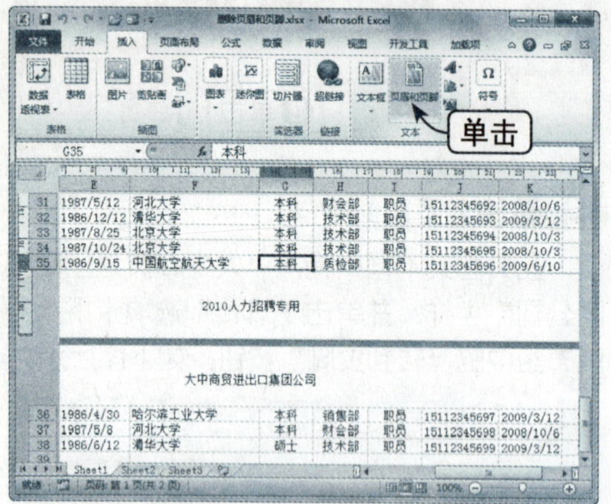

Step02 按【Delete】键进行删除

进入页眉和页脚编辑模式，选中页眉或页脚处的文本或页眉（页脚）元素，按【Delete】键将其删除，如下图所示。

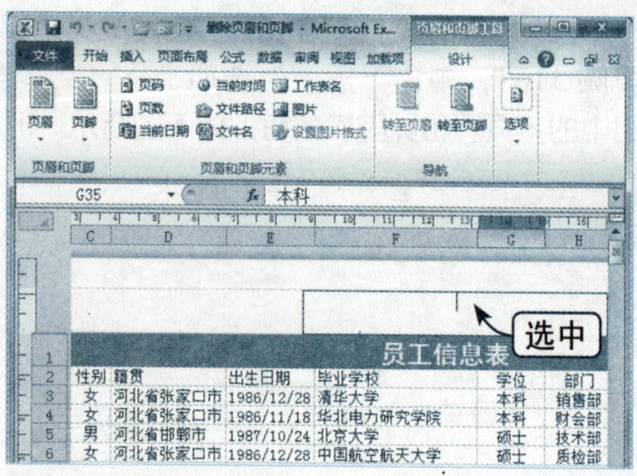

Step03 查看删除效果

双击工作表其他单元格，结束对页眉和页脚的编辑操作，效果如下图所示。

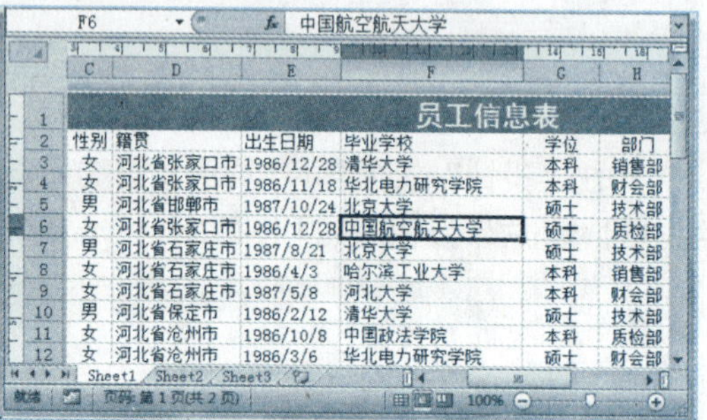

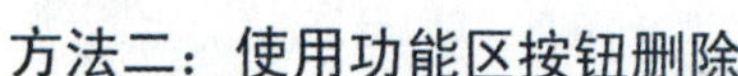

方法二：使用功能区按钮删除

素材文件	光盘：素材文件\第12章\删除页眉和页脚.xlsx

Step01 单击“页眉和页脚”按钮

打开“素材文件\第 12 章\删除页眉和页脚 .xlsx”，单击“插入”选项卡下“文本”组中的“页眉和页脚”按钮，如下图所示。

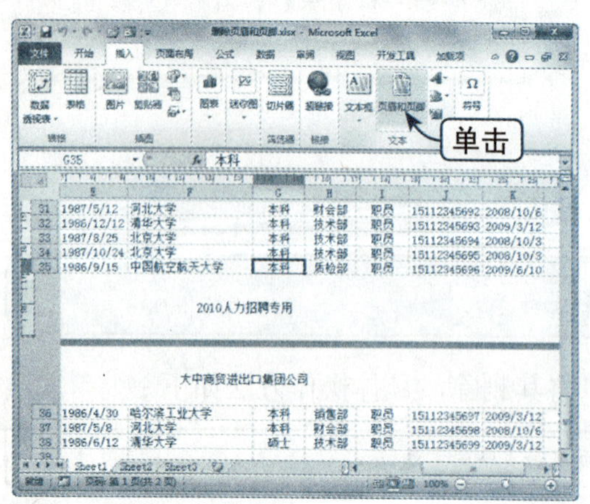

Step02 选择“无”选项

单击“设计”选项卡下“页眉和页脚”组中的“页眉”下拉按钮，在弹出的下拉列表中选择“无”选项，如下图所示。

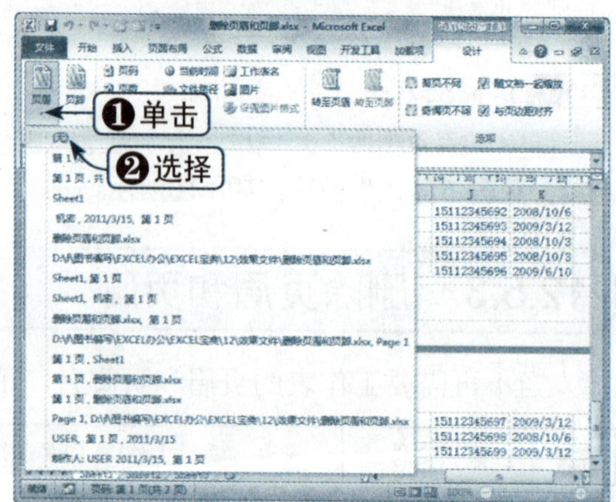

Step 03 选择“无”选项

单击“设计”选项卡下“页眉和页脚”组中的“页脚”下拉按钮，在弹出的下拉列表中选择“无”选项，如下图所示。

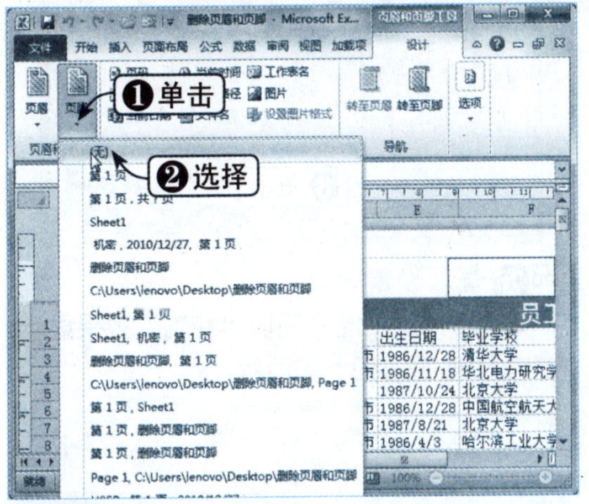

Step 04 查看删除效果

此时，原来的页眉和页脚即被删除，效果如下图所示。

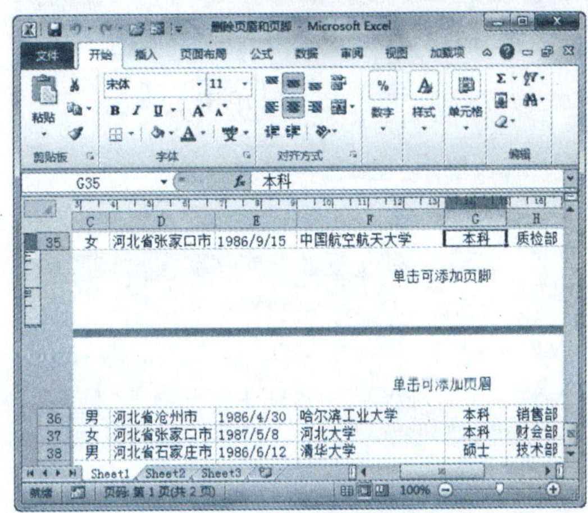

12.6 添加工作表水印效果

在 Excel 2010 中可以为工作表添加水印效果，以满足在特殊的文档编辑中的个性化需求。虽然实际上 Excel 并没有提供水印效果功能，但可以模仿制作出水印效果。

12.6.1 使用页眉或页脚添加水印效果

用户可以使用页面和页脚来添加水印效果，具体操作方法如下：

	素材文件	光盘：素材文件\第12章\使用页眉或页脚添加水印效果.xlsx

Step 01 单击“页眉和页脚”按钮

打开“素材文件\第 12 章\使用页眉或页脚添加水印效果.xlsx”，单击“插入”选项卡下“文本”组中的“页眉和页脚”按钮，如下图所示。

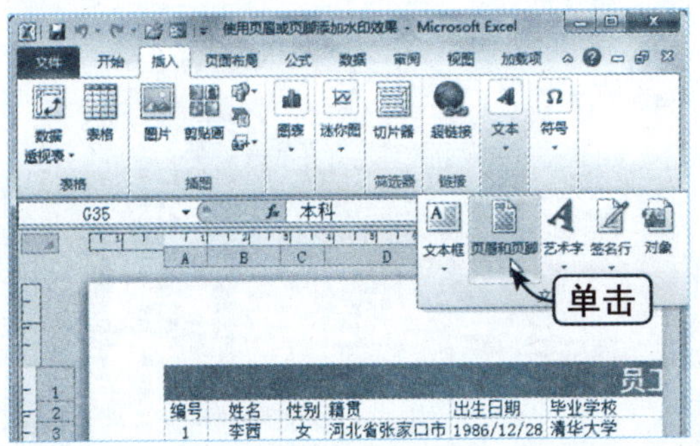

Step 02 插入图片

单击“设计”选项卡下“页眉和页脚元素”组中的“图片”按钮，通过对话框插入图片，如下图所示。

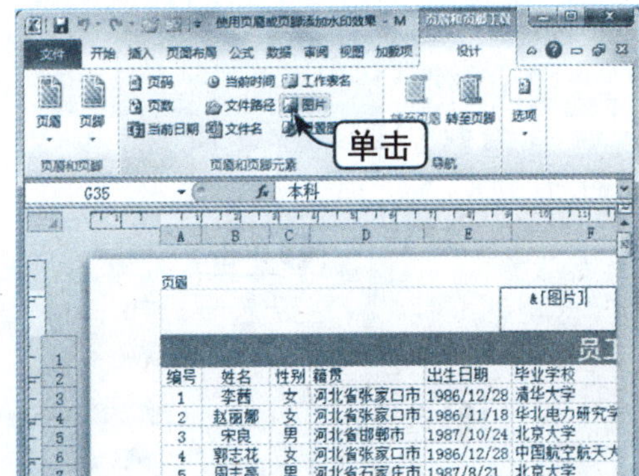

Step 03 单击“设置图片格式”按钮

单击“设计”选项卡下“页眉和页脚元素”组中的“设置图片格式”按钮，如下图所示。

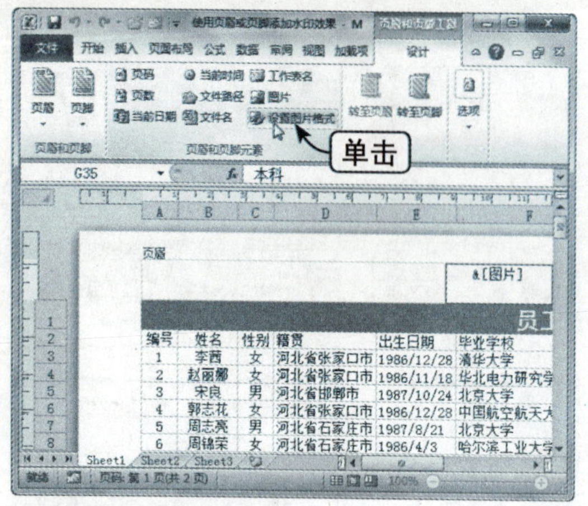

Step 04 设置图片颜色

弹出“设置图片格式”对话框，选择“图片”选项卡，在“颜色”下拉列表框中选择“冲蚀”选项，单击“确定”按钮，如下图所示。

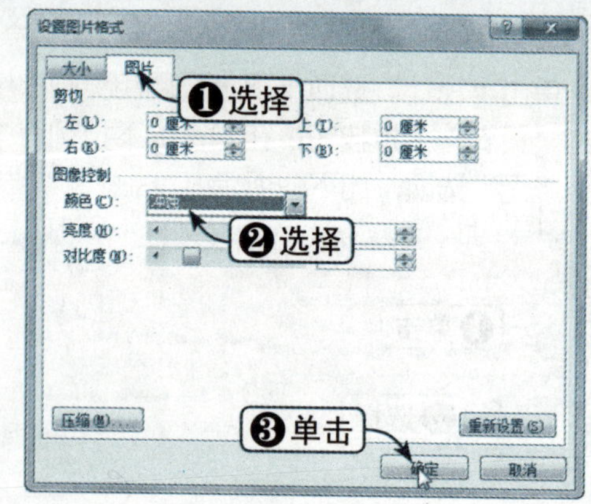

Step 05 查看设置效果

此时，插入的图片将以“冲蚀”效果显示，类似水印效果，如下图所示。

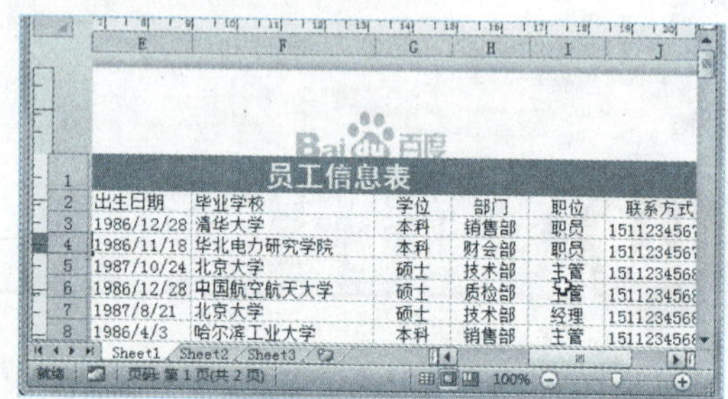

12.6.2 使用艺术字添加水印效果

在 Excel 2010 中，使用艺术字的强大功能也可以设计出美观的水印效果，具体操作方法如下：

	素材文件	光盘：素材文件\第12章\使用插入艺术字添加水印效果.xlsx

Step 01 选择艺术字格式

打开“素材文件\第 12 章\使用插入艺术字添加水印效果.xlsx”，单击“插入”选项卡下“文本”组的“艺术字”下拉按钮，在弹出的下拉列表中选择一种艺术字格式，如下图所示。

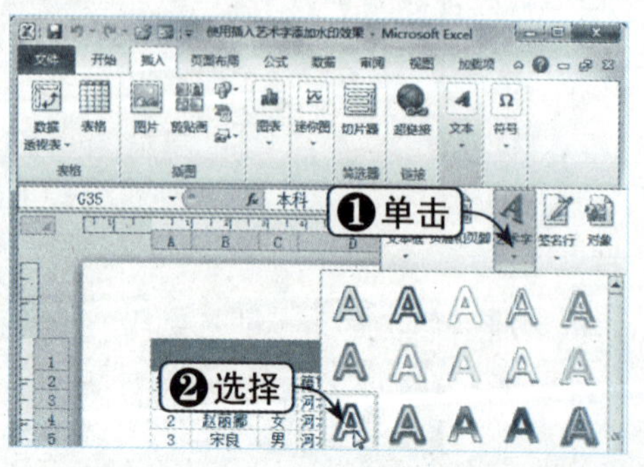

Step 02 添加艺术字

此时工作表中出现文本框，在其中输入需要的文本内容，并适当旋转文本框，如下图所示。

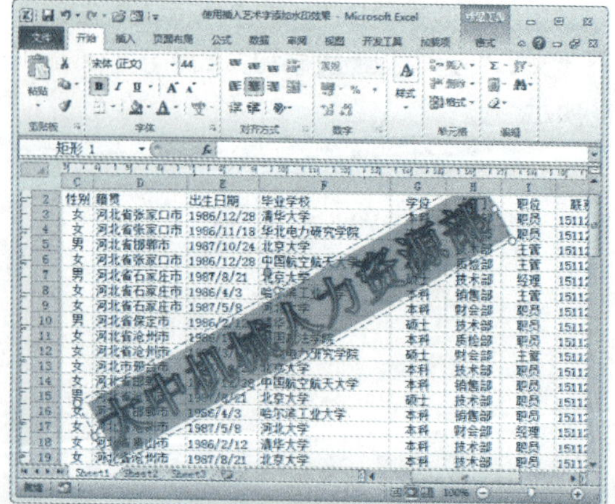

Step 03 单击对话框启动器按钮

单击“格式”选项卡下“艺术字格式”组中的对话框启动器按钮，如下图所示。

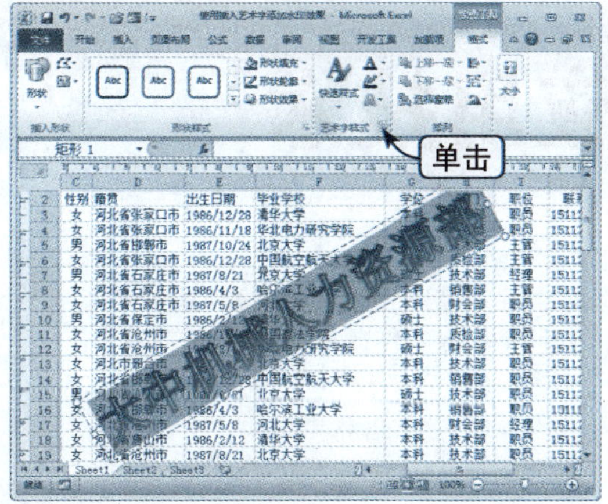

Step 04 设置艺术字格式

弹出“设置文本效果格式”对话框，在左窗格中选择“文本填充”选项，在右窗格中选中“纯色填充”单选按钮，调整透明度到较大的数值，单击“关闭”按钮，如下图所示。

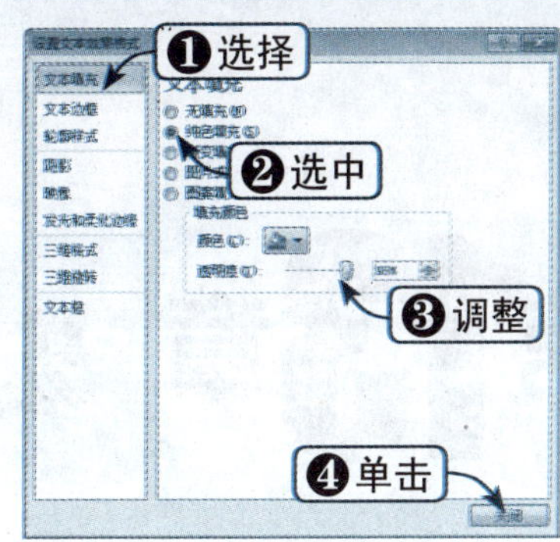

Step 05 查看水印效果

调整透明度之后，此时的艺术字效果如同水印效果，如下图所示。

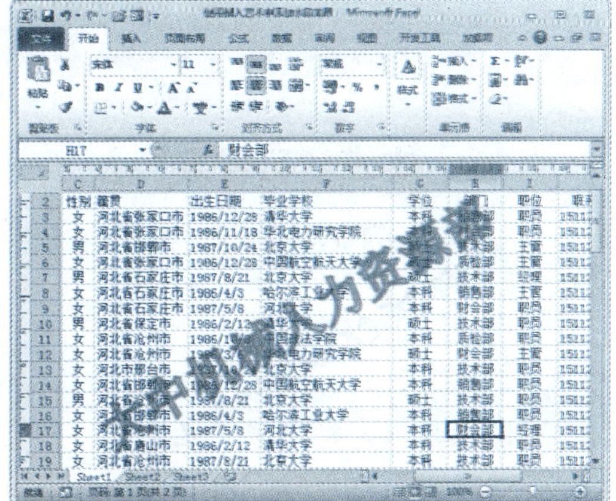

● 读书笔记

第13章 宏的应用技术

宏是一种动作录像器，主要用于需要重复操作的情况，是一种批处理工具，可以提高工作效率。本章将对在Excel中使用宏进行简要介绍，读者应该对宏的应用进行初步的掌握。

本章学习重点

1. 宏的概述和安全性设置
2. 创建宏
3. 运行宏

重点实例展示

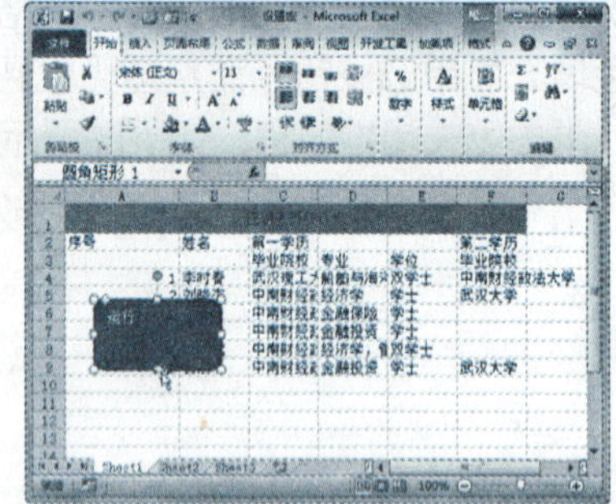

设置宏的操作

本章视频链接

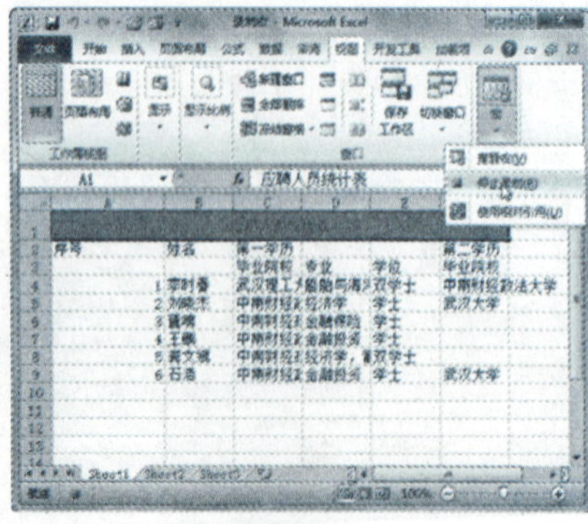

停止录用宏

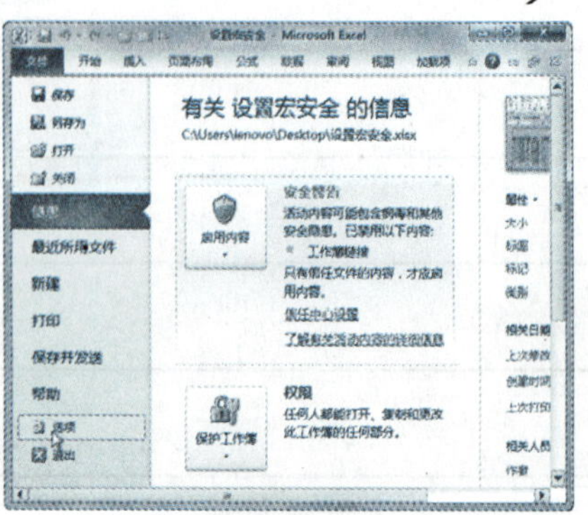

设置宏安全

13.1 宏的概述和安全性设置

宏是可用于自动执行某一重复任务的一系列命令，它是所有的一系列命令的集合。通俗地讲，宏就像一个录像机，把某一些操作记录下来。当再次需要进行类似操作时可以直接播放该宏，它就会完成这一连串的操作，从而实现类似自动化操作的效果。

宏多数是由 VBA 开发的，这需要专门的编程知识。但录制宏并不需要面对和学习 VBA 语法，只需在可视窗口中进行鼠标和键盘操作。

在创建宏之后，可以将宏分配给对象（如按钮、图形、控件、快捷键等），这样执行宏就像单击按钮或按快捷键一样简单。正是由于这样操作方便的特性，使用宏可以方便地扩展 Excel 的功能。如果不再需要使用宏，还可以将其删除。

13.1.1 打开包含宏的文档

运行他人开发的宏具有一定的风险，宏本身可能成为病毒制造源，因此只有在用户启用的情况下才能运行宏命令。

	素材文件	光盘：素材文件\第13章\打开包含宏的文档.xlsx

方法一：在消息栏中启用

打开“素材文件\第 13 章\打开包含宏的文档.xlsx”，在弹出的消息栏中单击“启用内容”按钮，如右图所示。

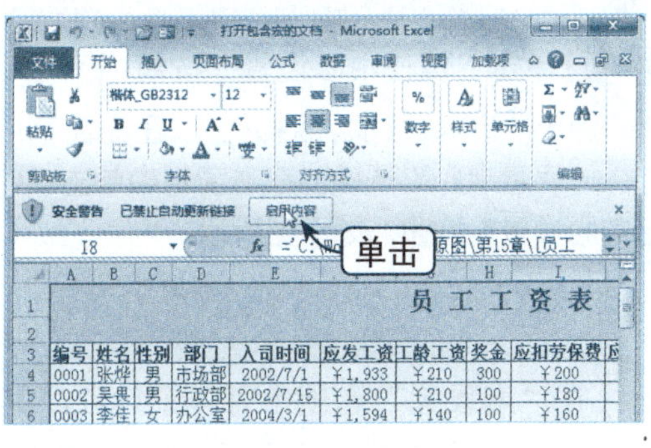

知识点拨

其实宏并不是一个神秘的功能，它的操作非常简单，只需将所需要的操作录制下来就可以了。

方法二：在Backstage视图中启用宏

Step 01 选择“信息”选项

打开“素材文件\第 13 章\打开包含宏的文档.xlsx”，选择“文件”选项卡，在弹出的 Backstage 视图中选择“信息”选项，如下图所示。

Step 02 选择“启用所有内容”选项

在右窗格中单击“启用内容”下拉按钮，在弹出的下拉列表中选择“启用所有内容”选项，如下图所示。

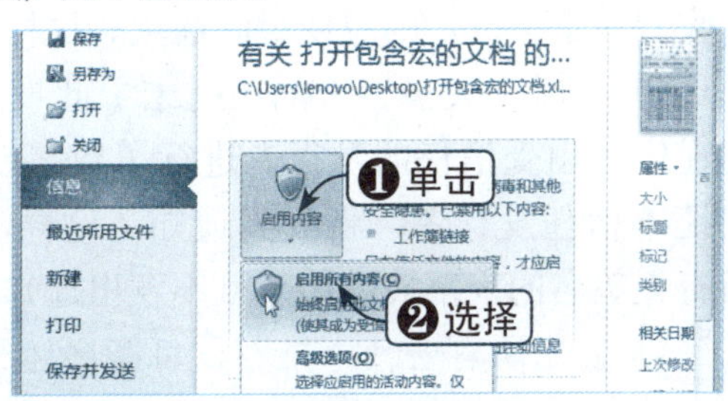

13.1.2 设置宏安全

要设置宏的安全性，可以按照以下方法进行操作：

	素材文件	光盘：素材文件\第13章\设置宏安全.xlsx

Step 01 选择“选项”选项

打开“素材文件\第13章\设置宏安全.xlsx”，选择“文件”选项卡，在弹出的Backstage视图中选择“选项”选项，如下图所示。

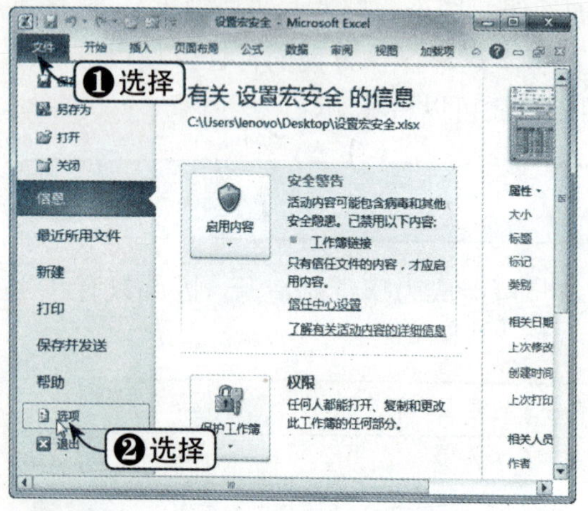

Step 02 单击“信任中心设置”按钮

弹出“Excel选项”对话框，在左窗格中选择“信息中心”选项，在右窗格中单击“信任中心设置”按钮，如下图所示。

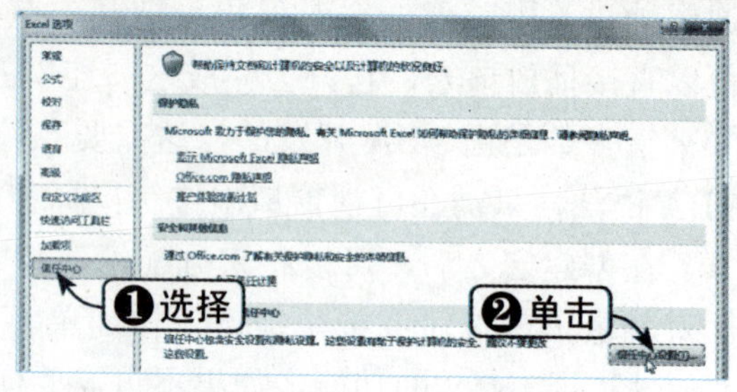

Step 03 选中“启用所有宏”单选按钮

弹出“信息中心”对话框，在左窗格中选择“宏设置”选项，选中“启用所有宏”单选按钮，单击“确定”按钮，如下图所示。

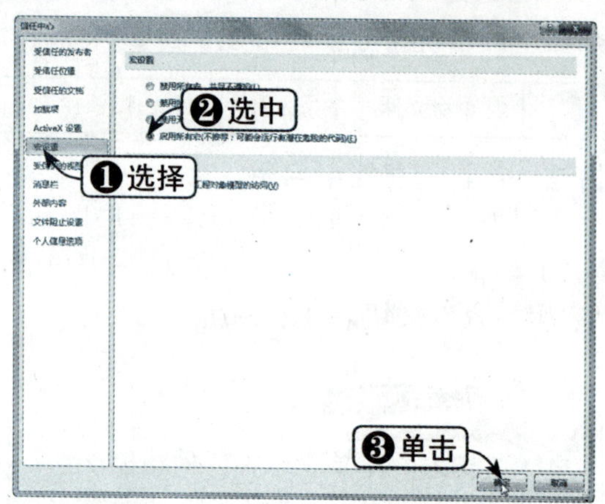

在“宏设置”选项中有4个选项，其作用分别如下：

◎ 禁用所有宏，并且不通知：如果不信任宏，使用此设置。文档中的所有宏以及有关宏的安全警报都被禁用。如果文档具有信任的未签名的宏，则可以将这些文档放在受信任的位置。受信任位置中的文档可以直接运行，不会由信任中心安全系统进行检查。

◎ 禁用所有宏，并发出通知：这是默认设置。如果想禁用宏，但又希望在存在宏时收到安全警报，则应使用此选项。这样，可以根据具体情况选择何时启用这些宏。

◎ 禁用无数字签署的所有宏：此设置与“禁用所有宏，并发出通知”选项相同，但在宏已由受信任的发行者进行了数字签名时，如果信任发行者，则可以运行宏；如果还不信任发行者，将收到通知。这样，可以选择启用那些签名的宏或信任发行者。所有无签名的宏都被禁用，且不发出通知。

◎ 启用所有宏（不推荐，可能会运行有潜在危险的代码）：可以暂时使用此设置，

以便允许运行所有宏。因为此设置会使电脑容易受到可能是恶意代码的攻击，所以不建议永久使用此设置。

13.2 创建宏

在录制或编写宏之前应先制订计划，确定宏要执行的命令步骤。在录制前最好先执行一次，确定每个步骤的详细操作过程，因为如果录制宏时出现失误，改正失误的操作也会被 Excel 录制到宏中。

13.2.1 显示“开发工具”选项卡

在 Excel 2010 的默认环境中，“开发工具”选项卡中的一些相关命令是不会在快速访问工具栏中的，添加“开发工具”相关命令的具体操作方法如下：

	素材文件	光盘：素材文件\第13章\显示“开发工具”选项卡.xlsx

Step 01 选择“选项”选项

打开“素材文件\第 13 章\显示‘开发工具’选项卡 .xlsx”，选择“文件”选项卡，在弹出的 Backstage 视图中选择“选项”选项，如下图所示。

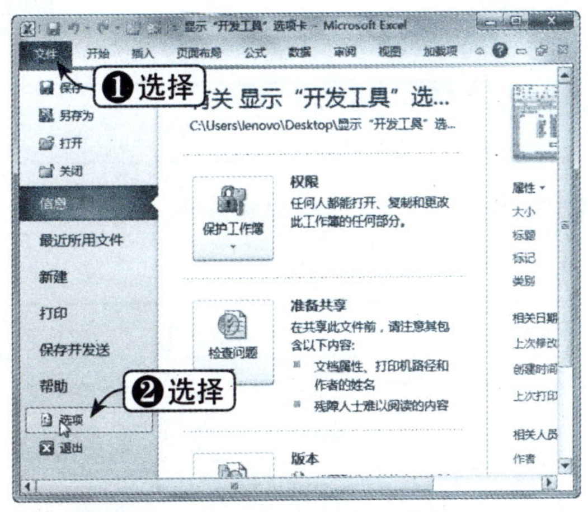

Step 02 选中“开发工具”复选框

弹出“Excel 选项”对话框，在左窗格中选择“自定义功能区”选项，在右窗格的“主选项卡”列表框中选中“开发工具”复选框，单击“确定”按钮，如下图所示。

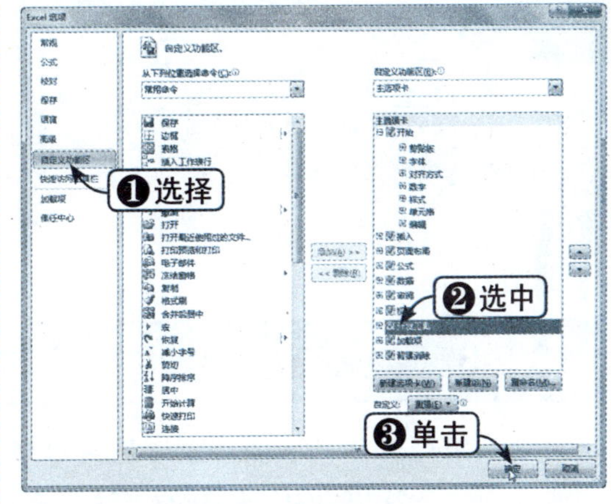

Step 03 查看添加效果

返回原窗口，此时在标题栏下方即可看到“开发工具”选项卡，如下图所示。

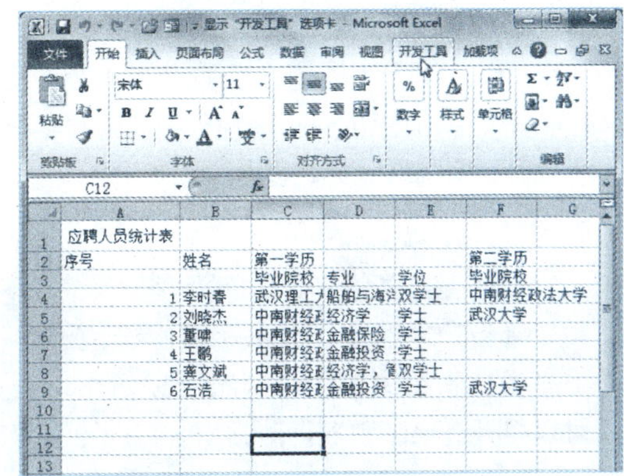

13.2.2 使用VB创建宏

使用宏录制器可以创建较简单的宏，对于较复杂的宏则可以使用 Visual Basic 编辑器来创建。在 Visual Basic 编辑器中，使用 Visual Basic Applications 代码可以完成各种复杂的操作。通过 Visual Basic 编辑器创建宏的方法如下：

	素材文件	光盘：素材文件\第13章\使用vb创建宏.xlsx

Step 01 单击 Visual Basic 按钮

打开“素材文件\第 13 章\使用 vb 创建宏 .xlsx”，单击“开发工具”选项卡下“代码”组中的 Visual Basic 按钮，如下图所示。

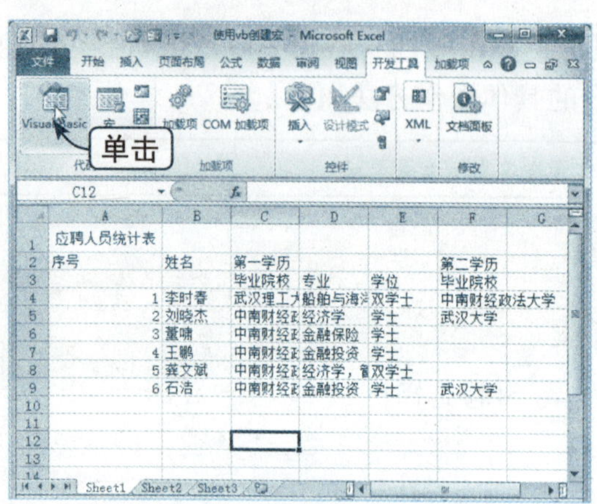

Step 02 输入代码创建宏

在“工程 -VBAProject”窗格中单击“查看代码”按钮，在右窗格中弹出“使用 vb 创建宏 .xlsx-sheet1(代码)”窗格，并在其中输入代码来创建宏，如下图所示。

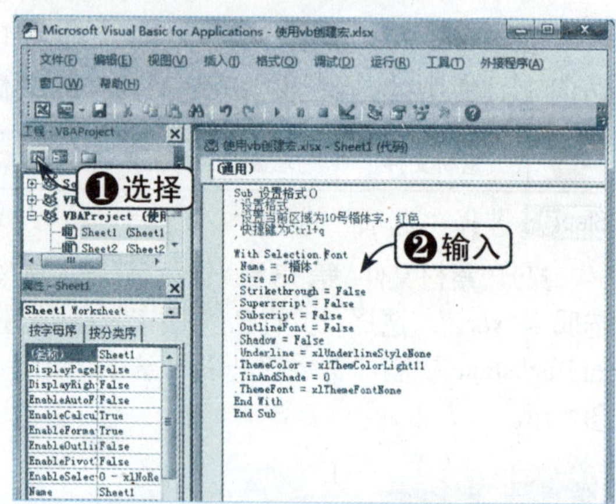

13.2.3 录制宏

下面用设置单元格的基本操作来说明录制宏的过程，用户可以根据需要录制多个宏或录制一个复杂的宏，录制的方法是一样的，具体操作方法如下：

	素材文件	光盘：素材文件\第13章\录制宏.xlsx

Step 01 选择“录制宏”选项

打开“素材文件\第 13 章\录制宏 .xlsx”，选中单元格，单击“视图”选项卡下“宏”组中的“宏”下拉按钮，在弹出的下拉列表中选择“录制宏”选项，如右图所示。

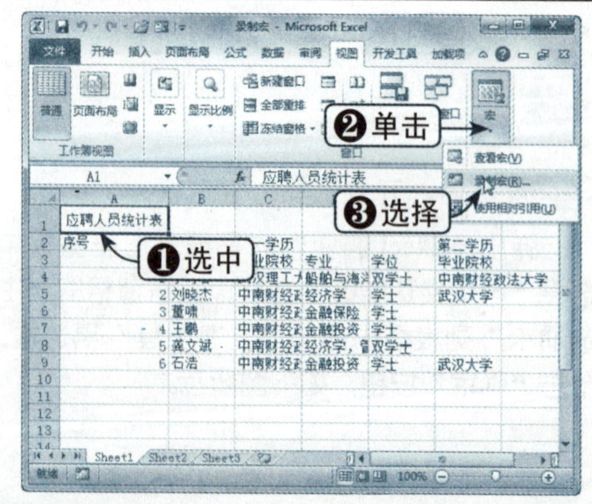

知识点拨

单击功能区中“开发工具”选项卡下“代码”组中的“录制宏”按钮，也可以打开“录制新宏”对话框。

Step 02 设置新宏

弹出“录制新宏”对话框，设置宏的名称和快捷键，在“保存在”下拉列表框中设置该宏在哪些范围有效，单击“确定”按钮，如下图所示。

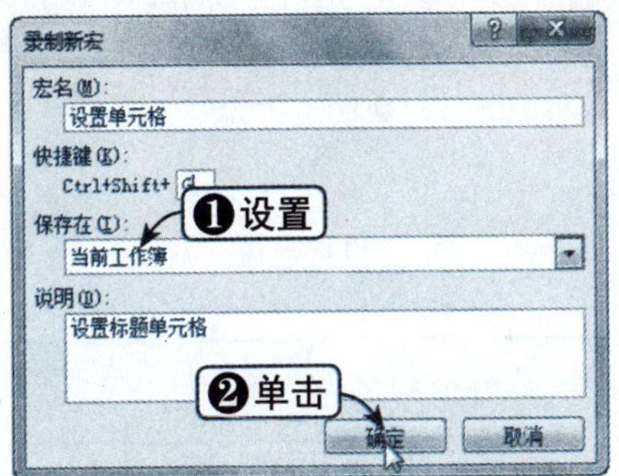

Step 03 设置单元格格式

返回工作表，按照常规操作使用鼠标和键盘设置单元格格式，如下图所示。

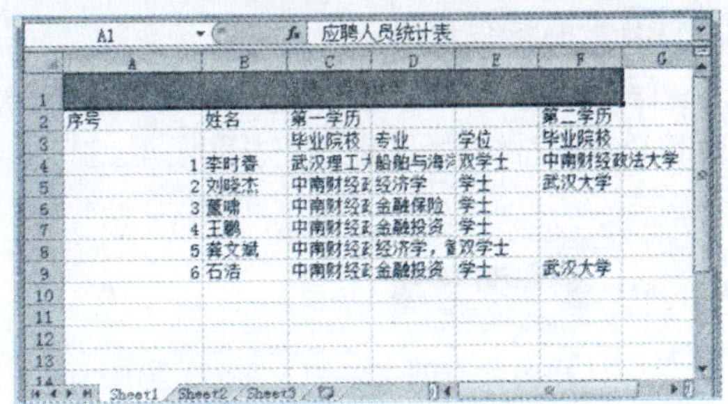

Step 04 停止录制宏

设置完成后，单击“视图”选项卡下“宏”组中的“宏”下拉按钮，在弹出的下拉列表中选择“停止录制”选项即可，如下图所示。

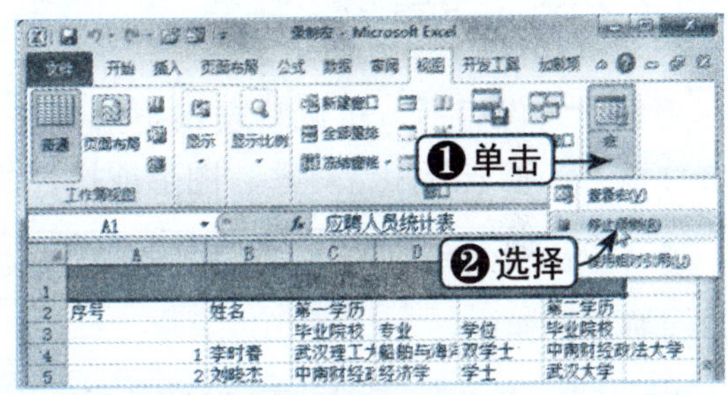

13.2.4 保存宏文件

设置了宏的文件不能直接保存为.XLSX文件，而要保存为.XLSM类型的文件，具体操作方法如下：

Step 01 单击“保存”按钮

继续上一节进行操作，单击快速访问工具栏中的“保存”按钮，如下图所示。

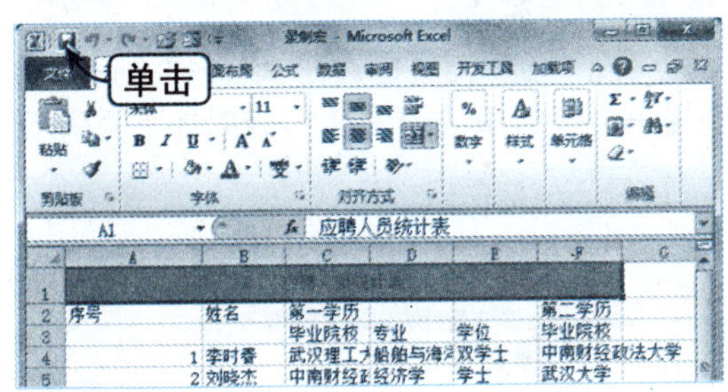

Step 02 单击“否”按钮

弹出提示信息框，单击“否”按钮，如下图所示。

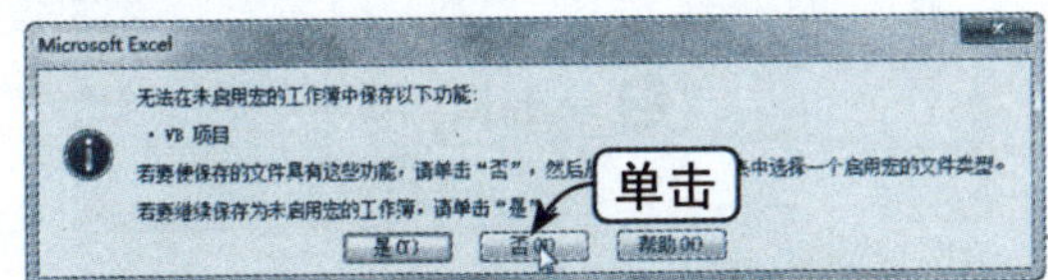

Step 03 选择保存类型

弹出“另存为”对话框，在“保存类型”下拉列表中选择“Excel启用宏的工作簿(*.xlsm)”选项，设置其他项目后单击“保存”按钮即可，如下图所示。

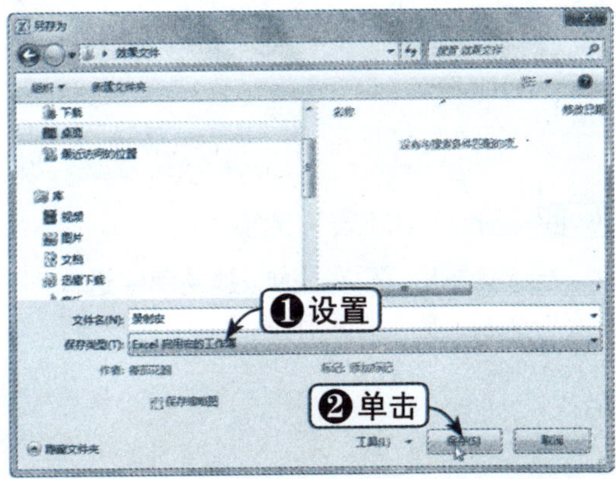

Step 04 查看保存效果

保存后可即看到文件的图标和后缀名与普通的 Excel 文件有所区别，如右图所示。

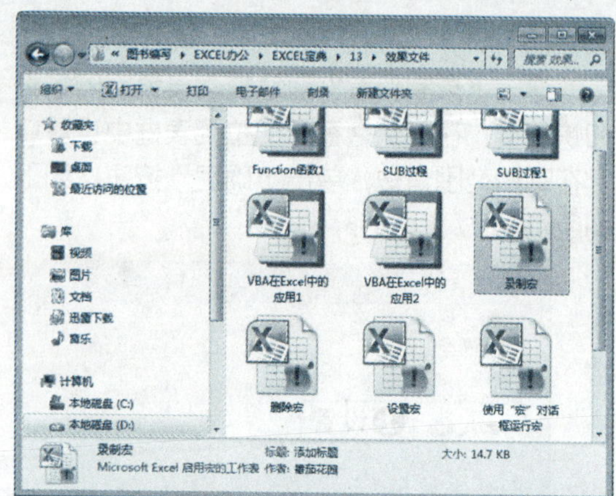

知识点拨

打开包含宏的文件时，Excel 2010 可能会提示用户该文件包含宏，或直接阻止宏的运行，以保护数据安全。

13.2.5 设置宏

创建宏保存后，可以将宏指定给某一对象、图形或控件，然后可以通过这些对象运行该宏。将宏分配给对象、图形或控件的具体操作方法如下：

	素材文件	光盘：素材文件\第13章\设置宏.xlsx

Step 01 创建图形

打开"素材文件\第 13 章\设置宏 .xlsx"，在该工作簿中创建一个矩形图形，并在其中输入"运行"两字，如下图所示。

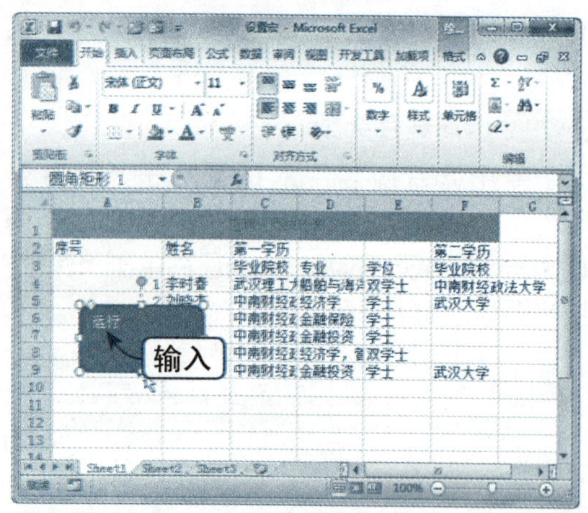

Step 02 选择"指定宏"选项

右击该图形，在弹出的快捷菜单中选择"指定宏"选项，如下图所示。

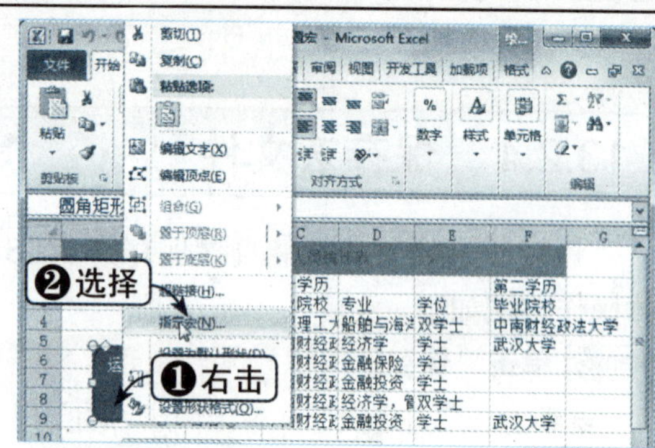

Step 03 指定宏名

弹出"宏"对话框，在"宏名"列表框中选择一个宏名，单击"确定"按钮，如下图所示。

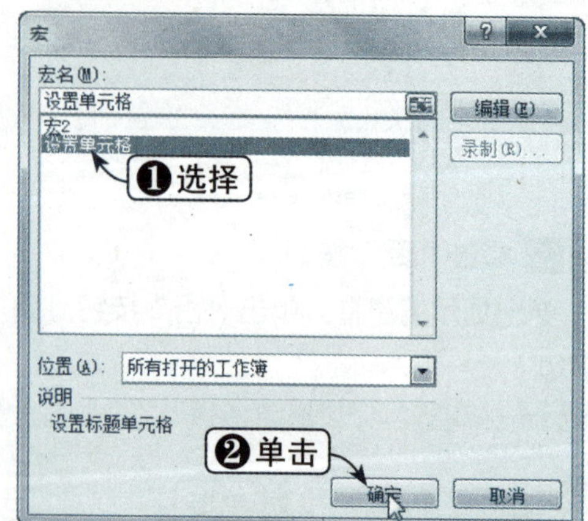

知识点拨

为某一对象、图形或控件指定宏之前，首先要创建所需要的宏，或者打开包含所需要宏的工作簿。

13.2.6 查看宏

创建宏后，用户可以进行查看，查看宏的具体操作方法如下：

	素材文件	光盘：素材文件\第13章\查看宏.xlsx

Step 01 选择“查看宏”选项

打开“素材文件\第 13 章\查看宏 .xlsx”，单击“视图”选项卡下“宏”组中的“宏”下拉按钮，在弹出的下拉列表中选择“查看宏”选项，如下图所示。

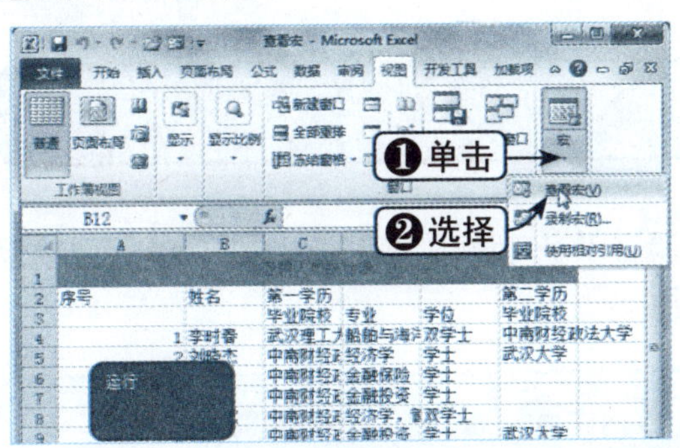

Step 02 查看宏

弹出“宏”对话框，可以查看所有创建好的宏，并可以对现有的宏进行管理，如下图所示。

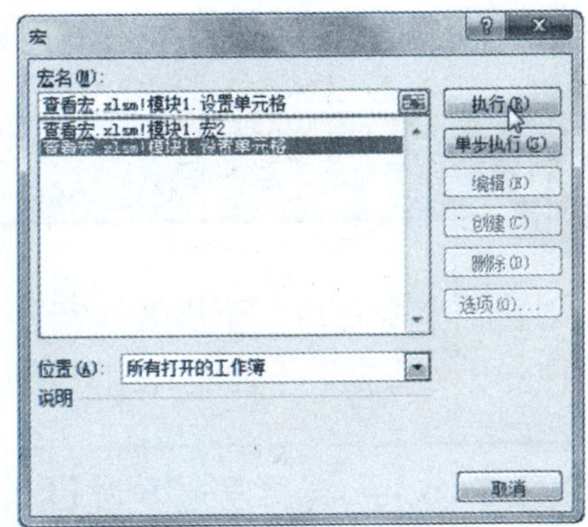

13.2.7 删除宏

如果创建了太多的宏，就会使工作簿文件变大，占用太多的空间。如果确定宏不再使用，可以将其删除。删除宏的具体操作方法如下：

	素材文件	光盘：素材文件\第13章\删除宏.xlsx

Step 01 单击“宏”按钮

打开“素材文件\第 13 章\删除宏 .xlsx”，单击“开发工具”选项卡下“代码”组中的“宏”按钮，如右图所示。

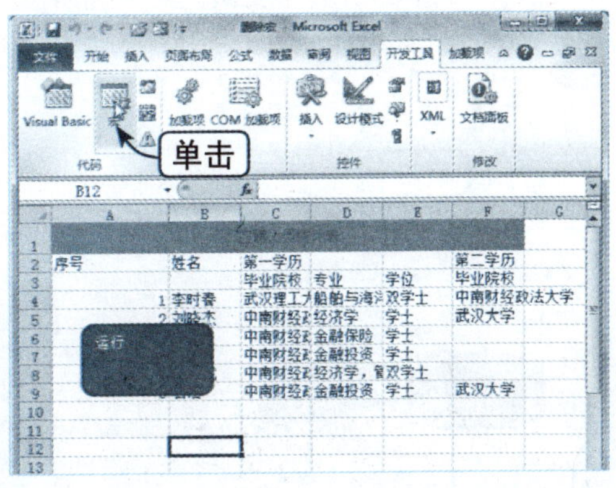

知识点拨

如果要删除的宏保存在个人宏工作簿 (Personal.xlsb) 中，并且此工作簿被隐藏，则先要取消隐藏该工作簿。

Step 02 单击“删除”按钮

弹出“宏”对话框，在“宏名”列表框中选择不需要的宏名，单击“删除”按钮，如下图所示。

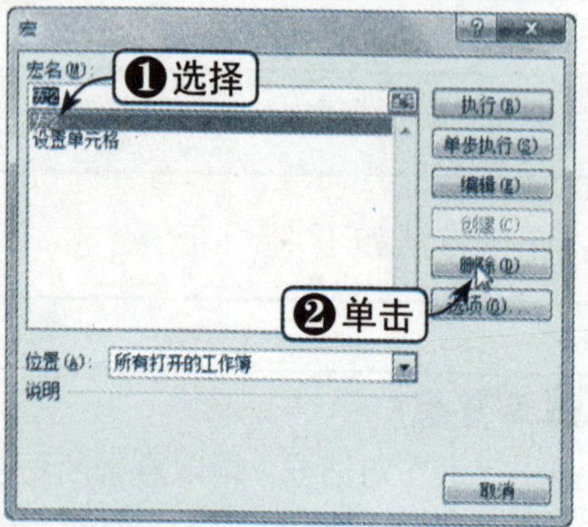

Step 03 确定删除宏

弹出提示信息框，询问用户是否真的删除宏，单击“是”按钮，如下图所示。

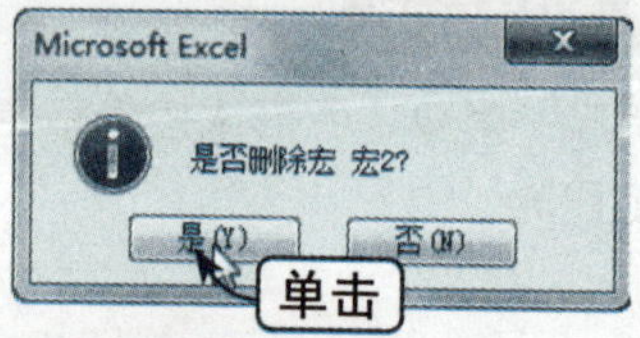

知识点拨

如果将 Excel 中的宏安全级别设置为“禁用所有宏，并且不通知”，则 Excel 将只运行具有数字签名或存储在受信任位置（如计算机上的 Excel 启动文件夹）中的那些宏。如果要运行的宏没有数字签名或不在可信位置，则可以临时将安全级别更改为启用所有宏。

13.3 运行宏

创建一个宏之后，至少要运行一次，以验证其正确性。在 Excel 2010 中，可以采用多种方法运行宏，下面将详细介绍几种方法。

13.3.1 使用“宏”对话框运行运行宏

通过“宏”对话框可以运行宏，还可以对宏进行管理、编辑和调试等操作。下面将介绍通过“宏”对话框运行宏的操作方法。

Step 01 单击“宏”按钮

打开“素材文件\第 13 章\使用‘宏’对话框运行宏.xlsx”，单击“开发工具”选项卡下“代码”组中的“宏”按钮，如下图所示。

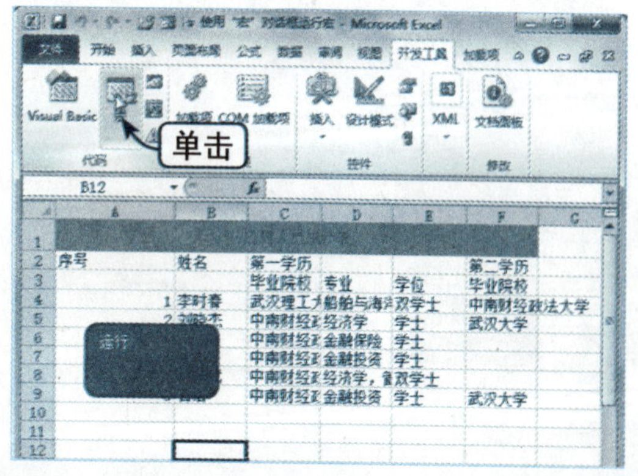

Step 02 单击“执行”按钮执行宏

弹出“宏”对话框，在“宏名”列表框中选择宏，单击“执行”按钮执行宏，即可，如下图所示。

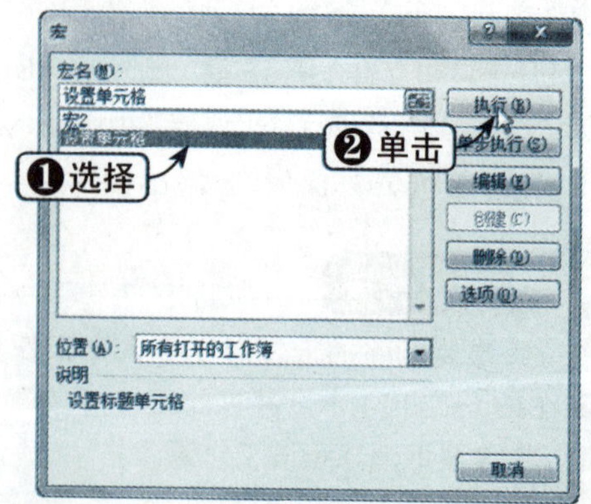

按【Esc】键，可以中断宏的执行。

13.3.2 使用快捷键运行宏

在录制宏时，可以为每个宏指定一个快捷键，快捷键是由【Ctrl+Shift】键加上一个字母组成，具体操作方法如下：

Step 01 单击“宏”按钮

单击“开发工具”选项卡下“代码”组中的“宏”按钮，如下图所示。

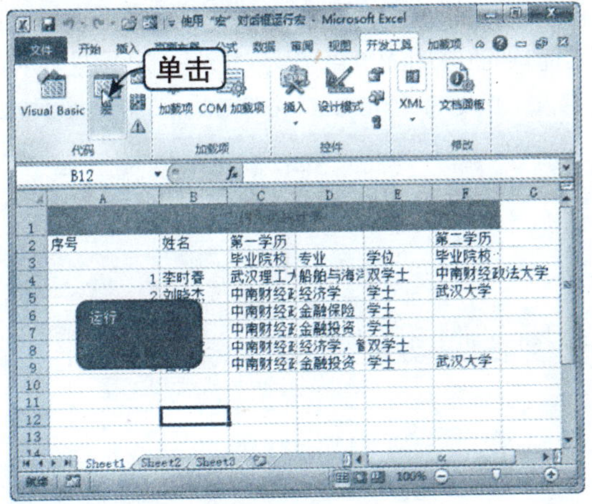

Step 02 单击“选项”按钮

弹出“宏”对话框，在“宏名”列表框中选择宏，单击“选项”按钮，如下图所示。

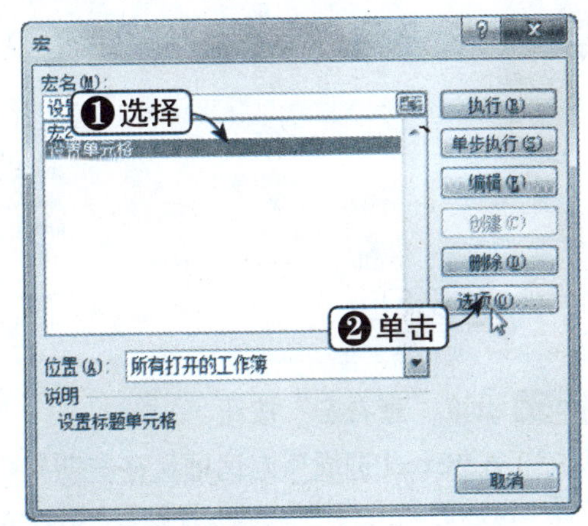

Step 03 设置快捷键

弹出“宏选项”对话框，在快捷键文本框中设置快捷键，单击“确定”按钮，如下图所示。

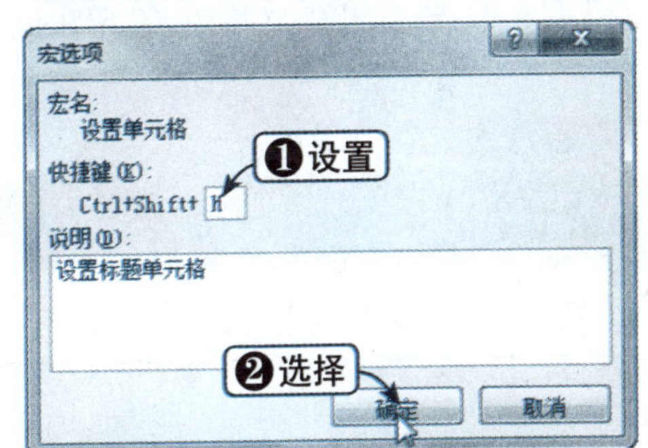

13.3.3 使用快速访问工具栏

用户可以在快速工具栏中添加命令按钮，用来快速打开“宏”对话框，具体操作方法如下：

	素材文件	光盘：素材文件\第13章\使用快速访问工具栏.xlsx

Step 01 选择“选项”选项

打开“素材文件\第13章\使用快速访问工具栏.xlsx”，选择“文件”选项卡，在弹出的Backstage视图中选择“选项”选项，如下图所示。

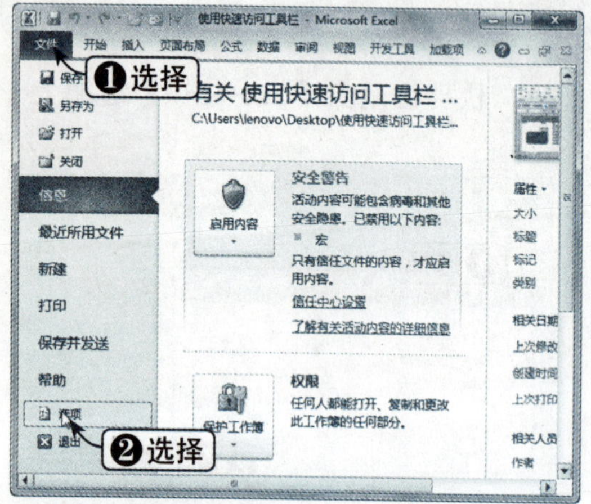

Step 02 设置“查看宏”按钮

弹出“Excel选项”对话框，在左窗格中选择“快速访问工具栏”选项，在右窗格的“从下列位置选择命令”下拉列表框中选择“开发工具 选项卡”选项，在下方的列表框中选择“查看宏”选项，单击“添加”按钮，添加到快速访问工具栏中，单击“确定”按钮，如下图所示。

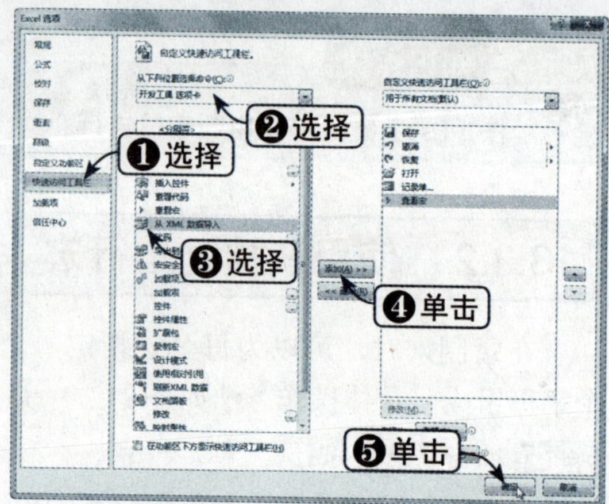

Step 03 查看添加效果

返回原窗口，此时在快速访问工具栏中即可看到新添加的“查看宏”按钮，如下图所示。

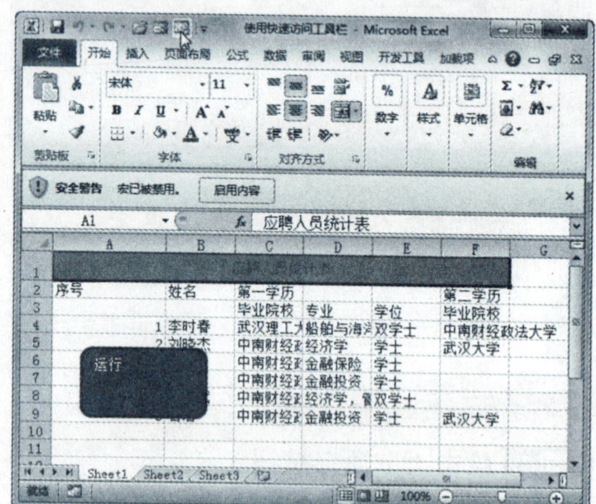

● 读书笔记

第14章 Excel协作与共享

为了实现多人共同编辑工作表中的数据，Excel 提供了协作与共享的机制，而不再是仅限于同一时间一个用户进行处理，这为团队使用 Excel 工作提供了很大的方便。本章将详细介绍如何使用共享工作簿，如何解决共享工作簿中的冲突修订，以及如何使用云工作等知识。

本章学习重点

1. 共享工作簿
2. 解决共享工作簿中的冲突修订
3. 云工作

重点实例展示

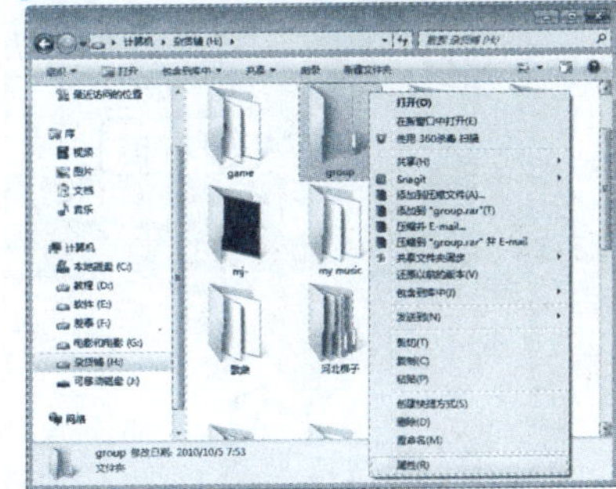

共享网络工作簿

本章视频链接

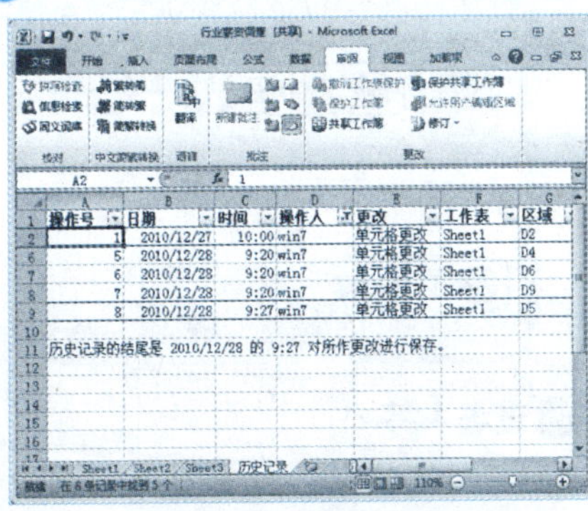

查看历史记录并筛选

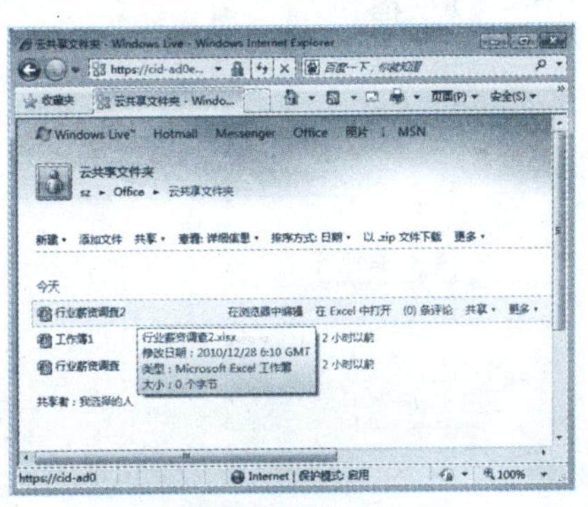

将工作簿保存到Web

14.1 共享工作簿

用户可以将工作簿共享，允许多个用户编辑这个工作簿。下面将详细介绍共享工作簿和使用共享工作簿的方法。

14.1.1 共享网络文件夹

共享工作簿需要一个共享的网络位置，而不是一个 Web 服务器，因此需要先设置一个共享文件夹，具体操作方法如下：

Step 01 选择“属性”选项

右击要共享的文件夹，在弹出的快捷菜单中选择“属性”选项，如下图所示。

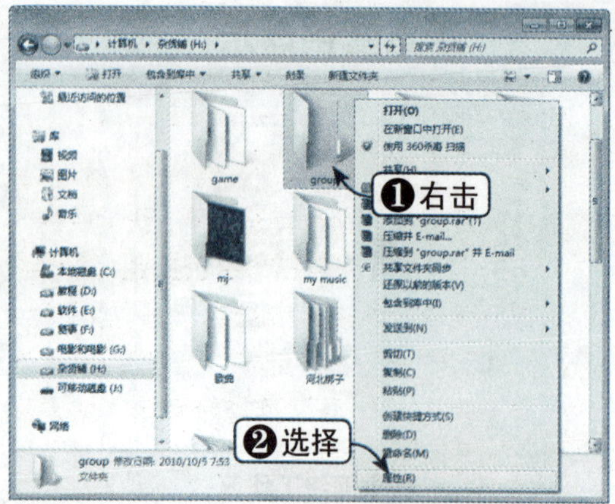

Step 02 单击“高级共享”按钮

弹出文件属性对话框，选择“共享”选项卡，单击“高级共享”按钮，如下图所示。

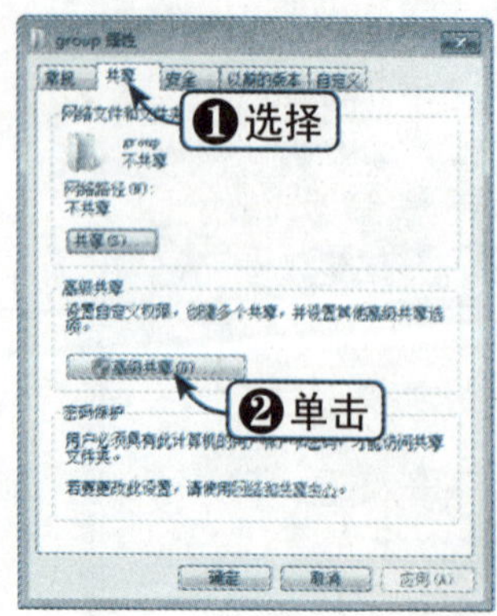

Step 03 开启共享

弹出“高级共享”对话框，选中“共享此文件夹”复选框，设置名称和人数，单击“权限”按钮，如下图所示。

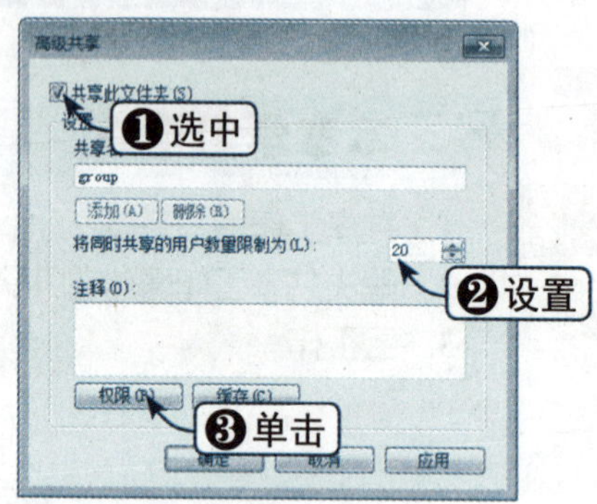

Step 04 设置权限

在弹出的权限对话框中选择 Everyone 选项，在“Everyone 的权限”列表中选中所有“允许”复选框，单击“确定”按钮，如下图所示。

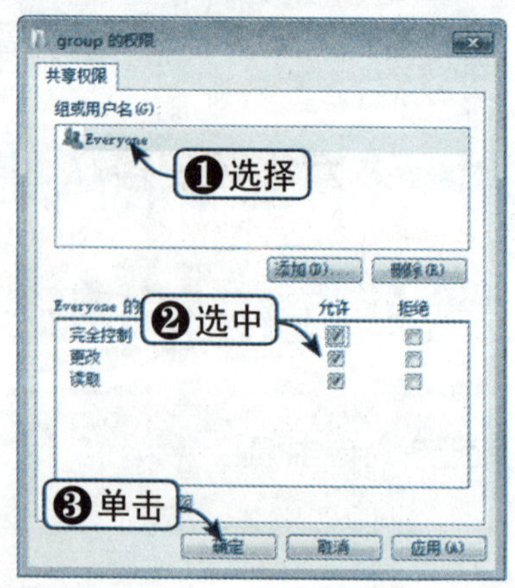

Step 05 查看共享

单击共享文件夹，在其属性栏可以看到已共享，如下图所示。

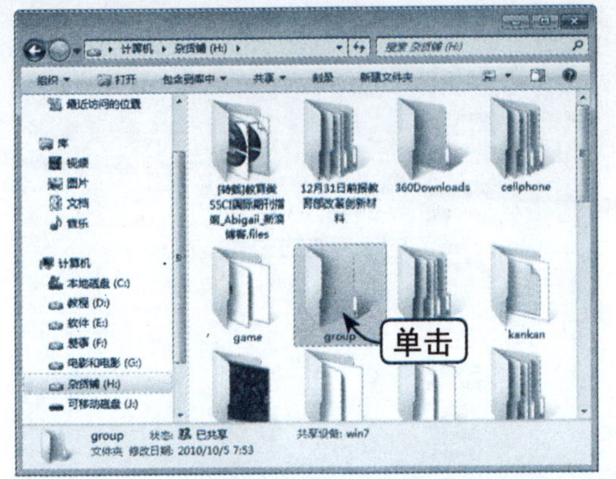

知识点拨

用户也可以双击桌面的“网络”图标，打开“网络”窗口，双击共享文件夹所在的计算机图标，查看是否存在该文件夹。

14.1.2 创建共享工作簿

用户可以创建共享工作簿，并将其放在可供几个人同时编辑内容的一个网络位置上，具体操作方法如下：

	素材文件	光盘：素材文件\第14章\行业薪资调查.xlsx

Step 01 单击“共享工作簿”按钮

打开“素材文件\第14章\行业薪资调查.xlsx”，单击“审阅”选项卡下“更改”组中的“共享工作簿”按钮，如下图所示。

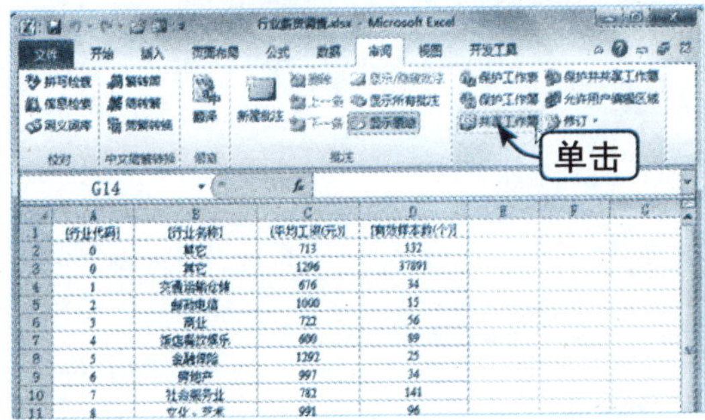

Step 02 允许编辑

弹出“共享工作簿”对话框，选择“编辑”选项卡，选中“允许多用户同时编辑，同时允许工作簿合并”复选框，如下图所示。

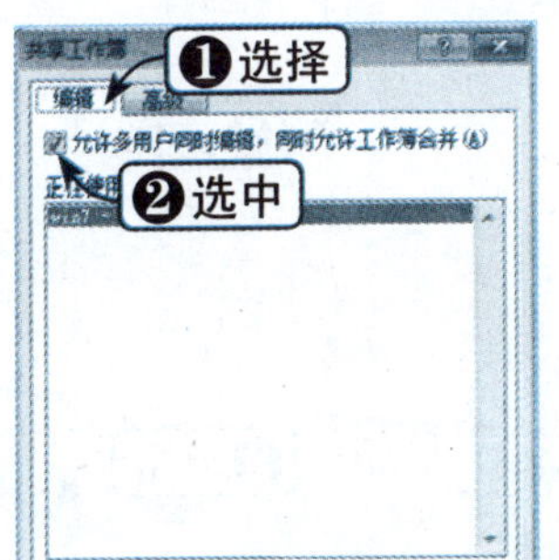

Step 03 设置高级选项

选择“高级”选项卡，在“修订”选项区中选中“保存修订记录”单选按钮，在“更新”选项区中选中“保存文件时”单选按钮，在“用户间的修订冲突”选项区中选中“询问保存哪些修订信息”单选按钮，选中“在个人视图中包括”选项区中的所有复选框，单击“确定”按钮，如下图所示。

Step 04 确定保存文档

弹出提示信息框，单击“确定”按钮，如下图所示。

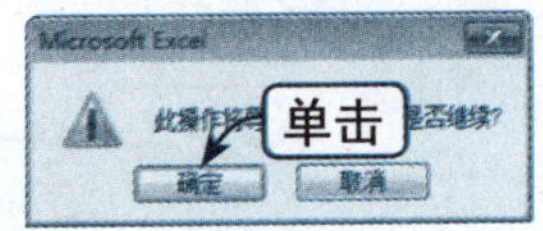

Step 05 查看共享效果

此时，共享的工作簿其标题栏出现“共享”字样，如右图所示。

行业薪资调查 [共享] - Microsoft Excel

	A	B	C	D
1	[行业代码]	[行业名称]	[平均工资(元)]	[有效样本数(个)]
2	0	其它	713	130
3	0	其它	1296	3934
4	1	交通运输仓储	676	45
5	2	邮政电信	1000	8
6	3	商业	722	152
7	4	饭店餐饮娱乐	600	50
8	5	金融保险	1292	13
9	6	房地产	997	66
10	7	社会服务业	782	141
11	8	文化、艺术	991	96
12	9	教育	872	224
13	10	管理	1076	61
14	11	财会	846	14
15	12	法律公安保卫	752	21

知识点拨

保存应选择共享的网络文件夹，而不是 Web 服务器。

14.1.3 打开共享工作簿

如果要对共享的工作簿进行操作，需要从网络位置打开该工作簿，具体操作方法如下：

Step 01 选择“打开”选项

选择“文件”选项卡，然后在弹出的 Backstage 视图中选择“打开”选项，如下图所示。

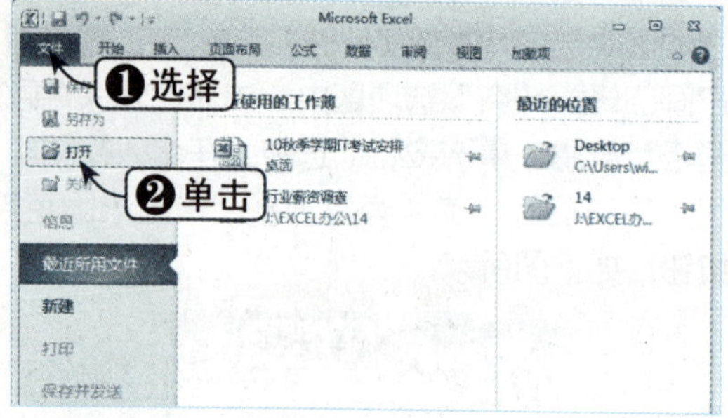

Step 02 查找计算机

弹出“打开”对话框，在左窗格中选择“网络”选项，在右窗格中选择共享工作簿所在的计算机，单击“打开”按钮，如下图所示。

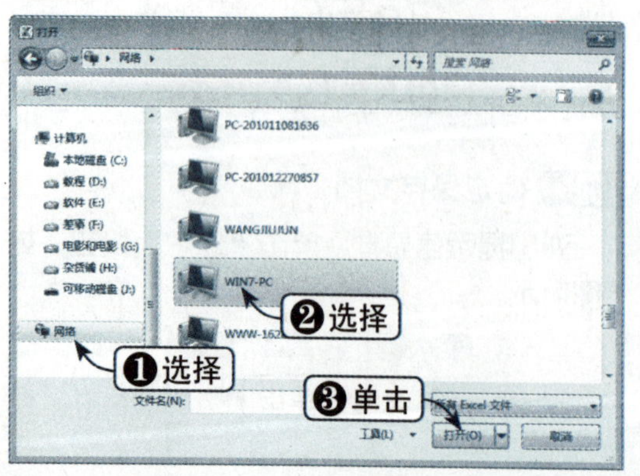

Step 03 选择共享文件夹

显示该计算机所有的共享文件夹，选择共享工作簿所在的文件夹，单击“打开”按钮，如下图所示。

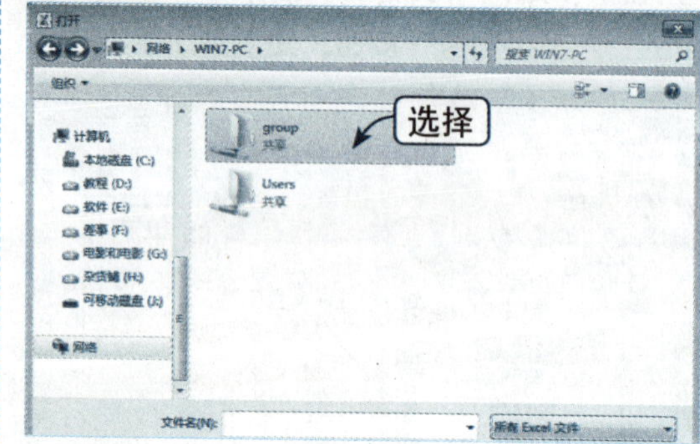

Step 04 选择工作簿

选择目标工作簿，单击“打开”按钮，如下图所示。

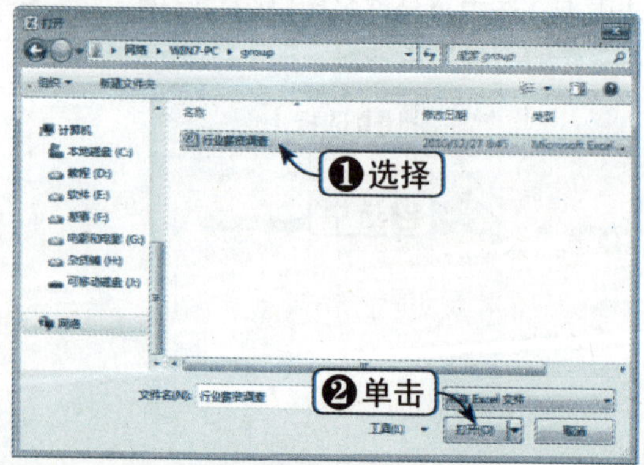

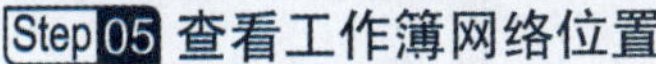
Step05 查看工作簿网络位置

选择“文件”选项卡，在弹出的Backstage视图中选择“信息”选项，即可查看工作簿所在的网络位置，如右图所示。

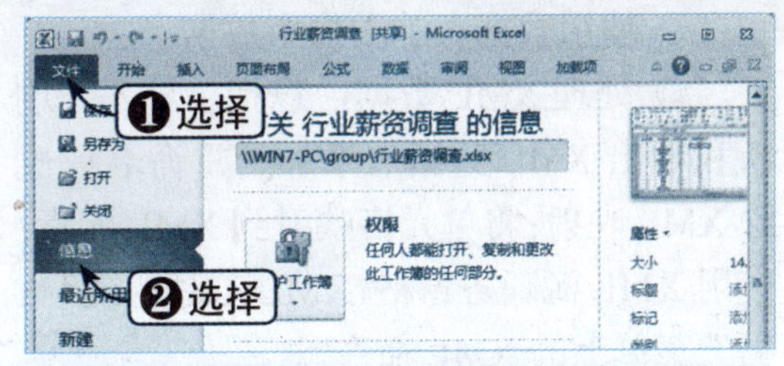

14.1.4 编辑共享工作簿

打开共享工作簿后可以对其进行常规的编辑操作，以下的操作也是允许的：

◎ 可以插入整行和列。

◎ 在单元格值发生变化时，可以使用现有条件格式。

◎ 键入新值时可以使用数据有效性。

◎ 可以查看现有图表和报表。

◎ 可以查看现有图片和对象。

◎ 可以使用现有超链接。

◎ 可以查看现有绘图和图形。

◎ 可以使用现有密码。

◎ 可以使用现有保护。

◎ 可以使用现有大纲。

◎ 可以查看现有分类汇总。

◎ 可以查看现有模拟运算表。

◎ 可以查看现有报表。

◎ 工作簿中的现有切片器将在共享该工作簿后处于可见状态，但它们不能更改为独立切片器，或者重新应用于数据透视表数据或多维数据集函数。无论切片器在共享工作簿中是独立的，还是供数据透视表数据或多维数据集函数使用，针对该切片器应用的任何筛选都保持不变。

◎ 工作簿中的现有迷你图将在共享工作簿后显示，并且将发生更改，以反映更新的数据。然而，用户不能新建迷你图、更改其数据源或修改其属性。

◎ 可以运行不访问不可用功能的现有宏，还可以将共享工作簿的操作录制在一个存储于其他非共享工作簿的宏中。

◎ 可以使用数据表单查找记录。

但是，共享工作簿并不支持所有的操作，以下部分功能在共享工作簿中是不支持的：

◎ 共享工作簿的宏。

◎ 创建Excel表。

◎ 插入或删除单元格块。

◎ 删除工作表。

◎ 合并单元格或拆分合并的单元格。

◎ 添加或更改条件格式。

◎ 添加或更改数据有效性。

◎ 创建或更改图表或数据透视图报表。

◎ 插入或更改图片或其他对象。

◎ 插入或更改超链接。

◎ 使用绘图工具。

◎ 分配、更改或删除密码。

◎ 保护或取消保护工作表或工作簿。

◎ 创建、更改或查看方案。

◎ 组合或分级显示数据。

◎ 插入自动分类汇总。

◎ 创建模拟运算表。

◎ 创建或更改数据透视表。

◎ 创建或应用切片器。

◎ 创建或修改迷你图。

◎ 编写、记录、更改、查看或分配宏。

◎ 更改或删除数组公式。

◎ 使用数据表单添加新数据。

◎ 处理 XML 数据，包括：导入、刷新和导出 XML 数据；添加、重命名或删除 XML 映射；将单元格映射到 XML 元素；使用 XML 源任务窗格、XML 工具栏或“数据”菜单上的 XML 命令。

◎ 在创建共享时，默认是使用个人筛选和打印。若要共享，则打开“共享工作簿”对话框，取消选择“打印设置”和“筛选设置”复选框即可，如右图所示。

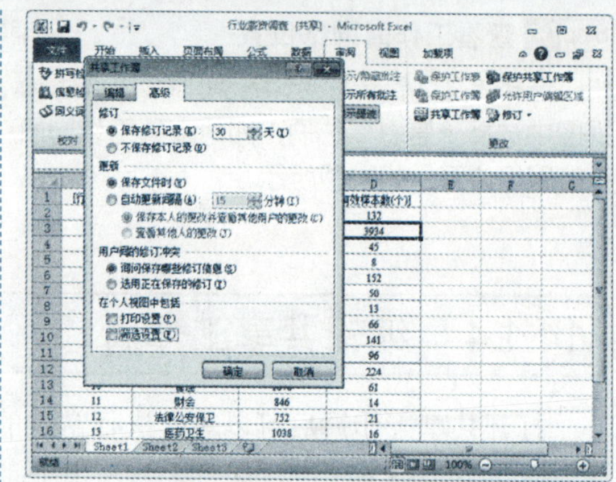

14.1.5 删除共享用户

用户可以删除正在编辑共享工作簿的用户，具体操作方法如下：

Step01 单击“共享工作簿”按钮

继续上一节进行操作，单击“审阅”选项卡下“更改”组中的“共享工作簿”按钮，如下图所示。

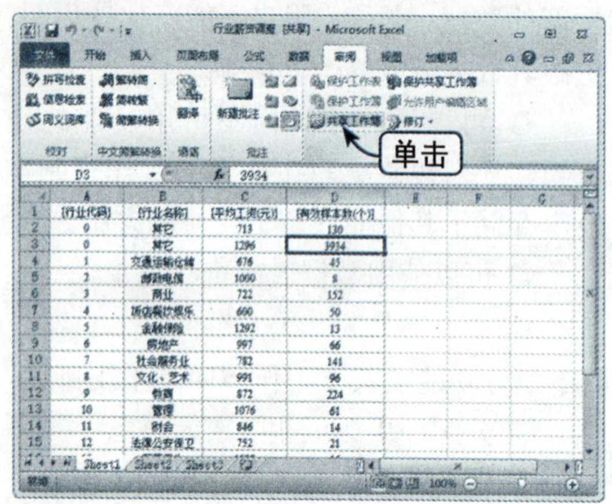

Step02 删除用户

弹出“共享工作簿”对话框，选择“编辑”选项卡，在“正在使用本工作簿的用户”列表框中选择要删除的用户，单击“删除”按钮，如下图所示。

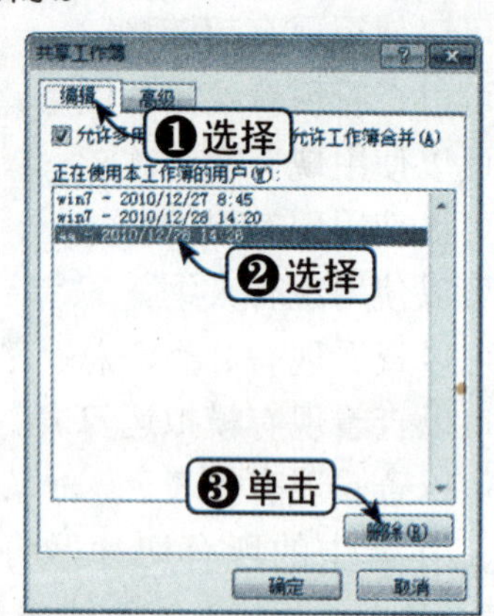

Step03 确认删除操作

弹出提示信息框，单击“确定”按钮，如下图所示。

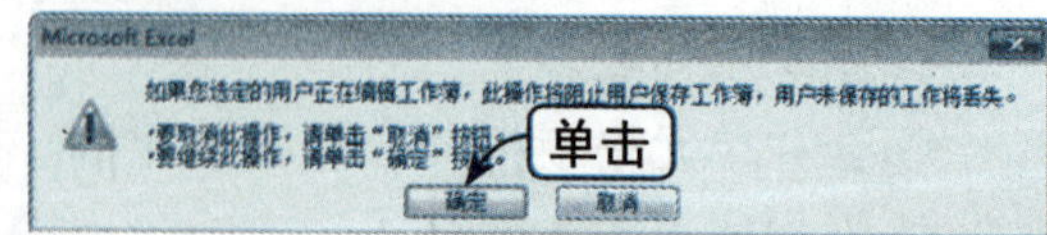

14.2 解决共享工作簿中的冲突修订

使用修订可以在每次保存工作簿时记录工作簿修订的详细信息。此修订记录可帮助用户标识对工作簿中的数据所作的任何修订，用户可以接受或拒绝这些修订。几个用户编辑一个工作簿时修订特别有用。

14.2.1 删除共享用户

如果要对用户对工作簿的修订进行查看，可以将修订的内容显示出来，具体操作方法如下：

Step 01 选择“突出显示修订”选项

打开上一节共享后的工作簿，单击“审阅”选项卡下“更改”组中的“修订”下拉按钮，在弹出的下拉列表中选择“突出显示修订”选项，如下图所示。

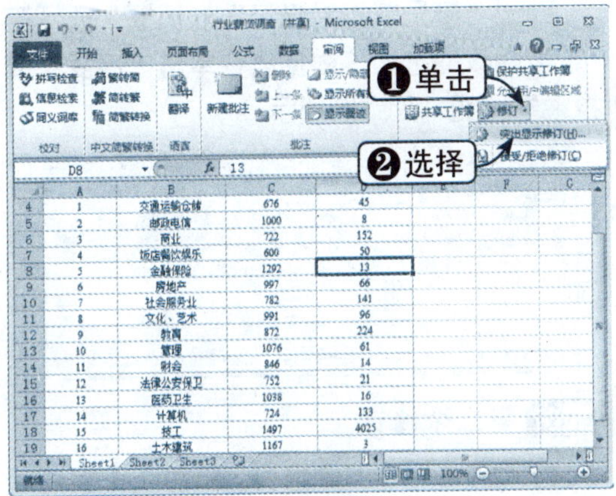

Step 02 设置突出显示修订

弹出“突出显示修订”对话框，选中“编辑时跟踪修订信息，同时共享工作簿”复选框，设置修订时间、修订人等选项，单击“位置”文本框右侧的折叠按钮，如下图所示。

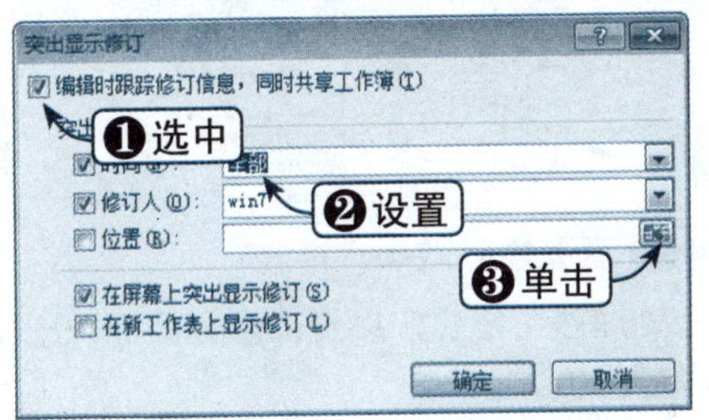

Step 03 选择查看区域

返回工作表，选择查看的区域，再次单击折叠按钮，如下图所示。

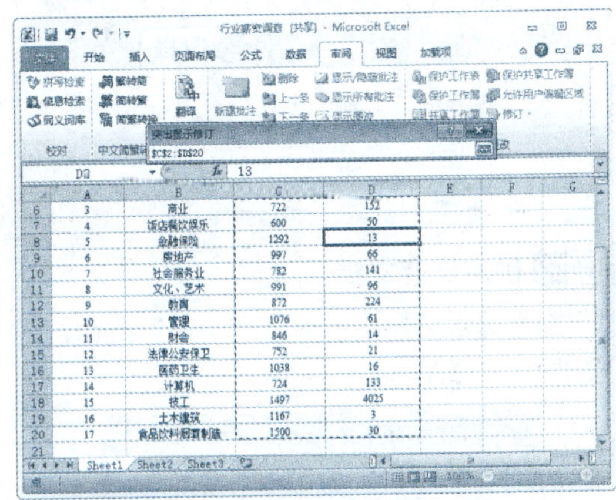

Step 04 查看修订信息

此时，被修订的单元格左上角显示小三角，单击或将鼠标指针移至单元格片刻，即可显示修订的信息，如下图所示。

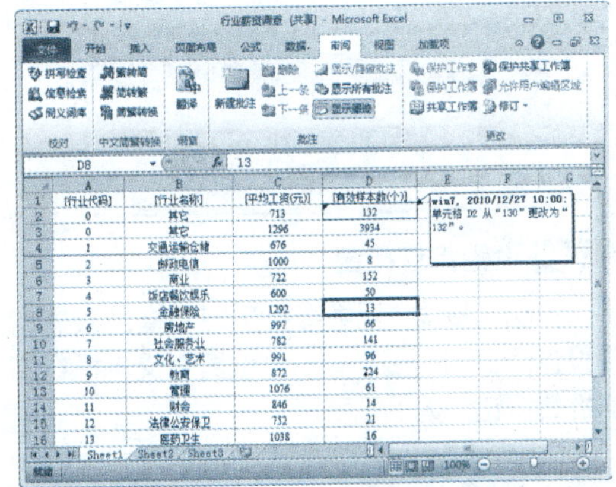

14.2.2 接受或拒绝修订

多人同步处理一个工作簿，必然导致一个协同的问题，即如何处理这些不同的修订。Excel不会自动保存这些修订，用户需要对修订进行确认或拒绝，此后才是最终的操作结果，具体操作方法如下：

Step01 选择“接受/拒绝修订”选项

继续上一节进行操作，单击“审阅”选项卡下“更改”组中的“修订”下拉按钮，在弹出的下拉列表中选择“接受/拒绝修订”选项，如下图所示。

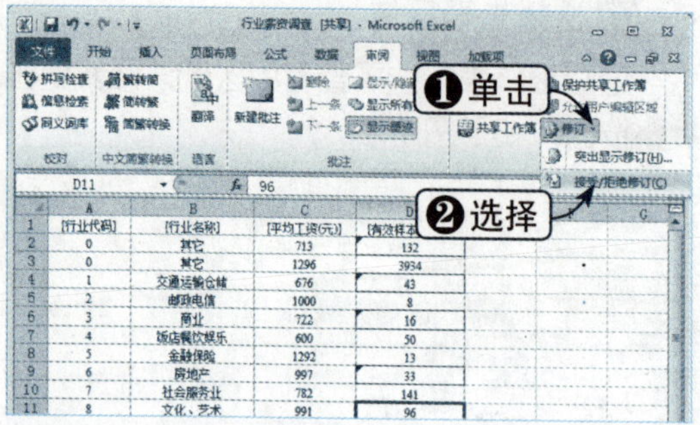

Step02 确定保存文档

弹出提示信息框，单击“确定”按钮，如下图所示。

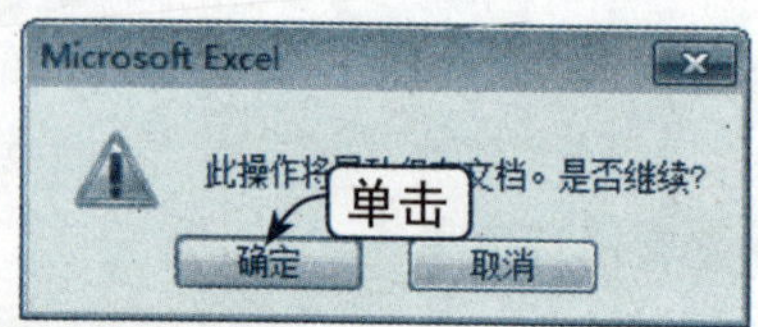

Step03 单击“确定”按钮

弹出提示信息框，单击“确定”按钮，如下图所示。

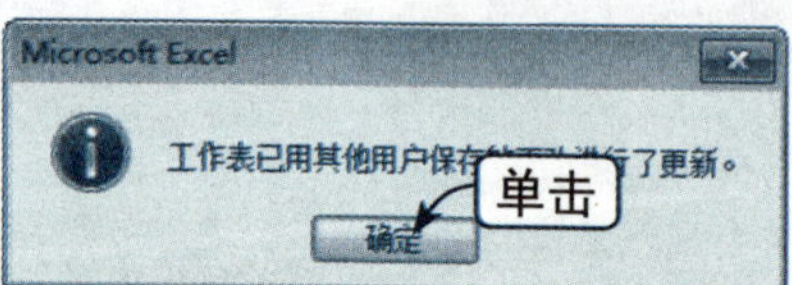

Step04 设置修订范围

弹出“接受/拒绝修订”对话框，根据需要设置修订的范围，单击“位置”文本框右侧的折叠按钮，如下图所示。

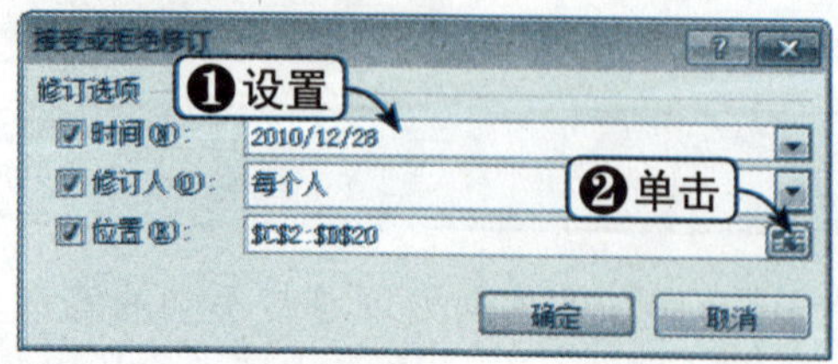

Step05 选择数据区域

返回工作表，选择自己权限内的数据区域，单击折叠按钮，如下图所示。

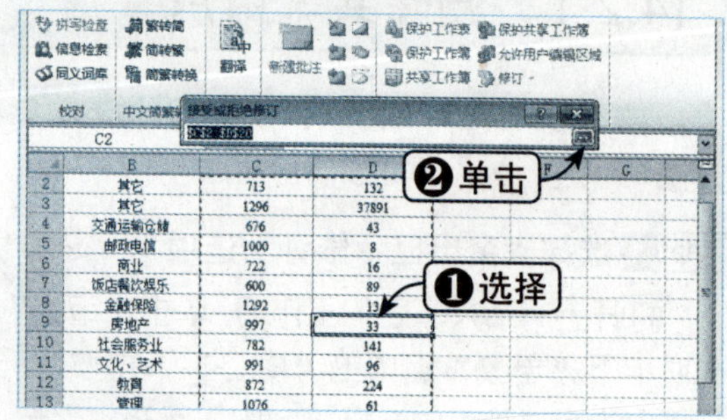

Step06 选择接受/拒绝修订

弹出“接受或拒绝修订”对话框，显示第一个被修改的选项，根据需要单击“接受”或“拒绝”按钮，如下图所示。

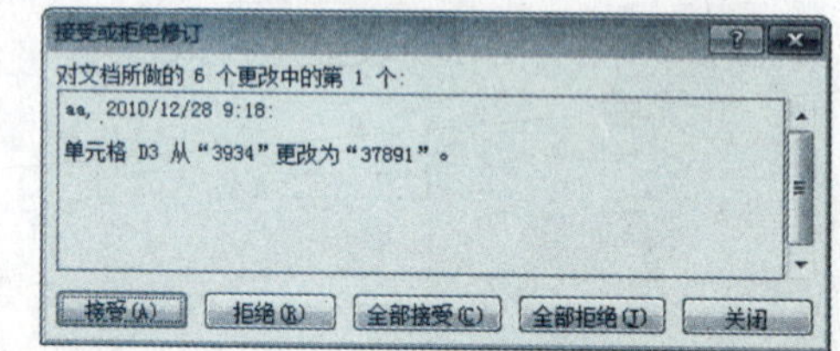

Step07 第二个修订

自动跳转到第二个修订，同时工作表活动单元格会自动跳转到第二个修订，如下图所示。

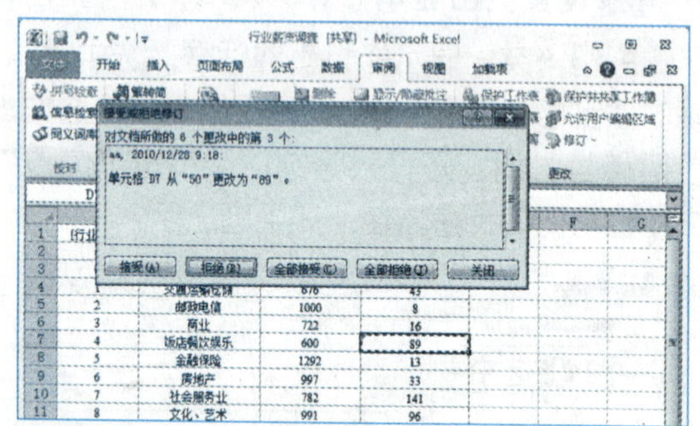

Step08 查看修订效果

处理各个修订，接受的修订被标识出来，如下图所示。

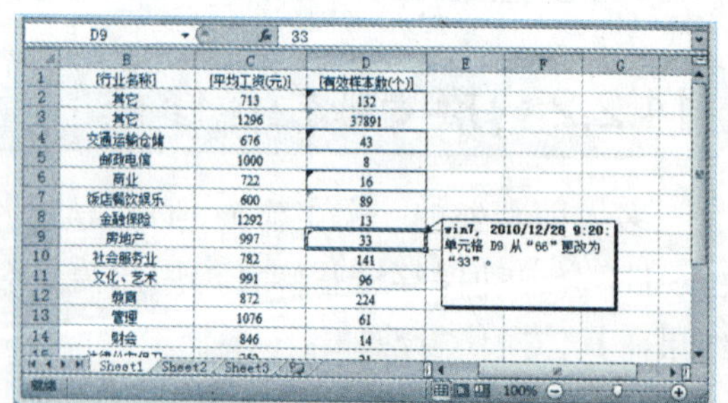

14.2.3 查看历史记录工作表

用户可以对所有的修订以历史记录的方式进行查看，这对于工作簿的管理者来说非常有用。查看历史记录工作表的具体操作方法如下：

Step 01 选择“突出显示修订”选项

继续上一节进行操作，单击“审阅”选项卡下“更改”组中的“修订”下拉按钮，在弹出的下拉列表中选择“突出显示修订”选项，如下图所示。

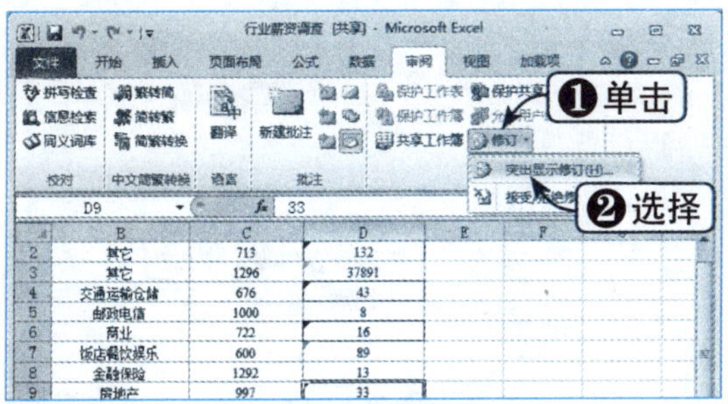

Step 02 设置对话框

弹出“突出显示修订”对话框，选中“编辑时跟踪修订信息，同时共享工作簿”复选框，将“时间”改为“全部”，“修订人”改为“每个人”，“位置”选择整个数据区域，或取消选择该复选框，选中“在新工作表上显示修订”复选框，单击“确定”按钮，如下图所示。

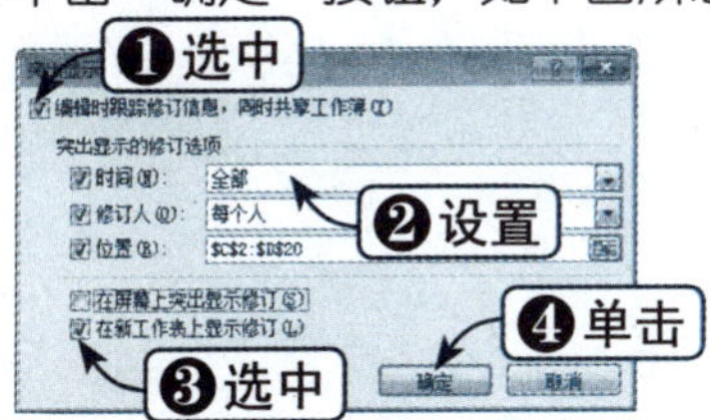

Step 03 查看历史记录

此时将自动生成“历史记录”工作表，可以看到各个修订的信息，如下图所示。

操作号	日期	时间	操作人	更改	工作表	区域	新值	旧值
1	2010/12/27	10:00	win7	单元格更改	Sheet1	D2	132	130
2	2010/12/28	9:18	aa	单元格更改	Sheet1	D3	37891	3934
3	2010/12/28	9:18	aa	单元格更改	Sheet1	D5	2	8
4	2010/12/28	9:18	aa	单元格更改	Sheet1	D7	89	50
5	2010/12/28	9:20	win7	单元格更改	Sheet1	D4	43	45
6	2010/12/28	9:20	win7	单元格更改	Sheet1	D6	16	152
7	2010/12/28	9:20	win7	单元格更改	Sheet1	D9	33	66
8	2010/12/28	9:27	win7	单元格更改	Sheet1	D5	8	

历史记录的结尾是 2010/12/28 的 9:27 对所作更改进行保存。

Step 04 筛选记录

如果记录非常多，可以对记录进行筛选。单击要筛选项目标题右侧的下拉按钮，在“文本筛选”选项区中选中要查看的复选框，单击“确定”按钮，如下图所示。

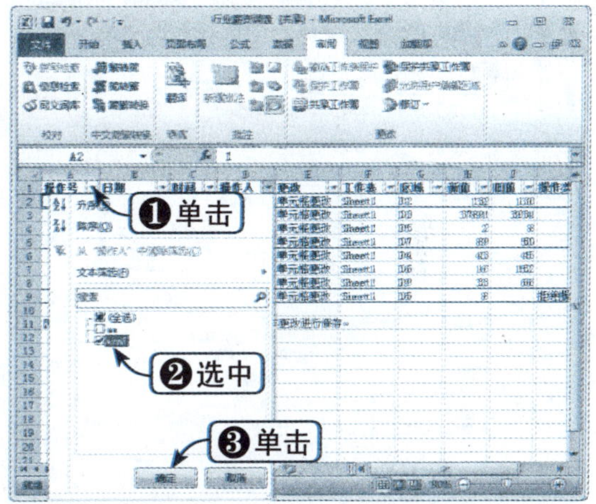

Step 05 查看筛选效果

筛选后只显示符合条件的记录，效果如下图所示。

操作号	日期	时间	操作人	更改	工作表	区域
1	2010/12/27	10:00	win7	单元格更改	Sheet1	D2
5	2010/12/28	9:20	win7	单元格更改	Sheet1	D4
6	2010/12/28	9:20	win7	单元格更改	Sheet1	D6
7	2010/12/28	9:20	win7	单元格更改	Sheet1	D9
8	2010/12/28	9:27	win7	单元格更改	Sheet1	D5

历史记录的结尾是 2010/12/28 的 9:27 对所作更改进行保存。

知识点拨

保存工作簿会隐藏历史记录工作表。要在保存之后查看历史记录工作表，必须通过选中“突出显示修订”对话框中的“在新工作表上显示修订”复选框，再次显示历史记录工作表。

14.2.4 添加比较合并工具

如果对于其他用户进行的更新操作要先进行审查，然后再确定是否更新，需要进行比较和合并操作。但默认各选项卡下不包括该工具，需要手动进行添加，具体操作方法如下：

Step 01 选择“选项”选项

继续上一节进行操作，选择“文件”选项卡，在 Backstage 视图中选择“选项”选项，如下图所示。

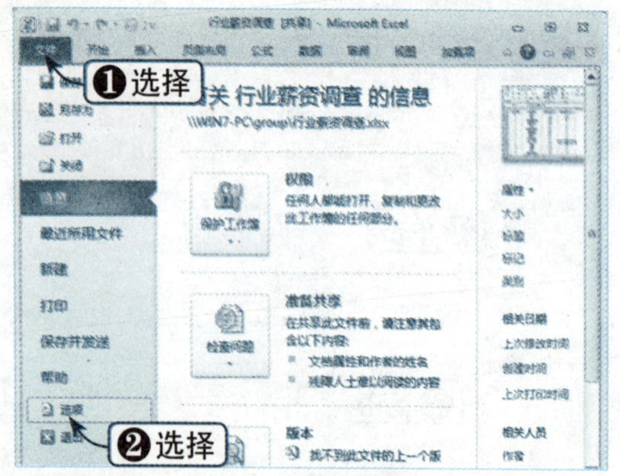

Step 02 选择“所有命令”选项

弹出“Excel 选项”对话框，在左窗格中选择“快速访问工具栏”选项，在右窗格的“从下列位置选择命令”下拉列表框中选择“所有命令”选项，如下图所示。

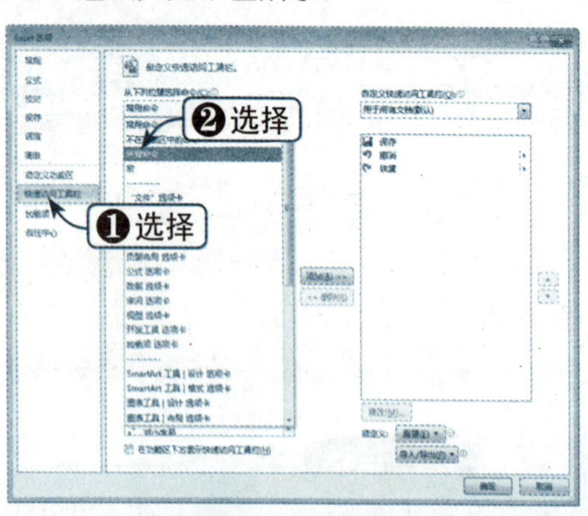

Step 03 添加命令

在下方的列表框中选择“比较和合并工作簿”选项，单击“添加”按钮，添加到右侧列表框中，单击“确定”按钮，如下图所示。

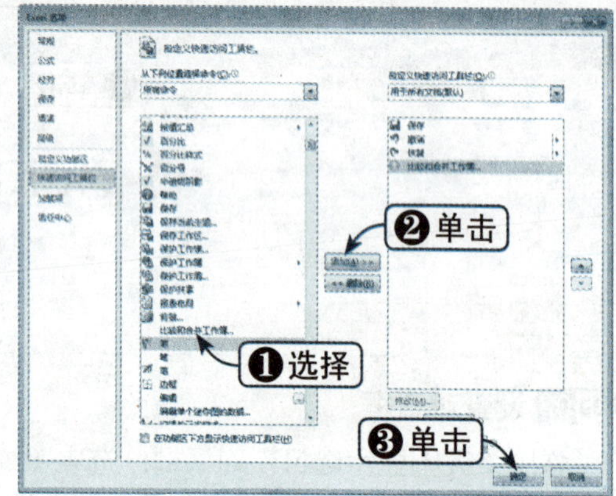

Step 04 查看添加按钮

此时，在工作簿窗口的快速工具栏中即可看到该按钮，如下图所示。

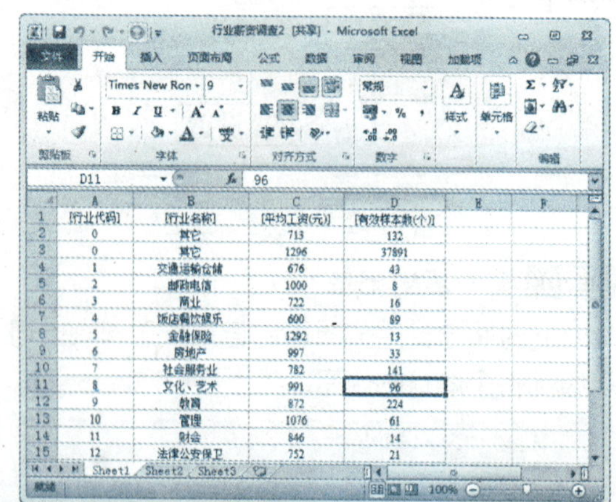

14.2.5 比较合并工作簿

如果将两个及两个以上的工作簿进行合并，并且比较这些工作簿之间所作的更新，以进行取舍，具体操作方法如下：

Step 01 单击“比较和合并工作簿”按钮

继续上一节进行操作，单击快速工具栏中的“比较和合并工作簿”按钮，如下图所示。

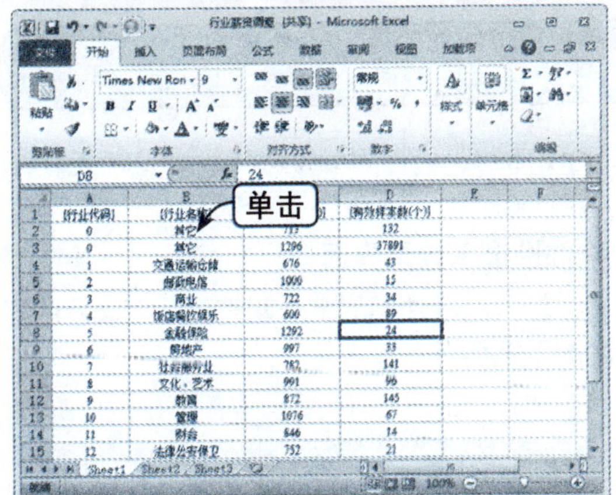

Step 02 单击“确定”按钮

弹出警告信息框，单击“确定”按钮，如下图所示。

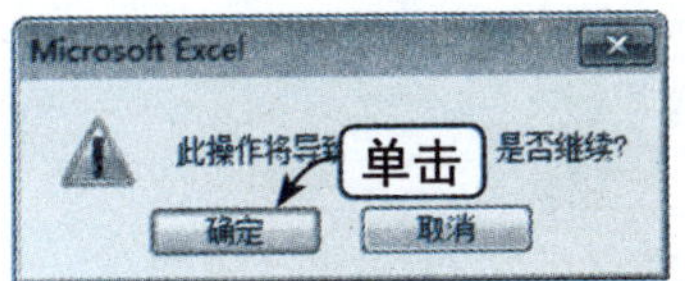

Step 03 选择要合并的文件

弹出“将选定文件合并到当前工作簿”对话框，选择要合并的文件，单击“确定”按钮，如下图所示。

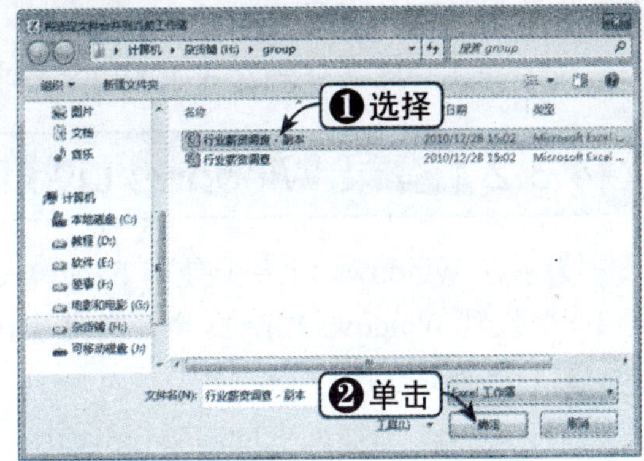

Step 04 比较工作簿

合并后只显示一个工作簿，同时会显示这些工作簿之间不同的数据，如下图所示。

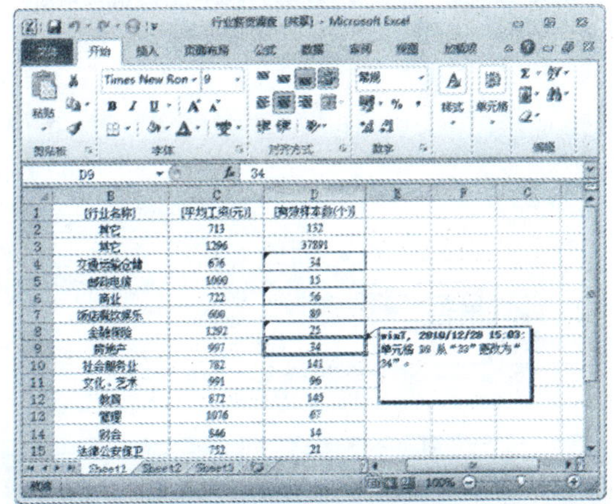

14.3 云工作

云工作是一个形象的称呼，它指的是用户可以突破地域的限制，实现对工作的协同处理。云工作不仅实现了局域网内容文件共享，而且实现了广域网的文件共享，以及文件的并发处理，这对于需要团队工作的情况来说是非常有用的。

14.3.1 云工作简介

云工作是让任何人通过浏览器随时随地轻松访问您的数据，其他人无需安装 Excel 就能查看、编辑或协同处理这些数据。云工作不同于共享工作簿，它是基于外网的共享，是基于 Web 服务技术的协作与共享。云工作需要 Microsoft Excel Web App，这是基于浏览器的 Excel 扩展，使用该扩展能够完成一切 Excel 操作，甚至可以使用它在未安装 Excel 的电脑上创建新的工作簿。

（1）在 Windows Live SkyDrive 中上载或创建新的工作簿（SkyDrive 是基于 Web 的免费文件存储和共享服务）。

（2）将工作簿保存到安装了 Office Web Apps 的 SharePoint 网站。

14.3.2 登录 Windows Live ID

为了在 Windows Live 上使用 Excel Web App，需要一个 Windows Live ID。先使用该 ID 登录到 Windows Live 账户，具体操作方法如下：

Step01 打开网站注册

打开浏览器，登录网站 http://skydrive.live.com。如果没有注册，则单击左侧的“注册”按钮进行注册，如下图所示。

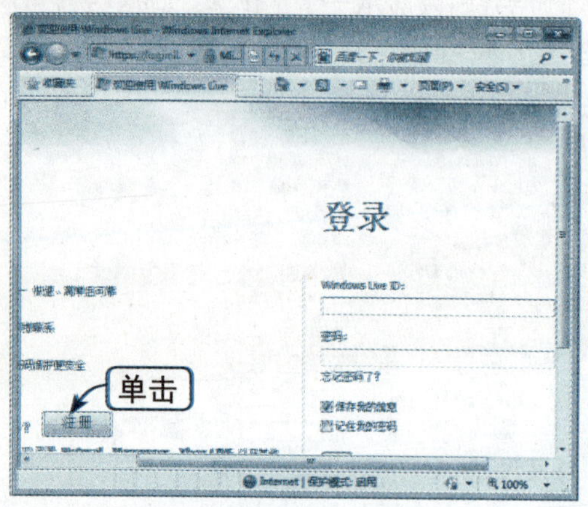

Step02 进入登录界面

输入已经注册的账号和密码，登录后的界面如下图所示。

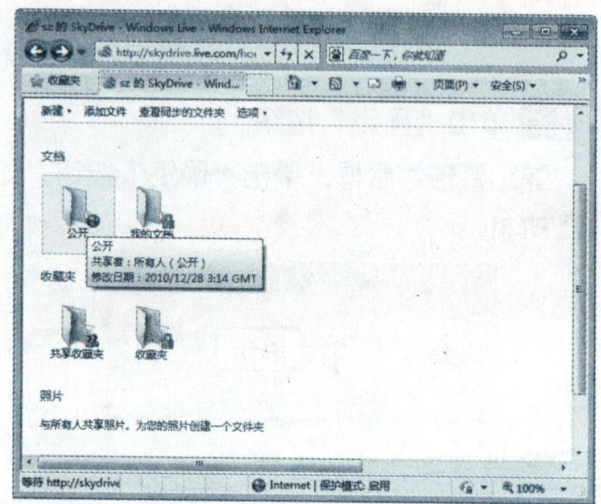

14.3.3 创建文件夹

默认账户下会有几个文件夹，也可以根据实际需要重新建立文件夹，以便进行管理，具体操作方法如下：

Step01 选择“文件夹”选项

登录后单击“新建”超链接，在弹出的下拉列表中选择“文件夹”选项，如下图所示。

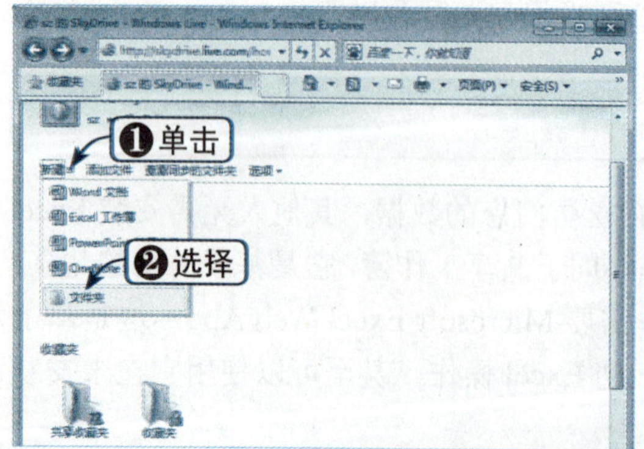

Step02 命名新文件夹

在打开页面中的“名称”文本框中输入新文件夹的名称，单击“更改”超链接，如下图所示。

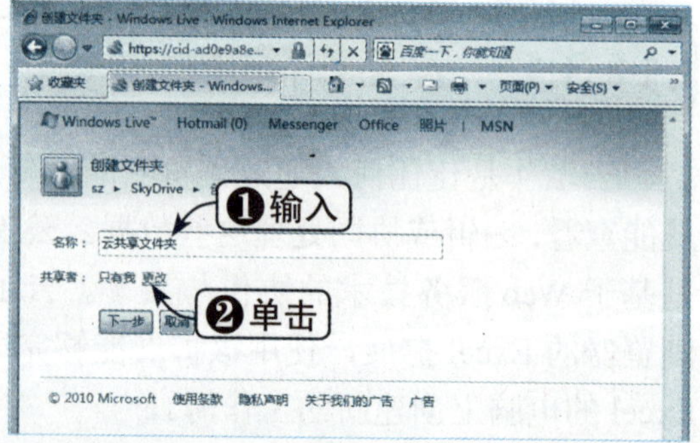

Step03 设置权限

在打开的页面中拖动滑块，在对应的右侧下拉列表框中选择允许的操作，单击“从联系人列表中选择”超链接，如下图所示。

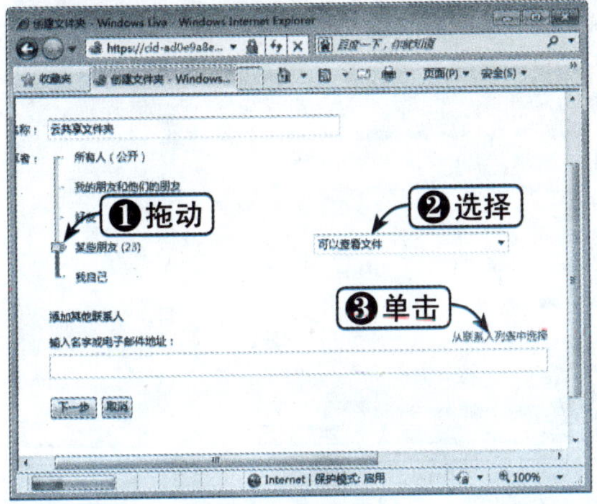

Step04 选择联系人

在打开的页面中可以从下方的列表框中选择联系人，在联系人对应的下拉列表框中设置对应的操作，如下图所示。

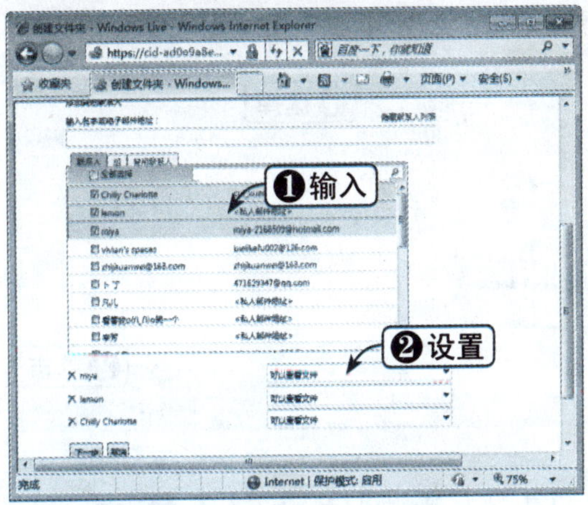

14.3.4 上载文件

建立文件夹后，用户就可以将对应的文件上载到文件夹中，具体操作方法如下：

Step01 单击“添加文件”超链接

继续上一节进行操作，单击“添加文件”超链接，如下图所示。

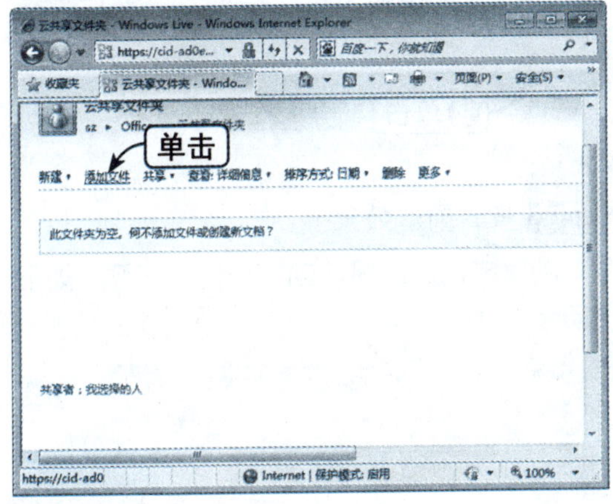

Step02 单击文件夹

如果不是新建的文件夹，可以在主页面中单击相应的文件夹，如下图所示。

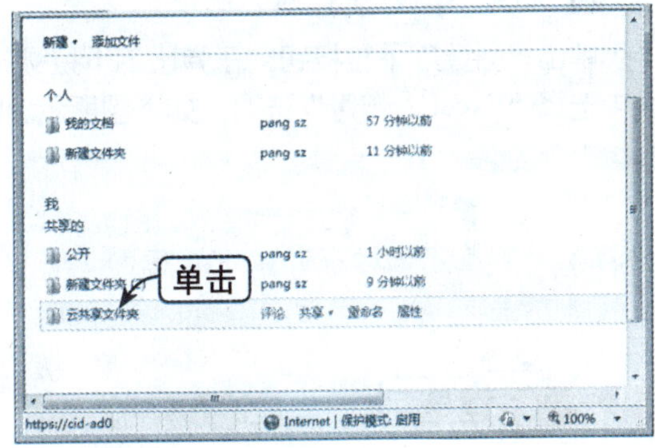

Step03 输入路径

在打开的新页面中出现五个文本框，输入要上载文件的路径，也可以单击“浏览”按钮，如下图所示。

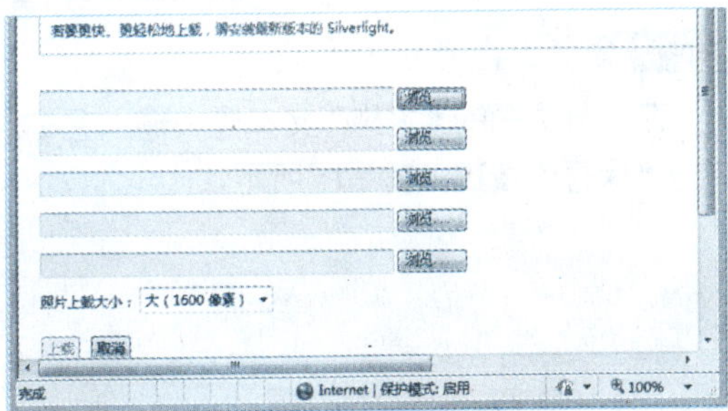

Step 04 选择上载文件

弹出“选择要加载的文件”对话框，选择要上载的文件，然后单击“打开”按钮，如下图所示。

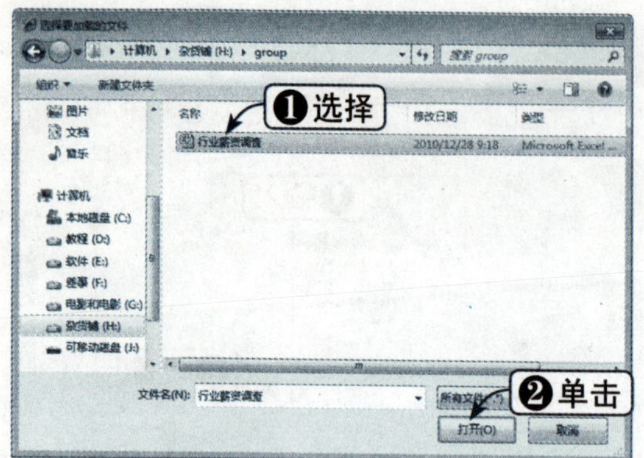

Step 05 上载成功

上载完成后，即可看到该文件，效果如下图所示。

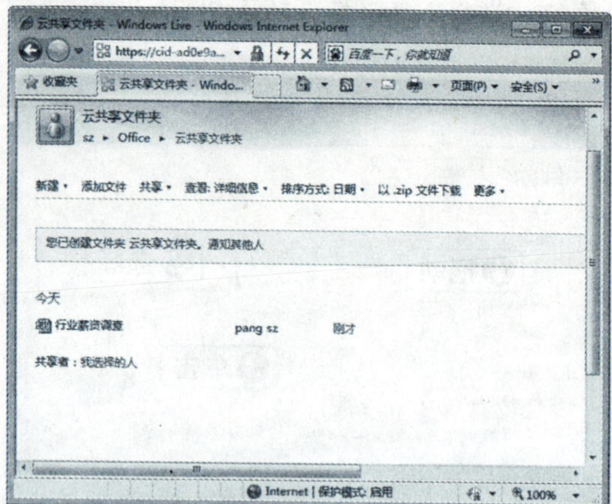

14.3.5 创建空白工作簿

在没有安装 Excel 的电脑上，用户可以直接在网络上创建空白工作簿，具体操作方法如下：

Step 01 选择“Excel 工作簿”选项

单击“新建”下拉按钮，在弹出的下拉列表中选择“Excel 工作簿”选项，如下图所示。

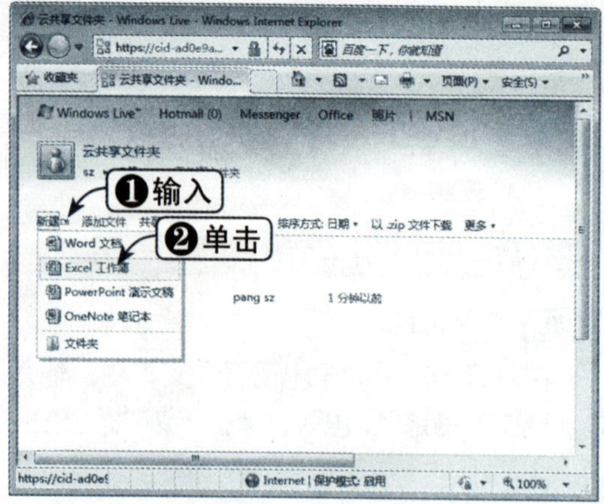

Step 02 命名工作簿

在打开页面的“名称”文本框中输入名称，单击“保存”按钮，如下图所示。

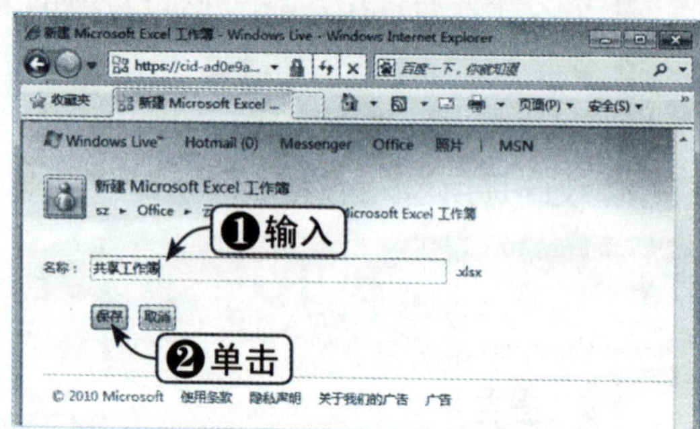

Step 03 查看创建效果

创建成功后，将自动打开该工作簿，如下图所示。

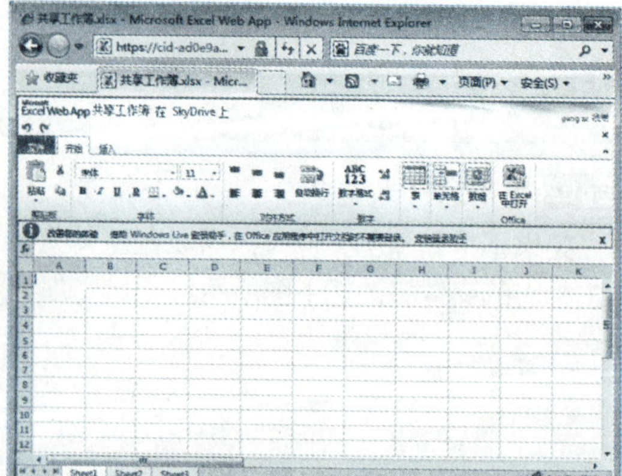

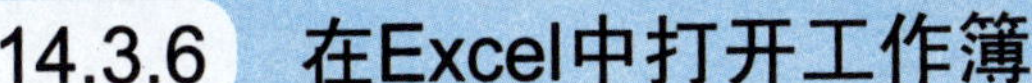

14.3.6 在Excel中打开工作簿

由于不是所有的操作都可以在浏览器中完成，因此需要将工作簿在 Excel 程序中打开，具体操作方法如下：

Step 01 选择“在 Excel 中打开”选项

在浏览器中打开工作簿，选择“文件”选项卡，在弹出的下拉列表中选择“在 Excel 中打开”选项，如下图所示。

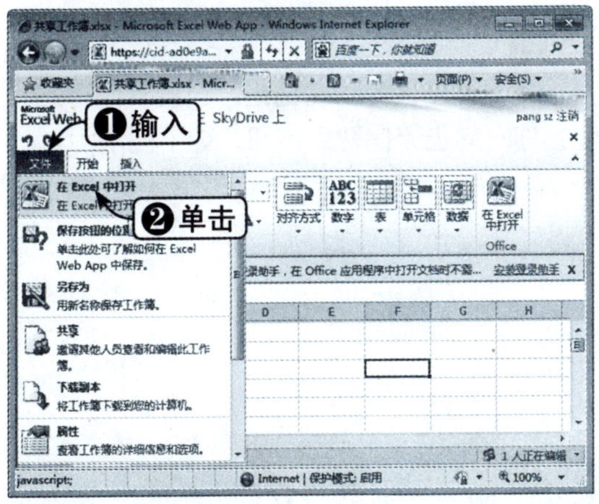

Step 02 确定打开操作

弹出提示信息框，单击“确定”按钮，如下图所示。

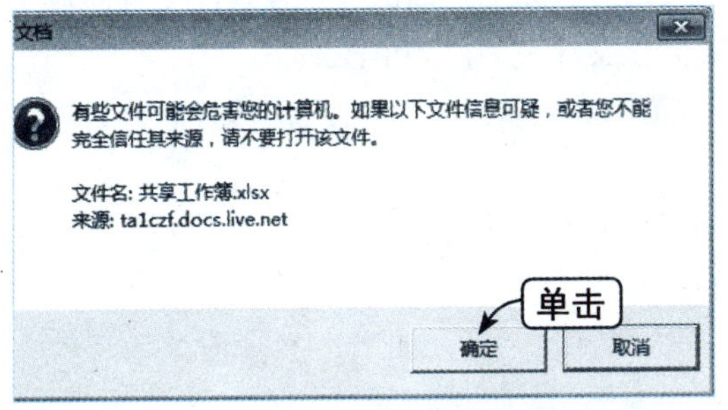

Step 03 登录账号

在弹出的对话框中再次输入电子邮件地址和密码，单击“确定”按钮，如下图所示。

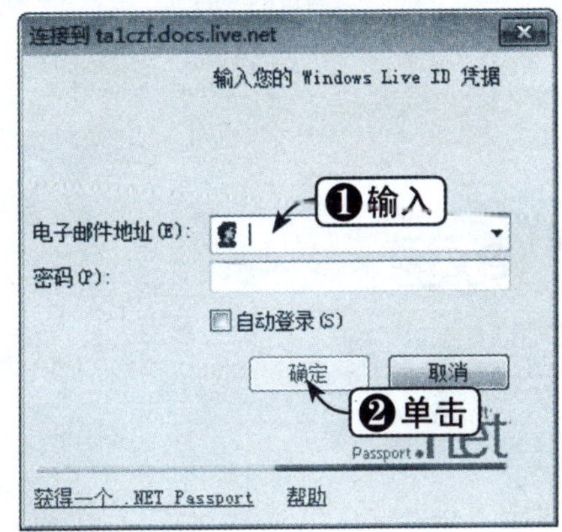

Step 04 打开工作簿

成功登录后，启动 Excel 程序打开工作簿，如下图所示。

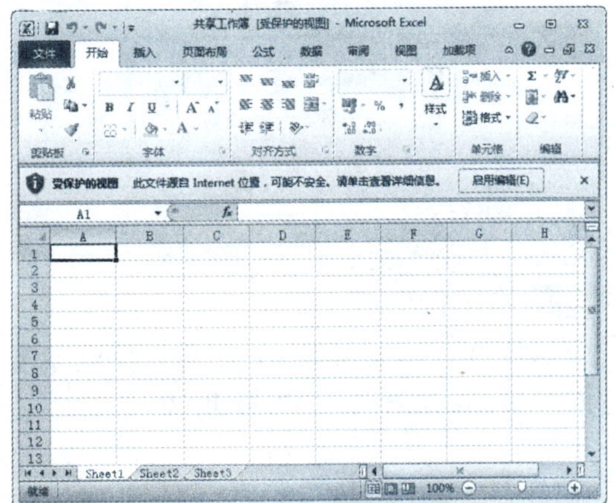

14.3.7 将工作簿保存到Web

用户也可以将编辑好的工作簿直接保存到 SkyDriver 中，其他人就可以对其进行查看或编辑了，具体操作方法如下：

Step01 选择“保存到 Web”选项

编辑好文档后，选择“文件”选项卡，在弹出的 Backstage 视图中选择“保存并发送”选项，选择“保存到 Web”选项，单击“登录”按钮，如下图所示。

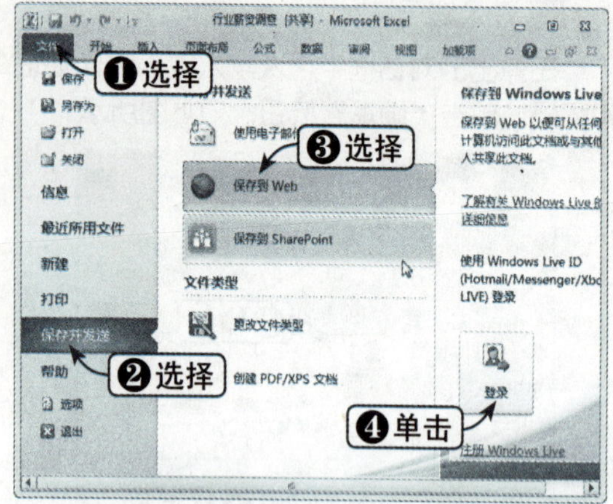

Step02 登录账号

弹出“连接到 docs.live.net”对话框，输入账号和密码，单击“确定”按钮，如下图所示。

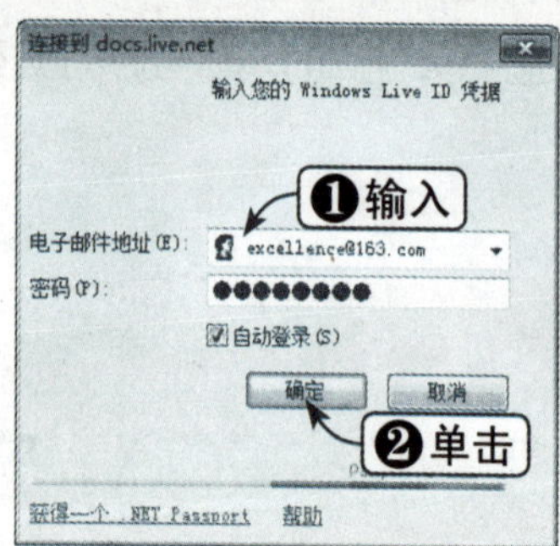

Step03 选择文件夹

返回 Backstage 视图，在右侧选择要保存的文件夹，单击“另存为”按钮，如下图所示。

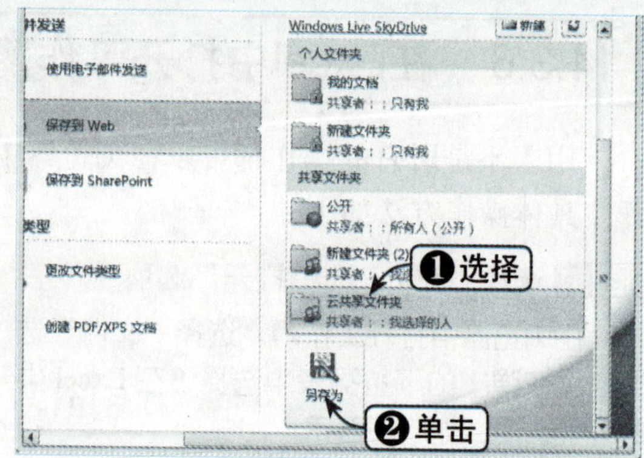

Step04 命名文件

弹出“另存为”对话框，设置要保存的文件名称，单击“保存”按钮，如下图所示。

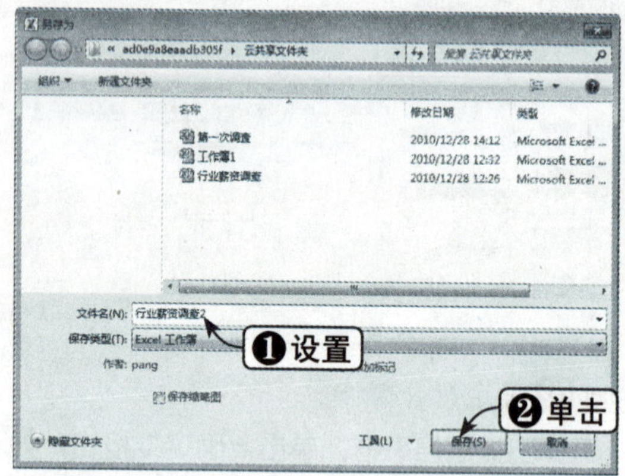

Step05 查看保存效果

登录到网页，可以看到保存的文件已经上载到该文件夹下，如下图所示。

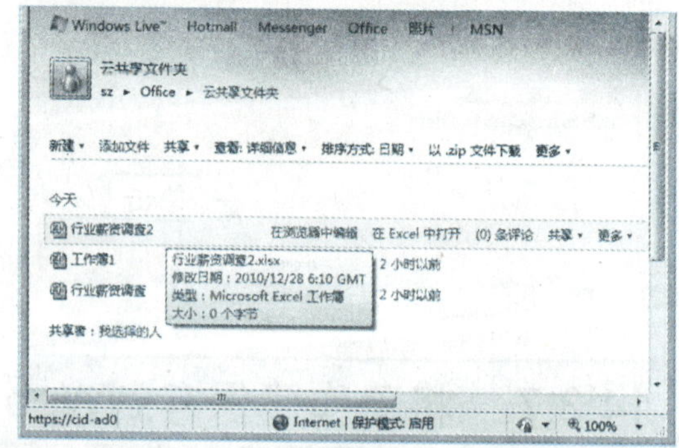

第15章 数据保护与安全

Excel提供了全方位的对数据的保护机制，可以对工作簿、工作表等设置各种打开、修改等不同的保护方式，可以通过用户、密码与数字签名等保护数据。本章将详细介绍如何隐藏保护数据，如何使用密码保护数据，以及如何使用其他方式保护数据等知识。

本章学习重点

1. 使用隐藏保护数据
2. 使用密码保护数据
3. 使用其他方式保护数据

重点实例展示

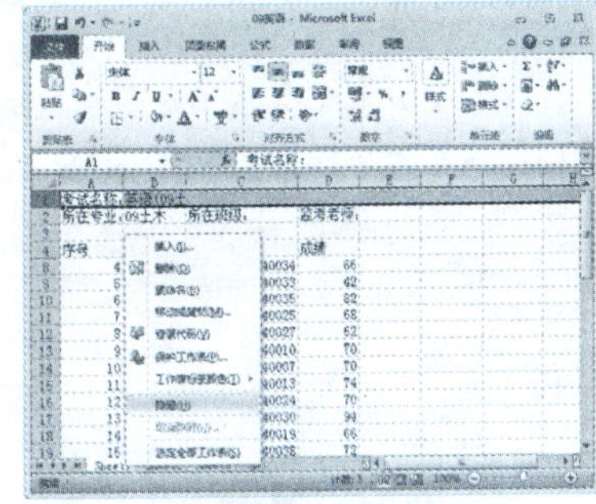

隐藏工作表

本章视频链接

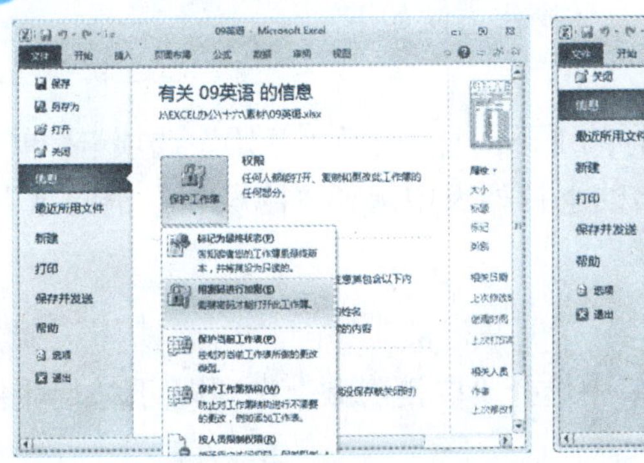

设置工作簿打开密码

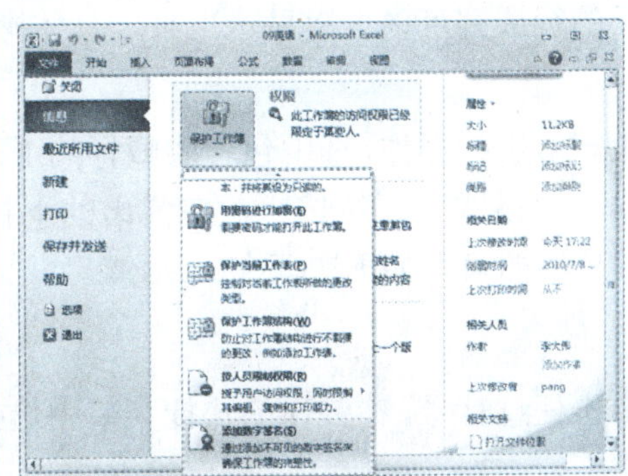

添加数字签名

15.1 数据保护与安全

使用隐藏方式是保护数据的基本方法，隐藏可以防止其他用户查看、修改或删除数据。下面将详细介绍使用隐藏保护数据的方法和技巧。

15.1.1 隐藏行或列

如果工作表中允许其他用户查看和编辑数据，而对部分行或列则不允许其他用户查看，可以将这些行或列隐藏，具体操作方法如下：

	素材文件	光盘：素材文件\第15章\09英语.xlsx

Step 01 选择“隐藏”选项

打开“素材文件\第15章\09英语.xlsx”，选中要隐藏的行并右击，在弹出的快捷菜单中选择“隐藏”选项，如下图所示。

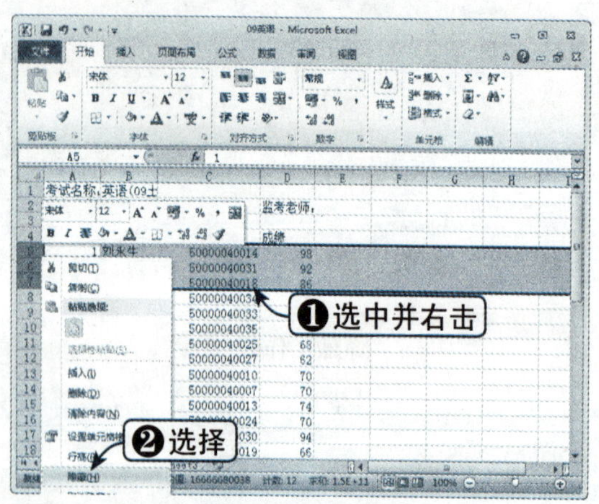

Step 02 查看隐藏效果

隐藏后该行不可见，如下图所示。隐藏列的方法与此类似，在此不再赘述。

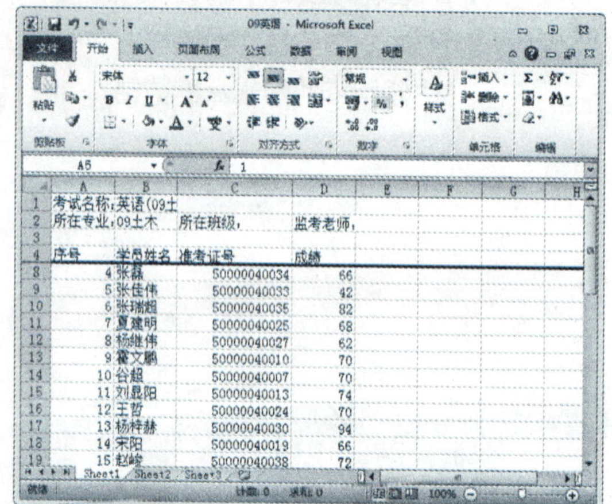

15.1.2 显示隐藏的行或列

隐藏后的行或列可以再次显示出来，具体操作方法如下：

方法一：

继续上一节进行操作，选中包含隐藏行的上下两行，选择“开始”选项卡，单击“单元格”组中的“格式”下拉按钮，在弹出的下拉列表中选择“隐藏和取消隐藏”|“取消隐藏行”选项即可，如下图（左）所示。

方法二：

也可右击任意行号，在弹出的快捷菜单中选择“取消隐藏”选项即可，如下图（右）所示。

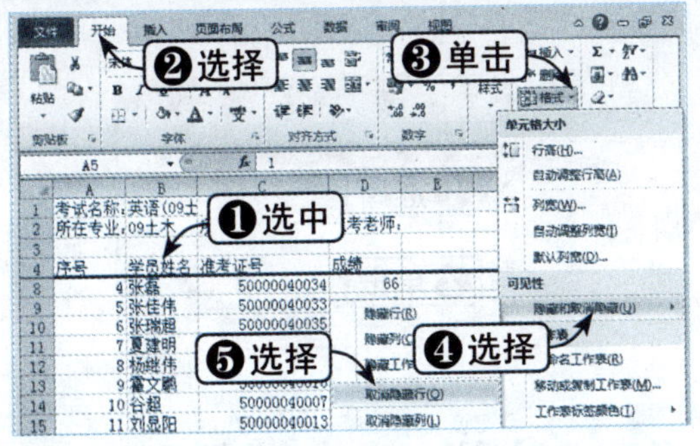

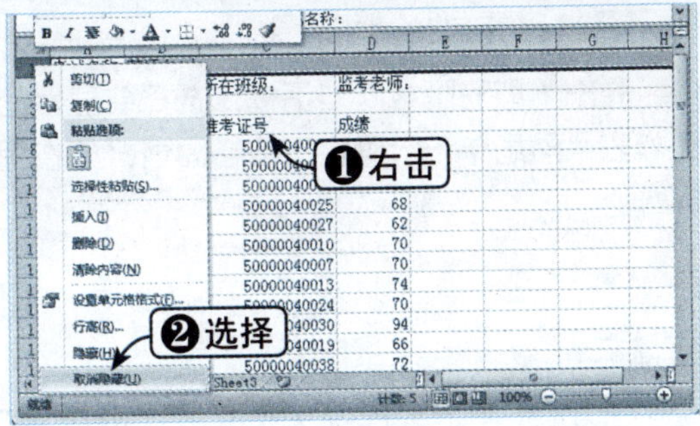

15.1.3 隐藏工作表

如果整张工作表都不允许被其他用户查看，可以隐藏整张工作表，具体操作方法如下：

	素材文件	光盘：素材文件\第15章\09英语.xlsx

Step 01 选择“隐藏”选项

打开“素材文件\第 15 章\09 英语 .xlsx”，右击要隐藏的工作表标签，在弹出的快捷菜单中选择“隐藏”选项，如下图所示。

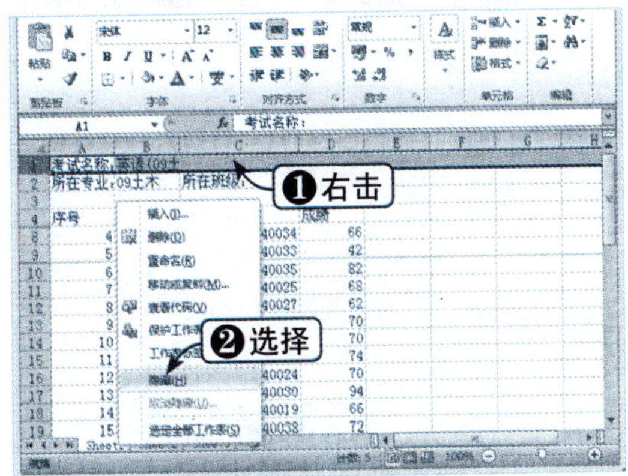

Step 02 查看隐藏效果

此时即可查看隐藏效果，隐藏后工作表不可见，效果如下图所示。

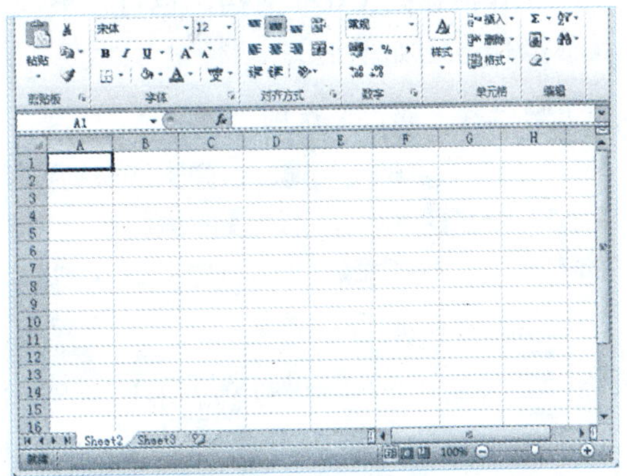

15.1.4 取消隐藏工作表

取消隐藏工作表也有两种方法，与取消隐藏行与列相似，具体操作方法如下：

方法一：

Step 01 选择“取消隐藏”选项

右击任意工作表标签，在弹出的快捷菜单中选择“取消隐藏”选项，如右图所示。

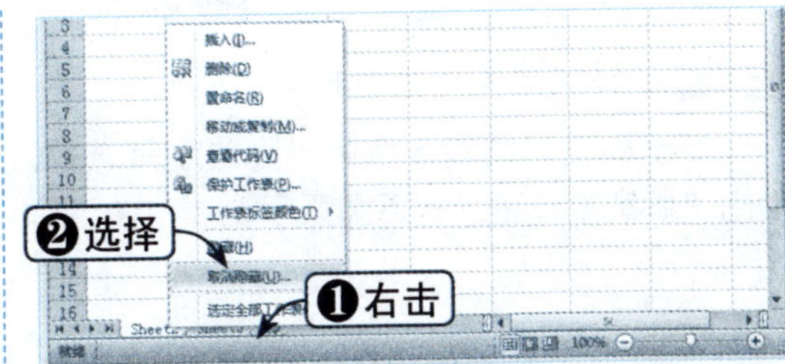

Step 02 选择要显示的工作表

弹出“取消隐藏”对话框，选择要显示的工作表，然后单击“确定”按钮即可，如右图所示。

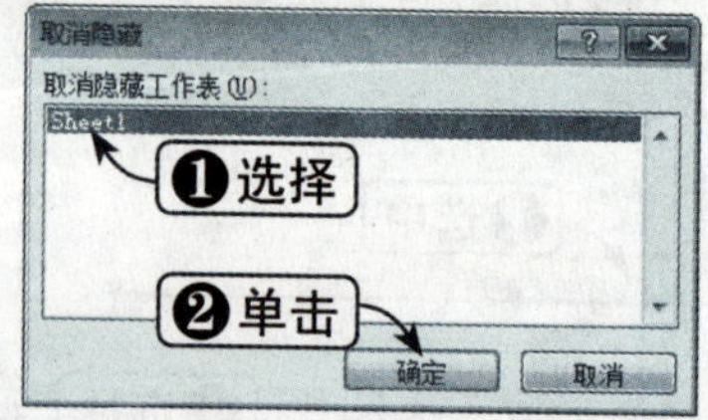

方法二：

选择“开始”选项卡，单击“单元格”组中的“格式”下拉按钮，在弹出的下拉列表中选择“隐藏和取消隐藏”|“取消隐藏工作表”选项即可，如右图所示。

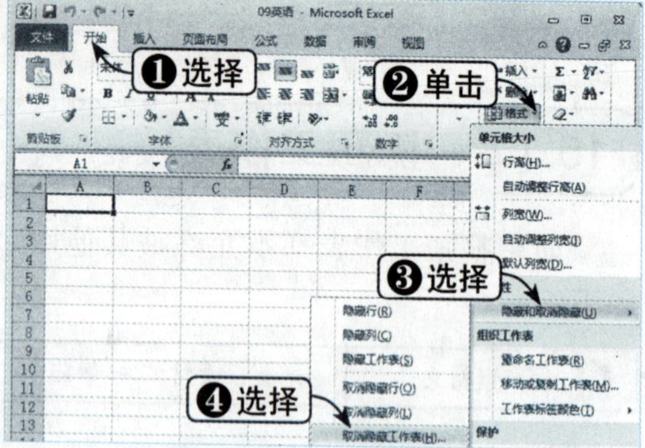

15.1.5 隐藏工作簿

工作簿作为 Excel 文档，也可以被隐藏，从而达到保护数据的目的。隐藏工作簿的具体操作方法如下：

Step 01 选择“属性”选项

右击要隐藏的工作簿，在弹出的快捷菜单中选择“属性”选项，如下图所示。

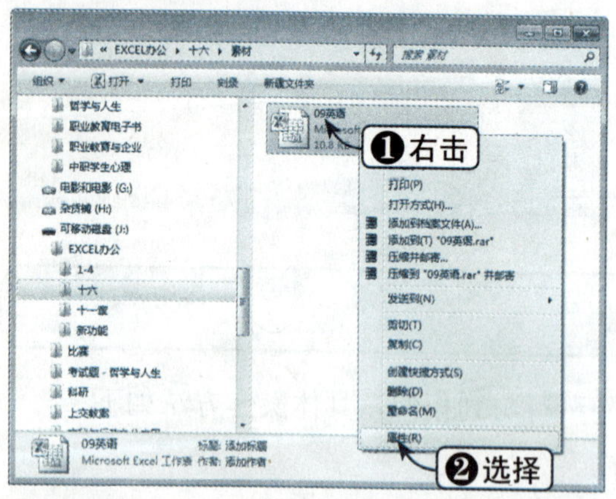

Step 02 选择“隐藏”复选框

弹出属性对话框，选中“隐藏”复选框，单击“确定”按钮，如下图所示。

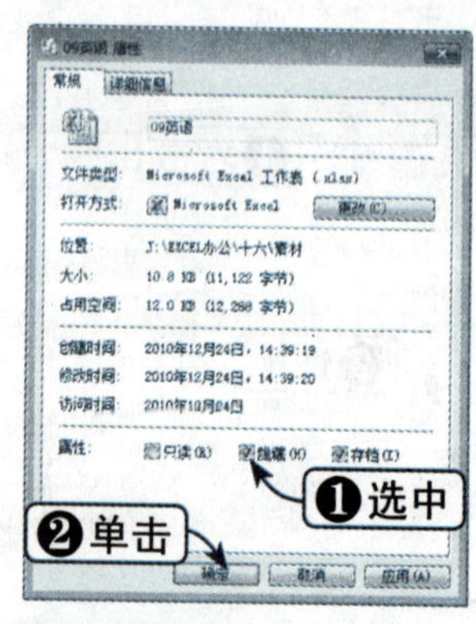

Step 03 查看隐藏效果

此时即可查看隐藏效果，隐藏后工作簿不可见，如下图所示。

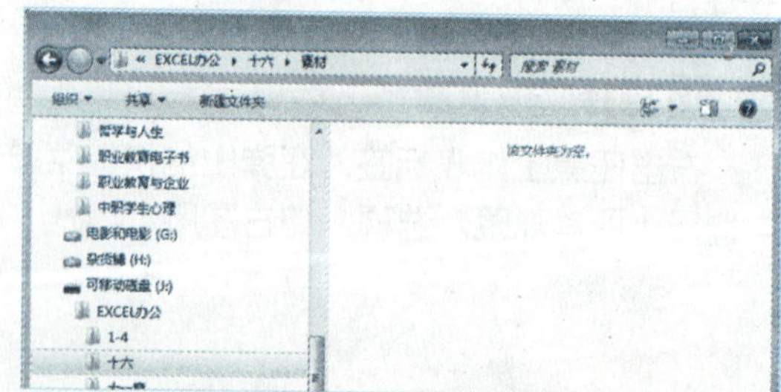

15.1.6 显示隐藏工作簿

对于不知道文件存在的用户来说，隐藏可以达到保护的目的。隐藏的工作簿可以重新显示，具体操作方法如下：

Step 01 选择“文件夹和搜索选项”选项

打开资源管理器，单击“组织”下拉按钮，在弹出的下拉列表中选择“文件夹和搜索选项”选项，如下图所示。

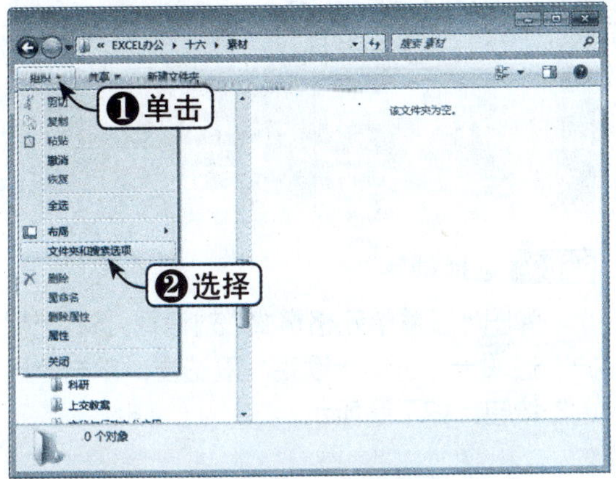

Step 02 设置显示选项

弹出“文件夹选项”对话框，选择“查看”选项卡，在“高级设置”列表框中选中“显示隐藏的文件、文件夹和驱动器”单选按钮，单击“确定”按钮，如下图所示。

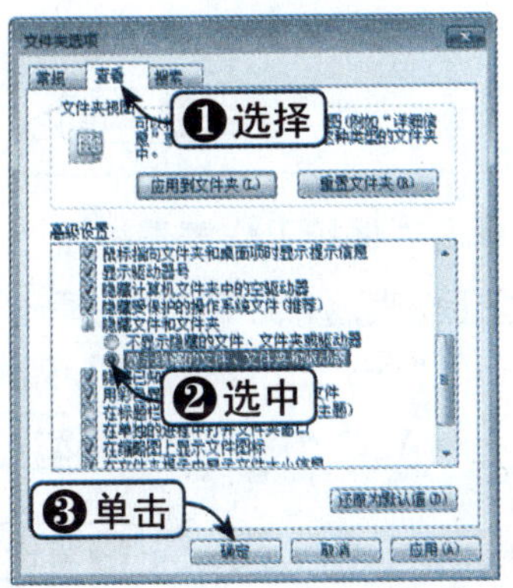

Step 03 选择“属性”选项

此时显示隐藏的工作簿，但其属性依然是隐藏的。右击该文件，在弹出的快捷菜单中选择“属性”选项，如下图所示。

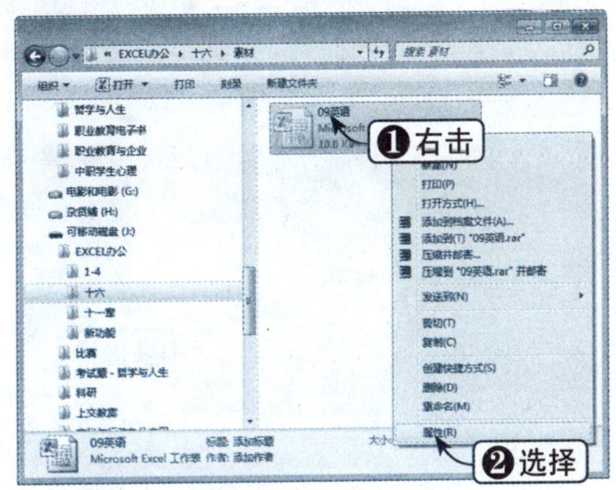

Step 04 取消隐藏

在弹出的对话框中取消选择“隐藏”复选框，单击“确定”按钮即可，如下图所示。

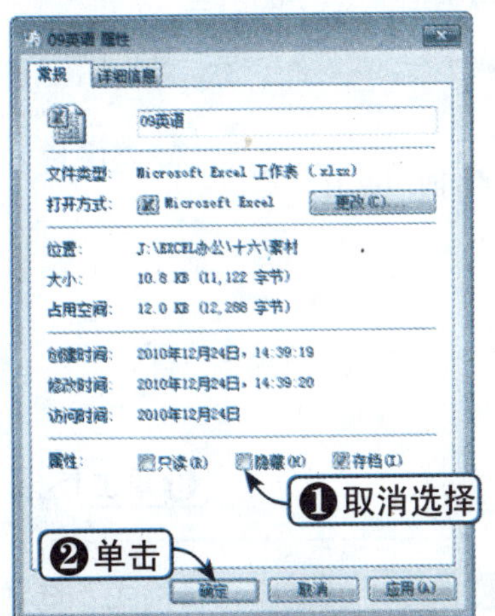

15.2 使用密码保护数据

隐藏可以对不知道工作簿或工作表存在的用户起到保护的作用，但对于拥有修改属性权限，且知道被隐藏的内容已经存在的用户来说，使用密码是更好的保护方法。

15.2.1 保护特定单元格

通过禁止其他用户选定单元格来保护的具体操作方法如下：

Step 01 选择“设置单元格格式”选项

继续上一节进行操作，选择整张工作表，右击工作表，在弹出的快捷菜单中选择“设置单元格格式”选项，如下图所示。

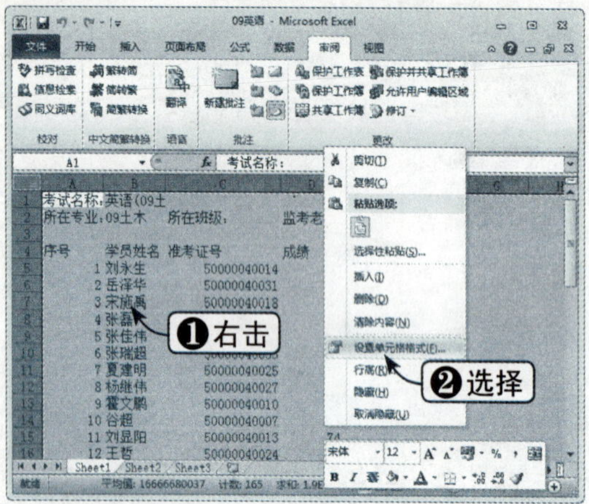

Step 02 取消锁定

弹出“设置单元格格式”对话框，选择“保护”选项卡，取消选择“锁定”复选框，单击“确定”按钮，如下图所示。

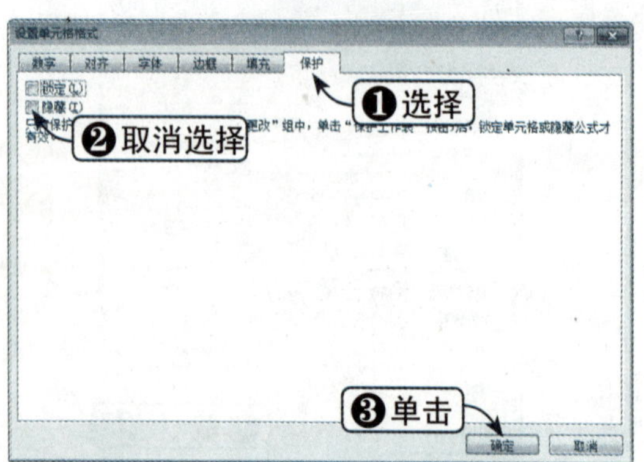

Step 03 选择“设置单元格格式”选项

选择要保护的单元格区域并右击，在弹出的快捷菜单中选择“设置单元格格式”选项，如下图所示。

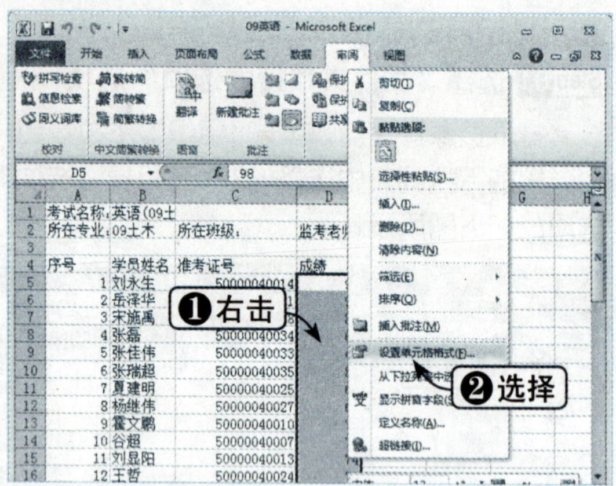

Step 04 选择锁定

弹出“设置单元格格式”对话框，选择“保护”选项卡，选中“锁定”复选框，单击“确定”按钮，如下图所示。

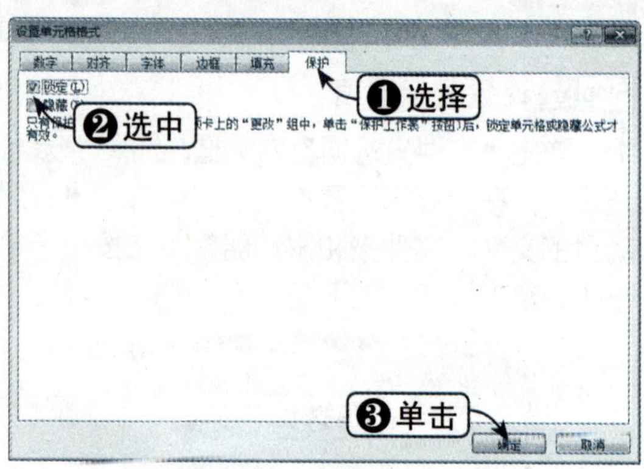

Step 05 单击“保护工作表”按钮

返回工作表，选择“审阅”选项卡，单击“更改”组中的“保护工作表”按钮，如下图所示。

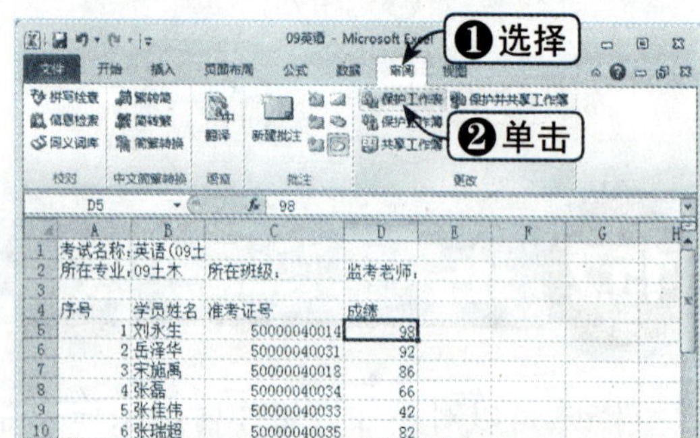

Step 06 设置保护

弹出“保护工作表”对话框，在密码文本框中输入密码，取消选择“选定锁定单元格”复选框，单击“确定”按钮，如下图所示。

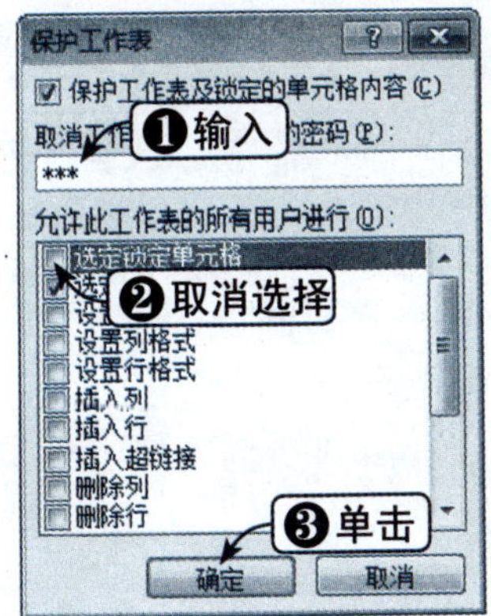

Step 07 确认密码

弹出“确认密码”对话框，重新输入密码，单击“确定”按钮，如下图所示。

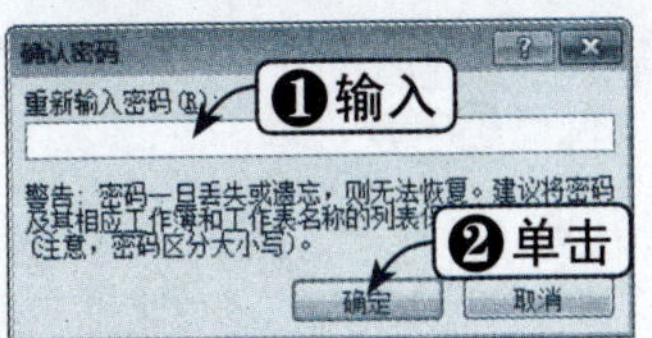

Step 08 查看保护效果

单击锁定区域，将无法选定，因此也无法进行编辑，如下图所示。

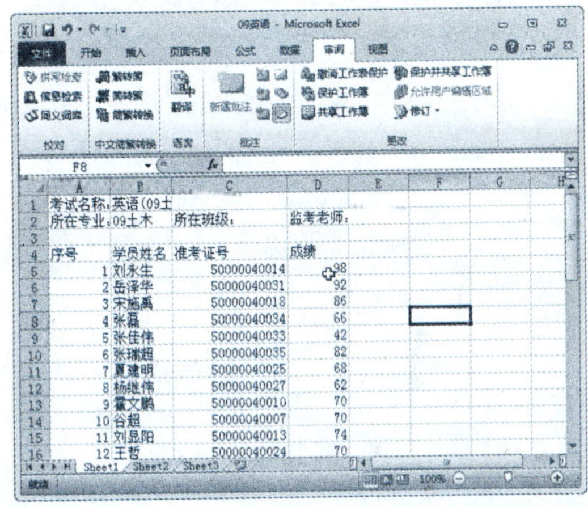

15.2.2 限定工作表可用的操作

用户也可以对整张工作表进行保护，其他用户需要密码才能打开工作表，具体操作方法如下：

Step 01 单击“保护工作表”按钮

选择“审阅”选项卡，单击“更改”组中的“保护工作表”按钮，如下图所示。

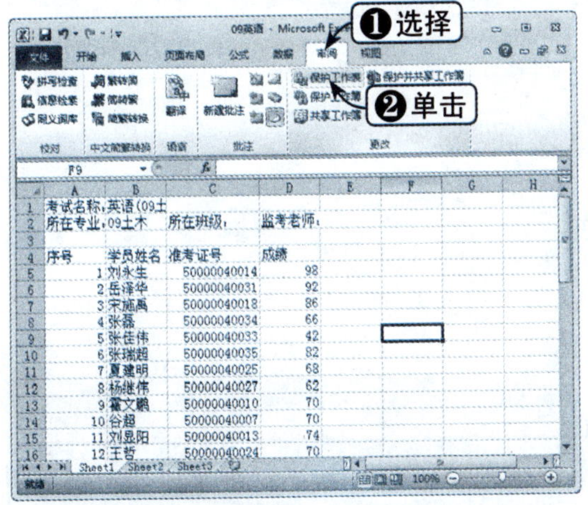

Step 02 设置保护

弹出“保护工作表”对话框，在密码文本框中输入密码，设置允许无密码用户可进行的操作，单击“确定”按钮，如下图所示。

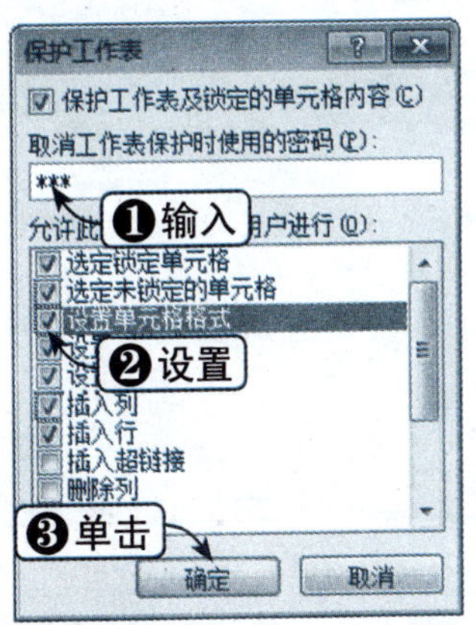

Step 03 确认密码

弹出“确认密码”对话框，重新输入密码，单击“确定”按钮，如下图所示。

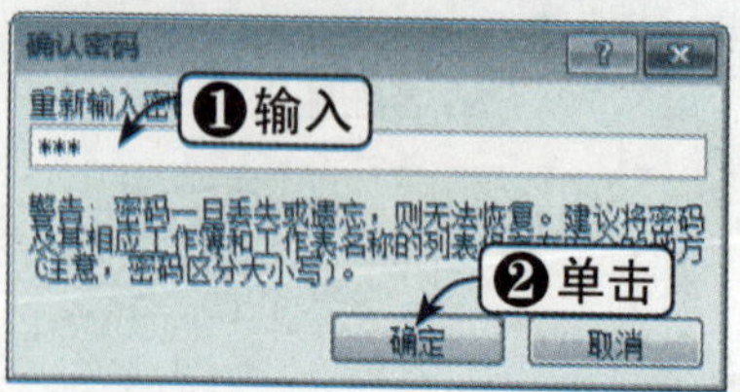

Step 04 允许的操作

右击任意单元格，在弹出的快捷菜单中"设置单元格格式"选项可用，如下图所示。

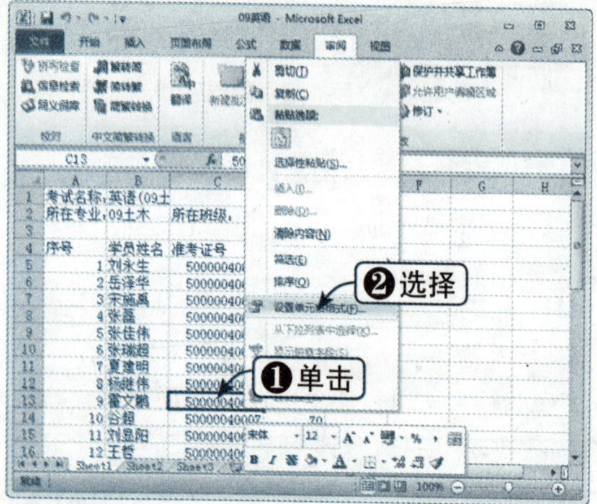

Step 05 查看不可用选项

此时，删除行或列的操作则不可以进行，如下图所示。

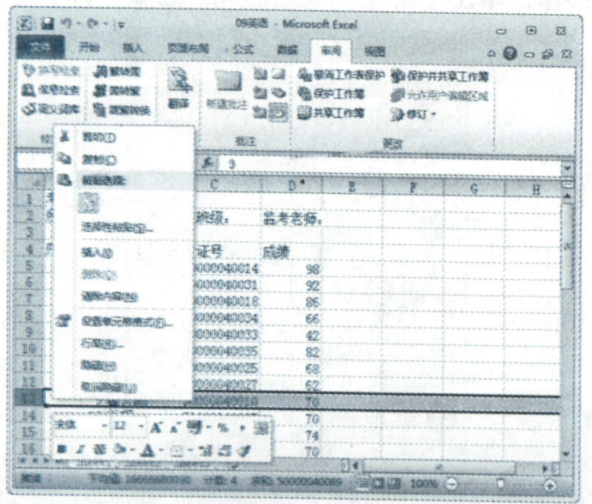

Step 06 撤销工作表保护

要进行被限定的操作，则需要撤销保护。选择"审阅"选项卡，单击"更改"组中的"撤销工作表保护"按钮，如下图所示。

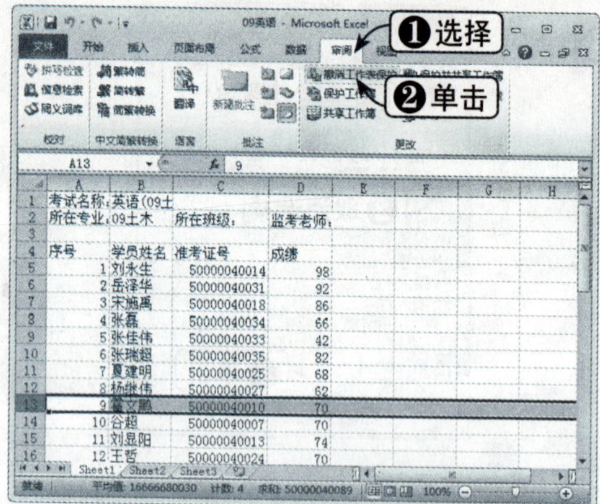

Step 07 输入密码

弹出"撤销工作表保护"对话框，输入密码，单击"确定"按钮即可，如下图所示。

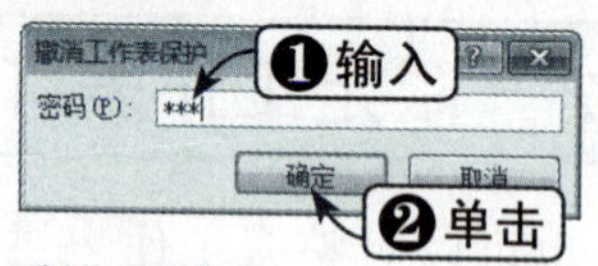

Step 08 查看设置效果

在撤销工作表保护之后各项命令可用，如下图所示。

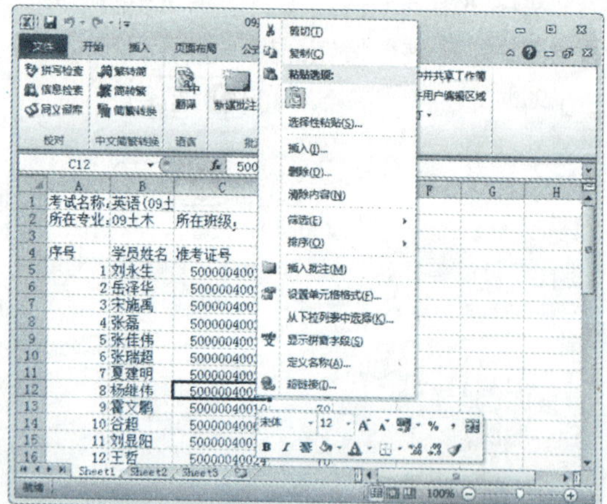

15.2.3 设置工作簿打开密码

为工作簿设置密码，用户要使用设定的密码才能打开工作簿，具体操作方法如下：

Step 01 选择保护方式

继续上一节进行操作，选择“文件”选项卡，打开 Backstage 视图，选择“信息”选项，单击“保护工作簿”下拉按钮，在弹出的下拉列表中选择“用密码进行加密”选项，如下图所示。

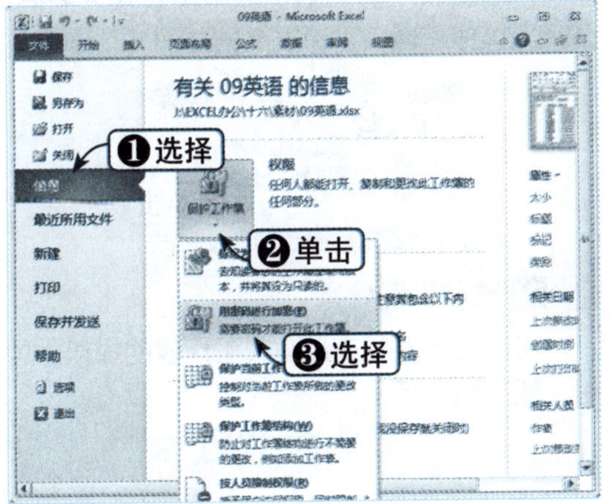

Step 02 设置密码

弹出“加密文档”对话框，输入密码，单击“确定”按钮，如下图所示。

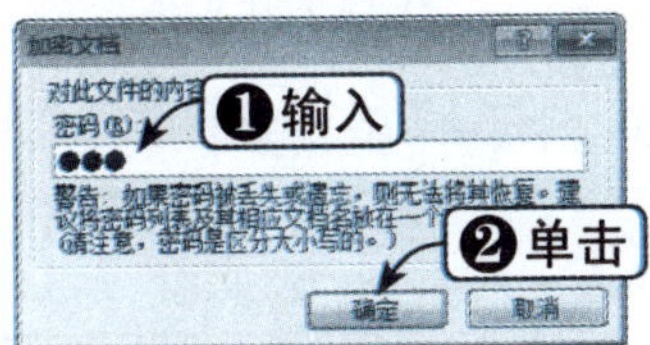

Step 03 确认密码

再次输入密码，单击“确定”按钮，如下图所示。

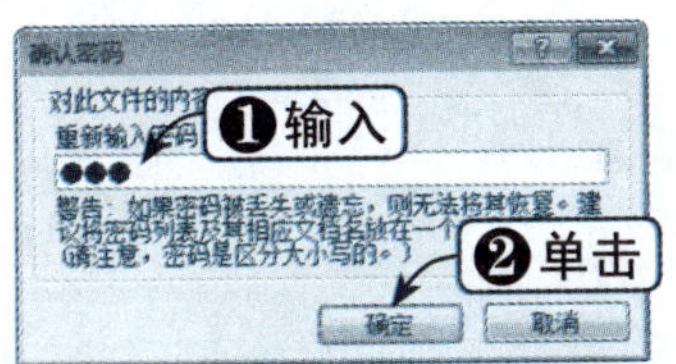

Step 04 查看提示信息

此时可以看到该文档的信息中提示需要密码才能打开，如下图所示。

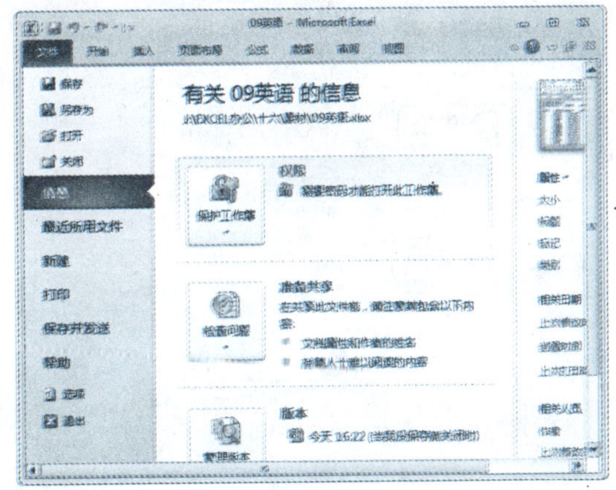

Step 05 打开文档

在打开文档时不能直接打开，并提示输入密码，如下图所示。

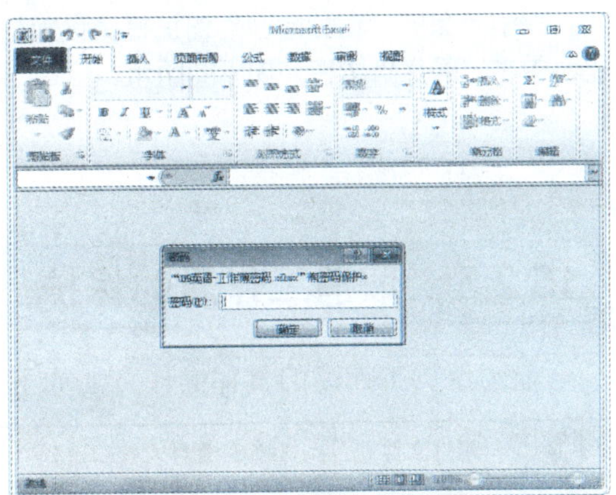

15.2.4 保护工作簿结构

用户可以对工作簿的结构进行保护，即防止其他用户修改工作簿内各张工作表的名称和数量等，具体操作方法如下：

	素材文件	光盘：素材文件\第15章\09英语.xlsx

Step 01 选择“保护工作簿结构”选项

打开“素材文件\第15章\09英语.xlsx”，选择“文件”选项卡，打开Backstage视图，选择“信息”选项，单击“保护工作簿”下拉按钮，在弹出的下拉列表中选择“保护工作簿结构”选项，如下图所示。

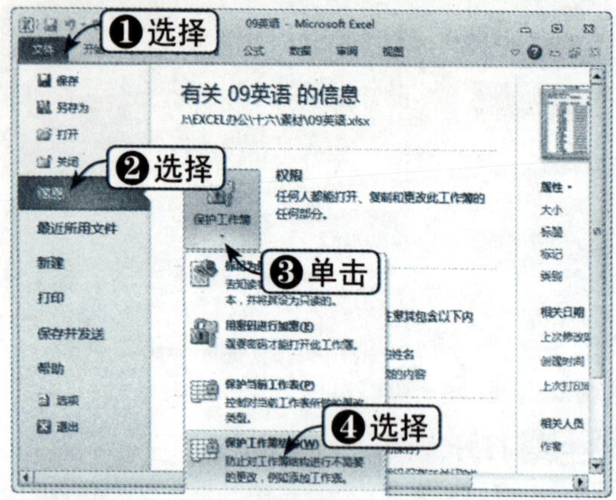

Step 02 设置密码

弹出“保护结构和窗口”对话框，设置密码，单击“确定”按钮，如下图所示。

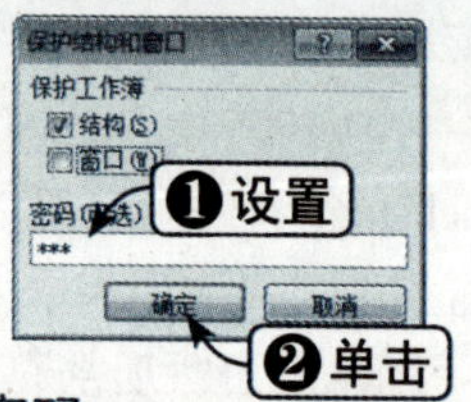

Step 03 确认密码

在“确认密码”对话框中再次输入密码，单击“确定”按钮，如下图所示。

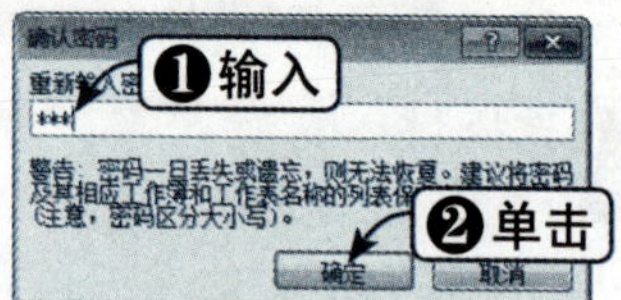

Step 04 查看设置效果

右击工作表标签，有关工作表的操作不可用，如下图所示。

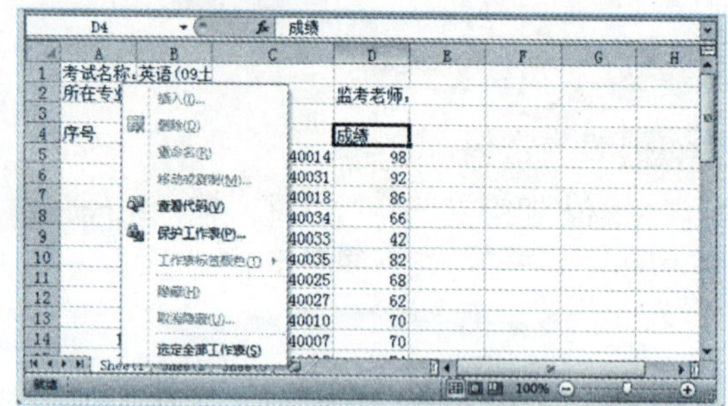

15.2.5 取消工作簿的保护

取消保护工作簿的具体操作方法如下：

	素材文件	光盘：素材文件\第15章\09英语.xlsx

Step 01 单击“保护工作簿”按钮

打开“素材文件\第15章\09英语.xlsx”，单击“审阅”选项卡下“更改”组中的“保护工作簿”按钮，如右图所示。

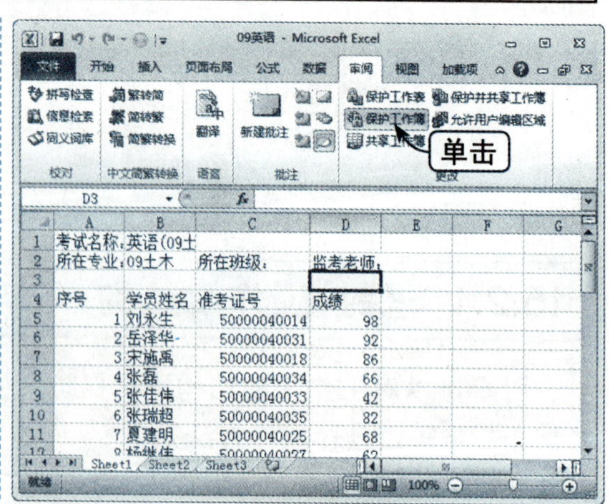

知识点拨

Excel没有密码提示，所以请记好文件的密码。另外，Excel密码不是复杂算法，破解的几率较大，所以适用于较低安全级别的文件。

Step 02 取消工作簿保护设置

弹出“撤销工作簿保护”对话框，在该对话框的“密码”文本框中输入密码，单击“确定”按钮，即可完成取消保护操作，如右图所示。

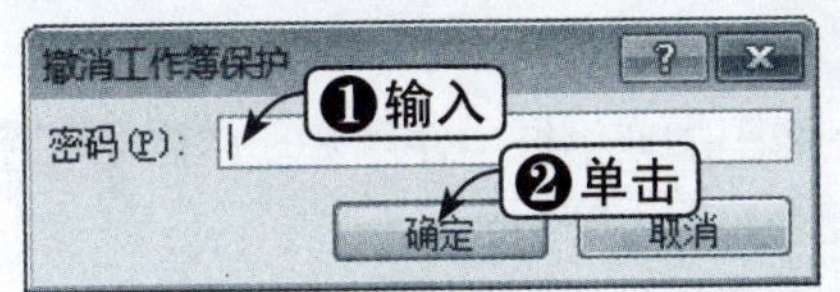

15.3 使用其他方式保护数据

除了常用的隐藏和密码保护数据外，Excel 还提供了多种方法保护数据，这些方法可以提供脱离软件的保护，使文件信息更加安全。

15.3.1 按人员限制权限

信息权限管理（IRM）允许个人和管理员指定对文档、工作簿和演示文稿的访问权限，这有助于防止未经授权的人员打印、转发或复制敏感信息。在使用 IRM 限制了对某个文件的权限后，不论信息位于何处，都会对其强制实施访问限制和使用限制。

Step 01 选择保护方式

继续上一节进行操作，选择“文件”选项卡，打开 Backstage 视图，选择“信息”选项，单击“保护工作簿”下拉按钮，在弹出的下拉列表中选择“按人员限制权限”|“限制访问”选项，如下图所示。

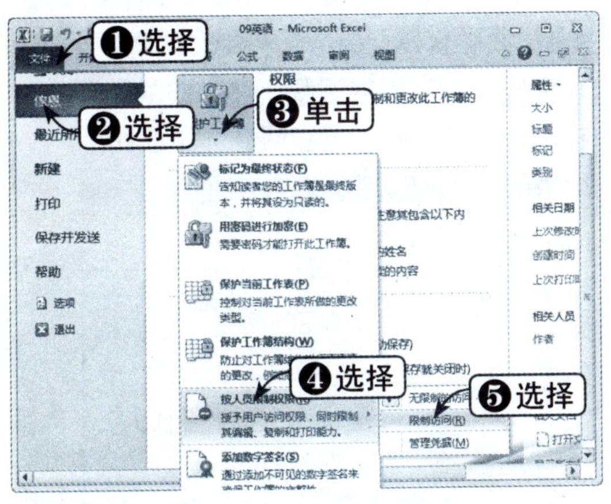

Step 02 注册服务

弹出“服务注册”对话框，选中“是，我希望注册使用 Microsoft 的这一免费服务”单选按钮，单击“下一项”按钮，如下图所示。

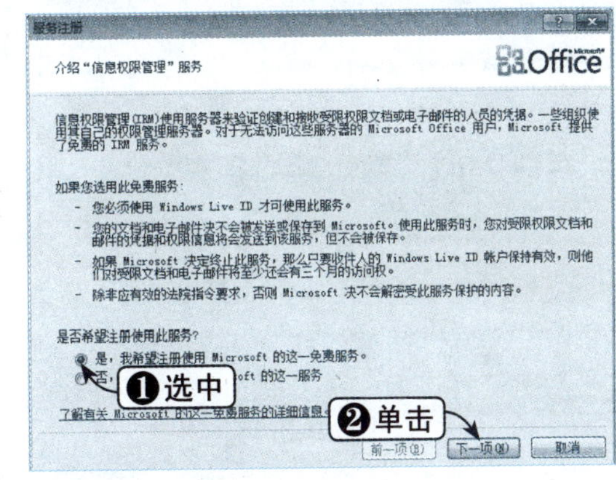

Step 03 是否注册 Windows Live ID

弹出“Windows 权限管理”对话框，选中“是，我有 Windows Live ID”单选按钮，如果没有首先需要注册，单击“下一步”按钮，如下图所示。

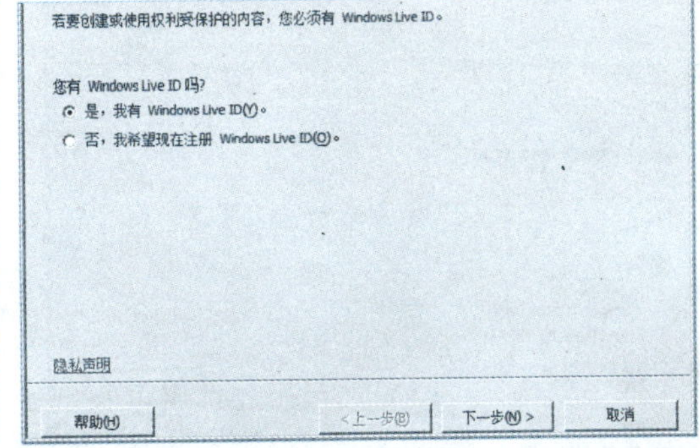

Step04 登录账号

在弹出的对话框中使用注册的账号和密码进行登录，如下图所示。

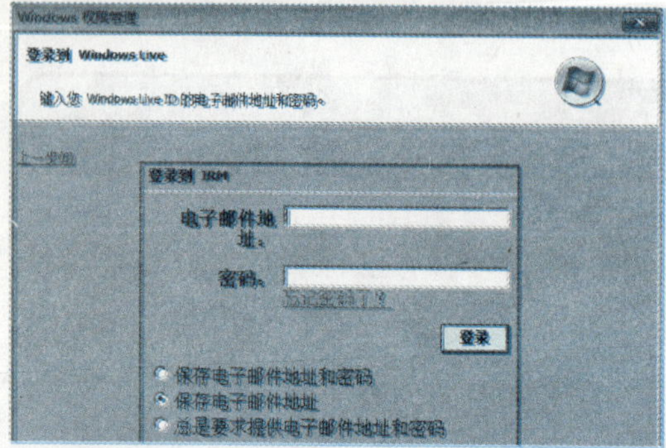

Step05 选择计算机类型

选择计算机是私人计算机还是公用计算机，单击“我接受”按钮，如下图所示。

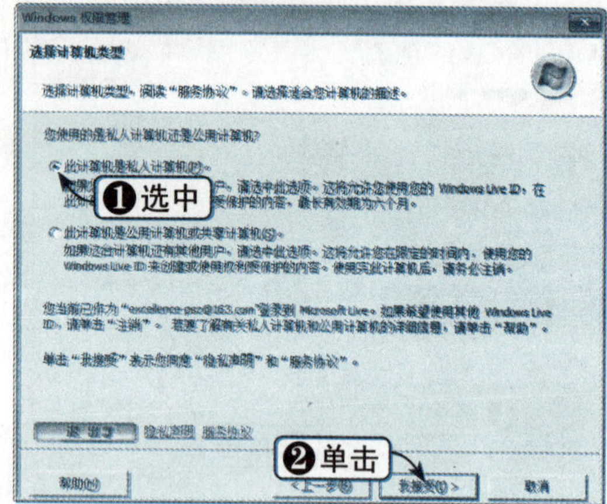

Step06 设置完成

限制权限设置完成后，单击“完成”按钮，如下图所示。

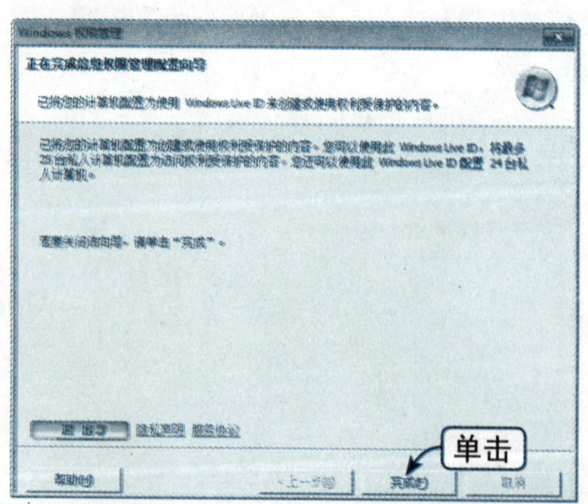

Step07 选择账户

弹出“选择用户”对话框，选择账号，单击“确定”按钮，如下图所示。

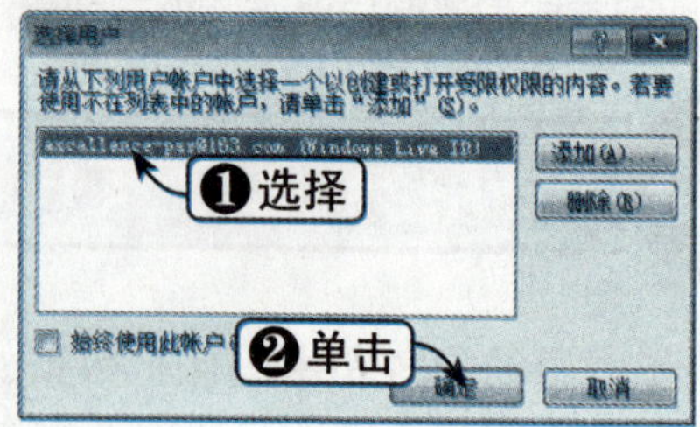

Step08 输入用户

弹出“权限”对话框，选中“限制对此工作簿的权限”复选框，在“读取”或“更改”文本框中输入用户电子邮箱地址，单击“其他选项”按钮，如下图所示。

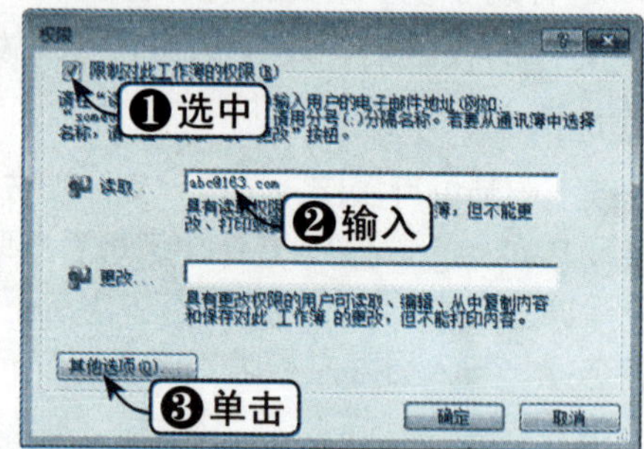

Step09 选择权限

弹出“权限”对话框，在对应的访问权限下拉列表中选择赋予的权限，如下图所示。

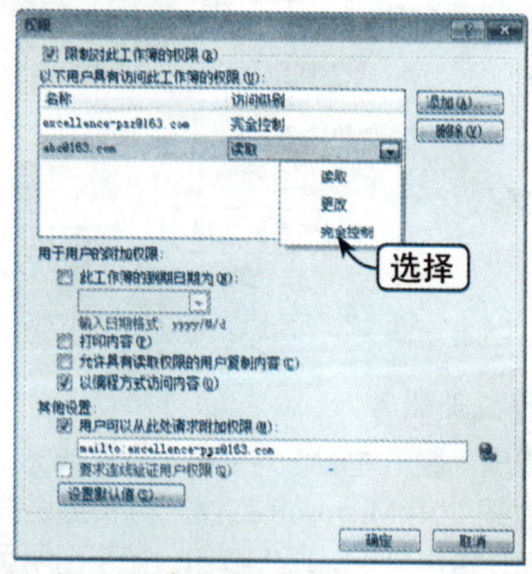

Step10 设置附加权限

在“用于用户的附加权限”选项区中选择附加的权限，单击“确定”按钮，如下图所示。

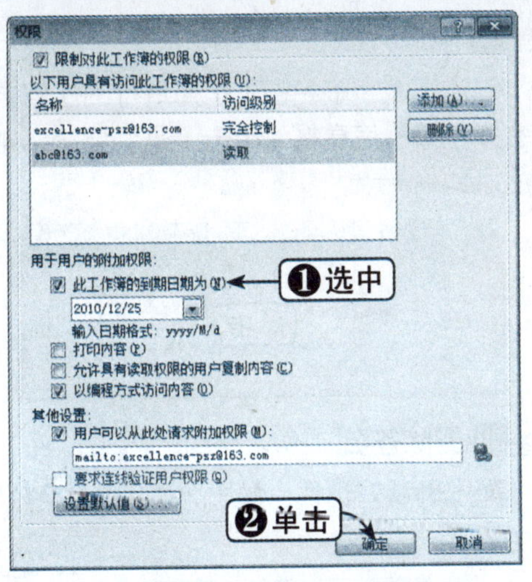

Step 11 查看权限信息

设置后该工作簿的权限将限定为特定人，如下图所示。

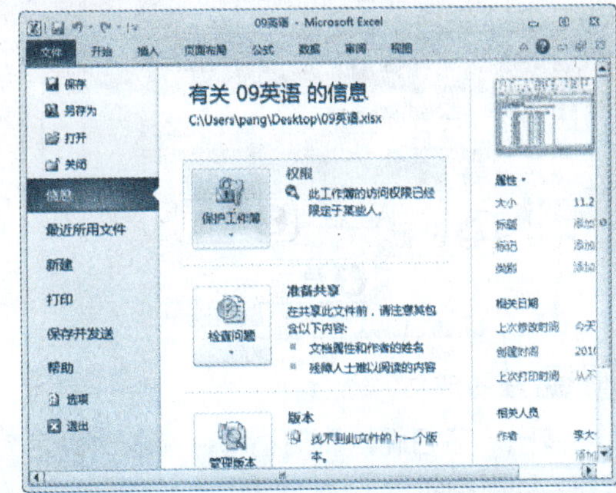

15.3.2 添加数字签名

数字签名也是保护工作簿的一种方法，它可以确认工作簿的完整性和原始性。添加数字签名的工作簿一旦被修改，数字签名就会被破坏，就可以判断工作簿的完整性。下面介绍如何添加数字签名。

Step 01 选择保护方式

继续上一节进行操作，选择“文件”选项卡，打开 Backstage 视图，选择“信息”选项，单击“保护工作簿”下拉按钮，在弹出的下拉列表中选择“添加数字签名”选项，如下图所示。

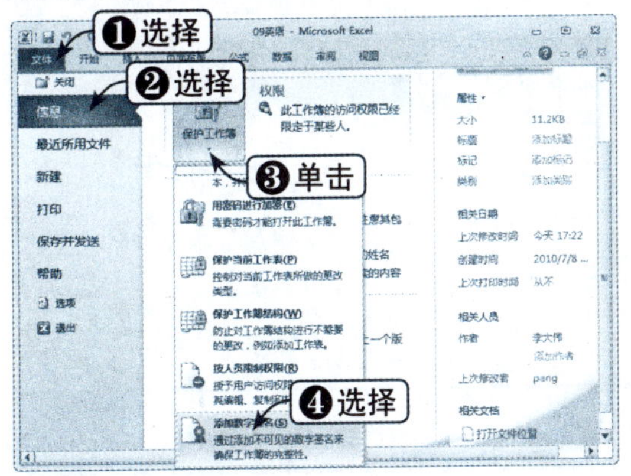

Step 02 查看提示信息

弹出提示信息框，单击“确定”按钮，如下图所示。

Step 03 选择获取方法

弹出“获取数字标识”对话框，选择数字标识的来源，单击“确定”按钮，如下图所示。

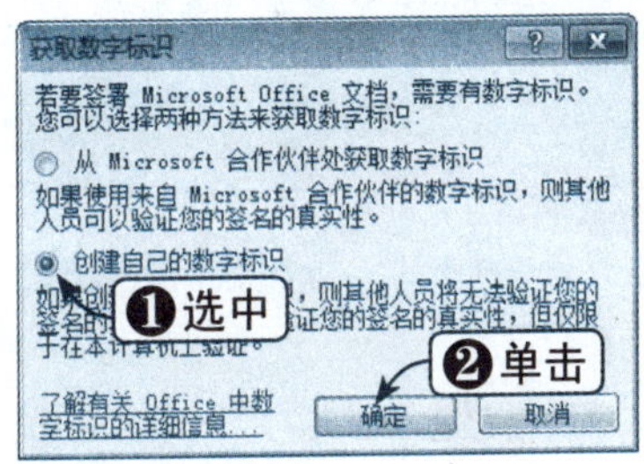

Step 04 添加包含信息

弹出“创建数字标识”对话框，设置包含的信息，单击“创建”按钮，如下图所示。

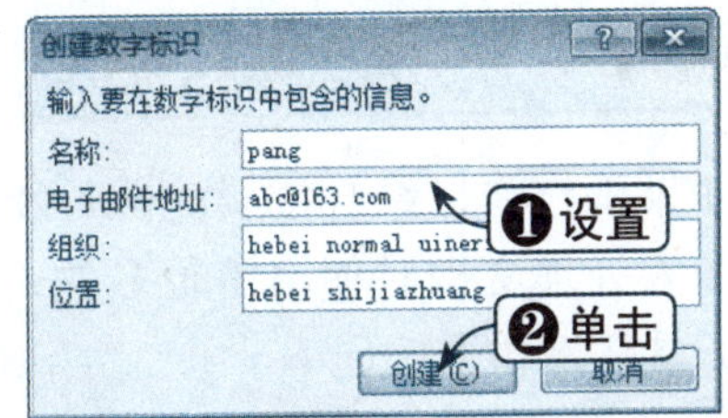

Step 05 设置目的

弹出“签名”对话框，设置签名的目的，单击“更改”按钮可以选择签名，单击“签名”按钮，如下图所示。

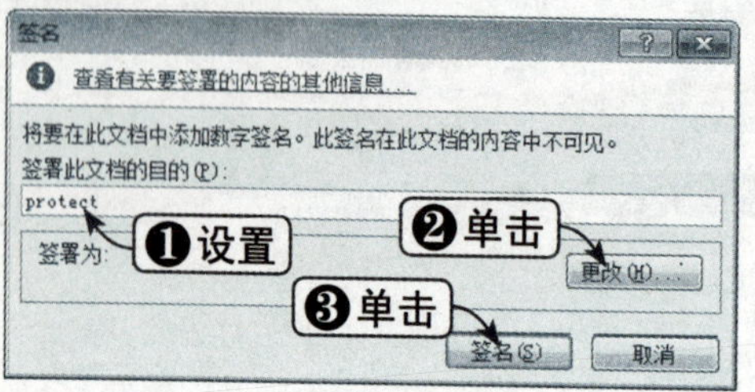

Step 06 签名成功

弹出“签名确认”对话框，单击“确定”按钮，如下图所示。

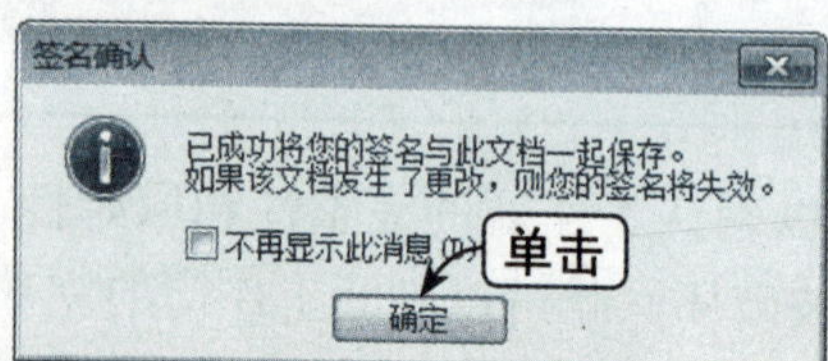

Step 07 查看签名效果

在 Backstage 视图下，可以看到已经添加了数字签名，如下图所示。

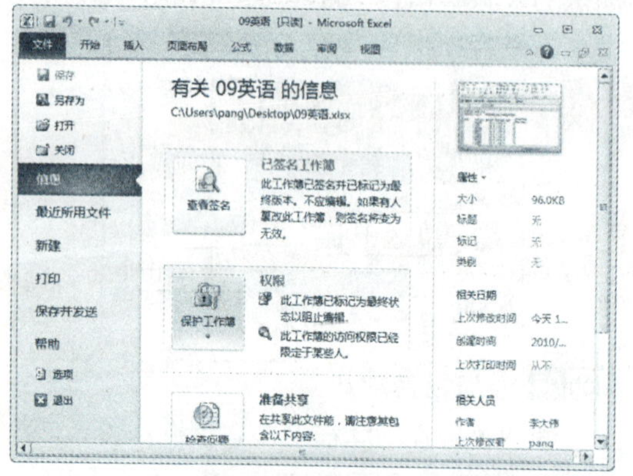

Step 08 编辑文档

对添加数字签名的工作簿进行的任何更改都会弹出警告信息框，单击“是”按钮，如下图所示。

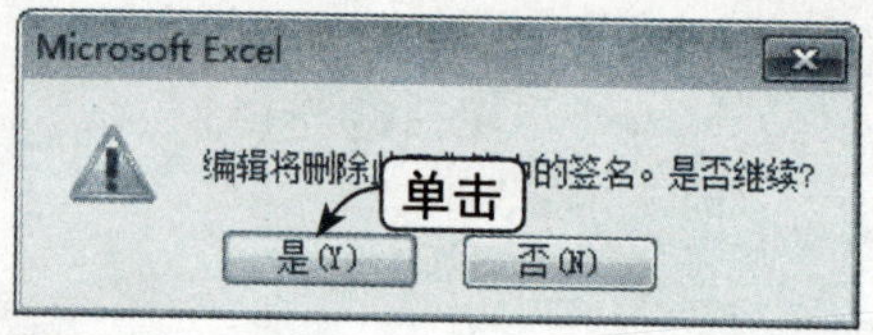

Step 09 删除签名

弹出确认对话框，单击“确定”按钮，如下图所示。

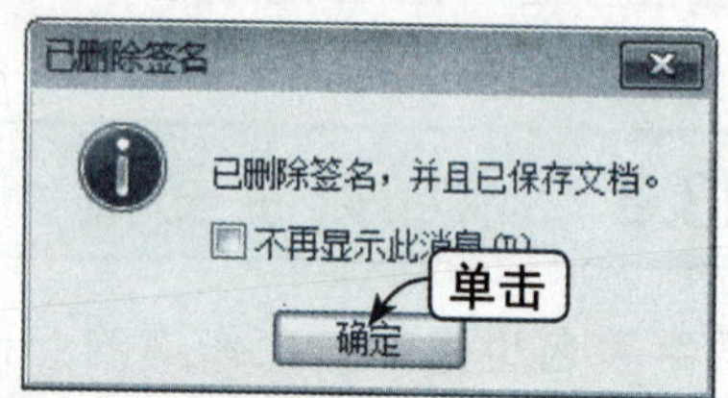

Step 10 查看修改效果

编辑后数字签名被删除，因此在 Backstage 视图下没有了数字签名的提示，效果如下图所示。

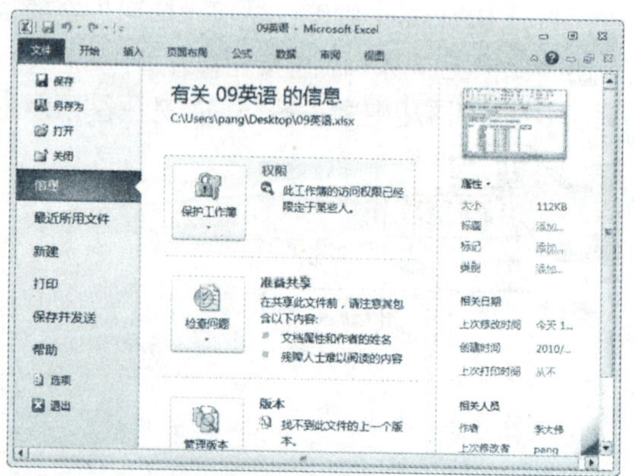

15.3.3 标记为最终状态

如果工作簿已经被编辑完成，不需再改动，可以将其标记为最终状态，此功能是一项多人处理文档时使用得较多的，而不是一项安全功能，不能以此来保护工作簿的安全。具体操作方法如下：

Step 01 选择“标记为最终状态”选项

继续上一节进行操作，选择“文件”选项卡，打开 Backstage 视图，选择“信息”选项，单击“保护工作簿”下拉按钮，在弹出的下拉列表中选择“标记为最终状态”选项，如下图所示。

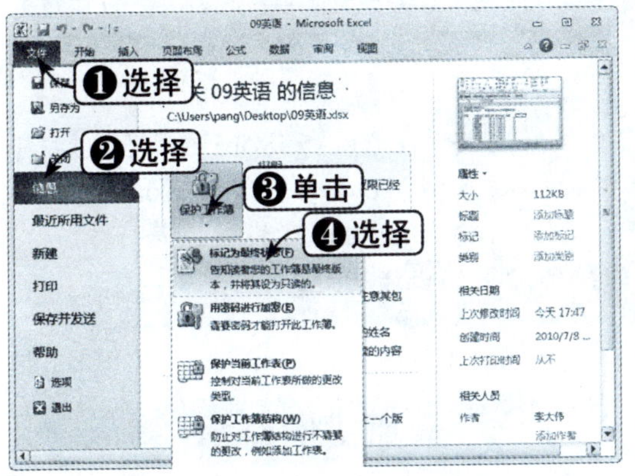

Step 02 查看标记效果

保存工作簿，再次打开时消息栏提示该工作簿已标记为最终状态，但单击“仍然编辑”按钮还是可以对工作簿进行编辑的，如下图所示。

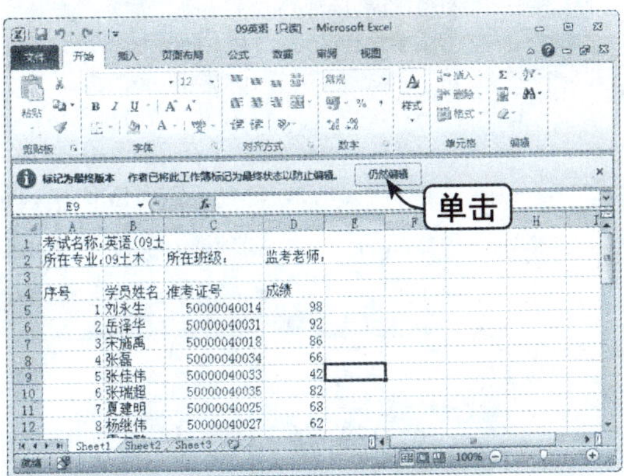

● 读书笔记

第16章 Excel与Word的协作应用

在实际办公过程中，经常需要将Excel与Word等结合起来使用，如将Excel中的表格插入到Word中，或将Word中的内容转移到Excel中，甚至需要与Access交换数据等。本章将对Excel与Word的协作应用知识进行详细介绍。

本章学习重点

1. 复制数据
2. 链接与嵌入
3. 将Excel图表移动到Word中
4. 导入文本到Excel中
5. Excel与Access交换数据

重点实例展示

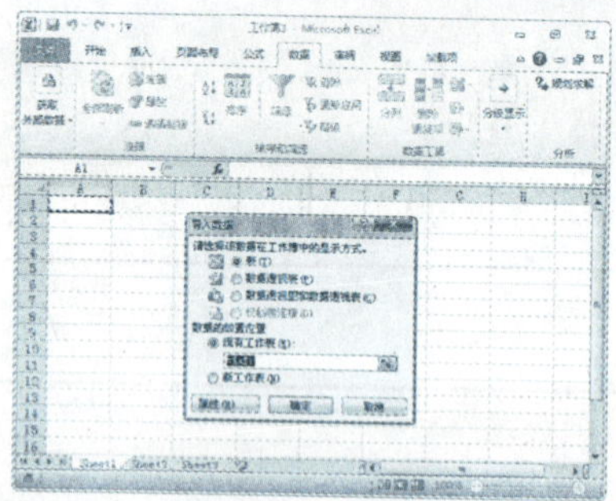

设置导入选项

本章视频链接

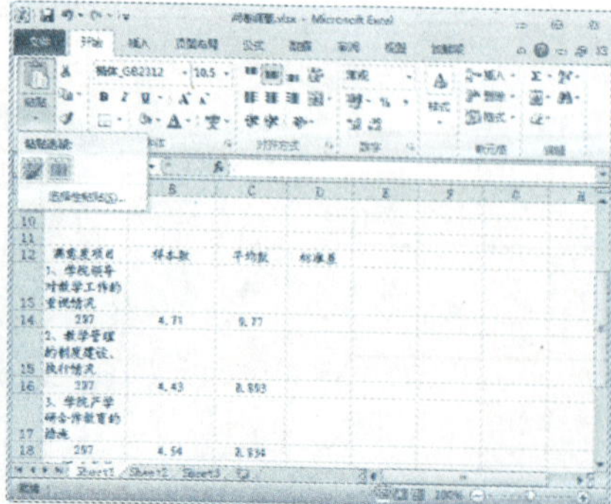

匹配目标格式

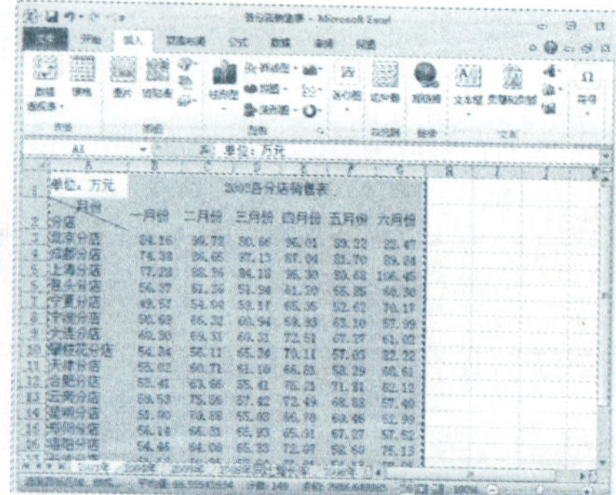

复制链接数据

16.1 复制数据

作为 Office 办公软件的组件，Excel 与 Word 之间拥有良好的数据迁移能力，可以采用常用的复制 / 粘贴的方式交换数据，下面将进行详细介绍。

16.1.1 复制Word中的数据到Excel中

用户可以将 Word 中的表格数据直接复制到 Excel 中，具体操作方法如下：

	素材文件	光盘：素材文件\第16章\问卷调查.docx

Step 01 复制表格

打开"素材文件\第16章\问卷调查.docx"，移动鼠标指针到表格上方，此时表格左上角出现⊞图标，单击该图标选中整个表格，按【Ctrl+C】组合键复制表格，如下图所示。

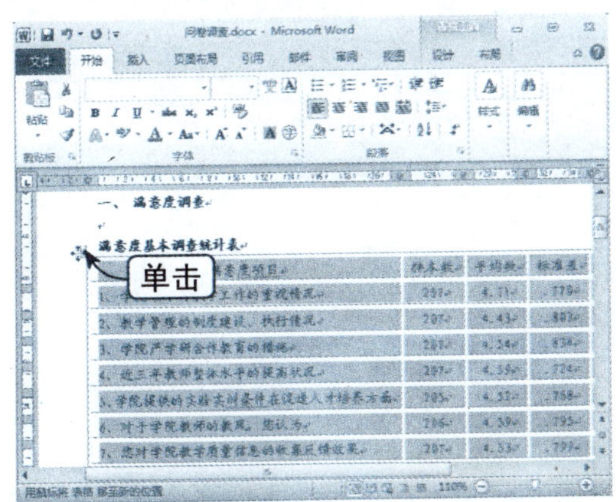

Step 02 粘贴表格

打开要粘贴表格的工作表，选择要粘贴位置左上角的单元格，按【Ctrl+V】组合键进行粘贴，如下图所示。

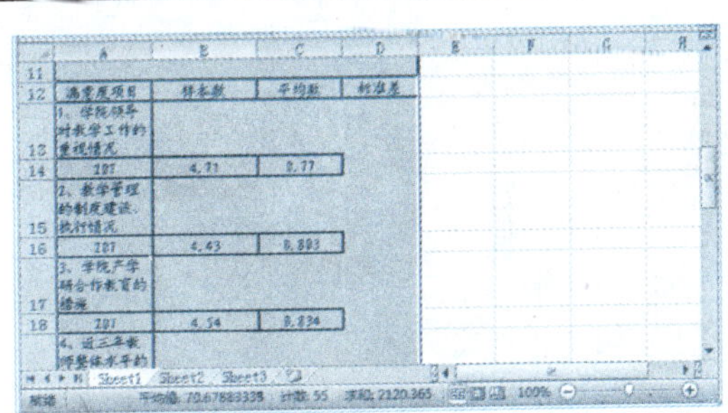

Step 03 匹配目标格式

复制表格后，单击"开始"选项卡下"剪贴板"组中的"粘贴"下拉按钮，在弹出的下拉列表中选择"匹配目标格式"选项，这样格式会丢失，且不能纠正列宽、行高，如下图所示。

知识点拨

此种方法最简单，但粘贴的效果不是特别理想，粘贴后的单元格的列宽、行高等均需要进行手动调整。

16.1.2 复制Excel中的数据到Word中

用户也可以将 Excel 中的表格数据直接复制到 Word 中，具体操作方法如下：

	素材文件	光盘：素材文件\第16章\各分店销售表.xlsx

Step 01 复制数据

打开"素材文件\第 16 章\各分店销售表 .xlsx"，选择要复制的单元格区域，使用快捷菜单或按【Ctrl+C】组合键复制数据，如下图所示。

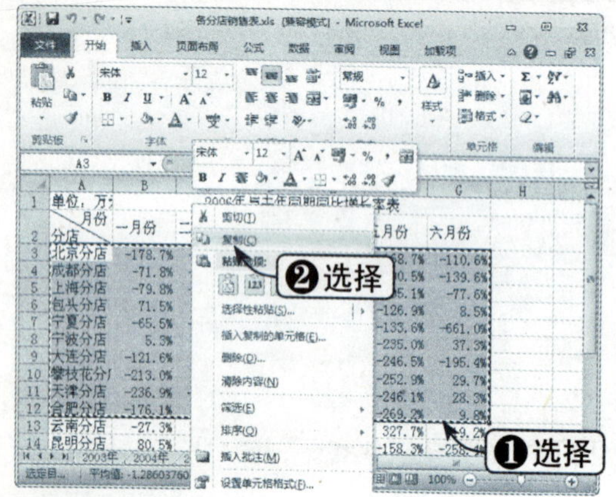

Step 02 选择粘贴方式

打开要粘贴表格的 Word 文档，右击要粘贴的位置，在弹出的快捷菜单中选择"粘贴选项"中的某种粘贴方式即可，如下图所示。

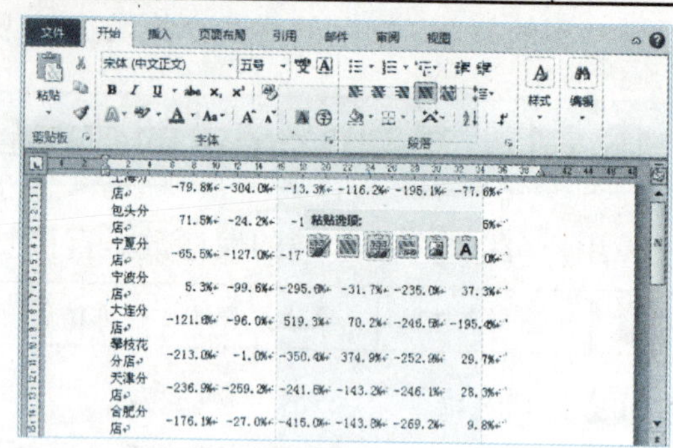

Step 03 查看粘贴效果

例如，在此选择文本方式粘贴，即可去掉表格，效果如下图所示。

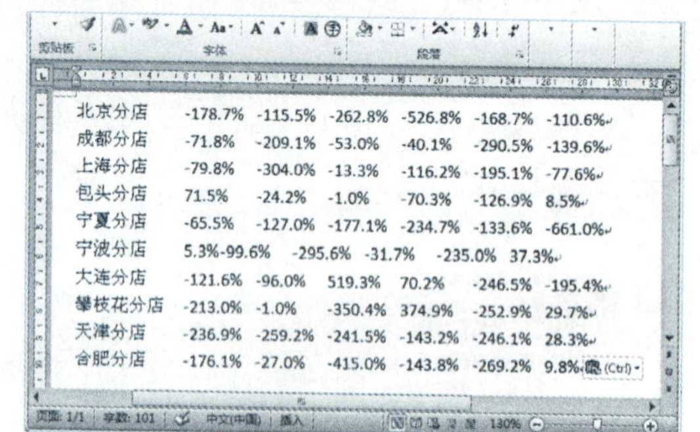

16.2 链接与嵌入

链接与嵌入是将外部对象插入到 Excel 中的两种方式，两种方式各有利弊，下面将对这两种方法进行详细介绍。

16.2.1 创建文件链接

Word 和 Excel 之间可以在内容中创建超链接，可以方便地打开相关的文档，具体操作方法如下：

	素材文件	光盘：素材文件\第16章\各分店销售表.xlsx

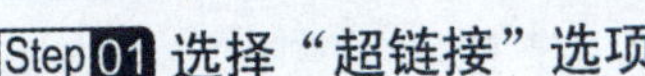

Step 01 选择“超链接”选项

打开“素材文件\第 16 章\各分店销售表 .xlsx”，选择作为链接的文本并右击，在弹出的快捷菜单中选择“超链接”选项，如下图所示。

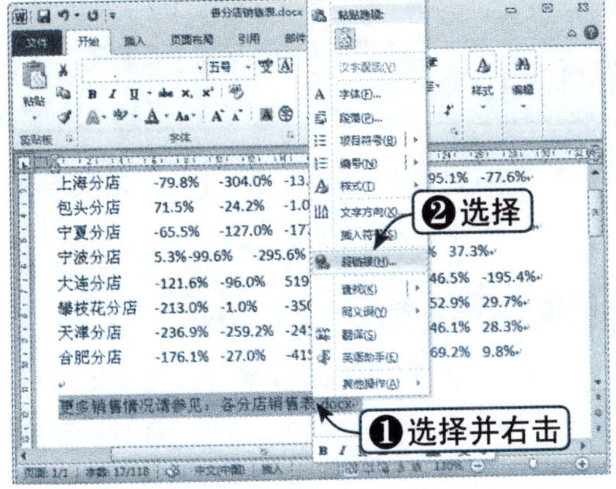

Step 02 选择目标文件

弹出“插入超链接”对话框，通过“查找范围”下拉列表找到目标文件，选择该文件，单击“确定”按钮，如下图所示。

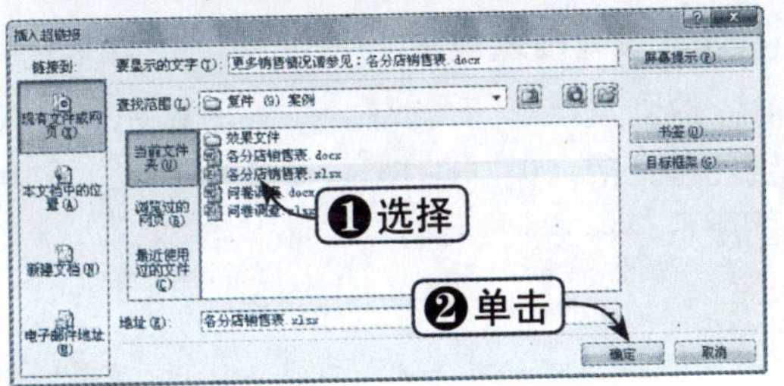

Step 03 使用超链接

创建成功后，此时文本变为蓝色且加了下划线，将鼠标指针移到链接位置会提示目标位置和使用方法，按住【Ctrl】键的同时单击超链接即可打开目标文件，如下图所示。

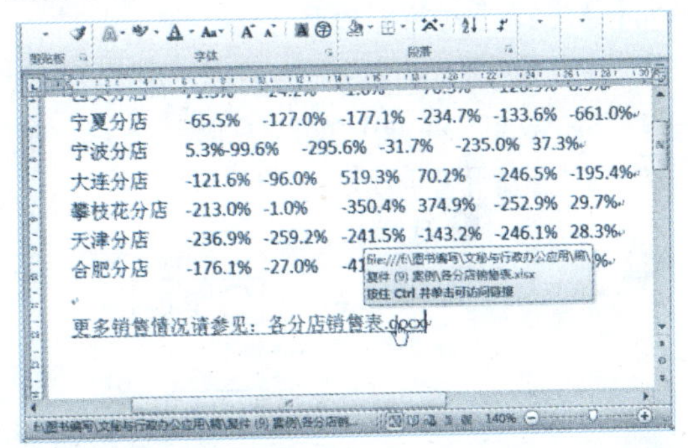

16.2.2 在Word中插入新Excel工作簿

除了以表格的形式复制 Excel 数据外，在 Word 中还可以插入 Excel 工作簿，具体操作方法如下：

Step 01 选择“对象”选项

新建一个空白 Word 文档，单击“插入”选项卡下“文本”组中的“对象”下拉按钮，在弹出的下拉列表中选择“对象”选项，如下图所示。

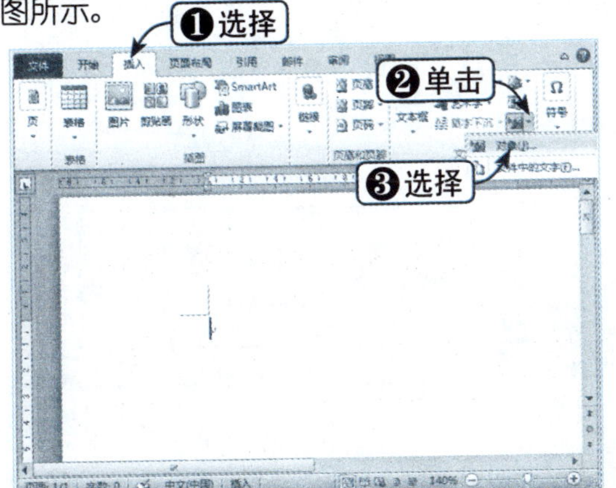

Step 02 选择对象类型

弹出“对象”对话框，选择“新建”选项卡，在“对象类型”列表框中选择“Microsoft Excel 工作表”选项，单击“确定”按钮，如下图所示。

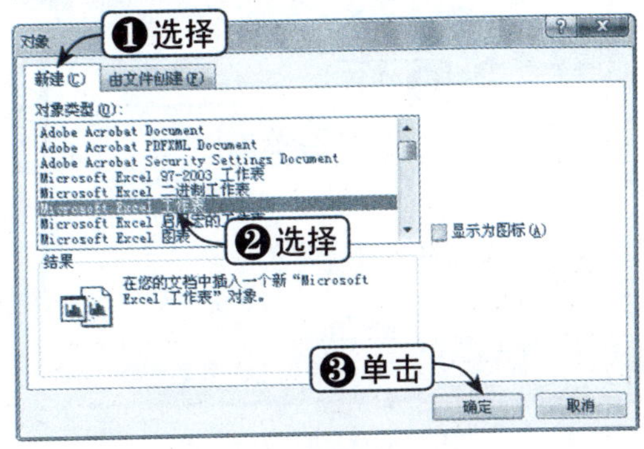

Step 03 查看插入效果

返回文档窗口，此时在 Word 中已经插入空白工作簿，如同在 Excel 中插入一样，如右图所示。

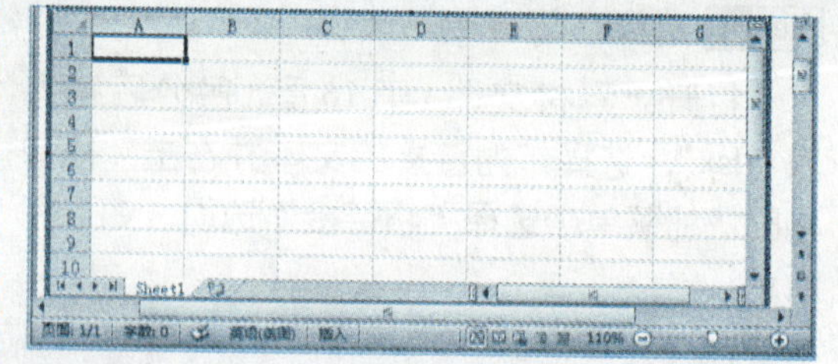

16.2.3 在Word文档插入已有工作簿

前面介绍的是在 Word 中如何插入空白工作簿，如果想把已有数据的工作簿转移到某个 Word 文档中，则可以从已有文件中进行插入，具体操作方法如下：

Step 01 选择“对象”类型

单击“插入”选项卡下“文本”组中的“对象”下拉按钮，在弹出的下拉列表中选择“对象”选项，如下图所示。

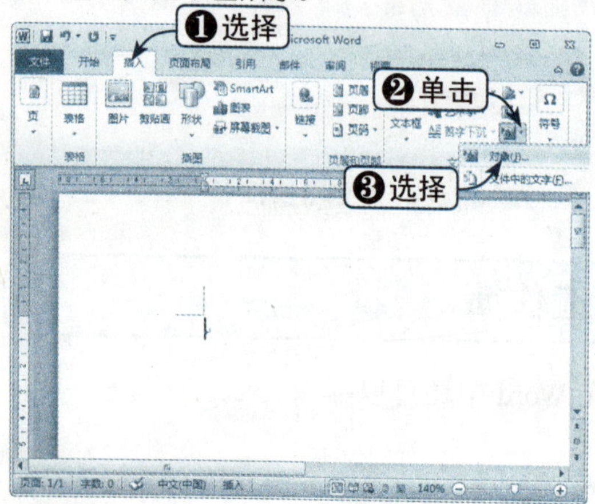

Step 02 选择目标工作簿

弹出“对象”对话框，选择“由文件创建”选项卡，单击“浏览”按钮，如下图所示。

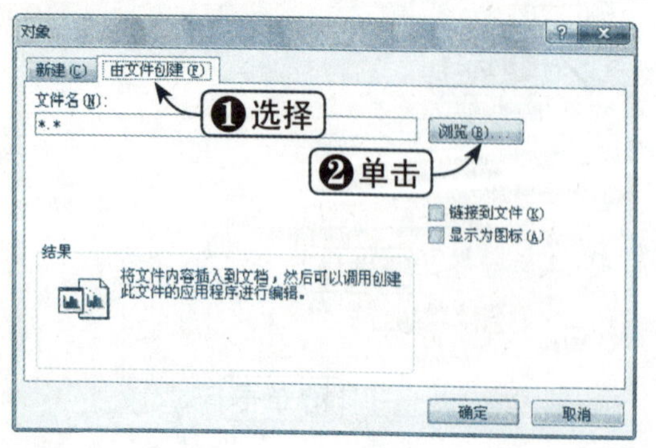

Step 03 选择要插入的文件

弹出“浏览”对话框，选择要插入的文件，单击“插入”按钮，如下图所示。返回“对象”对话框，单击“确定”按钮。

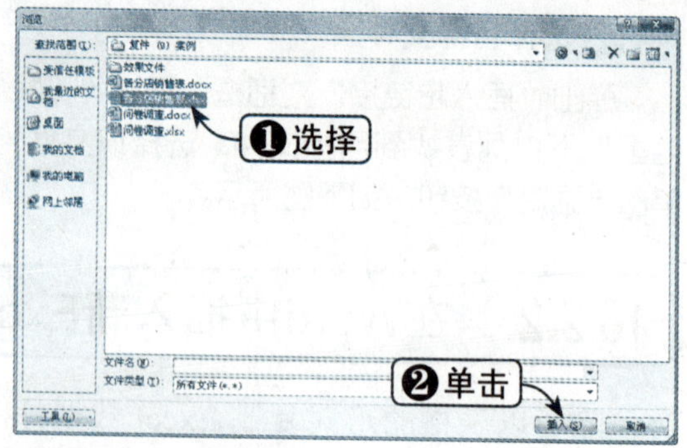

Step 04 查看插入效果

返回文档窗口，此时在 Word 中插入了工作簿，如同在 Excel 中一样，如下图所示。

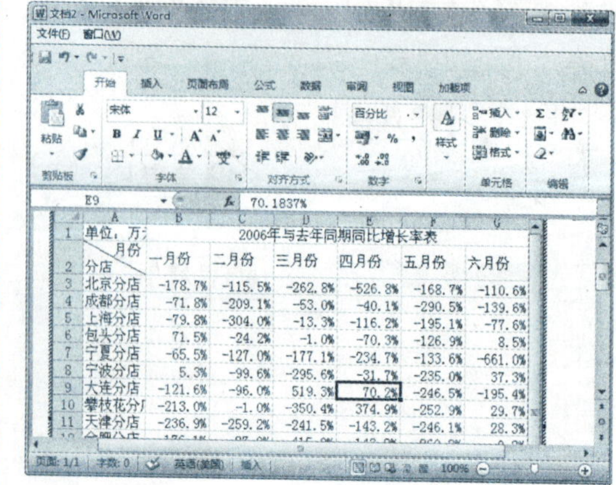

16.3 将Excel图表移动到Word中

除了可以在 Word 中插入 Excel 表格外，用户也可以将 Excel 中的图表转移到 Word 中，具体操作方法如下：

16.3.1 复制Excel图表到Word中

利用工作表中的数据生成的图表也可以直接粘贴到 Word 中，具体操作方法如下：

	素材文件	光盘：素材文件\第16章\分店销售图.xlsx

Step 01 复制图表

打开“素材文件\第16章\分店销售图.xlsx”，单击图表边框将其选中，按【Ctrl+C】组合键复制该图表，如下图所示。

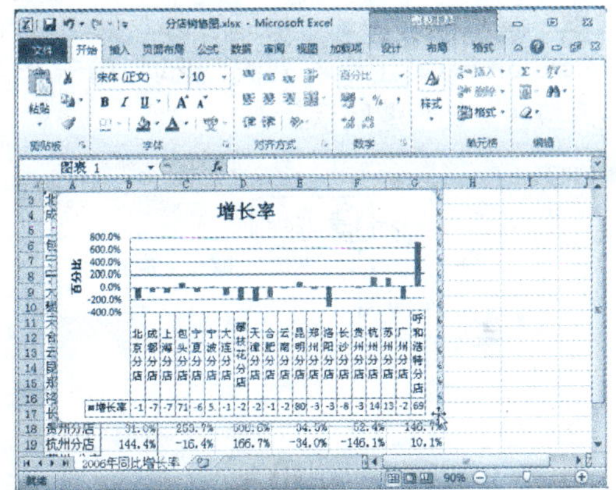

Step 02 选择粘贴方式

转到 Word 文档，选择“开始”选项卡，单击“剪贴板”组中的“粘贴”下拉按钮，在弹出的下拉列表中选择粘贴方式，如选择“选择性粘贴”选项，如下图所示。

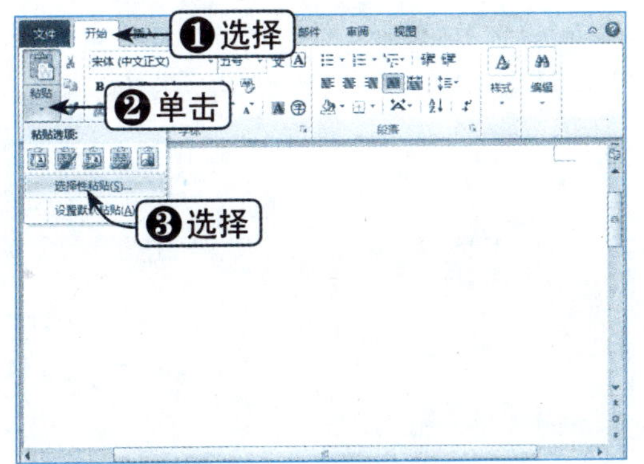

Step 03 选择形式

弹出“选择性粘贴”对话框，在“形式”列表框中选择合适的方式，单击“确定”按钮，如下图所示。

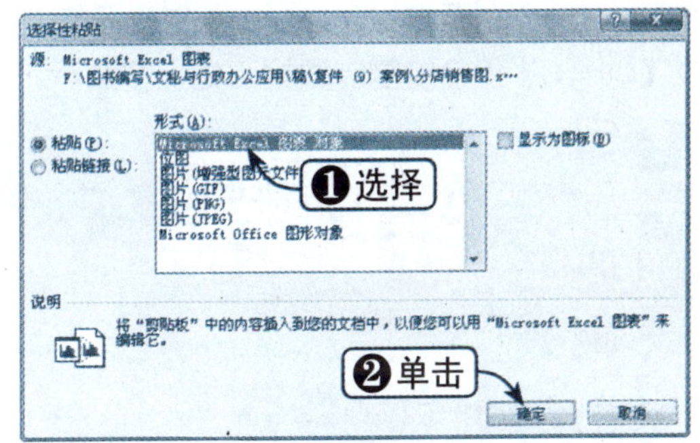

Step 04 编辑图表

以“Microsoft Excel 图表对象”方式粘贴的图表是可以再次对其进行编辑的。双击图表，即可看到图表中各个元素是可编辑的，如下图所示。

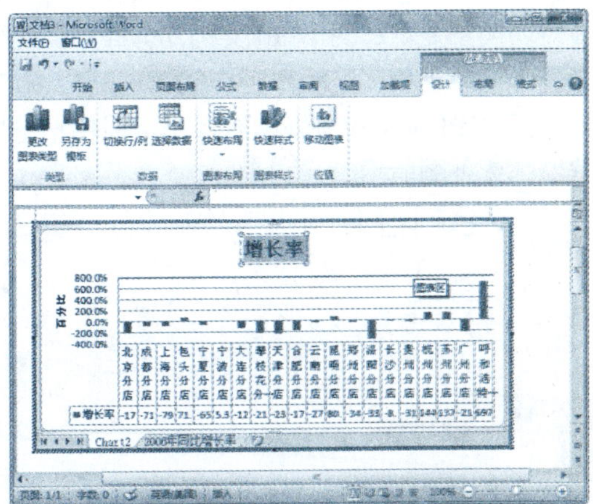

Step 05 使用其他方式

其他图表的粘贴方式主要是图片格式，图片格式的方式将使图表不可再编辑，效果如右图所示。

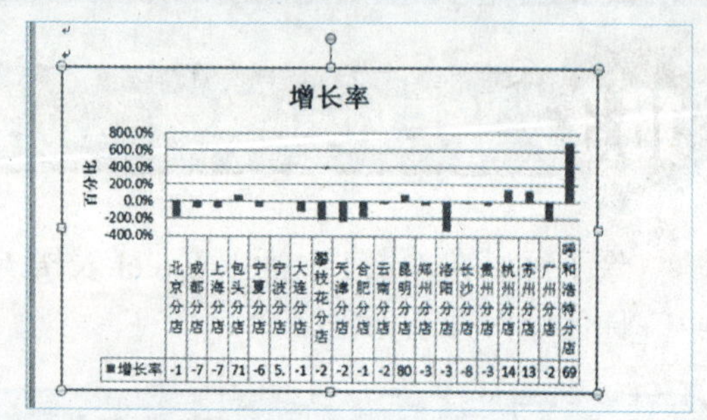

16.3.2 链接Excel工作表

与简单的复制粘贴方法不同，如果要求 Word 中的图表能随 Excel 中数据源的变化而变化，则需要使用链接对象，而不是嵌入对象，具体操作方法如下：

	素材文件	光盘：素材文件\第16章\各分店销售表.xlsx

Step 01 复制数据

打开“素材文件\第 16 章\各分店销售表 .xlsx”，选择要链接到 Word 中的数据区域，按【Ctrl+C】组合键复制数据，如下图所示。

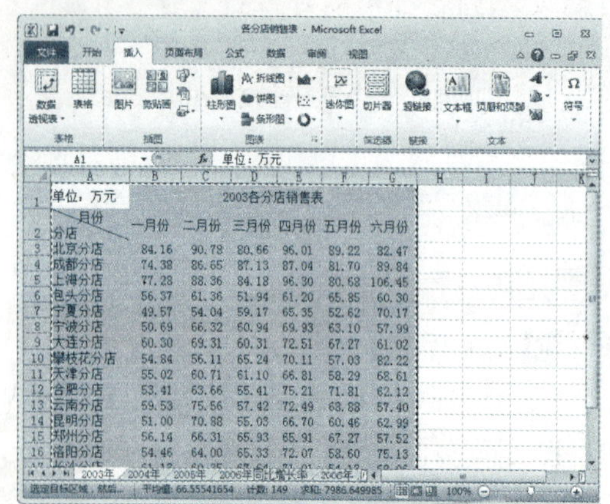

Step 02 选择“选择性粘贴”选项

切换到要粘贴的 Word 文档，选择“开始”选项卡，单击“剪贴板”组中的“粘贴”下拉按钮，在弹出的下拉列表中选择“选择性粘贴”选项，如下图所示。

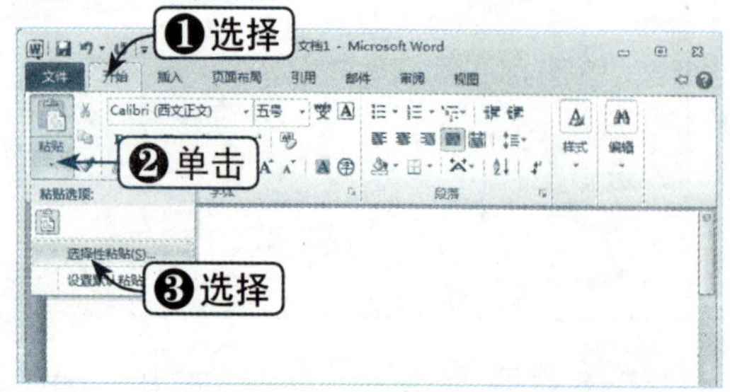

Step 03 设置选择性粘贴选项

弹出“选项性粘贴”对话框，选中“粘贴链接”单选按钮，在“形式”列表框中选择“Microsoft Excel 工作表 对象”选项，单击“确定”按钮，如下图所示。

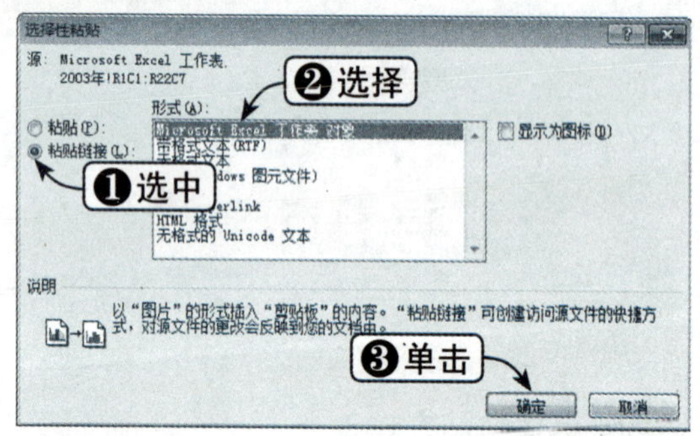

Step 04 查看粘贴结果

此时，即可查看使用链接粘贴的效果，如下图所示。

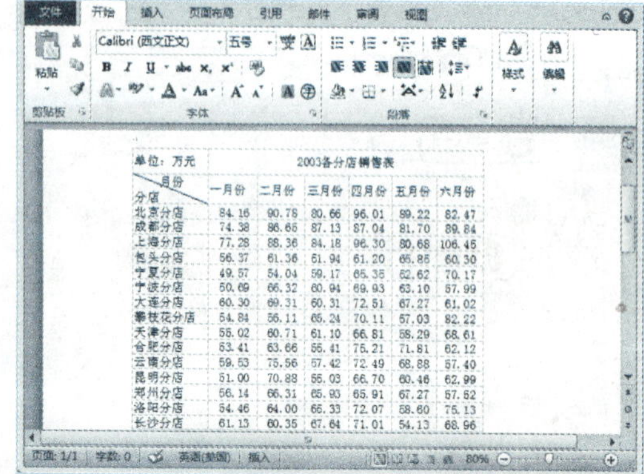

Step 05 更新数据

当 Excel 中的数据被修改后，可以更新对应的 Word 文档中的数据。右击表格，在弹出的快捷菜单中选择“更新链接”选项即可，如右图所示。

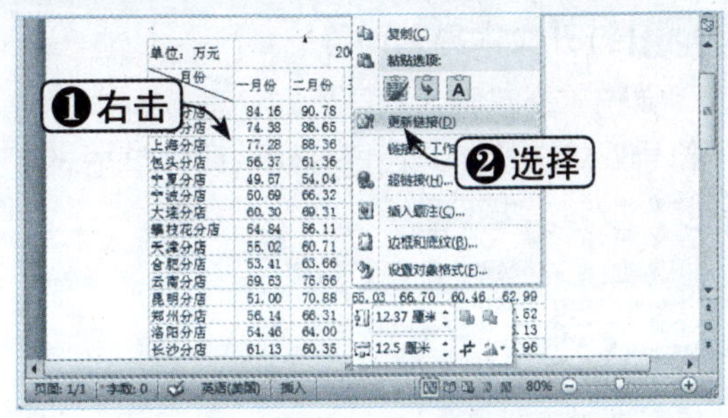

16.4 导入文本到Excel中

用户可以将文本文件中的文本内容导入到 Excel 中，由于文本文件不包含表格信息，因此对文本的格式有特殊的要求。

16.4.1 创建文本文件并导入工作表

用户可以直接在文本文件中编辑数据，然后在合适的条件下将其导入到工作表中。由于工作表中的行、列是二维结构，因此不是任意文本内容都可以导入到工作表中的。

Step 01 建立文本文件

新建空白的文本文件，输入以下内容，注意各项之间要符合行、列的对应关系，另外各个项目和数据之间要用制表符分隔，如下图所示。

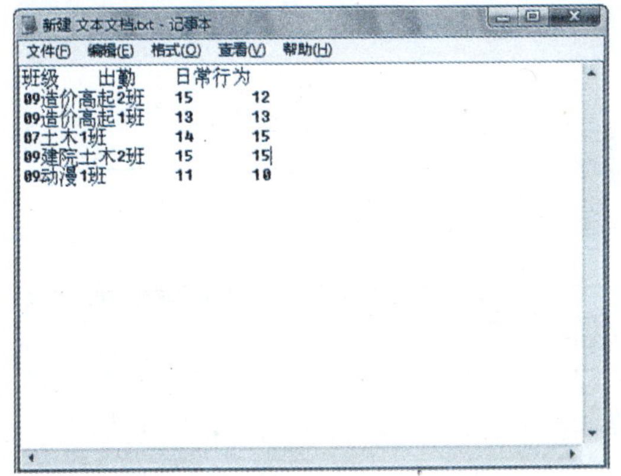

Step 02 选择“打开”选项

启动 Excel，选择“文件”选项卡，在左窗格中选择“打开”选项，如下图所示。

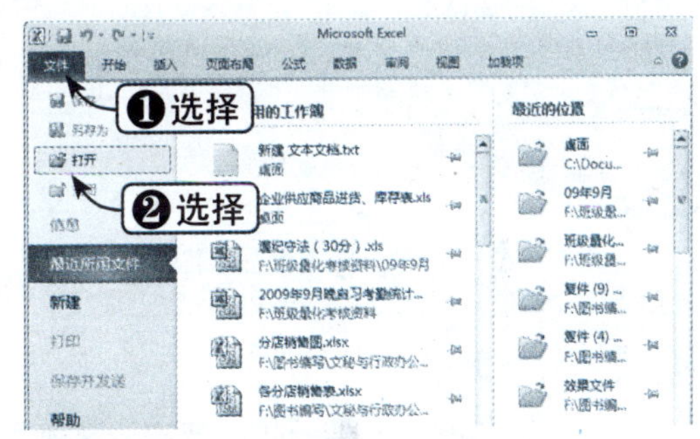

Step 03 选择文本文件

弹出“打开”对话框，找到目标文件，在“文件类型”下拉列表框中选择“文本文件”选项，单击“打开”按钮，如下图所示。

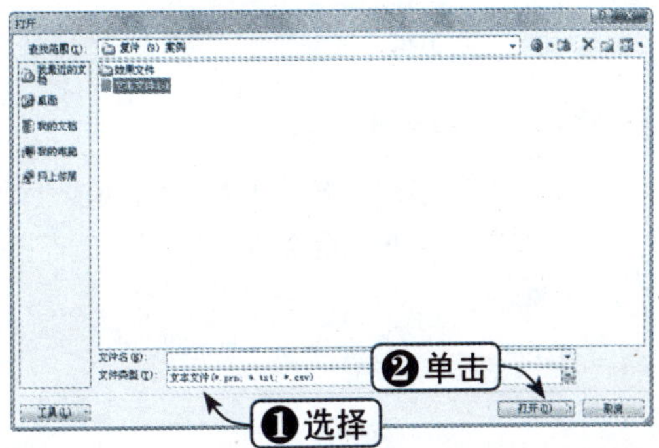

Step 04 打开文本导入向导

弹出“文本导入向导”对话框，选中“分隔符号”单选按钮，设置其他选项，单击“下一步”按钮，如下图所示。

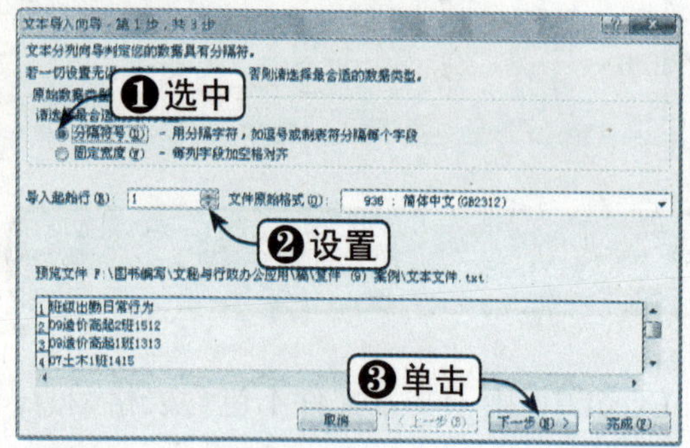

Step 05 选择分隔符号

选中“Tab键”复选框，单击“下一步”按钮，如下图所示。

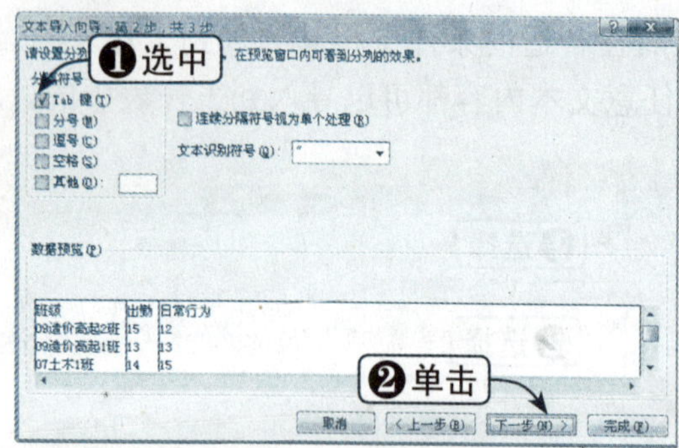

Step 06 设置数据格式

单击“数据预览”第一列，选中“文本”单选按钮，如下图所示。

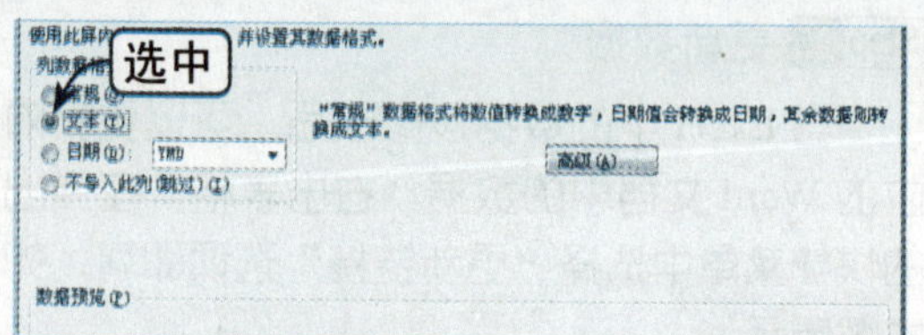

Step 07 继续设置数据格式

单击第二列数据，选中“常规”单选按钮。其他列依次设置，完成后单击“完成”按钮即可，如下图所示。

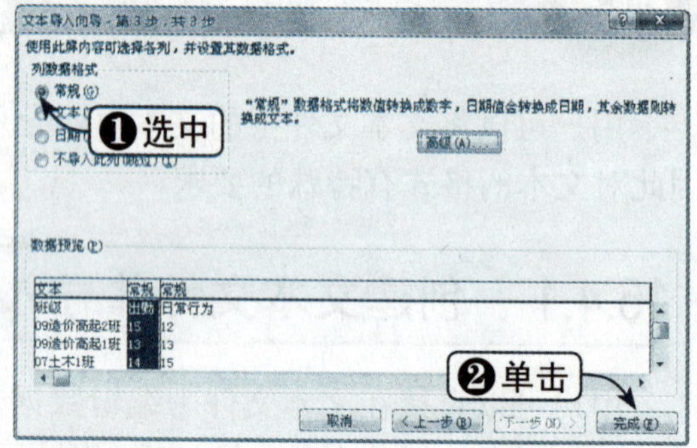

Step 08 查看导入效果

成功导入后，数据按行和列出现在正确的单元格中，如下图所示。

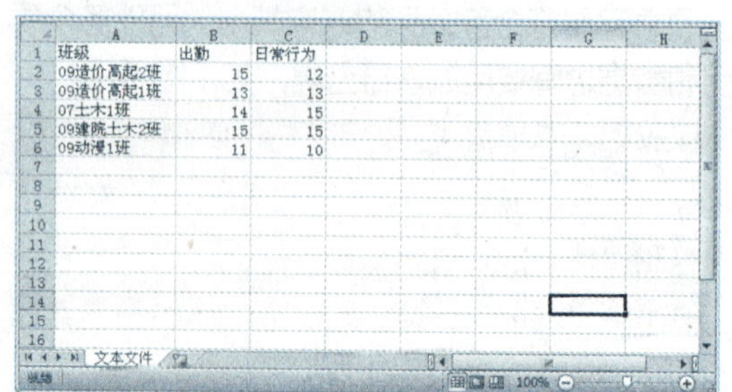

16.4.2 从已有文本文件导入工作表

如果文本文件已经存在，要将其导入到工作表中也是可以的，具体操作方法如下：

Step 01 单击“自文本”按钮

新建工作簿，选择“数据”选项卡，单击“获取外部数据”组中的“自文本”按钮，如右图所示。

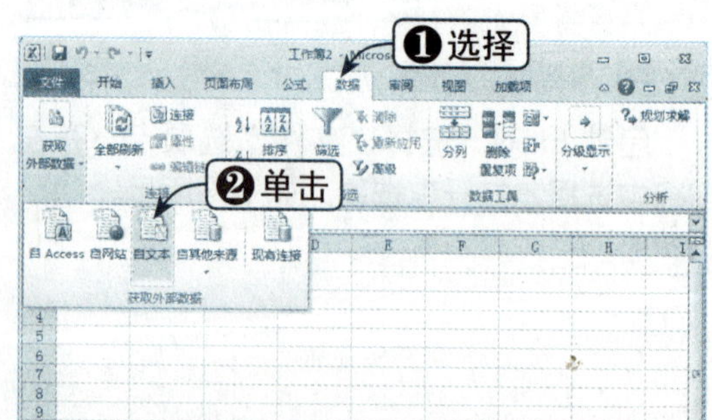

Step 02 选择文本文件

弹出“导入文本文件”对话框，选择文本文件，单击“导入”按钮，如下图所示。

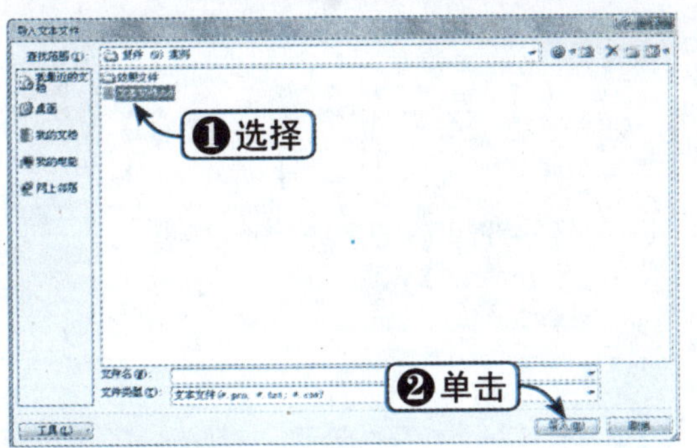

知识点拨

使用导入向导的操作步骤同上一小节，导入的效果是一样的，但注意不是所有的文本格式都可以正确地导入，关键是文本间必须有 Excel 可以识别的分隔符。

16.5 Excel与Access交换数据

Access 是 Office 的数据库管理软件，也是常用的数据库开发工具。Excel 与 Access 交换数据也是比较方便的，下面将进行详细介绍。

16.5.1 导入Access数据

通过 Excel 2010 可以很方便地将 Access 数据库中的数据导入到工作表中，具体操作方法如下：

Step 01 单击“自 Access”按钮

建立一个空白工作簿或打开要导入数据的工作簿，选择“数据”选项卡，单击“获取外部数据”组中的“自 Access”按钮，如下图所示。

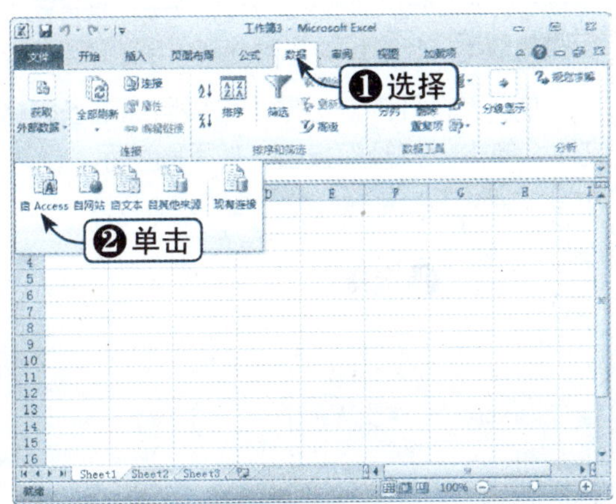

Step 02 选取数据源

弹出“选取数据源”对话框，选择数据所在的数据库文件，单击“打开”按钮，如下图所示。

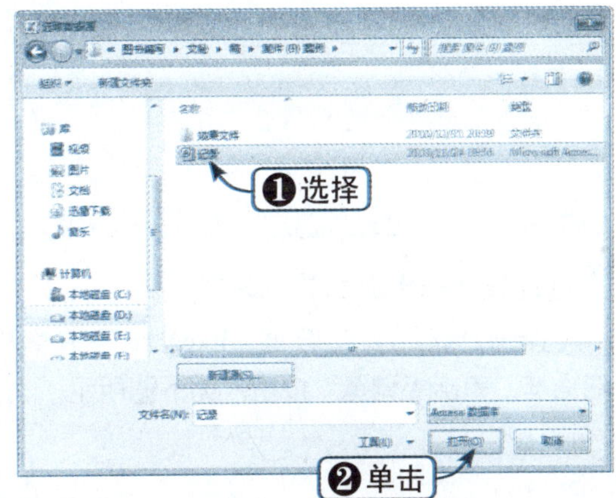

Step 03 选择导入选项

默认自动选中A1单元格，弹出"导入数据"对话框，选择导入的方式，如"表"，以及数据的放置位置，单击"确定"按钮，如下图所示。

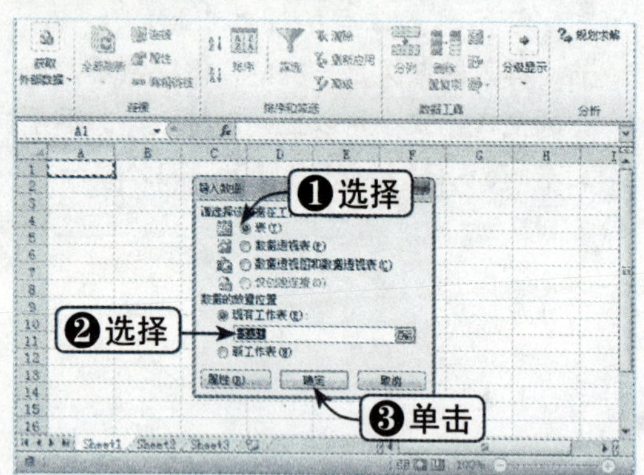

Step 04 查看导入效果

此时，即可查看导入数据后的效果，如下图所示。

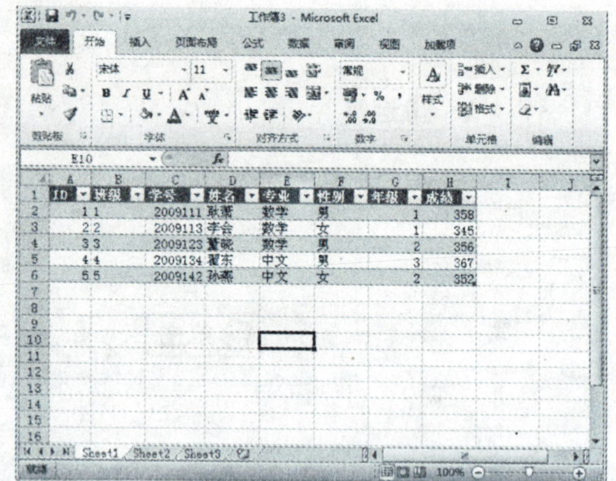

16.5.2 将Excel数据导入到Access中

用户也可以将Excel工作表中的数据直接导入到Access数据库中，具体操作方法如下：

Step 01 单击Excel按钮

新建或打开要导入数据的数据库文件，选择"外部数据"选项卡，单击"导入并链接"组中的Excel按钮，如下图所示。

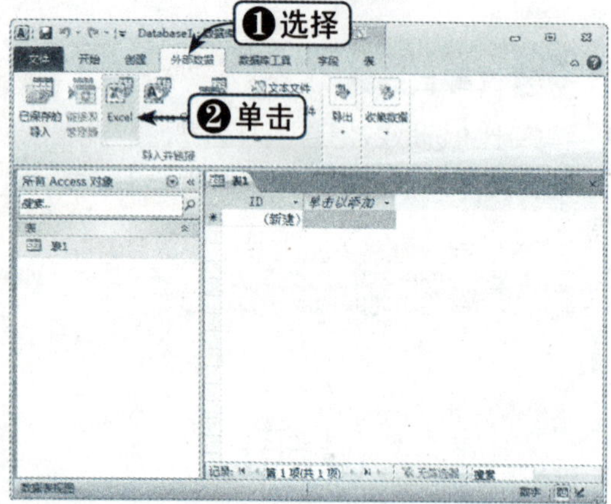

Step 02 指定数据源和导入方式

弹出"获取外部数据 - Excel电子表格"对话框，单击"浏览"按钮，如下图所示。

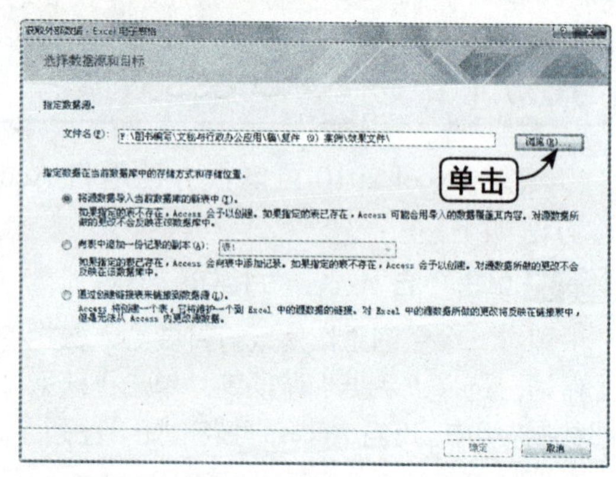

Step 03 选择目标电子表格文件

弹出"打开"对话框，选择目标电子表格文件，单击"打开"按钮，如下图所示。

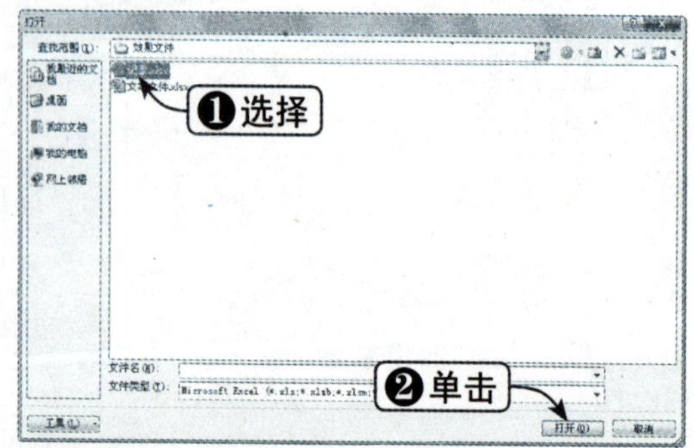

Step 04 选择导入的方式

选择导入的方式，如导入至当前数据库新表中，单击“确定”按钮，如下图所示。

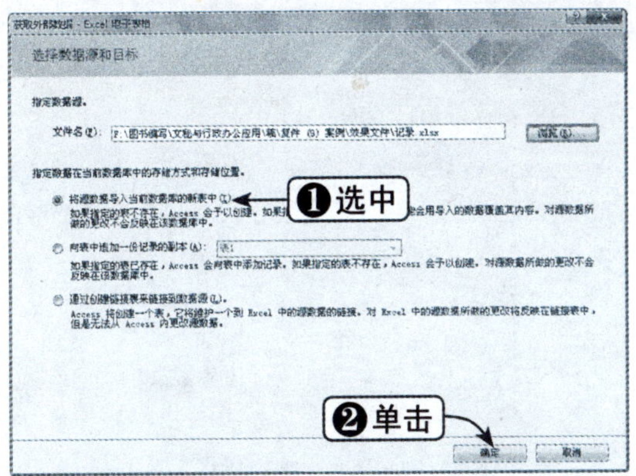

Step 05 选择导入的工作表

由于工作簿中包含多张工作表，因此要在弹出的“导入数据表向导”对话框中选择导入的工作表，如Sheet1，单击“下一步”按钮，如下图所示。

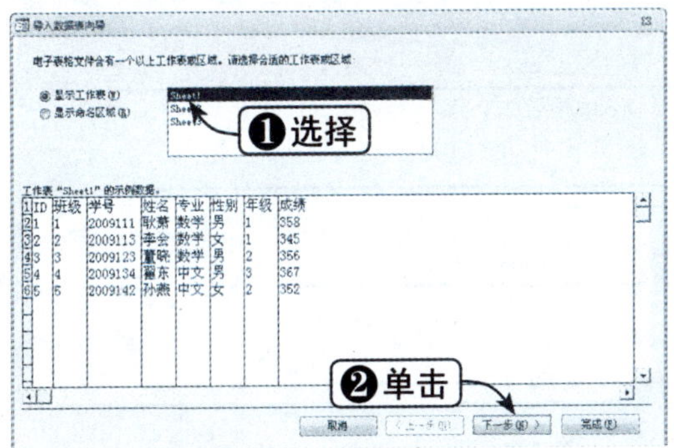

Step 06 设置标题列

如果第一行包含标题，则选中“第一行包含列标题”复选框，单击“下一步”按钮，如下图所示。

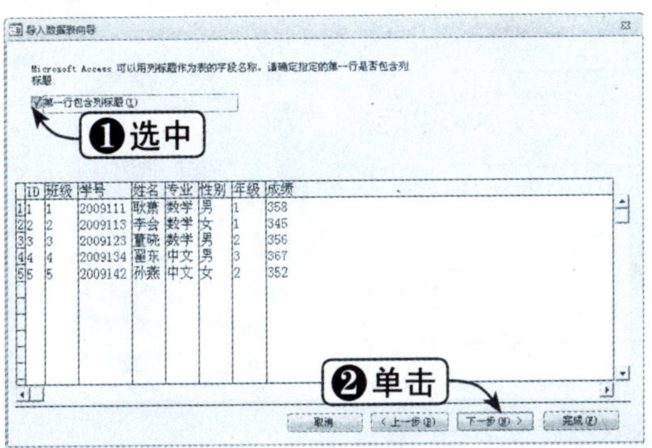

Step 07 设置第一列字段

在“字段选项”选项区中设置第一列字段的属性，如数据类型等，设置完成后单击“下一步”按钮，如下图所示。

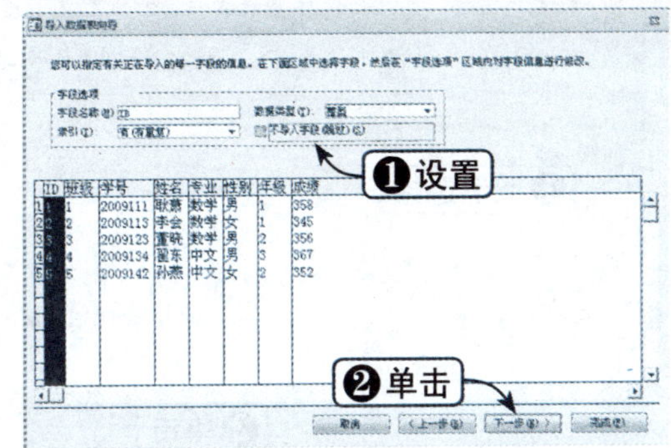

Step 08 选择主键

Access默认添加主键，如果已经有了则选中“不要主键”单选按钮，单击“下一步”按钮，如下图所示。

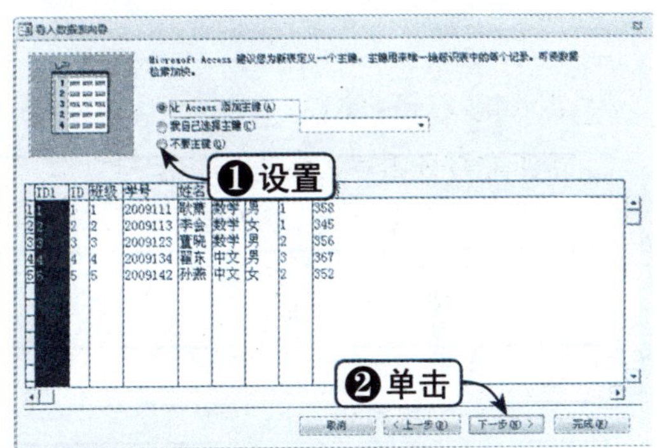

Step 09 输入新表名称

在“导入到表”文本框中输入新表的名称，单击“完成”按钮，如下图所示。

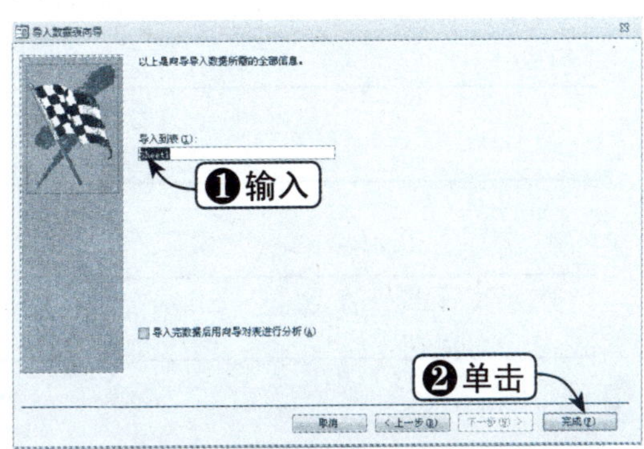

Step 10 设置是否保存导入步骤

如果不是经常性进行同类操作，则取消选择“保存导入步骤”复选框，单击“关闭”按钮，如下图所示。

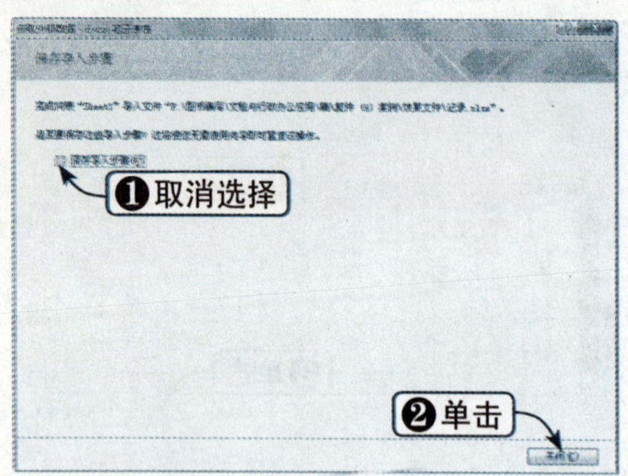

Step 11 查看导入效果

双击左窗格中的新建表名称，即可在右侧看到导入后的数据表，如下图所示。

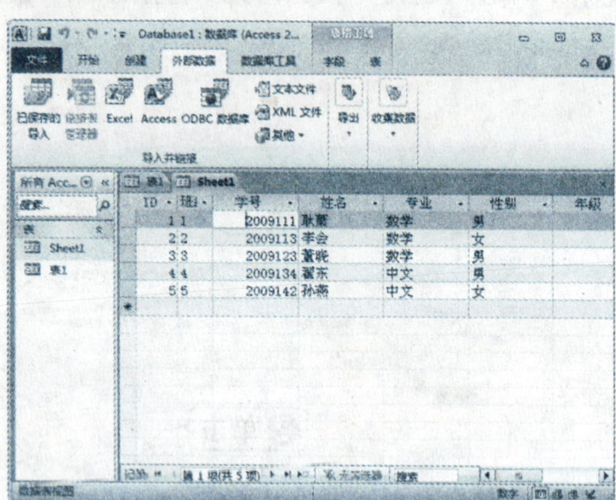

● 读书笔记